AF345270

NOUVEAU DICTIONNAIRE D'HISTOIRE NATURELLE.

FOR — GEN.

Liste alphabétique des noms des Auteurs, avec l'indication des matières qu'ils ont traitées.

MM.

BIOT.......... *Membre de l'Institut.* — La Physique.

BOSC.......... *Membre de l'Institut.* — L'Histoire des Reptiles, des Poissons, des Vers, des Coquilles, et la partie Botanique proprement dite.

CHAPTAL....... *Membre de l'Institut.* — La Chimie et son application aux Arts.

DE BLAINVILLE, *Professeur adjoint à la Faculté des Sciences de Paris, Membre de la Société philomathique, etc.* (BV.) — Articles d'Anatomie comparée.

DE BONNARD..... *Ing. en chef des Mines, Secr. du Conseil gén. etc.* (BD.) — Art. de Géologie.

DESMAREST.... *Professeur de Zoologie à l'École vétérinaire d'Alfort.* — Les Quadrupèdes, les Cétacés et les Animaux fossiles.

DU TOUR....... — L'Application de la Botanique à l'Agriculture et aux Arts.

HUZARD........ *Membre de l'Institut.* — La partie Vétérinaire. Les Animaux domestiques.

Le Chev. DE LAMARCK, *Membre de l'Institut.* — Conchyliologie, Coquilles, Méthode naturelle, et plusieurs autres articles généraux.

LATREILLE..... *Membre de l'Institut.* — L'Hist. des Crustacés, des Arachnides, des Insectes.

LEMAN.......... *Membre de la Société Philomathique, etc.* — Quelques articles de Minéralogie et de botanique. (LN.)

LUCAS FILS..... *Professeur de Minéralogie, Auteur du Tableau Méthodique des Espèces minérales.* — La Minéralogie; son application aux Arts, aux Manufact.

OLIVIER....... *Membre de l'Institut.* — Particulièrement les Insectes coléoptères.

PALISOT DE BEAUVOIS, *Membre de l'Institut.* — Divers articles de Botanique et de Physiologie végétale.

PARMENTIER... *Membre de l'Institut.* — L'Application de l'Économie rurale et domestique à l'Histoire naturelle des Animaux et des Végétaux.

PATRIN......... *Membre associé de l'Institut.* — La Géologie et la Minéralogie en général.

RICHARD....... *Membre de l'Institut.* — Des articles généraux de la Botanique.

SONNINI........ — Partie de l'histoire des Mammifères, des Oiseaux; les diverses chasses.

THOUIN........ *Membre de l'Institut.* — L'Application de la Botanique à la culture, au jardinage et à l'Économie rurale; l'Hist. des différ. espèces de Greffes.

TOLLARD AÎNÉ... — Des articles de Physiologie végétale et de grande culture.

VIEILLOT...... *Auteur de divers ouvrages d'Ornithologie.* — L'Histoire générale et particulière des Oiseaux, leurs mœurs, habitudes, etc.

VIREY......... *Docteur en Médecine, Prof. d'Hist. Nat., Auteur de plusieurs ouvrages.* — Les articles généraux de l'Hist. nat., particulièrement de l'Homme, des Animaux, de leur structure, de leur physiologie et de leurs facultés.

YVART......... *Membre de l'Institut.* — L'Économie rurale et domestique.

CET OUVRAGE SE TROUVE AUSSI:

A Paris, chez C.-F.-L. PANCKOUCKE, Imp. et Édit. du Dict. des Sc. Méd., rue Serpente, n.° 16.

A Angers, chez FOURIER-MAME, Libraire.

A Bruges, chez BOGAERT-DUMORTIER, Imprimeur-libraire.

A Bruxelles, chez LECHARLIER, DE MAT et BERTHOT, Imprimeurs-libraires.

A Dole, chez JOLY, Imprimeur-Libraire.

A Gand, chez H. DUJARDIN et DE BUSSCHER, Imprimeurs-libraires.

A Genève, chez PASCHOUD, Imprimeur-libraire.

A Liége, chez DESOER, Imprimeur-libraire.

A Lille, chez VANACKÈRE et LELEUX, Imprimeurs-libraires.

A Lyon, chez BOHAIRE et MAIRE, Libraires.

A Manheim, chez FONTAINE, Libraire.

A Marseille, chez MASVERT et MOSSY, Libraires.

A Mons, chez LE ROUX, Libraire.

A Rouen, chez FRÈRE aîné, et RENAULT, Libraires.

A Toulouse, chez SÉNAC aîné, Libraire.

A Turin, chez PIC et ROCCA, Libraires.

A Verdun, chez BENIT jeune, Libraire.

NOUVEAU
DICTIONNAIRE
D'HISTOIRE NATURELLE,
APPLIQUÉE AUX ARTS,

A l'Agriculture, à l'Économie rurale et domestique, à la Médecine, etc.

PAR UNE SOCIÉTÉ DE NATURALISTES
ET D'AGRICULTEURS.

Nouvelle Édition presqu'entièrement refondue et considérablement augmentée;

AVEC DES FIGURES TIRÉES DES TROIS RÈGNES DE LA NATURE.

TOME XII.

DE L'IMPRIMERIE D'ABEL LANOE, RUE DE LA HARPE.

A PARIS,
CHEZ DETERVILLE, LIBRAIRE, RUE HAUTEFEUILLE, N° 8.

M DCCC XVII.

Indication des Pages où doivent être placées les PLANCHES *du* TOME XII, *avec la note de ce qu'elles représentent.*

NOUVEAU DICTIONNAIRE D'HISTOIRE NATURELLE.

FORESTIERS. Nom imposé par M. de Azara, à une petite famille d'oiseaux du Paraguay, qu'il faut voir en nature, pour s'assurer s'il n'y en a pas parmi eux qui font partie des genres connus. Ils ont, suivant ce savant naturaliste espagnol, le bec plutôt en pyramide qu'en poinçon, fort, comprimé sur les côtés, un peu courbé et pointu; les narines situées dans un enfoncement; la langue, qui n'est indiquée que dans une seule espèce (le *forestier à tête dorée*), un peu grosse et étroite; la quatrième penne de l'aile la plus longue de toutes; quatre doigts, trois devant, un derrière. Ces caractères rapprochent les *forestiers* des *fringilles*; mais comme ils ont le bec courbé, et que ceux-ci l'ont droit, ils doivent composer un genre particulier, que j'aurois établi, si je les eusse connus autrement que par des descriptions. Ils ont aussi de grands rapports avec mes *némosies*; mais celles-ci ont une petite échancrure au bec, et M. de Azara n'en indique point pour ses forestiers.

Quoique le nom de *forestier*, dit ce savant, convienne à plusieurs familles d'oiseaux, je l'ai appliqué particulièrement à celle-ci, parce que les oiseaux qui la composent ne sortent jamais, à ce que je crois, des forêts épaisses et embarrassées, et ne se posent jamais sur les branches sèches.

Les forestiers, ajoute cet excellent observateur, diffèrent principalement des *becs-en-poinçon* (*V.* ce mot), en ce qu'ils ont un peu plus de grosseur dans la tête et le corps; les plumes du sommet de la tête et du dos moins pressées les unes sur les autres; la queue plus foible, un peu plus longue, et les extrémités de ses pennes un peu pointues; l'aile plus courte, moins forte et pointue; les jambes, les tarses et les doigts un peu plus longs; les mouvemens moins vifs, sans être lourds; enfin, moins de finesse dans l'instinct. Les forestiers sont sédentaires; ils ne se rassemblent que par paires, encore n'est-ce pas pendant toute l'année, à ce qu'il croit.

Le FORESTIER DORÉ ET VERDATRE a la base du bec, les côtés de la tête et les parties inférieures de couleur jaune d'œuf, un peu plus foncée sur les côtés du corps; le bord extérieur de l'aile de couleur d'or; ses couvertures inférieures d'un gris de perle; toutes les parties supérieures d'un vert assez sombre; les pennes des ailes et de la queue brunes et presque imperceptiblement bordées de vert; le bec noirâtre en dessus et blanchâtre en dessous; les tarses couleur de plomb. Longueur totale, cinq pouces sept lignes.

M. de Azara fait mention, dans ce même article, d'un individu qui est moins long de trois lignes et demie que le précédent, et qui a la base du bec, les côtés et le dessus de la tête blanchâtres, avec une foible teinte violette; la poitrine d'une légère couleur d'or; le ventre blanc; le dos et le croupion mêlés de très-peu d'or; les ailes et la queue comme dans le précédent, mais les douze pennes caudales se terminant en pointe; le bec est un peu plus court, formant un angle aigu à la partie supérieure, point comprimé sur ses côtés, et les ouvertures des narines n'étant point dans un enfoncement. Toutes ces dissemblances ne paroissent pas à l'historien des oiseaux du Paraguay, suffisantes pour établir une espèce particulière. Je suis loin de partager son opinion; les seules différences dans la forme du bec et des narines me semblent suffisantes pour ne pas le rapporter au *forestier doré et verdâtre*. Ces oiseaux se plaisent dans les broussailles épaisses.

Le FORESTIER ROUGE ET NOIRÂTRE. Un trait blanchâtre surmonte les yeux de cet oiseau; un autre de la même couleur part du coin de la bouche, et au-dessous, il y en a un troisième d'une teinte noirâtre; le dessus, les côtés de la tête et le haut du cou sont d'un noirâtre mêlé de bleu terreux; le reste du cou en dessus, et la moitié du dos, sont nuancés de roux et de brun; l'autre moitié du dos et le croupion rougeâtres; les couvertures supérieures des ailes sont couleur de plomb; les plus grandes couvertures, les pennes alaires et caudales sont noirâtres et bordées finement de roux; une tache blanche est à l'extrémité de la penne extérieure de chaque côté de la queue; la gorge et le devant du cou sont d'un brun clair; le dessous du corps est presque blanc, ses côtés sont rougeâtres, ainsi que les couvertures inférieures de la queue; celles des ailes sont blanchâtres; les pennes et le dessous des ailes de la queue sont d'un noirâtre brillant ; le tarse est d'un noirâtre plombé; l'iris brun; le bec noirâtre en dessus, et d'un blanc jaunâtre en dessous. Longueur totale, cinq pouces et demi. Cet oiseau a un ramage assez agréable, et il se tient dans les grands halliers très-fourrés.

Le FORESTIER A TÊTE DORÉE se plaît à la moitié des grands arbrisseaux et des arbres embarrassés et touffus. Il a cinq pouces et demi de longueur totale ; la tête dorée jusqu'aux yeux, et le reste du plus beau jaune; la gorge, les côtés du corps et les couvertures inférieures des ailes d'un blanc doré ; le reste du dessous du corps blanc, et le dessus brun ; le tarse couleur de plomb ; l'iris brun ; le bec d'un brun clair en dessus et d'un bleu de ciel en dessous ; la queue étagée. L'individu que M. de Azara croit être la femelle, a l'envergure plus courte d'un pouce ; la tête d'un roux doré, avec quelques taches plus vives ; le dessus du cou et du corps, les bords des couvertures supérieures, les pennes alaires et caudales, le devant du cou et la poitrine, d'un brun jaunâtre, plus clair sur les parties inférieures ; le ventre et les couvertures du dessous de l'aile d'un jaune lavé. L'auteur cité ci-dessus a vu un autre individu semblable à cette femelle, excepté qu'un brun doré couvroit la tête, un brun jaunâtre le dessus du corps, un vert foncé et mêlé de jaune le dessous.

Le FORESTIER A TÊTE ÉCARLATE. Sa longueur totale est de cinq pouces deux lignes ; le bec et les yeux sont entourés par un noir profond, et le reste de la tête est d'un rouge écarlate ; les couvertures inférieures des ailes sont blanches ; les supérieures noires, les plus grandes et les pennes noirâtres et bordées de bleu terreux; le reste du plumage est d'un bleu d'ardoise, un peu plus clair sur les parties inférieures ; le bec noirâtre en dessus et d'un bleu terreux en dessous ; la queue est étagée. Je ne suis pas du sentiment de M. Sonnini, qui, dans la traduction de l'ouvrage de M. de Azara, rapproche cet oiseau à la *mésange grise couronnée d'écarlate* (*parus griseus*), envoyée du Nord de l'Amérique à Muller, et figurée dans sa *Zoolog. danic.*, pl. 34, n.° 284.

Le FORESTIER VERT A TÊTE ROUSSE. Longueur totale, six pouces. Pennes de la queue terminées en pointe ; sommet de la tête et sourcils roux ; côtés de la tête et menton cendrés; derrière du cou verdâtre et mêlé de roux; les autres parties supérieures d'un verdâtre pur ; devant du cou, couvertures supérieures des ailes et le bord des pennes, jaunes; poitrine et ventre d'un blanc teinté de roux; couvertures inférieures de la queue avec du jaune, du vert et du blanc fondus ensemble ; tarses d'un bleu terreux ; dessus du bec brun, le dessous blanchâtre.

Je rapproche des FORESTIERS plusieurs CHIPIUS de M. de Azara, parce qu'ils ont comme ceux-ci le bec fort comprimé sur les côtés et un peu courbé. Ces oiseaux se nourrissent de chenilles et d'autres insectes qu'ils cherchent dans les broussailles ou sur la terre; cependant leur bec est assez fort pour briser de petites graines, et M. de Azara croit qu'elles pourroient servir à les nourrir en cage. Ils vivent réunis ou par paires; ils sont sédentaires, vifs et peu farouches, et on les rencontre partout où ils trouvent à se cacher, à l'exception de l'intérieur des bois fourrés ; ils se posent sur les glayeuls, les joncs, les buissons et par terre. Leur vol est fort court.

Le CHIPIU BRUN ET ROUX a les mêmes habitudes que le *chipiu noir et rougeâtre.* M. de Azara ne l'a vu qu'au Paraguay. Son chant est si beau et si mélodieux, que ce naturaliste trouve qu'il surpasse celui du *chardonneret* et du *serin de Canarie.* Cet oiseau est remarquable par les pennes de sa queue, qui sont usées et terminées en pointe, surtout les deux intermédiaires qui ont dix lignes de plus que les autres, lesquelles sont en tuyau d'orgue. Son doigt postérieur est plus robuste que ceux de devant, et articulé comme le doigt intérieur ; six pouces font la longueur de ce chipiu, qui a les sourcils blancs ; les parties inférieures d'un roux lavé; les couvertures de dessous des ailes blanches ; la tête d'un bleu azuré et les couvertures supérieures de l'aile d'un bleu d'ardoise ; chaque plume du derrière du cou d'un brun clair, avec une tache longitudinale et noirâtre ; le dos et le croupion d'un brun un peu roussâtre. Des individus de cette espèce présentent quelques différences; les uns ont la tête d'un brun rougeâtre, une partie des côtés du cou bleue et le dessus roux; chez d'autres la queue est plus courte. M. de Azara croit que ce sont des femelles.

Le CHIPIU NOIR ET BLANC ne se trouve qu'au Paraguay où il est assez rare et où il demeure toute l'année. Il se tient toujours à la lisière des bois et dans les halliers qui les avoisinent, où il se cache avec soin. Il monte plus haut sur les arbres que les deux autres, et y cherche les chenilles et les insectes dont il se nourrit. Il n'est point farouche et va seul ou par paire. Son chant se borne à un petit cri, et son vol ne s'étend que pour passer d'un arbre à un autre. Son nid, qui est attaché à la fourche de trois rameaux et comme suspendu, est petit, profond, formé de pailles menues sans aucune garniture intérieure. La ponte est de deux œufs blancs, pointillés de noir au gros bout. Il est remarquable que la ponte des oiseaux du Paraguay est beaucoup moins nombreuse que dans le Nord du nouveau Continent et qu'en Europe.

Ce chipiu a quatre pouces trois quarts de longueur totale ; les plumes des ailes sont foibles ainsi que celles de la queue qui sont un peu étroites et étagées ; les parties inférieures d'un blanc lavé d'une teinte plombée sous les ailes; les parties supérieures bleuâtres, et les grandes couvertures des ailes noirâtres dans leur milieu ; cette couleur est aussi celle des pennes et de la queue, dont la plus extérieure a du blanc sur sa dernière moitié et la seconde un peu moins, avec un trait noirâtre sur son côté extérieur ; la troisième est comme la seconde ; la quatrième a très-peu de blanc, et toutes ont une bordure, bleuâtre sur tout ce qui n'est pas blanc ; le bec est noir, l'iris rouge et le tarse noirâtre.

Le Chipiu noir et rougeâtre a cinq pouces et demi de longueur totale ; un trait blanc qui part de la narine et s'étend jusque sur les côtés de l'occiput, où il prend une teinte rougeâtre ; les parties inférieures de cette dernière couleur, à l'exception du milieu de la poitrine et du ventre qui sont presque blancs ; les couvertures inférieures de l'aile comme jaspées de blanc et de noirâtre ; tout le reste du plumage est presque noir ; on remarque encore du blanc à l'extrémité de la queue; le bec est noir, et le tarse noirâtre. Des individus ont le menteau plus ou moins de cette couleur ; d'autres ont des taches de la même teinte ; le trait blanc des côtés de la tête très-peu apparent, il manque même chez quelques-uns. Ces variétés, comme dit M. de Azara, paroissent tenir plutôt à l'âge qu'au sexe. Ces oiseaux ne sont pas rares au Paraguay, et se trouvent aussi à la rivière de la Plata. (v.)

FORÊT. Coquille du genre des Vis. C'est le *Murex strigillatum*. (B.)

FORÊTS, *Sylvæ*. *V.* Bois. (D.)

FORFICULE, *Forficula*, Linn. Genre d'insectes, de l'ordre des orthoptères, tribu des forficulaires, ayant pour caractères : ailes plissées en éventail et repliées transversalement, sous deux élytres très-courtes, crustacées, à suture droite ; abdomen terminé par deux pièces écailleuses, formant une pince ; tarses à trois articles, dont le second bifide ; antennes filiformes, de douze à treize articles, presque cylindriques ; mandibules bidentées à leur extrémité ; palpes filiformes ; languette à deux divisions profondes.

Ces insectes tiennent des coléoptères, avec lesquels quelques auteurs les ont rangés, et des orthoptères. Leurs élytres ont la suture droite, et leurs ailes sont pliées transversalement comme dans les premiers ; mais ces mêmes ailes sont aussi pliées longitudinalement ou en éventail dans une portion de leur étendue, de même que celles des seconds. La tête des forficules est dépourvue de petits yeux lisses, caractère qui est propre aux coléoptères ; la forme du corselet est la même que celle de ceux-ci; mais l'organisation de la bouche des forficules, les appendices qu'ils portent à l'extrémité du corps, leurs métamorphoses plus encore que ces caractères, les éloignent des insectes de cet ordre. Ils semblent faire un genre isolé et intermédiaire entre les coléoptères et les orthoptères. Si on se guidoit d'après le nombre des articles des tarses, on les rejetteroit loin de leur place naturelle, puisqu'on les associeroit aux criquets.

Les forficules ont le corps allongé, étroit, presque de la même largeur partout, et déprimé ; la tête presque triangulaire; le corselet plat, carré ; les élytres, très-courtes, horizontales, presque carrées, sans écusson apparent intermédiaire; le bout des ailes coriace, dépassant les élytres dans le repos ; l'abdomen fort long, obtus ou tronqué au bout, terminé par deux crochets écailleux formant une pince, différant un peu suivant les sexes; les pattes courtes, assez grêles, comprimées, sans épines; leurs tarses n'ayant point de pelote entre les crochets.

Leur bouche nous présente une lèvre supérieure coriace, grande, saillante, presque semi-circulaire; deux mandibules cornées, refendues à la pointe; deux mâchoires terminées par une pièce cornée, arquée, pointue, entière ou simplement bifide, et surmontée d'une galette et d'un palpe de cinq articles; une languette divisée en deux lanières, avec deux palpes de trois articles ; le menton coriace, presque carré, un peu rétréci et tronqué à son extrémité supérieure.

Les forficules mâles diffèrent un peu des femelles par la pince de leur abdomen ; c'est ce qu'il est facile d'observer dans l'espèce appelée Auriculaire, et qui est la plus commune. Les branches de cette pince sont plus grandes et plus arquées dans les individus du premier sexe que dans les seconds. Degeer a vu leur accouplement. Le mâle s'approche à reculons de la femelle, dont il tâte le ventre avec sa pince pour se mettre dans une position favorable, et s'unit à elle, en faisant sortir de l'avant-dernier anneau de son abdomen, une pièce qui caractérise son sexe. Les deux insectes restent ainsi tranquillement, les deux pièces appliquées respectivement contre leur ventre ; ils sont alors dans une même ligne et opposés l'un à l'autre, leurs têtes formant les deux bouts de la ligne.

On rencontre fréquemment les forficules, soit à terre, soit sur les plantes, et principalement sous les écorces des arbres, où ils s'assemblent souvent en grande société. Ils se nourrissent de diverses matières soit animales, soit végétales. La forme de leurs mandibules dénote suffisamment qu'ils sont rongeurs ; ils font beaucoup de tort aux fruits, et aux fleurs d'œillet surtout.

Frisch et Degeer ont observé que la femelle veilloit avec tous les soins possibles à la garde de ses œufs, que l'on trouve au commencement d'avril, dans des lieux frais, sous des pierres, et qui sont rassemblés par tas. L'observateur suédois ayant rencontré une femelle posée sur ses œufs, la prit avec eux, et la plaça dans un poudrier rempli à demi de terre fraîche. Les œufs, dispersés çà et là, furent, au bout de quelques jours, rassemblés par la soucieuse mère qui les avoit portés un à un avec ses mandibules. Ils étoient sur la surface de la terre du poudrier; la mère placée sur eux comme une poule qui couve, ne les quitta pas un instant.

Ces œufs sont assez grands, blancs, lisses, et éclosent au mois de mai. Les petits paroissent très-grands relativement au volume de l'œuf, ce qui suppose qu'ils y sont très-comprimés. Le mouvement du vaisseau dorsal est très-sensible dans les jeunes larves, qui n'ont ni élytres, ni ailes, de même que toutes les autres larves d'orthoptères; leur corps est moins gros aux deux bouts et formé de treize anneaux; les trois premiers portent chacun une paire de pattes, et répondent au corselet et à la poitrine. Les deux pièces de la pince sont coniques et un peu divergentes; les antennes n'ont encore que huit articulations; les palpes et les pattes sont renflés.

Degeer nourrit pendant quelque temps avec des morceaux de pomme, les petits qu'il avoit obtenus. Ils muèrent plusieurs fois. Leurs antennes s'allongèrent et crûrent en articulations; les anneaux du corselet furent mieux marqués, et leur figure commença à se rapprocher de celle qui leur est propre lorsque ces insectes sont adultes; les deux branches de la pince étoient plus fortes, et leur extrémité étoit déjà un peu arquée. Ces larves, dont Degeer prenoit soin, périrent peu à peu, à l'exception d'une qui se changea en nymphe au mois de juillet. Le corselet étoit distinct dans cette nymphe; les fourreaux des élytres et des ailes étoient plats et collés sur le dos. Les deux pièces de la pince avoient leur courbure ordinaire. La mère étoit morte auparavant, et Degeer la trouva à demi mangée. Le besoin avoit sans doute forcé les petits à en venir à cette extrémité, car on n'a pas remarqué que ces insectes se dévorassent les uns les autres.

Cette tendresse de la mère pour ses petits est appuyée d'un autre fait. Le même observateur trouva, au commencement de juin, sous une pierre, une femelle de forficule, ayant autour d'elle ses petits, de même que les poussins le font avec la poule. La mère se tenoit tranquillement sur eux des heures entières.

En admirant la prévoyance maternelle de ces insectes,

nous sommes cependant obligés de leur faire la guerre et de chercher à les détruire, puisqu'ils nous sont pernicieux. Le jardinier doit surtout s'occuper de cette chasse ; c'est lui qui a le plus à se plaindre. Il est nécessaire qu'il visite exactement les arbres dont l'écorce se détache, les parties des murs de son jardin, qui, par les séparations des pierres, le mauvais état de l'enduit, offrent à ces insectes des retraites ou un abri ; il doit de temps en temps changer les pots à fleurs de place, examiner l'intérieur de ceux qui sont vides ou qu'il a abandonnés ; il peut placer de distance en distance des tuyaux de bois ou de terre pour y attirer ces insectes et les y surprendre. C'est par sa seule vigilance et son activité, qu'il se préservera des ravages de ces animaux. Jusqu'à ce que des expériences long-temps répétées nous aient fait connoître des moyens plus simples, je regarderai les autres comme douteux ou peu efficaces; car il y a partout du charlatanisme.

FORFICULE AURICULAIRE, *Forficula auricularia*, Linn. Cette espèce est connue de tout le monde en Europe. Elle a environ un demi-pouce de long ; le corps est d'un brun ferrugineux ; les antennes sont d'un jaune fauve pâle, composées de treize à quatorze articles; la tête est d'un fauve foncé, avec les yeux noirs; le corselet est obscur au milieu avec les côtés jaunâtres ; les élytres sont d'un fauve pâle ; les pièces de la pince sont d'un jaune-brun, rapprochées et dentées à leur base, arquées ensuite, simples et sans dentelures ; les pattes sont pâles.

FORFICULE GIGANTESQUE, *Forficula gigantea*. Fab. Il a environ un pouce de longueur. Son corps est d'un jaunâtre pâle, tacheté de noirâtre ; les antennes ont vingt-neuf articles; l'abdomen est obtus avec les côtés pâles; le dernier anneau de l'un des sexes a deux dents aiguës ; les branches de la pince sont d'un jaune-brun, grandes, peu arquées, légèrement dentelées, armées d'une dent obtuse, un peu au-delà de leur milieu, et ont leur extrémité noire.

FORFICULE BIMOUCHETÉ, *Forficula biguttata*, Fab., pl. D 1, 17. Il est noir, avec une tache jaunâtre sur chaque élytre; la pince est courbée et dentée à sa base et au milieu.

FORFICULE NAIN, *Forficula minor*, Linn. Il n'a pas plus de trois lignes de long ; il est brun, avec la tête et le corselet noirs; les élytres rougeâtres ; la poitrine et les pattes pâles, et la pince d'un brun fauve, à peine arquée, et dentelée dans l'un des sexes; les antennes n'ont que onze articles.

Il se trouve dans toute l'Europe, particulièrement autour des fumiers. Il entre dans les maisons la nuit, attiré sans doute par l'éclat de la lumière.

FORFICULE BIPUNCTUÉ. Il se fait remarquer par deux

D. 1.

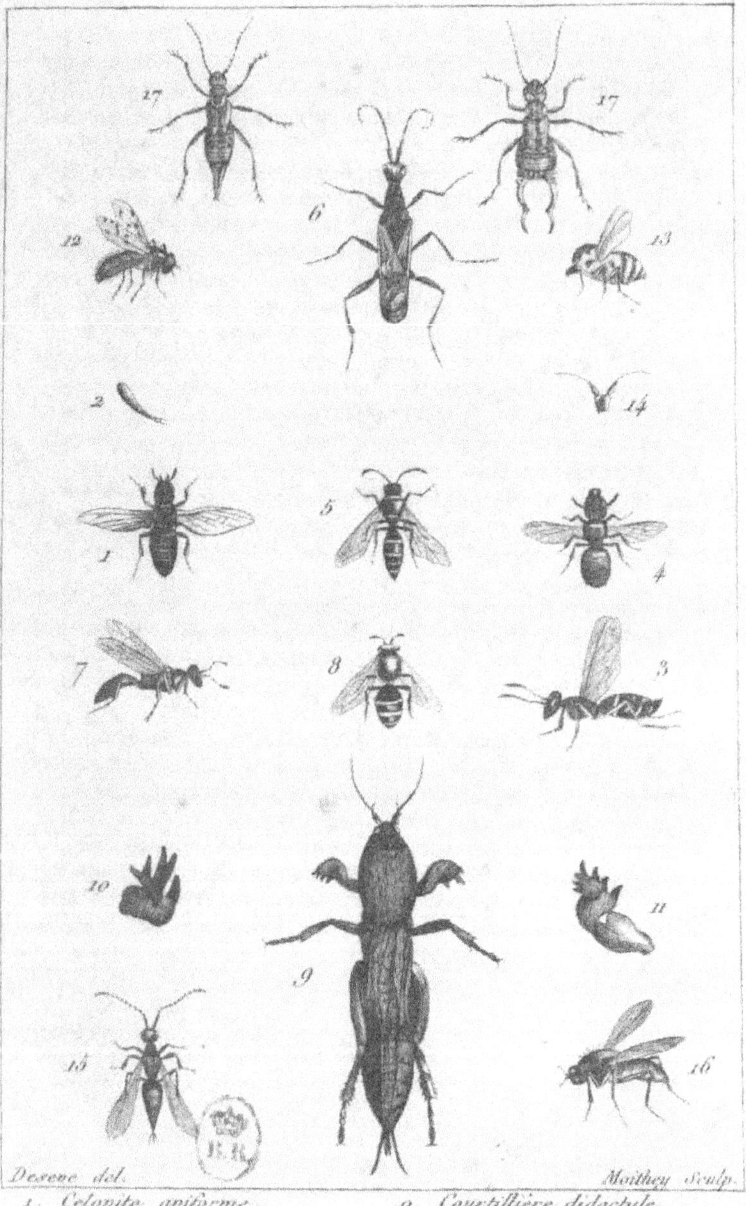

1. Celonite apiforme.
2. Son Antenne grossie.
3. Cephus pygmée.
4. Cératine à levre blanche.
5. Ceropales à cinq bandes.
6. Chlorion comprimé.
7. Clepte demi doré.
8. Colette ceinturée.
16. Dolichope à Crochets.

9. Courtillière didactyle.
10. Une de ses pattes de devant.
11. Une des pattes de devant de la commune.
12. Cyllenie tachetée.
13. Cyrte acephale.
14. Ses Antennes.
15. Diaprie rufipède.
17. Forficule biponctuée, mâle et femelle.

taches blanchâtres sur ses élytres, et la femelle par la forme contournée de sa pince.

On le trouve dans les Hautes-Alpes, où il passe au moins six mois sous la neige. *Voy.* sa fig., pl. D 12.

Ce genre, quoique peu nombreux, est répandu dans tout le monde. On en trouve des espèces en Asie, en Afrique, en Amérique, et jusque dans l'île d'Otaïti. M. Palisot-de-Beauvois nous en a fait connoître de nouvelles, dans son bel ouvrage sur les insectes recueillis par lui en Afrique et en Amérique. (L.)

FORGAA et FRAEKAHL. Noms arabes donnés par les Egyptiens à la JUSSIE DIFFUSE (*jussiæa diffusa*), plante qui croît dans le Delta. (LN.)

FORGERON. Poissons des genres ZÉE et CHÉTODON. (B.)

FORGESIE, *Forgesia.* Genre de plantes de la pentandrie monogynie, établi par Jussieu. C'est le même que celui qui a été appelé ESCALONE par les autres botanistes. (B.)

FORHU (*vénerie*). Ton du cor, pour rappeler les CHIENS. (S.)

FORHUS (*vénerie*). Ce sont les intestins et la carcasse du *cerf*, que l'on donne aux chiens pour *curée*. (S.)

FORLONGER (*vénerie*). Un cerf FORLONGE quand il quitte son canton ou pays, et lorsqu'il laisse fort loin les chiens derrière lui. (S.)

FORMATION. On a d'abord employé ce mot, en géognosie, et on l'emploie encore quelquefois dans son sens ordinaire, c'est-à-dire, pour désigner la manière dont on suppose que les différentes substances minérales ou les divers gîtes de ces substances se sont formés. Ainsi l'on dit que la *formation* de tel terrain paroît due à une précipitation cristalline, ou à des dépôts de sédimens, ou à des éruptions volcaniques, etc.; on expose des idées sur le mode de formation ou sur l'origine des filons, etc.

Mais M. Werner, et d'après lui tous les géognostes, donnent aujourd'hui au mot *formation* une autre acception sous laquelle il est beaucoup plus généralement employé. Dans cette acception, il désigne l'ensemble des couches, ou portions de terrains, ou gîtes quelconques de substances minérales, qui paroissent avoir été formés à la même époque et ensemble, qui se présente, partout où on le retrouve, avec les mêmes caractères généraux de composition et de gisement.

On classe ainsi les terrains, selon leur ancienneté relative, présumée d'après leur ordre et leur mode de superposition, et selon *la cause première* supposée à leur origine, en un certain nombre de *formations* qui composent donc les subdivisions ou pour ainsi dire les genres et les espèces géognostiques dans les ordres ou classes qu'on a désignés sous les noms de terrains primordiaux ou primitifs, terrains de transition ou intermédiaires, terrains secondaires, terrains d'alluvion et terrains volcaniques.

Considérée de cette manière, une même formation peut renfermer des couches de nature très-diverse, lorsque ces couches alternent constamment ensemble, ou que l'une est toujours comprise, comme *banc subordonné*, entre les couches de l'autre, enfin lorsqu'elles portent l'empreinte d'une *formation contemporaine* (le mot pris ici dans sa première acception).

Ainsi, la *formation du gneiss*, par exemple, comprend, en bancs subordonnés, une grande quantité de roches de nature différente, tels que le quarz, le porphyre, la diabase, l'amphibolite, le granite, le calcaire et la serpentine.

Ainsi, la *formation gypseuse* des terrains des environs de Paris est composée de couches alternatives de gypse et de marne argileuse et calcaire.

Dans cette manière de déterminer les formations, il faut observer très en grand, et faire des rapprochemens nombreux entre les terrains de nature analogue de différens pays. On ne désigne alors sous le nom de formation, que des groupes dont chacun comprend un nombre plus ou moins considérable de couches ou de terrains, lesquels observés isolément auroient été classés comme autant de formations particulières. C'est surtout ainsi que M. Werner et les géognostes de son école appliquent le mot de formation.

M. Werner considère cependant aussi les formations relativement à la nature des roches qui les constituent, mais alors seulement comme composant des séries qui traversent toutes les époques, en se présentant, dans chacune, d'elles sous différentes modifications ou avec des caractères particuliers. Il distingue à cet égard trois séries principales de formations.

1.° La série des formations schisteuses comprend le granite, qui passe d'une part à la syénite et au porphyre, d'autre part au gneiss; puis le micaschiste, et les schistes argileux et siliceux primitifs ou de transition, les psammites schistoïdes, les psammites (grauwacke, grès des houillères, etc.) et les grès de toutes les époques.

2.° La série des formations calcaires comprend les calcaires primitifs, de transition et secondaires.

3.° La série des formations trappéennes comprend les diabases ou diorites (*grünstein*) et amphibolites grenus, porphyroïdes et schistoïdes, les trapps de transitions, cornéennes, variolites ou amygdaloïdes, et les *trapps secondaires* qui renferment les basaltes, les porphyres basaltiques, le *graustein*, le *klingstein* et le *porphyr schieffer*, les tufs basaltiques, etc., roches dont laplupart sont regardées comme volcaniques par les géognostes français. — Les porphyres, les serpentines, les gypses, la houille ou plutôt les combustibles charbonneux, etc., constituent de petites séries de formations qui sont comme subordonnées aux grandes séries précédentes.

M. Werner admet aussi : 4.° Une série de formations volcaniques composées de produits de volcans dont l'existence ancienne est évidente, et de volcans aujourd'hui en activité.

Le plus grand nombre des minéralogistes déterminent aujourd'hui les formations d'une manière un peu plus spéciale, et en prenant en considération les deux points de vue sous lesquels on vient de les envisager.

C'est dans ce sens que l'on dit qu'on connoît plusieurs formations de granite primitif et une formation de granite de transition ; parce que le granite s'est présenté, soit situé au-dessous de toutes les autres roches, soit alternant avec l'eurite (*Weisstein*), soit en bancs dans le gneiss, soit au-dessus de divers terrains de transition, soit en filons ; que les terrains calcaires présentent une ou plusieurs formations primitives en bancs dans le gneiss, dans le micaschiste ou dans les schistes ou phyllades, au moins deux formations de transition dont l'une constitue des montagnes entières et l'autre des bancs dans le terrain de grauwacke et de schiste, et un assez grand nombre de formations secondaires, dont les principales sont désignées sous les noms de calcaire alpin, calcaire du Jura, calcaire coquillier (*muschelkalk*), craie, calcaire à cérites, calcaire d'eau douce, calcaire siliceux, etc.

On voit que, dans ce cas, on regarde comme constituant une *formation*, ce qui, dans la première manière de voir, n'étoit regardé que comme faisant partie du groupe auquel seul on appliquoit ce mot.

Dans l'étude spéciale de chaque terrain ou de chaque localité, on subdivise encore, et on emploie souvent le mot *formation* pour désigner les différens membres d'une formation générale. De semblables observations de détail, répétées avec soin dans un grand nombre de lieux divers, sont les seuls fondemens sur lesquels on puisse espérer bâtir quelque jour un système raisonnable de géognosie, et elles ne peuvent offrir que des avantages, si l'on se garde bien de vouloir conclure trop précipitamment du particulier au général.

Il faut remarquer, en effet, que, considérées sous le premier point de vue, les formations se retrouvent les mêmes, et disposées de la même manière, dans les parties du globe les plus éloignées les unes des autres. L'ordre général des terrains, la manière dont ces terrains sont composés, le type qui caractérise chaque formation d'après les principes de l'école allemande, ont été reconnus dans la chaîne des Andes, par M. de Humboldt, analogues à ce qui a été observé depuis long-temps en Allemagne. Mais il cesse d'en être ainsi, aussitôt qu'on descend aux observations de détail: on trouve alors souvent, dans la même formation, des circonstances particulières, des caractères propres à chaque localité. Quelquefois aussi on observe des formations entières qui ne se représentent en aucune autre contrée; mais alors le domaine de ces formations est en général circonscrit à un petit espace. Il importe donc beaucoup de distinguer avec soin les *formations locales* des *formations généralement répandues*, et de ne pas tirer, des observations faites sur les premières, des conséquences qui ne trouveroient point ailleurs leur confirmation. Entre ces deux classes de formations, on peut en désigner une troisième sous le nom de *formations circonscrites*; elle comprend les formations qui se retrouvent les mêmes dans différens pays, mais qui, dans chaque localité, n'occupent qu'un espace peu considérable, et borné de tous côtés par les autres terrains.

On observe dans tous les pays des formations circonscrites. Les formations locales sont moins répandues: il en existe cependant un plus grand nombre qu'on n'a paru le croire jusqu'ici: il en existe probablement dans tous les âges des terrains.

Telle manière d'être du granite, qui paroît contraire à tout ce qui est connu ailleurs sur cette roche, doit se rapporter sans doute à une formation purement locale; tel terrain calcaire qui remplit une vallée entière, et qu'on ne retrouve point en d'autres pays, est le produit d'une semblable formation. Les formations locales sont plus frappantes dans les pays de montagnes où leur étendue est plus bornée; elles le sont surtout, lorsqu'elles présentent des débris ou des empreintes de corps organisés qu'on n'est pas habitué à rencontrer à l'état fossile.

La roche de topaze du Voigtland, que les minéralogistes allemands classent dans le nombre des *terrains* primitifs, paroît être le produit d'une formation purement locale; car on ne la cite dans aucun autre pays. Elle semble former, à la montagne de *Scheckenstein*, un amas transversal très-puissant dans le micaschiste.

Le terrain de *Locle*, dans la principauté de Neuchâtel, a été cité comme exemple remarquable d'une formation locale. Il remplit un petit vallon, élevé de cinq cent cinquante mètres au-dessus du lac de Neuchâtel et de près de mille mètres au-dessus de la mer, fermé de tous côtés par les montagnes calcaires du Jura, et dont les eaux ne s'écoulent que par un conduit souterrain. Sur le calcaire, dit calcaire du Jura, repose une brèche formée de gros fragmens calcaires anguleux, analogue à la brèche nommée en Suisse *Nagelfluhe*; puis un calcaire marneux en couches puissantes, qui renferme de petits bancs de silex corné d'un gris de fumée. Le silex et le calcaire marneux contiennent une grande quantité de coquilles fluviatiles dont les tests ont conservé leur état naturel, et des empreintes de roseaux. Sous le silex corné se trouve, dit M. de Buch, une petite couche d'opale d'un brun noirâtre, à cassure parfaitement conchoïde, (c'est probablement un silex résinite des minéralogistes français), puis une couche mince de schiste bitumineux noir, rempli d'empreintes de roseaux; puis des couches peu épaisses d'un combustible charbonneux annoncé comme *houille*, mais qui doit probablement être rapporté au *lignite*. Il renferme de petites coquilles d'eau douce en grande quantité. Cette formation paroît se rattacher à celle du lignite d'eau douce qu'on retrouve dans un assez grand nombre de pays, mais à Locle elle est au moins extrêmement *circonscrite*.

Il existe aux environs d'Œnningen, près du lac de Constance, une formation locale, célèbre par la grande quantité de débris de corps organisés de toute classe qu'on y a trouvés dans les couches d'un calcaire schisteux quelquefois bitumineux, et dont beaucoup paroissent analogues aux êtres qui existent encore dans les environs. On a voulu tirer, de cette disposition locale, des conséquences générales, sur la structure de la terre, qui ont été contredites par l'observation, dans tous les autres pays. Toutes les coquilles trouvées à Œnningen sont des coquilles d'eau douce.

On présente aussi comme formations locales, les terrains de Glaris en Suisse, de Pappenheim en Franconie, qui renferment une grande quantité d'empreintes de poissons et de coquilles; mais des terrains à poissons, qui paroissent de nature à peu près semblable, se retrouvent près de Vérone, dans les Apennins, sur les côtes d'Afrique et ailleurs.

Les formations d'eau douce, c'est-à-dire, les terrains qui renferment des débris de corps organisés dont les genres analogues ou les espèces voisines, aujourd'hui existantes, ne peuvent pas vivre dans la mer, mais seulement dans les fleuves, les lacs d'eau douce et les étangs, ou sur leurs bords, ont été d'abord considérées comme des formations locales; mais l'observation fait reconnoître de semblables terrains dans un si grand nombre de localités, qu'il paroît à peu près certain que quelque cause générale a contribué à les former. Ces formations se présentent partout en terrains circonscrits plus ou moins étendus. Pour l'indication plus complète des formations générales, *voyez* TERRAINS.

Les gîtes de minerais offrent aussi des formations très-distinctes. La même formation se reconnoît souvent dans des gîtes différens et même de différente nature. Ailleurs, plusieurs formations se rencontrent dans le même gîte. *V.* FILON et GÎTE DE MINERAIS. (BD.)

FORME (*chasse*). Nom donné à un espace de terre qu'occupe un piége tendu, de quelque espèce qu'il soit. On donne aussi ce nom à une fosse que se creusent les *Nappistes* pour avoir la facilité de tirer commodément le filet. C'est aussi le gîte du lièvre. (V.)

FORMENTONE. Césalpin donne ce nom italien au SARRASIN, *Polygonum fagopyrum.* Les Italiens nomment aussi FORMENTONE et GRANO D'INDIA, le MAÏS. (LN.)

FORME (*fauconnerie*). Ce sont les femelles des oiseaux de vol : les mâles se nomment TIERCELETS. (S.)

FORMES DES MINÉRAUX. (*V.* aux mots CARACTÈRES et THÉORIE DE LA STRUCTURE DES CRISTAUX.) (LUC.)

FORMI (*fauconnerie*). Maladie qui attaque le bec des oiseaux de vol. (*V.* l'article FAUCONNERIE. (S.)

FORMICA. (*V.* FOURMI.) (DESM.)

FORMICAIRES, *Formicariæ.* Tribu d'insectes, de l'ordre des hyménoptères, section des porte-aiguillons, famille des hétérogynes, ayant pour caractères essentiels : insectes vivant en société ; trois sortes d'individus, des mâles et des femelles ailés, et des neutres aptères ; antennes des femelles, et celles des neutres au moins, grossissant, le plus souvent, vers le bout, fortement coudées ; la longueur du premier article égalant la moitié ou le tiers de la longueur totale ; le second en forme de cône renversé, aussi long que le troisième ; premier anneau de l'abdomen en forme d'écaille ou de nœud dans les uns ; les deux premiers, noduleux dans les autres ; labre grand, corné, tombant perpendiculairement sous les mandibules.

Ainsi que l'indique sa dénomination, cette sous-famille embrasse le genre primitif de fourmi, *formica.* De tous les hyménoptères vivant en société, ces insectes sont les seuls dont les neutres soient dépourvus d'ailes. Les antennes sont plus courtes que le corps, brisées, surtout dans les femelles et les neutres, ordinairement un peu plus grosses vers le bout, simplement filiformes dans d'autres, et composées de treize articles dans les mâles, et de douze dans les autres individus ; le premier est fort long, et presque cylindrique ; le second a la forme d'un cône renversé ; l'insertion de ces organes varie. Le labre est grand, corné, presque carré et rabattu perpendiculairement, pour protéger les mâchoires et la lèvre. Les mandibules sont écailleuses, très-fortes et avancées dans les neutres et les femelles, de formes variées, mais le plus souvent triangulaires et dentées. Les mâchoires et la lèvre sont petites ; les mâchoires sont très-comprimées, coriaces, dilatées et arquées au côté extérieur et terminées par un lobe grand, demi-ovoïde ou triangulaire, fléchi ou courbé. La languette est petite, membraneuse, arrondie en forme de cuilleron ou creusée en voûte, et entière. Les palpes sont filiformes ou sétacés ; les maxillaires sont les plus longs, et ordinairement composés de six articles ; les labiaux n'en ont que quatre. La tête est en général triangulaire ou presque ovoïde, très-forte dans les neutres, et beaucoup plus petite dans les mâles ; elle offre deux yeux arrondis, entiers, plus gros dans les mâles ; ceux-ci, ainsi que les femelles, ont, de plus, trois petits yeux lisses, qui manquent ou sont très-peu distincts dans les neutres. Le tronc est presque ovoïde, comprimé sur les côtés, avec le premier segment arqué; celui des neutres est proportionnellement plus étroit et souvent inégal. Les ailes sont grandes et très-caduques ; les supérieures ont communément une cellule radiale étroite, et allongée, et deux cellules cubitales, dont la seconde atteint le bout de l'aile. Beaucoup d'espèces ont le premier anneau de l'abdomen petit, comprimé, en forme d'écaille ; dans d'autres, il a, ainsi que le suivant, la figure d'un nœud ; mais on en connoît où ce premier segment diffère peu des autres, et plusieurs *ponères* sont dans ce cas. Les pattes sont ordinairement longues et grêles et terminées par deux crochets, sans pelote. Les femelles et les neutres de plusieurs espèces, et dont les deux premiers anneaux de l'abdomen sont presque toujours noduleux, sont armés d'un aiguillon, et même assez poignant; les mêmes individus des autres, comme de celles dont le premier anneau abdominal est en forme d'écaille, n'ont point cette défense ; mais ils ont, près de l'anus, des glandes renfermant un acide particulier, que les chimistes ont appelé *formique*.

Les insectes de cette tribu, généralement désignés sous le nom de *fourmis*, ne sont que trop connus par leurs dégâts et leurs ravages. Non-seulement, plusieurs d'eux rongent les fruits de nos jardins, nuisent à la végétation par les galeries qu'ils creusent dans la terre, souvent aussi dans le tronc des arbres ; mais il en est qui pénètrent dans l'intérieur de nos habitations, et jusqu'aux parties les plus élevées, attaquent nos provisions de bouche, les sucreries surtout, et leur communiquent une odeur de musc désagréable.

Ils vivent tous en sociétés, souvent très-nombreuses, continues, et interrompues, dans nos climats seulement, par les rigueurs des hivers. Les neutres, ou les ouvriers, et qui sont des femelles dont les ovaires n'ont point reçu l'élaboration convenable, sont exclusivement chargés de tous les travaux. Ils construisent ou préparent l'habitation, nourrissent, soignent et défendent les petits, saisissent et retiennent les femelles qui ont été fécondées, et en conservant leurs œufs, assurent l'existence de nouvelles générations. Les mâles et les femelles ne se trouvent que temporairement, sous leur dernière forme, dans la fourmilière. Ils en sortent dès qu'ils ont acquis des ailes. Les premiers individus sont très-inférieurs, pour la taille, aux autres. Ils ont la tête et les mandibules proportionnellement plus petites, et les yeux plus gros. Les mâles fécondent les femelles hors de l'habitation, souvent au milieu des airs, où ils forment, avec elles, des essaims nombreux, et périssent bientôt après, sans rentrer dans leur ancien domicile, où ils ne sont plus nécessaires, le vœu de la nature étant rempli.

Ces femelles, propres à devenir mères, perdent bientôt leurs ailes, soit au moyen de leurs pattes, soit parce que les neutres les leur arrachent; ceux de ces individus qui se sont accouplés aux environs de la fourmilière, y sont souvent entraînés par les neutres et retenus captifs, jusqu'à ce qu'ils aient fait leur ponte; mais les autres, ou fondent de nouveaux établissemens, ou augmentent de la même manière ceux où ils se trouvent portés. Des auteurs prétendent qu'ils sont expulsés de l'habitation, peu de temps après leur ponte.

Les œufs sont très-petits, ronds, d'un blanc jaunâtre, et rassemblés par tas. Les larves qui en sortent, sont semblables à de petits vers blancs, gros, courts, d'une forme presque conique, sans pattes, et dont le corps est divisé en douze anneaux; sa partie antérieure est plus menue et courbée; on remarque à sa tête deux espèces de crochets, quatre petites pointes et un mamelon, presque cylindrique, mou, rétractile, et par lequel la larve reçoit la becquée. Cette nourriture doit être d'une consistance molle ou fluide; elle est une élaboration de la liqueur mielleuse ou saccharine, que les neutres recueillent auprès des pucerons ou retirent des végétaux. Des matières animales, ayant subi une préparation dans l'estomac de ces individus neutres, servent aussi d'alimens à ces larves, que le vulgaire nomme, ainsi que leurs nymphes, *œufs de fourmis*.

Les neutres ne se bornent pas à nourrir les larves. Elles les défendent contre les agressions de leurs ennemis, et veillent avec le plus grand soin à leur conservation; elles les transportent, dans les beaux jours, à la superficie extérieure de l'habitation, afin de leur procurer de la chaleur, et les descendent plus bas, aux approches de la nuit et du mauvais temps. La fourmilière souffre-t-elle quelque dérangement, elles saisissent aussitôt ces larves, pour les sauver et les mettre à l'abri.

Les nymphes, entièrement semblables à l'insecte parfait qui doit en provenir, mais de consistance molle, blanchâtres ou jaunâtres, inactives, et n'ayant que les rudimens des ailes, sont tantôt nues, tantôt renfermées dans une coque soyeuse qu'elles se sont préparée. Les neutres ont ordinairement l'attention de la déchirer lorsque la nymphe est sur le point de se développer, ou de subir son dernier changement. L'époque de cette métamorphose varie selon les espèces. Les neutres empêchent les individus qui viennent d'acquérir des ailes, de sortir, jusqu'au moment favorable, et presque toujours déterminé par une chaleur assez forte de l'atmosphère. Ils leur frayent alors des passages et leur donnent la liberté.

La plupart des fourmilières sont uniquement composées d'individus de la même espèce; mais il en est de mixtes. Les neutres se procurent, en usant de violence ou par des expéditions militaires, des individus de la même caste ou pareillement neutres, d'une autre espèce ou même de deux établies dans le voisinage, afin de leur servir d'auxiliaires. Ils les arrachent à leurs foyers, lorsqu'ils sont en état de larve ou de nymphe. Ces individus, ainsi expatriés, arrivés à leur état parfait, tantôt coopèrent simplement aux travaux du ménage, comme dans les sociétés mixtes de la *fourmi sanguine*; tantôt en sont seuls chargés, comme dans celles des *fourmis amazones* ou *légionnaires*. Les ouvrières de celles-ci ne sont propres qu'au combat et à la défense de l'habitation.

On a célébré, avec raison, la prévoyance de ces insectes, et leur amour infatigable pour le travail. Mais on se méprend, en partie, sur leur but. Ils n'amassent point des provisions de bouche pour l'hiver, puisqu'ils sont alors engourdis et incapables de prendre de la nourriture. Les grains de blé et autres différentes substances qu'ils charrient dans les beaux temps, ne sont que des matériaux de construction, et destinés à étendre et à consolider leurs ouvrages.

La forme et la nature de leurs habitations varient selon l'instinct particulier des espèces: mais en général, elles sont beaucoup plus simples que celles des autres insectes vivant en sociétés. Quelques espèces se logent dans le vieux bois, qu'elles creusent en manière de labyrinthe; d'autres habitent la terre. Parmi celles-ci, les unes ne sont que de simples maçonnes; les molécules terreuses qu'elles ont détachées sont les seuls matériaux qu'elles mettent en œuvre; mais il en est qui forment, au-dessus du sol, des monticules ou des cônes plus ou moins élevés, et qu'elles composent, non-seulement de sable, de terre, mais encore de petits morceaux de bois, de feuilles, et de tous les corps qu'elles trouvent à leur bienséance. Dans toutes ces habitations, différens chemins ou galeries conduisent à un centre principal, qui est le séjour de la famille.

Les neutres vont à la recherche des provisions, et paroissent s'instruire par le toucher et l'odorat, de l'heureux succès de leurs découvertes, s'encourager et s'aider mutuellement. Des fruits, des insectes ou des larves, des chenilles surtout, souvent même des cadavres de quadrupèdes ou d'oiseaux de petite taille, leur servent de nourriture, de sorte que si ces insectes nous sont nuisibles sous plusieurs rapports, ils nous sont utiles sous quelques autres considérations.

Je présenterai d'autres détails à l'article FOURMI.

Geoffroy, Degeer, Fabricius et Olivier ne firent aucun changement au genre *Formica* de Linnæus. Le second cependant le divisa en deux familles; les espèces de la première ont une écaille verticale sur le filet ou pédicule du ventre; dans la seconde, ce filet est composé d'une ou de deux pièces rondes, en forme de boules ou de nœuds; ces espèces ont ordinairement des pointes ou des épines sur le corselet. Déjà, dans mon *Essai sur l'histoire naturelle des fourmis de France*, j'avois cherché à faciliter, par de nouvelles observations et d'autres coupes, l'étude de ces animaux. Des recherches plus générales et plus suivies ont ensuite servi de base à la Monographie que j'ai publiée en 1802, et qui est accompagnée de figures.

J'y partage le genre fourmi, composé de plus de cent espèces, en neuf familles, dont voici l'énumération et les caractères :

1.re FOURMIS ARQUÉES, *Arcuatæ*. Point d'étranglement sensible entre le second anneau de l'abdomen et le troisième; antennes insérées près du milieu de la face de la tête; écaille lenticulaire; dos continu, arqué.

2.e FOURMIS CHAMEAUX, *Camelinæ*. Point d'étranglement sensible entre le second anneau de l'abdomen et le troisième; antennes insérées près du milieu de la face de la tête; écaille lenticulaire; dos ayant des enfoncemens.

3.e FOURMIS ATOMES, *Atomariæ*. Point d'étranglement sensible entre le second anneau de l'abdomen et le troisième; antennes insérées près du milieu de la face de la tête; écaille en forme de coin allongé.

4.e FOURMIS AMBIGUES, *Ambiguæ*. Point d'étranglement sensible entre le second anneau de l'abdomen et le troisième;

antennes insérées près du bord inférieur de la face de la tête; écaille noduleuse, arrondie, ou tronquée supérieurement.

5.e FOURMIS PORTE-PINCE, *Chelatæ*. Point d'étranglement sensible entre le second anneau de l'abdomen et le troisième; antennes insérées près du bord inférieur de la face de la tête; écaille s'élevant en pointe.

6.e FOURMIS ÉTRANGLÉES, *Coarctatæ*. Second anneau de l'abdomen séparé du troisième par un étranglement guère plus étroit que lui, point noduleux.

7.e FOURMIS BOSSUES, *Gibbosæ*. Second anneau de l'abdomen séparé du troisième par un étranglement beaucoup plus étroit que lui, noduleux comme le premier; premier article des antennes toujours à découvert; corselet élevé antérieurement.

8.e FOURMIS PIQUANTES, *Punctoriæ*. Second anneau de l'abdomen séparé du troisième par un étranglement beaucoup plus étroit que lui, noduleux comme le premier; premier article des antennes toujours à découvert; corselet presque également continu.

9.e FOURMIS CHAPERONNÉES, *Caperatæ*. Second anneau de l'abdomen séparé du troisième par un étranglement beaucoup plus étroit que lui, noduleux comme le premier; premier article des antennes se logeant dans une rainure latérale de la tête.

J'ai suivi la même méthode dans le troisième volume de mon Histoire générale des insectes, mais en formant un genre propre, sous le nom de CÉPHALOTE, que j'ai changé plus tard en celui de CRYPTOCÈRE, avec les espèces de la dernière famille, ou les *chaperonnées*. Dans les tables du 24.e et dernier volume de la première édition de ce Dictionnaire, la famille des formicaires est composée de sept genres, dont voici une exposition plus simple.

I. Pédicule de l'abdomen formé d'une écaille ou d'un seul nœud.

A. Point d'aiguillon.

FOURMI : Antennes insérées près du milieu du devant de la tête; mandibules triangulaires.

POLYERGUE : Antennes insérées près du bord antérieur de la tête; mandibules longues, étroites et arquées.

B. Un aiguillon dans les femelles et les neutres.

ODONTOMAQUE : Mandibules des neutres presque linéaires.

PONÈRE : Mandibules des neutres triangulaires.

II. Pédicule de l'abdomen formé de deux nœuds.

A. Antennes découvertes.

ECITON: Mandibules des neutres presque linéaires.

MYRMICE: Mandibules des neutres triangulaires.

B. Premier article des antennes se logeant dans une rainure latérale de la tête.

CRYPTOCÈRE.

Fabricius, dans son Système des piézates, admet le dernier genre; réunit en un, ceux d'odontomaque et d'éciton, sous le nom de *myrmecia*; sépare quelques espèces de celui que j'avois nommé myrmice, pour en former un autre, auquel il applique mal à propos, la dénomination d'*atta*, déjà employée par M. Walckenaer, dans son travail sur les aranéïdes; comprend dans son genre *formica*, une partie du mien et mes autres myrmices; et compose, avec mes autres fourmis, le genre *lasius*.

Les formicaires, dans la méthode de M. Jurine, sont distribuées en trois genres, savoir: *fourmi*, *atte* et *manique*. Le premier correspond à celui que j'appelle ainsi, et renferme en outre mes polyergues. Le dernier embrasse mes myrmices. Cet habile naturaliste ne cite presque aucune espèce exotique, parce que, comme je le présume, n'en possédant pas d'individus ailés, il ne pouvoit les classer d'après sa base systématique.

La distribution des insectes de cette tribu que j'ai présentée dans mon *Genera crustac. et insect.*, ne diffère de celle que j'ai exposée ci-dessus, qu'en ce que le genre atte est adopté, et que ceux d'odontomaque et d'éciton sont détruits; le premier forme une division des ponères, et le second est réuni avec les attes et les myrmices.

Plutôt disciple de Réaumur que de Linnæus, et voulant faire aimer la science des insectes, M. Hubert fils s'est occupé exclusivement de l'étude des mœurs des fourmis, et a, lui seul, découvert plus de faits historiques que tous les naturalistes qui l'avoient précédé depuis plus d'un siècle. Nous en rendrons compte à l'article FOURMI. *V.* cet article et ceux de POLYERGUE, de PONÈRE, d'ŒCODOME (au lieu d'*atte*), de MYRMICE et de CRYPTOCÈRE. (L.)

FORMICA-LEO. Nom latin du FOURMI-LION. *V.* ce mot. (L.)

FORMICA-VULPES. Nom donné à une larve de *diptère*, qui a les habitudes de celle qu'on nomme fourmi-lion. Nous la décrirons à l'article RHAGION. (*V.* ce mot.) (L.)

FORMICO-ICHNEUMONS. (*V.* PSOQUE, genre qui comprend un insecte désigné par plusieurs auteurs sous le nom de POU DE BOIS.) (L.)

FORNEUM. Genre établi par Adanson. C'est le même que l'ANDRYALA de Linnæus. (LN.)

FORREICH, NETECH, RAGHLEK. Différens noms arabes d'un HÉLIOTROPE, *heliotropium lineatum* (Valh) qui croît aux environs des pyramides, en Égypte. *V.* Delisle, *Egypt.* (LN)

FORRESTIA. Genre établi par M. Raffinesque Schmaltz, sur une plante trouvée aux Etats-Unis par M. Forrest, dans le Nord des Etats de New-Yorck. Ses caractères n'ont pas encore été publiés : seulement on sait qu'elle est très-proche du genre CÉANOTHE, avec cette différence qu'elle n'a que trois styles. (LN)

FORSETIE, FARSETIE, *Farsetia.* Genre de plantes établi aux dépens des ALYSSES. Il ne diffère pas de celui appelé VÉSICAIRE par Tournefort. (B).

FORSKALE, *Forskalea.* Genre de plantes, de la monoécie monandrie, et de la famille des URTICÉES, qui a pour caractères : un involucre de cinq à six divisions, laineux, turbiné, multiflore, monoïque ; neuf à dix fleurs mâles, situées à la circonférence, trois à cinq femelles au centre ; chaque fleur mâle ayant un calice squammiforme, courbé en dedans, à limbe entier et denté, et une étamine à filamens élastiques ; chaque fleur femelle ayant un ovaire à style droit, à stigmate simple, comprimé, entouré de laine, qui fait les fonctions de calice ; une semence ovale, comprimée, laineuse, à embryon droit.

Ces caractères, dont l'observation est fort difficile à voir, à raison de la laine dans laquelle les fleurs sont placées, appartiennent à des plantes annuelles, hérissées dans toutes leurs parties de poils roides, et dont les feuilles sont simples, alternes, et les fleurs petites, axillaires. Elles viennent des parties les plus chaudes de l'Afrique, et on les cultive dans les jardins de botanique de Paris. On en compte trois ou quatre espèces qui ne présentent rien d'intéressant. (B.)

FORSTERE, *Forstera.* Petite plante de la gynandrie dynandrie, et de la famille des CAPRIFOLIACÉES, qui forme seule un genre dont les caractères sont : calice double, dont l'extérieur est inférieur, plus court, situé d'un seul côté, et formé de trois folioles oblongues ; tandis que l'intérieur est supérieur, monophylle, cylindrique, divisé profondément en cinq découpures ; une corolle monopétale, campanulée, à limbe à six divisions égales et obtuses ; deux écailles ovoïdes, pétaliformes, attachées, de chaque côté, sur le style, au-dessous du stigmate ; deux étamines à filamens très-courts, qui s'insèrent sur le style entre le stigmate et une des écailles ; un ovaire ovale à style droit, terminé par deux stigmates larges et un peu barbus ; une capsule ovale, uniloculaire, et qui contient des semences nombreuses, attachées à un placenta,

Cette plante croît dans la Nouvelle-Zélande, sur le sommet des montagnes. Sa tige est herbacée, en partie couchée, rameuse, et haute de quatre à cinq lignes : ses feuilles sont petites, nombreuses, presque imbriquées, alternes ; ses fleurs sont blanches extérieurement, rouges intérieurement, et portées sur des pédoncules terminaux et solitaires.

Labillardière pense que ce genre ne doit pas être séparé de sa CANDOLLÉE.

Il y a eu une autre FORSTÈRE, à laquelle Gærtner a donné le nom d'ATHÉCIE. (B.)

FORSTERIA. Scopoli donne ce nom au genre BREYNIE (*V.* ce mot), établi par Forster sur un arbre qu'il découvrit dans l'île de Tanna et à la Nouvelle-Calédonie. Ce *breynia* n'est pas le *breynia* de Plumier, lequel rentre dans le genre CAPRIER. (LN.)

FORSYTHIE, *Forsythia.* Genre de plante établi par Vahl dans la diandrie monogynie, et dans la famille des JASMINÉES, sur une plante du Japon, que Thunberg avoit placée parmi les LILAS.

Il a pour caractères: un calice divisé en quatre parties, et une corolle campanulée à quatre divisions.

La *forsythie* a les rameaux tétragones, grimpans, opposés ; les feuilles opposées, pétiolées, ovales, dentées ; les fleurs jaunes, presque solitaires et opposées aux bourgeons ; le fruit n'est pas connu.

Jussieu appelle ce genre RANGION.

Walter avoit donné le même nom à un arbuste de la Caroline, que j'ai prouvé être le DÉCUMAIRE de Linnæus. (B).

FORT (*vénerie*). Endroit du bois épais et fourré. (S.)

FORTERESSE. C'est une PATELLE, *Patella granatina.* (B.)

FOSSA. Les habitans de Madagascar donnent ce nom à la CIVETTE FOSSANE. (DESM.)

FOSSANE. Mammifère du genre des CIVETTES, qui se rapproche principalement de la genette. Elle est figurée pl. D. 25 de ce Dictionnaire. *V.* l'art. CIVETTE. (DESM.)

FOSSAR. Coquille du Sénégal, qui, par ses caractères, est intermédiaire entre les HÉLICES et les NATICES : c'est cependant dans ce dernier genre qu'elle doit être placée. (B.)

FOSCARENIA, *Vand.* Genre de plante qui appartient à la tétrandrie, et dont les seuls caractères connus sont : calice adhérent, à quatre découpures égales ; corolle monopétale en entonnoir ; quatre longues anthères presque sessiles, attachées à l'orifice de la corolle ; drupe monosperme. (LN.)

FOSEI. Nom donné, au Japon, au PISSENLIT (*leontodon taraxacum*, L.). (LN.)

FOSSELINIE, *Fosselinia.* Nom donné par Allioni à

la plante qui forme actuellement le genre CLYPÉOLE. (B.)

FOSSETTE. Espèce de chasse que les bouviers font pendant l'hiver. On nomme ainsi des trous faits dans les haies que fréquentent les *merles* et les *grives*. Ces trous ont quatre ou cinq pouces de profondeur, sur douze de long et six ou sept de large ; on les couvre avec un gazon ou une tuile que l'on tient élevés par le moyen d'un morceau de bois en forme d'un quatre de chiffre. On y met pour servir d'amorce, du chènevis, du blé, des vers de terre, des baies de genièvre. (V.)

FOSSILES. Nom que les anciens minéralogistes et quelques naturalistes allemands donnent à toutes les substances qu'on tire du sein de la terre, quelles que soient leur nature et leur origine : pierres, métaux, pétrifications, etc. Mais les naturalistes français désignent spécialement sous le nom de fossiles, les corps organisés qu'on trouve enfouis dans les couches de la terre, depuis des temps dont on ne peut soupçonner l'ancienneté, la plupart paroissant même fort antérieurs à l'existence de l'espèce humaine. (PAT.)

Les fossiles s'observent à différens états : tantôt ce sont les parties solides elles-mêmes des êtres enfouis, qui sont conservées, mais dont la substance est altérée de diverses manières ; tantôt ces corps ont disparu, mais la cavité qu'ils avoient laissée dans les couches qui les renferment, s'est ensuite remplie d'une substance nouvelle dont la nature varie, et qui en reproduit le *moule ;* d'autres fois encore, il n'existe ni corps, ni moule, mais seulement des empreintes, des traits, des linéamens qui démontrent incontestablement que les pierres où on les observe, contenoient des corps organisés à l'époque de leur formation.

Les fossiles d'animaux vertébrés sont toujours des portions plus ou moins complètes de leur charpente osseuse. Ceux des animaux sans vertèbres consistent dans les enveloppes calcaires plus ou moins solides, que beaucoup d'entre eux produisent par excrétion, et qui leur servent de demeure, ou qui protégent leur corps en tout ou en partie.

Les fossiles végétaux sont ordinairement des troncs ligneux pétrifiés, des noyaux ou autres semences plus ou moins solides ; des empreintes de feuilles disposées entre les feuillets de pierres fissiles, comme des plantes dans un herbier.

Les fossiles d'animaux mammifères consistent en ossemens de toute espèce, et en dents qui paroissent se conserver encore mieux que les os. On trouve aussi des fragmens de *bois*, ou de ces cornes caduques qu'on n'observe que dans les espèces du genre des cerfs; mais jamais on ne rencontre de substances cornées, telles que sabots, ongles, cornes proprement dites, fanons de baleine, etc. — Ceux des oiseaux, bien moins nombreux, et bien moins conservés, offrent diverses parties du squelette, mais jamais ni bec, ni ongles, ni plumes. Il en est de même des reptiles ; et parmi ceux-ci, les tortues présentent toutes les pieces de leur carapace, mais point l'écaille qui la recouvre ; les especes de ces reptiles sont aussi peu communes que celles des oiseaux, mais quelques-unes sont remarquables par leur taille et par leurs caractères. Parmi les poissons, les cartilagineux ne laissent aucune trace de leur squelette, et l'on ne trouve d'eux, que ces dents isolées qui sont connues sous les noms vulgaires de langues pétrifiées ou glossopètres (1). Les poissons osseux, au contraire, offrent des débris solides fort nombreux.

Dans la classe des mollusques, des becs de sèches et des portions de l'os intérieur que présente ces animaux: de nombreuses coquilles univalves, bivalves ou multivalves: des fragmens de test d'oscabrions, des valves d'anatifes, et des demeures coniques de balanes, sont les corps qui se trouvent le plus ordinairement dans les couches de la terre.

Les annelides n'offrent que des tuyaux de serpules et de dentales, si toutefois les animaux de ces dernières sont bien annelides.

Les crustacés se présentent assez souvent pétrifiés, et le plus ordinairement, leur test est bien conservé : mais leurs pattes manquent presque toujours, et se retrouvent isolément.

Les insectes que l'on peut regarder comme fossiles, sont ceux que renferment les fragmens d'ambre jaune ou de succin, puisque cette substance elle-même est renfermée dans des couches assez anciennes: ces insectes sont très-bien conservés dans cette matiere bitumineuse, et paroissent ne pas avoir éprouvé la moindre altération.

Aucun des vers dits *intestinaux*, n'a été rencontré à l'état de fossile.

Mais les radiaires sont au contraire très-abondans ; les oursins se trouvent fréquemment pétrifiés ainsi que leurs pointes : et les madrépores ou polypiers pierreux sont, avec les coquilles, les productions les plus abondantes que renferment les couches de la terre.

Parmi les végétaux fossiles, on trouve des plantes monocotylédones, dicotylédones et acotylédones. Les feuilles que comprennent les lits de pierres feuilletées, appartiennent le plus souvent à des plantes de la famille des fougères : et l'on a pu déterminer assez bien des feuilles de gallium, de pla-

(1) Les couches de Monte Bolca seulement présentent dans les feuillets de la pierre qui les compose, des vestiges de *raies* ; mais le squelette y manque également.

tanes, de saules, etc., etc. On a reconnu parfaitement le bois de palmier à l'état de pétrification, ainsi que celui de quelques arbres dicotylédons. On a trouvé des noix, des cônes d'arbres verts, des fruits et des tiges de charagnes, etc.

Les différens fossiles ont reçu des noms particuliers. Ainsi, on appelle *anthropolites* de prétendus squelettes humains fossiles, *amphibiolites* les débris de reptiles, *ornitholites* ceux des oiseaux, *ichthyolites* ceux des poissons, *crustacites*, *cancrolites*, *astacolites* ceux des crustacés, *entomolithes* ceux des insectes, *carpolites* et *phytolites* ceux des fruits ou des feuilles, etc.

Lorsque les fossiles consistent en parties solides de corps organisés, tantôt ils n'ont aucunement changé de nature et présentent les mêmes principes à l'analyse, et la même structure que les corps analogues vivans; mais très-souvent on observe des altérations plus ou moins sensibles.

Ainsi, pour les ossemens, ordinairement la gélatine a disparu en presque totalité, et il ne reste plus que le phosphate calcaire; quelquefois l'oxyde de cuivre s'y introduit, et alors les os deviennent des turquoises; d'autres fois encore, ils se pénètrent de bitume, de mercure sulfuré, de substances pyriteuses, salines, etc.

Quant aux coquilles, il arrive souvent qu'elles ont perdu leur drap marin et leurs couleurs, et quelquefois que les lames de matière calcaire dont elles sont formées, se sont écartées les unes des autres; ce qui augmente beaucoup leur épaisseur.

Quant aux *moules* de ces coquilles, et quant à ceux des polypiers, ils sont formés, ou de substances semblables à celles de la couche dans laquelle on les observe, ou de substances différentes. Ainsi, par exemple : tantôt des bancs d'argile ou de pierre calcaire contiennent des moules d'argile ou de pierre calcaire, absolument identiques à leur nature; d'autres fois leur substance seulement a plus de solidité, tandis que dans certaines circonstances elle en a moins. Souvent des couches calcaires renferment des moules siliceux, pyriteux ou de fluate de chaux, etc.

Les moules des coquilles sont de plusieurs sortes. Tantôt ils représentent les formes extérieures de ces corps, et tantôt ils n'offrent que celle de la partie interne ou de la partie vide de ces mêmes coquilles. Dans ce dernier cas ils sont libres dans une cavité dont les parois sont marquées des formes extérieures de la coquille, et le vide qui existe est exactement l'espace qu'occupoit la coquille elle-même, avant d'avoir disparu. — On peut donc diviser les moules en *intérieurs* et *extérieurs*.

Il arrive souvent que cet espace vide entre le moule intérieur et l'empreinte extérieure de la coquille, a été rempli par une cristallisation calcaire, à lames bien distinctes, qui semble être elle-même la coquille, quoiqu'elle n'en soit que la représentation. C'est principalement ce qu'on observe dans les oursins de la craie, dont l'intérieur est souvent rempli de matière siliceuse (1).

Les fragmens de bois trouvés à l'état fossile n'offrent plus rien des élemens constitutifs du bois; ils sont toujours à l'état de pétrification, et, ce qui mérite d'être remarqué, c'est qu'ils sont toujours changés en matière siliceuse.

Enfin les fossiles de telle nature qu'ils soient, n'ont pas toujours été conservés dans le sein de la terre, tels qu'ils ont été déposés. Dans beaucoup de cas on observe qu'ils sont déprimés et comme écrasés et rompus, soit par l'effet d'un déplacement de la couche qui les contient, lorsqu'elle venoit de se former et qu'elle étoit encore molle; soit par la compression que cette couche a éprouvée par l'effet du poids des masses qui lui sont superposées. (DESM.)

Les fossiles qui sont incomparablement plus multipliés que tous les autres, sont les coquilles et autres productions marines; elles forment à elles seules une portion considérable de la matière calcaire dont les couches les plus récentes sont composées, ce qui a fait penser à Buffon et à quelques autres auteurs, que toute matière calcaire provenoit des débris de corps marins; mais cette hypothèse est complétement détruite par l'observation; car, indépendamment des roches calcaires *primitives* qui sont évidemment antérieures à toute espèce d'organisation animale ou végétale, et dont l'existence remonte à l'époque même de la formation du globe terrestre, on observe que les couches calcaires secondaires les plus anciennes, et qui sont en même temps les plus puissantes, ne contiennent que des vestiges extrêmement rares de corps marins, dont l'existence commençoit à peine quand ces premières couches ont été formées.

Le nombre des corps marins augmente ensuite graduellement, de sorte que l'abondance de ces fossiles est, suivant la remarque de Saussure (§ 605), en raison inverse de l'ancienneté des couches qui les contiennent. Une autre observation curieuse qui a été faite par M. Cuvier, c'est que les corps organisés fossiles, de toute espèce, diffèrent d'autant plus de ceux qui vivent aujourd'hui, que les couches où ils se trouvent sont d'une plus haute antiquité. La plupart des fossiles un peu

(1) On a regardé comme des fossiles d'éponges et d'autres substances animales marines, les masses de silex noir qu'on trouve dans cette même craie.

anciens n'ont plus d'analogues vivans, et ceux qui se rapprochent des espèces actuelles par leurs formes, les surpassent de beaucoup en grandeur; parmi les poissons surtout, cette différence de volume est quelquefois énorme.

Ces divers faits ont donné naissance à beaucoup d'hypothèses de révolutions et de catastrophes; tandis que ce ne sont que de simples effets des changemens graduels et insensibles arrivés à la surface du globe terrestre, et surtout de la diminution de l'Océan, opérée par la décomposition continuelle de ses eaux.

Les fossiles, considérés dans leurs rapports avec l'histoire de la terre, se divisent suivant l'ordre des temps où ils ont commencé d'exister.

Il paroît que les premiers êtres vivans qui se formèrent dans l'Océan, furent quelques petits coquillages; ce sont du moins les seuls animaux qui nous aient laissé des traces certaines de leur existence dans les plus anciennes couches *secondaires*.

Quand la surface de l'Océan se fut assez abaissée pour permettre à la lumière de parvenir aux sommités des montagnes, il s'y forma quelques zoophytes à corps solide et à demeure fixe; et ceux-ci se multiplièrent ensuite progressivement, de même que les coquillages, à mesure que les rayons solaires purent exercer leur action vivifiante sur des espaces plus étendus dans le fond des mers.

Parurent ensuite les poissons, et enfin les amphibies.

Lorsque, par l'abaissement graduel de la mer, les terrains les plus élevés eurent été mis à découvert, ils produisirent d'abord des fougères, des roseaux, et quelques autres plantes de cette nature : ce sont les plus anciens végétaux dont il reste des vestiges; on les trouve communément dans les schistes bitumineux qui accompagnent les couches de houille ou de charbon de terre. *V.* HOUILLE.

Les grands végétaux, les arbustes et les arbres, n'ont été formés que lorsqu'une partie considérable des éminences du globe a été abandonnée par la mer, et long-temps exposée aux influences de l'atmosphère et des eaux courantes qui commençoient à ruisseler de toutes parts.

C'est à la même époque où commença le règne des animaux terrestres; aussi les débris des uns et des autres ne se trouvent-ils que dans les couches les plus modernes.

L'espèce humaine, qui est la plus récente comme la plus parfaite des productions de la nature, n'a paru qu'après tous les autres corps organisés, et l'on n'a pas un seul exemple d'ossemens humains trouvés dans les couches formées par la mer. Ceux qu'on avoit regardés comme tels, ont été reconnus pour des os de cétacés ou de reptiles. (PAT.)

On peut ajouter à ce qui vient d'être dit, qu'après la retraite de la mer de dessus les continens, et avant que les vallées se fussent complétement formées, les eaux pluviales ont dû s'amasser dans beaucoup de lieux, et former de vastes lacs, dont les dépôts ont donné lieu à ces terrains peu remarqués jusqu'à ces derniers temps, et qui ont reçu le nom de *terrains d'eau douce*, parce que les fossiles qu'ils renferment sont très-semblables aux corps que nous connoissons vivans dans les amas d'eau non salée; ce qui doit faire présumer qu'ils ont vécu dans un liquide de même nature.

On a dit souvent et l'on a répété que la plupart des fossiles ont leurs analogues vivans, mais dans les grandes profondeurs des mers ou dans des mers très-éloignées. Cependant l'observation la plus approfondie conduit bientôt à faire reconnoître une foule de différences entre les corps fossiles et ceux qu'on regarde comme leurs analogues vivans. Nous avons traité ce sujet avec quelques détails, à l'article *animaux perdus*, auquel nous renvoyons, afin de ne pas nous répéter ici.

Les nombreuses recherches de M. Cuvier sur les fossiles des animaux vertébrés, nous ont mis à même d'augmenter cette édition d'un extrait détaillé de ses nombreux Mémoires à ce sujet. Nous avons toujours traité des fossiles à la suite des articles qui ont pour objet les genres dont il existe des espèces vivantes; et nous avons décrit à part ceux de ces fossiles dont les genres ne nous étoient pas connus au moment de leur découverte. Ainsi pour les mammifères, nous renvoyons aux mots ANTHROPOLITHES, OURS FOSSILES, MANGOUSTES FOSSILES, HYÈNES FOSSILES, CHIENS FOSSILES, CHATS FOSSILES, DIDELPHES FOSSILES, CAMPAGNOLS FOSSILES, PIKAS FOSSILES, CASTORS FOSSILES, ÉLÉPHANS FOSSILES, RHINOCÉROS FOSSILES, HIPPOPOTAMES FOSSILES, TAPIRS FOSSILES, COCHONS FOSSILES, CHEVAUX FOSSILES, LAMANTINS FOSSILES, DAUPHINS FOSSILES, etc., qui ont tous des rapports marqués avec les articles qui traitent de ces genres d'animaux; et nous renvoyons également à ceux de MÉGATHERIUM, de MÉGALONYX, de PALŒOTHERIUM, d'ANOPLOTHERIUM et de MASTODONTE, l'histoire des fossiles dont les analogues, (même de genre), ne nous sont point connus.

Comme les caractères des oiseaux pétrifiés sont toujours fort difficiles à apprécier, et qu'il est par conséquent presque impossible de déterminer les genres auxquels ils ont appartenu, nous en traiterons dans un article général, celui des OISEAUX FOSSILES ou ornitholites.

Les reptiles, à l'état fossile, présentent plusieurs genres bien caractérisés, et dont un seul est inconnu aux naturalistes; c'est celui du lézard à ailes de chauve-souris d'Aischtedt, qui a reçu le nom de PTERO-DACTYLE; les autres sont décrits aux articles TORTUES FOSSILES, CROCODILES FOSSILES, MONITORS FOSSILES, SALAMANDRES FOSSILES, etc.

Quant aux poissons que renferment les couches feuilletées de certains cantons, quoiqu'on en ait donné de nombreuses figures en apparence exactes, on est bien loin de les avoir décrits avec le soin et la méthode convenables. Aussi serons-nous obligés, comme pour les oiseaux pétrifiés, d'en traiter dans un article général. *V.* POISSONS FOSSILES.

La plupart des genres de mollusques offrant des coquilles vivantes et des coquilles fossiles, leurs descriptions ont été assez généralement réunies dans les articles des genres de ces coquilles; il en est cependant quelques-unes dont les analogues nous sont tout-à-fait inconnus et qui ont été décrites à part: comme les AMMONITES, les BACULITES, les NUMMULITES, les ORTHOCÉRATITES, les BÉLEMNITES, etc. On trouvera aussi aux articles CONCHYLIOLOGIE, COQUILLAGE et COQUILLE, des notions fort instructives sur les coquilles fossiles, et notamment sur les moyens de distinguer les espèces de mer de celles qui sont terrestres et de celles d'eau douce; notions très-importantes pour ceux qui se livrent à l'étude des terrains de formation récente.

Dans notre article CRUSTACÉS FOSSILES, nous avons décrit, avec un soin particulier, toutes les espèces de ces animaux enfouis dont nous avons pu étudier les restes; nous les avons classés par genres et par ordres, et nous avons joint à notre travail l'extrait de celui que M. Brongniart a communiqué à l'Institut de France sur les crustacés branchiopodes qui ont reçu le nom de TRILOBITES et d'ENTOMOLITHES.

Dans l'article INSECTES FOSSILES, nous ferons connoître le résultat de nos recherches et de nos observations sur les insectes contenus dans le succin, ou dans quelques pierres calcaires feuilletées.

Enfin, pour compléter l'indication des différens articles de ce Dictionnaire, qui ont pour objet la description des fossiles d'animaux, nous indiquerons les articles OURSIN, ETOILE DE MER, ASTROÏTES, CARYOPHILLITES, MADRÉPORITES, FONGITES, ALCYONS PÉTRIFIÉS, etc., ainsi que les articles POLYPIERS et MADRÉPORES, où l'on trouvera des renvois à beaucoup d'autres qu'il nous est impossible de citer ici.

A l'article VÉGÉTAUX FOSSILES, on fera connoître le résultat des recherches des naturalistes sur ces corps organisés enfouis.

Pendant très-long-temps les naturalistes se sont occupés à recueillir des fossiles, à les décrire et à les faire figurer; mais ils n'avoient pour objet que de faire connoître quelques espèces de plus, ou seulement de prouver que les lieux les plus élevés où ils rencontroient ces fossiles, avoient dû être couverts par la mer. Langius, Bourguet, Guettard, Knorr, Scheuchzer et une foule d'autres, sont dans ce cas; mais leurs ouvrages ont, depuis fort peu de temps, acquis un degré d'utilité dont on ne les croyoit pas susceptibles; c'est-à-dire, depuis qu'on applique la connoissance des fossiles à la distinction des couches de la terre, afin de pouvoir déterminer, d'une manière certaine, l'ordre de superposition relative de ces couches.

Le Bulletin de la Société philomathique renferme, à ce sujet, un extrait fort concis d'une dissertation, sur l'*Histoire naturelle des pétrifications, sous le point de vue de la Géognosie*, par M. Schottheim, que nous croyons devoir rapporter ici afin de compléter cet article.

« Depuis quelques années, y est-il dit, les naturalistes soupçonnent dans la succession des phénomènes de la formation du globe, l'existence de deux lois générales et importantes: 1.º une différence presque totale entre les corps organisés qui vivent actuellement à la surface du globe, et ceux dont on trouve les dépouilles enfouies dans des couches; 2.º des différences remarquables entre les dépouilles enfouies à diverses profondeurs et à diverses époques dans les couches du globe.

« Leibnitz, Michoelis, professeur de Goëttingue; Deluc, Werner, Blumenbach, de Buch, etc., ont avancé quelques idées sur l'existence de ces lois; mais personne n'avoit encore entrepris de les prouver par des recherches particulières et convenablement dirigées. Tant qu'on ne décrivoit les pétrifications que d'une manière vague et non systématique, tant qu'on ne désignoit celles qui se présentoient dans les diverses couches que par des dénominations générales, il n'étoit pas possible d'arriver à admettre ou à rejeter les lois dont l'existence étoit soupçonnée. C'est aux travaux de M. Cuvier, remplissant la double condition de la détermination précise des *espèces* fossiles et de celle des *terrains* qui les renfermoient; c'est à la méthode suivie dans la description géognostique des environs de Paris, qu'est dû un des plus grands pas que la géologie ait faits dans cette direction.

« M. Schlottheim, qui, en 1804, avoit déjà décrit avec

précision, et figuré un grand nombre d'empreintes de plantes fossiles, et qui, dans cet ouvrage, avoit déjà émis son opinion sur l'importance de la détermination précise des pétrifications pour l'étude de la géognosie, vient d'aider très-efficacement les progrès de cette science, fondés sur la considération des corps organisés fossiles.

« Il a, le premier, présenté le tableau général de l'énumération des pétrifications qui paroissent être propres à chaque sorte de terrain. Il n'a pu, il est vrai, qu'ébaucher ce tableau, parce que, ainsi qu'il le dit lui-même, les matériaux nécessaires à ce travail ne sont encore ni assez nombreux, ni assez bien préparés, pour qu'on puisse présenter autre chose qu'une ébauche.

« M. Schlottheim, en donnant dans ce Mémoire une liste des pétrifications qu'il croit particulières à chaque terrain, ne se contente pas d'indiquer ces pétrifications par de simples noms génériques, mais il les désigne par des noms d'espèces. Tantôt il prend ces noms dans les auteurs systématiques, tantôt il assigne des noms à des espèces décrites ou figurées par des auteurs connus; dans d'autres circonstances, il paroît que ses dénominations se rapportent à des descriptions qui lui sont particulières, et qu'il ne fait pas connoître; et, dans ce cas, ces citations deviennent beaucoup moins utiles.

« Malgré l'importance de ce Mémoire, comme il n'est guère susceptible d'être extrait, à cause de ces longues listes qui en font la partie essentielle, nous nous contenterons de le faire connoître, en indiquant, pour chaque terrain, les pétrifications qui nous paroissent les plus caractéristiques.

« *Terrains de transition.*—Pétrifications des psammistes schistoïdes (Grauwake). On y trouve quelques ammonites trop imparfaites pour être déterminées, des coralliolites, de grandes orthocératites, l'*orthoceratites gracilis* de Blumenbach, quelques moules de coquilles mal conservés, des empreintes de plantes analogues aux roseaux, et des tiges de palmiers qui paroissent différens de ceux des houilles. Dans le schiste argileux de ces mêmes terrains, se trouvent le *trilobites paradoxus*, les hystérolithes, qui paroissent être les noyaux des *terebratulites vulvarius* et *paradoxus*. M. Schlottheim en exclut les véritables trochites, qui sont des portions d'encrinites. Dans le calcaire de transition se présentent des madrépores en abondance, dont les espèces ne sont pas assez caractérisées pour être déterminables; des *coralliolites orthoceratoïdes* de Picot Lapeyrouse, l'*echidnis diluviana* de Montfort, des espèces de trilobites, l'*orthoceratites anachoreta*, l'*ammonites annulatus*. M. Schlottheim assure n'avoir vu aucun véritable trochite ou portion d'encrine dans le calcaire de transition.

« *Terrain de sédiment.* — L'auteur rappelle, à l'occasion des empreintes de plantes qu'on observe dans les terrains houillers, ce qu'il a dit à ce sujet dans sa *Flore de l'ancien monde.* Il n'a vu, dans ces terrains, aucune trace d'animaux marins, et il n'y connoît d'autre coquille que le *mytilus carbonarius*, qui, suivant lui, a pu vivre également dans l'eau marine, ou dans l'eau douce. Il a remarqué, parmi les végétaux, des empreintes qui paroissent dues à un *casuarina* (*V.* FILAO.), et il fait observer que les fruits du palmier qu'on y rencontre quelquefois, sont très-différens de ceux qu'on trouve dans le lignite terreux de Liblar, près Cologne. Enfin, il dit que tous les végétaux des terrains houillers qu'il a eu occasion de voir, présentent ces deux considérations remarquables, qu'ils sont à très-peu près les mêmes par toute la terre, et que partout ils appartiennent aux genres qui vivent actuellement dans les pays méridionaux.

« Les ammonites et les nummulites de Lamarck (lenticulites de l'auteur) sont, suivant M. Schlottheim, les pétrifications caractéristiques des calcaires des Alpes. Deux seuls oursins s'y présentent : ce sont l'*echinites oculatus*, et l'*echinites campanulatus*.

« Les pétrifications du schiste bitumineux sont assez remarquables ; les poissons, et un quadrupède ovipare du genre des monitors, s'y présentent pour la première fois : les empreintes des plantes qu'on y voit n'appartiennent point aux fougères, ou du moins on n'en a pu reconnoître jusqu'à présent aucune partie bien caractérisée. On y trouve aussi un trilobite différent des précédens, de belles espèces de pentacrinites, le *gryphites aculeatus*, le *terebratulites lacunosus*, etc.

« La houille du calcaire compacte alpin (Zechstein) ne présente aucune empreinte de plante, mais souvent des coquilles. Au reste, la distinction des différentes formations de houille ne nous a pas paru établie d'une manière assez claire, pour que nous puissions rapporter à chacune d'elles les pétrifications qui paroissent leur être propres.

« Le calcaire du Jura est si riche en pétrifications, que nous ne savons lesquelles citer de préférence. L'auteur fait remarquer qu'elles se présentent principalement dans la marne, le sable, et les lits de schiste fétide posés entre les couches de ce calcaire. Il convient que, dans certains cas, ce calcaire est très-difficile à distinguer de celui des Alpes, et il dit qu'il seroit important de déterminer si les pétrifications sont les mêmes dans ces deux calcaires, ou si elles sont différentes.

» L'auteur remarque, avec tous les géognostes, que les pétrifications sont rares dans le grès; mais cependant il donne la liste d'un assez grand nombre d'espèces, qu'il tâche de rapporter aux différentes formations de grès, encore plus difficiles à distinguer que les diverses formations de houille. Le gypse, subordonné au grès bigarré, n'a offert jusqu'à présent aucune véritable pétrification.

« S'il est difficile de choisir, parmi les nombreuses pétrifications des calcaires de sédimens anciens, celles qui paroissent devoir plus particulièrement les caractériser, ce choix devient encore plus difficile à faire parmi les pétrifications innombrables de calcaire coquillier proprement dit, des géognostes allemands (Muschelflœtzkalk); aussi n'en nommerons-nous aucune. Nous ferons seulement remarquer que, d'après la liste donnée par M. Schlottheim, les oursins y sont très-rares, tandis que les ammonites, les térébratules, etc., y sont très-communes.

« Dans la craie, au contraire, les oursins, ou du moins les animaux de cette famille, deviennent très-abondans, et les ammonites fort rares. M. Schlottheim rapporte à la formation de la craie le terrain de la montagne de Saint-Pierre, près Maëstricht, et par conséquent les grands reptiles sauriens qu'on y a trouvés.

« *Calcaire de sédiment nouveau, et gypse.* — C'est le terrain des environs de Paris. L'auteur renvoie à la description qu'en ont donnée MM. Cuvier et Brongniart. C'est, comme on sait, dans ces terrains qu'apparoissent pour la première fois, dans les couches de la terre, des débris d'oiseaux et de mammifères terrestres. M. Schlottheim semble rattacher, mais à tort, les terrains coquilliers friables de Grignon, Courtagnon, Chaumont, aux terrains d'alluvion, et partager l'opinion peu fondée, et qu'on peut presque regarder comme un préjugé, que ces terrains renferment beaucoup de coquilles parfaitement semblables à celles qui vivent dans nos mers actuelles.

« Les détails donnés par MM. Cuvier et Brongniart, dans leur dernier travail, dont il paroîtroit que M. Schlottheim n'avoit pas encore eu connoissance, prouvent l'antériorité de ces couches, et les différences constantes que les pétrifications qui y sont renfermées présentent avec les corps qui peuplent actuellement les mers.

« *Nouvelle formation des trapps.* — M. Schlottheim énonce sur ces terrains deux opinions que M. Brongniart avoit déjà admises. Premièrement, qu'ils sont d'une époque postérieure à celle de la formation de la craie; secondement, que les basaltes proprement dits ne renferment pas de pétrifications.

Toutes celles qu'on a fait voir à l'auteur appartenoient ou à des morceaux de calcaire enveloppés dans du basalte, ou à des fragmens de calcaire de transition altérés et poreux, qui faisoient partie de quelques couches de brèche volcanique ou *trass*, et qu'on avoit pris mal à propos pour du basalte.

« En traitant des pétrifications propres à la formation des lignites, que l'auteur regarde comme appartenant à l'époque des trapps de sédiment, et qu'il nomme *steinkohlenlager*, il dit n'y avoir jamais vu que des débris de coquilles ou de végétaux, soit terrestres, soit fluviatiles, et jamais aucune trace d'animaux marins. Il y reconnoît des empreintes de fougères semblables à celles des anciennes houilles; mais, comme il cite à cette occasion les empreintes qu'on trouve dans le minerai de fer qui accompagne en Angleterre la plupart des anciennes houilles, nous soupçonnons que, dans ce cas, l'auteur a confondu deux formations distinctes, et qui appartiennent à des époques tout-à-fait différentes; et nous persistons à croire qu'on n'a encore reconnu aucune empreinte de fougère dans les véritables formations de lignite, dans celles qui sont au-dessus de la craie, ou qui sont même quelquefois interposées en couches beaucoup moins puissantes et moins continues, soit dans la craie, soit dans le calcaire qui est immédiatement inférieur à la craie.

« L'auteur termine ce Mémoire, très-étendu et très-important, par quelques considérations générales sur l'apparition successive des corps organisés à la surface de la terre. Ces considérations sont une conséquence naturelle des faits rapportés dans son Mémoire, et que nous venons d'indiquer très-superficiellement. » *V.* l'article TERRAINS. (DESM.)

FOSSILE VERT (*Grünesfossil*, Léonhard). On a donné en Allemagne le nom de grünesfossil à un minéral de couleur verte, assez analogue au quarz granuleux vert jaunâtre, du Cantal (*Cantalit* de Karsten). Il se trouve dans la forêt de Spessart en Franconie. (LUC.)

FOSSOYEUR. Le NÉCROPHORE À POINT D'HONGRIE (*necrophorus vespillo*) a reçu ce nom, à cause de ses habitudes. *V.* NÉCROPHORE. (DESM.)

FOTEI-SOO. Nom japonais d'une espèce de CYPRIPÈDE (*Cypripedium japonicum*). (LN.)

FO-THAN-MU. Nom donné, en Chine, à une espèce de PERSICAIRE (*polygonum chinense*, L.), qui croît aussi au Japon où, suivant Thunberg, elle sert pour teindre les toiles en bleu et en vert. (LN.)

FOTHERGIL, *Fothergilla.* Petit arbuste de la polyandrie digynie, et de la famille des amentacées, dont les feuilles sont alternes, ovales, cunéiformes ou émoussées, et garnies à leur extrémité de quelques dents; dont la terminale est la plus grande; dont les fleurs, disposées en épis terminaux, sont sessiles dans l'aisselle d'une écaille concave et blanche. Toutes ces parties sont couvertes d'un léger duvet, souvent coloré.

Chaque fleur offre un calice monophylle très-court, comme tronqué, velu en dehors et persistant; point de corolle; quinze étamines saillantes, formant éventail; un ovaire supérieur, bifide, velu, chargé de deux styles terminaux à stigmate simple.

Le fruit est une capsule velue, à deux lobes coniques, biloculaire, et qui contient une semence osseuse dans chaque loge.

Cet arbuste croît naturellement en Caroline, dans les parties humides des grands bois, où je l'ai fréquemment observé. Il fleurit vers la fin de l'hiver, avant la pousse des feuilles; ses fleurs répandent une odeur forte, qui n'est pas désagréable; ses capsules sont éminemment élastiques, et lancent avec bruit leurs semences à une distance de plus d'une toise. On le cultive dans les jardins de Paris.

Aublet a figuré, sous ce nom, un arbuste qui est mentionné à l'article des MÉLASTOMES. *V.* ce mot. (B.)

FOTOK. On donne ce nom, dans le Nord, aux *crustacés* qui se fixent sur les poissons. *V.* au mot CRUSTACÉ. (B.)

FOU, *Morus*, Vieill.; *Pelecanus*, Lath. Genre de l'ordre des oiseaux NAGEURS et de la famille des SYNDACTYLES. *V.* ces mots. *Caractères :* bec robuste, plus long que la tête, un peu épais, droit, un peu comprimé latéralement, arrondi en dessus; finement dentelé en scie sur les bords; mandibule supérieure suturée, fléchie à la pointe; narines linéaires, très-étroites, oblitérées dans une rainure et très-prolongées; langue très-courte, ovale; face nue; gorge extensible; pieds posés presque à l'équilibre du corps; quatre doigts dirigés en avant et engagés dans une même membrane, les deux extérieurs les plus longs, l'externe bordé en dehors d'une petite membrane; le deuxième ongle pectiné sur le bord interne; les premières et deuxième rémiges à peu près égales et les plus longues de toutes. Les fous portant un plumage qui varie depuis leur premier âge jusqu'à l'âge avancé, il n'est pas certain que les espèces soient aussi nombreuses dans la nature que dans les ouvrages d'ornithologie. Cependant on n'a pas à ce sujet des éclaircissemens satisfaisans.

La nature a donné à ces oiseaux la force et la grandeur, une arme redoutable dans leur bec robuste, de longues ailes et des pieds entièrement et largement palmés, tout ce qu'il faut enfin pour agir et vivre dans l'air et dans l'eau; mais elle semble ne leur avoir accordé que la moitié de l'instinct qui sert au maintien de leur existence, puisqu'ils ne savent ni prévoir ni éviter ce qui peut la détruire, en fuyant, comme les autres oiseaux, à l'aspect de l'homme, leur plus dangereux ennemi. Cette indifférence au péril ne vient ni de fermeté ni courage, puisqu'ils n'attaquent ni ne se défendent, quoiqu'ils en aient tous les moyens; leur insouciance est telle, qu'ils se laissent prendre à la main sur les vergues des navires qui sont en mer, leur élément naturel, qu'on les tue à coups de bâton sur les îles ou les côtes, qu'ils ne se détournent ni ne prennent leur essor devant le chasseur, qui les assomme tous les uns après les autres, sans qu'ils cherchent à éviter ses coups. Ils ne savent pas même défendre ni conserver leur proie vis-à-vis un autre ennemi (l'*oiseau frégate*); celui-ci les suit, ou les attend sur les rochers où ils nichent, fond sur eux aussitôt qu'ils paroissent, se moque de leurs cris, et à coups d'ailes et de bec les force de regorger leur pêche, qu'il saisit et avale à l'instant. « Dès que ce *pirate*, dit Catesby (c'est ainsi qu'il désigne la frégate), s'aperçoit que le fou a pris un poisson, il vole avec fureur vers lui, et l'oblige de plonger sous l'eau, pour se mettre en sûreté; le pirate ne pouvant le suivre, plane sur l'eau jusqu'à ce que le fou ne puisse plus respirer; alors il l'attaque de nouveau, jusqu'à ce que le fou, las et hors d'haleine, soit obligé d'abandonner son poisson; il retourne à la pêche pour souffrir de nouveaux assauts de son infatigable ennemi. »

De tous les récits des hostilités des oiseaux frégates contre les fous, celui de Dampier est le plus curieux, et fait très-bien connoître le naturel des uns et des autres. « Dans les îles Alcranes, sur la côte d'Yucatan, la foule de ces oiseaux, dit-il, y est si grande, que je ne pouvois passer sans être incommodé de leurs coups de becs; j'observerai qu'ils étoient rangés par couples, ce qui me fit croire que c'étoient le mâle et la femelle...... Les ayant frappés, quelques-uns s'envolèrent; mais le plus grand nombre resta; ils ne s'envoloient point malgré les efforts que je faisois pour les y contraindre; je remarquai aussi que les *guerriers* (les frégates) et les *boubies* (les fous), laissoient toujours des gardes auprès de leurs petits, surtout dans les temps où les vieux alloient faire leur provision en mer; on voyoit un assez grand nombre de guerriers malades ou estropiés, qui paroissoient hors d'état d'aller chercher de quoi se nourrir; ils ne demeuroient pas avec les oiseaux de leur espèce, et soit qu'ils fussent exclus de la société, ou qu'ils s'en fussent séparés volontairement, ils étoient dispersés en divers endroits pour y trouver apparemment l'occasion de piller. J'en vis un jour plus de vingt sur une des îles, qui faisoient de temps en temps des sorties en plate campagne pour enlever du butin, mais ils se retiroient presque aussitôt ; celui qui surprenoit une jeune boubie sans garde, lui donnoit d'abord un grand coup de bec sur le dos, pour lui faire rendre gorge, ce qu'elle faisoit à l'instant ; elle rendoit un poisson ou deux de la grosseur du poignet, et le vieux guerrier l'avaloit encore plus vite. Les guerriers vigoureux jouent le même tour aux vieilles boubies qu'ils trouvent en mer; j'en vis un moi-même qui vola droit contre une boubie, et qui, d'un coû de bec, lui fit rendre un poisson qu'elle venoit d'avaler; le guerrier fondit si rapidement dessus, qu'il s'en saisit en l'air avant qu'il fût tombé dans l'eau. »

C'est d'après cette espèce de stupidité, que les marins et les voyageurs de toutes les nations se sont accordés à leur donner les noms de *boubie*, *booby* en anglais, *bobos* en portugais, *sula* en latin moderne ou de nomenclature, qui tous signifient *fous*, *niais*, *stupides*.

Ces dénominations conviennent aussi à plusieurs autres oiseaux des grandes mers, puisqu'ils se laissent approcher et saisir avec la même sécurité; mais cette stupidité que partagent tous les animaux qui ne nous connoissent pas, n'est qu'apparente. « Elle montre très-clairement, dit l'immortel Buffon, combien l'homme est pour eux un être nouveau, étranger, inconnu, et témoigne la pleine et entière liberté dont jouit l'espèce loin du maître qui fait sentir son pouvoir à tout ce qui respire près de lui. »

Les *fous* sont répandus sur toutes les mers, et partout ils ont le même naturel; ils pêchent en planant, les ailes presque immobiles; et tombent sur le poisson à l'instant qu'il paroît près de la surface de l'eau; ils volent le cou tendu et la queue étalée; ils ne peuvent prendre leur vol que de quelque point élevé, aussi se perchent-ils comme les *cormorans* et plusieurs autres palmipèdes. Les fous ont le vol rapide et soutenu, mais moins que les *frégates*, aussi s'éloignent-ils beaucoup moins qu'elles au large. La rencontre de ces oiseaux en mer annonce assez sûrement aux navigateurs le voisinage de quelque terre; néanmoins quelques voyageurs assurent qu'on trouve des *fous* à plusieurs centaines de lieues de terre (Feuillé, *Observations.*) De célèbres marins, Cook (*Second voyage*), la Peyrouse (*Voyage autour du Monde*), ne semblent pas les regarder, dans certaines circonstances, comme des avant-coureurs de terre sur lesquels on doit toujours se fier.

Dans mes voyages en Amérique, j'ai vu, comme Feuillé, des *fous* à une très-grande distance au large, d'après l'estime des navigateurs. La nuit seule m'en déroboit la vue ; et les retrouvant au lever du soleil à peu près dans les mêmes parages, je ne pouvois croire qu'ils eussent couché à terre et qu'ils en fussent revenus en aussi peu de temps qu'en laissoit l'intervalle d'un crépuscule à l'autre. Doutant donc qu'ils eussent pu franchir en peu d'heures plusieurs centaines de lieues, ainsi qu'on l'assuroit autour de moi, je pris le parti de les observer au coucher du soleil, et de répéter plusieurs fois mes observations. Je vis, surtout dans les calmes, que lorsque le crépuscule du soir approchoit de sa fin, les *fous*, qui pêchoient dans un même arrondissement, se réunissoient tous ensemble et se reposoient sur la mer; peut-être, comme plusieurs autres palmipèdes, pour y passer la nuit; mais ce qu'il y a de certain, c'est que, pendant ce temps, j'ai souvent entendu leurs cris; néanmoins, je suis persuadé que, lorsque la terre n'est pas éloignée, ils s'y rendent; mais ils s'en écartent beaucoup moins lorsqu'ils couvent et qu'ils ont des petits; en effet, on les voit, alors, presque toujours à une distance moindre d'une terre quelconque, et on en rencontre beaucoup moins en grande mer. Ce genre de vie, pendant et après les couvées, n'est pas étranger à divers oiseaux de mer, tels que les *frégates*, les *noddis* et autres.

Les *fous* jettent un cri fort, dont les accens participent de celui du corbeau et de l'oie; ils le font entendre ordinairement lorsque la *frégate* les poursuit, ou qu'étant rassemblés ils sont saisis de quelque frayeur subite.

C'est aux îles les plus lointaines et les plus isolées au milieu de la mer qu'on les trouve en plus grande abondance; ils y habitent par peuplades avec les *mouettes*, *les oiseaux du tropique et les frégates*, qui les suivent presque partout; c'est là qu'ils se retirent pour nicher. Les îles qu'ils préfèrent sont celles qui se trouvent d'un tropique à l'autre; cependant quelques espèces remontent au Nord jusqu'au Kamtschatka, et il y en a aux îles Feroë; mais ils n'y restent que pendant l'été, et ils retournent au Sud, avec leurs petits, aux approches de l'hiver. A l'île d'Aves, ils font leur nid sur les arbres, selon Dampier; ailleurs, on les voit nicher à terre, et toujours en grand nombre dans un même quartier; ils pondent au plus deux œufs; les petits restent long-temps couverts d'un duvet très-doux, et très-blanc dans la plupart.

Le Fou proprement dit, *Morus sula*, Vieill.; *Pelecanus sula*, Lath. Cette espèce est la plus commune; on la voit aux Antilles, en grande quantité sur l'île d'Aves, sur le roc du grand Connétable, près de Cayenne, où l'attire la multitude incroyable de poissons qui se trouvent dans les eaux qui le baignent; sur les côtes de la Nouvelle-Espagne, aux îles de Bahama, à la Caroline pendant l'été seulement, ainsi qu'à l'île de Feroë; on la rencontre encore à la Nouvelle-Guinée;

enfin il paroît que de toutes les espèces de fous, c'est la plus répandue sur le globe.

Elle est d'une taille moyenne entre celle du canard et de l'oie ; sa longueur est de deux pieds cinq pouces, et d'un pied onze pouces du bout du bec à l'extrémité des ongles ; son bec a quatre pouces et demi, et sa queue près de dix; la peau nue, qui entoure les yeux, est jaune, ainsi que la base du bec, dont la pointe est brune ; les pieds sont d'un jaune pâle ; le ventre est blanc ; tout le reste du plumage est d'un cendré brun. Tous les oiseaux de ce genre ont la queue étagée ; le jeune a la tête et le cou blancs, et mélangés d'un peu de brun.

La distribution des deux couleurs brune et blanche n'est pas constante sur tous les individus ; les uns ont la poitrine blanche comme le ventre, d'autres le ventre blanc et le dos brun, et plusieurs sont totalement bruns. Leur chair est noire et sent le marécage.

Le Fou de Bassan, *Morus bassanus*, Vieill. ; *Pelecanus bassanus*, Lath., pl. enl. n.° 278 de l'*Hist. nat. de Buffon*. La dénomination de Bassan a été donnée à ce fou, parce que l'on croyoit qu'il ne se trouvoit que dans cette île, ou plutôt au Grand-Rocher; mais l'on sait que l'on en voit aussi aux îles de Feroë, à l'île d'Alése et dans les autres îles Hébrides. Il se montre encore en Islande, en Norwége, à la Caroline, à Terre-Neuve ; il s'avance même jusqu'au Groënland, mais rarement. On assure qu'il paroît quelquefois de ces fous sur les côtes de Bretagne, et qu'on en a vu, jetés sans doute par les vents, jusqu'au milieu des terres et même aux environs de Paris. Leur pêche ordinaire est celle des harengs; cependant ils avalent aussi d'autres poissons, et leur bec s'ouvre au point de donner passage à un gros maquereau. Quoique leur chair ait un fort goût de hareng, on recherche les jeunes dans l'île de Bassan, assez pour aller les dénicher en se suspendant à des cordes et en descendant le long des rochers, seule manière de pouvoir les prendre ; l'on pourroit tuer les vieux à coups de bâton, car ils ont le caractère de la famille ; mais leur chair est fétide à l'excès. Les fous ayant les ailes très-longues et les pieds courts, ne peuvent s'envoler que posés sur une certaine élévation ; c'est pourquoi il est si facile de les prendre à la main et de les tuer de la manière dite ci-dessus. Leur ponte n'est que d'un œuf, posé à nu dans les trous de rocher. Ils quittent le Nord en automne, et passent l'hiver dans le Midi.

Ce *fou* est de la grosseur de l'oie ; sa longueur est de deux pieds onze pouces, et son envergure de cinq pieds trois pouces ; excepté une partie des couvertures et de quelques pennes des ailes qui sont brunes, tout son plumage est blanc ; l'espace entre le bec et l'œil, noir; les mandibules sont d'un cendré bleuâtre, et les pieds bruns. Dans un âge moins avancé, ce fou a le plumage d'un brun noirâtre, tacheté de blanc; la poitrine et le ventre, ondés de brunâtre sur un fond blanc; le *lorum*, le bec et les pieds jaunâtres.

Le Fou blanc, *Morus piscator*, Vieill.; *Pelecanus piscator*, Lath. est un peu plus gros que le fou commun; il a de longueur deux pieds sept pouces; le bec long de cinq pouces; cinq pieds deux pouces de vol; tout son plumage est blanc, excepté quelques pennes des ailes et une partie des couvertures qui sont brunes; l'espace nu entre le bec et l'œil est rouge, et cette couleur teint le bec et les pieds.

Cette espèce habite dans les mêmes lieux avec le fou proprement dit: elle paroît être moins stupide, ne se perche guère sur les arbres, et vient encore moins se faire prendre sur les vergues des navires. Le capitaine Cook a vu des fous blancs à l'île de Norfolk.

Le Fou du Brésil, pl. 18 du Voyage du capitaine Reen Krusenstern autour du monde, est brun en dessus, avec des reflets bleus autour de la base du bec et sur le dos; le ventre et les parties postérieures sont blancs; le bec et les pieds bleuâtres. Il se rapproche du *petit fou de Cayenne*, mais il a le bec beaucoup plus long. Cependant ne seroit-ce pas une variété d'âge ou de sexe?

Le Fou de Cayenne. *V.* Petit Fou.

Le Fou brun de Cayenne. *V.* Petit Fou brun.

Le Fou commun. *V.* Fou proprement dit.

Le Grand Fou, *Pelecanus bassanus*, var., Lath. Buffon et Brisson en font une espèce particulière; Latham et Gmelin, un jeune du fou de Bassan: il a le bec long de cinq pouces deux lignes, et près de six pieds d'envergure; un brun foncé, semé de taches blanches, très-proches les unes des autres, petites sur la tête, moins nombreuses et plus larges sur le cou, le dos et la poitrine, couvre tout son plumage, à l'exception du ventre et des couvertures du dessous de la queue qui sont d'un blanc sale; l'iris est noisette, l'espace dégarni de plumes entre le bec et l'œil est noirâtre; le bec d'un gris-brun; les pieds sont noirs. La femelle a des couleurs moins vives.

Ce grand fou se trouve sur les côtes de la Floride et s'avance sur les grandes rivières de cette contrée. Catesby dit qu'il reste un temps considérable sous l'eau, où sans doute il rencontre des poissons qui le blessent, car on trouve quelquefois sur le rivage des fous estropiés ou morts.

Un individu de cette espèce a été pris vivant dans les environs de la ville d'Eu, où sans doute il avoit été entraîné par un coup de vent.

Le Petit Fou, *Morus parvus*, Vieill.; *Pelecanus parvus*, Lath. Sa longueur du bout du bec à celui de la queue, n'est guère que d'un pied et demi. Tout son plumage est noirâtre, à l'exception de la gorge, de l'estomac et du ventre, qui sont blancs. On le trouve à Cayenne.

Le Petit Fou brun, *Pelecanus fiber*, Lath., pl. enl. 974, est un jeune de l'espèce du Cormoran nigaud.

Le Fou tacheté, *Pelecanus bassanus*, var., Lath. pl. enl. 386, est une variété d'âge du Fou de Bassan. (v.)

FOUAH. Nom arabe donné, en Egypte, à la Garance (*rubia tinctorum*), Linn. (ln.)

FOUCAULT. Nom que les chasseurs donnent à la petite Bécassine. (v.)

FOUCQUE, FOULCRE. Noms de la Foulque. (v.)

FOUDENN. Nom du Henné, au Sénégal. (b.)

FOUDI. Nom sous lequel Buffon a réuni plusieurs oiseaux de Madagascar et du Cap de Bonne-Espérance. *V.* Gros-bec orix, et Foudi, article Fringille. (v.)

FOUDI-ZALA. Nom d'un oiseau de Madagascar qui est décrit à l'article Fauvette. *V.* ce mot. (v.)

FOUDRE. Matière enflammée qui, dans certaines circonstances, semble s'élancer du sein des nuages avec une explosion plus ou moins vive.

Il n'y a entre *foudre* et *tonnerre*, d'autre différence, si ce n'est que le premier désigne la matière enflammée qui s'échappe de la nue, tandis que le second exprime le bruit souvent formidable avec lequel cette même matière sillonne les nuages suspendus dans l'atmosphère. *V.* Tonnerre. (biot.)

FOUDRE. Coquilles des genres Rocher et Volute, qui ont des raies rouges en zigzag. (b.)

FOUENE. C'est le nom du fruit du Hêtre. (b.)

FOUET DE L'AILE (*Ornithologie*). C'est la portion la plus extérieure, le bout de l'aile. (s.)

FOUETTE-QUEUE. Nom spécifique d'un Saurien que Cuvier regarde comme le type d'un sous-genre des Stellions.

Les caractères de ce sous-genre sont : tête non renflée ; écailles du corps très-petites ; celles de la queue grandes et épineuses ; série de pores sous les cuisses. (b.)

Le *fouette-queue* de Linnæus ou gecko du Pérou appartient au vrai genre Gecko et au sous-genre des Ptyodactyles. (b.)

FOUGÈRES, *Filices*, Juss. Famille de plantes sur les parties de la fructification de laquelle les botanistes ne sont pas encore complètement d'accord.

Les seuls organes qu'on y découvre sont de petites coques, de petites capsules, ou plutôt des follicules uniloculaires recouvertes par une membrane, et s'ouvrant presque toujours transversalement en deux valves, souvent réunies par un anneau élastique, ou cordon à grains de chapelet, quelquefois nues. Ces follicules sont tantôt situées sur la partie inférieure du feuillage (FRONDE, *Voy.* ce mot), et réunies sous des formes différentes ; tantôt elles sont distinctes et séparées.

Selon quelques botanistes, les follicules dont il vient d'être question, contiennent le fluide spermatique, et sont de véritables anthères ; d'où il résulteroit que l'organe femelle resteroit encore à découvrir. Selon d'autres botanistes, les follicules sont des capsules qui contiennent les graines dont la fécondation s'est faite dans lintérieur. Cette dernière opinion est aujourd'hui celle qui prévaut, attendu qu'on fait venir des fougères en semant cette poussière, et qu'on voit à la loupe dans toutes les follicules naissantes, des organes analogues à ceux qu'on a reconnus dans les globules de la PILULAIRE. *V.* ce mot.

Lindsai a donné, sur cet objet, une dissertation dans le second volume des *Actes de la Société linnéenne de Londres.*

Les follicules des fougères ont servi à tous les botanistes pour établir les caractères des genres. Parmi les différens systèmes qui ont été émis à cet égard, deux seuls sont dans le cas d'être mentionnés ici : celui de Linnæus, qui ne considère ces follicules que relativement à leur disposition, et celui de Smith, qui emploie dans la formation de ses genres: 1.° la présence ou l'absence du tégument, espèce de membrane qui recouvre ordinairement la fructification des fougères, quand elle n'est pas parvenue à sa maturité ; 2.° le lieu d'où le tégument tire son origine ; savoir, tantôt du bord du feuillage, tantôt de sa nervure, tantôt des ramifications de cette même nervure ; 3.° la position de la fructification, qui est terminale ou latérale ; 4.° la manière dont s'ouvre le tégument, tantôt extérieurement, c'est-à-dire, sur le bord du feuillage ; tantôt intérieurement, c'est-à-dire, du côté qui regarde la nervure principale ; 5.° les follicules mêmes, ordinairement entourées d'un anneau articulé et élastique, quelquefois nues.

Les plantes de cette famille sont ou herbacées ou frutescentes. Toutes celles qui croissent en Europe, sont de la première division. Leurs feuilles naissent immédiatement de la racine, et sont roulées dans leur première jeunesse, du sommet à la base, en forme de crosse. Elles sont souvent écailleuses dans leur partie inférieure. Celles qui croissent entre les tropiques, par leur port et par leur organisation, ressemblent à des palmiers ; car leur racine, en s'élevant hors de terre, forme insensiblement une espèce de tige droite, sans branches, et garnie de plusieurs feuilles à son sommet. Cette partie, coupée transversalement, présente une substance blanche, ferme et entourée d'un aubier dur, et presque toujours noir comme l'ébène. Les feuilles en naissant ressemblent à la volute d'un chapiteau ionique. Elles sont hérissées d'écailles membraneuses, roussâtres, et elles prennent, en se développant, une direction droite. Dans les unes et dans les autres, ces feuilles sont ou simples ou composées, ou surcomposées, longues ou courtes, etc.

Mirbel, qui a éclairé la physiologie de cette famille de plusieurs bonnes observations, et qui l'a enrichie de plusieurs genres nouveaux, croit qu'on doit appeler *stype souterrain*, ce qu'on appeloit *racine traçante*, dans beaucoup de fougères, tel que le POLYPODE VULGAIRE.

Ce qu'on a dit, d'après Desfontaines, de l'anatomie et du mode de la végétation des palmiers, convient en très-grande partie aux fougères. *V.* au mot PALMIER.

Decandolle a établi la famille des EQUISÉTACÉES, et Willdenow, les familles des GONOPTÉRIDES, des STACHYOPTÉRIDES, des POROPTÉRIDES, des SCHISMATOPTÉRIDES et des HYDROPTÉRIDES, aux dépens de celle-ci.

Ventenat, dans son *Tableau du règne végétal*, mentionne vingt-un genres de fougères, sous cinq divisions. Elles forment la cinquième famille de sa première classe, et leurs caractères sont figurés pl. 2, n.° 2, du même ouvrage.

Les genres dont la fructification est disposée en épis, sont : OPHIOGLOSSE, ONOCLÉE et OSMONDE.

Les genres dont la fructification est située sur la surface inférieure du feuillage, sont : ACROSTIQUE, POLYPODE, DORADILLE, HÉMIONITE, BLÈGNE, LONCHITE, PTÉRIDE, MYRIOTHÈQUE, ADIANTE, CÉNOPTÈRE, DICKSONIE et TRICHOMANE.

Les genres dont la fructification est portée sur un spadix, et dont les organes sexuels sont apparens et séparés, sont : ZAMIE et CYCAS, genres dont on a fait une nouvelle famille, qui fait le passage entre celle-ci et celle des PALMIERS.

Les genres dont la fructification est située dans les aisselles des feuilles ou près de la racine, et dont les organes sexuels sont contenus dans le même involucre, sont : PILULAIRE, SALVINIE, ISOTE, AZOLE et MARSILE.

Les genres qui ont de l'affinité avec les fougères, sont : PRÊLE et CHARAGNE.

M. Desvaux a établi les genres DIDYMOCHLŒN, GYMNOGRAME, CYCLOPHORE et MONOGRAME, dans cette famille.

Les fougères cueillies un peu avant leur complète maturité, et brûlées, donnent une plus grande quantité de potasse (*alkali végétal*) que la plupart des autres plantes herbacées. Pour en tirer le plus possible, il faut que la combustion se fasse très-lentement et avec très-peu d'air ; c'est pourquoi on les met dans une fosse, on les y comprime autant que possible, et on les allume en-dessous.

Les feuilles de plusieurs espèces de celles d'Europe, peuvent servir à la nourriture des bœufs et des chevaux, et leurs racines être données avec avantage aux cochons. Toutes fournissent une excellente litière.

Les hommes, dans la Norwége, mangent les jeunes pousses des mêmes feuilles ; et les racines de plusieurs espèces des pays situés entre les tropiques, au rapport des voyageurs servent de nourriture habituelle à leurs habitans.

Il est peu de plantes qui, au dire des anciens, aient plus de vertu que les fougères. Les modernes ont beaucoup réduit leurs propriétés ; mais ils n'en font pas moins, sous le nom de *capillaire*, un grand usage en médecine. Ces plantes sont en général mucilagineuses, et d'une saveur douceâtre ou légèrement amère, et regardées comme apéritives, incisives, pectorales et un peu astringentes ; en conséquence, estimées propres dans les maladies chroniques qui affectent les viscères de la poitrine et du bas-ventre. Les racines d'une ou deux espèce, c'est-à-dire du POLYPODE MALE et de la PTÉRIDE AQUILINE, sont spécifiques contre le tænia.

On trouve très-fréquemment, en Europe, des fougères pétrifiées dans les schistes de seconde formation, dans les argiles de même nature, et dans les charbons de terre. Ces fougères, examinées par les botanistes, ont paru se rapprocher des espèces qui croissent dans les Indes et en Amérique ; souvent la substance de la feuille est changée en charbon de terre. Presque toujours la partie inférieure est engagée dans la pierre, et la partie supérieure s'en sépare et se montre avec toutes ses nervures, comme si elle était vivante, quelle que soit d'ailleurs sa position dans la pierre. On a expliqué ce fait, en disant que la partie inférieure étant couverte de fructifications et de poils, absorboit la matière boueuse, tandis que la partie supérieure étant lisse, ne pouvoit que la recevoir. Cette théorie peut être vraie dans quelques cas, mais elle ne répond pas à tous les faits. (B.)

FOUGÈRE AQUATIQUE. L'OSMONDE ROYALE porte ce nom. (B.)

FOUGÈRE EN ARBRE. *V.* au mot POLYPODE. (B.)

FOUGÈRE COMMUNE ou ORDINAIRE. *V.* PTÉRIDE AQUILINE. (DESM.)

FOUGÈRE CORNUE. *V.* ACROSTIQUE. (DESM.)

FOUGÈRE FEMELLE. On appelle ainsi la PTÉRIDE AQUILINE. C'est principalement elle qu'on a en vue lorsqu'on prononce le mot de *fougère* sans aucune espèce d'épithète, parce que c'est la plus commune et la plus remarquable de celles qui croissent en Europe. (B.)

FOUGÈRE FLEURIE. C'est ainsi que l'on nomme l'OSMONDE ROYALE. (DESM.)

FOUGÈRE GRIMPANTE. C'est une espèce d'osmonde (*osmunda scandens*). (DESM.)

FOUGÈRE IMPÉRIALE. C'est la PTÉRIDE AQUILINE. *V.* cet article. (DESM.)

FOUGÈRE MALE. Espèce de POLYPODE. (B.)

FOUGÈRE MUSQUÉE. C'est le CERFEUIL MUSQUÉ. (S.)

FOUGÈRE RAMEUSE. *V.* LONCHITE. (DESM.)

FOUGÈRES FOSSILES. Les schistes bitumineux qui accompagnent les houilles, renferment très-souvent des empreintes de fougères très-faciles à reconnoître, mais qui diffèrent toujours des espèces vivantes connues. *V.* VÉGÉTAUX FOSSILES. (DESM.)

FOUGERIA, du nom de Fougeroux de Bondaroy, botaniste de l'Académie des sciences. Moench nomme ainsi le TITHONIA de Desfontaines, plante de la famille des CORYMBYFÈRES. (LN.)

FOUGEROLE. C'est le POLYPODE MALE (*polypodium filix mas*). (DESM.)

FOUGUE (*vénerie*). La plante ou la racine que le *sanglier* arrache avec son boutoir. On dit que le sanglier *fougue* quand il fouille la terre. (S.)

FOUILLE-MERDE. C'est la dénomination vulgaire appliquée par le peuple à tous les insectes qui habitent dans les excrémens des animaux et dans les fumiers. *V.* COPROPHAGES, BOUSIER, GÉOTRUPE, SCARABÉ, etc. (O.)

FOUILLET. M. Salerne dit que, en Sologne, l'on appelle ainsi le petit oiseau connu sous le nom de POUILLOT. *V.* à l'article FAUVETTE. (S.)

FOUILLURES. *V.* BOUTIS. (S.)

FOUIN. C'est le DIDELPHE TOUAN. (S.)

FOUINE, *Mustela foina*, Linn. Petit mammifère carnassier de nos contrées, du même genre que l'*hermine*, la *belette*, le *putois*, le *furet*, et la *marte* à laquelle elle ressemble beaucoup. Son pelage est brun avec une tache blanchâtre sous la gorge, tandis que la *marte* a cette tache jaunâtre.

La fouine se tient près des habitations des hommes, et fait de grands dégâts dans les basses-cours. Elle est figurée pl. D. 25, n.º 3. de ce Dictionnaire. *V.* MARTE. (DESM.)

FOUINE DE LA GUYANE de Buffon. C'est le même animal que le GRISON, espèce du genre GLOUTON. (DESM.)

FOUINE (PETITE) DE LA GUYANE, de Buffon

(*mustela guyanensis*) Lacépède. Animal décrit trop légèrement pour qu'on puisse lui assigner une place dans la méthode. C'est peut-être un jeune COATI ; on peut du moins le présumer d'après l'allongement de sa tête dans la fig ure que Buffon en a donnée. (DESM.)

FOUINE (PETITE) DE MADAGASCAR (*Viverra cafra*), Linn., paroît être le Nems, espèce du Genre MANGOUSTE. *V.* ce mot. (DESM.)

FOUL. Nom arabe de la FÈVE (*vicia faba*, Linn. (LN.)

FOULADO. *V.* PHOLADE. (DESM.)

FOULCRE. C'est la FOULQUE. (S.).

FOULE-CRAPAUD. M. Salerne, dans son *Ornithologie*, rapporte cette dénomination vulgaire de l'ENGOULEVENT. (S)

FOULÉE, et quelquefois FOULURES (*vénerie*). Impression légère du pied d'une bête sur le sol. (S.)

FOULER, se dit lorsqu'on fait battre un canton par les chiens. (S.)

FOULE HAIO. *V.* CRÉADION. (V.)

FOULIMENE ou OISEAU DE FEU. Oiseau de l'île de Madagascar, trop mal décrit dans d'anciennes relations, pour que l'on puisse le rapporter à quelque espèce connue. Son plumage est de couleur écarlate. On ne peut l'élever, parce qu'il meurt en hiver, et qu'il se bat continuellement avec les oiseaux de son espèce, si on en renferme plusieurs ensemble. (S.)

FOULON. C'est une espèce d'insecte du genre du HANNETON. *V.* ce mot. (O.)

FOULON (terre à). *V.* ARGILE. (DESM.)

FOULQUE, *Fulica*, Lath. ; *gallinula*, Linn. Genre de l'ordre des oiseaux NAGEURS et de la famille des PINNATIPÈDES (*V.* ces mots). *Caractères :* bec plus court que la tête, droit, épais à la base, conico-convexe, comprimé latéralement ; mandibule supérieure couvrant les bords de l'inférieure, inclinée vers le bout ; celle-ci un peu gibbeuse vers la pointe ; narines oblongues, couvertes d'une membrane gonflée ; langue comprimée, entière ; front chauve ; quatre doigts, trois devant, un derrière; les antérieurs séparés dès la base, allongés, bordés d'une membrane découpée ; le postérieur pinné, portant à terre sur le bout ; ongles courts, falculaires, un peu pointus ; ailes concaves, arrondies ; la première et la cinquième rémiges, égales ; la deuxième et la troisième, les plus longues de toutes; queue composée de douze ou quatorze pennes.

Les *foulques*, sans avoir les pieds entièrement palmés, ne le cèdent à aucun des oiseaux nageurs, et restent même plus constamment sur l'eau que la plupart de ceux-ci. Il est très-rare de les voir à terre, et elles y paroissent si dépaysées, que souvent elles se laissent prendre à la main ; si elles mettent pied à terre, c'est pour passer d'un étang à l'autre, car elles les préfèrent aux rivières, et si la traversée est un peu longue, elles la font en volant : ordinairement elles ne voyagent que pendant la nuit. On les voit souvent s'élever sur l'eau, y déployer leurs aîles, et en raser la surface en courant ; elles ne s'élèvent en l'air, dans le jour, que pour éviter le chasseur ; encore il semble qu'il leur en coûte pour se déterminer, car elles se cachent et s'enfoncent même dans la vase, plutôt que de s'envoler. Comme ces oiseaux voient très-bien pendant la nuit, c'est pendant ce temps que les vieux sortent et cherchent leur nourriture ; les jeunes, moins défians, paroissent à toutes les heures du jour, et jouent entre eux, en s'élevant droit vis-à-vis l'un de l'autre, s'élançant hors de l'eau, et retombant par petits bonds. On les approche aussi plus aisément ; ils regardent et fixent le chasseur, et plongent si prestement à l'instant qu'ils aperçoivent le feu, que souvent elles échappent au plomb meurtrier.

Les Foulques font leur nid à terre dans les roseaux, les joncs, les halliers aquatiques : leur ponte est nombreuse; leurs petits quittent le nid et nagent aussitôt qu'ils sont éclos. Elles vivent d'insectes aquatiques, de petits poissons, de sangsues, de graines, etc. On trouve des foulques dans toutes les parties du monde.

La Foulque a aigrettes ou a cornes d'Edwards, est le Grèbe cornu.

La Foulque a bec varié de Catesby, est le Grèbe a bec cerclé.

La Foulque a crête, *Fulica cristata*, Lath. se trouve à Madagascar, ainsi qu'à la Chine, où elle est connue sous le nom de *tzing kye* : elle a la plaque charnue du front relevée et détachée en deux lambeaux, qui forment une véritable crête ; le bec rouge à la base, et blanchâtre dans le reste de sa longueur ; la plaque du front d'un rouge foncé ; tout le plumage d'un noir-bleu ; les pieds noirâtres, et seize pouces de longueur.

La Grande Foulque ou Macroule, *Fulica aterrima*, Lath., est un vieux mâle de l'espèce de la Foulque proprement dite.

La Foulque a jarretières rouges du Paraguay, *Fulica armillata*, Vieill., est donnée par M. de Azara, pour une espèce distincte de sa *foulque* proprement dite (foulque leucoptère) ; en effet, elle en diffère par environ trois pouces de plus de longueur, par sa queue composée de quatorze pennes qui ne se terminent point en pointe, par le tarse peu comprimé et par la base du bec qui n'est pas circulaire à son insertion dans la tête ; de plus les pennes les plus rapprochées du corps n'ont point de blanc à leur extrémité ; le bas de la jambe est d'un orangé vif ; le bec d'un jaune verdâtre avec une tache couleur de sang sur la mandibule supérieure. Le reste est comme dans la *foulque leucoptère*. Sonnini donne cette foulque pour la même que notre *grande foulque* ou *macroule*, qui n'est point une espèce particulière, mais bien un vieux mâle de l'espèce européenne.

L'historien des oiseaux du Paraguay a remarqué que cette foulque nageoit avec aisance, mais avec moins d'agilité que les canards ; c'est le contraire dans la foulque d'Europe ; elle en diffère encore, en ce qu'elle marche assez bien et d'assez bonne grâce ; et des deux qu'il a vues, aucune ne plongea après qu'il les eut tirées.

La Foulque leucoptère, *Fulica leucoptera*, Vieill., se trouve au Paraguay. Elle a douze pouces huit lignes de longueur totale ; le tarse très-comprimé ; la base du bec s'avançant sur le front presque en demi-cercle ; la queue composée de douze pennes pointues ; la tête entière et la moitié du cou d'un noir profond ; le reste du plumage d'une teinte moins foncée, particulièrement sur les parties inférieures ; les couvertures inférieures de la queue, l'extrémité des pennes de l'aile les plus rapprochées du corps, les bords de la première penne et la pointe de l'aile, blancs ; les pennes de l'aile en dessous, ainsi que les grandes couvertures inférieures, d'un blanc d'argent ; les autres couvertures et l'aile en dessus, noirâtres ; la partie nue de la jambe d'un vert jaunâtre ; le tarse d'un vert pâle en devant et noirâtre sur le reste ; l'iris rouge de sang ; le bec d'un blanc verdâtre à sa base, d'une teinte plus foncée et foiblement lavée de rouge sur le reste. Cette foulque, dont nous devons la connoissance à M. de Azara, est donnée par Sonnini comme la même que la nôtre. Cependant, elle en diffère par une taille plus petite et par la couleur blanche et argentée qu'elle a dans l'aile.

La Foulque du Mexique (*Fulica mexicana*) est un Porphyrion. *V.* ce mot.

La Foulque morelle, *Fulica atra*, Lath., pl. enl., n.° 197 de l'*Hist. nat. de Buf.*, est de la grosseur d'une moyenne *poule ;* elle a quinze pouces de longueur ; la membrane du front blanche, d'un rouge vif dans la saison des amours ; la tête et le cou noirs ; les pennes et les couvertures du dessous de la queue, noirâtres ; le reste du plumage, excepté le bord de l'aile, d'un cendré noirâtre foncé sur les parties supérieures, et clair sur les inférieures ; les pieds, les doigts et les membranes d'un cendré verdâtre ; la portion nue de la jambe est d'un rouge verdâtre ; le bec jaunâtre ; l'iris d'un rouge cramoisi. La femelle diffère en ce que la par-

partie nue du front a un peu moins d'étendue; le jeune, après sa première mue, est roussâtre sur les parties inférieures; il est avant cette mue d'un cendré blanchâtre sur ces mêmes parties et il a la membrane du front très-peu apparente et olivâtre; le bec et les pieds sont de cette teinte, mais un peu cendrée.

Cette espèce niche de bonne heure au printemps, et établit son nid dans les endroits noyés et couverts de roseaux secs, sur lesquels elle en entasse d'autres, et assez pour qu'ils puissent s'élever au-dessus de l'eau; l'intérieur du nid est garni de petites herbes sèches et de sommités de roseaux; il est grand, assez informe, et se fait apercevoir de loin; la femelle y pond dix-huit à vingt œufs, d'un blanc sale, et presque aussi gros que ceux de la *poule;* elle couve pendant vingt-deux ou vingt-trois jours; et dès que les petits sont éclos, ils quittent leur nid, et n'y reviennent plus. Ils sont alors couverts d'un duvet noir enfumé, et n'ont que l'indice de la plaque blanche qui doit orner leur front. La mère ne les réchauffe pas sous ses ailes; ils couchent sous les joncs, autour d'elle; elle les conduit à l'eau, où, dès leur naissance, ils nagent et plongent très-bien. Si la couvée est détruite, souvent cette foulque en fait une seconde de dix à douze œufs; car cette espèce est très-féconde; mais on doit attribuer son peu de population à la chasse cruelle que lui fait le *busard*, qui mange les œufs, enlève les petits, et souvent la mère; aussi les vieilles foulques, instruites par le malheur, établissent leur nid le long du rivage, dans les glayeuls, où il est mieux caché, et tiennent leurs petits dans les endroits fourrés et couverts de grandes herbes. Ce sont ces couvées qui perpétuent l'espèce; car, comme le dit fort bien un excellent observateur, Baillon, qui a particulièrement étudié les mœurs des foulques, et le genre de vie de tous les oiseaux d'eau qui fréquentent nos côtes maritimes, la dépopulation des jeunes est si grande, qu'il en échappe au plus un dixième à la serre des oiseaux de proie, particulièrement du *busard*.

Les *foulques* restent sur nos étangs pendant la plus grande partie de l'année; elles quittent les petits à l'automne, pour se réunir en grandes troupes sur les grands, et y restent jusqu'à l'époque où les gelées les en chassent; elles descendent alors dans les plaines où la température est plus douce, sur les lacs où l'eau ne gèle que très-tard, ou se retirent dans des contrées voisines et plus tempérées; mais elles y restent fort peu de temps, car elles reparoissent dès le mois de février. En hiver, elles couvrent tous les étangs de la Sardaigne; aussi ne sème-t-on pas de blé autour de ces étangs, parce que les foulques qui sortent de l'eau pendant la nuit, couperoient tout celui qui seroit à leur portée. On n'y sème que du lin, auquel ces oiseaux ne touchent pas (*Cetti*, *Uccelli di Sardegna*).

On trouve cette espèce dans toute l'Europe, depuis l'Italie jusqu'en Suède; on la rencontre aussi en Asie, en Perse, en Sibérie, en Chine, au Groënland, à la Jamaïque et dans toutes les contrées de l'Amérique septentrionale.

On a donné la GRANDE FOULQUE ou MACROULE, *Fulica aterrima*, pour une espèce particulière; mais, depuis on a reconnu que les individus qui ont le plumage d'un noir plus décidé, la plaque du front plus étendue, le bec plus long et la membrane des doigts plus large, sont de vieux mâles. On remarque plusieurs variétés d'âge ou accidentelles. Telles sont :

La *foulque aux ailes blanches*, qui ne diffère de la précédente que par ses ailes blanches, dont les grandes pennes ont les tiges noirâtres. Gmelin en fait une espèce, sous le nom latin *fulica leucoryx*; mais on doit la regarder comme une variété purement individuelle, puisqu'on ne l'a rencontrée qu'une seule fois dans un oiseau trouvé mort près de Stockholm.

La *foulque toute noire*, donnée comme une espèce par Gmelin, d'après Sparmann, sous le nom de *fulica æthiops*, ne diffère de la *foulque commune*, qu'en ce que les ailes sont noires, et que la poitrine et le ventre ont des ondes brunes et roussâtres. C'est un jeune oiseau.

La *foulque à ventre blanc*, *Fulica fusca*, var., Lath., a la gorge, le ventre, les grandes pennes des ailes, quelques taches sur la tête, et une seule à la gorge, de couleur blanche. C'est une variété accidentelle, ainsi que la suivante.

La *foulque blanche*, *Fulica alba*, var., Lath, a le corps blanc, avec des taches éparses sur la tête et les ailes.

La *foulque cendrée*, *Fulica americana*. Latham dit que cette foulque habite l'Amérique; elle est plus petite que la *morelle*; son bec est d'un vert pâle; la plaque du front est plus petite et blanche; le plumage d'un cendré noirâtre dessus le corps, et plus pâle en dessous; la gorge d'un blanc sale, ainsi que le milieu du ventre; les pieds sont d'un noir bleuâtre et les membranes très-étroites. C'est une espèce douteuse.

La FOULQUE NOIRE ET BLANCHE d'Edwards, est le PETIT GRÈBE.

La FOULQUE OREILLÉE d'Edwards, est le GRÈBE A OREILLES. (V.)

Chasse aux foulques. — On les prend au *tramail* ou *halliers* (*Voy.* CAILLE, article de la PERDRIX), à la *pince d'Elvaski* (*Voy.* GALLINULE), et on les chasse au *fusil*. Dans l'arrière-saison, quand ces oiseaux, après avoir quitté les petits étangs, se sont réunis sur les grands, on leur fait la chasse, particulièrement en Lorraine, sur les étangs de Tiaucourt et de l'Indre, dans lesquels on en tue plusieurs centaines. On s'y prend de cette manière : on s'embarque sur un nombre de nacelles qui se rangent en ligne, et croisent la largeur de l'étang; cette petite flotte alignée pousse devant elle la troupe de *foulques*, de manière à la conduire et à la renfermer dans quelque anse; pressés alors, tous ces oiseaux s'envolent ensemble, pour retourner en pleine eau, en passant par-dessus la tête des chasseurs, qui font un feu général, et en abattent un grand nombre. On fait ensuite la même manœuvre vers l'autre extrémité de l'étang, où les foulques se sont portées.

Ce qu'il y a de singulier, c'est que ni le bruit ni le feu des armes des chasseurs, ni l'appareil de la petite flotte, ni la mort de leurs compagnons, ne peuvent engager ces oiseaux à prendre la fuite; ce n'est que la nuit suivante qu'ils quittent des lieux aussi funestes, et encore y trouve-t-on quelques traîneurs le lendemain. Leur chair est noire, et sent un peu le marais. (S.)

FOUNINGO MAITSOU. Nom que l'on donne à un PIGEON VERT, dans l'île de Madagascar. *V.* TRÉRON. (V.)

FOUNINGO-MENA-RABOU. Nom que porte, à Madagascar, un PIGEON BLEU. (V.)

FOUQUET (PETIT). *V.* STERNE. (V.)

FOURAA. Nom donné, par les naturels de l'île de Madagascar, au CALABA à fruits ronds, *Calophyllum inophyllum*. (LN.)

FOUR ARDENT. Nom vulgaire du *Turbo chrysostomus*, d'un SABOT. (LN.)

FOURBISSON. L'un des noms vulgaires du TROGLODYTE. (V.)

FOURCHE (*Vénerie*). Bâton à deux branches, au bout duquel on donne la *curée* aux chiens courans. (S.)

FOURCHU. Sur la Saône, c'est le PILET, ou CANARD À LONGUE QUEUE. (V.)

FOURDRAINE. On donne ce nom aux PRUNELLES dans la Picardie et le Boulonais, et celui de FOURDINIER, au prunier épineux. (B.)

FOURMEIRON. *V.* ROUGE-QUEUE, tom. 11, pag. 267, et TRAQUET. (S.)

FOURMI, *Formica*. Genre d'insectes, de l'ordre des hyménoptères, famille des hétérogynes, tribu des formicaires.

Les naturalistes qui m'ont précédé, ont conservé à ce genre toute l'étendue que Linnæus lui avoit donnée; et c'est ce que j'avois fait moi-même, en rédigeant le même article, dans la première édition de cet ouvrage. Mais la multitude des espèces dont ce groupe étoit composé, la diversité de leurs formes et de quelques-unes de leurs habitudes, nécessitoient des changemens à cet égard. Ayant fait une étude particulière de ces insectes, et dont les résultats ont été l'objet d'une monographie (*Hist. nat. des Fourmis*, 1802, in-8.°), je pouvois, plus que tout autre, entreprendre cette réforme, et j'avois déjà commencé à l'établir dans les tables du dernier volume de ce Dictionnaire. J'ai exposé à l'article FORMICAIRES l'état actuel de ces travaux. Le genre fourmi ne renferme plus aujourd'hui que les espèces, dont les ouvrières et les femelles sont privées d'aiguillon, dont les antennes sont insérées près du milieu de la face antérieure de la tête, et qui ont des mandibules fortes, triangulaires et dentées. Le pédicule de leur abdomen n'est jamais composé que d'un seul anneau, savoir le premier, et qui, par sa forme, ressemble à une écaille comprimée et verticale; mais ce caractère, convenant aussi aux *polyergues* et aux *ponères*, n'est pas exclusif. Les fourmis sont cependant bien distinctes des espèces du premier de ces genres par le mode d'insertion de leurs antennes et leurs mandibules. Elles n'ont point d'aiguillon, ce qui empêche de les confondre avec les ponères, dont les ouvrières et les femelles présentent cette arme offensive.

Les fourmis ont beaucoup de rapport avec les *tiphies*, les *mutilles* et les *doryles*, par la forme des palpes et par celle de la lèvre inférieure; mais les antennes brisées, dont le second article est presque conique et beaucoup plus grand que les suivans, et le pédicule de leur abdomen formé d'une écaille droite, élevée, empêchent de les confondre avec ces insectes, qui ont le second article des antennes très-petit, presque arrondi, et le pédicule de l'abdomen figuré différemment.

Ces insectes, qui sont assez généralement connus, ainsi que la plupart de leurs habitations, vivent en société comme les *abeilles* et les *guêpes*. Leur société est également composée de trois sortes d'individus, de mâles, de femelles et d'ouvrières ou neutres; mais ces neutres sont aptères.

La tête est presque triangulaire ou presque ovale dans les ouvrières, avec son extrémité postérieure plus large que le corselet; elle est à peu près de la largeur de cette partie dans les femelles, plus étroite et plus convexe dans les mâles.

Les antennes des ouvrières et des femelles sont filiformes, une fois plus longues que la tête, de douze articles; le premier est presque cylindrique et a environ la moitié de la longueur de l'antenne; le troisième et les suivans sont presque égaux; elles sont insérées vers le milieu du front; celles du mâle sont plus longues, plus minces et de treize articles.

Les yeux des femelles et des ouvrières sont petits, arrondis, peu saillans, à facettes, et insérés vers le milieu des côtés de la tête; ceux des mâles sont plus gros et plus saillans. Les petits yeux lisses, placés en triangle sur le sommet de la tête, sont très-apparens dans les femelles et les mâles; le plus grand nombre des ouvrières en est dépourvu.

La bouche est composée de deux mandibules, de deux mâchoires, d'un labre, d'une lèvre et de quatre palpes; les mandibules sont fortes, écailleuses, triangulaires, rétrécies à leur base, un peu plus courtes que la tête, dentelées au côté intérieur et terminées en pointe; celles des femelles sont un peu moins fortes que celles des mulets; celles des mâles sont beaucoup plus petites et peu dentées. Les mâchoires sont petites, coriacées, terminées par une pièce presque membraneuse, courbée, large et arrondie, ou triangulaire. Les palpes maxillaires sont sétacés ou filiformes, de six articles, et plus longs que les mâchoires, sur le dos desquelles ils sont insérés. Le labre est grand, corné, presque carré, tombe perpendiculairement au-dessous des mandibules, et protége les autres parties de la bouche. La lèvre est formée d'une gaîne conique, coriace, et d'une espèce de langue reçue inférieurement dans la gaîne, terminée en un cuilleron membraneux et entier. Les palpes labiaux sont courts, filiformes, de quatre articles, insérés au-dessus de l'extrémité supérieure de la gaîne, un de chaque côté.

Le corselet dans les neutres est comprimé obliquement de chaque côté, grand et arrondi à sa partie antérieure, étroit et tronqué à sa partie postérieure, arqué et continu en dessus ou interrompu dans son milieu par un enfoncement, muni de quatre stigmates, dont deux dans une impression latérale, un de chaque côté, les deux autres près de son extrémité : dans quelques espèces il est armé d'épines ou de pointes; celui des femelles est ovoïde, un peu comprimé sur les côtés, de la largeur de la tête; dans le mâle il est plus petit et plus convexe que celui des deux autres individus.

Les ailes, au nombre de quatre, sont grandes, inégales et veinées; les supérieures dépassent le ventre dans le plus grand nombre. Elles ont une cellule radiale, grande, allongée et rétrécie, et deux grandes cellules cubitales, dont la seconde atteint le bout de l'aile ; les nervures récurrentes, ou du moins la seconde, manquent.

L'abdomen des femelles et des ouvrières est, comme dans tous les *hyménoptères*, de six anneaux et celui des mâles de sept. Le premier est figuré en forme d'écaille lenticulaire ; dans tous les individus, les autres forment, réunis, une masse plus ou moins ovoïde ou carrée, mais beaucoup plus volumineuse dans les femelles. Ces individus ont, ainsi que les ouvrières, des glandes intérieures, situées près de l'anus, renfermant une liqueur acide, et qu'ils éjaculent pour leur défense et peut-être aussi pour quelque autre besoin. L'abdomen des mâles est plus petit, ordinairement courbé ou arqué à l'extrémité ; souvent les organes du sexe sont saillans.

Les parties qui caractérisent le sexe des femelles ne peuvent être vues sans une pression assez forte : elles sont situées à l'extrémité du dernier anneau ; il existe les plus grands rapports entre ces organes et ceux des ouvrières, ce qui fait croire que celles-ci sont comme les abeilles ouvrières, des femelles impuissantes, dont les organes de la génération n'ont pas eu un entier et parfait développement, et que, comme ces abeilles ouvrières, elles sont destinées au travail. Les parties sexuelles du mâle sont composées de plusieurs pièces, placées de chaque côté de l'extrémité du dernier anneau, et la plupart en forme de pinces ou de crochets.

Les pattes sont comprimées ; celles de l'ouvrière et de la femelle sont plus ou moins fortes ; les tarses sont assez longs, de cinq articles ; le dernier est terminé par deux petits crochets, avec un empâtement au milieu ; celles du mâle sont un peu plus longues et plus minces que celles des deux autres individus.

Les fourmis ouvrières sont plus petites que les femelles, et n'ont jamais d'ailes ; les mâles sont encore d'une taille inférieure, ou les plus petits de ces trois sortes d'individus. Elles sont seules, comme les abeilles ouvrières, chargées de tous les travaux.

On sait que les Grecs appelaient les fourmis *myrmex* ou *myrmica* ; que les anciens naturalistes en distinguoient plusieurs espèces sous les noms d'*hippomyrmex*, d'*herculanea*, de *solifuga* ou *sulpuga*, *laertæ*, *scnipes*, etc., et que les premiers élémens de l'histoire de ces insectes sont entremêlés de beaucoup de fables. On avoit cependant découvert qu'ils tiroient leur origine d'un ver qui, d'abord très-petit et arrondi, s'allonge, se développe peu à peu, et reçoit la forme convenable ; et qu'une partie de ces fourmis a des ailes. Leuwenhoeck, Swammerdam et Degeer nous ont donné les premiers, sur ces animaux, des notions sûres et positives. J'ai ajouté moi-même plusieurs faits à ceux qu'ils avoient recueillis.

Mais, de tous les naturalistes, il n'en est point qui ait observé ces animaux avec autant de soin et de sagacité que M. Pierre Huber, fils du célèbre naturaliste du même nom. Ses curieuses découvertes sont exposées dans son excellent ouvrage, intitulé : *Recherches sur les fourmis indigènes*, et dont je vais offrir un extrait, en témoignant mes regrets de ne pouvoir lui donner plus d'étendue.

Les sociétés des fourmis sont simples ou mixtes, je veux dire uniquement composées d'individus de la même espèce, ou ayant, de plus, des individus neutres, d'une, et même quelquefois de deux autres espèces de fourmis. Les six premiers chapitres de l'ouvrage sont consacrés à l'histoire des fourmis réunies en sociétés simples, celles qui se présentent le plus souvent à nos regards. L'auteur considère successivement ces insectes dans leur manière de bâtir, leur reproduction, leurs métamorphoses, et leurs autres habitudes particulières.

Une espèce des plus multipliées dans toute l'Europe, et dont on donne les larves et les nymphes en nourriture aux perdreaux et jeunes faisans, est la *fourmi fauve* (*formica rufa.*, Linn.). M. Huber en distingue deux variétés d'après la différence des couleurs du dos ou de la partie supérieure du corselet, qui est noir dans l'une et rouge dans l'autre. Celle-ci habite de préférence les bois, et son habitation est plus grande. La précéde s'établit le long des haies et des prairies. Leurs habitudes sont d'ailleurs peu différentes.

L'habitation de ces fourmis est composée de brins de chaume, de fragmens ligneux, de cailloux et de coquillages d'un petit volume, et de tous les objets d'un transport facile qu'elles rencontrent; et comme elles ramassent souvent, dans le même dessein, des grains de blé, d'orge et d'avoine, on a cru qu'elles faisoient des provisions pour l'hiver et les temps de disette. Leur vie laborieuse et leur prévoyance ont été célébrées par l'antiquité, et depuis le sage Salomon jusqu'au bon La Fontaine, le paresseux a été renvoyé à l'école de la fourmi.

L'habitation des fourmis fauves se présente sous la forme d'un monticule ou d'un dôme arrondi, dont la base est souvent couverte de terre et de petits cailloux, et au-dessus de laquelle les matériaux ligneux s'élèvent en pain de sucre. Tout paroît d'abord disposé sans ordre ; mais un œil attentif découvre bientôt que tout est arrangé de manière à éloigner les eaux de la fourmilière, à la défendre des injures de l'air, des attaques de ses ennemis, à lui ménager la chaleur du soleil, et à conserver celle de son intérieur. La portion la plus considérable du nid est cachée et s'étend plus ou moins profondément dans la terre. Des avenues, en forme d'entonnoirs assez irréguliers, conduisent du sommet de l'édifice dans son intérieur ; leur nombre est proportionné à la population, et leur ouverture est plus ou moins large. On en trouve quelquefois une principale à la partie supérieure. Souvent aussi il y en a plusieurs à peu près égales, et autour desquelles sont placés circulairement, depuis la base du monticule jusqu'à son extrémité, beaucoup de passages plus étroits. Bien différentes de quelques autres espèces du même genre, qui se tiennent volontiers dans leur nid, et à l'abri du soleil, les fourmis fauves semblent préférer de vivre en plein air, et ne pas redouter, dans leurs travaux, notre présence. Les habitations en dôme de plusieurs autres fourmis sont fermées avec de la terre, de tous côtés, et n'ont qu'une issue, assez petite, près de leur base, à laquelle même on ne parvient souvent que par une galerie tortueuse qui serpente dans le gazon. On seroit tenté de croire que les fourmis fauves ont moins de prévoyance, puisque leur demeure est percée d'un grand nombre de portes, où les eaux pluviales et les ennemis de ces insectes trouvent un accès facile. Mais elles ont soin, vers le déclin du jour ou aux approches du mauvais temps, de fermer les passages et de se barricader ; elles apportent d'abord de petites poutres, près des galeries, dont elles veulent diminuer l'entrée, et les enfoncent même quelquefois dans le massif du chaume ; elles vont ensuite en chercher d'autres, mais plus foibles, qu'elles placent sur les précédentes, dans un sens contraire ; enfin elles emploient des morceaux de feuilles sèches ou d'autres matériaux d'une forme élargie pour recouvrir le tout. Les dernières portes étant fermées, quelques individus sont placés derrière, pour la garde et veiller à la sûreté des autres. Au retour sur l'horizon de l'astre qui vivifie la nature, les barricades sont défaites, et les passages ordinaires sont rétablis. Ces travaux se renouvellent chaque jour, soir et matin, pendant la belle saison ; si cependant le temps est pluvieux, les portes restent fermées (1).

Ces fourmis commencent leur habitation, par creuser dans la terre une cavité plus ou moins spacieuse. Les unes vont ensuite chercher, aux environs, les matériaux propres à la construction de la charpente extérieure, et les disposent dans

(1) Les anciens croyoient que les fourmis ne travailloient point, lorsque la lune, étant trop près de sa conjonction avec le soleil, ne nous éclaire point.

un ordre peu régulier, mais qui couvre néanmoins l'entrée de la demeure. D'autres ouvrières apportent les parcelles de terre qu'elles ont détachées, en pratiquant l'excavation, les mêlent avec les matières déjà mises en œuvre, afin de remplir les vides, et de fortifier l'édifice. A en juger d'après ses dehors, on croiroit qu'il est massif; mais il n'en est pas ainsi. Son intérieur est divisé en plusieurs étages, et offre des galeries, des salles spacieuses, qui, quoique basses et d'une construction grossière, sont commodes pour leur usage; les larves et les nymphes y sont transportées à certaines heures du jour. La salle la plus grande est presque au centre de l'édifice. Elle est beaucoup plus élevée que les autres, et traversée seulement par les poutres soutenant le plafond. Toutes les galeries y aboutissent, et c'est là aussi que se tiennent la plupart des fourmis. La terre étant délayée par les eaux pluviales, et durcie ensuite par le soleil, forme une sorte de mortier qui donne de la solidité à l'édifice. L'eau même, après de longues pluies, n'y pénètre guère, lorsqu'il est habité, et qu'il n'a point été dérangé, au-delà d'un quart de pouce, à partir de sa surface. On ne peut en observer la portion souterraine, que lorsqu'il est situé contre une pente. Si on enlève le monticule de chaume, on verra la coupe intérieure du bâtiment; des loges pratiquées horizontalement dans la terre, composent ces souterrains.

M. Hubert décrit ensuite l'architecture des fourmis qu'il appelle maçonnes, parce que leurs nids, toujours sous la forme de monticules, comme ceux des fourmis fauves, ne sont composés que de terre, sans mélange d'autres matériaux, et que leur intérieur, divisé en manière de labyrinthe, offre des loges, des voûtes et des galeries construites avec art.

On distingue plusieurs fourmis maçonnes. La terre qu'emploient les espèces d'une certaine grandeur, telles que la noir-cendrée et la mineuse, est d'une pâte moins fine que celle dont sont formées les habitations de quelques autres fourmis maçonnes plus petites, comme la jaune, la brune, et celle qu'il nomme microscopique.

Le monticule élevé par la fourmi noir-cendrée, offre toujours des murs épais, composés d'une terre grossière et raboteuse, et à l'intérieur, des étages très-prononcés, ainsi que de larges voûtes, soutenues par des piliers solides, et dont la force est proportionnelle à la largeur de ces voûtes. On y voit partout de grands vides et de gros massifs de terre. On n'y trouve point des chemins ni des galeries proprement dites, mais des passages en forme d'œil de bœuf.

La fourmi brune est beaucoup plus industrieuse; son nid est construit par étages de quatre à cinq lignes de haut, dont les cloisons n'ont pas plus d'une demi-ligne d'épaisseur, et dont la matière est d'un grain si fin, que les parois intérieures des murs paroissent fort unies. Ces étages suivent la pente du terrain, et ne sont pas toujours arrangés avec la même régularité, ni sur un plan bien fixe; mais le supérieur recouvre toujours les autres, et cette disposition concentrique est continuée jusqu'aux logemens souterrains. On voit à chaque étage, des cavités travaillées avec soin, des loges plus étroites et des galeries allongées leur servant de communication. De petites colonnes et des murs fort minces, en un mot, de vrais arcs-boutans supportent les places les plus spacieuses. Ici les cases n'ont qu'une seule entrée, et il en est dont l'orifice répond à l'étage inférieur; là, nous découvrons des espaces plus larges, et formant des espèces de carrefours. Les cases et les places les plus larges sont habitées par les fourmis adultes; mais les nymphes sont toujours réunies dans des loges plus ou moins rapprochées de la surface extérieure, suivant les heures et la température; car ces insectes paroissent être très-sensibles aux impressions de l'état de l'atmosphère, et connoître le degré de chaleur qui convient à la famille qu'ils élèvent. Si cette chaleur est trop forte, ils transportent les petits dans les étages inférieurs; et si le rez-de-chaussée est inhabitable à raison des pluies ou de l'humidité, ils les montent à la partie élevée de l'habitation. Cette partie offre quelquefois plus de vingt étages, et il y en a pour le moins autant au-dessous du sol.

La fourmilière que ces insectes placent souvent dans les herbes, sur les bords des sentiers, a une forme arrondie; redoutant les ardeurs du soleil, ils s'y renferment pendant le jour, ou n'en sortent, quoique le nid ait souvent à sa surface deux ou trois petites ouvertures, que par des galeries souterraines, dont l'issue est à quelques pieds de distance. Ils ne se promènent sur leur habitation, que dans les temps frais, lorsque la rosée couvre la terre, ou après le coucher du soleil. N'ayant, pour pouvoir lier les molécules terreuses employées exclusivement à la construction de leurs ouvrages, d'autres ressources que l'eau, ils ne se livrent au travail que dans les instans du jour où la chute d'une pluie douce les y invite. Ils profitent surtout de celles du printemps, et la nuit même alors ne suspend point leur activité. Des étages entiers sont entièrement construits du soir au matin. M. Huber est parvenu plusieurs fois à les faire travailler, par le moyen d'une pluie artificielle.

Les fourmis ratissent avec leurs mandibules la terre du fond de leur domicile, en détachent des molécules, les réunissent en une petite pelote, l'emportent avec leurs dents, et l'appliquent à l'endroit où elle doit rester. Elles la divisent et la poussent avec ces organes, de manière à remplir les petites irrégularités des murs ou des piliers qu'elles commencent d'abord par construire; elles palpent, à chaque instant, avec leurs antennes, les brins de terre; et après leur avoir donné la disposition convenable, elles les affermissent en se servant de leurs pattes antérieures. Ce travail va très-vite. Les fondemens des piliers et des cloisons étant jetés, elles leur donnent plus de relief, par la superposition de nouveaux matériaux. Souvent, lorsque deux petits murs, destinés à former une galerie, élevés vis-à-vis l'un de l'autre et à peu de distance, sont à la hauteur de quatre à cinq lignes, elles s'occupent de la construction du plafond, en travaillant maintenant dans un sens horizontal; elles attachent contre l'arête intérieure et supérieure du mur, des brins de terre mouillée, lui forment ainsi un rebord qui, s'étendant peu à peu, vient à rencontrer celui du mur opposé. La largeur de la galerie est le plus souvent d'un quart de pouce, et les cloisons ont environ une demi-ligne d'épaisseur. Le plafond est cintré. Les sommités des piliers, les angles produits par les rencontres des murs, les bords supérieurs, sont toujours les points d'appui et les fondemens des voûtes et des plafonds, ou des loges, des salles et des places qui partagent l'intérieur des étages. On ne peut s'empêcher d'admirer leur activité à porter le mortier, l'ordre qu'elles observent dans leurs opérations et l'accord qui règne entre elles. La pluie augmente la cohésion entre les parties et fait disparoître les inégalités de la maçonnerie. Trop violente quelquefois, elle peut détruire des cases dont la voûte n'est pas encore finie; mais les fourmis ne tardent pas à les relever. Souvent un étage complet est achevé dans l'espace de sept à huit heures. M. Huber a cependant vu ces insectes détruire les cases qui n'étoient pas encore recouvertes, et en répartir les matériaux sur le dernier étage de l'habitation, à la suite d'un vent violent du nord, qui, en desséchant trop promptement la maçonnerie, diminuoit l'adhérence de ses parties, et dès lors sa solidité. Ces fourmis savent donc à la fois miner et bâtir, et leurs travaux se font de concert, tant dans les excavations inférieures que dans la partie supérieure de l'édifice qui s'élève au-dessus du sol. Elles construisent aussi avec de la terre, et à la manière des termès, des galeries couvertes, qu'elles conduisent depuis leur nid jusqu'au pied des arbres, même jusqu'à l'origine de leurs branches, afin d'être plus en sûreté dans les excursions qu'elles font pour chercher leur nourriture.

Les fourmis noir-cendrées ne possèdent qu'un art simple

et grossier relativement aux fourmis brunes. Pour donner plus d'élévation à leur demeure, elles commencent par couvrir d'une épaisse couche de terre apportée de l'intérieur ou du sol qui est auprès de l'ouverture de la fourmilière, le faîte de leur édifice; elles y creusent des fossés plus ou moins rapprochés, et d'une profondeur à peu près égale. Les massifs de terre qui les séparent, servent de fondement aux murs ou aux cloisons des cases. La terre inutile est employée avec la plus sage économie, et fournit les matériaux, ainsi que ceux des plafonds qui recouvrent ces cases. M. Huber décrit avec un grand intérêt les manœuvres d'une de ces fourmis qu'il a suivies long-temps. Chaque individu travaillant de son côté, leurs constructions ne coïncident pas toujours exactement; mais ces insectes découvrent l'erreur et la réparent. C'est ainsi que ce naturaliste a vu une de ces fourmis détruire une voûte ébranlée, en refaire une autre, après avoir donné au mur qui composoit la précédente plus d'élévation, et cela parce que son architecte ne l'avoit point mis au niveau du mur parallèle, destiné à soutenir l'autre extrémité de la voûte.

« Je me suis assuré, dit M. Huber, que chaque fourmi agit indépendamment de ses compagnes. La première qui conçoit un plan d'une exécution facile, en trace aussitôt l'esquisse; les autres n'ont plus qu'à continuer ce qu'elle a commencé : celles-ci jugent par l'inspection des premiers travaux, de ceux qu'elles doivent entreprendre; elles savent toutes ébaucher, continuer, polir ou retrancher leur ouvrage, selon l'occasion : l'eau fournit le ciment dont elles ont besoin; le soleil et l'air durcissent la matière de leurs édifices; elles n'ont d'autres ciseaux que leurs dents, d'autre compas que leurs antennes, d'autre truelle que leurs pattes de devant, dont elles se servent d'une manière admirable pour appuyer et consolider leur terre mouillée. »

Ces insectes tirent le parti le plus avantageux des circonstances locales et accidentelles qui peuvent favoriser leurs travaux. Des brins d'herbes, des fétus de paille ou d'autres corps qu'ils rencontrent dans leurs nids, sont employés habilement dans la construction des loges ou des autres parties de l'édifice.

La fourmi sanguine compose avec de la terre, des feuilles sèches et d'autres matériaux, un tissu serré, difficile à rompre et impénétrable à l'eau.

Les détails que je viens de présenter nous donnent une idée suffisante des procédés industrieux des fourmis maçonnes. Mais il en est qui, comme la fourmi rouge de Linnæus, et la jaune, developpent, si elles s'établissent dans les creux des arbres, une autre sorte de talent. J'exposerai les travaux de la première à l'article *myrmice*. La seconde, ou la jaune, choisit les parcelles les plus fines de la vermoulure de ces arbres, les mélange avec un peu de terre et des toiles d'araignées, en forme une matière, de la consistance du papier mâché, et avec laquelle elle construit des étages entiers de son habitation.

Elle sert de boussole aux habitans des Alpes, lorsqu'ils se sont égarés pendant la nuit, ou que d'épais brouillards les environnent. Les fourmilières de cette espèce, beaucoup plus multipliées et bien plus élevées dans les montagnes que partout ailleurs, ont une forme allongée, régulière, et se dirigent constamment de l'est à l'ouest. Leur sommet et la pente la plus rapide sont tournés au levant d'hiver; mais elles vont en talus, au côté opposé. M. Huber a vérifié sur des milliers de ces fourmilières, ces faits qui lui avoient été communiqués par des montagnards. Il n'a trouvé d'exceptions que dans les cas où ces monticules avoient subi quelque altération de la part des hommes ou des animaux. Ces nids ne conservent point cette forme dans les plaines, où ils sont plus exposés à de tels accidens.

D'autres fourmis ont un autre genre d'architecture; ce sont des menuisières, ou plutôt des sculpteuses. Telle est la fuligineuse, dont les républiques, composées d'un très-grand nombre d'individus, habitent l'intérieur de plusieurs arbres, notamment du saule et du chêne. « Qu'on se représente, dit toujours le même naturaliste, l'intérieur d'un arbre entièrement sculpté, des étages sans nombre, plus ou moins horizontaux, dont les planchers et les plafonds, à cinq ou six lignes de distance les uns des autres, sont aussi minces qu'une carte à jouer, supportés tantôt par des cloisons verticales, qui forment une infinité de cases, tantôt par une multitude de petites colonnes assez légères, qui laissent voir entre elles la profondeur d'un étage presque entier, le tout d'un bois noirâtre et enfumé, et l'on aura une idée assez juste des cités de ces fourmis. »

« La plupart des cloisons verticales qui divisent chaque étage en compartimens, sont parallèles; elles suivent le sens des couches ligneuses, toujours concentriques, ce qui donne un air de régularité à l'ouvrage : les planchers, pris dans leur ensemble, sont horizontaux; les petites colonnes sont d'une à deux lignes d'épaisseur, plus ou moins arrondies, d'une hauteur égale à l'élévation de l'étage qu'elles supportent, plus larges en haut et en bas que dans le milieu, un peu aplaties à leurs extrémités, et rangées en ligne, parce qu'elles ont été taillées dans des cloisons parallèles. »

« Quels nombreux appartemens, quelle multitude de loges, de salles, de corridors, ces insectes ne se procurent-ils pas par leur seule industrie ? et quel travail une si grande entreprise n'a-t-elle pas dû leur coûter ? »

Sans qu'on puisse en assigner positivement la cause, le bois travaillé par ces fourmis est toujours noirâtre à l'extérieur, et même intérieurement, lorsqu'il est très-mince. La végétation de l'arbre ne paroît point altérée ; cependant M. Huber a souvent trouvé au pied un suc noir, liquide et très-abondant. J'ai observé le même fait. La couleur naturelle du bois, qui sert d'habitation à d'autres espèces de fourmis sculpteuses, ne change point.

N'ayant pu accoutumer les fourmis fuligineuses à travailler sous ses yeux, M. Huber a essayé, en décomposant, avec soin, différentes portions de leurs édifices, de concevoir l'ordre des travaux qu'ils avoient exigés. Il décrit ainsi les fragmens dont il a étudié la distribution.

« Ici sont des galeries horizontales, cachées en grande partie par leurs parois, qui suivent les couches ligneuses dans leur forme circulaire. Ces galeries parallèles, séparées par des cloisons très-minces, n'ont de communication que par quelques trous ovales, pratiqués de distance en distance ; telle est l'ébauche de ces ouvrages si délicats et si légers. »

« Ailleurs, ces avenues ouvertes latéralement conservent encore entre elles des fragmens de parois qui n'ont pas été abattus, et l'on remarque que les fourmis ont aussi ménagé çà et là des cloisons transversales, dans l'intérieur même des galeries, pour y former des cases par leur rencontre avec d'autres : quand le travail est plus avancé, on voit toujours des trous ronds, encadrés par deux piliers, pris dans la même paroi. Avec le temps, ces trous deviendront carrés, et les piliers, d'abord arqués à leurs extrémités, seront changés en colonnes droites, par le ciseau de nos sculpteuses. C'est le second degré de l'art : peut-être une partie de l'édifice doit-elle rester dans cet état. »

« Mais voici des fragmens, tout autrement ouvragés, dans lesquels ces mêmes parois, percées maintenant de toutes parts, et taillées artistement, sont transformées en colonnades qui soutiennent les étages, et laissent une communication parfaitement libre dans toute leur étendue. On conçoit aisément que des galeries parallèles, creusées sur le même plan, et dont on abat les parois, en ne laissant, de distance en distance, que ce qu'il faut pour soutenir leurs plafonds, doivent former ensemble un seul étage ; mais comme chacune a été percée séparément, leur parquet ne doit pas être très-bien nivelé ; il est, au contraire, creusé fort inégalement, avantage précieux pour les fourmis, puisque les sillons les rendent plus propres à retenir les larves qu'elles y déposent. »

Les étages creusés dans de grosses racines sont moins réguliers, mais d'une construction plus légère et plus délicate. On voit quelquefois des fragmens de huit à dix pouces de profondeur et de hauteur, divisés en une infinité de cases, dont les cloisons sont aussi minces que du papier. A l'entrée de ces appartemens, travaillés avec tant de soin, se présentent des ouvertures spacieuses, formées par des arcades percées dans les couches du bois, et qui sont comme les vestibules des logemens; elles laissent un libre passage, et dans tous les sens, à ces insectes.

La fourmi éthiopienne, et celle qui, à raison de sa taille, a reçu le nom d'hercule, creusent dans les troncs des vieux arbres, des châtaigniers spécialement, de longues galeries et de grandes loges, formant des sortes de labyrinthes; mais leurs ouvrages sont beaucoup moins parfaits que ceux de la fourmi fuligineuse, et représentent à peine l'enfance de l'art. Ce que l'industrie de l'éthiopienne, offre, suivant M. Huber, de plus remarquable, est l'usage qu'elle fait du bois tombé et de sa poussière. Elle l'emploie à calfeutrer le fond des cases, à boucher les conduits inutiles, et à diviser en compartimens les portions trop vastes de sa demeure.

Pour observer les fourmis dans leurs occupations domestiques, M. Huber s'est servi d'appareils vitrés; mais l'extrême répugnance de ces insectes à laisser pénétrer dans leur nid la lumière du jour, leurs inquiétudes et leurs alarmes continuelles, ont d'abord rendu inutiles les moyens qu'il a mis en usage; et il lui a fallu toutes les ressources de son esprit pour inventer un appareil qui remplît enfin son attente. Il a comparé la conduite des fourmis fauves, qu'il tenoit prisonnières, avec celle des mêmes fourmis jouissant, dans les champs, de leur entière liberté, et il n'a jamais remarqué, à cet égard, de différences sensibles.

Là, les nymphes sont entassées dans des loges spacieuses; ici les neutres environnent un tas de larves; on voit plus loin des œufs amoncelés; des femelles qui pondent en marchant, et dont les œufs sont aussitôt relevés et saisis par les ouvrières; elles les portent en petit tas à leur bouche, les tournent et retournent sans cesse avec leur langue, et les humectent. Ces œufs diffèrent. Les plus petits sont cylindriques, blancs et opaques; les plus gros sont transparens, avec une de leurs extrémités légèrement arquée; ceux de grandeur moyenne n'ont qu'une demi-transparence; et l'on voit dans leur intérieur une espèce de nuage blanc, plus ou moins allongé; on n'aperçoit dans les uns, qu'un point transparent au bout supérieur; ceux-là offrent une zone claire, tant au-dessus qu'au-dessous du petit nuage; les plus gros ne présentent qu'un seul point opaque et blanchâtre; il y en a enfin dont l'intérieur est d'une limpidité parfaite, et dans lesquels on aperçoit déjà des anneaux très-marqués. M. Hubert a vu éclore ces derniers ; la coque se fendoit, et la larve se montroit au jour. Ceux qui viennent d'être pondus sont constamment d'un blanc laiteux, entièrement opaques, et de moitié plus petits. Ces œufs prennent donc un accroissement sensible ; et les plus longs sont les seuls que ce naturaliste ait vu éclore. Soit que les ouvrières leur communiquent une humidité nécessaire, soit qu'elles aient un autre secret pour les conserver, les œufs les plus avancés se dessèchent et périssent, si on les dérobe aux soins de ces fourmis.

Les larves sortent de leurs coques quinze jours après la ponte, et leur corps est alors d'une transparence parfaite. Plusieurs ouvrières, dressées sur leurs pattes et le ventre en avant, veillent à leur défense; d'autres s'occupent à déblayer les conduits, les autres sont dans l'inaction. Mais si le soleil vient à éclairer la partie extérieure du nid, les fourmis qui sont à sa surface, descendent aussitôt avec précipitation au fond de la fourmilière, frappent leurs compagnes avec leurs antennes, saisissent même quelquefois avec leurs dents ceux des mêmes individus qui ne paroissent pas les comprendre, les entraînent au sommet de l'habitation et les y laissent, afin de revenir auprès de celles qui gardent les petits. Tout est bientôt en mouvement. Les larves et les nymphes sont transportées, en toute hâte, au faîte du nid, et reçoivent pendant quelques jours l'influence du soleil. Les larves des femelles, qui, par le volume plus considérable de leur corps et sa pesanteur plus grande, donnent plus d'embarras, sont placées à côté des autres. Au bout d'un quart d'heure, les fourmis les retirent dans des loges propres à les recevoir, sous une couche de chaume, mais qui n'intercepte pas entièrement la chaleur. Plusieurs de ces fourmis en profitent elles-mêmes, s'étendent au soleil, entassées les unes sur les autres, et paroissent se reposer. Parmi les autres, celles-ci travaillent sur la fourmilière, et celles-là sentant que le soleil s'abaisse, rapportent les petits dans l'intérieur de leur habitation.

La larve, d'après mes propres observations, citées par M. Huber, ressemble à un petit ver, blanc, sans pattes, gros, court, et de forme conique. Son corps est composé d'une tête écailleuse et de douze anneaux; sa partie antérieure est plus menue et courbe. Sa bouche offre deux petits crochets écartés, rudimens des mandibules, et au-dessous, quatre petites pointes, deux de chaque côté, outre un mamelon presque cylindrique et rétractile, par lequel l'animal reçoit la becquée. Les ouvrières la lui donnent chaque jour. Si la larve est assez développée, elle redresse son corps et cherche avec sa bouche, celle de la fourmi neutre, qui écarte alors ses mandibules, et lui laisse prendre dans la sienne le fluide nourricier. M. Hubert ne croit pas qu'il ait subi quelque préparation dans le corps des fourmis ouvrières, parce qu'il a vu souvent ces insectes offrir aux larves la nourriture qu'ils venoient de prendre, et qui consistoit en miel ou sucre dissous dans de l'eau. Mais ils n'ont pas toujours à leur portée des matières semblables, d'une déglutition aussi facile. On sait encore qu'ils vivent, et même très-souvent de substances animales, comme de chenilles, de coléoptères, de cadavres de petits quadrupèdes, d'oiseaux, etc. Or, ils ne peuvent nourrir leurs larves qu'avec l'extrait le plus substantiel et le plus fluide de ces matières, ou l'espèce de chyle qu'ils en retirent, ce qui me paroît exiger une élaboration particulière. Je présume, avec M. Huber, que les fourmis ouvrières proportionnent le régime des larves à leurs différences d'âges et de sexes. Elles les entretiennent dans une extrême propreté, en nettoyant leur corps avec leur langue et leurs mandibules. Près de l'époque de leur transformation, elles tiraillent leur peau détendue et ramollie.

Les larves de certaines fourmis passent l'hiver, amoncelées, au fond de leurs cases. Le corps de celles qui ont cette destination est velu pendant cette saison, nouvelle preuve de la prévoyance de la nature. M. Huber a vu, à cette époque, des larves très-petites dans les nids de la fourmi jaune et de quelques autres espèces; mais ceux des fourmis fauves, noir-cendrées et mineuses, ne lui en ont point offert. Suivant lui, on ne trouve des larves de mâles et de femelles qu'au printemps, et elles ne se métamorphosent qu'au commencement de l'été. Toutes ces différences s'expliquent par celles mêmes des époques auxquelles s'opère ce dernier changement; car les fourmis fauves, les noir-cendrées et les mineuses, se développent au printemps, tandis que les autres paroissent beaucoup plus tard.

Les larves des fourmis proprement dites et des polyergues ou des formicaires sans aiguillon, se filent toutes une coque de soie, d'un tissu serré, très-lisse, cylindrique, allongé et d'un jaune pâle, lorsqu'elles sont à la veille de se changer en nymphes. Après s'y être renfermées, elles s'y dépouillent de leur peau, et la tache noire, en forme de pointe, que l'on remarque souvent à une des extrémités de la coque, est formée par le résidu des alimens que ces insectes ont rejetés avant cette opération. La fourmi en état de nymphe présente la forme et la grandeur de l'insecte parfait; mais il est foible, d'une consistance encore tendre, et ses membres, incapables d'action, sont renfermés chacun dans un fourreau particulier, et composé d'une pellicule de soie. Leur corps, peu de temps après cette transformation, devient immobile, et sa couleur passe du blanc au jaune pâle, puis au roux, et, dans quelques espèces, devient brune ou presque noire.

Ces nymphes ont encore besoin des secours des fourmis ouvrières. Elles périroient dans leurs coques, si celles-ci ne leur frayoient, au moment opportun, un passage, en déchirant, ou même en coupant, par une scission longitudinale et en forme de bande, cette coque, avec leurs mandibules. Elles les sortent de leurs cellules, enlèvent la pellicule satinée qui enveloppe les parties de leur corps, la tiraillent délicatement, contribuent surtout à étendre les ailes des individus qui en sont pourvus, et secondent de tous leurs efforts les efforts de la nature. Elles s'empressent ensuite de leur faire part de leurs provisions, ou de leur donner des alimens. Les nouveau-nés, tant mâles que femelles et neutres, jouissent de leur liberté et des facultés actives qui leur sont propres; les débris de leurs coques tantôt sont placés, par les fourmis nourrices, dans les loges les plus éloignées du centre du domicile, ou amoncelées dans quelques autres loges; tantôt ils sont transportés sur la surface extérieure de l'habitation, ou même loin d'elle.

Les nids des fourmis noir-cendrées offrent des nymphes nues ou des nymphes renfermées dans leurs coques. M. Huber a vu très-souvent les neutres ouvrir les coques, peu de temps après que les larves s'étoient métamorphosées en nymphes: c'est ce que font aussi les fourmis mineuses. Mais pourquoi les neutres devancent-elles pour un certain nombre d'individus cette opération? c'est ce qu'on ignore. Il seroit convenable d'étudier la nature de ces individus, dépouillés ainsi, avant l'époque de leur dernière transformation; car peut-être cette opération n'a lieu que relativement aux mâles et aux femelles. M. Huber a souvent tiré de leur coque des larves qui venoient de filer. Elles ont bien changé de peau, mais elles n'ont pu dégager leurs pattes; elles sont restées attachées à l'abdomen, et ces nymphes ont bientôt péri. Il paroît donc que la coque est pour elles un appui ou un moyen nécessaire.

Les fourmis neutres continuent, pendant quelques jours, de surveiller les individus qui viennent de se développer. Elles les alimentent, les accompagnent en tous lieux, semblent leur faire connoître les sentiers et les labyrinthes de leur habitation, rassemblent dans les mêmes cases les mâles qui se dispersent, les retiennent lorsqu'ils veulent sortir avant le temps favorable, et, lorsqu'il est arrivé, les conduisent hors de la fourmilière.

M. Huber n'a jamais vu pondre les fourmis ouvrières, et les approches du mâle ont toujours coûté la vie à celles qu'il a surprises sur le fait. Il se demande : quel est le but de la nature en condamnant ces individus neutres, ainsi que ceux des guêpes et des abeilles, à la stérilité ! Ne seroit-ce point, dit-il, afin d'augmenter le nombre des individus d'une même famille, sans qu'il en résultât une multiplication qui lui fût proportionnelle? Mais nous croyons devoir assigner une autre cause, et dont nous développerons les motifs à l'article *Insectes*. Si les fourmis neutres sont privées d'ailes, elles en sont bien dédommagées, selon la remarque judicieuse de cet observateur, par ce sentiment naturel, ce pouvoir sans bornes sur les autres individus de la société, dont elles jouissent.

J'ai observé, ainsi que ce naturaliste, que les individus ailés ne sortent de leurs domiciles que lorsque la température s'élève à quinze ou seize degrés au moins du thermomètre de Réaumur : aussi m'a-t-il paru que la plupart de nos espèces indigènes de fourmis ne subissent leur dernière transformation qu'en été, et même en automne. Si le temps est favorable, les neutres ouvrent aux autres individus plusieurs issues, à l'entrée extérieure desquelles ceux-ci viennent respirer ; on en voit même plusieurs se promener sur la fourmilière. Mais si on la touche dans cet instant, les neutres se hâtent de les y faire rentrer. C'est ordinairement dans l'après-midi que les mâles et les femelles abandonnent leur berceau et prennent leur vol. Les neutres rentrent seules dans leur habitation, et, suivant M. Huber, en ferment soigneusement les avenues.

On ne sauroit peindre avec plus de charme et d'intérêt que lui, les détails de ces émigrations. Après avoir décrit ce qui se passe alors relativement aux fourmis des gazons (*myrmice*), les sollicitudes des ouvrières pour les individus ailés, les soins qu'elles leur prodiguent, les efforts qu'elles font pour les retenir, enfin l'espèce d'adieu qu'elles semblent leur adresser, il s'exprime de cette sorte : « Mais quels objets brillent à nos yeux sur cet autre monticule qui s'élève dans l'herbe ? Ce sont encore des mâles de fourmis qui sortent par centaines de leurs souterrains, et promènent leurs ailes argentées et transparentes à la surface du nid ; les femelles, en plus petit nombre, traînent au milieu d'eux leur large ventre bronzé, et déploient aussi leurs ailes, dont l'éclat changeant ajoute encore à l'aspect agréable qu'offre leur réunion. Un nombreux cortége d'ouvrières les accompagne sur toutes les plantes qu'ils parcourent ; déjà le désordre et l'agitation règnent sur la fourmilière ; l'effervescence augmente à chaque instant; les insectes ailés montent avec vivacité le long des brins d'herbes, et les ouvrières les y suivent, courent d'un mâle à un autre, les touchent de leurs antennes et leur offrent de la nourriture : les mâles quittent enfin le toit paternel; ils s'élèvent dans les airs comme par une impulsion générale, et les femelles partent après eux. La troupe ailée a disparu, et les ouvrières retournent encore quelques instans sur les traces de ces êtres favorisés qu'elles ont soignés avec tant de persévérance, et qu'elles ne reverront jamais.

« La variété des couleurs et des formes de cette multitude d'insectes présente quelquefois des tableaux assez piquans. Chez les uns, tout le corps n'offre qu'une seule teinte; les ouvrières sont jaunes, les mâles entièrement noirs, et les femelles d'un blond doré; leurs ailes brillent de toutes les couleurs de l'arc-en-ciel. Chez d'autres fourmis, toutes les ouvrières sont noires cendrées et tachetées de rouge sur le corselet; les mâles, dont le corps est noir, ont les pattes d'un beau jaune, et les ailes blanchâtres; tandis que leurs femelles ont le corselet et l'abdomen tachetés de fauve, sur un fond brun, les ailes transparentes et noirâtres à leurs extrémités. »

Nous venons de voir les fourmis essayer leurs ailes et se répandre dans les airs; c'est le théâtre de leurs amours. Mais bientôt ces insectes tombent deux à deux, comme une pluie, soit à terre, soit sur les plantes, où plusieurs même consomment leur union. Ce vœu de la nature accompli, quelques individus prennent encore leur vol et rejoignent une nuée de fourmis ailées, réunie à la cime d'un arbre ou voltigeant à l'entour.

Les mâles et les femelles d'une autre espèce de fourmis se rassemblent en manière d'essaim, qui se balance dans l'air, en s'élevant et s'abaissant alternativement d'une dizaine de pieds, mais à peu de hauteur au-dessus du sol et à peu de distance de la fourmilière d'où il est parti. Ces mouvemens s'exécutent avec beaucoup de lenteur. Des mâles qui forment le gros de l'essaim volent obliquement et en zigzag, avec une grande rapidité. Les femelles, suspendues comme des ballons et tournées contre le vent, paroissent immobiles. Cependant elles suivent les mouvemens de l'essaim, jusqu'à ce que des mâles les saisissent, les entraînent loin de la foule, et les fécondent au milieu des airs.

Ces essaims sont communs au mois de septembre; ils se dispersent au moindre vent, mais ne tardent pas à se réunir, et souvent même à se confondre avec d'autres. Le bourdonnement général produit par ces insectes n'égale pas celui d'une seule guêpe. Ces essaims se placent quelquefois au-dessus de notre tête, et nous suivent dans notre marche. On trouve dans les Mémoires de l'académie de Berlin, la description d'un essaim prodigieux de ces insectes, observé par M. Gléditsch, qui de loin produisoit un effet assez semblable à celui d'une aurore boréale, quand, du bord de la nue, il s'élance par jets plusieurs colonnes de flammes et de vapeurs, plusieurs rayons en forme d'éclairs qui tendent à se réunir, mais sans en avoir l'éclat. Des colonnes de fourmis alloient et venoient çà et là, mais toujours en s'élevant avec une rapidité incroyable; elles parurent s'élever au-dessus des nues, s'y épaissir et s'obscurcir de plus en plus; d'autres colonnes suivoient les précédentes, s'élevoient pareillement, en s'élançant plusieurs fois avec une vitesse égale, ou en montant l'une après l'autre. Ce phénomène dura l'espace d'une demi-heure. Chaque colonne ressembloit à un réseau fort délié, et paroissoit avoir un mouvement de trémulation et d'ondulation; elle étoit composée d'une multitude innombrable de petits insectes ailés tout-à-fait noirs, qui montoient et descendoient continuellement avec irrégularité.

Des auteurs avoient avancé, mais sans preuves, que les fourmis mâles, après la fécondation, éprouvoient le même sort que les abeilles, et que les fourmis femelles revenoient à leur habitation, pour confier aux mêmes neutres qui avoient pris soin de leur enfance, les germes de leur postérité. Mais les premiers individus éloignés de leur terre natale, privés du secours de leurs nourrices, presque incapables de pourvoir à leur subsistance, exposés d'ailleurs aux intempéries de l'air et à plusieurs autres dangers, périssent bientôt après l'époque de leurs amours, par ces seules causes. Les abeilles, les bourdons et les guêpes, appelés à retrouver leur habitation, ont, suivant M. Huber, l'instinct de tournoyer autour d'elle; d'examiner sa position; de prendre, en un mot, afin de ne point s'égarer, toutes les mesures de prudence, avant de sortir, pour la première fois, de leur demeure. La reine abeille en fait autant, lorsqu'elle va chercher sa fécondation dans les airs. Mais les fourmis ailées, lorsqu'elles quittent leur nid, lui tournent le dos, et vont, en ligne droite, à une distance où elles l'ont perdu de vue.

Les fourmis femelles, après avoir été fécondées, et uniquement dans ce cas, font tomber leurs quatre ailes, en affoiblissant d'abord, par divers mouvemens, les muscles qui leur servent d'attache, et en les comprimant ensuite, au moyen de leurs pattes postérieures, qu'elles passent sur elles à peu de distance de leur base. Plusieurs observations de M. Huber et les miennes confirment ce fait. Ces organes tiennent même si peu au corselet dans cette circonstance, et par suite d'une disposition particulière, qu'ils s'en détachent presque toujours, lorsqu'on saisit ces insectes.

Toutes les femelles cependant ne quittent point leur demeure primitive; telles sont celles qui s'accouplent dans la fourmilière ou autour d'elle, et que les ouvrières retiennent ou ramènent de force; elles leur arrachent les ailes, les gardent avec l'assiduité la plus continue, sans leur permettre de sortir, les nourrissent avec le plus grand soin, et les conduisent dans les parties de l'habitation dont la température leur paroît plus convenable. Ces femelles prisonnières s'accoutument peu à peu à leur esclavage; leur ventre grossit, et une seule sentinelle, relevée sans interruption par d'autres, surveille leur conduite. Mais lorsque tout annonce qu'elles vont devenir mères, on leur rend, suivant M. Huber, les mêmes hommages que les abeilles prodiguent à leur reine. Une cour de douze à quinze fourmis ouvrières, les accompagne partout, en redoublant de caresses et de prévenances. Elles les conduisent par leurs dents, ou les portent même dans les différens quartiers. Le corps de la femelle est alors accroché et suspendu aux mandibules de sa porteuse et roulé comme la trompe d'un papillon. Elle se pelotonne si bien sous le corselet de celle-ci, qu'elle ne gêne point ses mouvemens. Quelquefois on se contente de la traîner; mais si la fourmi chargée de ce fardeau est trop fatiguée, une autre prend sa place, et dans ce moment de repos, la femelle est environnée par son cortége, qui lui témoigne son affection. Les œufs, dès l'instant de leur naissance, sont recueillis et réunis autour d'elle.

Les fourmis fuligineuses, chez lesquelles le départ des indi-s'opère plus lentement, se prêtent avec plus de facilité à ces observations. M. Huber compare ingénieusement le mouvement général qui a lieu dans leur fourmilière, à une fête nationale à laquelle tous les individus de la population prennent une part active. Plusieurs femelles peuvent vivre sans éprouver de rivalité, et sans se faire aucun mal, dans le même nid. Elles contribuent également à l'accroissement de la société, mais sans avoir aucun pouvoir. Il appartient toujours exclusivement aux fourmis neutres. Ce naturaliste honore ces femelles du titre de reine. Il a conservé, depuis le mois de novembre jusqu'à la fin d'avril, des fourmis jaunes, avec une de leurs femelles, et beaucoup de petites larves. La boîte, renfermant ce nid, ayant resté dans sa chambre, ces insectes n'ont pas été engourdis par le froid, ce qui lui a donné le moyen d'observer les attentions des ouvrières pour cette femelle. Elles l'environnoient, ou plutôt la couvroient tellement, que ce n'étoit qu'au mouvement très-lent de ce peloton, qu'il pouvoit s'assurer de l'existence de cet individu. Elles lui construisirent, à diverses reprises, une loge particulière, en l'invitant, par toutes sortes de caresses, à venir en prendre possession. M. Huber nous a encore appris, le premier, que des femelles jettent, indépendamment de l'assistance des ouvrières, les fondemens d'une nouvelle colonie. Animées par l'amour maternel, elles se pratiquent des loges, quelquefois communes à d'autres individus semblables, y pondent leurs œufs, les soignent et élèvent leur famille. C'est par différens essais que M. Huber s'est assuré de la vérité du fait que nous rapportons. Des femelles vierges, et pourvues de leurs ailes, ont ouvert les coques de nymphes de fourmis d'ouvrières, qu'il avoit placées avec elles dans un appareil où ces femelles étoient isolées; il les a surprises occupées à délivrer d'autres ouvrières de leur dernière enveloppe, et sans qu'elles parussent embarrassées du rôle qu'elles remplissoient pour la première fois, et contre l'intention présumée de la nature.

L'attachement des fourmis ouvrières pour leurs femelles paroît s'étendre au-delà de l'existence de celles-ci; car, suivant M. Huber, lorsqu'une femelle fécondée périt, cinq ou six ouvrières demeurent auprès d'elle, la brossent et la lèchent, sans interruption, pendant plusieurs jours, et semblent vouloir la ranimer par leurs soins.

Telle est l'économie politique des sociétés ordinaires de fourmis, considérées quant au but principal de leur institution. Nous venons de les voir construisant leurs habitations, élevant leur famille et perpétuant leur race. Exposons maintenant quelques-unes de leurs habitudes plus particulières.

Tous les rapports qui existent entre les individus de leurs différens ordres, leur harmonie, ce concours de toutes les volontés vers un même dessein, supposent, suivant M. Huber, l'intervention d'une sorte de langage, ou le moyen d'exprimer ses désirs, ses besoins, en un mot, toutes les impulsions de l'instinct.

Si on attaque des fourmis placées sur les dehors de leur nid, quelques-unes d'entre elles, pendant que les autres se défendent, se précipitent au fond de leurs galeries et répandent l'alarme. Les individus préposés à la garde des petits, dans les étages supérieurs, se hâtent d'emporter leur précieux dépôt dans les caveaux les plus profonds de l'habitation, afin de le mettre à l'abri des dangers qui le menacent.

Les fourmis hercules, les plus grandes de notre pays, qui

font leur demeure dans les excavations du tronc des chênes, des châtaigniers, et qui n'en sortent qu'au printemps, pour accompagner les mâles et leurs femelles, ont fourni à M. Huber plusieurs observations curieuses de cette nature. Lorsqu'il inquiétoit les individus les plus éloignés des autres, soit en les examinant de trop près, soit en soufflant légèrement sur eux, ils accouroient aussitôt vers ceux-ci, leur donnoient de petits coups de tête contre le corselet, alloient de l'un à l'autre en parcourant un demi-cercle, et heurtoient plusieurs fois ceux qui par leur inaction ne manifestoient aucun signe de crainte. Connoissant le danger, ceux-ci partoient aussitôt, décrivant à leur tour différentes courbes, et s'arrêtoient pour frapper de leur tête les autres fourmis qu'ils rencontroient sur leur route. L'alarme devenoit générale; les fourmis de l'intérieur quittoient leurs retraites et augmentoient le tumulte, mais les mâles sembloient être plus insensibles ou moins épouvantés. Ils ne cherchoient un asile, ou ne rentroient précipitamment dans l'intérieur du tronc, que lorsque les fourmis ouvrières, en s'approchant d'eux, leur avoient donné, quelquefois même itérativement, le signal de la fuite. Tous ces faits, racontés par M. Huber, sont de la plus exacte vérité, ayant souvent eu occasion d'observer cette espèce dans les départemens méridionaux de la France, où elle est très-commune.

Ce naturaliste avoit placé les pieds d'une fourmilière artificielle dans des baquets pleins d'eau, afin de fermer le passage aux fourmis. Cette eau étoit pour elles une source de jouissances; car, ainsi que les abeilles, les papillons et d'autres insectes, elles aiment à se désaltérer pendant les chaleurs. Il inquiéta un jour des fourmis qui, réunies au pied de l'habitation, construite en bois, ou en manière de ruche, et surmontée d'une cloche, s'empressoient à lécher les gouttelettes filtrant à travers le bois, et qu'elles paroissoient même préférer à l'eau des baquets. La plupart des fourmis remontèrent aussitôt; les autres ne prenant point l'épouvante, continuèrent de boire. Mais une des premières redescendit, s'approcha d'une de ses compagnes qui se désaltéroit encore, la poussa, à plusieurs reprises, avec ses mandibules, baissant et relevant sa tête par saccades, et réussit à la faire partir. Elle s'adressa ensuite à une autre buvant aussi; et voyant qu'elle frappoit inutilement son abdomen, elle lui donna avec le bout de ses mâchoires, sur le corselet, deux ou trois coups, et la détermina enfin à regagner la partie supérieure de l'habitation. Une troisième, avertie de la même manière, céda aussi à ses instances; mais une quatrième, restée seule au bord de l'eau, fut tellement opiniâtre que, quoique saisie par une de ses jambes de derrière, elle résistoit encore et sembloit même, en ouvrant ses mandibules, témoigner de la colère, et que la donneuse d'avis fut obligée, en passant au-devant d'elle, de la prendre avec ses mandibules et de l'entraîner dans la fourmilière.

On a remarqué qu'on peut arrêter les fourmis, lorsqu'elles filent les unes à la suite des autres, en passant, à plusieurs reprises, le doigt sur le lieu de leur passage. On en a conclu qu'elles se conduisoient réciproquement au moyen de l'odorat, puisque leur marche ne pouvoit être suspendue dans ce cas, que par une interruption des émanations odorantes qu'elles laissent sur leur route. Mais la plupart ne tardent pas à franchir cet obstacle et à reprendre leur direction. Un fossé de plusieurs pouces de profondeur, que l'on creuse autour d'elles, les désoriente d'abord, mais ne les empêche pas néanmoins, au bout d'un certain temps, de revenir au chemin qui mène à leur fourmilière. Des vents impétueux, la pluie et d'autres causes peuvent effacer les traces de leurs pas, et cependant elles parviennent toujours à leur habitation. De telles sensations peuvent d'ailleurs les embarrasser, comme, par exemple, si les traces de ces émanations forment plusieurs lignes qui se croisent en divers sens. Sans rejeter leur utilité, M. Huber présume que d'autres moyens, tels que l'inspection des objets, la mémoire des localités ou d'autres, mais inconnus pour nous, servent de reconnoissance à ces insectes. Il s'est amusé quelquefois à disperser au milieu d'une chambre, les débris d'une petite fourmilière de terre; les fourmis se répandoient de tous côtés et erroient, en tous sens, à l'aventure. Mais quand l'une d'elles découvroit quelque fente dans le plancher ou quelque autre lieu de sûreté, elle revenoit au milieu de ses compagnes, et leur indiquoit, par certains gestes faits avec ses antennes, la route qu'elles devoient prendre, ou les accompagnoit même jusqu'à l'entrée du souterrain. Celles-ci à leur tour en conduisoient d'autres. Toutes les fois qu'elles se rencontroient, elles se frappoient avec ces organes, d'une manière très-sensible, et toutes les fourmis se rendoient ainsi dans cet asile. Celles qui pénètrent dans les armoires, où nous conservons des confitures, des sucreries ou des fruits, qu'elles recherchent si avidement, sont averties de la même manière par une de leurs compagnes qui en a fait la découverte. On voit que, soit en allant, soit en revenant au domicile pour leur apprendre cette bonne fortune, elle hésite, s'arrête par intervalles, comme si elle vouloit reconnoître les lieux et s'assurer de la route; souvent une autre fourmi la met sur la voie par le contact de ses antennes. Les espèces connues sous les noms de brune, de jaune, d'échancrée, de fuligineuse, et plusieurs autres, se dirigent ainsi par le moyen de leurs antennes.

Ces insectes, si leur habitation est trop ombragée, trop humide, exposée aux insultes des passans, ou voisine d'une fourmilière ennemie, vont poser ailleurs les fondemens d'une nouvelle patrie, et c'est ce que M. Huber appelle migration. Ce n'est pas une colonie, car la nation entière se transporte dans une nouvelle cité. Plusieurs naturalistes avoient déjà parlé d'un usage commun chez les fourmis, celui de se porter les unes les autres; mais ils en ignoroient la cause. M. Huber, en dérangeant un jour l'habitation d'une peuplade de fourmis fauves, s'aperçut qu'elles changeoient de domicile, et vit, à dix pas de distance, la nouvelle fourmilière, qui communiquoit avec l'ancienne par un sentier battu dans l'herbe, et le long duquel ces fourmis passoient et repassoient en grand nombre. Il remarqua que toutes celles qui alloient vers le nouvel établissement étoient chargées de leurs compagnes, tandis que celles qui se dirigeoient dans un sens opposé, marchoient une à une. Ce fut pour notre observateur un trait de lumière; à force de tourmenter, par des démolitions successives, ces républiques de fourmis, il parvint à les mettre dans la nécessité de changer de local; il étoit naturel de soupçonner que la scène dont il avoit été le témoin, se renouvelleroit sous ses yeux, si la migration de ces insectes en étoit le motif. Le nombre des fourmis porteuses étoit d'abord petit; il n'en voyoit que deux ou trois dans le sentier; mais il s'accrut bientôt, et plusieurs des colons, ainsi transplantés, revenoient à l'ancien domicile, pour recruter à leur tour; tantôt ils invitoient à la désertion par de simples caresses, tantôt ils saisissoient de surprise les autres fourmis, les entraînoient hors de l'ancienne habitation, et les emportoient avec célérité. Ces fourmis étoient-elles disposées au voyage, les porteuses les prenoient avec leurs mandibules, et lorsqu'elles se retournoient pour les enlever, les autres se suspendoient et se rouloient sous le cou des dernières. Le nombre des recruteuses augmentoit dans une progression si rapide qu'à la fin le sentier servant de communication en étoit rempli, et que la surface extérieure de la fourmilière primitive ne cessoit d'offrir des exemples de ces enlèvemens. Des appareils vitrés, où M. Huber avoit renfermé des fourmis, lui ont procuré le même spectacle. Il a observé que par le rapt de la première recruteuse, on arrêtoit l'émigration, jusqu'à ce qu'une autre eût découvert le lieu propre à un nouvel établissement; que ce recrutement duroit plusieurs jours, et qu'il cessoit lorsque toutes les fourmis avoient connoissance de la route de la nouvelle habitation. Le local préparé, le transport de la jeune famille ou le déménagement étant fini, la fourmilière artificielle et sa route sont abandonnées. La tranquillité qui, lors de l'émigration, règne intérieurement dans la demeure primitive, fait dire à M. Huber que ces enlèvemens ne produisent qu'une sensation locale, et que le dessein de s'expatrier, conçu d'abord par un seul individu, ne s'exécute que graduellement. Quelquefois plusieurs fourmis ouvrières forment en même temps, le projet d'établir une nouvelle cité, ce qui donne lieu à l'existence momentanée de plusieurs fourmilières; mais elles ne tardent pas à se fondre en une seule, au moyen d'un dernier recrutement. Il leur arrive aussi, si elles sont mécontentes du site qu'elles ont choisi, de changer jusqu'à quatre fois de domicile, de revenir même au premier; mais la dernière émigration obtient presque toujours l'avantage sur les autres. Dans le cas que la nouvelle habitation soit très-éloignée de celle qu'elles abandonnent, des gîtes intermédiaires ou des espèces de relais, représentant même, avec des dimensions plus petites et une population moins considérable, de véritables fourmilières, sont préparés sur la route, et deviennent des points de repos. Quelquefois ce sont autant de petites colonies, dépendantes de la métropole. M. Huber a même vu dans les bois de sapin, de grandes fourmilières à proximité les unes des autres et communiquant ensemble par des routes battues, quelquefois longues d'une centaine de pieds, sur plusieurs pouces de largeur, et creusées par les fourmis elles-mêmes. Mais cet art appartient exclusivement aux fourmis fauves.

Les espèces appelées hercule, éthiopienne, noir-cendrée, sanguine et mineuse, sont aussi du nombre des recruteuses.

Les fourmis de gazons (*myrmice*) ont l'instinct de se diriger, au moyen de signes, comme les fourmis brunes, les fourmis échancrées, dont nous avons parlé plus haut, et celui encore de se porter mutuellement, mais non de la même manière. Les compagnes dont elles se chargent et qu'elles saisissent aussi avec les mandibules, ont le corps en l'air, avec la tête en bas. Bonnet a transformé cette action officieuse en un acte de discorde et de combat.

Les fourmis brunes et fuligineuses qui n'ont point l'habitude de se porter dans leurs migrations, savent néanmoins employer ce moyen à l'égard des mâles, des femelles et des ouvrières qui viennent de se transformer; ce qui prouveroit, au sentiment de M. Huber, que ces derniers individus ne connoissent pas encore bien leur langage et l'art de se diriger eux-mêmes. Mais je présumerois plutôt que ce transport n'a lieu que dans le danger, et parce que ces individus sont encore trop foibles pour s'y soustraire.

Les fourmis ne le cèdent point aux abeilles, sous le rapport du dévouement et des affections pour leur famille. Elles la défendent avec le plus grand acharnement. On pourra séparer leur abdomen du reste du corps, qu'elles ne se dessaisiront point de la larve ou de la nymphe qu'elles portent entre leurs mandibules, et qu'elles se traîneront afin de la mettre en sûreté. Le courage et la hardiesse qu'elles montrent, dans la défense de leurs propriétés, sont bien connus et ont souvent excité le repentir de l'agresseur. J'ai cité, dans mon Histoire de ces insectes, un exemple bien touchant de leur affection mutuelle. J'avois privé une fourmi de ses antennes; une de ses compagnes, qui avoit sans doute reconnu le malheur qui lui étoit arrivé, distilla sur sa blessure une goutte d'une liqueur jaunâtre et limpide qu'elle fit sortir de sa bouche.

M. Huber rapporte deux autres traits de cet attachement.

Ayant pris, au mois d'avril, une fourmilière des bois, dans l'intention de peupler un de ses appareils vitrés, il en remit en liberté une partie; les fourmis libres se fixèrent au pied d'un marronnier du jardin de la maison qu'il habitoit. Les autres restèrent quatre mois prisonnières dans son cabinet; à cette époque, il les transporta dans le jardin, à dix ou quinze pas des précédentes. Quelques-unes des prisonnières réussirent à s'évader, rencontrèrent et reconnurent leurs anciennes compagnes. On les voyoit, dit M. Huber, gesticuler et se caresser mutuellement avec leurs antennes, et se prendre par les mandibules. Les fourmis du marronnier emmenèrent les autres dans leur nid, vinrent bientôt en foule chercher d'autres fugitives, se hasardèrent même de se glisser jusque sous la cloche de celles qui étoient captives, et y établirent une désertion complète, par des enlèvemens successifs.

Des fourmis fauves que ce naturaliste avoit réunies dans une autre fourmilière artificielle, dont le cadre où il vouloit les fixer, au lieu d'être perpendiculaire à la table servant de support, étoit incliné de quelques degrés, ne goûtant point cette disposition, furent s'établir avec leur magasin, sous une cloche placée au-dessus de la table. M. Huber espéra de les faire revenir dans le cadre, en échauffant son verre au moyen d'un flambeau. Quelques fourmis qui se trouvèrent dans cette partie, bien aises de cette température, et manifestant leur bien-être en se brossant la tête et les antennes avec les pattes, prirent le parti, au bout de quelques instans d'hésitation, de remonter à l'étage supérieur ou sous la cloche. Deux de ces fourmis redescendirent bientôt dans le cadre, apportant à leur bouche deux de leurs compagnes, qu'elles déposèrent à la place la plus chaude, et retournèrent aussitôt dans la partie supérieure. Les nouvelles arrivées, après s'être échauffées, montèrent aussi sous la cloche et en transportèrent d'autres. Cette manœuvre ne tarda pas à devenir générale, et il ne resta plus aucune fourmi dans l'étage supérieur.

Quand M. Huber cessoit de chauffer le cadre, ces insectes remontoient sous la cloche, et il leur faisoit répéter ce trait de sociabilité, autant de fois qu'il rapprochoit le flambeau. « Ces observations, dit-il, nous rappellent ces républiques idéales où tous les biens devoient être en commun, et où l'intérêt public devoit servir de règle à tous les citoyens. Il n'appartenoit qu'à la nature de réaliser cette chimère, et ce n'est que chez les insectes exempts de nos passions, qu'elle a cru pouvoir établir cet ordre de choses. Elle a donné aux fourmis la faculté de communiquer entre elles par l'attouchement de leurs antennes; par ce moyen elles peuvent s'entr'aider dans leurs travaux, se secourir dans les dangers, retrouver leur route lorsqu'elles sont égarées, et faire connoître leurs besoins à leurs semblables. Les insectes qui vivent en société sont donc en possession d'un langage: ce rapport qu'ils ont avec nous, quoique dans un degré si inférieur, ne les élève-t-il pas à nos yeux, et n'embellit-il pas le spectacle même de l'univers? »

Nos fourmis font la chasse aux insectes, particulièrement aux chenilles, aux hannetons, etc., qu'elles rencontrent. Si elles ne sont pas en nombre suffisant pour arrêter leur proie, elles vont chercher du secours, et le petit animal accablé par tant d'aggresseurs, incapable de s'en délivrer et même souvent de marcher, succombe et bientôt est entraîné dans la fourmilière. Elles attaquent à force ouverte : leurs mandibules en pince ou en tenaille, une liqueur acide et irritante, que les chimistes appellent *acide formique*, une sorte de venin qu'elles versent dans les plaies produites par leurs morsures, en courbant l'extrémité postérieure de leur abdomen où il est contenu et en l'appliquant contre la partie offensée, sont leurs armes dangereuses. D'autres formicaires, comme les myrmices, font usage de leur aiguillon, et, à grandeur égale, sont supérieures aux espèces qui en sont dépourvues. On sait que les fourmis dissèquent avec art les cadavres des quadrupèdes, des oiseaux et des reptiles de petite taille, et qu'on peut s'éviter la peine de préparer leurs squelettes, en enfouissant leur cadavre dans certaines fourmilières, celle surtout des fourmis fauves.

Si elles aperçoivent un de leurs ennemis, mais à une distance où elles ne peuvent l'atteindre, elle se redressent sur leurs pieds de derrière, font passer leur abdomen entre les jambes, et lancent simultanément et avec force, des divers points de la surface de leur nid, des jets de leur acide ; son odeur est si pénétrante, qu'on éprouve son action, particulièrement dans les temps chauds, à un éloignement assez grand de la fourmilière. On peut se procurer facilement dans les bois, où la fourmi fauve est très-commune, une limonade agréable, en plaçant un morceau de sucre dans leur nid et l'y laissant quelques minutes. Il absorbe bientôt une certaine quantité d'acide formique qui supplée à celui du citron.

D'autres espèces du même genre sont, de tous leurs ennemis, ceux que nos fourmis indigènes craignent le plus. Les plus petites, en s'accrochant à leurs pattes et à d'autres parties de leur corps, souvent en grand nombre, ne sont point, pour elles, les moins redoutables. Les espèces les plus fortes, dans les combats qu'elles livrent aux dernières, sont même obligées d'agir de surprise ; car lorsque celles-ci prévoient l'attaque, elles vont avertir leurs compagnes, et des renforts déterminent la victoire en leur faveur. Ces insectes sont tellement acharnés contre leurs ennemis, qu'ils se laissent plutôt mettre en pièces que de lâcher prise. Les fourmis hercules font quelquefois une guerre cruelle aux fourmis sanguines, qu'elles vont chercher jusqu'aux portes de leur habitation. Celles-ci, de moitié plus petites, mais supérieures en nombre, se tiennent sur la défensive et, pour éviter des ennemis aussi à craindre, se déterminent prudemment à s'établir plus loin; ce qu'elles exécutent par un recrutement en règle, et en garantissant leur retraite au moyen de petits corps de troupes postés à peu de distance du nid. « Mais si nous voulons voir, dit M. Huber, des armées en présence, une guerre dans toutes les formes, il faut aller dans les forêts, où les fourmis fauves établissent leur domination sur tous les insectes qui se trouvent sur leur passage. Nous y verrons des cités populeuses et rivales ; des routes battues, partant de la fourmilière comme autant de rayons, et fréquentées par une foule innombrable de combattans; des guerres entre des hordes de la même espèce ; car elles sont naturellement ennemies et jalouses du territoire voisin de leur capitale. C'est là que j'ai pu observer deux des plus grandes fourmilières aux prises l'une avec l'autre. Je ne dirai pas ce qui avoit allumé la discorde entre ces républiques ; elles étoient de la même espèce, semblables pour la grandeur et la population, et situées à cent pas de distance : deux empires ne possedent pas un plus grand nombre de combattans. Qu'on se représente une foule prodigieuse de ces insectes, remplissant tout l'espace qui séparoit les deux fourmilières, et occupant une largeur de deux pieds : les armées se rencontroient à moitié chemin de leur habitation respective, et c'est là que se donnoit la bataille. Des milliers de fourmis, montées sur les saillies naturelles du sol, luttoient deux à deux, en se tenant par leurs mandibules, vis-à-vis l'une de l'autre; un plus grand nombre encore se cherchoient, s'attaquoient, s'entraînoient prisonnières; celles-ci faisoient de vains efforts pour s'échapper, comme si elles avoient prévu qu'arrivées à la fourmilière ennemie, elles éprouveroient un sort cruel.

» Le champ de bataille avoit deux ou trois pieds carrés. Une odeur pénétrante s'exhaloit de toutes parts; on voyoit nombre de fourmis mortes et couvertes de venin; d'autres composant des groupes et des chaînes, étoient accrochées par leurs jambes ou par leurs pinces, et se tiroient tour à tour en sens contraire. Ces groupes se formoient successivement : la lutte commençoit entre deux fourmis qui se prenoient par leurs mandibules, s'exhaussoient sur leurs jambes pour laisser passer leur ventre en avant, et faisoient jaillir mutuellement leur venin contre leur adversaire ; elles se serroient de si près qu'elles tomboient sur le côté et se débattoient long-temps dans la poussière; elles se relevoient bientôt et se tirailloient réciproquement, afin d'entraîner leur antagoniste; mais quand les forces étoient égales, les athlètes restoient immobiles et se cramponnoient au terrain, jusqu'à ce qu'une troisième fourmi vînt décider l'avantage : le plus souvent l'une et l'autre recevoient du secours en même temps; alors toutes les quatre se tenant par une patte ou par une antenne, faisoient encore de vaines tentatives pour l'emporter; d'autres se joignoient à celles-ci, et quelquefois ces dernières étoient à leur tour saisies par de nouvelles arrivées : c'est de cette manière qu'il se formoit des chaînes de six, huit ou dix fourmis, toutes cramponnées les unes aux autres ; l'équilibre n'étoit rompu que lorsque plusieurs guerrières de la même république s'avançoient à la fois ; elles forçoient celles qui étoient enchaînées à lâcher prise, et les combats particuliers recommençoient.

» A l'approche de la nuit, chaque parti rentroit graduellement dans la cité qui lui servoit d'asile, et les fourmis tuées ou menées en captivité, n'étant pas remplacées par d'autres, le nombre des combattans diminuoit jusqu'à ce qu'il n'en restât plus aucun. Mais les fourmis retournoient au combat avant l'aurore, les groupes se formoient, le carnage recommençoit avec plus de fureur que la veille, et j'ai vu le lieu de la mêlée occuper six pieds de profondeur sur deux de front. Le succès fut long-temps balancé; cependant vers le milieu du jour le champ de bataille s'étoit éloigné d'une dizaine de pieds de l'une des cités ennemies; d'où je conclus qu'elle avoit gagné du terrain. L'acharnement des fourmis étoit si grand, que rien ne pouvoit les distraire de leur entreprise; elles ne s'apercevoient point de ma présence, et quoique je fusse immédiatemment au bord de leur armée, aucune d'elles ne grimpa sur mes jambes; elles n'avoient qu'un seul objet, celui de trouver une ennemie qu'elles pussent attaquer. »

Cependant les travaux habituels des deux sociétés rivales ne furent point interrompus; l'ordre et la tranquillité y régnoient. La guerre se termina sans aucun résultat fâcheux; des pluies de longue durée y mirent fin, et les fourmis belliqueuses ne fréquentèrent plus la route qui pouvoit être l'occasion de nouveaux combats. M. Huber en a vu plusieurs fois de semblables à celui dont il nous a donné une si belle description.

Les fourmis sanguines, qui sont souvent attaquées par les fourmis fauves, lorsque leurs nids, quoique assez éloignés l'un de l'autre, sont placés le long d'une même haie, et que leurs sentiers prolongés sur leurs terrains respectifs deviennent un sujet de discorde, se défendent en partisans ou par une petite guerre très-amusante pour l'observateur. Les deux partis se mettent en embuscade, et fondent l'un sur l'autre à l'improviste. Si les fourmis sanguines se voient moins en forces, elles réclament du secours, et aussitôt une armée considérable sort des portes de leur cité, s'avance en masse et enveloppe le peloton ennemi.

N'envions point aux habitans des contrées équatoriales du Nouveau-Monde ces jouissances que semble devoir leur procurer la richesse et la beauté de leurs climats. Les dons de la nature y sont bien compensés par des calamités sans nombre, et félicitons-nous de ne pas avoir ces fourmis que Malouet a observées en visitant les forêts de la Guyane, et dont il a parlé dans son voyage en cette partie du monde. Il aperçut, au milieu d'une savane unie et à perte de vue, un monticule, qu'il auroit attribué à la main de l'homme, si M. de Préfontaine qui l'accompagnoit, ne lui avoit appris qu'il étoit l'ouvrage, malgré sa construction gigantesque, de fourmis noires, de la plus grosse espèce. Il lui proposa de le mener, non à la fourmilière, où ils eussent été dévorés l'un et l'autre, mais sur la route des travailleurs. M. Malouet n'approcha pas plus de quarante pas de l'habitation de ces insectes. Elle avoit la forme d'une pyramide tronquée au tiers de sa hauteur, et il estima qu'elle pouvoit avoir quinze à vingt pieds d'élévation sur trente à quarante de base. M. de Préfontaine lui dit que les cultivateurs étoient obligés d'abandonner un nouvel établissement, lorsqu'ils avoient le malheur d'y rencontrer une de ces forteresses, à moins qu'ils n'eussent assez de forces pour en faire un siége en régle. Cela étoit même arrivé à M. de Préfontaine, lors de son premier campement de Kourou. Il voulut en former un second plus loin, et il apercut sur le terrain une butte semblable à celle dont nous avions parlé plus haut. Il fit creuser une tranchée circulaire, qu'il remplit d'une grande quantité de bois sec, et après y avoir mis le feu sur tous les points de sa circonférence, il attaqua la fourmilière à coups de canon. Ainsi toute issue fut fermée à l'armée ennemie, qui, pour se dérober à l'invasion des flammes, à l'ébranlement du terrain, étoit encore obligée de traverser, dans sa retraite, une tranchée remplie de feu. Les plus grosses formicaires qui nous viennent de Cayenne, sont du genre *ponère*; et je présume que celle dont a parlé Malouet en fait partie.

Les fourmis fauves ont encore présenté à M. Hubert quelques faits singuliers, et dont le suivant retrace une sorte de scène gymnastique. S'étant approché un jour d'une de leurs habitations, exposée au soleil et abritée du côté du nord, il vit ces insectes amoncelés en grand nombre sur sa surface, et dans un mouvement général, qu'il compare à l'image d'un liquide en ébullition. Mais s'étant appliqué à suivre séparément chaque fourmi, il découvrit qu'elles jouoient entre elles, deux à deux, et se livroient des combats simulés, pareils à ceux dont les jeunes chiens nous donnent souvent le spectacle. Notre observateur soupçonna que des circonstances locales et favorables, comme l'heureuse situation du nid, l'abondance des vivres, une solitude qui met ces fourmis à l'abri des périls ordinaires, disposent ces animaux à s'abandonner à ces jeux.

Les autres fourmis, moitié guerrières et moitié sociales, lui ont rarement offert de telles observations. Initié dans les mystères de la vie de ces insectes, il nous fait connoître deux de leurs maladies; l'une est une espèce de vertige, occasioné, à ce qu'il présume, par une trop forte ardeur du soleil, et qui les transforme, pendant deux ou trois minutes, en espèces de bacchantes; l'autre maladie, beaucoup plus grave, leur fait perdre la faculté de se guider en ligne droite. Ces fourmis tournent dans un cercle très-étroit, et toujours dans le même sens. Une femelle vierge, renfermée dans un poudrier et atteinte de cette manie, faisoit mille tours par heures, en décrivant un cercle d'un pouce de diamètre. Elle continua ce manége pendant sept jours, et même pendant la nuit.

Dans leurs relations habituelles avec leurs compagnes, les fourmis font un usage si fréquent de leurs antennes, que M. Huber, développant des idées déjà émises et rapportant des faits à leur appui, tâche de nous persuader de l'existence, dans ces insectes, d'un langage de tact, qu'il nomme *antennal*.

Il est connu depuis long-temps, que plusieurs fourmis sont très-friandes de cette liqueur que les pucerons font sortir par deux cornes de l'extrémité postérieure de leur corps, ou par les voies naturelles, et qui est une sécrétion du suc des végétaux dont ils se nourrissent. Aussi voit-on un grand nombre de ces fourmis répandues sur les arbres ou sur les plantes qui abondent en pucerons, en gallinsectes, s'empressant de saisir cette espèce de miellée ou de manne, au moment où ces animaux la rejettent au-dehors, sous la forme de gouttelettes. Leur abdomen, beaucoup plus volumineux alors qu'il ne l'étoit auparavant, nous montre combien elles aiment cet aliment. Mais un fait ignoré et découvert par M. Huber, est que ces fourmis, en flattant et caressant, pour ainsi dire, ces insectes pourvoyeurs avec leurs antennes, en frappant alternativement, avec l'un de ces organes, l'extrémité postérieure de leur corps, obtiennent aussitôt d'eux, et volontairement, cette évacuation si précieuse pour elles. M. Huber a vu mainte fois la fourmi brune, et quelques autres espèces, mais pas aussi souvent, employer ces singuliers procédés pour se procurer des vivres, et toujours avec succès. Un petit nombre de repas leur suffit pour se rassasier. La fourmi rouge (espèce de *myrmice*), saisit adroitement la gouttelette de liqueur avec l'extrémité renflée de ses antennes, qu'elle porte ensuite à sa bouche, et l'y fait entrer en la pressant tour à tour avec l'une et l'autre, comme avec de véritables doigts.

Les fourmis jaunes, bien différentes des autres sous le rapport de leurs habitudes, ne sortent presque jamais de leurs souterrains. On ne les rencontre point sur les arbres et sur les fruits; elles ne vont pas même à la chasse des autres insectes, et cependant elles sont très-multipliées dans les prairies et les vergers. Comment donc se nourrissent-elles? Telle est la difficulté qui se présente naturellement à l'esprit. La recherche de son explication conduisit M. Hubert à la découverte de plusieurs autres faits, bien plus étranges. Ayant un jour retourné la terre dont l'habitation de ces fourmis étoit composée, il trouva des pucerons dans leur nid. Les racines des graminées ombrageant la fourmilière en offroient aussi de différentes espèces, et rassemblés en familles assez nombreuses. Les fourmis sembloient épier auprès d'eux le moment de leur évacuation mielleuse, ou le déterminoient même par les moyens indiqués ci-devant. Il importoit de savoir si cette cohabitation étoit générale. M. Huber se hâta de fouiller dans un grand nombre de nids de fourmis jaunes, et il y trouva toujours des pucerons, surtout après des pluies chaudes. Il ne tarda pas à être témoin de l'affection intéressée qu'elles ont pour eux, et qui va jusqu'à la jalousie. Elles les prenoient souvent à la bouche, et les emportoient au fond du nid; d'autres fois, dit-il, elles les réunissoient au milieu d'elles, ou les suivoient avec sollicitude.

L'établissement d'une de ces peuplades de fourmis, avec leurs pucerons, dans une boîte vitrée, lui donna la facilité de constater encore ces observations, et de se convaincre qu'elles les gardent avec la même vigilance, et les traitent avec les mêmes soins que s'ils étoient de leur propre famille. Le corps de ces pucerons étant très-mou, que de précautions délicates ne doivent-elles pas prendre, lorsqu'elles veulent les détacher du végétal auxquels ils sont fixés avec leur trompe, afin de pouvoir ensuite les transporter dans leur demeure! C'est toujours en les caressant avec leurs antennes, qu'elles les engagent à retirer l'instrument qui leur sert à pomper les sucs de la plante. Souvent d'autres fourmis voisines tâchent de les leur dérober; mais les propriétaires connoissent tout le prix de ces petits animaux, et défendent avec chaleur leur possession.

« Une fourmilière, dit agréablement M. Huber, est plus ou moins riche, selon qu'elle a plus ou moins de pucerons; c'est leur bétail, ce sont leurs vaches et leurs chèvres: on n'eût jamais deviné que les fourmis fussent des peuples pasteurs. »

On pourroit croire que les pucerons sont venus s'établir d'eux-mêmes dans la fourmilière. Mais il est plus probable que les fourmis les y ont transportés, du moins en grande partie.

Quatre ou cinq espèces possèdent des pucerons, mais en plus petit nombre et moins constamment que les fourmis jaunes. Plus actives et vagabondes, elles peuvent grimper sur les végétaux chargés de pucerons, et se pourvoir sans les déplacer. Il en est même qui se construisent, avec de la terre, un tuyau qui les conduit de leur domicile à la branche où sont leurs nourriciers. Elles y sont à couvert, hors de la vue des autres fourmis, et peuvent sans crainte ramener les pucerons au logis. La fourmi rouge, celle des gazons (*myrmices*), la brune et une autre espèce presque microscopique, ont toujours, en automne, en hiver ou au printemps, de ces insectes. Ceux qui habitent avec la dernière, sont proportionnés à sa petitesse.

Plus ingénieuses et plus prévoyantes encore, d'autres fourmis bâtissent, avec de la terre, autour des tiges des plantes, des maisonnettes destinées aux pucerons qu'elles y réunissent. Tantôt elle est en forme de sphère, lisse et unie en dedans; telle est celle que M. Huber a trouvée au milieu de la tige d'un tithymale, et qui lui servoit d'axe; elle avoit dans le bas une ouverture fort étroite, et par laquelle les fourmis brunes, propriétaires du bercail, et pouvant en jouir paisiblement, sortoient et entroient, et se trouvoient à proximité de leur propre habitation. Tantôt cette demeure des pucerons, comme celle que le même naturaliste a vue au pied d'un chardon, et dont il attribue la construction aux fourmis rouges, avoit la forme d'un tuyau, long de deux pouces et demi, sur un et demi d'épaisseur. L'ayant ouvert par le bas, il s'aperçut qu'elles y vivoient avec leurs larves et des pucerons.

Les fourmis brunes, dont nous venons de parler, profitent quelquefois de la disposition des feuilles du tithymale, pour construire autour de chaque branche autant de cases allongées. M. Huber en ayant détruit une, les insectes transportèrent aussitôt dans leur nid, situé à l'entour des racines de la plante, leurs pucerons; mais, peu de jours après, la loge fut réparée et peuplée de nouveau.

M. Huber a vu une case, destinée au même usage, qui, a cinq pieds au-dessus du sol, environnoit une petite branche de peuplier, à la sortie du tronc. Elle étoit composée de bois pouri, du terreau de cet arbre, et formoit un tuyau noirâtre et assez court. Les fourmis y arrivoient depuis les excavations de l'intérieur de l'arbre, et une ouverture pratiquée à la naissance de la branche, leur permettoit de s'introduire dans l'habitation des pucerons, sans paroître au jour.

Les pucerons du plantain commun se retirent, lorsque sa tige se dessèche, sous les feuilles radicales. Des fourmis les y suivent, et s'enferment alors avec eux, en murant avec de la terre humide tous les vides qui se trouvent entre le sol et le bord des feuilles. Creusant ensuite le terrain situé au-dessous, elles se donnent plus d'espace pour approcher des pucerons, et se ménagent des galeries souterraines qui vont de là à leur propre habitation.

Les fourmis ne s'engourdissent qu'à deux degrés au-dessus de la congélation du thermomètre de Réaumur, et lorsque l'hiver n'est pas rigoureux, la profondeur de leur nid les garantit, et leur activité n'est point interrompue. Sans des ressources particulières, elles seroient donc alors exposées à périr. Les pucerons fournissent à leurs besoins; et, chose extraordinaire, ils s'engourdissent au même degré de froid que les fourmis, et sortent de leur léthargie en même temps qu'elles. Les fourmis qui n'ont point l'instinct de se les approprier, connoissent du moins les lieux où ils sont cachés, et rapportent à leurs compagnes le peu de miellée qu'elles ont recueillie auprès d'eux. Elles leur font part de ces sucs liquides, dont l'évaporation est alors très-lente ou presque insensible. Une couche de terre et leur aggrégation, qui augmente peut-être la chaleur intérieure de leur domicile, les préservent contre le froid, si son intempérie augmente.

La conservation des pucerons est d'un si grand intérêt pour les fourmis, que les œufs mêmes de ces insectes sont l'objet de leur sollicitude. C'est ce que M. Huber a observé relativement aux fourmis jaunes. Elles rassemblent et gardent ces œufs avec le plus grand soin; elles les lèchent constamment, les enduisent d'un gluten qui les colle ensemble, et remplissent, en un mot, toutes les conditions nécessaires à leur entretien; de sorte qu'ils éclosent dans leur habitation, comme s'ils avoient été abandonnés aux soins de la nature. M. Huber fait observer, d'après Bonnet, que le puceron, sous la forme d'œuf, n'étant pas susceptible, à défaut d'alimens nutritifs, de croître, comme les autres germes ainsi renfermés, n'ayant à attendre que le moment favorable pour briser sa coque, l'on ne peut pas dire rigoureusement, ou du moins dans le même sens, que ces insectes sont ovipares.

Un de mes confrères à l'Académie royale des Sciences, qui, par ses connoissances en géométrie et en physique, s'est placé au premier rang parmi les savans de l'Europe, et qui, à l'exemple de deux célèbres académiciens du dernier siècle, courant la même carrière, de Lahire et Maraldi, consacre ses instans de loisir à l'étude des insectes, M. Biot, m'a dit avoir vérifié la majeure partie de ces faits, si neufs et si curieux.

Il nous reste à parler, pour compléter l'histoire des fourmis indigènes, de celles qui forment des sociétés mixtes; je veux dire des sociétés où l'on trouve des ouvrières d'une ou de deux autres espèces. Ces derniers individus ont été enlevés de force, dans leur premier âge, à leurs sociétés, par les ouvrières de ces peuplades mixtes, et arrivés à l'état parfait, deviennent leurs auxiliaires, ou sont même uniquement chargés des travaux de la fourmilière et de l'éducation tant de la famille de leurs ravisseurs, que des petits de leur propre espèce qui ont subi le même sort. Toutes les fourmis neutres guerrières n'ont ni la même forme, ni les mêmes fonctions. Les unes, telles que celles de l'espèce que j'ai appelée roussâtre, et que M. Huber distingue sous le nom de légionnaires ou d'amazones, ont des mandibules longues, étroites, arquées, sans dentelures, en forme de crocs, et qui, à raison de cette disposition, ne sont point, ou ne sont que très-peu, propres au transport et à l'arrangement des matériaux de leur habitation; ce sont plutôt des armes que des outils d'arts mécaniques. Aussi ces fourmis sont purement guerrières; elles ne respirent que les combats, et la construction des nids qu'elles habitent, l'éducation de leurs petits, sont exclusivement confiées aux ouvrières étrangères qu'elles ont enlevées : celles-ci même les nourrissent. Les autres ouvrières des fourmilières mixtes ne se livrent à ces rapines que par circonstance et dans des besoins extrêmes. Ayant reçu de la nature des organes entièrement analogues à ceux des fourmis ordinaires, ayant toutes leurs habitudes, et s'occupant, comme elles, de tous les travaux propres au maintien de leurs sociétés, elles se bornent à prendre des aides qui partagent leurs soins et défendent leur jeune famille, dans les instans où elles s'éloignent de leur demeure. Les fourmis amazones, lorsque la chaleur d'un jour serein commence à décliner, et régulièrement à la même heure, du moins pendant plusieurs jours consécutifs, quittent leurs nids, s'avancent sur une colonne serrée, plus ou moins considérable suivant l'étendue de leur population, et se dirigent en corps d'armée vers la fourmilière qu'elles veulent spolier, et dont la situation locale leur a probablement été indiquée par quelqu'une de leurs compagnes qui en a fait la découverte. Elles y pénètrent malgré la vive opposition et la défense opiniâtre des propriétaires; saisissent avec leurs dents les larves et les nymphes des fourmis neutres de ces sociétés, et les transportent, en suivant le même ordre, à leur habitation. C'est sur les espèces appelées noir-cendrées et mineuses qu'elles exercent de semblables rapines, mais en ne choisissant néanmoins, parmi ces fourmis auxiliaires, que celles de l'espèce déjà établie dans leur domicile ; leurs sociétés n'offrant alternativement que l'une ou l'autre sorte de ces ouvrières expatriées, et que M. Huber compare soit à des ilotes, soit à des esclaves ou des nègres : on n'y trouve jamais les mâles ni les femelles de ces espèces. Il a observé qu'elles accueillent, avec plaisir, les amazones, portant es trophées de leurs victoires, et qu'elles témoignent, dans le cas contraire, leur mécontentement. Ayant enfermé trente fourmis amazones avec des larves et des nymphes de leur espèce, et une vingtaine de noir-cendrées, dans une ruche vitrée ; ayant mis encore un peu de miel dans un coin de leur prison, mais sans leur associer de fourmis auxiliaires, a plupart d'entre elles moururent de faim en moins de deux jours; les autres étoient languissantes et sans force; mais leur ayant donné une de leurs compagnes noir-cendrées, celle-ci, quoique seule, rétablit l'ordre, fit une case dans la terre, y rassembla les larves, démaillotta plusieurs nymphes et conserva la vie aux amazones qui vivoient encore. Le sort de ces derniers animaux étoit donc attaché à la présence des noir-cendrées ouvrières dans leurs nids. En élevant leur postérité, celles-ci donnent également leurs soins aux larves et aux nymphes des neutres de leur espèce, et affermissent ainsi l'établissement de leurs vainqueurs. J'ai vérifié ces faits, que j'exposerai plus en détail à l'article POLYERGUE.

Les fourmis sanguines nous présentent un exemple du second genre de sociétés mixtes, ou de celles où toutes les ouvrières ont des formes essentiellement semblables, et concourent aux mêmes travaux.

Elles ont de grands rapports avec les fourmis fauves, tant par la forme et les couleurs de leur corps, que par leur manière de bâtir. Leurs fourmilières, composées de terre mélangée de morceaux de feuilles, de brins d'herbe, de mousse, de petites pierres, et dont la réunion constitue un mortier très-solide, se trouvent ordinairement le long des haies, exposées au midi. Je n'en ai vu qu'une; mais il paroît qu'elles sont communes dans les cantons de la Suisse, qui ont été le théâtre des observations de M. Huber. Les sanguines vont souvent à la chasse d'une autre espèce de petite fourmi pour en faire leur pâture, et ne sont jamais réunies que par petites bandes : on les voit s'embusquer, à ce que raconte ce naturaliste, près d'une fourmilière, et s'élancer sur les individus qui en sortent. Les autres insectes qu'elles rencontrent sur leur route, deviennent aussi leur proie. Cependant elles recherchent aussi les pucerons; mais c'est plutôt la fonction des auxiliaires; celles-ci ouvrent les portes le matin, car les passages extérieurs de la fourmilière sont fermés tous les soirs. Les fourmis sanguines s'approvisionnent d'ailleurs des noir-cendrées ouvrières, par des expéditions militaires analogues à celles des amazones. M. Huber décrit ainsi leur tactique.

« Le 15 juillet, à dix heures du matin, la fourmi sanguine envoie en avant une poignée de ses guerriers. Cette petite troupe marche à la hâte jusqu'à l'entrée d'un nid de fourmis noir-cendrées, situé à vingt pas de la fourmilière mixte : elle se disperse autour du nid. Les habitans aperçoivent les étrangers, sortent en foule pour les attaquer, et en emmènent plusieurs en captivité; mais les sanguines ne s'avancent plus, elles paroissent attendre du secours. De momens en momens, je vois arriver de petites bandes de ces insectes qui partent de la fourmilière sanguine, et viennent renforcer la première brigade. Elles s'avancent alors un peu davantage, et semblent risquer plus volontiers d'en venir aux prises; mais plus elles s'approchent des assiégées, plus elles paroissent empressées à envoyer à leur nid des espèces de courriers. Les fourmis arrivent en hâte pour jeter l'alarme dans la fourmilière mixte, et aussitôt un nouvel essaim part et marche à l'armée. Les sanguines ne se pressent pas encore de chercher le combat; elles n'alarment les noir-cendrées que par leur présence; celles-ci occupent un espace de deux pieds carrés au-devant de la fourmilière; la plus grande partie de la nation est sortie pour attendre l'ennemi. Tout autour du camp, on commence à voir de fréquentes escarmouches, et ce sont toujours les assiégées qui attaquent les assiégeantes. Le nombre des noir-cendrées, assez considérable, annonce une vigoureuse résistance; mais elles se défient de leurs forces, songent d'avance au salut des petits qui leur sont confiés, et nous montrent en cela un des plus singuliers traits de prudence, dont l'histoire des insectes nous fournisse l'exemple. »

« Long-temps avant que le succès puisse être douteux, elles apportent leurs nymphes au-dehors de leurs souterrains, et les amoncèlent à l'endroit du nid, du côté opposé à celui d'où viennent les fourmis sanguines, afin de pouvoir les emporter plus aisément, si le sort des armes leur est contraire. Les jeunes femelles prennent la fuite du même côté; le danger s'approche; les sanguines se trouvant en force, se jettent au milieu des noir-cendrées, les attaquent sur tous les points, et parviennent jusque sur le dôme de leur cité. Les noir-cendrées, après une vive résistance, renoncent à la défendre, s'emparent des nymphes qu'elles avoient rassemblées hors de la fourmilière, et les emportent au loin. Les sanguines les poursuivent et cherchent à leur ravir leur trésor. Toutes les noires sont en fuite: cependant on en voit quelques-unes se jeter, avec un véritable dévouement, au milieu des ennemis, et pénétrer dans les souterrains dont elles soustraient encore au pillage quelques larves qu'elles emportent à la hâte; les fourmis sanguines pénètrent dans l'intérieur, s'emparent de toutes les avenues, et paroissent s'établir dans le nid dévasté. De petites troupes arrivent alors de la fourmilière mixte, et l'on commence à enlever ce qui reste des larves et des nymphes. Il s'établit une chaîne continue d'une demeure à l'autre, et la journée se passe de cette manière. La nuit arrive avant qu'on ait transporté tout le butin ; un bon nombre de sanguines reste dans la cité prise d'assaut, et le lendemain, à l'aube du jour, elles recommencent à transférer leur proie. Quand elles ont enlevé toutes les nymphes, elles se portent les unes les autres dans la fourmilière mixte, jusqu'à ce qu'il n'en reste qu'un petit nombre. Mais j'aperçois quelques couples aller dans un sens contraire ; leur nombre augmente. Une nouvelle résolution a sans doute été prise chez ces insectes vraiment belliqueux ; un recrutement nombreux s'établit sur la fourmilière mixte en faveur de la ville pillée, et celle-ci devient la cité sanguine. Tout y est transporté avec promptitude : nymphes, larves, mâles et femelles, auxiliaires et amazones, tout ce que renfermoit la fourmilière mixte est déposé dans l'habitation conquise, et les fourmis sanguines renoncent pour jamais à leur ancienne patrie. Elles s'établissent au lieu et place des noir-cendrées, et de là entreprennent de nouvelles invasions ».

M. Huber remarque que les noir-cendrées, attaquées par les sanguines, se conduisent différemment que lorsqu'elles ont affaire aux fourmis roussâtres. L'impétuosité de ces dernières ne leur laisse pas le temps de se défendre. La tactique des assiégeans étant différente, celle des assiégés devoit l'être aussi.

Les invasions des fourmis sanguines sont beaucoup plus rares que celles des roussâtres. Elles n'attaquent que cinq ou six fourmilières de noir-cendrées dans un été, et se contentent d'un certain nombre de domestiques. Comme il faut d'ailleurs qu'elles rassemblent dans un mois toutes les nymphes qui leur sont nécessaires, et qui se développent toutes en août, le temps de leurs déprédations est fort-limité. Très-carnassières et toujours occupées de chasse, les sanguines ne peuvent se passer de ces auxiliaires ; car leurs petits se trouveroient alors sans défense. Les fourmis mineuses, enlevées de la fourmilière dans leur jeune âge, lui rendent aussi les mêmes services. Mais ce qui est bien remarquable, c'est qu'il existe des fourmilières sanguines où l'on voit ces deux espèces d'auxiliaires. Tel est l'extrait des observations d'un naturaliste, fils d'un homme célèbre, et qui n'honore pas moins sa patrie que les Bonnet, les Saussure, les Jurine, etc. Dans un recueil de Mémoires, dont plusieurs ont pour objet l'*Histoire naturelle*, M. Dupont de Nemours a présenté diverses considérations sur ces insectes, mais où l'on trouve plus d'imagination et d'esprit que de faits positifs.

Nous sommes bien loin d'avoir, relativement aux fourmis étrangères, des notions aussi étendues et aussi certaines que celles que M. Huber nous a données à l'égard des espèces indigènes; elles ne sont connues que par leurs ravages. C'est à des hommes instruits, résidant sur les lieux, armés de courage et de patience, opiniâtres dans leurs études, et non à des voyageurs, qui s'arrêtent à peine quelques jours dans un endroit, et qui adoptent souvent les préjugés et les erreurs populaires, qu'il est réservé de préparer les matériaux de l'histoire de ces insectes si intéressans par leur industrie et leur vie laborieuse. Les fourmis sont malheureusement un fléau, même en Europe. Elles causent des ravages considérables dans les jardins, gâtent les fruits, les entament avant leur maturité, et leur communiquent une odeur désagréable. Elles endommagent aussi les racines de plusieurs plantes utiles, en creusant des galeries qui conduisent à leur habitation, et transportant, non pour s'en nourrir, mais pour l'entasser, une assez grande quantité de blé dans leurs magasins. Tous les dégâts que font les fourmis d'Europe, ne sont rien en comparaison de ceux que font les fourmis de l'Amérique et des Indes. Elles sont quelquefois si nombreuses, si l'on en croit M. J. Castles, qu'elles dévastent les plantations des cannes à sucre.

Ces insectes, selon l'observateur, parurent pour la première fois, il y a environ trente-cinq ans, à la Grenade. On croit qu'ils venoient de la Martinique. Ils détruisirent bientôt les cannes à sucre et toutes les autres productions végétales : leur multiplication fut si prodigieuse, et leurs ravages devinrent si alarmans, que le gouvernement offrit, mais sans résultat, un prix de la valeur de vingt mille louis, pour la découverte d'un moyen propre à opérer leur destruction. Ces fourmis sont de grosseur moyenne, allongées, d'un rouge foncé, et remarquables par la vivacité de leurs mouvemens. On les distingue surtout par l'impression qu'elles font sur la langue, par leur nombre infini, et le choix qu'elles font d'endroits particuliers pour construire leurs nids. Toutes les autres espèces de fourmis qu'on trouve à la Grenade, ont un goût musqué amer : celles-ci, au contraire, sont acides au plus haut degré ; et lorsqu'on en écrase plusieurs entre les mains, on sent une odeur sulfureuse très-forte. Leur nombre est prodigieux. M. J. Castles a vu des chemins de plusieurs milles de longueur, couverts de ces insectes. Ils étoient si nombreux dans quelques endroits, que la trace des pieds des chevaux étoit marquée pendant quelques instans, c'est-à-dire, jusqu'à ce que les fourmis, qui se trouvoient autour, eussent pris la place de celles qui avoient été écrasées. Les *fourmis noires communes* font leurs nids autour des fondemens des maisons ou des vieux murs ; quelques-unes dans des troncs d'arbres creux. Une grosse espèce choisit les savanes, et y entre dans la terre par une petite ouverture. Les *fourmis des cannes à sucre*, dont il est ici question, placent leurs nids entre les racines des cannes, des citronniers et des orangers. C'est en faisant leurs nids entre les racines des plantes, que ces insectes deviennent nuisibles. « On avoit, dit Castles, beaucoup de peine à garantir les viandes froides de leurs attaques. Les plus gros animaux morts ne tardoient pas à être enlevés dès qu'ils commençoient à entrer en putréfaction. Les Nègres qui avoient des ulcères, en défendoient avec peine l'approche à ces fourmis. Elles avoient détruit entièrement tous les insectes, et surtout les rats, des plantations de cannes. Ce n'étoit qu'avec la plus grande difficulté qu'on pouvoit élever des volailles; les corps de ces oiseaux, dès qu'ils étoient mourans ou morts, étoient en un instant couverts de ces insectes. Deux moyens ont été employés pour détruire ces fourmis, le poison et le feu. L'arsenic, le sublimé corrosif mêlé avec des substances animales, comme les poissons salés, les crabes, etc., étoient enlevés aussitôt. On en détruisoit de cette manière des milliers; on avoit même remarqué que ceux de ces insectes qui avoient touché au sublimé corrosif, entroient, avant de mourir, dans une espèce de rage, et tuoient les autres : le contact de leur corps suffisoit encore pour en faire périr plusieurs; mais ces poisons ne pouvoient pas être répandus assez abondamment pour faire disparoître une portion sensible de ces insectes. L'emploi du feu parut d'abord devoir être plus efficace. On observa que du bois brûlé en charbon, mais qui ne donnoit plus de flamme, placé sur leur passage, les attiroit aussitôt, et qu'en s'y précipitant par milliers, ils ne tardoient pas à l'éteindre. » J'ai fait cette expérience, dit M. J. Castles; j'ai mis des charbons ardens dans un endroit où il y avoit d'abord un petit nombre de fourmis : en un instant j'en vis arriver des milliers qui se jetèrent dessus; et il en vint jusqu'à ce que le feu fût éteint par les insectes morts qui couvroient totalement les charbons. On disposa, en conséquence, de distance en distance, des creux en terre, dans lesquels on fit du feu; les fourmis s'y jetoient aussitôt, et lorsque le feu fut éteint, la masse de ces insectes qui avoient péri de cette manière étoit telle, qu'elle formoit un monticule qui s'élevoit au-dessus du niveau du sol. Quoiqu'on détruisît ainsi un nombre prodigieux de ces insectes, ils ne paroissoient pas cependant diminuer sensiblement. Ce fléau, qui avoit résisté à tous les efforts des planteurs, disparut enfin, et fut remplacé par un autre, l'ouragan de 1780. Sans cet accident, qui détruisit les fourmis, on auroit été obligé d'abandonner, au moins pendant quelques années, la culture de la canne dans les meilleures parties de la Grenade. Ces heureux effets, dit M. J. Castles, furent produits par la pluie, qui dérangea les nids. Il paroît que ces insectes ne peuvent multiplier que sous terre ou sous les racines qui les mettent à l'abri des pluies et des moindres agitations (1).

On lit dans l'*Histoire des insectes de Surinam* de mademoiselle de Mérian, qu'il y a en Amérique une espèce de fourmi (*Atta cephalotes*, Fab.) qui voyage en troupe. Elle porte, dans le pays, le nom de *fourmi de visite*. Quand on la voit paroître, on ouvre tous les coffres et toutes les armoires des maisons; elles entrent et exterminent rats, souris, kakerlacs, (espèce de blatte de ce pays), enfin tous les animaux nuisibles, comme si elles avoient une mission particulière pour en débarrasser les hommes. Des historiens de ces insectes prétendent que si quelqu'un étoit assez ingrat pour les fâcher, elles se jeteroient sur lui, et mettroient en pièces ses bas et ses souliers. Le mal est que leurs visites ne sont pas fréquentes; elles sont quelquefois trois ans sans paroître dans les habitations.

Elles ne font pas toujours un aussi bon usage des grandes mâchoires dont elles sont armées; elles dépouillent souvent dans une seule nuit les arbres de leurs feuilles, tellement qu'on les prend alors plutôt pour des balais que pour des arbres : les unes coupent les feuilles, les autres les reçoivent à terre et les emportent dans leur nid.

Ces fourmis creusent dans la terre des espèces de caves qui ont quelquefois huit pieds de profondeur, et elles les façonnent comme les hommes pourroient le faire. Quand elles veulent passer d'une branche à une autre, elles forment un pont de la manière suivante : la première se place, s'attache à un morceau de bois, qu'elle tient serré entre ses dents; une seconde s'attache derrière la première, et ainsi de suite : de cette manière elles se laissent emporter au vent, jusqu'à ce que la dernière attachée se trouve de l'autre côté; et aussitôt un millier de fourmis passent sur celles-ci, qui leur servent de pont. Ces faits, rapportés par mademoiselle de Mérian, ne sont pas confirmés par le voyageur Stedman : il dit, au contraire, n'en avoir pas eu la moindre connoissance en parcourant les lieux qu'habitent ces insectes. Nous rapporterons deux passages curieux sur les *fourmis exotiques*, extraits du *Voyage* de cet auteur, traduit en français par Henry.

---

(1) Dombey, *Journal de l'abbé Rozier*, septembre 1777, propose, pour détruire les *fourmis* de la Martinique, de brûler, de distance en distance, le chaume des vieilles cannes à sucre, rassemblées par tas. Cette opération se feroit de concert dans toutes les plantations, et lorsque l'on auroit du jeune plant propre à être replanté.

« Pendant le jour nous étions continuellement assaillis par des armées entières de petites fourmis, appelées ici *fourmis de feu*, à cause de la douleur que fait leur morsure. Ces insectes sont noirs et des plus petits ; mais ils s'amassent en tel nombre, que souvent, par leur épaisseur, leurs fourmilières nous obstruoient, en quelque sorte, le passage, et que si, par malheur, on passoit dessus, on avoit les jambes et les pieds couverts de ces animaux, qui saisissent la peau si vivement avec leurs pinces, qu'on leur sépareroit plutôt la tête du corps que de leur faire lâcher prise. L'espèce de cuisson qu'ils occasionent ne peut, à mon avis, provenir seulement de la forme très-acérée de leurs pinces ; je pense qu'elle doit être produite par quelque venin qu'elles font couler dans la blessure, ou que celle-ci attire. Je puis assurer que je les ai vus causer un tel tressaillement à toute une compagnie de soldats, qu'on eût dit qu'ils venoient d'être échaudés par de l'eau bouillante. » *Tome* 2, *page* 259.

« Après avoir passé le Cormoetibo-Crique, nous allâmes au sud-ouest par le Sud jusqu'à la Cottica, sur les bords de laquelle nous campâmes. Nous ne vîmes rien de remarquable le premier jour de notre marche, qu'un grand nombre de fourmis, d'un pouce au moins de longueur, et parfaitement noires. Les insectes de cette espèce-ci dépouillent un arbre de ses feuilles en très-peu de temps, et ils les découpent en petits morceaux de la forme d'une pièce de six sous, pour les emporter sous terre. Il étoit fort plaisant de voir cette armée de fourmis, chacune avec son morceau de feuille verte, suivre perpétuellement la même route. On est tellement porté à croire le merveilleux, que quelques personnes ont prétendu que cette dévastation se faisoit au profit d'un serpent aveugle. La vérité est que ces feuilles servent de nourriture aux petits des fourmis, qui n'ont pas la force de s'en procurer eux-mêmes, et qui quelquefois sont logés en terre à plus de six pieds de profondeur. » *Tom.* 2, *pag.* 323.

Le capitaine Stedman se trompe ; car, d'après la conformation de la bouche des larves, il est impossible qu'elles puissent manger ces feuilles ; les fourmis les emportent pour les employer à la construction de leurs nids.

Les fourmis ont plusieurs ennemis redoutables : les *fourmiliers*, les *tatous*, le *pangolin*, quadrupèdes des deux Indes ; et parmi nous plusieurs oiseaux, des insectes, tels que les *fourmi-lions*. (*V.* MYRMÉLÉON.) Le *pic* se nourrit spécialement de fourmis ; il introduit dans leur nid sa langue, qui est très-longue, et ne la retire que quand elle est couverte de ces insectes, qu'il avale. D'autres oiseaux en détruisent aussi une grande quantité ; ils enlèvent les larves et les nymphes, et les portent à leurs petits. Mais le plus terrible de tous leurs ennemis est l'homme ; il renverse et détruit leur habitation, pour s'emparer de leurs larves, dont il nourrit les oiseaux qu'il élève, les faisans et les perdreaux surtout. Ces insectes lui fournissent aussi un acide; la *fourmi fauve*, (*rufa*), le répand si sensiblement lorsqu'on remue une fourmilière, qu'il peut occasioner une inflammation. Si l'on fixe une grenouille vivante sur une fourmilière que l'on a dérangée, l'animal meurt en moins de cinq minutes, même sans avoir été mordu par les fourmis. Renfermés dans un bocal en assez grande quantité, ces insectes sont également suffoqués. Beaucoup d'expériences ont prouvé que cet acide pouvoit produire des accidens assez graves; Fontanes, Deyeux plus particulièrement, en ont étudié la nature. Cet acide, que les chimistes ont nommé *formique*, peut servir aux mêmes usages que le vinaigre *acide acéteux*. On l'obtient de deux manières : 1.° par la distillation ; on introduit les fourmis dans une cornue de verre, on les distille à une chaleur douce, et on trouve l'acide dans le récipient : il fait environ moitié du poids des fourmis ; 2.° par la lixiviation ; on lave les fourmis à l'eau froide, on les étend sur un linge, et on y passe de l'eau bouillante, qui se charge de la partie acide.

Fourcroy a publié un Mémoire sur la nature chimique des fourmis (*Annales du Muséum national d'Histoire naturelle*, cinquième cahier). Il en résulte que ces insectes sont formés d'une grande quantité de carbone, uni à une petite quantité d'hydrogène, et sans doute aussi à un peu d'oxygène ; que ce composé est mêlé de phosphate de chaux, qui constitue la partie solide du corps de ces animaux : il en résulte que l'acide de la *fourmi fauve* est formé de l'*acide acéteux* et de l'*acide malique*, et dans un état de concentration considérable.

Plusieurs moyens pour détruire ces insectes ont été indiqués; le plus ordinaire, et qui est connu des jardiniers, c'est de mettre de l'eau et du miel dans une bouteille, qu'on suspend aux arbres attaqués par les fourmis ; l'odeur du miel les attire, elles entrent dans la bouteille et s'y noient ; il faut avoir soin de faire bouillir ce mélange, pour mieux dissoudre le miel et empêcher l'eau de surnager, afin que l'odeur du miel se répande avec plus de force, et attire un plus grand nombre de fourmis : les bouteilles ne doivent être remplies qu'à moitié.

Un agronome allemand est parvenu à éloigner les fourmis de son jardin, en frottant de sirop l'intérieur de plusieurs vases ou de pots à fleurs dont il avoit bouché les trous ; il plaçoit ces pots au-dessus des fourmilières; chaque jour il les en éloignoit d'un pied et demi; il trouvoit dans ces piéges des milliers de ces insectes, qui avoient suivi le sirop, et il les détruisoit en jetant de l'eau bouillante dessus.

Selon quelques auteurs, on éloigne les fourmis des armoires qui renferment des sucreries, dont ces insectes sont très-friands, en y plaçant du marc de café bouilli et séché, ou de l'huile de genièvre ; mais comme l'odeur de ces deux substances s'évapore promptement, il faut les renouveler souvent : le meilleur moyen d'en purger les armoires, c'est d'y mettre de l'arsenic en poudre, mêlé avec du sucre ; mais ce moyen peut être sujet à de grands dangers. M. Le Gendre, de l'acad. roy. des sciences, est parvenu à les éloigner de son appartement avec des paquets de lavande.

De la glu mise autour du pied des arbres fruitiers les garantit des fourmis et des chenilles. La suie de cheminée, répandue dans le même endroit, éloigne les fourmis. Si l'on jette pendant plusieurs jours de l'eau bouillante sur une fourmilière, on fait périr les œufs, et on détruit un grand nombre d'insectes parfaits. Un de mes amis, M. Majour, s'est convaincu, par plusieurs essais, que l'urine est préférable à l'eau bouillante, surtout si l'on y fait tremper de la suie de cheminée et une poignée de tabac à fumer. De la chaux bien vive, ou mieux encore une forte décoction des feuilles de noyer, peuvent contribuer à augmenter l'efficacité de ce procédé : il est plus à propos de ne l'employer que le soir, lorsque les fourmis sont rentrées dans leur habitation.

Plusieurs autres moyens sont encore indiqués ; mais il paroît que le meilleur est le labour ; car on ne voit point de fourmilière dans les terres labourées : ainsi en remuant à une certaine profondeur le terrain qui est au pied des arbres, on en écartera les fourmis, qui, peut-être, sont nuisibles aux arbres, car cela n'est pas certain, ou au moins les opinions sont partagées à cet égard. Quelques auteurs disent qu'elles gâtent les arbres ; d'autres prétendent, au contraire, qu'elles leur sont utiles, surtout quelques espèces, parce qu'elles les débarrassent des pucerons ; ceux mêmes qui sont pour la destruction des fourmis, conseillent de transporter dans les jardins les grosses *fourmis de bois*, parce qu'elles font une guerre continuelle aux petites, et les tuent ; et l'on a remarqué que les arbres fruitiers où il ne se trouve que de ces grosses fourmis, viennent très-bien.

En Russie, on enferme dans les fourmilières des entrailles de poissons, et l'on frotte les arbres avec un morceau d'étoffe imbibée du suc de poisson ; les fourmis fuient cette odeur, et périssent en la respirant de trop près. On peut aussi frotter la tige des arbres avec de la craie, qui rend cette partie glissante et impraticable aux fourmis. Dans les parties méridionales de la France, on enduit une paille d'arsenic, et on la place à l'entrée de la fourmilière ; ce poison communique une espèce de rage à ses habitans. On se sert aussi d'arsenic dans les Colonies, pour détruire ces insectes.

On découvre facilement la retraite des fourmis, en suivant la route que tient le plus grand nombre. Si, pour l'usage de la médecine, on veut s'en procurer une grande quantité, on placera à côté de la fourmilière, à la surface de la terre, un vase dans lequel on mettra un peu d'esprit-de-vin : l'odeur de ce liquide les enivre ; elles rôdent autour du vase, et finissent par tomber au fond.

Quelques auteurs attribuent aux fourmis la LAQUE du commerce. *V.* ce dernier mot.

I. *Corselet des ouvrières ayant le dos arqué, et sans interruption dans sa courbure ; ailes supérieures des autres individus sans nervures récurrentes.*

FOURMIS RONGE-BOIS, *Formica herculanea*, Linn. ; Lat. *Hist. nat. des Fourm.*, pag. 88, pl. 1, *fig.* 1. Cette espèce est la plus grande d'Europe et a quelquefois jusqu'à sept lignes de longueur. L'ouvrière a les antennes noirâtres, avec le premier article d'un noir luisant, et l'extrémité du dernier d'un brun rougeâtre ; la tête est grande, beaucoup plus large que le corselet, d'un noir luisant, glabre ou peu velue ; le corselet est assez court, d'un rouge sanguin luisant, avec quelques poils ; le dos est arqué ; l'écaille est étroite, presque ovale ; l'abdomen est court, gros, presque ovale, d'un noir luisant, avec le devant du premier anneau d'un rouge sanguin, et plusieurs rangs transversaux de poils jaunâtres ; les hanches et les cuisses sont noires ; les jambes et les tarses d'un brun foncé.

On trouve des individus d'un tiers plus petits, dont la tête est beaucoup plus étroite et plus allongée.

La femelle diffère de l'ouvrière par sa tête proportionnellement moins forte, son corselet d'un rouge plus foncé et noir en dessus, par écaille un peu son plus grande, son abdomen plus allongé, moins velu, et par ses ailes qui sont fort grandes, obscures, excepté à leur bord postérieur, et dont les nervures, ainsi que les stigmates des supérieures, sont d'un brun jaunâtre.

Le mâle est d'un noir luisant ; il a les antennes d'un brun rougeâtre foncé, avec le premier article noir ; la tête petite, arrondie postérieurement ; le corselet convexe ; l'écaille courte, beaucoup plus épaisse que dans les femelles, un peu velue ; l'abdomen petit, ovale, velu à l'extrémité, avec les organes du sexe saillans ; les pattes noirâtres, avec les genoux, l'extrémité des jambes et les tarses d'un brun rougeâtre ; les ailes, surtout les supérieures, d'un jaune obscur.

Cette fourmi établit sa demeure dans l'intérieur des parties mortes des vieux arbres, sous leur écorce : on ne la trouve pas dans les champs ; elle vit en société peu nombreuse, et paroît plus propre au Midi ; on la trouve rarement aux environs de Paris.

FOURMI ÉTHIOPIENNE, *Formica æthiops*, Lat., *ibid.*, pl. 2, *fig.* 4. L'ouvrière a le corps long de quatre lignes, d'un noir très-luisant et lisse ; les mandibules et les antennes, à partir du coude, d'un brun foncé ; les pattes sont de cette couleur, avec les jambes et les tarses d'un brun rougeâtre ; l'écaille est petite, épaisse et ovée ; l'abdomen est pointu. La femelle est presque semblable, pour les couleurs, mais un peu plus grande, avec les ailes blanches ; elles ont un point marginal, épais, noirâtre, et les nervures brunes. Le mâle, aux différences sexuelles et à la taille près, n'en diffère pas beaucoup.

J'ai toujours trouvé cette espèce sous les pierres, ce qui me donne lieu de présumer que la fourmi nommée ainsi par M. Huber, est plutôt celle que j'ai décrite sous le nom de PUBESCENTE, *pubescens*, *ibid.*, pag. 96, *pl.* 1, *fig.* 2. Elle ressemble beaucoup à la *F. ronge-bois*, et vit de la même manière ; mais elle est entièrement noire, avec l'abdomen plus obscur. Commune dans les bois des départemens méridionaux de la France.

FOURMI BIÉPINEUSE, *Formica bispinosa*, Oliv. ; Lat., *ibid. pag.* 133, *pl.* 4, *fig.* 20 ; *Formica fungosa*, Fab. Elle est longue de trois lignes, noire, avec le corselet biépineux en devant, et l'écaille terminée en une pointe longue.

Cette espèce mérite d'être connue par la singularité et la nature d'une matière qui entre dans son nid. Cette matière ressemble au premier coup d'œil à de l'amadou ; elle est composée d'un duvet cotonneux, qui paroît être formé de petits brins de semence du *fromager globuleux* d'Aublet. L'animal les empile, et en fait une espèce de feutre qui est très-efficace dans les hémorragies.

Elle se trouve à Cayenne.

FOURMI MILITAIRE, *Formica militaris*, Fab. ; Lat., *ibid.*, *pag.* 124, *pl.* 4, *fig.* 22. Le corps de l'ouvrière est long d'environ cinq lignes, et d'un noir mat ; son corselet est remarquable par quatre épines, deux en devant, et deux à son extrémité postérieure ; son écaille a aussi deux pointes très-fortes, et une dent sous chaque ; l'abdomen est globuleux.

Elle se trouve en Afrique.

II. *Dos du corselet des ouvrières ayant des enfoncemens qui le rendent sinueux ; ailes supérieures des autres individus ayant une nervure récurrente et reçue par la première cellule cubitale ; la seconde nervure récurrente nulle.*

Nota. Fabricius rapporte quelques espèces de cette division à son genre LASIUS.

FOURMI FAUVE, *Formica rufa*, Linn., D. 27, 2—4 de cet ouvrage ; Lat., *ibid.*, *pag.* 143, *pl.* 5, *fig.* 28. On la trouve très-communément dans les bois, où elle fait des nids élevés en pain de sucre ou en dôme, de deux à trois pieds de hauteur, et qui sont composés d'un mélange de feuilles, de paille, de petites tiges de différens végétaux, de terre, de sable, etc. Pour peu qu'on touche à ces habitations, il en sort aussitôt une vapeur acide et forte. C'est ordinairement de cette espèce que les chimistes retirent l'*acide formique.* Elle récolte en Suède la résine des genévriers, qui y sont très-communs ; les habitans de ces contrées ont soin de lui enlever cette substance, dont la combustion purifie l'air, en répandant une odeur agréable.

Ces fourmis, lorsqu'on les prend ou qu'on les irrite, éjaculent fortement par l'anus leur acide. On ne peut guère douter qu'elles n'aient ce mode de défense, d'après les observations de Degeer.

L'ouvrière a trois lignes de longueur ; elle est noirâtre, avec une grande partie de sa tête, son corselet et l'écaille fauves ; la tête a trois petits yeux lisses.

La femelle est longue de quatre lignes ; sa tête ressemble à celle de l'ouvrière ; on voit seulement du noir au milieu de sa partie antérieure, près de la bouche ; le corselet est ovalaire, d'un fauve vif, avec le dos noir ; l'écaille est grande et ovée ; l'abdomen est court, presque globuleux, d'un noir un peu bronzé, avec le devant fauve ; les ailes sont enfumées ; les pattes sont noirâtres, avec les cuisses rouges.

Le mâle est à peu près de la même longueur, mais plus étroit, noir, avec la tête petite ; l'écaille épaisse, presque carrée ; l'abdomen conico-trigone, courbé à l'anus, qui est roussâtre ; ses pattes sont d'un rouge-brun, avec les cuisses d'un brun noirâtre intérieurement ; les ailes sont obscures, avec les nervures jaunâtres, et le stigmate obscur.

FOURMI SANGUINE, *Formica sanguinea*, Lat., *ibid. pag.* 150, *pl.* 5, *fig.* 29. L'ouvrière ressemble beaucoup à celle de l'espèce précédente ; mais les antennes et la tête sont entièrement d'un fauve sanguin ; les yeux lisses sont apparens ; le corselet et les pattes sont fauves ; l'abdomen est d'un noir cendré.

FOURMI MINEUSE, *Formica cunicularia*, Lat., *ibid. pag.* 151 :

L'ouvrière est longue d'environ deux lignes et demie ; ses antennes sont d'un rouge noirâtre, avec le premier article plus clair. La tête est noire, avec le dessous et les environs de la bouche rougeâtres; les trois petits yeux lisses sont apparens ; le corselet est d'un fauve pâle, ainsi que l'écaille, dont la forme est ovée, avec le bord supérieur comme tronqué ; l'abdomen est d'un noir cendré ; les pattes sont fauves. La femelle ressemble beaucoup à celle de la fourmi fauve ; mais elle est plus petite ; le dessus du corselet offre des taches noires sur un fond fauve ; l'écaille est plus fortement échancrée.

FOURMI NOIRE, *Formica nigra*, Linn.; Lat. *ibid.*, *pag.* 156. Le neutre est fort petit, n'ayant pas au-delà de deux lignes de long ; il est d'un brun noirâtre, avec les mandibules et le premier article des antennes plus clairs ; les cuisses et les jambes brunes, et dont les articulations sont aussi plus claires ; ses tarses sont d'un rougeâtre pâle ; l'écaille est échancrée. Cette espèce est la plus commune de celles de notre pays.

Elle fait son nid sur les bords des chemins, dans les champs, les jardins, et creuse, à fleur de terre, de petites galeries, qui aboutissent à son habitation. Ses dégâts nous sont très-nuisibles.

Les mâles et les femelles paroissent dans le mois d'août, en grande quantité.

FOURMI ECHANCRÉE, *Formica emarginata*, Oliv.; Lat., *ib.*, *pag.* 163, *pl.* 6, *fig.* 33. Elle se trouve très-communément en France, et diffère de la precédente, avec laquelle on pourroit la confondre, par sa couleur d'un brun marron, avec la première pièce des antennes, la bouche et les pattes plus claires; le corselet rougeâtre, et l'écaille ovée, un peu échancrée.

Elle s'établit dans les fentes des murs, au bas des arbres, et pénètre même dans les maisons, pour y attaquer les friandises qu'on y conserve.

FOURMI NOIR-CENDRÉE, *Formica fusca*, Linn.; Lat., *ibid.*, *pag.* 159, *pl.* 6, *fig.* 32. L'ouvrière a un peu plus de deux lignes de long ; elle est d'un noir cendré, avec la partie inferieure des antennes et les pattes rougeâtres ; on distingue les petits yeux lisses ; l'écaille est grande et presque triangulaire. La femelle est d'un noir très-luisant, avec un léger reflet bronzé ; les ailes sont un peu obscures, avec les nervures et le point marginal noirâtres ; les pieds sont rougeâtres. Le mâle est noir, avec l'anus et les pattes d'un rouge pâle.

Très-commune, surtout dans les bois.

FOURMI FULIGINEUSE, *Formica fuliginosa*, Lat., *ibid.*,

pag. 140, *pl.* 5, *fig.* 27. Cette espèce, que l'on trouve très-fréquemment sur les arbres, dans les environs de Paris, a le corps d'un noir très-foncé et luisant; la tête fort grosse, en forme de cœur; les antennes, à l'exception de leur premier article, et les tarses bruns; l'écaille petite et ovée. Cette fourmi n'a guère que deux lignes de long. La femelle est presque semblable à l'ouvrière; la base des ailes supérieures est noirâtre; leurs nervures et le point de la côte sont d'un jaunâtre clair.

On pourroit étendre cette énumération des fourmis: il en est même quelques-unes qui mériteroient de trouver ici une place particulière, telles que la *fourmi de Pharaon*, celle de *Salomon*, la *fourmi omnivore*, la *fourmi saccharivore*, etc.; mais ces espèces n'étant pas encore bien caractérisées, nous ne croyons pas qu'il soit nécessaire de rapporter, à leur égard, des citations vagues et insignifiantes, et des faits mal observés, et racontés avec exagération; d'ailleurs, l'histoire des *fourmis* véritables est souvent confondue avec celle des *termès*.

On trouve dans le *Journal d'Histoire naturelle et de Physique* de Rozier, 1776, *novembre et décembre*, des observations de Barboteau sur des fourmis des Antilles, de la Martinique principalement. Les espèces qu'il mentionne n'étant pas suffisamment caractérisées, nous n'en parlerons pas.

Fourmi amazone. *V.* Polyergue.

Fourmi céphalote et Fourmi de visite. *V.* Œcodome.

Fourmi mélanure. *V.* Myrmice.

Fourmi resserrée. *V.* Ponère.

Fourmi rouge. *V.* Myrmice.

Fourmis blanches. *V.* Termès.

Fourmis volantes. Nom collectif, sous lequel le peuple désigne la plupart des insectes à quatre ailes nues. (L.)

FOURMILIER (*Myrmecophaga*, Linn., Briss., Schreb., Cuv., etc.). Genre de mammifères de l'ordre des édentés, ainsi caractérisé: corps couvert de poil; tête plus ou moins allongée et terminée par une bouche peu ouverte; point de dents d'aucune sorte, tant en haut qu'en bas; langue très-longue, cylindrique, extensible; oreilles courtes, arrondies; queue prenante dans quelques espèces; tantôt quatre doigts antérieurs et cinq postérieurs, tantôt deux antérieurs et quatre postérieurs, tous réunis jusqu'à la phalange ungueale et armés d'ongles forts, comprimés et tranchans, dont les antérieurs sont relevés obliquement du côté interne dans l'état de repos, ce qui les empêche de s'émousser, etc

L'estomac de ces animaux est simple et musculeux vers le pylore; leur canal intestinal est de médiocre étendue, avec deux petits cœcums dans une espèce seulement; leur mâchoire inférieure est très-grêle et sans branches montantes; ils n'ont point d'arcades zygomatiques. Leurs clavicules sont complètes, etc.

Les fourmiliers appartiennent exclusivement à l'Amérique méridionale, et sont à ce continent ce que les *manis* ou pangolins sont au nôtre. Leurs espèces sont peu nombreuses, et même on n'en connoît bien encore que trois. L'une d'elles, la plus grande, n'a pas moins de quatre pieds de longueur, sans compter la queue qui en a plus de deux; et la plus petite est en totalité à peine longue d'un pied.

Ces animaux sont lents. Le plus grand ou tamanoir, dont la queue n'est pas prenante, se tient à terre, où il attaque les habitations des termès et des fourmis pour se nourrir de ces insectes. Les autres, qui ont la faculté de s'accrocher avec leur queue, montent sur les arbres, où ils vont également rechercher ces mêmes termès. (DESM.)

Première espèce. Le TAMANOIR (*myrmecophaga jubata*, Linn., Buff., tom. 10, pl. 29, et suppl. tom. 3, pl. 55). C'est la plus grande espèce du genre.

Les naturels du Brésil l'appellent *tamandoua-guacu* (*grand tamandoua*); ceux de la Guyane, *ouariri;* les Espagnols du Paraguay, *ours fourmilier;* les Guaranis, *yogoui* et *youroumi*, ou *gnouroumi*, c'est-à-dire, *petite bouche.*

Cette bouche n'est, en effet, qu'une petite fente horizontale, sans dents et presque sans jeu dans les mâchoires. Mais l'animal n'a besoin ni d'une plus grande ouverture, ni de beaucoup de mobilité de la bouche, pour recevoir et mâcher la nourriture que la nature lui a destinée. Il ne mange que des *fourmis* et des *termès.* Il traîne sur les immenses fourmilières répandues sur le sol de l'Amérique méridionale sa langue charnue, presque cylindrique, très-flexible, longue de plus de deux pieds, semblable à celle des oiseaux du genre des *pics*, se repliant dans la bouche, lorsqu'elle y rentre toute entière; enfin, enduite d'une humeur visqueuse et gluante, il la retire avec les fourmis qui y sont prises et qu'il avale. Il répète cet exercice jusqu'à ce qu'il soit rassassié, et, suivant M. de Azara (*Quadrupèdes du Paraguay*), avec tant de prestesse, que dans une seconde de temps il retire et rentre deux fois sa langue chargée d'insectes.

La même roideur qui existe dans les mâchoires du *tama-*

noir, se fait remarquer dans tous ses membres; ses jambes antérieures fortes, comprimées sur les côtés, et tout d'une venue, ont l'air de billots courts; celles de derrière sont si mal conformées, qu'elles ne paroissent pas faites pour marcher. Ses pieds sont ronds; ceux de devant sont armés de quatre ongles, les deux du milieu sont les plus grands, et l'extérieur est le plus gros; les pieds de derrière ont cinq doigts et cinq ongles. « Les pattes de devant ressemblent à des moignons plutôt qu'à des mains; il n'en fait guère usage pour marcher; car il s'appuie sur la partie dure de la chair, ou sur l'ongle extérieur, les trois autres sont très-courts, n'ont pas même l'apparence de doigts, et à peine peut-il les ouvrir un peu. Les pattes de derrière sont mal formées et ont cinq doigts, dont l'intérieur est plus court et plus foible. (*Voyage dans l'Amérique méridionale*, traduction française, tom. 1, pag. 254.) »

Si l'on passe à l'examen des autres parties du tamanoir, l'on reconnoîtra que ce quadrupède présente en tout l'assemblage bizarre des formes les plus disparates. Il a la tête en trompe tronquée, et n'égalant pas, dans sa plus grande largeur, la grosseur du cou; le museau très-allongé, et s'amincissant par degrés; les narines larges et en C; les deux mâchoires d'égale longueur; les yeux très-petits, enfoncés et noirs; les paupières sans cils; de petites oreilles arrondies; le cou court; enfin, la queue fort longue, aplatie sur les côtés, diminuant d'épaisseur jusqu'à sa pointe, et couverte de poils très-rudes, longs de plus d'un pied, et disposés en forme de panache. L'animal la laisse traîner en marchant lorsqu'il est tranquille, et il balaye le chemin par où il passe; mais quand il est irrité, il agite fréquemment et brusquement sa queue, et la relève sans la plier. Il a deux mamelles sur la poitrine, et la verge du mâle a la forme d'une toupie.

La nature des poils dont le tamanoir est revêtu, n'est pas moins singulière que sa conformation. Ils ne sont pas ronds dans toute leur étendue; ils sont plats à l'extrémité, durs et secs au toucher comme du foin. Ces poils grossiers sont très-courts sur la tête, et moins longs sur les parties antérieures du corps que sur les postérieures; ceux-ci se dirigent en arrière, et les autres en avant; ils forment une espèce de crête sur la ligne du dos, depuis le cou jusqu'à la racine de la queue. La couleur des poils est brune, depuis le museau jusqu'aux oreilles, mêlée de brun foncé et de blanc sale sur le corps et la queue. Il y a plus de blanchâtre aux parties antérieures, et plus de noir aux parties postérieures. L'on remarque une bande noire sur le poitrail, laquelle se prolonge sur les côtés du corps, et se termine sur le dos, près des lombes, où commencent deux raies blanchâtres qui accompagnent la bande noire en-dessus et en dessous, ce qui est dû à la largeur de l'anneau blanc des poils qui bordent la raie noire. Les jambes de devant sont presque blanches, avec deux taches noires, l'une sur les doigts et l'autre sur le tarse; les jambes de derrière, presque noires, ont une grande tache blanche vers le milieu, et sont principalement grises en arrière et en dedans. Les ongles sont noirs.

On est étonné que de petits insectes, tels que les *fourmis* et les *termès*, puissent suffire à la subsistance d'un animal aussi grand que le tamanoir. Sa longueur ordinaire est de quatre à cinq pieds, et il atteint quelquefois jusqu'à sept ou huit pieds, de la tête à la queue. C'est un des quadrupèdes les plus considérables de l'Amérique méridionale. Afin de faire sortir les fourmis de leurs retraites, il gratte la terre avec ses ongles, comme les poules et les lapins, et lorsqu'elles sortent en foule, il leur présente sa langue, pour l'en charger de la manière que j'ai déjà rapportée. Ces mêmes ongles des pieds antérieurs sont aussi la seule défense de ce tamanoir; mais ce sont des armes meurtrières, dont il fait usage avec beaucoup de vigueur, de courage et d'opiniâtreté; il saisit tout ce qui vient à lui, l'embrasse et le serre avec force; aucun chien n'oseroit le chasser, et on assure que le jaguar ne peut le vaincre; il ne lâche jamais prise; il fait des blessures profondes, et il résiste plus qu'un autre au combat, parce qu'il est couvert d'un grand poil touffu, d'un cuir fort épais, et qu'il a la chair peu sensible et la vie très-dure. Tous les voyageurs on assuré que le tamanoir grimpe sur les arbres, et Buffon a écrit ce fait d'après leur témoignage. M. d'Azara assure positivement que c'est une erreur. S'il m'est permis d'énoncer mon opinion, il me paroît prouvé que de fausses informations ont trompé M. d'Azara lui-même. Il n'est point de chasseurs en Amérique qui ne regardent comme un fait certain la faculté que le tamanoir possède de monter sur les arbres. Le capitaine Stedman qui a parcouru l'intérieur de la Guyane hollandaise, est d'accord à cet égard avec les voyageurs qui l'ont précédé, et si je n'ai pas vu les tamanoirs grimper sur les arbres, j'ai reconnu l'empreinte de leurs griffes sur la tige de plusieurs arbres à écorce lisse.

Le tamanoir vit solitaire; sa démarche est lente; il va la tête baissée, et lorsqu'il court, un homme peut l'atteindre sans peine; il traverse les grandes rivières à la nage; il soutient long-temps la privation de toute nourriture; il n'avale pas toute la liqueur qu'il prend en buvant, une partie qui retombe passe par les narines; il dort beaucoup, et pendant son sommeil il est couché sur le côté, la tête entre les jambes de devant, les quatre pieds joints ensemble, et la queue couvrant tout le corps. La femelle ne met bas qu'un petit, et elle l'emporte souvent sur son dos. Cet animal est rarement gras ; on le tue à coups de fusil, et même à coups de bâton ; mais c'est un très-mauvais gibier, dont le besoin seul peut s'accommoder. On se sert de sa graisse au Paraguay, pour guérir les écorchures que les selles et les bâts font aux chevaux.

On trouve assez communément les tamanoirs dans plusieurs parties du midi de l'Amérique ; je les ai rencontrés dans les forêts de notre Guyane, ainsi que dans les savanes ; ils sont également répandus dans la colonie de Surinam, au Pérou, au Brésil, etc., et ils deviennent rares depuis le Paraguay jusqu'à la rivière de la Plata. Ils s'apprivoisent assez aisément ; on en a transporté de vivans en Europe, en leur donnant de la mie de pain, de très-petits morceaux de viande et de la farine délayée dans de l'eau. Ce sont des bêtes qui peuvent intéresser la curiosité, mais qui n'offrent ni utilité ni agrément. (s.)

Seconde Espèce. — Le TAMANDUA, *Myrmecophaga tamandua*, Cuv. ; *Myrmecophaga tetradactyla et tridactyla*, Linn. ; *Myrm. tridactyla*, Séba, Thes., tom. 1, pl. 32, fig. 2. L'épithète spécifique *tetradactyla* (à quatre doigts) attribuée à cet animal par plusieurs naturalistes modernes, n'a rapport qu'aux pieds antérieurs : car ceux de derrière sont divisés en cinq doigts. Au surplus, cette dénomination n'est nullement caractéristique, puisque le *tamanoir*, autre espèce de *fourmilier*, a le même nombre de doigts aux pieds, c'est-à-dire, quatre aux pieds antérieurs et cinq aux postérieurs.

Tamandua, que l'on doit prononcer *tamandoua*, est le nom que ce quadrupède porte au Brésil, suivant Marcgrave. Pison ajoute un *i* (*tamandua-i*), et cette lettre finale qui est un diminutif, indique que l'animal a de plus petites dimensions que le vrai *tamandua* ou le *tamanoir*. Les naturels du Paraguay le connoissent sous le nom de *caaigouare* ou *caguaré*, qui signifie, dit M. de Azara, *habitant des bois et des lieux puans et infects*. Les Espagnols de la même contrée donnent au *tamandua* la dénomination de *petit ours fourmilier*, par comparaison avec le *tamanoir* qu'ils appellent simplement *ours fourmilier*.

Il n'est pas inutile d'observer que les descriptions faites par Séba, de plusieurs espèces de *fourmiliers*, sont remplies d'erreurs et de confusion, et que des quatre espèces indiquées par Gmelin (Linn. *Syst. nat.*), la deuxième (*Myrmecophaga tridactyla*), doit être retranchée comme n'ayant eu pour type que des individus mutilés de l'espèce du *tamandua*.

D'un autre côté, on trouve dans l'*Histoire naturelle des quadrupèdes* de Buffon, suppl. tom. 3, pl. 56, et dans Shaw (*myrmecophaga striata*), une figure du *tamandua*, qui est fautive; elle a été dessinée d'après un animal factice déposé dans la collection du Muséum d'Histoire naturelle de Paris, et qui avoit été formé d'une peau de *coati*, sur laquelle on avoit collé diverses bandes d'autre peau, alternativement jaunes et noires. De pareilles fraudes ne sont point rares, et plus d'un naturaliste en a été la dupe. Ce n'est qu'après la mort de Buffon que l'on s'est aperçu de la composition frauduleuse d'un quadrupède qui n'existe pas, et pour cela il a fallu en dépecer le manequin.

Beaucoup moins grand que le *tamanoir*, le *tamandua* proprement dit, celui de Buffon, auquel M. Geoffroy a donné le nom de FOURMILIER BAI, n'a guère que trois pieds de long; son museau est fort allongé, pointu et légèrement courbé en dessous; il a la bouche et les yeux petits et noirs; les oreilles droites et arrondies; le cou assez épais; les jambes courtes; la queue très-grosse à sa base, aussi longue que le corps, amincie, écailleuse et dénuée de poil vers son extrémité, tant en dessus qu'en dessous, par laquelle il se suspend aux branches des arbres sur lesquels il grimpe, et se balance le corps.

Des poils durs, courts et luisans, surtout sur la tête et les parties antérieures du corps, couvrent ce quadrupède; leur couleur est jaunâtre ou roussâtre, et cette teinte, plus obscure sur l'épaule, y forme une bande qui s'étend sur tout le corps. Les yeux sont entourés de brun qui se prolonge en une ligne, jusqu'à l'extrémité du museau. La tête en dessus et en dessous, les pattes, les cuisses et la partie velue de la queue sont d'un jaune de paille mêlé de poils bruns.

Le jaune de la tête et du cou se prolonge en pointe jusqu'au milieu du dos. Tout le reste du corps, notament le ventre et l'intérieur des cuisses est d'un brun qui est moins foncé que les épaules par le mélange de poils jaunes avec les bruns. Les poils très-courts et très-rares sur la tête vont en augmentant progressivement de longueur, jusqu'à la base de la queue où ils ont jusqu'à deux pouces et demi de longueur. M. d'Azara est le seul qui ait décrit la femelle et les jeunes de cette espèce, et je ne puis mieux faire que de rapporter ce qu'en dit cet excellent observateur.

« Les femelles ont moins de noir à l'œil, et quelques-unes « n'en ont même point du tout, et la bande noire qui est

« sur l'épaule est beaucoup plus étroite. Le noir du corps « gagne les deux tiers de la queue, et occupe la cuisse et « l'entre-deux des jambes de derrière. Finalement, la por- « tion intérieure des poils noirs est blanc-jaunâtre, et cette « nuance, dans tout ce qu'elle occupe, est plutôt d'un blanc « cannelle, unique couleur des nouveau-nés, qui sont exces- « sivement laids, et portés sur les épaules par leur mère..... « J'ai trouvé, en juillet, un *cagoure* (*tamandua*) mort dans un « champ; il avoit trente-sept pouces trois quarts, et tout son « poil, sans exception, étoit blanc jaunâtre; d'où je conclus « que les *cagoures* (*tamanduas*) ne sont point adultes, et ne « prennent pas la livrée des pères avant la seconde année. » (*Essai sur l'Histoire naturelle des quadrupèdes de la province du Paraguay.*). Les femelles ont deux mamelles pectorales. Deux jeunes individus qui font partie de la collection du Muséum d'Histoire naturelle de Paris, diffèrent de ceux que nous venons de décrire, en ce que l'un, dont les couleurs sont assez semblablement disposées, a cependant le brun du dessus du corps plus foncé sur la croupe et plus étendu vers le cou et tous les poils bruns terminés de jaune surtout sur les épaules, et que l'autre est d'une teinte brune plus uniforme et glacée de jaune, moins cependant sur les épaules que partout ailleurs.

De même que les autres espèces de *fourmiliers*, le *tamandua* manque absolument de dents, et il ne se nourrit que d'insectes, principalement de *fourmis* qui s'attachent à sa langue fort longue, placée dans une espèce de gouttière au-dedans de la mâchoire inférieure, et extensible comme celle des *pics*. M. d'Azara soupçonne qu'il mange aussi le miel et les abeilles, qui, dit-il, ne piquent point au Paraguay, et s'établissent sur les arbres; il sent fortement le musc. Pour dormir, le *tamandua* met son museau sous sa poitrine, et le laisse tomber sur le ventre, cachant sa tête sous son cou, et plaçant ses pattes de devant le long de ses côtés, et sa queue étendue sur son corps. Ce *fourmilier* a, du reste, les mêmes habitudes que le *tamanoir*, et vit dans les mêmes contrées méridionales de l'Amérique; mais il y est moins commun. *V.* l'article du Tamanoir. (s.)

Outre le *tamandua* tel que nous venons de le décrire, l'Amérique méridionale offre encore plusieurs animaux qui lui ressemblent presque totalement, par leurs formes et par leur taille, mais qui en diffèrent cependant par la distribution des teintes du pelage. M. Cuvier (*Règne animal*) ne décide pas si ces différences tiennent aux espèces, et il se contente de dire qu'il y a des tamanduas gris-jaunâtres, avec une bande oblique sur l'épaule, sensible seulement par le reflet ; de fauves à bandes noires ; de fauves à bande, croupe et ventre noirs ; enfin, qu'il y en a d'entièrement noirâtres.

Cependant M. Geoffroy, dans la détermination des mammifères de la collection du Muséum, avoit depuis longtemps décidé la question pour deux de ces variétés. Il les considéroit comme formant des espèces distinctes.

Son FOURMILIER NOIR, *Myrmecophaga nigra*, ne diffère de son *fourmilier bai* ou *tamandua* de Buffon, que par sa couleur qui est entièrement noire ; par ses ongles proportionnellement plus forts, et par ses poils plus courts ; sa queue est noire et presque nue, dans les deux tiers de sa longueur ; les poils qui recouvrent sa base sont jaunâtres ; son corps a dix-sept pouces de longueur, sa queue vingt, et sa tête dix. Cet animal est très-bien figuré dans l'*Atlas des Voyages de don Félix de Azara, dans l'Amérique méridionale.*

Son FOURMILIER A DEUX BANDES, *Myrmecophaga bivittata*, ressemble beaucoup plus que le précédent au *fourmilier tamandua* proprement dit, ou *fourmilier bai* dont il a toutes les formes de corps, et la même nature de poil. Sa tête est couverte de poils très-courts, jaunes, brillans comme des soies de porc, et l'on remarque deux bandes dont la peau est nue et brune, et qui s'étendent depuis les yeux jusqu'auprès du museau. La couleur jaune du dessus de la tête se prolonge en se rétrécissant jusqu'à la croupe où elle finit, et s'étend également sur le devant du cou, les quatre pattes, les épaules et la queue ; la croupe, les côtés du corps et le ventre, sont d'un brun noirâtre et les poils de ces parties sont jaunes à leur base. Cette même teinte brune forme une ligne bien marquée sur les épaules. Les oreilles de cet animal paroissent moins longues que celles du *tamandua* proprement dit ; mais cela n'est peut-être dû qu'au raccornissement de la peau dans l'individu empaillé qui a servi à cette description.

Un autre individu de la même collection, a tout le corps assez uniformément jaunâtre, avec le ventre très-brun, ainsi qu'une bande de la même couleur, peu étendue sur chaque épaule.

Ces fourmiliers ont été rapportés du Brésil, et faisoient partie de la collection de Lisbonne.

Troisième Espèce. — Le FOURMILIER A QUEUE VARIÉE, *Myrmecophaga annulata*, Nob. Cette espèce, qui ne nous est connue que par une figure de l'atlas du Voyage autour du monde, du capitaine russe Krusenstern, a le nez à peu près conformé comme un groin de cochon ; le pelage brun uniforme, avec le bout du museau et l'extrémité des pattes plus foncés ; les joues claires, avec une longue tache triangulaire brune, qui comprend l'œil ; la queue fauve, plus courte que le corps, avec onze anneaux d'un brun-noir. Il est du Brésil.

Quatrième Espèce. — Le FOURMILIER proprement dit, Buff. tom. 10, pl. 30, *Myrmecophaga didactyla*, Linn., pl. D. 28 de ce Dictionnaire.

Le fourmilier est beaucoup plus petit que le tamandua et que le tamanoir (premières espèces du même genre), puisqu'il n'a que six ou sept pouces de longueur depuis le bout du museau jusqu'à l'origine de la queue ; il a la tête longue de deux pouces ; le museau proportionnellement moins allongé que celui du tamanoir ou du tamandua et même de beaucoup ; sa queue, longue de sept pouces, est très-forte à sa base ; et son extrémité est dégarnie de poils en dessous ; sa langue est étroite, un peu aplatie et assez longue ; son cou est presque nul ; sa tête est assez grosse à proportion du corps ; ses yeux sont placés bas et peu éloignés des coins de la gueule ; ses oreilles sont petites et cachées dans le poil ; ses jambes n'ont que trois pouces de hauteur ; ses pieds ne sont pas faits pour marcher, mais pour grimper et pour saisir ; ceux de devant n'ont que deux ongles, dont l'externe est bien plus gros et bien plus long que l'interne ; les pieds de derrière en ont quatre à peu près égaux. Le poil du corps est fin et long d'environ neuf lignes ; il est très-doux au toucher, et d'une couleur brillante, d'un blanc teinté de roux clair mêlé de jaune vif. La plupart des individus ont le dos marqué d'une ligne rousse assez foncée, tout le long du dos ; mais d'autres en sont dépourvus. Un individu de cette dernière variété, dont les ongles sont moins longs comparativement, a été regardé par M. Geoffroy comme devant former une espèce distincte à laquelle il a appliqué la dénomination de *fourmilier unicolor*.

Daubenton a observé dans cette espèce deux petits cœcums qui n'existent pas dans les autres.

Ce petit animal se trouve à la Guyane, où il a reçu, des naturels, le nom de *ouatiriouaou*. Il se nourrit de fourmis, qu'il prend à l'aide de sa langue, qu'il insinue dans les fourmilières et sous les écorces des arbres, et qu'il retire promptement. Il marche lentement, s'attache, comme l'*aï*, sur un bâton qu'on lui présente ; il se suspend aux branches des arbres, à l'aide de sa queue prenante et de ses ongles crochus ; il n'a aucun cri ; il ne fait qu'un petit dans des creux d'arbres, sur des feuilles. (DESM.)

FOURMILIER (petit). C'est le fourmilier proprement dit de l'article précédent. (DESM.)

FOURMILIER AUX LONGUES OREILLES de Brisson. C'est

le fourmilier tridactyle de Séba, qui ne diffère pas du fourmilier tamandua. (DESM.)

FOURMILLIER ÉPINEUX. *V.* ECHIDNÉ. (DESM.)

FOURMILIER RAYÉ (*Myrmecophaga striata* de Shaw). C'est une espèce factice, rapportée au *fourmilier tamandua* par Buffon, mais qui n'est autre qu'un COATI défiguré par l'empaillage. (DESM.)

FOURMILIER, *Myrmothera*, Vieill.; *Turdus*, Lath. Genre de l'ordre des oiseaux SYLVAINS, et de la famille des *chanteurs*. (*V.* ces mots.) *Caractères :* bec plus haut que large à la base, droit, un peu fort, convexe en dessus, mandibule supérieure échancrée et crochue vers le bout; l'inférieure entaillée et retroussée à la pointe; narines étroites, couvertes d'une membrane; langue courte, terminée par de petites soies; jambes hautes; quatre doigts, trois devant, un derrière, l'intermédiaire joint à l'externe presque jusqu'au milieu, et à l'interne à la base; le postérieur plus long que le doigt interne; l'ongle du pouce plus long et plus crochu que les antérieurs; ailes courtes; la première rémige la plus courte de toutes; les quatrième et cinquième les plus longues; queue très-courte.

Les *fourmiliers* tiennent de si près aux *bataras*, que M. de Azara a cru en reconnoître plusieurs dans ceux-ci; cependant ils en diffèrent par des pieds proportionnellement plus longs et une queue très-courte et égale; les *bataras* ont des rapports avec les *pie-grièches*; mais on les reconnoîtra toujours à leur bec très-comprimé sur les côtés, droit, tendu, et seulement crochu à la pointe. Tous ceux que j'ai décrits ont les ailes courtes, arrondies, et les pennes caudales régulièrement étagées; au lieu que chez les vraies *pies-grièches*, le bec est moins comprimé latéralement et sensiblement incliné du milieu à la pointe; les ailes sont moyennes et pointues, et la queue est irrégulièrement étagée. Comme le plumage des *fourmiliers* est très-variable dans la plupart des espèces, et souvent dans la même, je ne puis assurer si parmi celles qui seront décrites ci-après, il ne s'en trouve pas en double emploi, attendu que je n'ai pour guide que leurs dépouilles. Sonnini est le premier qui ait fait connoître ces oiseaux. Il les a observés dans l'intérieur des terres de la Guyane, dans les hautes et sombres forêts qui couvrent le sol de cette partie de l'Amérique méridionale. Ils y vivent, généralement parlant, en petites troupes, et s'y nourrissent principalement de fourmis, qui sont en quantité prodigieuse dans ces terres chaudes et humides. Là, où l'homme n'a pas encore porté sa destructive imprévoyance, l'on remarque le soin admirable avec lequel la nature a disposé toutes ses œuvres, l'harmonie dans leur distribution, l'équilibre qui les maintient dans un ordre parfait, empreinte incontestable d'une intelligence suprême et ordonnatrice. Nulle part sur le globe il n'existe un plus grand nombre de fourmis que dans le midi de l'Amérique; nulle part aussi, plus d'espèces d'animaux ne sont destinées à se nourrir de ces insectes. Ils sont, pour quelques-unes de ces espèces, non-seulement une pâture de prédilection, mais encore un aliment nécessaire et exclusif. Les quadrupèdes auxquels on a donné, par cette raison, le nom de *fourmiliers*, n'en ont pas d'autre, et il en est de même des oiseaux dont il est question dans cet article.

Une pareille nourriture n'exige pas un fréquent exercice du vol. Il suffit, pour la trouver, de voltiger d'une fourmilière à une autre. Aussi les oiseaux fourmiliers se tiennent presque toujours à terre; ils y courent avec légèreté, et s'ils la quittent, ce n'est que pour sauter sur quelques branches des buissons ou des arbres peu élevés, sur lesquelles ils passent la nuit. Ils y attachent aussi leur nid, tissu d'herbes sèches assez grossièrement entrelacées et de forme hémisphérique; la ponte est ordinairement de trois ou quatre œufs, à peu près ronds. La structure des parties qui servent au mécanisme du vol dans les oiseaux, répond dans ceux-ci à leur genre de vie; ils ont les ailes et la queue très-courtes, et, par conséquent, fort peu propres à les élever dans les airs; mais, en même temps, leurs pieds sont longs et disposés pour la course; il ne leur en falloit pas davantage.

Ces oiseaux sont vifs et agiles; on les voit presque toujours en mouvement, mais toujours fort loin des lieux habités, où ils ne rencontreroient pas l'abondance des insectes dont ils composent leur subsistance. Leur naturel est social; ils se réunissent non-seulement en petites troupes de la même espèce, mais encore d'espèces différentes; et leur plumage, généralement sans éclat, paroît se ressentir de ce mélange, car, à l'exception des grandes espèces, qui sont mieux caractérisées, il est rare de rencontrer, parmi les petites, deux individus qui se ressemblent parfaitement. Leur chair contracte une forte odeur de fourmi, qui la rend désagréable. On les connoît dans notre colonie de la Guyane sous la dénomination générale de *petites perdrix;* et les naturels du pays les appellent *palikours*. (S. et V.)

Le Fourmilier proprement dit. *V.* Fourmilier palikour.

Le Fourmilier arada. *V.* le genre Troglodyte.

Le Fourmilier ardoisé, *Myrmothera cærulescens*, Vieill., a quatre pouces et demi de longueur totale; les pieds gris; le plumage généralement d'un gris ardoisé, à l'exception des ailes et de la queue, qui sont noires et tachetées de blanc. On le trouve dans la Guyane. (v.)

Le FOURMILIER BAMBLA, *Myrmothera bambla*, Vieill. ; *Turdus bambla*, Lath., fig. pl. enlum. de Buffon, n.° 703. La dénomination *bambla*, que Buffon a donnée à ce *fourmilier*, désigne, par une double syncope, l'attribut le plus saillant de son plumage; une *bande blanche* qui traverse chaque aile ; des teintes sombres occupent le reste ; le dessus du corps, les petites couvertures des ailes, de même que les pennes, sont noirs ; un gris blanchâtre s'étend sous le corps et la queue ; le bec est noirâtre ; les pieds sont de couleur plombée, et les ongles noirs. La grosseur de cet oiseau est inférieure à celle d'un *moineau*, et son bec est plus long, à proportion, que celui des autres *fourmiliers;* il se trouve comme eux dans l'intérieur des terres de la Guyane, mais il y est rare. (s.)

Le FOURMILIER, dit le GRAND BÉFROI, *Myrmothera tinnica*, Vieill. ; *Turdus tinnicus*, Lath., pl. enl. de Buffon, 706, fig. 1. Dans les mêmes déserts montueux et boisés de la Guyane, où l'*arada* inquiète le voyageur par ses coups de sifflet, semblables à ceux d'un homme qui appelleroit ses compagnons de brigandage, un autre oiseau donne l'alarme, et semble l'avertir de se tenir sans cesse sur ses gardes, au milieu des dangers qui l'environnent. Plus commun que l'*arada*, cet oiseau fait retentir plus souvent les forêts et les montagnes de sons graves, mais éclatans et précipités, qui paroissent être ceux d'une cloche sur laquelle on frappe rapidement. J'ai été long-temps avant de connoître quel animal produisoit un bruit aussi singulier, que je ne manquois pas d'entendre matin et soir autour de moi ; je ne me doutois guère que ce *tocsin* vivant fût un assez petit oiseau que je rencontrois souvent dans ces immenses solitudes, et qui m'y fournissoit un des mets ordinaires de ma table, plus sauvage encore que frugale. J'ai fait connoître le premier cette espèce à Buffon, qui lui a conservé le nom de *béfroi*, que je lui avois donné ; et c'est d'après mes notes qu'il en a composé l'histoire naturelle, ou pour parler plus exactement, j'ai écrit moi-même cette histoire, ainsi que celle de plusieurs autres oiseaux de l'Amérique méridionale, sous les yeux du grand Naturaliste qui voulut bien m'associer pendant quelque temps à ses travaux immortels. (s.)

La longueur moyenne du *grand béfroi* n'est que de six pouces et demi; son bec long d'onze lignes, a ses deux pièces d'égale longueur ; et quoique, dans certains individus, la mandibule supérieure soit un peu échancrée et crochue, elle ne dépasse pas l'inférieure : celle-ci est blanchâtre, et l'autre est noire. Le dessus du corps est d'un brun très-pâle, et le dessous blanc ; les plumes qui couvrent la poitrine ont une bordure d'un gris blanchâtre : les pieds ont une teinte plombée. Le jeune a la gorge d'un blanc pur ; la poitrine mouchetée de noir sur un fond blanc ; les flancs roux ; le devant du cou, le ventre et les parties postérieures bruns, avec des lignes rousses, étroites et longitudinales : les côtés de la tête rayés en longueur de noirâtre et de gris ; les ailes tachetées de roux. (S.)

Le FOURMILIER dit le PETIT BÉFROI, *Myrmothera lineata*, Vieill. ; *Turdus lineatus*, Lath., fig. pl. enlum. de Buffon, n.° 823. La conformation de cet oiseau est la même que celle du *grand béfroi*, et ses couleurs ne présentent que de légères différences. Une teinte olivâtre est répandue sur le corps, et du gris tacheté de brun roussâtre couvre le devant du cou et la poitrine ; la gorge est blanche, et le ventre roussâtre. Cet osieau n'a que cinq pouces et demi de long. Je n'ai pu m'assurer si cette petite espèce, qui se trouve, comme l'autre, dans l'intérieur des terres de la Guyane, produit les mêmes sons. (S.)

Le FOURMILLIER A CALOTTE BRUNE, *Myrmothera fuscicapilla*, Vieill., a le dessus de la tête brun ; les joues et les côtés du cou roux ; le manteau, les ailes et la queue d'un bleu d'ardoise foncé ; la gorge noire ; les parties inférieures d'un noir bleuâtre, mélangé de blanc sur le ventre, dont le bas est totalement de cette couleur ; le bec et les pieds bruns. Taille du *fourmilier tetema* ; peut-être en est-ce une variété d'âge. (V.)

Le FOURMILIER CARILLONNEUR, *Myrmothera campanella*, Vieill., *Turdus campanella*, Lath. ; *Turdus tintinnabula*, Linn., pl. enl. de Buffon, n.° 700, f. 2. La longueur totale du *carillonneur* est de quatre pouces et demi ; il est d'un blanc tacheté de noir sur la tête, la gorge, le cou et la poitrine, gris-brun sur le dos, brun-roux sur le ventre et les couvertures de la queue, brun sur les ailes et la queue, enfin, noirâtre sur le bec et les pieds ; un trait noir est sur chaque côté de la tête et passe au-dessus de l'œil ; et un liseré roussâtre règne sur le bord extérieur de toutes les pennes. Je donne pour un jeune de cette espèce, un individu que j'ai sous les yeux, lequel est d'un gris cendré sur la tête, le cou, le corps, les ailes et la queue d'un blanc sale sur les joues ; roux sur la gorge, le devant du cou et la poitrine, et d'un blanc un peu roussâtre sur les parties postérieures. Les hautes et antiques futaies qui croissent sous l'équateur, retentissent de sons qui frappent d'étonnement quiconque s'égare dans ces sombres déserts ; la voix de plusieurs espèces de fourmiliers forme les plus remarquables de ces bruits éclatans. L'un siffle comme l'homme, et module la gamme et des airs harmonieux comme le musicien; l'autre sonne le tocsin ; et les carillonneurs, réunis en petites troupes et sautillant sur les branches des arbrisseaux, forment entre eux le carillon de trois cloches de ton différent ; leur voix est très-forte, si on la compare à leur petite taille, et ils continuent leur singulier carillon pendant des heures entières sans interruption. (s.)

Le FOURMILIER DE CAYENNE. *V.* FOURMILIER PALIKOUR.

Le FOURMILIER COLMA, *Myrmothera colma*, Vieill. ; *Turdus colma*, Lath. Cette espèce rare, paroît très-voisine du *palikour*, ou *fourmilier proprement dit*, et n'en est peut-être qu'une variété. On la trouve dans les grandes forêts de la Guyane. Buffon a composé le nom *colma* par contraction de *collum maculatum*, *cou tacheté*, parce que cet oiseau a la gorge blanche, piquetée de gris-brun ; il y a aussi une tache blanche entre le bec et l'œil, et une espèce de demi-collier roux sur la nuque ; le reste du plumage est d'un brun mêlé de gris sous le cou et la poitrine, et de cendré sur le ventre. La longueur totale du colma est de six pouces. (s.)

Le FOURMILIER A FLANCS BLANCS, *Myrmothera axillaris*, Vieill. Grosseur du troglodyte ; bec noirâtre ; pieds couleur de chair ; plumage généralement d'un gris bleuâtre en dessus, noir sur le devant du cou, la poitrine, les grandes pennes des ailes et les latérales de la queue; celles-ci terminées par une petite tache blanche, ainsi que les moyennes couvertures qui recouvrent les ailes en dessus et l'aile bâtarde ; les plumes des flancs sont d'un beau blanc, longues, effilées et très-touffues. Longueur totale, trois pouces et demi. On le trouve dans la Guyane.

Le FOURMILIER GRIVELÉ DE CAYENNE. Les pl. enl. de Buffon représentent, sous cette dénomination, le FOURMILIER PETIT BÉFROI.

Le FOURMILIER HUPPÉ. *V.* BATARA HUPPÉ.

Le FOURMILIER LONGIPÈDE, *Myrmothera longipes*, Vieill., est de la taille de l'*alouette*, mais plus effilé. Il a les pieds très-longs et la queue fort courte ; le bec et les tarses sont noirs ; le front, les sourcils, la gorge, le ventre et les parties postérieures blancs ; la poitrine et la queue noires ; le dessus du corps, des ailes, de la tête et du cou, d'un gris roussâtre. Il habite dans la Guyane.

Le FOURMILIER A OREILLES BLANCHES. *V.* CONOPOPHAGE.

Le FOURMILIER NOIR ET BLANC, *Myrmothera melanoleucos*, Vieill., se trouve à la Guyane. Il a trois pouces et demi de longueur ; le bec assez long, noir en dessus, blanc en dessous; les plumes des parties supérieures et de la queue, noires et frangées de blanc; une bande étroite de cette couleur sur l'aile; les parties inférieures blanches, avec des taches longitudinales sur chaque plume; les pieds noirâtres.

Le FOURMILIER PALIKOUR, *Myrmothera formicivora*, Vieill.; *Turdus formicivorus*, Lath., pl. enl. de l'*Hist. nat. de Buffon*, n.° 700, fig. 1 et pl. D 26 de ce Dictionnaire. C'est le *fourmilier* proprement dit de l'Histoire naturelle de Buffon. Sa longueur est d'environ six pouces, une plaque noire en forme de cravate garnit la gorge, le devant du cou, le haut de la poitrine, et s'attache derrière le cou par une sorte de ruban noir et blanc; le dessus du corps est d'un brun-roux, et le dessous blanchâtre ; la queue est rousse, et il y a des taches jaunes sur les ailes; les yeux ont l'iris rougeâtre, et ils sont entourés d'une peau de couleur bleue céleste; le jeune a la gorge rousse.

Les habitudes naturelles du *palikour* sont les mêmes que celles des autres *fourmilers*. J'ai néanmoins remarqué que celui-ci se cramponne aux arbrisseaux, et s'y soutient en étendant les plumes de sa queue; qu'il fait entendre un fredonnement, coupé par un petit cri bref et un peu aigu; qu'il prend plus de soin pour faire son nid que les oiseaux de sa tribu; qu'enfin ses œufs sont bruns. J'ai trouvé cette espèce dans les forêts solitaires et humides de la Guyane française. (S.)

Le FOURMILIER RAYÉ, *Myrmothera vittata*, Vieill., a quatre pouces de longueur totale; la tête est rayée en longueur de noir et de blanc; le dessus du corps, les ailes et la queue sont bruns; les petites couvertures des ailes mouchetées de blanc; le dessous du corps est de cette couleur, avec des raies noirâtres sur les côtés de la gorge, du cou et de la poitrine; les flancs sont roux; le bec est brun, et les pieds sont gris. On le trouve à la Guyane.

Les FOURMILIERS ROSSIGNOLS. *V.* BATARAS, ALAPI et COROYA.

Le FOURMILIER ROUX, *Myrmothera rufa*, Vieill. Longueur totale, cinq pouces et demi; bec brun en dessus, couleur de corne en dessous; plumage généralement roux; d'une nuance foncée en dessus, sur les ailes, la queue et sur les flancs; claire sur les parties inférieures; plumes du capistrum presque noires. On le rencontre à Cayenne.

Le FOURMILIER À SOURCILS BLANCS, *Myrmothera leucophrys*, Vieill., se trouve à la Guyane. Il est un peu plus petit que le bambla; il a la gorge, les côtés du cou, le milieu du ventre, les ailes et la queue noirs, celle-ci terminée de blanc; les petites couvertures des ailes pareilles à la queue;

D. 26.

Devere del. Letellier Sculp.

1. Faisan doré. 2. Faucon.
3. Fourmillier palikour.

5

les côtés du ventre et les sourcils blancs ; le reste des parties supérieures d'un gris terne.

Le FOURMILIER TACHETÉ. *V.* CONOPOPHAGE TACHETÉ.

Le FOURMILIER A TÊTE NOIRE, *Myrmothera atricapilla*, Vieill., a la taille du *téléma ;* le bec, la tête, la gorge et les petites couvertures de l'aile, noirs; celles-ci terminées par un petit croissant blanc ; tout le reste du plumage d'un gris bleuâtre. On le trouve à Cayenne.

Le FOURMILIER TÉTÉMA, *Turdus colura*, Var., Lath. ; planche enlum. de Buff., n.° 821. Cet oiseau de Cayenne paroît avoir beaucoup de rapport avec le *colma*, non-seulement par sa grandeur qui est la même et sa forme qui est assez semblable, mais encore par la disposition des couleurs qui est à peu près la même sur presque tout le dessus du corps. Le *tétéma* diffère du *colma* en ce qu'il a la gorge, la poitrine et le ventre d'un brun noirâtre, au lieu que dans le *colma*, le commencement du cou et la gorge sont blancs et variés de petites taches brunes. Il a aussi la poitrine et le ventre d'un gris cendré ; ce qui pourroit faire présumer que ces différences ne viennent que du sexe. Buffon ajoute qu'il seroit porté à regarder le tétéma comme le mâle, et le colma comme la femelle. Il faut avouer que le plumage varie tellement chez la plupart des fourmiliers, qu'on éprouve les plus grandes difficultés à déterminer les espèces ; la taille même varie aussi chez les individus couverts du même plumage; en effet, j'ai vu un *bambla* qui n'étoit pas plus grand que notre troglodyte. (V.)

FOURMILIÈRE. Habitation des FOURMIS. (DESM.)

FOURMI-LIONS, *Myrmeleonides.* Tribu d'insectes, de l'ordre des névroptères, famille des planipennes, et qui a pour caractères : antennes renflées à leur extrémité, d'un grand nombre d'articles ; mandibules cornées ; six palpes ; tarses à cinq articles.

Les *fourmi-lions* ont la tête courte, de la largeur du corselet au plus, avec les yeux gros et sans petits yeux lisses ; le corselet rond ou ovalaire, avec le premier segment court ; les ailes grandes, en toit dans le repos; l'abdomen ovalaire ou allongé et cylindrique, muni de forts crochets ou d'appendices au bout dans les mâles ; les pattes courtes, avec deux forts crochets au bout des tarses.

Ses genres sont ceux de MYRMÉLÉON, d'ASCALAPHE et de NYMPHES. Nous donnerons au premier de ces trois articles le détail intéressant des mœurs de ces insectes qui nous sont connues. (L.)

FOURMILLON. Un des noms vulgaires du GRIMPEREAU. (V.)

FOURNEIRON ou **FOURNEIROU DE CHEMINÉE.** C'est, en Provence, le ROUGE-QUEUE ou ROSSIGNOL DE MURAILLE. (V.)

FOURNIÉ. C'est le nom d'un poisson du genre LUTJAN (*Lutjanus cinereus*, Risso) à Nice. (DESM.)

FOURNIER, *Furnarius*, Vieill.; *Merops*, Lath. Bec aussi épais que large, comprimé latéralement, entier, robuste, fléchi en arc, pointu; narines longitudinales, couvertes d'une membrane; langue médiocre, étroite, usée à la pointe; ailes foibles, à penne bâtarde courte; les deuxième, troisième et quatrième rémiges les plus longues de toutes; quatre doigts, trois devant, un derrière.

Le FOURNIER proprement dit, *Furnarius rufus*, Vieill.; *Merops rufus*, Lath., porte, à la rivière de la Plata, le nom de *hornero* (fournier), et au Tucuman celui de *casero* (ménagère); ces deux noms font allusion à la forme extérieure du nid qui ressemble à celle d'un four; on l'appelle au Paraguay *alonzo garua*. Il bâtit son nid dans un endroit apparent, sur une grosse branche dégarnie de feuilles, sur les fenêtres des maisons, sur les croix, les palissades, ou sur les poteaux de plusieurs pieds de haut. Ce nid hémisphérique a la forme d'un four à cuire du pain; il est construit en terre, et quelquefois deux jours suffisent à sa construction. Le mâle et la femelle y travaillent de concert, et ils apportent chacun une boulette d'argile, grosse comme une petite noix; qu'ils arrangent et vont chercher alternativement. En dehors, ce nid a six pouces et demi de diamètre et un pouce d'épaisseur. L'ouverture, pratiquée sur le côté, est du double plus haute que large : l'intérieur est partagé en deux parties, par une cloison qui commence au bord de l'entrée et va se terminer circulairement à la partie intérieure, en laissant une ouverture pour pénétrer dans une espèce de chambre, où sont déposés, sur une couche d'herbes, quatre œufs un peu pointus à un bout, piquetés de roux sur un fond blanc et dont les diamètres ont dix et neuf lignes. Quelquefois d'autres oiseaux se servent de vieux nids de *fourniers*, pour y faire leur nichée; mais ceux-ci en chassent les usurpateurs, quand ils en ont besoin, parce qu'ils ne se donnent pas la peine de faire chaque année de nouveaux nids, et les pluies ne les détruisent qu'au bout d'un certain temps.

Ce *fournier* et l'espèce suivante ne sont ni voyageurs, ni inquiets, ni farouches; ils s'approchent des habitations champêtres et des bourgs; ils contruisent leur nid de préférence près des maisons, quelquefois même dans leur intérieur. Tous deux se tiennent dans les buissons, et se montrent dans les lieux découverts; ils ne pénètrent point dans les grands bois, et on ne les rencontre point sur les endroits élevés. On les trouve toujours par paires, et ils ne vont jamais en familles ni en troupes; leur vol ne se prolonge pas beaucoup, parce que leurs ailes, un peu courtes, ne sont point très-fortes.

M. de Azara, à qui nous sommes redevables de la connoissance des habitudes intéressantes et de l'histoire de cet oiseau, qui n'étoit connu que par la description de ses formes et de ses couleurs, ajoute de nouveaux faits sur la manière dont un *fournier* adulte s'est conduit en domesticité. Il étoit libre, et quoique, faute de nourriture, il mangeât du maïs pilé, il préféroit toujours la viande crue: si le morceau étoit trop gros pour être avalé, il le pressoit contre terre avec son pied, et le tiroit avec son bec. Lorsqu'il vouloit marcher, il s'appuyoit vivement sur un pied, et levoit l'autre en même temps avec la même promptitude; et après l'avoir tenu un peu en l'air, il le posoit en avant et loin, pour lever l'autre. Après avoir répété plusieurs fois ce manége, il se mettoit à courir avec rapidité, et s'arrêtoit ensuite tout à coup, et il reprenoit sa marche lente et grave. Il s'avançoit ainsi alternativement à pas majestueux et précipités, d'un air libre et dégagé, la tête haute et le cou élevé. Quand cet oiseau chante, il avance le corps, allonge le cou et bat des ailes. Son ramage, qui est commun aux deux sexes, et qui se fait entendre pendant toute l'année, est d'un ton élevé, et consiste dans la répétion fréquente de la syllabe *chi*, d'abord par intervalles, ensuite prononcée assez vivement pour ne plus former qu'un fredon ou une cadence qui s'entend à un demi-mille.

Ce *fournier* a sept pouces deux lignes de longueur totale; le bec long de neuf lignes, brun en dessus et à la pointe, blanchâtre dans le reste; les côtés et le dessus de la tête, la partie supérieure du cou, du corps et les ailes d'un roux-brun, plus foncé sur la tête; les sourcils d'une teinte plus claire, et qui tire au châtain sur la partie extérieure de l'aile; une bande de roux foible traverse l'aile au-dessous des couvertures; la queue est de couleur de tabac d'Espagne; la gorge, le devant du cou, la poitrine et le ventre sont d'un beau blanc; les côtés du corps d'un roux-brun; les tarses noirâtres; la queue est composée de douze pennes fortes, étagées et coupées carrément. Le jeune ressemble aux adultes. L'individu rapporté de Buenos-Ayres, par Commerson, et figuré sur la pl. enl. de Buff., n.° 739, diffère du précédent en ce qu'il a le bec plus long de trois ou quatre lignes, et les parties inférieures d'un roux tirant au jaune pâle.

Le Fournier annumbi, *Furnarius annumbi*, Vieill., a les mêmes habitudes que le précédent; mais il donne à son nid une autre forme, et le place dans les endroits les moins cachés; c'est d'un arbre isolé et dépouillé de ses feuilles qu'il fait choix pour l'y établir. On voit souvent sur le même arbre deux et jusqu'à six de ces nids, quelquefois appuyés l'un contre l'autre: on en trouve aussi sur les poteaux des clôtures, sur les treillages et les berceaux des maisons de campagne et sur les bois qui entourent les cours, près de la porte la moins fréquentée.

Le mâle et la femelle de cette espèce ne se quittent jamais, et lorsque l'un couve, l'autre se tient à portée. Si l'un des deux enlève une paille pour la construction du nid, ou donne à manger aux petits, l'autre l'accompagne, quoique n'ayant rien à porter. Leur nid ne semble pas être leur ouvrage, tant il est grand. Il a deux pieds de hauteur et un pied et demi de diamètre. Il est construit de rameaux épineux et d'une grosseur qui paroît au-dessus des forces de pareils ouvriers; une couverture assez grande est au haut de ce nid, et au fond, sur une couche de feuilles et de bourre, sont quatre œufs blancs, un peu plus pointus à un bout qu'à l'autre, et dont les diamètres sont de onze et huit lignes.

Cet *annumbi* a sept pouces et demi de longueur totale; la queue composée de dix pennes pointues et étagées; le front d'une couleur rouge qui s'affoiblit en s'avançant sur la tête au point de ne plus être qu'un brun clair à la nuque; chaque plume, à l'exception de celles du front, noirâtre sur le milieu; le dessus du cou et du corps, les deux pennes intermédiaires de la queue, les couvertures supérieures, les premières et dernières pennes de l'aile, d'un brun clair, avec des taches noirâtres sur le haut du dos; les grandes couvertures un peu lavées de rouge, les autres pennes d'un rouge plus foible que celui du front; toutes les pennes latérales de la queue noirâtres, bordées de brun et terminées par une tache blanchâtre; les côtés de la tête presque blancs; un trait brun derrière l'œil; la gorge blanche et entourée par une ligne noire et blanche qui aboutit aux coins de la bouche; les parties postérieures mélangées de brun et de blanchâtre; le dessous des ailes argenté et légèrement nuancé de rouge; l'iris roussâtre; le bec d'un brun rougeâtre, et les tarses olivâtres. La femelle ressemble au mâle. Nous devons tous ces détails à M. de Azara.

Le Fournier rouge, *Furnarius ruber*, Vieill. *Guira annumbi* est le nom de cet oiseau, que M. de Azara a placé à la suite de ses *bataras*, mais en indiquant les attributs par lesquels il en diffère, attributs qui en font un *fournier*. En effet, il a la tête, le bec et la langue conformés de même, et se rapproche des *bataras* par son genre de vie; car il habite les mêmes endroits, et se tient comme eux dans les halliers épais; par son habitude d'être seul ou par paires, et de ne point se montrer dans les campagnes; enfin, par son cri, quoique plus aigu. Il place son nid sur quelques petites branches épineuses, flexibles et de la grosseur du doigt. Le poids des matières qui y sont employées le fait abaisser et le rend vertical vers sa pointe. C'est un amas de petits rameaux épineux, étendus sur la branche qui sert de support; ils sont assez grands et assez gros pour que leur emploi paroisse au-dessus des forces d'un aussi foible oiseau. Le tout est toujours balancé par les vents, et on aperçoit ce nid de fort loin, non-seulement parce qu'il est extraordinairement grand, mais aussi parce que cet *annumbi* l'établit, de préférence, sur les arbres des chemins et des sentiers. Il a, dans son contour, des entrées ou des trous, et dans chacun quelques débris de végétaux qui, en apparence, servent de lit pour les œufs et les petits; mais ceux-ci se tiennent dans l'endroit le plus caché: aussi faut-il chercher quelque temps pour les trouver à travers des rameaux entrelacés. Quelques personnes croient que ces oiseaux pratiquent à leur nid plusieurs ouvertures et des apparences de nid, pour tromper les curieux et mettre à l'abri leur progéniture; mais M. de Azara ne doute pas que ces oiseaux ne font un nid si volumineux que pour que leurs petits s'y promènent; en effet, dès qu'ils ont, dit-il, leurs premières plumes, ils ne cessent de sautiller en avant, en arrière et de côté; or, cet exercice exige un nid spacieux, avec différentes ouvertures simulées dans lesquelles les petits puissent se cacher, lorsque leurs père et mère les avertissent du danger. La ponte est de quatre œufs blancs. Ces oiseaux travaillent en commun à la construction du nid, et quand l'un des deux couve, l'autre reste à l'entrée. Les petits leur ressemblent.

Ce *fournier annumbi* a la tête et le haut du cou recouverts de plumes rudes, dont les tiges dépassent les barbes; les douze pennes qui composent la queue, coupées carrément à leur extrémité et étagées; huit pouces de longueur totale; le dessus de la tête, les ailes et la queue d'une belle couleur de carmin; les pennes alaires noirâtres vers la pointe; les côtés de la tête et du cou, le dessus du cou, le manteau et les couvertures inférieures de la queue d'un brun-roux; les parties inférieures blanchâtres; les tarses d'un bleu argenté; l'iris d'un beau jaune; le bec noirâtre en dessus et blanchâtre en dessous; la femelle ressemble au mâle. On trouve ces oiseaux au Paraguay. (v.)

FOURRAGE, *Pabulum.* C'est le nom qu'on donne à toute espèce d'herbes, de feuilles, de fruits ou de racines dont on nourrit les chevaux, bœufs, moutons, etc., soit en été, soit pendant l'hiver; on doit comprendre aussi sous cette dénomination les jeunes tiges des arbres ou arbustes, qui, coupées et réunies en paquets, sont mangées avec plaisir et profit par ces animaux.

On distingue en général deux sortes de *fourrages*, les *fourrages verts* et les *fourrages secs*. Les premiers sont consommés dans le cours de la belle saison, et les seconds en tout temps, mais principalement en hiver. Ceux-ci sont presque toujours donnés à l'animal dans l'écurie ou à l'étable; les *fourrages verts*, quoique mis quelquefois en râtelier, sont plus communément livrés au bétail dans les champs, les parcs, ou dans les cours de la ferme. Leur usage demande des soins et quelques précautions. *V.* les mots Foin, Paille, Prairie et Pacage. (d.)

FOURRAGE DE DISETTE. On donne ce nom à la Spargoute. (b.)

FOURREAU. C'est, en Sologne, le nom de la Mésange a longue queue. (v.)

FOURREAU DE PISTOLET. On donne quelquefois ce nom aux coquilles du genre Pinne ou Jamboneau. (desm.)

FOURRE-BUISSON. C'est le nom du Troglodyte, en Bourgogne. (v.)

FOURRURES. Peaux d'animaux préparées et garnies de leurs poils. Elles sont la base d'un commerce considérable, principalement dans le Nord. (s.)

FOURS A CRISTAUX. C'est le nom que les habitans des Alpes donnent aux grottes ou cavités tapissées de cristal de roche, qu'on trouve dans les montagnes granitiques, pour l'ordinaire à de très-grandes hauteurs, et dans leurs parties les plus escarpées. On reconnoît l'existence de ces cavités dans l'intérieur du rocher, par de larges veines de quarz très-blanc qui se manifestent au-dehors, et par le son qu'il rend quand on le frappe avec un marteau. Saussure a vu dans les granites qui forment ces fours, des masses et des veines considérables de spath calcaire dont la formation lui a paru, sans aucun doute, contemporaine avec celle de la roche même; et si l'on pouvoit douter de l'existence du *calcaire primitif*, ce fait la prouveroit d'une manière incontestable; mais cette existence n'a plus besoin de preuves nouvelles.

La recherche des cristaux étoit autrefois une des occupations favorites des habitans de la vallée de Chamouni; l'espoir de s'enrichir tout d'un coup en trouvant une caverne remplie de beaux cristaux, étoit un attrait si puissant, qu'ils s'exposoient dans cette recherche aux plus affreux dangers, et souvent ils périssoient dans les neiges ou dans les précipices.

Mais, soit que l'on regarde aujourd'hui ces montagnes comme épuisées, soit que la quantité de cristal qu'on a trouvée à Madagascar, en ait fait baisser le prix, cette recherche est maintenant presque abandonnée. (PAT.)

FOUTEAU. Nom vulgaire du HÈTRE. (B.)

FOUTON. Nom français de la PETITE BÉCASSINE sur les bords de l'Océan. (V.)

FOVEOLAIRE, *Foveolaria*. Genre de plantes établi par Ruiz et Pavon, dans la décandrie monogynie. Il offre pour caractères : un calice campanulé à cinq dents et persistant ; une corolle de cinq pétales linéaires, recourbés, attachés au sommet d'un tube cylindrique ; dix étamines adnées au tube par la partie inférieure de leurs filamens ; un ovaire supérieur, velu, strié au sommet, à style filiforme et à stigmate trigone ; un drupe ovale, charnu, uniloculaire, mais ayant les rudimens de trois cloisons.

Ce genre contient quatre arbres du Pérou, dont les nervures des feuilles sont excavées à leur base. Il a été aussi appelé TRÉMANTHE et STRIGILIE. (B.)

FOVETTE. *V.* FAUVETTE. (V.)

FOX. Nom anglais du RENARD. *V.* à l'article CHIEN. (DESM.)

FRACASTORA. Genre établi par Adanson, sur une plante labiée de Sicile que Boccone nomme SYDERITIS *incana oleæ folio*. Adanson n'établit d'autre différence entre ce genre et le PHOLMIS, que celle des fleurs verticillées, accompagnées de deux soies courtes, et dont une à chaque verticille est sessile. (LN.)

FRACTURE DES ARBRES. *V.* ARBRE. (*Maladie des*) (TOLL.)

FRAEKAHL. Nom égyptien de la JUSSIE DIFFUSE. *V.* aussi FORGAA. (LN.

FRACLICHE. *V.* FROCLICHE. (B.)

FRAGA et FRAGUM. Noms que les Latins donnoient à la FRAISE. *V.* ce mot et FRAGARIA. La Peyrouse le consacre au *fragaria sterilis* dont il fait un genre particulier. (LN.)

FRAGAFLUGA. C'est le nom d'une jolie espèce de *mouche* domestique que l'on trouve en Islande. (O.)

FRAGARIA de Pline et des Latins. C'est le FRAISIER, ainsi nommé du mot latin *fragrare*, parce que les *fraises* ont une odeur agréable. Ce nom a été donné ensuite à des plantes qui ressemblent aux FRAISIERS : tels sont des *potentilla* dont beaucoup d'espèces sont même placées par quelques botanistes modernes, Haller, Crantz, etc. dans le genre *fragaria* de

Linnæus, ainsi que le *tormentilla*, le *comarum* et le *sibbaldia*.

Le *fragaria indica* d'Andrews, forme le genre *duchesnea* de Smith, et le FRAGARIA STERILIS de Linnæus, le *fraga* de M. de Lapeyrouse. *V.* FRAISIER. (LN.)

FRAGARIASTRUM. C'est encore le FRAISIER stérile, *Fragaria sterilis*, L., placé avec les *potentilla* par plusieurs botanistes (LN.)

FRAGARIOIDES. Nom d'une espèce de POTENTILLE. (LN.)

FRAGARIUS NIGER. Rumph., Amb. 4 tabl. 42. C'est, selon Linnæus, le *melastoma malabathrica*. Loureiro penche à croire qu'il en est différent, et qu'il se rapproche davantage de son *melastoma septem nervia*. Rumphius donne le nom de *fragarius ruber* à une autre espèce de MELASTOME, *Melastoma aspera*. Les Malais nomment aussi celui-ci *birurong*, et les Macassars *cara-mandyn*. C'est le *caduk-duk* de Java, nom donné aussi à une autre espèce du même genre, *Melastoma octandra*. (LN.)

FRAGMENS PRÉCIEUX. On croyoit autrefois que les pierres précieuses avoient des propriétés médicinales, et on les faisoit entrer dans plusieurs préparations pharmaceutiques, sous le nom de *fragmens précieux*. Mais il est bien reconnu maintenant que ces matières pierreuses ne pourroient être que nuisibles dans les médicamens. (PAT.)

FRAGON, *Ruscus*, Linn. (*Dioécie monadelphie*). Genre de plantes à un seul cotylédon, de la famille des smilacées, qui a des rapports avec les *asperges*, et qui comprend une demi-douzaine de sous-arbrisseaux, dont les rameaux et les feuilles sont munis à leur base de stipules membraneuses, et dont les fleurs naissent sur les feuilles mêmes, ou en grappes terminales. Ces fleurs sont dioïques dans la plupart des espèces, monoïques ou hermaphrodites dans quelques-unes. Leur calice est formé de six folioles ovales, communément ouvertes et à bords réfléchis. Au lieu de corolle, elles ont un nectaire chargé de trois ou six anthères dans les mâles et les hermaphrodites, et nu à son sommet dans les fleurs femelles. Celles-ci portent un ovaire surmonté d'un style à stigmate obtus; et cet ovaire, après sa fécondation, se change en une baie ronde à deux ou trois cellules. Chaque cellule renferme une ou deux semences. Le genre DANAÉ a été établi aux dépens de celui-ci.

* Le FRAGON PIQUANT ou le PETIT HOUX, *Ruscus aculeatus*, Linn., est l'espèce de ce genre la plus connue pour l'ornement des bosquets. On lui donne aussi les noms de *houx-frelon*, de *brusque*, de *myrte sauvage* ou *épineux*, de *bois* ou

buis piquant. C'est un petit arbuste toujours vert, qui croît dans les haies ou dans les bois, en France, en Italie, en Suisse. Ses racines produisent plusieurs tiges, hautes d'environ trois pieds, très-flexibles, et qui se rompent difficilement. Chaque tige pousse latéralement quelques rameaux courts, garnis de feuilles ovales, roides, terminées en pointe aiguë et épineuse. Les fleurs sont solitaires, et placées sur le milieu de la surface supérieure des feuilles. Elles sont mâles sur quelques individus, femelles sur d'autres, petites, sessiles et faites en grelot. Les fleurs femelles sont remplacées par des baies rouges dans leur maturité, et presque aussi grosses que des *cerises.* On trouve dans chaque baie deux ou trois semences dures et ressemblantes à de la corne. C'est en hiver que ces baies mûrissent; leur couleur vive forme alors un contraste agréable avec le feuillage sombre de l'arbuste.

Le *houx-frelon* croissant assez lentement, et ses semences restant une année dans la terre avant de germer, on aime mieux le multiplier par ses racines, qu'il est aisé d'enlever dans les bois. Comme il vient très-bien à l'ombre, on peut le placer dans les grandes plantations sous des arbres élevés. Il formera, avec le temps, de gros buissons qui couvriront la nudité de la terre en hiver, par leur verdure. Les mois de mars et d'octobre sont les plus propres à la transplantation de ses rejetons, qu'il faut garantir de l'ardeur du soleil. Quand ils commencent à pousser au printemps, les pauvres gens les coupent quelquefois, et les mangent comme des *asperges;* on fait aussi des balais avec les jeunes branches de cet arbuste.

Les autres espèces de *fragon* sont, le Fragon a feuilles nues, *Ruscus hypophyllum*, Linn., vulgairement le *laurier alexandrin*, qui a ses feuilles plus larges, plus arrondies que celle du *houx-frelon*, et ses fleurs placées sur la surface inférieure des feuilles. Il croît naturellement en Italie, dans les lieux montagneux. Ses baies sont petites et rouges. Le Fragon a languette, *Ruscus hippoglossum*, Linn., dont la fleur naît à l'aisselle d'une petite feuille qui vient sur les grandes. On le trouve en Italie, en Hongrie, dans les endroits élevés et ombragés; on l'appelle vulgairement *langue de cheval.* Le Fragon a grappes, *Ruscus racemosus*, Linn., des îles de l'Archipel, dont le caractère spécifique est d'avoir des fleurs hermaphrodites, disposées en grappes à l'extrémité des rameaux. Miller donne aussi le nom de *laurier alexandrin* à cette espèce, et prétend que c'est celle dont les anciens couronnoient les poëtes et les triomphateurs. Le Fragon androgyn, *Ruscus androgynus*, Linn., dont les feuilles portent sur leurs bords des fleurs monoïques. Il croît aux Canaries et dans l'île de Madère ; il est délicat à élever, et il demande à être tenu dans l'orangerie pendant l'hiver. Mais les trois espèces précédentes sont dures, croissent partout et à toutes les expositions, ce qui les rend très-propres à border les bois épais, autour desquels ils formeront en tout temps une verdure agréable, parce qu'ils ne se dépouillent point de leurs feuilles. Ces dernières espèces se multiplient de leurs rejetons, comme le *houx-frelon*. (D.)

FRAGOSE, *Fragosa*. Genre de plantes de la pentandrie digynie, et de la famille des ombellifères, qui offre pour caractères : une collerette universelle de cinq folioles ; une collerette partielle de huit à quatorze folioles ; les pétales inégaux ; les semences ovales et striées.

Six espèces de plantes herbacées appartiennent à ce genre. Elles sont toutes du Pérou, et sont placées parmi les AZORELLES par Persoon. (B.)

FRAGUE. *Voyez* FRAISE. (B.)

FRAGULA de Cordus. C'est la FRAISE, nommée *Fravola* et *Fragola* en Italie.

FRAGUM. Nom latin de la FRAISE. (LN.)

FRAI DE POISSON. Ce sont les œufs que les poissons mettent bas à l'époque de leur rut. Ordinairement ces œufs sont en masses plus ou moins grandes, et enduits d'une mucosité qui les réunit. Les poissons mâles cherchent ces paquets d'œufs, et les arrosent de leur laite ; de sorte que ces animaux ne font pas l'amour à leurs femelles, comme dans les autres espèces, mais seulement à leurs œufs. On peut, au reste, féconder artificiellement les œufs des poissons, comme l'a essayé avec succès M. Jacobi. Les grenouilles et les crapauds jettent aussi un *frai* composé de bulles d'une substance albumineuse transparente, avec un point noir au milieu de chacune d'elles ; c'est le rudiment de l'embryon qui existe déjà avant l'acte de la fécondation. Celle-ci se fait hors du corps de la femelle et au moment de la sortie du frai. *V.* à ce sujet les belles expériences de Spallanzani, sur la génération des grenouilles ; et notre article FÉCONDATION.

La plupart des coquillages univalves et bivalves jettent de même un *frai gélatineux ;* et en général le verbe *frayer* s'applique à tous les animaux ovipares aquatiques. *V.* l'article POISSONS.

On trouve dans les traités de vénerie, que le cerf fraie. Cette expression signifie que ce quadrupède fait tomber la peau velue qui recouvre ses cornes nouvelles, en se frottant contre les arbres. (VIREY.)

FRAI. Nom du FRÊNE dans quelques endroits. (LN.)

FRAIÈRE et FRAGUE. Anciens noms français de la FRAISE. (LN.)

FRAILILLOS. Suivant Amatus, cité par Clusius, les Espagnols, de leur temps, nommoient ainsi l'*arum tenuifolium*, L., espèce du genre GOUET. (LN.)

FRAINA. Le SARRASIN porte ce nom, en Lombardie. (LN.)

FRAISE. *V.* CAILLE, article de la perdrix. (V.)

FRAISE. C'est le fruit du FRAISIER. (DESM.)

FRAISE. Nom vulgaire des BUCARDE FRAISE et BUCARDE ARBOUSE. (B.)

FRAISE (*Vénerie*). C'est le cercle raboteux qui entoure la meule du bois du *cerf* et du *chevreuil*. (S.)

FRAISE DES ARBRES. On a donné ce nom à la SPHÉRIE FRAGIFORME. (B.)

FRAISÉE. *V.* GNAPHALE. (LN.)

FRAISERAT. Nom donné, dans le midi de la France, au FRAISIER STÉRILE de Linnæus, que plusieurs botanistes placent maintenant dans le genre potentille. (LN.)

FRAISETTE. C'est une coquille univalve du genre DAUPHINULLE, *turbo delphinus*. (DESM.)

FRAISIER, *Fragaria*, L. (*Icosandrie polygynie*). Genre de plantes de la famille des rosacées, qui se rapprochent beaucoup des *potentilles*, et dont le caractère essentiel est d'avoir les semences attachées sur un réceptacle charnu et pulpeux, qui, en grossissant, prend la forme d'une baie, communément rougeâtre et d'un goût très-agréable. Ce genre comprend des herbes vivaces et peu élevées, dont les feuilles sont presque toutes radicales, et composées ordinairement de trois folioles ovales et dentées en scie. Les fleurs viennent en bouquets à l'extrémité des tiges; elles sont hermaphrodites dans la plupart des fraisiers, et dioïques dans quelques-uns. La racine de ces plantes pousse communément des rejets ou courans qui rampent sur la terre, s'y enracinent, et donnent ainsi naissance à de nouveaux individus. Le fraisier des Indes constitue aujourd'hui le genre DUCHESNIE.

Duchesne, qui s'est occupé, d'une manière particulière, de la culture des fraisiers, a fait, sur ces plantes, des observations intéressantes et curieuses, dont les détails sont consignés dans l'*Encyclopédie méthodique*. Nous ne pouvons offrir ici qu'un précis très-abrégé de cet intéressant travail.

Le caractère distinctif du fraisier, selon ce naturaliste, est le gonflement du centre du calice; tous les autres lui sont communs avec les potentilles ; c'est pourquoi il renvoie à ce dernier genre le *fraisier stérile* des botanistes, *fragaria sterilis*, Linn., dont le placenta est sec et non pulpeux. Des trois autres espèces de fraisiers établies par Linnæus, il est aisé de prouver, dit Duchesne, que le *fragaria muricata*, ou le *fragaria monophylla*, ne peuvent être comptés pour espèces, non plus que le *fragaria efflagelis*, qu'on voit cependant former race constante, et présenter un caractère aussi saillant que les deux autres. Mais la division qu'on peut faire dans les variétés existantes, en deux bandes ou séries principales, peut-elle ou non y faire reconnoître deux espèces distinctes ? C'est ce qu'il laisse à décider. Nous en indiquerons seulement les différences, aussi bien que celles qui distinguent les races inférieures.

I. *Fraisiers à ovaires petits et nombreux, et à courtes étamines.*

Dans les sept premières variétés qui suivent, et qui constituent les fraisiers proprement dits, outre les caractères du genre et de l'espèce, on trouve un feuillage mince et rond, et une grande disposition à la couleur rouge. La substance de la fraise, qui est une pulpe très-odorante, légère, poreuse et fondante, est cependant peu aqueuse : aussi, d'une part, s'y forme-t-il de très-grands vides dans son intérieur, et de l'autre se dessèche-t-elle jusqu'à devenir friable. Elle se détache facilement, et souvent d'elle-même, du calice, dont les points se recourbent du côté du pédicule de la fleur. Ce pédicule court est toujours courbe lui-même, et la disposition des rameaux est de se tenir droits, à moins que le poids des fruits ne les abatte. L'influence du sol et du climat se fait très-peu sentir sur tous ces fraisiers, qui se retrouvent les mêmes dans toute l'Europe. Ils sont d'une assez courte durée par leurs bourgeons, mais très-bien organisés quant aux sexes, et produisent beaucoup de fleurs, toutes hermaphrodites, parfaites, presque toutes fécondes, dont il se trouve à peine quelques ovaires qui avortent.

1. Le Fraisier des Alpes ou des mois, *Fragaria semper florens*, Duch. La vivacité de sa végétation est en quelque sorte la seule chose qui le distingue du fraisier commun de nos bois ; il est en fleur et en fruit dans les Alpes pendant toute la belle saison. Il se trouve notamment au mont Cénis, a été apporté en France en 1764, par M. *Fougeroux de Bondaroi*, est cultivé chez tous les curieux et chez les marchands. Il a produit quelques variétés, tant pour la couleur blanche ou rouge pâle du fruit, que pour sa forme, qui, primitivement, étoit en pain de sucre. Le nom de *fraisier des mois* lui convient assez, puisqu'il donne des fleurs, même en hiver, et ne cesse de porter fruit qu'aux premières fortes gelées.

2. Le Fraisier des bois ou Fraisier commun, *Fragaria sylvestris.* Duch. Il croît par toute l'Europe, surtout dans le Nord, se plaît dans les taillis accrus, et se multiplie très-rapidement dans les futaies abattues, particulièrement dans la place des fourneaux à charbon. On le trouve dans les gazons, sur les collines, mais jamais à l'humidité. Il offre une sous variété à fruits blancs. La *fraise des bois* a le fruit arrondi et un parfum qui surpasse celui de toutes les autres.

3. Le Fraisier d'Angleterre ou le Fraisier à chassis, *Fragaria minor*, Duch. Cette variété est destinée à être élevée sous les châssis. Son fruit bien rond est très-parfumé et haut en couleur, et son feuillage assez brun; il a souvent des feuilles palmées, à quatre ou cinq divisions. La sous-variété blanche est la plus estimée.

4. Le Fraisier fressant ou Fraisier de Montreuil, *Fragaria hortensis*, Duch. C'est celui qu'on cultive communément dans les jardins; il porte le nom du pépiniériste qui le premier s'occupa de sa culture. Il est plus haut, plus fort que le fraisier des bois, à feuillage plus blond. Ses fleurs sont plus amples, plus composées de pétales, qui varient beaucoup dans leur nombre, ainsi que les découpures du calice. Ses fruits sont pâles, allongés, les plus gros aplatis, anguleux ou cornus. Parmi les sous-variétés, il y en a une *à fruit blanc*, et une autre appelée la *grosse noire*. Le fraisier fressant est aujourd'hui presque le seul dont le fruit se trouve dans les marchés de Paris; on en fait des pépinières aux environs de cette ville et de *Montlhéri*, en plein champ.

5. Le Fraisier buisson, ou le Fraisier sans courant, *Fragaria efflagellis*, Duch. L'absence des courans est presque l'unique, mais la très-remarquable différence qui distingue ce fraisier de tout autre. Il a beaucoup d'œilletons, et c'est par eux qu'on le multiplie. Il n'est pas très-commun.

6. Le Fraisier de Versailles, ou le Fraisier a feuilles simples, *Fragaria monophylla*, Duch. Le premier individu de cette variété est né dans un semis de fraisiers des bois, fait à Versailles, en 1761. Il s'est depuis propagé constamment. Ce fraisier n'a rien d'utile; il est foible en toutes ses parties; son fruit allongé, et quelquefois anguleux, est toujours petit. Ses ovaires, ou, si l'on veut, ses graines, sont les plus petites de toutes. Il n'en existe pas encore de sous-variété à fruit blanc.

7. Le Fraisier double et couronné, ou le Fraisier a trochet, *Fragaria vulgaris flore semi pleno*, Duch. Cette variété monstrueuse se propage constamment. Son feuillage est blond, et son fruit assez petit; il noue fort bien, malgré la multiplicité des pétales qui sont quelquefois au nombre

de vingt-cinq ou trente, disposés en cinq ou six rangées. Il arrive à quelques fleurs de produire entre les divisions du calice d'autres fleurs sessiles ou pédiculées, fort incomplètes, mais qui nouent cependant, et forment, par leur réunion, des fruits monstrueux, en couronne ou en trochet. Ce fraisier n'a point de sous-variété à fruit blanc. Il est très-rare.

8. Le Fraisier de Plymouth, appelé par quelques botanistes, le *Fraisier arbrisseau à fleur verte et à fruit épineux* (*Fragaria muricata*, Duch.). Duchesne place à la suite des vrais fraisiers, cette variété monstrueuse, sans être certain qu'elle n'ait pas été de la race des *caperonniers*, comme le peut faire croire le caractère qu'on lui attribue d'avoir les feuilles velues. Il pense que ce fraisier n'est point un sous-arbrisseau, qu'il n'est point à fleur verte, qu'il ne porte point de fraises bonnes à manger, quoique épineuses; que ce n'est point une espèce, ni même une race qui ait pu exister, mais une variété accidentelle, monstrueuse et stérile. Ce fraisier, trouvé à Plymouth par Tradescant, vers 1620, a été cultivé pendant soixante ou quatre-vingts ans au plus, dans tous les jardins de botanique de l'Europe, où il a totalement disparu.

II. *Fraisiers à ovaires gros et rares, et à longues étamines.*

Ce second ordre doit naturellement être divisé en quatre bandes, que Duchesne appelle *majaufes*, *breslinges*, *caperonniers* et *quoimios*.

Les majaufes semblent faire la nuance entre les fraisiers proprement dits et les breslinges. La couleur des feuilles, leur substance, la petitesse des fruits, leur pulpe tendre et fondante, et leur couleur fort rouge les rapprochent des fraisiers. Ils tiennent des breslinges par leurs rameaux grêles et allongés, qui se courbent pour poser leurs fruits; par la multiplicité et par la disposition du courant; par l'eau abondante dont est remplie la pulpe, qui, en outre, est de nature à ne jamais se dessécher parfaitement: enfin, ils ont de commun l'inconstance par la voie des graines et la propension à la stérilité.

Dans les breslinges, les feuilles ont une substance plus forte et plus sèche, une couleur plus brune et plus mate, et des poils plus longs et plus drus: les pétales d'un blanc moins pur, sont moins régulièrement arrondis, et les dents du calice beaucoup plus allongées, se ferment sur le support des ovaires, qui adhère très-fortement au calice: la pulpe en est très-ferme, quoique remplie de jus; elle est verdâtre, et le dehors ne se colore de rouge que par l'effet du soleil: les ovaires, extrêmement gros, sont d'autant plus écartés, qu'il en avorte toujours une partie, et la pulpe se boursoufflant dans les intervalles, ils se trouvent enfoncés dans des niches;

fort inconstans par la voie des graines, ils se reproduisent cependant quelquefois exactement.

Les caperonniers, d'une plus grande taille que toutes les races qui les précèdent, et égaux aux plus grands quoimios, se rapprochent des breslinges par la solidité de leurs fruits qui sont cependant moins fermes et aussi moins adhérens au calice, par la disposition de leurs tiges, de leurs foibles rameaux et de leurs courans, et par la substance et la couleur des feuilles, à la différence près de la grandeur et de l'abondance des poils. Les pétales d'un blanc éclatant, sont arrondis fort régulièrement, et sans aucune crénelure, ni aucun pli dans les variétés les plus communes. Les caperonniers se reproduisent presque aussi constamment que les fraisiers par la voie des graines; leurs variétés même font race: elles ne tombent point dans l'avortement, mais présentent la double et réciproque stérilité des plantes dioïques, ou unisexuelles, dans leurs variétés les plus généralement répandues, dont une moitié des individus est hermaphrodite-femelle, et l'autre hermaphrodite-mâle; accident qui se renouvelle dans les individus élevés de graine avec une étonnante égalité.

Le *frutiller* n'est pas le plus grand, mais le plus fort de tous les quoimios, qui sont les fraisiers du Nouveau Continent. Il est arrivé, du Chili, dans le même état unisexuel où étoient les caperonniers communs; et ses individus hermaphrodites-femelles n'ayant jamais pu recevoir que des fécondations croisées des races voisines, telles que le caperonnier, diverses breslinges, ou le quoimio de Virginie, leur produit a fait naître les variétés métisses que nous rassemblons sous ce nom de quoimio, dont aucune n'est constante, mais qui entre elles forment une race très-reconnoissable, mitoyenne entre celles du frutiller et du quoimio de Virginie. Le caractère le plus frappant des quoimios est la couleur vert-glauque de leur feuillage, et la substance sèche et ferme des feuilles, qui est telle que, dans le bourgeon même, elles ne se trouvent que pliées à plat, et non plissées en éventail comme celles de tous les autres fraisiers. Les quoimios sont tous assez sujets à la stérilité, surtout lorsqu'ils sont élevés de graine. Du reste, à peine peut-on indiquer entre eux quelque chose de commun.

9. Le Majaufe de Provence, ou le Fraisier de Bargemon, *Fragaria bifera*, Duch. Cette race est robuste et porte un fruit assez gros, rond et comprimé du côté de l'ombre où ses ovaires avortent, et comme strié par les élévations que forme sa pulpe entre les ovaires féconds. Il a un parfum particulier; mais s'il tient de la *framboise*, c'est plutôt par l'eau dont il abonde.

10. Le Majaufe de Champagne, ou le Fraisier vineux,

Fragaria dubia, Duch., beaucoup moins fort que le précédent, produit un fruit plus aplati, plus coloré et plus vineux.

11. Le BRESLINGE-COUCOU, ou le FRAISIER COUCOU, *Fragaria abortiva*, Duch. Le principal trait qui le distingue, c'est sa stérilité; cependant il n'est pas totalement stérile. Il produit quelques bonnes graines, et en les semant, il en naît des fraises d'un goût assez fin pour leur avoir mérité le nom de *fraises mignonnes*.

12. Le BRESLINGE D'ALLEMAGNE, ou le FRAISIER BRESLINGE, *Fragaria nigra*, Duch. Cette variété est celle à laquelle le nom de *breslinge* appartient en propre. Elle fut envoyée à Trianon par M. De Haller, en 1766. La pulpe de sa fraise, quoique très-ferme, a assez de jus : elle s'élève beaucoup entre les ovaires. Son parfum est très-fort, et peut-être trop. Sa couleur verte est au soleil d'un rouge brun. Le feuillage de ce fraisier est très-brun et bas.

13. Le BRESLINGE DE BOURGOGNE, ou le FRAISIER-MARTEAU, *Fragaria pendula*, Duch. Son nom lui vient de la forme de son fruit fait en poire tronquée et aplatie par l'extrémité.

14. Le BRESLINGE ou le FRAISIER DE LONG-CHAMP, *Fragaria hispida*, Duch. C'est un des plus vivaces, des plus robustes et des plus abondans en courans; il donne un fruit analogue aux précédens, plus allongé, plus coloré, ayant plus de jus, et meilleur. Son feuillage est assez petit et fort velu. Il reste fort bas, ainsi que ses rameaux, qui rampent plutôt qu'ils ne s'élèvent.

15. Le BRESLINGE d'ANGLETERRE, ou le FRAISIER VERT, *Fragaria viridis*, Duch. Son fruit est bien rond, d'un vert grisâtre, plein de jus et d'un parfum agréable. Les *caperonniers* et le *frutiller* femelles, fécondés par cette race de breslinge, ont produit des métis intéressans.

16. Le BRESLINGE DE SUEDE ou le FRAISIER BRUGNON, *Fragaria pratensis*, Duch. Il est très-commun en Suède, et croît dans les prés; c'est le plus petit de tous les fraisiers : il porte cependant d'assez gros fruits, qui sont très-ronds, fort adhérens au calice, ne s'en détachent qu'avec bruit. La plante est remarquable en ce que sa race est la seule qui ne conserve pas ses feuilles en hiver.

17. Le CAPERONNIER ROYAL ou le FRAISIER-CAPERON HERMAPHRODITE, *Fragaria moschata*, Duch. On l'appelle aussi le *fraisier de Bruxelles*. Il tient des breslinges par son sexe hermaphrodite, et par sa disposition à fleurir et à fructifier une seconde fois. Il a un feuillage franc, de grandes fleurs, et il est fécond en gros fruits; il mérite d'être cultivé de préférence à nos caperonniers communs.

18. Le CAPERONNIER UNISEXUEL, ou le FRAISIER-CAPERON UNISEXUEL, *Fragaria moschata dioica*; la *fraise-abricot*, *fraise-framboise*. Cette race est très-particulière ; ses fleurs sont hermaphrodites-mâles ou hermaphrodites-femelles sur différens individus. Les premières sont grandes, pourvues d'étamines très-fortes, et ont un très-petit support chargé d'ovaires avortifs; les secondes, moindres et à pétales plus régulièrement arrondis, n'ont, autour d'un très-gros support, que des rudimens très-courts d'étamines absolument avortées. Son fruit, dont la pulpe est légérement pâteuse, est ordinairement un peu allongé, d'un rouge pourpre très-foncé, et d'un goût musqué; il varie par la qualité de la pulpe, par la couleur, et par la forme, qui pourtant n'est jamais aplatie ni anguleuse. Les individus femelles des caperonniers, constamment stériles lorsqu'ils sont isolés, le sont même au milieu des fraisiers des bois, fressans et autres : pour qu'ils soient fécondés, il faut les mêler aux mâles de leurs races; ils le sont aussi quelquefois par le *breslinge d'Angleterre*, le *quoimio de Harlem*, ou le *quoimio de Virginie*. On ignore absolument le lieu où le caperonnier se trouve sauvage.

19. Le FRUTILLER ou le FRAISIER DU CHILI, *Fragaria chiloensis*, Duch. Cette race, importée du Chili en Europe, par le voyageur Frézier, en 1712, a enlevé à la précédente l'honneur de donner les plus gros fruits de son espèce : la *frutille* égale au moins, et surpasse souvent du double les plus gros *caperons*. Le *frutiller* a des fleurs mâles et des fleurs femelles, séparées sur différens pieds; nous n'avons en France que la plante femelle : elle ne produit qu'autant qu'il existe dans son voisinage, une autre espèce qui fleurisse en même temps et la féconde. L'odeur et le goût de son fruit sont excellens : la couleur est d'un rouge jaunâtre très-pâle. Ce fraisier fleurit lorsque celui des bois porte ses premiers fruits mûrs. Son pied ne donne que de mauvais œilletons : il ne porte guère qu'une fois, et a besoin d'être toujours renouvelé.

20. Le QUOIMIO DE HARLEM ou le FRAISIER-ANANAS, *Fragaria ananassa*, Duch. Ce fraisier a des rameaux allongés comme dans les breslinges, et roides comme ceux du frutiller. Ses feuilles sont fortes, d'une substance sèche et de la grandeur de celles des caperonniers. Ses fleurs produisent assez de fruits, qui varient beaucoup dans leur forme sur le même pied; leur pulpe est analogue à celle de la *frutille*, et leur parfum très-agréable.

21. Le QUOIMIO DE BATH ou le FRAISIER DE BATH, *Fragaria calyculata*, Duch. Celui-ci surpasse toutes les autres races en force et en grandeur; cependant son fruit le cède ordinairement en grosseur à la *frutille*. Il est naturellement

arrondi, un peu conique, quelquefois aplati; il a une pulpe très-blanche, très-légère; son goût est agréable et son parfum délicat.

22. Le Quoimio de Caroline ou le Fraisier de Caroline, *Fragaria caroliniensis*, Duch. Son feuillage ferme et régulier, a la disposition cambrée des *fraisiers des bois* ou des *majaufes*; il en est de même des rameaux. Ses feuilles ne sont pas fort grandes. Le fruit a une forme ronde rarement altérée, une pulpe légère, peu de jus et un parfum particulier; cette fraise moins exposée que les autres à se froisser, se garde cueillie pendant deux ou trois jours sans altération.

23. Le Quoimio de Cantorbery ou le Fraisier-Quoimio, *Fragaria tincta*, Duch. C'est à cette variété que fut d'abord donné, en Angleterre, le nom de *quoimio* ou *coamiau*, dont nous ignorons l'origine. Ce quoimio ressemble presque en tout au précédent; son fruit est un peu moins gros et un peu pointu ou conique; sa couleur est beaucoup plus foncée, et sa pulpe en est toute pénétrée, de sorte que le jus en est rouge presque comme celui de la *mûre*. Son parfum est relevé, ayant même quelque chose de sauvage et de fort.

24. Le Quoimio de Virginie ou le Fraisier écarlate, *Fragaria virginiana*, Duch. Ce *fraisier* a toujours été cultivé avec délices par les amateurs; il produit beaucoup; il est robuste et vivace: ses touffes durent jusqu'à quatre ou cinq ans. La larve du hanneton, qui dévore les racines et tue un si grand nombre de fraisiers, fait rarement périr ceux-ci; mais elle les fatigue beaucoup. Dans cette variété les feuilles sont grandes, à dents plus longues et plus étroites que dans aucune autre, les queues courtes et les courans jaunes, longs et vigoureux. Cette fraise, mangée seule, n'a pas beaucoup de goût; mais elle est très-agréable, mêlée avec les autres. Si on en exprime le suc à travers un linge serré, et qu'on y ajoute du sucre réduit en poudre fine (en remuant toujours), jusqu'à ce que ce mélange ait pris la consistance d'une gelée, on obtient une gelée de fraise qui se conserve bonne pendant plusieurs mois. Le quoimio de Virginie, comme toutes les plantes vivaces du même pays, est difficile à élever de graine. (D)

Culture générale du Fraisier; ses ennnemis; emploi de son fruit et de sa racine.

Les fraisiers se multiplient par les jeunes pieds qui viennent des filets, ou par les œilletons, et beaucoup mieux par les semences qu'on doit retirer des fraises extrêmement mûres. Il est à propos de mettre les semis à l'abri du soleil: pour cet effet on les couvre de mousse, et l'on arrose par-dessus. On enlève les œilletons et les plantes enracinées, vers la fin de l'automne ou au commencement du printemps ; on choisit l'une ou l'autre époque, suivant le climat, le sol et l'exposition. Les habitans de Montreuil, près Paris, très-grands cultivateurs de fraisiers, œilletonnent à l'entrée de l'hiver, et plantent près à près les jeunes pieds, comme en pépinière, pour les transporter ensuite à l'endroit qui leur est destiné, aussitôt qu'ils n'appréhendent plus les rigueurs de cette saison. Les fraisiers aiment en général une bonne terre légère, meuble et fraîche ; ils demandent à être renouvelés tous les trois ou quatre ans : les arrosemens fréquens leur sont nécessaires, surtout dans le midi de la France : la plupart ne donnent du fruit que la seconde année ; trop de fumier en altère le parfum. On se procure des fraises hâtives, soit dans des serres chaudes, soit par l'exposition du sol et l'abri qu'on donne au plant.

Les ennemis des fraisiers sont les *vers du hanneton*. Ils cernent la plante, et la font périr en rongeant le col de la racine entre deux terres. Quand on voit des pieds dont la feuille commence à jaunir, il faut fouiller tout autour; on trouve les vers et on les écrase. La courtilière n'est pas si aisée à détruire. Mais aussi elle ne fait du mal que dans les semis.

Tout le monde connoît le goût et le parfum des fraises, leur emploi dans les desserts, et le parti qu'on tire de leur suc pour composer des boissons agréables. Dans quelques pays, on en fait des conserves délicieuses, en broyant leur pulpe avec de l'eau rose et du jus de citron. Les fraises se mangent communément avec du sucre, arrosées d'eau ; mêlées avec du vin, du lait ou de la crème, elles sont plus difficiles à digérer. Ce fruit est apéritif et rafraîchissant ; il tempère la chaleur de l'estomac et de la poitrine ; mangé en grande quantité, il est bon, suivant Linnæus, contre la gravelle et la goutte. Les racines de fraisier sont employées fréquemment dans les décoctions et les tisanes diurétiques et apéritives. (D.)

FRAISIER EN ARBRE. L'ARBOUSIER porte ce nom. *V*. FRAGARIA. (B.)

FRAISIER DE MONTAGNE. C'est l'ARBOUSIER, *Arbutus unedo*, en Provence. (LN.)

FRAISIER ROUGE EN ARBRE. C'est le *melastoma aspera*, L., Le FRAISIER NOIR en ARBRE, est le *melastoma malabathrica*, L. *V*. FRAGARIUS. (LN.)

FRAISSE ou FRAYSSE. Nom du FRÊNE, en Languedoc. FRAISSINE, est un lieu planté de *frênes*, appelé ailleurs, en France, *freyssinet*, *frênaie*. (LN.)

FRAISSINETO. Nom de la PIMPRENELLE, *Poterium sanguisorba*, en Languedoc. (LN.)

FRAMBOISIER. Espèce de RONCE, que l'on cultive à raison de la bonté de ses fruits. (B.)

FRANC-BASSIN. Nom donné, dans les Colonies, à une espèce de BASILIC A GRANDES FEUILLES, *Ocymum americanum*, très-voisine du *basilic commun*, et qui n'en est qu'une variété, suivant quelques botanistes. (LN.)

FRANCESILLA. En Espagne, on donne ce nom à une ANEMONE et à une variété de la RENONCULE DES JARDINS (*ranunculus asiaticus*). (LN.)

FRANC-PICARD. Variété du PEUPLIER BLANC. (LN.)

FRANC-RÉAL. Sorte de POIRE D'AUTOMNE, très-grosse, pointue aux deux bouts, verdâtre, tachée de pellicules grises. (LN.)

FRANCHE BARBOTTE. Poisson du Genre COBITE, *Cobitis barbatula*, L. (DESM.)

FRANCHE MULLE. On donne quelquefois ce nom à la caillette ou quatrième estomac des ruminans, dont on se sert pour faire prendre le lait. (DESM.)

FRANCHIPANE. Poire d'automne, moyenne, longue, un peu en forme de courge, moitié rouge et moitié citron. (LN.)

FRANCHIPANIER, ou FRANGIPANIER. *Plumeria*, Linn. (*Pentandrie monogynie*). Genre de plantes de la famille des apocinées, qui a des rapports avec le *camérier* et le *laurier rose*, et qui comprend un petit nombre d'arbres ou d'arbrisseaux exotiques, dont les feuilles sont entières, grandes et alternes, et dont les fleurs, communément très-belles et odorantes, sont disposées en espèces de corymbes au sommet des rameaux. On trouve dans chaque fleur: un petit calice à cinq dents; une corolle monopétale en entonnoir, ayant un long tube évasé de la base au sommet, et un limbe découpé en cinq segmens ovales et obliques; cinq étamines placées au milieu du tube, avec des anthères fort rapprochées; un ovaire supérieur divisé en deux parties, et portant un style peu apparent, couronné par un stigmate double et aigu. Le fruit est composé de deux longues capsules, renfermant chacune plusieurs semences imbriquées, et attachées à un placenta membraneux.

Tous les *franchipaniers* contiennent un suc laiteux, qui découle de leurs feuilles et de leurs rameaux aussitôt qu'on les coupe. Ce suc est abondant, épais et très-caustique: il tache, ronge et brûle tout ce qu'il touche, et doit être regardé comme un poison. Les plus belles espèces de ce genre sont:

Le Franchipanier rouge, *Plumeria rubra*, Linn. C'est un petit arbre qui a été apporté de l'Amérique espagnole aux Antilles, où on le cultive dans les jardins comme arbre d'ornement. Il s'élève à douze ou quinze pieds. Sa tige, couverte d'une écorce d'un vert foncé, soutient une cime assez ample, formée par un petit nombre de branches tortueuses et cylindriques, vers l'extrémité desquelles sont placées les feuilles et les fleurs. Les feuilles sont ovales-oblongues, lisses et planes, et on aperçoit sur les parties nues de l'arbre les vestiges de celles qui sont tombées. Les fleurs, d'un rouge clair, forment de beaux bouquets au haut des branches; elles répandent une odeur très-agréable, et ont l'apparence des fleurs du laurier-rose, mais elles sont plus grandes et plus éclatantes; quoique plusieurs d'entre elles avortent, le sommet de l'arbre en est couvert et comme couronné : elles se renouvellent et se succèdent pendant une grande partie de l'année.

Le Franchipanier blanc, *Plumeria alba*, Linn. Sa hauteur et son port sont à peu près les mêmes que dans le précédent; mais il est moins beau et a moins d'éclat : il en diffère principalement par ses feuilles plus longues, plus étroites, et à bords réfléchis en dehors, et par ses fleurs, qui sont également très-odoriférantes, mais blanches avec un fond jaune, et plus petites; elles ont aussi une plus courte durée. On remarque des protubérances à la partie supérieure de leurs pédoncules. Cet arbre croît en abondance à Campêche; on le trouve à la Martinique et à Saint-Domingue. Son suc laiteux est employé pour la guérison des dartres, des verrues et des ulcères; sa racine, prise en tisane, passe pour apéritive; ses fleurs, ainsi que celles du *franchipanier rouge*, ont un goût âcre et pimenté; on en assaisonne les *franchipanes*.

Il y a encore le Franchipanier a panicule, *Plumeria obtusa*, Linn., qui s'élève comme nos plus grands poiriers, et qui en a la grosseur; on le trouve à la Guyane. Ses feuilles sont lancéolées, pétiolées et obtuses : il porte des fleurs blanches.

Le Franchipanier a fleurs closes, *Plumeria pudica*, Linn., arbrisseau de cinq pieds, droit, et ressemblant aux autres espèces par son port. Il se couvre d'un grand nombre de fleurs, qui répandent une odeur fort agréable; leur corolle, dont le limbe est fermé, est d'une couleur jaunâtre, terminée par un rouge vif. Cette espèce, vraisemblablement originaire de quelque partie de l'Amérique, est cultivée dans les jardins de l'île de Curaçao.

Le Franchipanier a feuilles émoussées, *Plumeria retusa*, que Lamarck croit être l'*antafara* de Madagascar, si bien décrit par Poivre, et connu à l'Ile-de-France sous le nom de *bois de lait.* Ses feuilles sont ovales, très-obtuses, et faites en forme de coin ; ses fleurs naissent en corymbes composés, et ont l'odeur de notre *jasmin.* On trouve cet arbre dans presque toutes les contrées de l'Inde ; il est extrêmement laiteux. Son bois ressemble beaucoup au buis, tant par sa couleur que par la finesse de son tissu ; mais il est beaucoup plus léger. Les tourneurs et les ébénistes l'emploient à faire de jolis petits meubles.

Le Franchipanier à feuilles longues, *Plumeria longifolia*, Lam., assez semblable au précédent, dont il diffère par ses feuilles étroites, planes, entières, et longues quelquefois d'un pied. Il croît aussi à l'île de Madagascar.

Les auteurs de la *Nouvelle Flore du Pérou*, Ruyz et Pavon, font mention de quelques autres espèces de franchipaniers, qui croissent dans cette belle partie du Nouveau-Monde, et qui y fleurissent pendant une grande partie de l'année. On les trouve près des rivages de la mer et dans les vallées chaudes, et on les cultive dans les champs et dans les jardins. Ils se dépouillent un instant de leurs feuilles, et paroissent alors comme desséchés ; mais bientôt leurs fleurs se montrent, et sont immédiatement suivies de nouvelles feuilles, qui ne tardent pas à donner un ombrage agréable. Dans le pays, on multiplie ces charmans arbres de boutures, qui reprennent facilement. Les Péruviennes font avec leurs fleurs des guirlandes qu'elles parfument d'ambre, et dont elles ornent leur tête.

Ces espèces sont : le Franchipanier pourpré, *Plumeria purpurea*, qui fleurit en janvier et février. Ses feuilles sont oblongues-ovales, et à bords réfléchis ; ses fleurs très-odoriférantes ; la corolle, plus petite que dans les autres espèces, est d'un rouge pourpré, avec un fond tant soit peu jaune.

Le Franchipanier incarnat, *Plumeria incarnata*, de la même grandeur que le précédent, fleurissant dans les mêmes mois, et ayant des fleurs de couleur incarnat, et des feuilles ovales-oblongues et aiguës.

Le Franchipanier tricolor, *Plumeria tricolor.* C'est un petit arbre dont les feuilles sont oblongues, aiguës, pointues, et à bords planes. Ses fleurs, qui paroissent de janvier en mars, offrent une corolle large d'un pouce, très-odorante, et à trois couleurs ; le tube est droit et rouge, le fond d'une couleur de safran ; le limbe ouvert, d'un blanc rose en dedans, et mi-parti rouge et blanc en dehors.

Le Franchipanier encarêné, *Plumeria carinata.* Son nom lui vient de la forme de ses feuilles, qui sont oblongues-ovales, pointues et en carène ; sa corolle est grande, jaune à l'intérieur, et au-dehors blanche et rougeâtre. Il fleurit dans le même temps que le *franchipanier incarnat*, avec lequel il a beaucoup de ressemblance.

Le Franchipanier de deux couleurs, *Plumeria bicolor*. Il porte des fleurs depuis décembre jusqu'en mars. Le tube de la corolle est courbé, son ouverture d'un jaune foncé, et son limbe d'un blanc de lait.

Le Franchipanier jaune, *Plumeria lutea*. Dans cette espèce, la corolle, qui est grande et odorante, a un tube jaunâtre, et un limbe d'un jaune pâle. Ses fleurs viennent en janvier.

Les *franchipaniers* étant trop délicats pour supporter le plein air en Europe, même en été, on doit les tenir constamment dans la serre, ayant soin de leur donner beaucoup d'air pendant les chaleurs. On les multiplie ou par leurs semences, qu'on fait venir des contrées où ils croissent, ou par des boutures, qu'on coupe deux mois avant de les planter, afin que leurs blessures aient le temps de sécher. Comme ces arbres sont laiteux et succulens, ils demandent à être élevés dans une terre légère, et à être arrosés médiocrement; il faut, par la même raison, les garantir de toute humidité, qui les feroit bientôt périr. *V.* Plumeria. (D.)

FRANCISCAIN. C'est le nom d'une coquille du genre Cône (*conus franciscanus*). (DESM.)

FRANCOA, *Francoa*. Plante des îles de Chiloé, à racine fusiforme, à feuilles radicales étendues sur la terre, velues, molles, lobées, à lobes décurrens sur le pétiole, le supérieur très-grand et sinué; à hampe velue, portant des fleurs rougeâtres, disposées à son sommet en grappe presque unilatérale, et accompagnées de bractées.

Cette plante forme, dans l'octandrie tétragynie, un genre dont les caractères sont : un calice divisé très-profondément en quatre découpures lancéolées et persistantes; une corolle de quatre pétales ovales, oblongs; huit étamines insérées contre l'ovaire et séparées par des corpuscules glandiformes; un ovaire supérieur, ovale, à quatre sillons, surmonté de quatre stigmates sessiles et aplatis; le fruit est une capsule tétragone, à quatre sillons profonds, ou quatre capsules uniloculaires, naviculaires, réunies par leur angle, et renfermant un grand nombre de semences oblongues et rugueuses. (B.)

FRANCOLIN. *V.* le genre Perdrix. C'est, dans Belon, l'Attagas ou le Lagopède. (S.)

Francolin blanc de la baie d'Hudson. Dénomination faussement appliquée, par Edwards, à la *barge blanche*. (S.)

Francolin brun tacheté, est, dans Edwards, la *gelinotte du Canada*. (s.)

Francolin (grand) d'Amérique, d'Edwards, est la *barge de la baie d'Hudson*. (s.)

Francolin a poitrine rouge. C'est, dans Edwards, la *barge rousse*. (s.)

Francolin du Spitzberg. Oiseau de rivage, auquel des voyageurs ont mal à propos appliqué la dénomination de *francolin*. Il n'est pas plus gros qu'une alouette, ne s'éloigne jamais beaucoup de la côte, et se nourrit de vers gris et de chevrettes. On l'appelle aussi *coureur de rivage*. (*Hist. générale des Voyages*, tom. 15, pag. 226.) Ce prétendu *francolin* est probablement une Alouette de mer ou un Chevalier. (s.)

FRANCOLIN. Nom donné à la coquille Cône drap d'or. (b.)

FRANCOULO. Nom du Ganga, dans la plaine de la Crau. (v.)

FRANDIK. Nom turc et arménien du Noisetier. (ln.)

FRANGE. Poisson du genre Cyprin. (b.)

FRANGIPANIER. *V.* Franchipanier et Pluméria. (d.)

FRANGOEL. Nom du Pinson, dans le Bas-Mont-Ferrat. (v.)

FRANGOUI, FRINGUEL. Noms du Pinson, à Turin. (v.)

FRANGUELLO. Nom italien du Pinson. (v.)

FRANGULA de Matthiole. C'est la Bourgène, *Rhamnus frangula*, L., dont le bois est très-fragile. Depuis il a été donné par Bauhin, au *Rhamnus alpinus*. Tournefort avoit fait de la Bourgène un genre qui différoit de celui des Nerpruns, *Rhamnus*, par ses fleurs pentandres, pentapétales, et par le fruit trisperme. Linnæus ne l'a point conservé, de même que l'*alaternus*, le *zizyphus* et le *paliurus*, formés également par Tournefort, sur des especes de *Rhamnus*, L. L'on trouve encore que le *camerisier*, le *cassine maurocenia*, ont été nommés *frangula*. (ln.)

FRANGULACÉES. Synonyme de Rhamnoïdes. (b.)

FRANKA. Nom donné, par Micheli, à un genre que Linnæus adopte sous celui de Frankenia. *V.* Franquenne. (ln.)

FRANKENIA. *V.* Franka et Franquenne. (ln.)

FRANKLANDIE, *Franklandia*. Arbrisseau de la Nouvelle-Hollande, d'après lequel R. Brown a établi un genre dans la tétrandrie monogynie et dans la famille des protées.

Ce genre offre pour caractères : un calice étalé à quatre

découpures caduques; point de corolle; des écailles réunies en gaîne autour du pistil; une noix pédiculée fusiforme, dilatée et aigrettée à son sommet.

Voyez pl. 6 des *Remarques sur la Botanique des Terres-Australes*, où il est figuré. (B.)

FRANKLINE, *Franklina.* Genre de plantes établi par Marshall, et auquel il a donné pour caractères : un calice à cinq dents; une corolle de cinq pétales; un grand nombre d'étamines; un ovaire supérieur, terminé par un stigmate à cinq découpures; une noix à cinq loges et à plusieurs semences.

Ce genre n'est que celui des *gordons*, mal décrit sur une espèce nouvelle. *V.* au mot GORDON. (B.)

FRANQUENNE, *Frankenia.* Genre de plantes, de l'hexandrie monogynie, et de la famille des caryophyllées, dont la fleur offre pour caractères : un calice monophylle, infundibuliforme, persistant, et à cinq dents; cinq pétales ovales, arrondis, ouverts, onguiculés et à onglet canaliculé; six étamines; un ovaire supérieur, ovale, chargé d'un style trifide, à stigmate obtus; une capsule contenue dans le calice, ovale, uniloculaire, trivalve, et renfermant plusieurs semences très-petites.

Les espèces de ce genre, auquel le genre NOTHRIE de Bergius a été réuni, sont au nombre de dix. Ce sont des plantes herbacées, très-petites, dont les rameaux s'étalent sur la terre; dont les feuilles sont opposées, très-courtes, et les fleurs petites, terminales et rapprochées par petits paquets, ou axillaires et sessiles.

Les deux plus communes, sont :

La FRANQUENNE LISSE, qui a les feuilles linéaires, ramassées en paquet et ciliées à leur base; elle est vivace, et se trouve dans les parties méridionales de l'Europe, sur le bord de la mer.

La FRANQUENNE POUDREUSE, qui a les feuilles ovales, rétuses et comme poudreuses en dessous. Elle se trouve avec la précédente. Elle est vivace. (B.)

FRANSERIE, *Franseria.* C'est le nom que Cavanilles a donné à un genre de plantes qu'il a établi, pour placer l'AMBROISIE ou la LAMPOURDE ARBORESCENTE, qu'il a trouvé n'avoir pas les caractères des autres espèces.

Ce nouveau genre offre des fleurs mâles réunies dans un calice commun, monophylle plane, et composées d'une corolle tubuleuse à cinq divisions, de cinq étamines, d'un ovaire stérile, surmonté d'un style à stigmate pelté; des fleurs femelles apétales au-dessous des mâles, sur le même pied, et composées d'un involucre formé de plusieurs folioles ovales, d'un germe supérieur, ovale, muriqué, surmonté de quatre styles bifides. Le fruit est un drupe sec, couvert de piquans recourbés, et contenant, dans autant de loges, quatre semences oblongues. (B.)

FRANSOSENHOLZ. Nom du GAYAC, en Allemagne.

FRANZKRAUT. L'un des noms allemands de l'AIGREMOINE. (LN.)

FRANZOLA. Sorte de CHATAIGNE, en Toscane. (LN.)

FRANZWEIZEN. L'un des noms allemands du SARRASIN, *Polygonum fagopyrum*. (LN.)

FRAOUCO. Nom provençal de la POULE-D'EAU. (V.)

FRAOUME. Nom vulgaire de l'ARROCHE PORTULACOÏDE, à l'embouchure du Rhône. (B.)

FRARE. C'est, en Catalogne, le nom de l'OROBANCHE MAJOR, L. *V.* OROBANCHE. (LN.)

FRASÈRE, *Frasera*. Genre de plantes de la tétrandrie monogynie, et de la famille des gentianées, établi par Walter, et auquel il a donné pour caractères : un calice à quatre divisions persistantes ; une corolle de quatre pétales aigus et velus en dedans ; quatre étamines ; un ovaire supérieur à style court et à stigmate bifide.

Le fruit est une capsule aiguë et uniloculaire, qui contient plusieurs semences.

Ce genre ne renferme qu'une espèce, dont la tige est droite, les rameaux florifères, verticillés ; les feuilles lancéolées et les fleurs géminées et axillaires. On la trouve en Caroline, dans les marais. (B.)

FRASSINELLA. Anguillara et Césalpin nomment ainsi le SCEAU DE SALOMON, *Convallaria polygonatum latifolium*. Les Italiens désignent par ce nom la FRAXINELLE. (B.)

FRASSINO. Nom du FRÊNE, en italien. (LN.)

FRASYOUN. Nom arabe d'une espèce de MARRUBE, *Marrubium alyssum*, L. (LN.)

FRATERCULA. Nom générique du MACAREUX, dans l'Ornithologie de Brisson et d'une espèce dans Gesner. (V.)

FRAUDIUS AVIS. Dans Albert-le-Grand, c'est la SITTELLE. *V.* ce mot. (S.)

FRAUENEIS. Nom allemand de la chaux sulfatée laminaire, et qui signifie : *glace* ou *miroir de femme*. *V.* CHAUX SULFATÉE. (LUC.)

FRAUENFINGERKRAUT. Nom allemand du LOTIER CORNICULÉ, *Lotus corniculatus*, L., si commun dans les prés et les bois. (LN.)

FRAUENVIOLE (*Violette de Dame*). L'un des noms allemands de la JULIENNE, *Hesperis matronalis*, L. (LN.)

FRAVOLA. Nom italien de la FRAISE. (LN.)

FRAXINELLA de Pline. Les naturalistes pensent assez généralement avec Dodonée, que cette plante est celle que nous nommons FRAXINELLE, à cause de la forme de ses feuilles que l'on a comparées aux feuilles du *frêne*. Plusieurs botanistes croient que cette dernière plante est le *natrix* de Pline, et le *tragion* de Dioscoride. Selon d'autres auteurs, il paroît que les Grecs et les Arabes n'ont point parlé de ce végétal auquel Tournefort et Adanson ont conservé le nom de *fraxinella*, changé par Linnæus en celui de *dictamnus*, qui rappelle que cette plante est le *dictame blanc* des anciens pharmaciens. Bauhin lui donne ce nom. (LN.)

FRAXINELLE. *V.* DICTAME BLANC. (B.)

FRAXINUS de Pline et des Latins. Arbre qu'Hippocrate et Théophraste, chez les Grecs, nomment *melia* et *boumelia*, et dont ils désignent deux sortes. Virgile (*Ecl.* 7), s'exprime ainsi sur cet arbre :

« *Fraxinus* in sylvis pulcherrima, *pinus* in hortis,
« *Populus* in fluviis, *abies* in montibus altis. »

Le *fraxinus* est notre FRÊNE, appelé ainsi sans doute parce qu'il se plaît dans les terrains rocailleux et montueux, *in locis fragosis*. Les anciens croyoient que les serpens redoutoient tellement cet arbre, qu'ils en fuyoient même l'ombre, ce que Camerarius a trouvé contraire à l'expérience qu'il en a faite. Ce nom de *fraxinus* est resté au genre. Le SORBIER DES OISEAUX est le *fraxinea arbor* de quelques anciens botanistes. (LN.)

FRAY. *Voyez* FRAI DES POISSONS. (DESM.)

FRAYE. Un des noms vulgaires de la GRIVE DRAINE. (V.)

FRAYOIR ou **FREYOIR** (*Vénerie*). Marque que le *cerf* fait aux baliveaux quand il *brunit* son bois, c'est-à-dire, quand il le frotte contre l'arbre pour en détacher la peau velue dont il est couvert. Le vieux *cerf fraye* plus tôt que le jeune, et celui-ci *fraye* aux jeunes arbres des taillis. (S.)

FRAYONNE. *V.* FREUX, article CORBEAU. (V.)

FREDDO. L'un des noms du COLCHIQUE, en Italie. (LN.)

FREDERIC. Poisson du genre SALMONE. (B.)

FREDLOES. C'est, en Danemarck, l'un des noms de la LYSIMACHIE COMMUNE. (LN.)

FREGATA AVIS. Dans quelques auteurs, c'est le nom, en latin moderne, de la *frégate*. (S.)

FRÉGATE, *Tachypetes*, Vieill. ; *Pelecanus*, Lath. Genre de l'ordre des OISEAUX NAGEURS et de la famille des SYNDACTYLES (*V.* ces mots). *Caractères* : bec plus long que la tête, robuste, entier, suturé en dessus ; mandibules très-crochues et acuminées à la pointe ; narines situées dans une rainure ; langue très-courte, lancéolée ; orbites nues; bouche très-ample; gorge extensible; pieds à l'équilibre du corps; tarses à demi-emplumés ; quatre doigts, tous dirigés en avant et engagés dans une même membrane ; ongles aigus ; ailes très-longues, les première et deuxième rémiges les plus longues de toutes ; queue fourchue.

Les *frégates*, qu'on reconnoît aisément en mer à la longueur demesurée de leurs ailes et à leur queue très-fourchue, doivent leur nom à la rapidité de leur vol et à leur taille allongée. De tous les oiseaux de mer, ce sont ceux qui ont le plus de rapport avec l'aigle ; elles semblent le remplacer sur cet élément. Armées d'un bec terminé par un croc aigu, de pieds courts, robustes et couverts de plumes, de serres aiguës ; servies par une vue très-perçante et un vol des plus rapides, elles possèdent tous les attributs qui caractérisent un tyran de l'air. Si le paisible poisson volant, en s'élevant hors de l'eau, évite la poursuite des *dorades* et des *bonites*, il devient souvent la proie des frégates ; celles-ci même n'échappent pas toujours à leur voracité ; elles les saisissent adroitement lorsqu'elles se jouent à la surface des flots, ou qu'elles s'élancent après leurs foibles victimes. Mais ce n'est pas sur les poissons seuls que les frégates exercent leur empire ; elles forcent les *fous* d'être leurs pourvoyeurs, et leur font à coups d'ailes et de bec dégorger le poisson qu'ils ont pêché, et qu'elles saisissent avec adresse avant qu'il soit tombé. On assure qu'elles font aussi la guerre au *pélican*, et qu'elles usent des mêmes moyens pour lui faire lâcher sa proie. (*Oviedo.*) Favorisée d'un vol très-étendu et très-puissant, la frégate est, de tous les oiseaux de mer, celui qui pousse le plus loin ses courses ; il brave les vents et les tempêtes, s'élève au-dessus des orages, se porte au large à plus de quatre cents lieues de toute terre ; parcourt du même vol ces traites immenses ; et comme la durée du jour ne suffit pas, il est forcé de continuer sa route pendant la nuit, n'ayant pas la faculté de se reposer long-temps sur l'eau, où il périroit, puisque le dessous de son corps n'est pas revêtu d'un duvet assez épais pour le rendre impénétrable à l'eau. A l'aide de sa vue perçante, la frégate discerne très-bien du plus haut des airs les bandes de poissons volans, fond sur elles avec la rapidité de la foudre, et ne manque guère d'en saisir avec son bec et ses griffes ; mais l'on assure qu'elle ne peut les prendre dans l'eau : ses pieds, dit-on, ne lui permettent pas de nager ; cependant ils sont palmés, et plus largement que ceux de certains oiseaux d'eau. L'on trouve un second obstacle dans la longueur de ses ailes, qui, privées d'un espace assez grand, ne peuvent prendre le mouvement nécessaire pour qu'elle puisse s'élever de dessus l'eau. Lorsqu'elle se précipite du haut des airs, elle s'arrête à une certaine élévation, fait un mouvement dirigé avec adresse, relève ses ailes, et, les fixant l'une contre l'autre au-dessus de son dos, fond sur sa proie, et la saisit un peu au-dessus de la superficie des flots; d'autres fois, elle les effleure en en rasant la surface par un vol rapide, mais toujours mesuré sur la distance des victimes, qu'elle saisit avec son bec ou ses griffes. Lorsqu'il s'agit de satisfaire sa voracité, l'aspect de l'homme ne l'effraie ni ne l'intimide; elle cherche à saisir sa proie jusque dans ses mains. Si elle doit la domination sur les mers à la puissance de ses ailes, leur longueur l'expose à plus d'un danger lorsqu'elle est posée à terre; car elles l'embarrassent, et ne pouvant s'en servir pour prendre son essor, on l'assomme alors aussi aisément que les *fous*; il lui faut, pour pouvoir s'élever, une pointe de rocher ou la cime des arbres; aussi, est-ce sur les écueils élevés et dans les îlots boisés que les frégates se retirent pour se reposer. Elles placent leur nid sur les arbres dans les lieux solitaires et voisins de la mer, ou dans les creux qui se trouvent sur les rochers à une certaine élévation. La ponte n'est que d'un œuf ou deux, qui sont d'un blanc teint de couleur de chair, avec de petits points d'un rouge cramoisi. Les petits sont nourris dans le nid, et ne le quittent que lorsqu'ils sont en état de voler. Ils sont, dans le premier âge, couverts d'un duvet gris-blanc, ont les pieds de la même couleur, et le bec presque blanc; mais par la suite, la couleur du bec change: il devient ou rouge, ou noir et bleuâtre dans son milieu, et il en est de même pour les doigts. La tête est assez petite et aplatie en dessus, et les yeux sont environnés d'une peau bleuâtre.

On rencontre ordinairement les frégates entre les deux tropiques; rarement elles s'avancent au-delà, soit vers le Nord, soit vers le Sud.

La Grande Frégate, *Tachypetes aquila*, Vieill.; *pelecanus aquilus*, Lath., est de la grosseur d'une *poule*, et a le cou d'une longueur médiocre; la tête petite; les yeux grands et noirs; le bec long de cinq à six pouces; les pieds fort courts; huit, dix et jusqu'à quatorze pieds d'envergure; tout le plumage noir à reflets bleuâtres; la queue très-fourchue; l'espace entre le bec et l'œil dénué de plumes, et noir. Le mâle, lorsqu'il est vieux, a sous la gorge une grande membrane charnue, d'un rouge vif, plus ou moins renflée ou pendante, le bec, les pieds, les doigts, les membranes et les ongles sont noirs.

La femelle diffère du mâle, en ce qu'elle a le ventre blanc. Des individus ont le dessus du corps et les ailes d'un brun foncé; d'autres ont la tête et le ventre blancs.

La PETITE FRÉGATE, *Tachypetes minor*, Vieill.; *pelecanus minor*, Lath. Buffon la regarde comme un jeune de la précédente. Elle est moins grosse, et a deux pieds neuf pouces trois quarts de longueur; le bec long de cinq pouces; cinq pieds sept pouces et demi d'envergure; tout son plumage est d'un brun ferrugineux, à l'exception de la gorge, du devant du cou et de la poitrine, qui sont blancs; l'espace entre le bec et l'œil est rouge, ainsi que le bec et les pieds; dans cette *frégate*, les narines sont plus apparentes, et placées assez près de la tête. (V.)

FREGILUS. Nom latin d'une division de HUPPES, dans le *Règne animal* de M. Cuvier. (V.)

FREISLEBEN. Cette substance, dont nous n'avons eu occasion de voir aucun échantillon, a présenté les caractères suivans: sa couleur est le gris bleuâtre ou le bleu; elle est fragile, tendre, ne rayant pas ou ne rayant que très-légèrement la chaux carbonatée; sa cassure est lamelleuse et son éclat assez vif; elle est douce au toucher et insoluble dans l'eau. M. le baron de Moll lui a donné le nom du savant minéralogiste saxon qui l'a décrite le premier. (LUC.)

FRÊLON, *Crabro*. (Insectes.) *V.* CRABRON et GUÊPE. (L.)

FRELON, HOUX-FRELON. *V.* FRAGON. (LN.)

FRELOT, FRELOTTE. Noms que l'on donne, en Pologne, aux POUILLOTS FITIS et COLLYBITE. *V.* FAUVETTE. (V.)

FRELOTTE. *V.* FRELOT. (S.)

FREMIUM de Gaza. C'est l'ANÉMONE DES JARDINS. Ce nom est une corruption de *phenion*, l'un des noms grecs de l'anémone. (LN.)

FRENCH-GRASS. Nom anglais du SAINFOIN (*hedysarum onobrychis*). (LN.)

FRÊNE, *Fraxinus*, Linn. (*Polygamie dioécie*). Genre de plantes de la famille des jasminées, qui comprend vingt-cinq espèces d'arbres indigènes et exotiques, à fleurs souvent incomplètes, et à feuilles opposées, communément ailées avec impaire. Les *frênes* portent en général des fleurs hermaphrodites, et des fleurs femelles sur le même pied ou sur des pieds différens. Dans quelques espèces, ces fleurs ont un calice et une corolle; dans d'autres, elles sont dépourvues de l'une ou l'autre de ces parties, ou de toutes les deux. Les fleurs complètes et hermaphrodites ont un calice d'une foliole, très-petit et à quatre divisions pointues; une corolle à quatre pétales longs, étroits ou le plus souvent nulle; deux étamines opposées, dont les filets, plus courts que les pétales, portent des anthères ovales et sillonnées; un germe ovale et aplati qui soutient un style cylindrique, couronné par un stigmate divisé en deux parties. Les fleurs femelles sont semblables aux hermaphrodites, mais sans étamines. Le fruit du frêne est une capsule oblongue, comprimée, terminée par une aile membraneuse et échancrée au sommet ; cette capsule, qui ne s'ouvre point, contient une seule semence de la même forme, roussâtre en dehors, blanche en dedans, et d'un goût âcre et amer.

Les espèces les plus intéressantes de ce genre sont :

Le FRÊNE COMMUN ou GRAND FRÊNE, *Fraxinus excelsior*, Linn. C'est un arbre de haute-futaie, qui croît naturellement dans les forêts des climats tempérés de l'Europe. Il s'élève à une grande hauteur sur une tige droite et bien proportionnée ; sa tête est médiocre, et composée de rameaux en général peu étendus. Les petits rameaux sont revêtus d'une écorce lisse et verdâtre ; celle du tronc est cendrée et assez unie. Les bourgeons sont courts, ovales, obtus, et constamment noirâtres ; ils donnent naissance à des feuilles composées de onze ou treize folioles ovales, aiguës et dentées. Les fleurs paroissent au printemps : elles viennent en petites grappes latérales, opposées et presque sessiles ; elles n'ont ni calice ni corolle, mais un pistil pyramidal, nu, accompagné à sa base de deux petites étamines.

Cette espèce offre plusieurs variétés, qu'on peut conserver ou multiplier par le moyen de la greffe. Les plus remarquables sont le *frêne commun à écorce graveleuse ;* celui *à écorce jaspée ;* le *frêne à branches pendantes*, comme celles du *saule pleureur :* il est convenable aux jardins ; le *frêne à une feuille :* ses feuilles sont simples, et cependant quelquefois découpées à la base ; le *frêne à feuilles crêpues*, est une variété, ou mieux une monstruosité fort digne d'attention. Il se voit dans nos jardins.

Le *frêne commun* se multiplie de lui-même abondamment par ses graines, qui tombent en automne. Lorsqu'on veut former des pépinières de cet arbre, il faut imiter la nature, et confier ses semences à la terre aussitôt qu'elles sont mûres ; elles ne seront point attaquées par les insectes, que leur forte odeur en éloigne. Les graines qu'on aura gardées en hiver, sans avoir été stratifiées, et qu'on semera au printemps, ne leveront qu'au bout d'un ou deux ans. Le bois des frênes venus de semences est d'un meilleur usage que celui des frênes greffés. Les jeunes frênes qu'on achète chez les marchands d'arbres, réussissent rarement dans la transplantation, parce qu'ils ont été élevés dans un sol trop substantiel ; il vaut mieux aller chercher le plant dans les bois, quand on ne veut pas semer. Le meilleur temps pour la transplantation est huit à quinze jours après la chute naturelle des feuilles. Pendant les deux premières années, on doit laisser aux jeunes frênes toutes leurs branches. A la troisième année, on supprime celles qui ont poussé pendant la première; à la quatrième, celles de la seconde, et on ne conserve que celles de la tête.

On fait des plantations de frênes destinées à être étêtées à la manière des saules. Le terrain qui convient le mieux à cet arbre, est une terre légère et limoneuse, mêlée de sable, et traversée par des eaux courantes. Il peut croître dans la plupart des situations, depuis le fond des vallées jusqu'au sommet des montagnes, pourvu qu'il y ait de l'humidité et de l'écoulement; il se plaît surtout dans les gorges sombres des collines exposées au nord. Cet arbre se contente de peu de profondeur, parce que ses racines s'étendent à fleur de terre; mais il craint les terres fortes et la glaise dure et sèche; il se refuse absolument aux terrains secs, légers, sablonneux, superficiels, trop pauvres, surtout lorsqu'ils sont exposés au midi.

Le bois de frêne a beaucoup d'usages; quoique blanc, il est assez dur, fort uni, très-liant tant qu'il conserve un peu de séve, aussi est-il employé par préférence pour les pièces de charronage qui doivent avoir du ressort et de la courbure; il est excellent aussi à faire des cercles pour les cuves, les tonneaux et autres vaisseaux de cette espèce.

On a beaucoup vanté, disent les traducteurs de Miller, les propriétés médicinales du frêne, mais on doit peu y compter, malgré le témoignage de Cæsalpin et de Lobel; cependant l'écorce et le bois de cet arbre peuvent être mis au nombre des apéritifs et des diaphorétiques légers, et employés comme tels dans les fièvres, les obstructions du foie et de la rate, les maladies cutanées, etc. Le sel fixe que l'on tire de ses cendres ne diffère point des autres végétaux, et c'est une erreur de lui attribuer des vertus particulières. La propriété de guérir la surdité, qu'on suppose à la sève qui s'écoule par les deux extrémités de ce bois, lorsqu'on le met en travers sur le feu, est tout-à-fait imaginaire; car cette sève n'est que de l'eau toute simple et ne contient aucun principe actif.

L'écorce de frêne fournit un tan estimé. Elle donne une couleur bleue, propre à la teinture. Autrefois on a écrit sur la surface intérieure de cette écorce. Ses feuilles sont une bonne nourriture pour les bestiaux; on les conserve pour l'hiver par la dessiccation.

Le Frêne pâle, *Fraxinus pallida*, Bosc, est fort voisin de celui-ci, mais forme certainement espèce. Il est originaire de l'Amérique septentrionale.

Le Frêne a manne ou le Frêne de Calabre, *Fraxinus*

rotundifolia, Bauh. Voici la description qu'en donne Gaspard Carramone, qui l'a vu dans le pays même.

« La manne, dit-il, se tire en Calabre d'une seule espèce de frêne, qu'on appelle communément *orne*. Cet arbre se trouve et croît sur le penchant des montagnes de moyenne hauteur, et dans les lieux remplis de bois, quoiqu'il croisse encore facilement dans des terres cultivées, et même dans des vignobles. Son tronc est dur, solide et ligneux; il est couvert d'une écorce lisse, marquée irrégulièrement de certaines taches blanchâtres; et sa grosseur ordinaire est d'environ six pouces de diamètre. Ces arbres croissent quelquefois isolés et distans les uns des autres; mais très-souvent ils croissent cinq ou six ensemble, très-rapprochés : leur hauteur est fort variable; on peut dire seulement qu'elle n'arrive jamais à celle des arbres de haute-futaie. Les feuilles sont comme ailées; leur pétiole est long, uni et rond, supportant trois ou quatre paires de folioles arrondies, terminées par une impaire. Les premières folioles sont ordinairement plus petites que les autres, et la distance presque toujours égale entre elles.

A l'âge de sept à huit ans, on commence à faire dans l'écorce des entailles d'où découle la manne. Cette opération se fait de deux jours en deux jours, depuis le 15 juillet jusqu'aux pluies de l'automne, et au-dessus l'une de l'autre jusqu'au sommet. La liqueur sort comme une manne blanche, très-agréable au goût; une partie se fige en stalactite : c'est la *manne en sorte*, en *larme*, en *canne*; l'autre tombe au pied de l'arbre sur des feuilles disposées exprès; c'est la *manne grasse*, qui est désagréable au goût, purge davantage et coûte moins.

On ramasse peu de manne dans les années pluvieuses, et elle est de mauvaise qualité.

Le frêne à manne se sème en pépinière et se transplante en place et en quinconce lorsqu'il a atteint trois ou quatre pieds de haut. Lorsqu'il ne peut plus recevoir d'incision, on le coupe rez terre. On laisse pousser un ou deux des rejets qu'il donne, et on procède sur ces rejets six à sept ans après, comme il a été dit ci-devant.

On cultive ce frêne dans nos jardins, quoiqu'il y souffre de la gelée; mais il y donne rarement de la manne; c'est principalement par la greffe sur le frêne commun ou sur le frêne à fleurs qu'on le multiplie.

Les FRÊNES A PETITES FEUILLES, et à FEUILLES DE LENTISQUE, originaires de l'Orient et de la Chine, se rapprochent de celui à feuilles rondes ou orne, et se multiplient comme lui, par la greffe sur le frêne commun.

Le Frêne a fleurs ou Frêne polypétale, *Fraxinus ornus*, Linn., est un arbre qui croît aussi en Italie, et qui ne s'élève communément qu'à la hauteur de dix-huit pieds ou environ. Son port est plus agréable que celui du frêne commun, sa cime mieux garnie et plus ample, et son feuillage d'un plus beau vert. Il a des bourgeons grisâtres ou cendrés, et des feuilles composées de neuf ou onze folioles aiguës, dentelées et pétiolées. Mais ce qui le distingue particulièrement, ce sont ses fleurs, disposées en panicule au sommet des rameaux, et qui, au lieu d'être dépourvues de calice et de corolle, et sans éclat comme celles du frêne ordinaire, sont munies chacune d'un calice à quatre divisions, et d'une corolle à quatre pétales, assez apparente pour offrir un coup d'œil agréable. Leur nombre est considérable; elles sont communément hermaphrodites, quelquefois la plupart mâles sur certains pieds, comme l'observe Miller, blanchâtres, d'un bel aspect, et d'une odeur douce assez gracieuse; elles ne s'épanouissent pas avant le développement des feuilles, comme celles du frêne commun. Elles se montrent en mai, et rendent l'arbre qui les porte très-propre à figurer dans les bosquets du printemps.

Comme ce frêne donne aussi de la manne, Linnæus, trompé par de faux rapports, lui a appliqué le nom qui appartient au précédent.

Il croît en Amérique un Frêne a fleur fort peu différent du précédent, mais distinct. On le cultive dans nos jardins.

Le Frêne d'Amérique, *Fraxinus americana*, Linn. Il s'élève à vingt-cinq pieds; il a des feuilles composées de sept ou neuf folioles ovales, écartées les unes des autres, entières, glauques et velues en-dessous; ses fleurs sont dioïques comme celles de toutes les espèces suivantes. On multiplie cet arbre en le greffant sur le frêne commun.

Les Frênes noir et acuminé ont été confondus avec le précédent, dont ils se rapprochent en effet beaucoup. On les cultive comme lui dans nos jardins, dont ils font l'ornement.

Le Frêne a feuilles de noyer, *Fraxinus juglandifolia*, Lam. Arbre médiocre et de peu de beauté, qui croît dans l'Amérique septentrionale. Il offre pour caractères spécifiques des rameaux et des pétioles glabres, de petits boutons qui sont rougeâtres avant de s'ouvrir, et des feuilles composées de cinq ou sept folioles dentées, pétiolées, un peu pubescentes et blanchâtres en dessous.

Le Frêne de Caroline, *Fraxinus caroliniana*, Lam. Il n'a point, comme le précédent, ses folioles blanchâtres en dessous, mais elles sont seulement garnies de poils rares et courts. Il croît dans la Caroline et peut se multiplier par la greffe sur le frêne commun.

Les Frênes blanc, cendré, vert, lancé et de Richard, ont beaucoup de rapports avec ce dernier, proviennent également de l'Amérique septentrionale, et se cultivent dans nos pépinières.

Le Frêne pubescent, *Fraxinus pubescens*, Lam. Il a ses feuilles composées, tantôt de sept, tantôt de neuf folioles, finement dentées. Leurs pétioles, ainsi que les jeunes rameaux, sont constamment couverts d'un duvet cotonneux, fort court, cendré et doux au toucher. Ce frêne croît dans l'Amérique septentrionale. Il forme un arbre d'environ vingt pieds de hauteur.

Le Frêne a longues feuilles a été confondu avec celui-ci; mais il s'en distingue aisément pendant sa jeunesse, par ses rameaux beaucoup plus gros, et, dans sa vieillesse, par ses feuilles cinq à six fois plus longues. On le cultive dans nos jardins comme les précédens. C'est une des plus belles espèces.

Les Frênes a larges feuilles, a feuilles elliptiques, a feuilles rondes, se caractérisent par leurs noms.

Il en est de même du Frêne a rameaux tétragones; mais celui-ci se greffe mieux sur le frêne à fleurs.

Tous quatre sont originaires de l'Amérique septentrionale, et se cultivent dans nos jardins.

Je dois encore parler du Frêne nain qui se fait remarquer par la largeur de ses pétioles, et dont le pays natal n'est pas connu. Il s'élève moins que les précédens, et se cultive de même.

Le Frêne a feuilles de sureau, *Fraxinus sambucifolia* Lam. Ses caractères distinctifs sont d'avoir des folioles sessiles, et des rameaux marquetés de points noirs un peu distans.

M. Bosc a fait connoître, dans son Mémoire sur les frênes, inséré parmi ceux de l'Institut, plusieurs espèces nouvelles, toutes cultivées dans les pépinières confiées à sa surveillance, et la plupart plus belles que celles ci-dessus mentionnés. (D. et B.)

FRÊNE. Ce nom se donne à l'Ekebergie, au Cap de Bonne-Espérance. (B.)

FRÊNE ÉPINEUX. C'est le Clavalier à feuilles de frêne. (B.)

FRENEAU. Nom du Pygargue orfraie, en vieux français. (V.)

FRENEROTEL. Un des noms vulgaires du Pouillot. *V.* l'article Fauvette. (V.)

FRESACO. Suivant Salerne, on nomme ainsi l'EFFRAIE, en Gascogne. *V.* aussi BRESAGUE. (S.)

FRESAIE. M. Salerne dit qu'en Pologne, c'est le nom vulgaire de la *chouette effraie* et de l'*engoulevent*. (V.)

FRESAYE. *V.* FRESAIE. (V.)

FRESILLON. Nom du TROÈNE, dans quelques départemens. (B.)

FRESNILLE. Haie de FRÊNE. En Espagne c'est le nom de la FRAXINELLE. (LN.)

FRETILLET. Nom champenois des POUILLOTS FITIS et COLLYBITE. (V.)

FRETILLON. Le TROÈNE porte ce nom dans quelques endroits. (B.)

FRETIN, se dit de tout poisson trop petit pour être mangé autrement qu'en friture, et qu'ordinairement on emploie à servir d'appât pour la pêche à la ligne des poissons voraces. Il diffère de l'ALVIN, en ce que celui-ci n'est composé que de poissons propres aux étangs, et qui doivent devenir grands. (B.)

FREUX (*Corvus frugilegus*), Linn. Espèce d'oiseau du genre CORBEAU. *V.* ce mot. (DESM.)

FREVOIR. *V.* FRAYOR. (DESM.)

FREYERIA. Scopoli nomme ainsi le genre *mayepea* d'Aublet, ou *ceranthus* de Gmelin, maintenant réuni au *chiocanthus*. (LN.)

FREZAIE. *V.* FRESAIE. (V.)

FREZIÈRE, *Freziera*. Nom donné par Willdenow au genre de plante appelé EROTE (*eroteum*) par Swartz. (B.)

FRÈSILLON. Nom vulgaire du TROÈNE. (B.)

FREZOS. En Languedoc, on appelle ainsi les FÈVES écossées. (LN.)

FRI. Nom qu'on donne, au Japon, au REVEIL-MATIN, *Euphorbia helioscopia*. (LN.)

FRICON. Ancien nom bourguignon du FRAGON ÉPINEUX, *Ruscus aculeatus*. (LN.)

FRIDYTUTHA. Nom de la *petite perruche à tête couleur de rose et à longs brins*, au Bengale. (S.)

FRIGANE, *Phryganea*. Genre d'insectes, de l'ordre des névroptères, famille des plicipennes. Ses caractères sont : ailes inférieures larges et plissées ; tarses à cinq articles ; mandibules presque nulles ; antennes longues, sétacées ; quatre palpes sétacés ; les antérieurs longs, à cinq articles.

Les friganes ont la tête petite, sans petits yeux lisses bien apparens, ou n'en ont que deux, placés un de chaque côté près du bord interne de chaque œil; le premier segment du corselet très-petit, peu ou point distinct; le second et le troisième réunis et arrondis; les ailes en toit, souvent colorées ou squammeuses; les inférieures plissées; l'abdomen court, cylindrico-conique; et les pattes postérieures longues, avec les jambes fort épineuses.

Les friganes ont été appelées, par Réaumur, *mouches papilionacées*, parce qu'au premier coup d'œil elles ressemblent à des *papillons*, ou plutôt à des *phalènes*. Les anciens ont nommé leurs larves *ligniperdæ*, quoiqu'elles ne gâtent pas le bois, et des modernes, *charées*.

Les larves et les nymphes de toutes les friganes connues vivent dans l'eau. On les trouve dans les marais, dans les étangs et les ruisseaux. Elles sont logées dans des fourreaux portatifs, qu'elles font avec de la soie, et qu'elles recouvrent de différentes matières; elles les traînent partout avec elles.

Ce fourreau ou tuyau, dans lequel le corps de la larve est logé, a sa partie intérieure lisse et polie; sa partie supérieure est couverte de fragmens de diverses matières propres à le fortifier et à le défendre; les dehors sont souvent hérissés et pleins d'inégalités. Certaines larves font les leurs de différens morceaux, qu'elles arrangent avec symétrie les uns auprès des autres. Quand ce fourreau devient trop court ou trop étroit, elles en font un autre d'une grandeur proportionnée à leur corps; quelquefois le neuf diffère plus de celui qu'elles ont quitté, que nos habits d'aujourd'hui ne diffèrent de ceux de nos aïeux, parce qu'elles se servent de matériaux qui n'ont aucun rapport entre eux. Elles y emploient des feuilles ou des parties de feuilles de plusieurs espèces de plantes, de petits bâtons cylindriques ou irréguliers, des tiges de plantes, de roseaux, des brins de jonc, des grains de terre, des coquilles aquatiques, enfin toutes les matières qu'elles trouvent dans l'eau. Tels fourreaux ne sont faits que de l'une de ces matières, ce sont les mieux façonnés; d'autres sont composés de tous ces matériaux si peu propres à être assortis; aussi paroissent-ils des habits très-bizarres.

Chaque fourrreau a intérieurement la forme d'un cylindre, dont chaque extrémité a une ouverture; celle par où la larve fait sortir sa tête et ses pattes, est plus grande que l'autre, qui est placée au milieu d'une plaque circulaire, appliquée au bout du fourreau qu'elle bouche en partie.

Presque tous les fourreaux recouverts de feuilles, sont

plats ; mais on en voit rarement de cette forme, communément ils sont cylindriques. Il y en a dont tout l'extérieur est composé de brins de jonc collés les uns contre les autres. Mais de quelque matière qu'ils soient couverts, il est rare d'en trouver qui n'aient pas quelque pièce qui dépare le reste, et cette pièce est nécessaire à sa perfection. Quelquefois c'est un morceau de pierre, un caillou ou une coquille ; souvent on en voit qui sont entièrement couverts de petites coquilles de limaçons aquatiques, ou de coquilles de moules, qui renferment les animaux vivans.

Les fourreaux construits de matériaux si pesans, deviendroient un fardeau pour l'insecte, s'il étoit obligé de marcher toujours sur terre. Mais comme il doit marcher tantôt au fond de l'eau, tantôt à sa surface, et sur les plantes qui y croissent, il lui côute peu à porter, si les différentes pièces dont il est construit sont d'une pesanteur à peu près égale à celle de ce liquide ; et c'est ce qu'il semble se proposer, en y attachant des corps dont la pesanteur spécifique est moindre que celle de l'eau.

Quand la larve, qui ne sait point nager, veut marcher, elle sort sa tête et la partie antérieure de son corps hors de son fourreau, cramponne ses pattes, et marche en s'appuyant dessus ; elle trouve d'autant moins de difficulté, que son fourreau est d'une pesanteur à peu près égale à celle de l'eau.

Ces larves ont six pattes, la tête brune et écailleuse, la bouche armée de mâchoires propres à couper les matériaux qu'elles emploient pour faire leurs fourreaux. Leur corps est composé de douze anneaux ; les six pattes tiennent aux trois premiers ; sur le quatrième, elles ont trois éminences charnues, par lesquelles elles aspirent et rejettent l'eau. Les autres ont des filets ayant quelque analogie avec les branchies des poissons. On dit qu'elles se nourrissent des feuilles des plantes aquatiques, et des larves de libellules et de tipules qu'elles peuvent attraper; mais je les croirois simplement herbivores. Quand on dépouille une de ces larves de son fourreau, si on le laisse auprès d'elle, elle y rentre aussitôt la tête la première.

Ce n'est pas seulement dans la construction de leur fourreau que ces larves font voir leur industrie, elles en montrent encore plus dans la manière dont elles le ferment, avant de se changer en nymphe ; toutes subissent cette métamorphose dans l'eau, et dans l'espèce de tuyau qu'elles se sont construit. Si la nature ne leur avoit pas donné la faculté de le rendre inaccessible aux insectes aquatiques, leurs ennemis, elles deviendroient leur proie ; mais elles se mettent à l'abri de leur serre meurtrière en bouchant les deux ouvertures de ce tuyau. Chaque larve y emploie la soie qu'elle a à sa disposition, pour former une espèce de grille, dont les mailles sont assez rapprochées pour empêcher les insectes carnassiers de pénétrer dans l'intérieur du fourreau, et assez écartées pour laisser un libre passage à l'eau que la nymphe a besoin de respirer. Mais avant de griller son fourreau, la larve a soin de l'assujettir contre quelque corps solide, afin d'avoir plus de facilité à le quitter quand elle en doit sortir.

La nymphe est d'un jaune citron, et on distingue sur elle toutes les parties que doit avoir l'insecte parfait. Sa tête est petite par rapport à son corps, et offre une singularité remarquable ; c'est une espèce de bec, formé par deux crochets, placés un de chaque côté de la tête ; elle s'en sert pour détacher la grille qui ferme son fourreau du côté où elle doit en sortir ; ce qui a lieu quinze ou vingt jours après sa métamorphose. Les friganes ne quittent point leur dépouille de nymphe dans l'eau. La nymphe sort de son fourreau, et se retire dans un endroit sec ; là elle reste tranquille à attendre que la peau qui la recouvre se sèche et se fende ; elle y est rarement plus d'une ou deux minutes ; au bout de ce court intervalle, l'insecte parfait est en état de faire usage de ses ailes.

Ces insectes volent ordinairement au bord des ruisseaux, des mares et des étangs. Les femelles déposent leurs œufs sur les plantes qui croissent dans l'eau. Les œufs sont enveloppés par une matière glaireuse, transparente, de la consistance d'une gelée molle, qui adhère à la plante presque aussitôt qu'elle y est placée.

Pendant le jour, les friganes restent tranquilles ; mais vers le coucher du soleil, elles commencent à prendre leur essor. Il n'est pas rare d'en voir dans les appartemens ; elles volent autour de la lumière des bougies, où elles brûlent leurs ailes. Elles ont le vol vif et léger, et en marchant, elles semblent glisser, tant elles courent vite. Quand on les saisit, elles laissent aux doigts une odeur désagréable, qui y reste assez long-temps. On connoît une cinquantaine d'espèces de ces insectes, qu'on trouve presque tous en Europe : plusieurs sont remarquables par la couleur de leurs ailes, qui ressemblent à celles des phalènes.

FRIGANE STRIÉE, *Phryganea striata*, Linn.

Cette espèce, la plus grande de celles qu'on trouve aux environs de Paris, a environ onze lignes de longueur ; tout son corps est roussâtre ; elle a quelques poils bruns sur la tête et le corselet ; les antennes presque aussi longues que le corps ; les yeux noirs ; les ailes très-grandes, avec des nervures très-marquées d'un roux foncé ; les pattes longues et épineuses.

On la trouve au bord des eaux.

FRIGANE VERTE, *Phryganea viridis*, Geoff.

Elle a environ trois lignes et demie de long ; les antennes plus longues que le corps, entrecoupées de brun et de gris-blanc ; les yeux noirs ; la tête d'un beau vert clair ; le corselet vert, avec un peu de jaune en dessus et sur les côtés ; l'abdomen vert, sans taches ; les pattes d'un blanc argenté ; les ailes entièrement blanches.

On la trouve aux environs de Paris. (L.)

FRIGANE (FAUSSE). Degeer donne ce nom à des insectes que Geoffroy nomme *perle*, et M. Fabricius, *semblis*. *V.* PERLAIRES, NEMOURE et PERLE. (L.)

FRIGANITES ou PLICIPENNES, *phryganites*. Famille d'insectes, de l'ordre des névroptères, ayant pour caractères : ailes inférieures beaucoup plus larges que les supérieures, plissées ; mandibules presque nulles ; tarses à cinq articles ; antennes longues et sétacées. Ces insectes ont été nommés par Réaumur, *mouches papilionacées*. *V.* les genres FRIGANE et SÉRICOSTOME. (L.)

FRIGARD. Nom sous lequel un épicier de Paris a vendu, pendant quelques années, des harengs à moitié cuits sur les bords de la mer, et ensuite marinés. On les trouvoit exquis, dit-on, et cependant le commerce en est tombé. On ne sauroit trop cependant recommander cette manière de préparer le poisson, manière qui n'a les inconvéniens ni des salaisons, ni des fumaisons, et qui conserve au poisson toute sa saveur pendant au moins six mois.

La méthode à suivre consiste à ouvrir le poisson aussitôt qu'il est pris, et, après l'avoir vidé et bien lavé, à le faire cuire à moitié ou dans le four, ou dans l'eau de mer ; ensuite, quand il est encore chaud, à le jeter dans un tonneau défoncé par un bout, et à moitié plein de vinaigre. Au bout de vingt-quatre heures, on le retire de ce vinaigre, on l'encaque légèrement dans de petits barils, en le saupoudrant de quelques poignées de sel, et le parsemant de feuilles de laurier ou de thym ; puis on l'arrose de nouveau vinaigre jusqu'à ce qu'il n'en puisse plus absorber, et on ferme le baril.

Ce qui a fait renoncer à cette excellente méthode, est probablement la difficulté de cuire les poissons toujours au même degré. Lorsqu'ils sont trop cuits, ils se racornissent et deviennent durs sous la dent ; lorsqu'ils ne le sont pas assez, ils se corrompent facilement. Il seroit probablement possible de trouver des moyens de surmonter cette difficulté. (B.)

FRIGERIO. L'un des noms du MICOCOULIER, en Italie. (LN.)

FRIGOULE. C'est le nom de l'AGARIC SOCIAL, qui se mange à Montpellier. (B.)

FRIGOULE. Nom du THYM, en Languedoc. (LN.)

FRIJOLES. *V.* FRISOLES. (LN.)

FRILLEUSE. Nom picard du ROUGE-GORGE. (V.)

FRIMAS. *V.* GIVRE. (PAT.)

FRINGEGO des Portugais. C'est le *pisonia aculeata*. (LN.)

FRINGILLE, *Fringilla*, Lath. Genre de l'ordre des oiseaux SYLVAINS et de la famille des GRANIVORES (*V.* ces mots). *Caractères :* bec moins épais que la tête, à bords droits, entier, brévi-cône, pointu ; mandibule supérieure couvrant les bords de l'inférieure, droite, rarement inclinée vers le bout, à palais creux et strié longitudinalement ; narines rondes, couvertes en tout ou en partie par des plumes très-courtes et dirigées en avant ; langue épaisse, arrondie, à pointe comprimée et bifide ; quatre doigts, trois devant, un derrière ; les extérieurs unis à la base ; l'interne libre ; les quatre premières rémiges à peu près égales entre elles et les plus longues de toutes.

On a réuni dans le même genre, les *tarins*, les *chardonnerets*, les *bengalis*, les *sénégalis*, les *serins*, les *linottes*, les *veuves*, les *pinsons*, les *moineaux*, etc., parce qu'ils présentent, dans la forme du bec, une analogie commune. Tous ces oiseaux dépouillent les graines de leur péricarpe avant de les avaler ; ils ont un jabot où elles se macèrent avant de passer dans le gésier ; et tous, à l'exception de la veuve à épaulettes, sont monogames. Mais leur genre de vie, les mœurs et l'instinct n'étant pas les mêmes pour tous, ils se divisent naturellement en petites familles ; ce dont on peut se convaincre en parcourant les divers articles qui les concernent.

Les espèces qui vivent entre les tropiques et dans les régions voisines, sont toutes sédentaires ; tandis que parmi celles des zones tempérées et glaciales, il en est qui abandonnent leur pays natal aux approches des frimas, pour chercher, dans des contrées plus méridionales, la nourriture dont les privent les glaces et les neiges. Les *tarins*, les *pinsons d'Ardenne* et la *linotte aux pieds noirs*, quittent alors les montagnes pour descendre dans la plaine, et s'éloignent plus ou moins de leur domicile d'été, selon que l'hiver est plus ou moins froid. Une partie de nos *pinsons*, de nos *friquets*, de nos *verdiers* se transportent alors plus au Sud, et semblent faire place aux individus des mêmes espèces qui viennent des régions boréales pour séjourner chez nous pendant la mauvaise saison : les *linottes*, les *chardonnerets*, les *moineaux* proprement dits, ne nous quittent en aucun temps. Quoique tous ces oiseaux soient granivores, il s'en trouve cependant parmi eux qui mangent des insectes ; tels sont les *moineaux*, les *friquets*, les *pinsons* et quelques *sénégalis* ; mais ordinairement ils n'en font usage que pour nourrir leurs petits, et dès que le bec de ceux-ci a acquis la force nécessaire pour concasser les graines, ce n'est plus pour eux un aliment préféré. J'ai observé que les *chardonnerets*, les *linottes*, les *serins* ne touchent aux insectes en aucun temps. Il en est de même du *bouvreuil* et du *verdier*. Ils élèvent leur jeune famille avec les semences tendres du mouron, du séneçon et de quelques autres plantes précoces. Tous font remonter du jabot la nourriture qu'ils lui destinent, tant qu'elle ne se compose que de graines ; car les entomophages l'apportent à leurs petits en tenant l'insecte dans le bec ou à l'entrée de l'œsophage.

Les espèces des zones tempérée et glaciale n'ont qu'une saison d'amour ; mais celles de la zone torride en ont plusieurs. Les unes nichent dans les buissons, les autres sur les arbres et plusieurs de celles-ci donnent à leur nid une forme élégante ; les *moineaux* et les *friquets* le construisent grossièrement dans les trous de murailles et d'arbres. La ponte est de quatre à six œufs, rarement unique, et souvent les *fringilles* en font deux, trois et quelquefois quatre, ce qui dépend de la chaleur plus ou moins prolongée des contrées qu'elles habitent. Tous ces oiseaux, à l'exception des *moineaux*, des *friquets* et de quelques espèces étrangères, ont un chant plus ou moins agréable, et il en est parmi eux dont le ramage plait presque autant que celui du *rossignol*. Tous s'accoutument facilement à l'esclavage, et beaucoup font l'ornement des volières.

Les caractères indiqués ci-dessus sont propres aux oiseaux de ce genre que j'ai pu déterminer, et probablement à une très-grande partie de ceux que les auteurs y ont classés ; mais tous n'ayant pas le bec des mêmes grosseur et longueur, et les uns l'ayant parfaitement conique, les autres un peu ovale, plusieurs plus ou moins aigu et comprimé latéralement à son extrémité, quelques-uns l'ayant un peu obtus, ou incliné vers le bout ; je les ai en conséquence divisés par sections, ainsi que je l'ai indiqué dans mon Ornithologie élémentaire. Ces sections renferment les seules espèces que j'ai vues en nature, ou figurées d'une manière qui m'a paru ne rien laisser à désirer. Quant aux autres *fringilles* des auteurs que je ne connois que d'après leur description, je les signale par une astérisque, et je les laisse sous les noms français qu'on leur a imposés, sans garantir qu'ils leur conviennent. En effet, l'on a appelé *moineaux* beaucoup d'espèces étrangères, très-peu connues et décrites trop succinctement pour juger sainement si ce sont plutôt des moineaux que des pinsons, des tarins, des linottes, des chardonnerets, etc. On peut en dire autant de celles qu'on a nommées *pinsons*, *linottes*, *serins*, *verdiers*. J'aurois peut-être agi d'une manière plus uniforme en donnant à tous ces oiseaux le nom francisé du genre, ainsi qu'à ceux qui ne portent aucune de ces dénominations, mais j'ai cru devoir m'en abstenir dans un Dictionnaire; pour ne pas jeter de la confusion dans les idées du lecteur, qui ne les trouveroit ainsi désignés dans aucun ouvrage d'ornithologie. Enfin, j'ai placé parmi les *fringilles* plusieurs espèces, telles que les *veuves*, les *moineaux à bec rouge du Sénégal* ou *diocho*, et le *foudi*, que Gmelin et Latham ont donné pour des *Emberiza;* j'en ai retiré d'autres espèces qui m'ont paru placées plus convenablement avec les *passerines*. *V*. ce mot.

Quoique à l'exemple de nos bons méthodistes, j'aie classé dans deux genres les *fringilla* et les *coccothraustes*, je trouve l'intervalle qui les sépare si peu prononcé que je crois qu'on pourroit les réunir dans un seul, comme l'a fait Illiger, en le divisant en plusieurs sections.

A. FRINGILLES *dont la pointe du bec est comprimée latéralement, plus ou moins allongée, grêle et très-aiguë* (chardonnerets, tarins, etc.)

Le CHARDONNERET, *Fringilla carduelis*, Lath., pl. enl., n.° 4, fig. Le bec du *chardonneret* et celui de notre *tarin* présentent un caractère dont je n'ai point fait mention ci-dessus, parce que je ne sais s'il peut être généralisé aux autres espèces de cette section. Le bord de la mandibule supérieure présente à sa base un angle en forme de dent obtuse. Cet attribut rapproche ces oiseaux des *sizerins*, qui ont deux dents pareilles sur la même partie du bec.

A une taille svelte et bien prise, à un plumage paré du velouté et de l'éclat des plus belles teintes, le chardonneret joint l'adresse, la docilité et une voix agréable; l'accord et la distribution des couleurs sont tels, qu'il ne cesse de plaire à tous les yeux, quoiqu'il soit très-commun. Il ne manque enfin à ce charmant oiseau, que d'être né dans un pays éloigné, pour être justement apprécié.

Dès les premiers jours du printemps, le mâle fait entendre sa jolie voix; mais c'est au mois de mai qu'il tire de son gosier les sons les plus doux; perché alors à la cime d'un arbre de moyenne taille, surtout d'un arbre fruitier, sur lequel ces oiseaux se plaisent le plus, il en fait retentir nos vergers dès la pointe du jour, et son chant ne finit qu'au coucher du soleil. Il le continue ainsi jusqu'au mois d'août; mais il l'interrompt lorsqu'il a des petits; comme il a pour eux beaucoup d'attachement, les soins paternels remplissent tous ses momens. Il les nourrit avec des graines tendres, telles que sont alors celles du séneçon, du mouron, de la laitue et autres plantes. L'on prétend qu'il leur donne aussi des chenilles, de petits scarabés et autres insectes; mais je crois que les chardonnerets ne sont que granivores, ainsi que la *linotte*, le *serin*, etc.; c'est pourquoi ils nichent plus tard que les *moineaux*, *bruants* et *pinsons*, qui élèvent leurs petits avec des insectes, leur portent la becquée et ne dégorgent pas : lorsque ses petits sont plus avancés en âge, il y joint des graines d'une digestion plus laborieuse; cependant il les fait toujours ramollir dans son jabot, pour les dégorger, comme font les *canaris*. Il est tellement attaché à sa progéniture, que renfermé avec elle dans une cage, il continue d'en avoir soin; et ce à l'époque où la liberté est si chère aux oiseaux, que très-peu survivent à sa perte; mais afin qu'il les amène à bien, il faut lui donner en abondance le séneçon, le mouron, et surtout de la graine de *chardon*, qui est sa nourriture favorite, et d'où lui vient son nom; aussi les oiseleurs qui lui tendent divers piéges, s'en servent-ils pour appât. Lorsque la femelle couve, le mâle se tient et chante sur un arbre voisin; il s'en éloigne rarement, à moins qu'il ne soit inquiété; alors il s'écarte, mais pour peu de temps; car c'est de sa part une petite feinte, afin de ne pas déceler son nid; et si l'on persiste, il ne tarde pas à revenir. La femelle montre encore un attachement plus grand pour ses petits; rien ne peut la distraire de l'incubation; sa constance est vraiment admirable; elle brave tout, vents impétueux, pluies d'orage, grêle épaisse, pour garantir ses œufs, surtout au moment où ils sont prêts à éclore. Le mâle ne la quitte pas; il l'accompagne dans toutes les courses qu'exige le besoin d'alimens ou la construction du nid; mais il ne partage pas ce travail ni l'incubation; il veille seulement à sa sûreté lorsqu'elle est à terre, soit pour chercher sa nourriture, soit pour choisir les matériaux nécessaires au berceau de ses enfans, et se perche toujours sur la branche la plus voisine. Cette femelle donne à son nid plus de solidité, une forme mieux arrondie, et même plus élégante que le pinson; elle le pose ordinairement sur les arbres fruitiers, et choisit les branches les plus foibles; cependant on en trouve dans les taillis et buissons épineux; elle emploie, pour le dehors, de petites racines, de la mousse fine, et le duvet de certaines plantes, qu'elle recouvre de lichens; l'intérieur est composé d'herbes sèches, de crin, de laine et de plumes les plus duveteuses; c'est sur cette couche qu'elle dépose cinq à six œufs blancs, et tachetés de brun rougeâtre vers le gros bout. Cette espèce ne fait son nid que vers le milieu du printemps; cependant elle fait trois couvées, dont la dernière est en août. Les jeunes ne peuvent se suffire à eux-mêmes que long-temps après leur sortie du nid; aussi il faut de la patience lorsqu'on veut les élever. L'on prétend que les meilleurs sont ceux qui naissent dans les buissons épineux et ceux qui proviennent des dernières nichées; ils sont, dit-on, plus gais, et chantent mieux que les autres. Il faut les prendre au nid, lorsque toutes leurs plumes sont poussées, et les nourrir avec la composition suivante: on pile ensemble des échaudés, des amandes mondées et de la graine de melon ou bien des noix, ou du massepain: de la pâte qui résulte de ce mélange, on fait des boulettes comme de petits grains de vesce; on les donne une à une avec la brochette jusqu'à trois ou quatre de suite, à chaque jeune oiseau, auquel on présente ensuite l'autre bout de la brochette, garni d'un peu de coton trempé dans l'eau. Lorsqu'ils commencent à manger seuls, on les nourrit de chènevis broyé avec de la graine de melon et de panis; et quand ils sont forts, on leur donne du chènevis. Cette pâte, d'une composition très-compliquée, pourroit être remplacée par une autre, que tout le monde peut faire aisément. Elle est composée de chènevis et de navette broyés, de mie de pain et de jaune d'œuf, le tout délayé dans un peu d'eau, et on leur donne la becquée comme l'on fait aux serins: lorsqu'ils mangent seuls, on doit supprimer le chènevis et le remplacer par le millet, surtout si on en destine pour les accoupler avec les *canaris*. Avec cette nourriture, ces oiseaux jouissent d'une meilleure santé et vivent plus long-temps. Olina dit que les jeunes qui sont à portée d'entendre des linottes, des serins, etc., s'approprient leur chant; d'autres disent qu'ils ont plus de disposition à prendre celui du roitelet. Les oiseleurs prétendent que parmi les chardonnerets pris au filet, l'on doit regarder comme meilleurs chanteurs ceux qui ont les six pennes intermédiaires de la queue terminées de blanc, et qu'ils désignent par le nom de *sixains*. Ceux qui en ont huit, sont appelés *huitains;* et ceux qui n'en ont que quatre, *quatrains;* mais ces derniers sont, disent-ils, ceux qui chantent mal. Ces distinctions sont sans aucun fondement, et ne tournent qu'à l'avantage des marchands d'oiseaux, parce qu'ils vendent les *sixains* à un prix double de celui des autres; mais ils se donnent bien de garde de dire que ces taches varient sur le même individu pendant l'été, et que celui qui étoit *sixain* au printemps, ne l'est plus au mois d'août; souvent même après la mue, le *sixain* devient *quatrain*. Sur l'oiseau sauvage, toutes ces taches disparoissent en grande partie depuis le mois de juin jusqu'en septembre; alors toutes les pennes, a l'exception des latérales, sont noires; il en est de même pour les taches qui sont sur les pennes des ailes; souvent en septembre, il n'en existe plus aucune trace, mais elles reparoissent toutes avec les plumes nouvelles. Ce changement progressif n'a pas lieu en entier sur l'oiseau élevé en cage. Il reste toujours des taches blanches sur quelques pennes des ailes et de la queue.

Le chardonneret se ploie facilement à l'esclavage, et devient même familier. Son activité et sa docilité font qu'il se prête volontiers à mettre de la précision dans ses mouvemens, à faire le mort, à mettre le feu à un pétard, à exécuter diverses autres manœuvres, telles qu'à sauter sur une roue dans une cage, à y monter et descendre en volant, de tirer des petits seaux qui contiennent son boire et son manger; mais pour lui apprendre ce dernier exercice, que l'on nomme *galère*, il faut savoir l'habiller. L'habillement consiste dans une petite bande de cuir doux, de deux lignes de large, percée de quatre trous, par lesquels on fait passer les ailes et les pieds, et dont les deux bouts, se rejoignant sous le ventre, sont maintenus par un anneau auquel s'attache la chaîne du petit *galérien*. Cette chaîne a, à l'autre bout, un anneau passé dans le demi-cercle de bois qui lui sert de juchoir, et dont les deux bouts sont fixés dans la planche du fond. Sur cette planche il y a une petite glace en face du cercle, et au-dessous de celui-ci en est un autre d'un diamètre plus grand, pour que l'oiseau puisse monter et descendre à volonté. Les deux seaux sont suspendus avec une petite chaîne au cercle d'en haut; dans l'un est le manger et dans l'autre le boire, et ils sont arrangés de manière que l'un ne peut baisser sans tirer l'autre en haut. Alors il faut qu'il use d'industrie pour attirer à lui celui qu'il veut avoir. Le besoin de société pour le chardonneret, qui aime celle de ses pareils, paroît chez lui être de première nécessité. C'est pourquoi il se plaît à se regarder dans la glace, et qu'on le voit souvent prendre son chènevis grain à grain, et l'aller manger devant elle, croyant sans doute le manger en compagnie.

A d'autres *galères*, le miroir est supprimé, et est remplacé par une petite trémie close de tous les côtés, à l'exception d'une petite ouverture sur le devant, et fermée avec une bascule arrangée de manière qu'elle obéit au moindre attouchement et se referme d'elle-même. D'abord pour faire connoître à l'oiseau l'endroit où est sa nourriture, on tient la bascule à demi-ouverte, ensuite fermée aux trois quarts; trouvant alors une opposition, et voyant toujours la graine, il l'abaisse avec son bec; enfin, on la ferme totalement; il use alors de toute son adresse pour l'ouvrir, et la tient ouverte avec ses pieds, en les posant sur la partie inférieure. Quant à l'eau, elle est dans un petit seau attaché avec une chaîne à un des cercles; l'oiseau l'attire à lui, en saisissant la chaîne avec son bec, et en la retenant sous ses pieds jusqu'à ce qu'il ait étanché sa soif.

Le chardonneret, naturellement actif et laborieux, veut de l'occupation dans sa prison; et s'il n'a quelques têtes de pavots, des tiges de chènevis et de laitue à éplucher pour le tenir en action, il remuera tout ce qu'il trouvera. Un seul qui se trouve dans une volière où couvent des *serins*, s'il est sans femelle, suffit pour faire manquer toutes les pontes. Il se battra avec les mâles, inquiétera les femelles, détruira les nids, cassera les œufs. Cependant ces oiseaux, vifs et pétulans, vivent en paix les uns avec les autres, et n'ont de querelles que pour le manger et le juchoir, car tous veulent avoir, pour se coucher, le juchoir qui est au plus haut de la volière et le premier qui s'en empare, n'en veut point souffrir d'autres à ses côtés. Il faut, pour pouvoir les contenter tous, en placer à cette hauteur le plus qu'il est possible, ne donner aux juchoirs que la longueur nécessaire pour un seul oiseau, et les isoler tous les uns des autres.

Quoique les chardonnerets puissent s'accoupler en volière, cette union est rare et peu féconde. Il est vrai qu'on s'en est peu occupé, d'après la facilité d'en trouver en toutes saisons, autant que l'on en désire. Il ne faut, dit-on, qu'une seule femelle au mâle chardonneret, et tous deux doivent être libres, c'est-à-dire, dans une très-grande cage, et seuls; car en captivité le mâle s'apparie plus difficilement avec une femelle de son espèce qu'avec une femelle étrangère, par exemple, avec une serine; mais il est rare que la femelle chardonneret s'accouple avec le mâle canari. Ce n'est point la conformité du chant, encore moins celle du plumage, qui donne lieu à cet accouplement, mais parce que le chardonneret fait remonter de son jabot la graine pour la dégorger comme fait le serin, et que c'est de cette manière qu'il plaît à la femelle canari, la met en amour, et la nourrit lorsqu'elle couve; ce qu'on ne peut attendre du bruant, du pinson, etc., parce que ceux-ci portent souvent la becquée à leur femelle et à leurs petits: ce qui doit servir de règle pour tous les oiseaux de diverses races que l'on veut apparier ensemble. Quoique les couvées réussissent quelquefois entre une serine et un chardonneret sauvage, c'est-à-dire, pris au filet, néanmoins, lorsqu'ils ne sont pas dans une grande volière en plein air, il vaut mieux élever ensemble ceux dont on veut tirer de la race, accoutumer le chardonneret à la nourriture du serin c'est-à-dire le millet, l'alpiste et la navette, et ne les apparier qu'au bout de deux ans. Il seroit mieux aussi que la serine n'eût jamais été accouplée avec un mâle de son espèce, et qu'au printemps elle ne puisse ni le voir ni l'entendre, afin qu'elle l'oublie totalement, et puisse communiquer au chardonneret, naturellement froid, le feu dont elle brûle. Souvent sa première ponte sera d'œufs clairs, surtout si elle entre en amour dès les premiers beaux jours, époque où le chardonneret est encore loin d'y être; mais à la seconde, excité par ses agaceries, appelé si souvent par ses petits cris amoureux, il finit par s'échauffer; et une fois accouplé, il devient plus assidu auprès d'elle, et plus complaisant même qu'un canari; il partage alors tous les travaux du ménage, se tient presque toujours sur le bord du nid, et lui dégorge souvent de la nourriture tandis qu'elle couve; de plus, il l'aide à élever ses petits.

Le bec du chardonneret est sujet à s'allonger, surtout en captivité, au point même quelquefois qu'une mandibule dépasse tellement l'autre, qu'il ne peut saisir ses alimens: si elles s'allongent également, elles deviennent très-aiguës, et il en résulte un autre inconvénient; car, soit en dégorgeant la nourriture dans le bec des petits ou de sa femelle, soit en donnant à celle-ci des preuves de son amour, il arrive souvent qu'il les blesse, même grièvement. Pour prévenir cet accident, il faut les égaliser et les émousser avec des ciseaux.

Les *métis*, appelés vulgairement *mulets*, sont plus robustes que les serins, vivent plus long-temps, et ont un chant plus éclatant; mais, dit Buffon, ils adoptent difficilement le ramage artificiel de notre musique; d'autres prétendent, au contraire, qu'ils apprennent aisément les airs de serinette et de flageolet. Ces métis ressemblent au mâle par la forme du bec, par les couleurs de la tête et des ailes, et à la femelle par le reste du corps. Il résulte quelquefois de cette alliance, de belles variétés, surtout si la serine est de la belle race des *panachés*. J'ai eu long-temps un métis pris au filet, que je présume, d'après sa taille, ses couleurs et son chant, être le résultat de l'union d'un verdier mâle et d'une femelle chardonneret. Ce métis, pris au mois d'octobre, étant toujours resté très-sauvage, et s'étant très-peu familiarisé avec la cage, ne me paroît pas être le fruit d'une alliance forcée, mais d'une alliance faite en pleine liberté. Malgré son caractère farouche, il céda aux impressions de l'amour, et s'accoupla avec une serine;

mais il n'en est rien résulté. Cependant l'on prétend que tous ces métis ne sont pas inféconds, et que la seconde génération se rapproche insensiblement de celle du mâle. Cette seconde génération est donc extrêmement rare, puisqu'on n'en voit jamais. Les métis, il est vrai, sont d'une complexion très-chaude et très-amoureuse, s'apparient facilement, soit avec les serins, soit entre eux. Cependant il n'en résulte que des œufs clairs; du moins, après plusieurs années de suite, je n'ai pu réussir, ni avec ceux-ci, ni avec ceux qui provenoient de la linotte et du tarin. Les femelles métis construisent leur nid beaucoup mieux que les serines, et sont de très-bonnes nourrices; elles peuvent remplacer celles-ci lorsqu'elles sont ou malades ou mauvaises mères.

A l'automne, les *chardonnerets* se rassemblent, vivent pendant l'hiver en bandes très-nombreuses, et fréquentent les endroits où croissent les chardons et la chicorée sauvage. Pendant les grands froids, ils se cachent dans les buissons fourrés; mais ils ne s'écartent guère des lieux où ils trouvent leur pâture. Quelquefois ils se mêlent avec les autres oiseaux granivores. Le chènevis est la graine qu'on leur donne pour les familiariser avec la cage; mais il seroit mieux d'y mêler le millet et la navette, et de varier leur nourriture; par-là on éviteroit les maladies dont ils ne sont atteints qu'en captivité; c'est à quoi l'on ne s'attache pas assez, tant pour eux que pour toutes les espèces d'oiseaux que l'on garde en volière. La variété des alimens les tient en bonne santé, allonge leurs jours, et les rapproche davantage de leur état naturel.

Les maladies auxquelles cet oiseau est plus sujet, sont: l'*épilepsie* ou *mal-caduc*, dont il tombe dans le temps où il est le plus en amour et où il chante le plus fort; le *gras-fondure* ou inflammation du bas-ventre; enfin, la *mue* est pour lui une maladie mortelle. Le mal-caduc provient, selon Salerne, d'un très-petit ver qu'il a dans la cuisse, quelquefois très-long, angulaire et logé entre la peau et la chair; quelquefois il sort de lui-même en faisant une ouverture; quelquefois même l'oiseau le tire avec son bec, quand il peut le saisir. Pour moi, j'attribue l'épilepsie au chènevis, seule nourriture que l'on donne à ces oiseaux; maladie qui attaque aussi les *serins*, les *bouvreuils*, dès qu'on les borne à ce seul aliment, et à laquelle le *chardonneret* est très-rarement sujet lorsqu'il est totalement privé de cette graine. Quoi qu'il en soit, le mal-caduc est pour lui, comme dit l'auteur du *Traité des Serins*, une maladie très-violente, et si dangereuse, que souvent, en moins d'un demi-quart-d'heure, il en meurt. Quand elle lui prend, il tombe, après avoir fait quelques mouvemens fort précipités, tout étendu dans sa cage, les deux pieds en l'air et les yeux renversés ; si on ne lui apporte un prompt secours, il rend les derniers soupirs. De tous les remèdes, le plus sûr, et celui qu' réussit le mieux, est de le prendre promptement et de lui couper, avec des ciseaux, l'extrémité des ongles, et surtout celui de derrière. Il en sort quelques gouttes de sang; on lui lave ensuite les pieds plusieurs fois dans du bon vin blanc tiède. Si c'est en hiver, on lui en fait avaler aussi quelques gouttes, en y mettant un peu de sucre fondu. Ce remède soulage l'oiseau; il reprend de nouvelles forces, et jouit, peu d'heures après, d'une santé aussi bonne que celle qu'il avoit auparavant. L'on recommande encore de ne jamais les laisser sans un morceau de plâtre suspendu dans leur cage de manière qu'ils puissent le becqueter facilement. Enfin, quand ces oiseaux sont bien soignés et tenus proprement, ils éprouvent moins de maladies, vivent seize à dix-huit ans, et même plus.

L'espèce du *chardonneret* est répandue dans presque toute l'Europe, et dans quelques parties de l'Asie et l'Afrique; elle se trouve en Grèce, où elle porte le nom de *karedreno ;* quoiqu'elle ne soit ni de passage, ni voyageuse, elle ne reste pas toute l'année sur la plupart des îles de l'Archipel; elle préfère les plus grandes ainsi que les terres du continent voisin, sans doute parce qu'elle y trouve des abris plus sûrs et plus agréables.

Le mâle a le sinciput, les joues et le haut de la gorge d'un rouge éclatant, bordé de noir sur les parties antérieures: le sommet de la tête et l'occiput noirs; le dessous du cou et le dos d'un brun rougeâtre, plus clair sur le croupion et les couvertures de la queue; les côtés de la tête, du cou, le ventre, blancs; les petites couvertures, les pennes des ailes et de la queue noires; les grandes couvertures moitié jaunes, et les pennes alaires, à l'exception de la première, de cette même couleur sur le côté extérieur; l'aile, lorsqu'elle est dans son état de repos, présente une suite de points blancs ; les côtés de la poitrine ont une teinte rougeâtre ; la queue est un peu fourchue; le bec blanc et noir à son extrémité ; les pieds sont bruns.

La femelle diffère en ce que les couleurs sont moins vives, le noir de la tête et des petites couvertures est d'un brun noirâtre, et le rouge est un peu orangé.

Les jeunes n'ont des vieux que le jaune des ailes, les taches blanches des pennes et de celles de la queue: leur plumage est un mélange de blanc sale et de gris, ce qui les a fait appeler *grisets ;* le bec est d'un brun clair.

Peu d'espèces présentent autant de variétés que celle-ci : outre celles qui proviennent d'alliances forcées, il en est d'autres qui sont dues à la nourriture, au chènevis surtout, à l'âge et à la domesticité.

Le *chardonneret à sourcils et front blancs*. Cet oiseau est blanc où les autres sont rouges; sur des individus cette couleur remplace le noir de la tête. Sur quelques-uns le rouge est nuancé de jaune, et le noir paroît à travers ces couleurs. Le *chardonneret à tête rayée de rouge et de jaune*, a été trouvé en Amérique. Le *chardonneret à capuchon noir* n'a que de petites taches rousses sur le front; le dos et la poitrine sont d'un brun jaunâtre, l'iris est jaunâtre, le bec et les pieds sont couleur de chair. Le *chardonneret blanchâtre* a la queue et les ailes d'un cendré-brun; le dessus et le dessous du corps blanchâtres, et le jaune des ailes pâle. Parmi les *chardonnerets blancs* (pl. enl. n.º 4, fig. 2), l'on voit des variétés totalement blanches; d'autres, ce sont les plus rares et les plus belles, ont la tête rouge et les ailes bordées de jaune. Sur le corps de plusieurs, les teintes sont plus ou moins mélangées de blanc. Parmi les *chardonnerets noirs*, les uns sont totalement noirs, d'autres ont leur plumage varié de cette couleur. Ces variétés sont dues aux effets du chènevis, lorsqu'on le leur donne sans aucun mélange. Il a la même influence sur le plumage du *bouvreuil* et même de l'*alouette*; mais cette teinte n'est pas fixe, car l'on a vu des *chardonnerets* reprendre leurs couleurs primitives après la mue, et d'autres qui étoient totalement noirs, n'avoir plus que très-peu de plumes de cette teinte. Ces changemens d'une mue à l'autre sont plus sensibles, lorsqu'au chènevis l'on fait succéder le millet et l'alpiste.

Chasse. — Les *chardonnerets* sont peu méfians et donnent dans tous les pièges; mais ils ne se prennent point à la pipée. Pour faire de bonnes chasses, il faut avoir pour *appelans* des mâles bons chanteurs. On les prend de diverses manières, à l'*arbret* (*V.* Bouvreuil); avec des *nappes* ou *filets à alouettes*, mais à petites mailles; au *trébuchet*, dans les *tendues* d'hiver, et avec un filet ou *rets-saillant*. Ce filet se tend indistinctement en divers endroits, au bord d'un ruisseau ou d'une eau stagnante, dans une allée de jardin, dans une cour. Cette chasse est très-commode, parce qu'elle exige peu de place, et que le filet se tire facilement sans qu'on ait besoin d'appeau ou de réclame; il doit avoir la qualité et la grandeur d'une des parties de ceux qui servent aux *alouettes*, mais les mailles plus petites; plus il est large, meilleur il est; on lui donne, pour l'ordinaire, neuf ou dix pas de longueur; on nettoie une petite place pour faire une aire; on y place le filet en long; on le fixe avec deux chevilles, l'une à la tête et l'autre au pied; on l'étend et on l'élargit; quand on veut le ployer, on l'approche de la partie distendue, et on attache aux deux bouts deux bâtons qu'on arrête à terre avec un peu de ficelle liée çà et là à deux autres chevilles, qui font leur effet en tirant la corde à la partie repliée : c'est ainsi qu'on élargit et qu'on détend totalement le filet. Pour le rendre stable, on tire par les deux bouts de la largeur du tiers ou au plus de la moitié, une corde en travers attachée à la seconde partie du filet repliée, et de l'attache du premier bâton doit partir la corde que l'oiseleur tirera aussi de travers. Cette corde sera arrêtée à une petite poulie ou à quelque cheville bien lisse, pour qu'elle puisse aller et venir aisément : l'oiseleur se tient couché ou caché, et quand il s'aperçoit que les oiseaux peuvent être recouverts par le filet, il le tire ; après avoir serré sa proie, il replie le filet, et le couvre de manière qu'il ne puisse pas être aperçu des oiseaux. On jette non-seulement des graines dans l'aire, mais on place aux environs des *moquettes* et des *appelans* en cage que l'on suspend à un pieu ou aux branches voisines, s'il y en a dans le voisinage pour attirer les oiseaux à la place qu'on a choisie, on jette à manger plusieurs jours d'avance : parmi les *appelans* on en met de différentes espèces, et même plusieurs ensemble à qui l'on ne donne que très-peu à manger, surtout si l'on fait cette chasse vers le soir, afin qu'ils crient et se disputent le peu d'alimens qu'ils ont, comme ils font lorsqu'ils pâturent en commun ; on tient aussi en l'air quelques *appelans*, attachés comme le *chardonneret* à la *galère*, et de ceux qui fréquentent ordinairement le canton ; on envoie dans les environs des enfans pour faire lever les oiseaux et les tourner de manière qu'ils dirigent leur vol vers le filet.

La chasse usitée en Lorraine, est celle que l'on nomme *chasse aux chardons* ; on la fait avec deux plumes ébarbées de poulet ou de pigeon que l'on passe l'une dans l'autre en santoir, après en avoir fendu une dans son milieu, et y avoir fait passer la seconde. On enduit de glu une partie de ces santoirs, et on les pose sur les têtes des chardons, et surtout des *chardons à foulon*, que les *chardonnerets* préfèrent ; on place auprès un mâle chanteur dans une cage couverte de branches ; il appelle les oiseaux de son espèce qui viennent se poser et se prendre sur les santoirs englués.

Le Chardonneret acanthe ou perroquet, *Fringilla psittacea*, Lath., pl. 32 des Oiseaux chanteurs. La Nouvelle-Calédonie possède ce *chardonneret*, dont le plumage plaît autant, quoique moins varié, que celui du nôtre. Deux couleurs principales règnent sur son vêtement : un beau rouge écarlate domine sur la partie antérieure de la tête, les joues, la gorge, le croupion et la queue : un vert de perroquet (c'est sans doute d'après cette couleur qu'on lui en a donné le nom) couvre le reste de la tête, le dessus, le dessous du corps, le bord extérieur des pennes alaires, dont un brun cendré teint l'autre partie; la queue est cunéiforme et brune à l'extérieur; le bec noir: la taille de ce charmant chardonneret ne surpasse pas celle du *sénégali rayé*.

Le CHARDONNERET D'AMÉRIQUE ou du CANADA. *V.* CHARDONNERET JAUNE.

Le CHARDONNERET ÉCARLATE, *Fringilla coccinea*, Lath., pl. 31 des Oiseaux chanteurs, se trouve dans les îles de Sandwich. Tout son plumage est d'un orangé foncé, très-brillant et tendant à la couleur écarlate; cette belle teinte borde les pennes des ailes et de la queue qui, dans le reste, sont noirâtres; le bec est d'un brun pâle, et les pieds sont noirs; taille du chardonneret d'Europe.

Le CHARDONNERET JAUNE, *Fringilla tristis*, Lath., pl. enl. 202, f. 2, le mâle sous son habit d'été. Cette espèce se trouve en Amérique, depuis le Canada jusqu'à la Caroline et probablement jusqu'au Mexique; mais elle est rare aux deux extrémités, c'est-à-dire, au nord et au sud des Etats-Unis, et très-commune dans l'état de New-Yorck. Cet oiseau est bien le vrai représentant de notre chardonneret dans cette partie du nouveau continent: même cri, mêmes habitudes, même nourriture; mais il en diffère par les couleurs et une taille un peu inférieure; de plus, il subit deux mues par an, l'une à l'automne, et l'autre au printemps. Après la première, il y a peu de différence dans le plumage du mâle et de la femelle; après la seconde, le mâle a le bec rougeâtre; le front noir; le reste de la tête, le cou, le dos et la poitrine d'un jaune éclatant; le ventre, les cuisses, les couvertures supérieures et inférieures de la queue d'un blanc jaunâtre; les petites couvertures des ailes jaunes à l'extérieur, blanchâtres à l'intérieur, et terminées de blanc; les grandes, noires et terminées de même; ce qui forme deux raies transversales sur les ailes, dont les pennes ont une frange blanche à l'extrémité; celles de la queue sont noires en dessus et cendrées en dessous; les latérales sont blanches à l'intérieur, vers le bout, et toutes sont terminées par un liseré blanc.

La femelle se distingue facilement par sa tête et le dessus de son corps qui sont d'un vert-olive, par les raies transversales des ailes qui sont plus sombres, par le dessous du corps qui est plus pâle, par son ventre blanc et par son bec brun. Les jeunes lui ressemblent; cependant leurs couleurs sont plus ternes. Les jeunes mâles ne prennent la livrée des adultes qu'au printemps; mais elle n'acquiert de l'éclat qu'après la 3.e mue.

Les individus représentés sur la pl. enl. de Buffon, n.° 292, fig. 1 et 2, sous la dénomination de *tarins de la Nouvelle-Yorck*, sont des mâles sous leur plumage d'hiver.

Cette espèce niche sur les arbres et place son nid à l'extrémité des branches. Il est fait avec autant d'art que celui de notre chardonneret, et présente une forme aussi élégante. La ponte est de quatre œufs, d'un gris-de-perle. Cet oiseau porte, au Mexique, le nom de *coztotolt*. Les Espagnols de cette contrée l'appellent *canari*.

Le Chardonneret olivarez, *Fringilla magellanica*, Vieill.; *Fringilla spinus*, Var., Lath., pl. 30 des Oiseaux chanteurs. Cette espèce est répandue dans le sud de l'Amérique jusqu'au détroit de Magellan. M. de Azara l'appelle *gafarron*. Les Espagnols de Buenos-Ayres le nomment *gilguero*, et les Guaranis, *paruchi*. Elle ne fréquente ni les bois ni les campagnes; elle s'approche des habitations en hiver, et se plaît dans les jardins. Elle fait son nid dans les halliers. La ponte est composée de trois ou quatre œufs blancs. A Buenos-Ayres où ces chardonnerets sont communs, ils nichent en cage.

Le mâle a la tête, la gorge, la moitié des pennes alaires et caudales noires; cette couleur forme deux bandes transversales sur l'aile, dont la partie antérieure est jaune, de même que le milieu des couvertures, le dessus et le devant du cou, la poitrine et les parties postérieures, l'autre moitié des ailes et de la queue; le reste du plumage olivâtre ou d'un brun verdâtre; le bec cendré; la prunelle bleuâtre, et les pieds d'un gris noirâtre. Le mâle, décrit par M. de Azara, diffère en ce qu'il a du jaune sur les côtés de la tête, et qui va jusqu'aux oreilles, et le bec noirâtre. Les femelles ont le dessus de la tête d'un gris-brun; les joues, la gorge et tout le devant du corps, jaunes; le dos, le croupion, les couvertures supérieures de la queue et des ailes, variés de brun et d'olivâtre; les pennes des ailes et de la queue noirâtres; des individus du même sexe ont le dessus de la tête d'un vert-olive, et nulle trace de brun sur les parties supérieures du corps. Longueur totale, quatre pouces et demi.

Le Chardonneret perroquet. *V.* Chardonneret acalanthe.

Le Chardonneret de Suède ou a quatre raies, *Fringilla lulensis*, Lath. Cet oiseau, qu'on a trouvé en Suède, vers le golfe de Bosnie, n'est point un Chardonneret ni une espèce particulière, c'est, selon M. Meyer, une jeune femelle de l'espèce du *pinson d'Ardennes*.

Le Chardonneret vert, *Fringilla melba*, Lath., pl. 272, le *mâle*; 128, la *femelle* (*Oiseaux d'Edwards*.) L'on est incertain sur le pays qu'habite cet oiseau: selon Linnæus, il se trouve à la Chine; et Edwards, qui l'a vu vivant à Londres, dit que c'est au Brésil. Le mâle a le bec d'un rouge pâle, l'espace entre ce bec et l'œil nu et bleuâtre; le front, la gorge, les couvertures supérieures et les pennes de la queue d'un rouge vif; le derrière de la tête, le dessus du cou, le dos et le croupion d'un vert jaunâtre; les couvertures supérieures et les pennes secondaires des ailes verdâtres et bordées de rouge; le dessous du corps rayé transversalement de brun, sur un fond qui est vert-olive sur la poitrine, et qui va toujours en se dégradant jusqu'au ventre qui est blanc; les couvertures inférieures de la queue sont d'un gris cendré, ainsi que les pieds : grosseur du *chardonneret commun*.

Le bec de la femelle est jaune pâle; le dessus de la tête et le dessus du cou sont cendrés, et les ailes d'un vert jaunâtre, sans aucune teinte de rouge; elle diffère encore en ce qu'elle a les pennes de la queue brunes, et bordées à l'extérieur d'un rouge vineux; les couvertures inférieures blanches; les plumes du dessous du corps bigarrées de rouge, de vert-jaune pâle, de blanc et de brunâtre, et les pieds couleur de chair.

La Linotte de montagne, *Fringilla montium*, Lath., pl. 10 de Frisch, sous le nom de *linotte à gorge jaunâtre*. Cet oiseau, que l'on a confondu tantôt avec le *cabaret*, tantôt avec la *linotte proprement dite*, et qui se trouve en double emploi dans presque tous les ouvrages d'ornithologie, est une espèce très-distincte, non-seulement par son plumage, mais encore par son genre de vie, son chant et son cri. Le mâle a la tête, le dessus du cou, le dos et les plumes scapulaires variés de brun foncé et de roussâtre; cette dernière teinte ne s'étend que sur le bord de la plume; les couvertures supérieures des ailes brunes et terminées de roux, ce qui donne lieu à deux bandes transversales; les pennes noirâtres; les primaires frangées de blanc à l'extérieur; les pennes de la queue pareilles, mais les huit latérales sont bordées de blanc; le croupion d'un rouge cramoisi, pur pendant l'été, moins éclatant, et rayé longitudinalement de brun pendant l'hiver; les joues, la gorge, le devant du cou roux; les côtés variés de brun; le ventre et les parties postérieures d'un blanc un peu lavé de roussâtre; la queue très-fourchue; le bec jaunâtre dans l'hiver, blanc dans l'été; les pieds et les ongles noirs. Longueur totale, cinq pouces quatre à six lignes. La femelle ne diffère du mâle que par son croupion roux et par une bordure blanche plus étroite dans l'aile et dans la queue.

Cette espèce se trouve non-seulement en Angleterre, mais encore en Allemagne et en France où elle se montre depuis l'automne jusqu'au printemps. Elle ne pénètre guère dans nos contrées septentrionales que tous les cinq ou six ans ; elle y arrive, tantôt par troupes très-nombreuses, tantôt par familles de vingt ou trente individus, quelquefois en moindre quantité. On dit qu'elle niche sur les montagnes de la Suisse ; mais on n'en a pas de preuves positives.

Les Anglais l'appellent *linotte française*, parce qu'ils croient qu'elle vient de nos contrées, lorsqu'elle paroît aux environs de Londres. Son chant est presque aussi agréable que celui de la linotte commune. On s'est trompé en lui donnant plus de grosseur qu'à celle-ci, et elle n'est pas du double plus grande que la petite linotte de vigne (*Fringilla linaria*), comme le dit Brisson, qui ne la décrit pas d'après nature, puisqu'elle n'a qu'environ six lignes de plus. La *linotte à pieds noirs* n'est point une variété de la linotte commune, ainsi que l'a cru Montbeillard, c'est un individu de l'espèce dont il vient d'être question. Enfin, des ornithologistes allemands rapprochent de la linotte de montagne le Pinson brun (*Fringilla flavirostris*) ; en effet, il a le bec de la même couleur, mais il en diffère essentiellement, si, comme le disent Latham et Gmelin, les plumes de la poitrine sont rouges à l'extrémité ; alors ce seroit plutôt un *sizerin*.

Le Serin de Mozambique, *Fringilla ictera*, Vieillot ; *fringilla canaria*, Var., Lath., pl. enl., n.° 364, fig. 1 et 2. Quoique cet oiseau soit une espèce distincte du *serin de Canarie*, les méthodistes ont trouvé à propos de le présenter comme une variété, probablement parce qu'il est connu sous le même nom au Cap de Bonne-Espérance ; mais il en diffère par la forme du bec, le chant et la taille, et n'a avec lui que quelques rapports dans les couleurs ; c'est pourquoi je le donne pour une espèce distincte, avec d'autant plus de motifs que j'en ai possédé plusieurs vivans. Ainsi que les *sizerins* en captivité, le mâle cherchoit, par ses caresses réitérées, à communiquer à la femelle ses désirs et ses feux, mais inutilement ; ce que j'attribue au défaut d'une chaleur convenable, car elle ne s'est jamais occupée de la construction du nid. Leur naturel est fort doux, et leur chant foible est loin d'avoir la mélodie de celui du serin.

Sa taille est au-dessous de celle de cet oiseau, et sa longueur de quatre pouces et demi ; le jaune est la couleur dominante des parties inférieures, du croupion, des couvertures supérieures de la queue et de celles des ailes, dont les pennes sont bordées de jaunâtre ; le brun règne sur les parties supérieures, et se réunit avec le jaune pour former des bandes alternatives sur la tête ; celle qui court sur le sommet de la tête est brune, ensuite deux jaunes surmontent les yeux ; puis deux brunes derrière, puis deux jaunes, et enfin deux brunes qui partent des coins du bec.

La femelle diffère du mâle en ce que ses couleurs sont moins vives, et que ses ailes et sa queue sont bordées de blanchâtre. Ces serins ont été transportés à l'Ile-de-France, où ils se sont naturalisés, et où ils sont connus sous le nom vulgaire d'*oiseaux du Cap*. (Commerson.)

Le TARIN proprement dit, *Fringilla spinus*, Lath., pl. enl., n.º 485, fig. 3, a quatre pouces neuf lignes de longueur; le sommet de la tête noir; l'occiput, le derrière du cou, le dos, les plumes scapulaires d'une couleur d'olive jaunâtre ; le croupion de cette même couleur, mais plus décidée ; les petites couvertures du dessus de la queue jaunes ; les grandes d'un vert-olive, et terminées de cendré ; la gorge brune ; les joues, le devant du cou, la poitrine d'un jaune-citron ; le ventre d'un blanc un peu jaunâtre ; les plumes des côtés de cette dernière couleur, ainsi que les couvertures du dessous de la queue, avec un trait noir sur le milieu de la plume ; les petites couvertures du dessus des ailes d'un vert-olive ; cette teinte termine les moyennes, qui sont en grande partie noires, de même que les grandes; ce qui forme sur chaque aile deux bandes d'un vert olivâtre ; les pennes noirâtres et bordées à l'extérieur d'olivâtre ; les deux intermédiaires de la queue pareilles ; les latérales jaunes, terminées de noirâtre et bordées de gris ; le bec blanc, noirâtre à sa pointe ; les pieds gris ; la femelle a la gorge blanche, et les plumes noires de la tête bordées de gris. Longueur totale, quatre pouces quatre à cinq lignes.

Les *tarins*, oiseaux de passage, ont dans leurs émigrations le vol élevé, de manière qu'on les entend plutôt qu'on ne les aperçoit. Ils sont très-nombreux dans les provinces méridionales de la Russie, et très-communs en Angleterre pendant l'hiver ; là, comme ailleurs, ils se plaisent dans les lieux plantés d'*aulnes*. Ils arrivent dans nos contrées vers le temps des vendanges, se portent ordinairement plus au midi, et reparoissent lorsque les arbres sont en fleurs ; mais ils n'y restent point pendant l'été, puisqu'on n'y en voit point dans cette saison ; il est probable qu'ils se retirent dans des pays plus septentrionaux ou dans les grandes forêts situées sur les hautes montagnes ; ce qui est confirmé par Sonnini dans son édition de l'*Histoire naturelle de Buffon*. « Je sais, dit-il, à n'en pouvoir douter, que les tarins nichent sur les plus hautes montagnes des Vosges lorraines, et particulièrement sur celle que l'on appelle le Donon. Ils passent dans la plaine au printemps, pour se rendre à cette chaîne de montagnes, aussi bien qu'en Suisse et en Franche-Comté ; ils en descendent après les couvées, en septembre et octobre. » Ces individus qui nichent dans le Nord, le font à la cime des pins et des sapins. La ponte est de quatre ou cinq œufs d'un gris-blanc, et tachetés de rouge.

Les tarins ont, dans leurs habitudes, des rapports avec les *serins ;* comme eux ils se suspendent à l'extrémité des branches, et préfèrent la graine de l'*aulne ;* ils se rapprochent des *chardonnerets*, en leur disputant la graine de chardon : le chènevis est pour eux une nourriture de choix, mais ils en paroissent, surtout en captivité, plus grands consommateurs qu'ils ne le sont en réalité, par l'habitude qu'ils ont d'écorcher une grande quantité de graines sans les manger. Dans leur passage en Allemagne, en octobre, ils portent préjudice aux propriétaires des houblonnières en mangeant alors les graines de houblon ; en France ils font tort aux pommiers en pinçant leurs fleurs.

Le chant du *tarin* n'est point désagréable, mais il est très-inférieur à celui du *chardonneret ;* on lui accorde la faculté de s'approprier assez facilement le ramage du *serin*, de la *linotte*, etc., s'il est dans le premier âge et à portée de les entendre ; de plus, il a un cri particulier qu'il jette souvent, et qui est pour ces oiseaux celui de rappel. Quoique pris dans l'âge adulte, il s'apprivoise facilement et devient même aussi doux qu'un *serin ;* d'un naturel docile, il apprend à aller à la galère, et on peut même l'accoutumer à venir se poser sur la main au bruit d'une sonnette ; il ne s'agit que de la faire sonner dans les commencemens chaque fois qu'on lui donne à manger. Vif et gai, il est toujours éveillé le premier dans la volière, et est aussi le premier à gazouiller et à mettre les autres en train ; aussi les oiseleurs l'appellent vulgairement *boute-en-train*. Ce petit captif a les mœurs si douces, qu'il ne cherche querelle à aucun de ses compagnons, et cède assez promptement quand on lui en intente ; mis dans une volière où il y a plusieurs oiseaux d'espèces différentes, il en prend un en affection, lui dégorge la nourriture ; mais il donne la préférence à ceux de sa race, mâle ou femelle.

On a remarqué qu'il y a une grande sympathie entre le tarin et le *serin ;* elle est telle, que si on lâche un tarin dans un endroit où il y ait des *canaris* avec d'autres oiseaux, il ira droit à eux, s'en approchera autant que possible, et que ceux-ci le rechercheront avec empressement. Le mâle ou la femelle s'apparie facilement avec eux ; l'on prétend même que la femelle le fera plutôt que le mâle, qui cependant, lorsqu'il a plu à une femelle *serine*, partage tous ses travaux avec beaucoup de zèle, aide à la construction du nid en lui portant les matériaux et les employant même; enfin, il ne cesse de lui dégorger sa nourriture, tandis qu'elle couve; mais, malgré toute cette bonne intelligence, il résulte souvent de leur union des œufs clairs. Le peu de métis qui en proviennent, tient du père et de la mère.

Les tarins en captivité vivent jusqu'à dix ans, et sont peu sujets aux maladies, si ce n'est à la *gras-fondure*, lorsqu'on ne les nourrit que de chènevis; c'est pourquoi il vaut mieux les accoutumer au millet et à la navette.

Chasse aux Tarins. — Un oiseau qui ne cherche point à nuire, et qui est sans défiance, donne plus facilement dans les piéges qu'on lui tend; tel est le tarin: il se prend à tous gluaux, trébuchets, filets, même aux piéges les plus grossiers. Une cage dans laquelle est un mâle pour servir d'appeau, et que l'on entoure de plusieurs bâtons de cinq à six pieds de long, et fichés à terre dans une position verticale; de petits gluaux couchés sur les bâtons et fixés dans des entailles que l'on y a pratiquées, sont tous les préparatifs de cette petite chasse, que l'on fait avec succès dans quelques cantons de la Lorraine.

On a observé dans l'espèce du tarin, une variété qui avoit le sommet de la tête jaunâtre, et le reste du plumage noir. Il suffit, pour que ces oiseaux noircissent, de toujours les nourrir avec du chènevis. On dit que ce tarin se trouve en Silésie. Montbeillard fait la description d'un autre qu'il soupçonne être un métis de tarin et de *canari*. Enfin, on donne pour variété de climats, le tarin *de la Nouvelle-Yorck*, pl. enl., n.° 292, fig. 1 et 2, mâle et femelle; mais c'est une méprise, car on ne trouve point notre tarin dans l'état de New-Yorck, et dans aucune autre contrée de l'Amérique septentrionale. Ces prétendus tarins sont des *chardonnerets jaunes*. Il est vrai qu'à une des époques où ceux-ci changent de plumage, on peut s'y méprendre. Le mâle figuré dans *Buffon*, est un vieux mâle chardonneret jaune en mue, et la femelle un autre mâle moins avancé en âge; c'est pourquoi ses couleurs sont plus foibles; cependant, tous les deux sont adultes, car les jeunes mâles de cette espèce ne prennent leurs couleurs distinctives qu'au printemps.

Le Tarin bleu d'acier, *Fringilla splendens*, Vieill., *fringilla nitens*, var. Lat., pl. 1, enl. de Buff., n.° 224, fig. 3, se trouve à Cayenne; il diffère de notre tarin en ce que son bec est caréné en dessus; il est totalement noir à reflets d'un bleu d'acier poli. Le bec et les pieds sont d'un noir mat; taille à peu près du *friquet*. On a donné cet oiseau pour une variété du *combasou*, appelé improprement *moineau du Brésil*, puisqu'il ne se trouve qu'en Afrique; mais la couleur et la forme de son bec suffisent, ainsi que la teinte des pieds, pour ne pas le confondre avec cet oiseau. En effet, chez ce tarin le bec est plus haut que large, caréné en dessus, à pointe droite grêle et comprimé, tandis que le *combasou* l'a blanc, arrondi en dessus à pointe inclinée et nullement comprimé. Enfin, celui-ci a un vrai bec de moineau. Ses pieds sont couleur de chair et son plumage jette des reflets, plus prononcés et plus éclatans.

Le VENTURON, *Fringilla citrinella; emberiza brumalis*, Lath. pl. enl. de Buff., 658, fig. 2. Cette espèce se trouve dans toute l'Italie, en Grèce, en Turquie, en Autriche, en Provence, en Languedoc, en Espagne, en Portugal et quelquefois en Lorraine: mais il y a des années où elle est fort rare dans nos contrées méridionales. Le mâle a un chant agréable et varié, mais moins beau et moins clair que celui du *serin* de Canarie. En Italie, cette espèce fait son nid non-seulement à la campagne, mais encore dans les jardins, sur les arbres touffus, particulièrement sur les *cyprès*, le construit de laine, de crin et de plume; la ponte est de 4 à 5 œufs. Le mâle s'allie facilement à la femelle canari, et il en résulte des métis dont la race ne peut, dit-on, se perpétuer.

Le plumage du venturon présente un mélange de brun et de vert jaunâtre sur la tête, le dessus du cou, le dos et les scapulaires; la couleur brune tient le milieu de la plume; la gorge, le devant du cou, la poitrine, le haut du ventre et les flancs sont d'un vert-jaune, mais plus clair sur le croupion et sur les couvertures supérieures de la queue, dont les inférieures sont blanchâtres, ainsi que le reste du ventre et des jambes: les petites couvertures des ailes sont vertes, les grandes, noirâtres et bordées de vert, de même que les pennes et celles de la queue; le bec est brun; les pieds sont couleur de chair pâle et les ongles noirâtres; taille inférieure à celle du *serin* de Canarie. Cette espèce est un double emploi, ayant encore été décrite sous le nom de *bruant du Tyrol*.

B. FRINGILLES, *dont le bec est à pointe courte et peu aiguë; paroissant (vu en dessus) dilaté et un peu aplati près du capistrum* (Bengalis et sénégalis.)

L'AZU ROUGE, *Fringilla bicolor*, Vieill., pl. 19, *des Oiseaux chanteurs*, est de la taille du grenadin et se trouve dans les mêmes contrées de l'Afrique. La tête, le cou, la gorge, le dos, le croupion et les couvertures supérieures de la queue sont d'un violet éclatant à reflets bleus; un trait bleu part du bec, enveloppe l'œil et le dépasse: les ailes sont d'un beau mordoré et bordées en dehors d'une nuance plus claire; les pennes caudales noires en dedans et frangées de bleu du côté extérieur; le bas-ventre et les couvertures inférieures de la queue de la dernière couleur, la poitrine, le ventre et le bec rouges, les pieds d'un rouge pâle.

Le BENGALI AMANDAVA OU PIQUETÉ, *Fringilla amandava*, Lath., pl. 1 et 2 des *Ois. chant.* L'*amandava* réunit tout ce qui peut plaire : à une taille élégante, à un ramage agréable, il joint un riche plumage, dont les couleurs varient plusieurs fois dans l'année, ce qui a donné lieu à des méprises ; telles que de le présenter, sous le nom de *bengali brun*, pour une espèce particulière ; de donner le mâle pour la femelle, lorsqu'il étoit sous son plus modeste vêtement. Il a dans sa jeunesse, la tête et toutes les parties supérieures de couleur brune ; la gorge blanchâtre ; le devant du cou et le dessous du corps de la même couleur chez les uns, d'un jaune sale chez les autres ; les couvertures des ailes parsemées de quelques points blancs ; les pieds jaunâtres et le bec brun. Lorsqu'il est dans la saison des amours, le bec, les pieds, la tête, le dessus et le dessous du corps, sont d'un rouge foncé ; cette teinte se rembrunit sur les pennes des ailes et se change en noir sur celles de la queue, dont les latérales sont terminées de blanc ; cette dernière couleur est encore indiquée par des points plus ou moins grands sur les paupières et sur toutes les couvertures alaires et caudales, sur les pennes secondaires et sur les flancs ; enfin, un trait noir est à l'origine de la gorge. Tel est l'oiseau représenté sur la pl. 1, indiquée ci-dessus. Le même, en habit d'hiver, pl. 2, a le dessus de la tête et du corps, les côtés du cou et le croupion bruns ; les plumes qui recouvrent la queue en dessus, d'un rouge rembruni ; le front, les joues et le menton, d'un jaune foible, teinté de rouge ; le devant du cou d'un gris-blanc lavé de jaune sale ; la poitrine, le ventre, les couvertures et les pennes des ailes, d'un brun foncé ; le bas-ventre et le dessous de la queue noirs ; les flancs, les couvertures supérieures de la queue et quelques pennes secondaires piquetées de blanc. Des individus ont encore des points pareils sur les côtés du cou ; d'autres ont des teintes plus ou moins foncées ; quelques-uns ont la poitrine et le ventre noirâtres ; sur plusieurs ces couleurs sont tellement mélangées pendant l'une ou l'autre mue, qu'on ne sauroit en donner une idée parfaite. Enfin, sur le même oiseau, et d'une année à l'autre, elles varient dans leurs nuances, et les points blancs ne conservent pas toujours leur même position. La femelle mue aussi plusieurs fois, et chaque mue est accompagnée d'un changement dans les couleurs, dans la distribution des points ; mais sa livrée est en tout temps moins belle que celle du mâle.

On trouve cette espèce au Bengale, à l'Ile-de-France, et dans diverses autres contrées des Grandes-Indes. La femelle est douée d'une faculté rare dans les oiseaux ; elle exprime ses désirs amoureux par un ramage qui n'est pas sans agrément, quoique moins fort et moins varié que celui du mâle.

Le BENGALI BRUN. *V.* BENGALI AMANDAVA.

Le BENGALI CENDRÉ, *Fringilla cinerea*, Vieill., pl. 6 des *Oiseaux chanteurs*, habite l'Afrique. Toutes ses parties supérieures sont d'un gris cendré, plus foncé sur les pennes alaires; le croupion, les pennes et les couvertures supérieures de la queue sont noirs, les couvertures inférieures blanches, ainsi que le bord des six pennes latérales; les joues, la gorge et le devant du cou, sont gris; cette couleur prend sur la poitrine et sur le haut du ventre, une teinte couleur de chair à laquelle succède sur la partie postérieure un rose vif qui s'étend jusqu'à l'anus; le bec, les sourcils et les pieds sont rouges; le dessus et le dessous du corps sont traversés par de très-petites lignes brunes. Taille du *Sénégali à ventre rouge*.

Le BENGALI CHANTEUR. *V.* ci-après l'article de la LINOTTE.

* Le BENGALI A COU BRUN, *Fringilla fuscicollis*, Lath. Cette espèce, qui habite la Chine, a le bec rouge; le sommet de la tête, le croupion et le bas-ventre, verts; un trait blanc près des yeux, et passant en arrière; la gorge d'un brun pâle; au-dessous d'elle une grande moucheture cendrée; ensuite, une tache roussâtre; le dos gris-de-fer; les ailes noirâtres; une tache jaune vers l'origine des pennes; la queue moitié jaune, moitié noire; les pieds jaunes. Sa longueur totale est d'environ quatre pouces.

Le BENGALI ENFLAMMÉ, *Fringilla ignata*, Lath., pl. A. 21 de ce Dictionnaire. Cet oiseau est de la taille de la *linotte*. Le bec est noirâtre et jaunâtre à sa base. La couleur générale de son plumage est d'un rouge-brun éclatant, mais sombre sur le bas-ventre; les pennes des ailes et de la queue sont noirâtres; celle-ci est cunéiforme; les pieds sont de couleur de chair. La femelle a du brun-pâle pour couleur dominante; le front et un trait entre le bec et l'œil, rouges; la queue rougeâtre, terminée de noirâtre et étagée comme celle du mâle. L'on trouve cette espèce près de la rivière de Gambie, sur la côte occidentale de l'Afrique.

Le BENGALI GRIS-BLEU, *Fringilla cærulescens*, Vieill., pl. 8 des *Oiseaux chanteurs*. Le gris bleuâtre qu'offre la plus grande partie de son plumage, s'éclaircit sur la gorge et prend par gradation un ton plus foncé sur les parties postérieures jusqu'aux plumes de l'anus qui sont d'une nuance encore plus chargée. Ce gris bleuâtre est coupé, entre le bec et l'œil, par un petit trait noir; le bec, le bas du dos, le croupion et toutes les couvertures de la queue sont rouges; les pennes caudales d'un brun rougeâtre en dessus, et d'un gris foncé en dessous; les pieds bruns. Il se trouve sous la Zone Torride et sous les latitudes voisines des Tropiques. Taille du *bengali rouge*.

Le Bengali impérial, *Fringilla imperialis*, Lath. Cet oiseau, qu'on trouve à la Chine, est de la grosseur du *bengali piqueté*, et long d'environ trois pouces quatre lignes. Le bec est d'un rouge-brun; le sommet de la tête et toutes les parties inférieures du corps sont jaunes; un gris-de-fer nuancé de couleur rose couvre les supérieures, et une teinte noirâtre domine sur les ailes et la queue : cette dernière est courte; les pieds sont pareils au bec, mais la couleur est plus pâle.

Le Bengali a joues orangées, *Fringilla melpoda*, Vieill., pl. 7 des *Oiseaux chanteurs*. Il a été trouvé dans l'Inde, et sur la côte occidentale de l'Afrique. Une bande d'un orangé foncé passe au-dessus de l'œil et s'étend sur la joue; les plumes du bas-ventre présentent la même couleur, mais d'un ton plus jaune; la tête est d'un gris qui devient roussâtre sur le cou et sur le dos, prend une nuance plus foncée sur les pennes alaires et caudales et se fond dans le rouge rembruni du croupion et des couvertures supérieures de la queue, dont les pennes latérales ont à l'extérieur un liseré blanc; la gorge et le devant du cou sont d'un gris-de-fer qui s'obscurcit sur la poitrine, prend un ton roussâtre sur le ventre et reparoît avec la même pureté sur les flancs et sur les plumes du dessous de la queue; le bec et les pieds sont rouges. Taille du *petit bengali rouge*.

Le Bengali mariposa, *Fringilla bengalensis*, Lath., pl. 3 *des Oiseaux chanteurs*. Gueneau de Montbeillard a réuni sous les noms de *Bengalis* et de *Sénégalis*, une famille de petits oiseaux qui se trouvent en Afrique et en Asie. D'après leurs noms, l'on se tromperoit si l'on croyoit que les premiers n'habitent que le Bengale, et les seconds que le Sénégal; car l'on trouve les uns et les autres dans les deux pays : de plus, ils sont répandus dans toute l'Afrique, à la Chine, dans les îles de France, de Madagascar, de Java, etc. Leur nombre a été augmenté depuis Buffon, ou plutôt on a donné le nom de *bengalis* et de *sénégalis* à presque tous les petits oiseaux granivores qu'on rencontre en Afrique et dans l'Inde; mais comme il s'en trouve parmi ceux-ci que je n'ai pas vus en nature, ni figurés; je n'ai pu m'assurer s'ils avoient le bec conformé de même que les vrais *bengalis*, c'est pourquoi je les ai placés parmi les *fringilles* que j'ai isolés ci-après.

Ces charmans oiseaux, qui plaisent par leur forme, leur taille élégante, leur naturel social, qui font l'ornement de nos volières par leur beau plumage, et qui intéressent par la douceur de leur ramage, sont un fléau pour le cultivateur africain. Aussi destructeurs, aussi familiers que nos moineaux, ils se jettent par troupes nombreuses dans les champs semés de millet, où en peu de temps ils font de grands dégâts ; car ces oiseaux, les plus petits des *granivores*, consomment plus que de plus grands qu'eux, surtout de cette graine qu'ils préfèrent à toutes les autres.

Tous les voyageurs ayant confondu sous les noms de *bengalis* et de *sénégalis*, beaucoup d'espèces, *moineaux*, *gros-becs*, ou *veuves*, desquelles plusieurs muent deux et trois fois pendant la même année, et qui à chaque mue changent de couleurs, l'on a cru que ces oiseaux devoient tous présenter des teintes différentes après chaque mue, et muer plusieurs fois pendant l'année. Il en est autrement: plusieurs espèces (le *bengali mariposa*, le *sénégali rouge*, le *sénégali rayé*, etc.) ne font en Afrique qu'une seule mue, et ne changent point de couleurs. C'est donc une erreur de croire que la constance des teintes et qu'une seule mue annuelle sont dues à l'influence de notre climat; de ce climat qui n'a nullement influé sur les espèces qui, en Asie et en Afrique, muent deux et même trois fois, telles que le *sénégali piqueté*, le *moineau à bec rouge*, le *moineau bleu*, le *moineau cardinal*, les *veuves*, qui, en Europe, continuent de muer deux fois par an pendant toute leur vie. Peut-être cette méprise provient-elle de ce que la plupart de ces petits oiseaux qu'on apporte du Sénégal sont des jeunes sous leurs couleurs primitives; couleurs ternes, auxquelles succèdent à leur première mue en Europe, des teintes nouvelles et brillantes qu'ils ne quittent plus, comme font ceux cités précédemment, pour reprendre leur premier habit. J'ai eu occasion d'observer et de suivre pendant près de quinze ans un grand nombre de ces oiseaux, et je ne me suis jamais aperçu des effets du climat sur leur mue et leur plumage. Ceux qui, dès la première année, ont fait deux mues, ont continué de les faire pendant toute leur vie. Il est vrai qu'elles n'arrivent pas, pour tous, aux mêmes époques : les uns muent plus tôt, les autres plus tard ; cela me paroît dépendre de la saison des pluies du pays où ils sont nés.

Le *mariposa* a une espèce de croissant couleur pourpre au-dessous des yeux ; la tête, le dessus du cou, une partie du dos, les couvertures des ailes d'un joli gris ; le reste du dos, le croupion, la gorge, le dessous du cou, la poitrine, le ventre et les couvertures inférieures de la queue d'un bleu clair. Dans quelques individus, ces dernières parties sont pareilles au dos, mais d'un gris plus clair ; dans d'autres, ce même gris a une teinte de rouge sur le ventre (on trouve ceux-ci dans l'Abyssinie) ; les pennes des ailes sont brunes à l'intérieur, et grises à l'extérieur ; celles de la queue du même bleu que la gorge; le bec est rougeâtre dans les uns, blanchâtre dans les autres, excepté sur les bords des mandibules, qui sont noirâtres; les pieds et les ongles sont de cette couleur; longueur totale, quatre pouces huit à neuf lignes.

Edwards décrit deux de ces oiseaux qui offrent des nuances un peu différentes. Il paroît que leurs couleurs varient, selon le pays qu'ils habitent; mais ces foibles dissemblances ne permettent pas de les donner, comme étant de différentes races.

Les oiseleurs appellent Cordons bleus, les oiseaux de cette espèce qui n'ont point de croissant sur les côtés de la tête, et qui ont des teintes moins vives. Des naturalistes font de ces cordons bleus, des variétés du précédent; tandis que plusieurs les regardent comme une espèce particulière. Bruce et quelques voyageurs les désignent pour les femelles de ceux qui ont un croissant. J'ajouterai à cela que je ne les ai jamais entendus chanter, et que les autres ont un ramage fort agréable; que parmi les *mariposa* qui se sont accouplés chez moi, où ils pouvoient choisir leur compagne, étant dans la même volière, les mâles ont toujours été les individus qui portent un croissant, et les autres des femelles. Ces dernières paroissent plus nombreuses, parce que les jeunes mâles leur ressemblent jusqu'à leur première mue.

Ces oiseaux sont très-sensibles au froid, qui en fait périr beaucoup, surtout pendant la première année de leur séjour en France; mais une fois acclimatés, ils vivent huit à dix ans. Ils nichent en captivité, depuis décembre jusqu'en mai, époque où ils changent de plumes, ce qu'ils ne font qu'une fois par an. Ils placent leur nid dans la partie la plus fourrée des arbustes, lui donnent la forme d'un melon, et le composent d'herbes sèches à l'extérieur, de coton et de plumes à l'intérieur. L'entrée est sur le côté, garnie de flocons de coton, attachés de manière que la femelle s'en sert, quand elle sort, pour cacher l'ouverture. La ponte est de quatre à cinq œufs blancs, de la grosseur de ceux du *troglodyte*. La chaleur nécessaire en France, pour faciliter la ponte et l'incubation, est de vingt-cinq degrés.

Le Bengali perrein (*Fringillia Perreini.*) Le nom que j'ai donné à cette espèce, est celui de l'estimable et zélé naturaliste, qui le premier l'a fait connoître. Il l'a trouvée à Malimbe, dans le royaume de Congo et Cacongo. Un gris cendré bleuâtre est la couleur de la tête et de toutes les parties inférieures du corps; mais elle est plus claire sur la gorge et la poitrine, plus foncée sur l'abdomen, noirâtre sur le bas-ventre et sur les couvertures inférieures de la queue. Cette dernière teinte couvre les pennes alaires et caudales; un trait noir sépare l'œil du bec; le dos, le croupion et les couvertures supérieures de la queue sont d'un beau rouge sanguin ; l'iris est noir ; le bec, les pieds et les ongles sont de couleur d'ardoise. Longueur totale, trois pouces et demi.

Le Bengali piqueté. *V.* Bengali amandava.

Le Bengali a tête d'azur, *Fringilla picta*, Lath. La longueur de cet oiseau est de trois pouces huit lignes : un bleu pâle couronne la tête : le bec, le devant du cou, la gorge, la poitrine et les couvertures inférieures de la queue sont rouges ; le ventre est d'un cendré pâle ; une teinte tirant sur le pourpre, couvre les petites couvertures des ailes et le haut du dos ; le bas du dos et le croupion sont jaunes ; les ailes et la queue bleues ; les pieds rouges. Il habite la Chine.

Le Bengali tigré. *V.* Bengali piqueté.

Le Bengali vert, *Fringilla viridis*, Vieill., pl. 4 des *Oiseaux chanteurs*, se trouve sur la côte occidentale de l'Afrique. Il a le bec et les pieds rouges ; l'œil placé au centre d'une raie de même couleur ; la tête d'un gris-de-fer, foiblement teint de verdâtre ; le dessus du cou et du corps, les ailes et la queue, d'un vert-olive ; les joues, la gorge, la poitrine et les parties postérieures d'un gris nuancé de rouge très-pâle, qui prend un ton plus décidé vers l'anus ; taille du *sénégali à ventre rouge*.

Le Grenadin, *Fringilla granatina*, Lath., pl. 17 et 18 des *Oiseaux chanteurs*. Ce bel oiseau des côtes de l'Afrique, et non pas du Brésil, comme le dit Edwards, a le bec et le tour des yeux d'un rouge vif ; une grande tache bleue sur les côtés de la tête ; une tache brune entre le bec et l'œil ; la queue et le haut de la gorge noirs ; celle-ci d'un brun verdâtre dans des individus ; la partie inférieure du dos, le croupion, le ventre et le bas-ventre d'un bleu-violet ; les pennes des ailes d'un gris-brun ; celles de la queue, noires ; le reste du plumage d'un brun mordoré ; les pieds d'une couleur de chair ; les pennes alaires d'un brun pourpré en dehors et d'un brun sombre en dedans longueur, cinq pouces un quart. Le dos est varié d'un brun verdâtre, et le bec entouré à sa base de bleu-violet chez des individus.

La femelle a le dessus de la tête, du cou, du corps et des ailes d'un gris-brun ; les côtés de la tête et le front d'une teinte lilas ; le croupion et les couvertures supérieures de la queue bleus ; toutes les parties inférieures d'un fauve pâle ; les pennes alaires et caudales de la couleur du dos ; les deux latérales de la queue ont du fauve à l'extérieur, et les autres du bleu.

Latham fait mention de plusieurs variétés ; l'une a la partie postérieure du corps violette ; une autre a les plumes du bas-ventre et des jambes de la même couleur que le corps, une autre la queue rougeâtre. Le ramage du grenadin est foible, mais agréable. Comme le moindre froid lui cause la mort dans nos contrées, on doit le tenir chaudement, si l'on veut l'y conserver, avec d'autant plus de motifs qu'il est très-délicat.

Le SÉNÉGALI A COURONNE BLEUE, *Fringilla cyanocephala*, Lath., pl. 24 des *Illustr.* de Miller, a environ sept pouces de longueur; le bec noirâtre et bordé de rouge; le tour des yeux, blanc; le dessus du cou et le haut du dos d'un brun rougeâtre, le bas du dos, le croupion et le sommet de la tête bleus; les parties inférieures jaunes; le bas-ventre blanc; les grandes couvertures des ailes bordées de cette couleur; les pennes et celles de la queue noires; les pieds d'un brun pâle. On le trouve au Sénégal.

Le SÉNÉGALI DANBIK, que le chevalier Bruce dit très-commun dans l'Abyssinie, est donné par Buffon comme une variété du *sénégali rouge.* Sa taille est la même; la couleur rouge qui règne sur toutes les parties antérieures ne descend pas jusques aux jambes comme dans le sénégali rouge, mais elle s'étend sur les couvertures des ailes où l'on aperçoit quelques points blancs ainsi que sur les côtés de la poitrine; le bec est pourpré, ses arêtes supérieure et inférieure bleuâtres, et les pieds cendrés. La femelle est d'un brun presque uniforme, et n'a que très-peu de pourpre.

Le SÉNÉGALI DUFRESNE, *Fringilla Dufresni*, V. Taille du *sénégali* piqueté; tête et nuque d'un gris sombre; menton noir avec quatre taches d'un gris blanchâtre; gorge, devant du cou et parties postérieures de ce même gris, milieu du ventre un peu teinté de rouge vermillon; dessus du cou, haut du dos, couvertures supérieures des ailes, et le bord extérieur des pennes d'un vert-olive foncé; rémiges noirâtres; bas du dos, croupion et couvertures supérieures de la queue couleur de feu; queue noire; bec assez épais, noirâtre en dessus, jaunâtre en dessous; pieds d'un rouge-brun. Cet oiseau fait partie de la belle et nombreuse collection de M. Dufresne.

Le SÉNÉGALI A FRONT POINTILLÉ, *Fringilla frontalis*, V.; *loxia frontalis*, Lath., pl. 16 des *Oiseaux chanteurs.* Cette espèce s'éloigne un peu des autres par un plumage plus effilé et des couleurs moins agréables; il est aussi plus délicat, quoiqu'il annonce un tempérament plus robuste. On parvient difficilement à l'accoutumer à notre climat, car il est très-sensible au froid. Difficile dans le choix de ses alimens, il refuse, dans les premiers temps de sa transplantation, toute autre graine que le millet du Sénégal. Son naturel est doux et social; mais il ne se plaît qu'avec les oiseaux de son espèce. On l'entend rarement chanter en captivité, sans doute parce qu'il ne trouve pas la nourriture et la chaleur qui lui conviennent.

Le mâle a quatre pouces et demi de longueur; le front

noir et pointillé de blanc ; deux moustaches près des yeux, de même couleur et variées de même ; le dessus de la tête et la nuque orangés, le sinciput piqueté de noir; le dessus du corps et du cou, les pennes alaires et caudales d'un gris ferrugineux, tirant au brun sur le milieu de la plume ; les côtés du cou et les flancs gris; le bec, la gorge et les parties postérieures blancs ; les pieds couleur de chair. La femelle diffère du mâle en ce qu'elle a le sommet de la tête et l'occiput d'une teinte de cannelle claire; les plumes du dessus du corps brunes et bordées de blanc ; les côtés du cou et les flancs de cette dernière couleur.

Le Sénégali a gorge noire, *Fringilla atricollis*, Vieill. Cette nouvelle espèce se trouve au Sénégal et n'est pas rare dans le royaume de Gambie; elle a trois pouces un quart de longueur totale ; le front, les joues et la gorge noirs ; le dessus du corps, les pennes des ailes et de la queue d'un cendré sombre, les plumes de la poitrine et du ventre d'une nuance plus claire avec des lignes transversales noires et blanches ; les couvertures inférieures de la queue blanchâtres ; le bec noir en dessus, rouge en dessous; les pieds cendrés dans l'oiseau mort. L'individu qui a servi pour cette description est dans la collection de M. Baillon.

Le Sénégali a moustaches noires, *Fringilla erythronotos*, Vieill., pl. 14, se trouve dans l'Inde. Il a une tache noire qui passe sous l'œil et couvre les joues; la tête, le cou, la gorge, les couvertures supérieures et les pennes secondaires des ailes ont des raies transversales brunes sur un fond gris ; les flancs, le dos, le croupion et les couvertures supérieures de la queue sont d'un beau rouge ; les inférieures et les pennes, le milieu du ventre et les plumes de l'anus sont noirs ; les pennes primaires des ailes brunes ; les pieds d'un rouge rembruni ; le bec est noir en dessus et d'une teinte plus claire en dessous. Cet oiseau est de la grosseur du sénégali rouge, mais d'une taille plus allongée.

Le Sénégali a moustaches rouges, *Fringilla mystacea*, Daudin. La grosseur de cet oiseau, qui se trouve à la Cochinchine, est celle du *troglodyte*, et sa longueur est de trois pouces dix lignes ; un trait d'un rouge vif, passe au-dessus des yeux, et un autre de la même couleur, placé de chaque côté au coin de la bouche, y forme de petites moustaches ; la tête, le dessus du cou et le bec, à l'exception de sa pointe noire, sont d'un brun rougeâtre ; le dessus du corps, les ailes et la queue est d'un brun légèrement nuancé de vert-olive; la gorge et le devant du cou, d'un gris pâle ; le dessous du corps d'un gris blanchâtre; les pieds sont d'un incarnat pâle et les ongles grisâtres.

Le Sénégali quinticolor, *Fringilla quinticolor*, Vieill., pl. 15 des *Oiseaux chanteurs*, habite la Nouvelle-Hollande. Cinq couleurs dominent sur son plumage; un gris bleuâtre sur la tête et sur toutes les parties inférieures du corps, mais il est plus foncé sur le sinciput; un beau rouge sur le croupion et sur les sourcils; un vert-olive sur le cou, le dos, le bord des extrémités des pennes alaires; un brun terne sur les barbes internes de celles-ci; un noir mat sur la queue; le bec est rouge avec une raie noire sur le dessus, et une tache de la même teinte en dessous; les pieds sont couleur de chair. Taille un peu supérieure à celle du *sénégali astrild*.

Le Sénégali rouge, *Fringilla senegala*, pl. 9 des *Oiseaux chanteurs*, a le dessus de la tête et du cou d'un gris verdâtre, à reflets légers tirant sur le violet; le dos, les ailes d'un gris olivâtre; les pennes brunes en dedans; les côtés de la tête et du cou, le croupion, les couvertures supérieures de la queue, la gorge, les parties postérieures, rouges; de petits points blancs sur les côtés de la poitrine et sur les flancs; les couvertures inférieures de la queue et les pennes noires; le bec d'un gris noirâtre; les pieds d'un brun-roux: tel est le mâle qui est figuré dans l'ouvrage cité ci-dessus. Mais il paroît que le plumage des mâles n'est pas tout-à-fait le même pour tous; car celui de la pl. enl. n.° 157, f. 2, est, d'après la description, d'un rouge vineux sur la tête, d'un brun verdâtre sur le bas-ventre et sur le dos; les pieds sont gris; le bec est rougeâtre; des individus n'ont de points blancs que sur les flancs. Longueur totale, environ quatre pouces.

La femelle est brune en dessus, d'un roux teinté de rougeâtre, où le mâle est rouge, d'un blanc sale sur le ventre, et est privée, ou à peu près, des points blancs de la poitrine et des flancs. Cette espèce se trouve au Bengale.

Avec des soins et quelques précautions, j'ai eu le plaisir de faire multiplier ces jolis oiseaux sous notre climat, et je suis bien convaincu qu'en les soignant de la manière que j'ai indiquée pour les *bengalis*, l'on parviendroit à les naturaliser et à les rendre aussi familiers que les *serins*. Les jeunes ont le même plumage que la femelle, et naissent couverts de duvet. Le sénégali qu'on a trouvé à Cayenne me paroît appartenir à l'espèce suivante, mais je ne le juge que d'après son plumage et la couleur totalement rouge du bec et des pieds; car Montbeillard ne fait pas mention de la taille dans sa description.

Le Sénégali rouge (petit), *Fringilla minima*, Vieill., pl. 10 des *Oiseaux chanteurs*, a été donné pour une variété du précédent; mais je le regarde comme une espèce distincte qui se trouve au Sénégal. Il a avec celui-ci quelque analogie dans le plumage ; mais il en diffère par une taille moins forte, une queue plus courte et presque égale à l'extrémité, tandis que celle de l'autre est étagée. Le mâle a les paupières jaunes, l'iris blanc, le bec, la tête, le cou, la gorge, la poitrine et le ventre rouges ; cette couleur borde à l'extérieur les pennes caudales qui, dans le reste, sont noirâtres ; elle est mélangée de vert sur le dos et sur les plumes de l'anus ; les ailes sont d'un gris-brun, et les pieds rougeâtres.

La femelle et les jeunes ont la tête et toutes les parties supérieures brunes, la gorge et le devant du cou d'un roux jaunâtre ; la poitrine et le ventre d'un blanc sale ; quelques points blancs sur les flancs (des mâles en ont aussi) ; le bec et les pieds rougeâtres. Cette espèce se trouve au Sénégal, et je l'ai eu souvent vivante en France. Elle est d'un naturel doux et social et elle niche volontiers en volière, mais elle exige une chaleur un peu au-dessus de celle de nos étés ; c'est en la leur procurant que je suis venu à bout d'en tirer plusieurs générations. La ponte a lieu au mois de février, quelque fois plus tôt. Le mâle et la femelle couvent alternativement.

Le Sénégali a ventre rouge (petit), *Fringilla rubriventris*, Vieill., pl. 13 des *Oiseaux chanteurs*. Cette jolie petite espèce se trouve au Sénégal. Elle a dans son plumage de grands rapports avec le *sénégali rayé*, mais elle est plus petite, et la couleur rouge de la poitrine et du ventre est plus prononcée. L'intérieur des arbrisseaux, toujours verts et isolés, est l'endroit qu'elle choisit pour y placer son nid, qui est en forme de melon, et dont l'entrée est sur le côté. La ponte est de quatre ou cinq œufs blancs. Ces sénégalis ont niché dans mes volières, y ont pondu et élevé leurs petits ; mais comme ils ne s'en occupent que dans les mois de décembre, de janvier, de février et à l'automne, il leur faut une chaleur qui les rapproche de celle de leur pays natal, sans quoi les femelles meurent à la ponte.

Les deux sexes ne présentent point de différences dans leur plumage ; ils ont le bec et les pieds rouges ; une tache de même couleur autour de l'œil ; le dessus de la tête, du cou et du corps d'un gris-brun qui devient plus foncé sur les côtés de la poitrine et du ventre, dont le milieu est d'un beau rouge ; les plumes de l'anus et les couvertures inférieures de la queue sont noires ; une grande partie du plumage est rayée de noir en travers ; les pennes des ailes sont brunes, et les latérales de la queue noirâtres en dessous.

Quant à la manière d'acclimater, de faire nicher et couver en France les bengalis, les sénégalis et autres petits oiseaux granivores étrangers. *V.* le mot Sénegali à la lettre S.

C. Fringilles *dont le bec est un peu ovale, à pointe courte et un peu obtuse* (serin de Canarie, etc.).

Le Cini, *fringilla Serinus*, Lath., pl. enl. de Buffon, n.° 658, f. 1, a quatre pouces cinq lignes de longueur totale; le dessus de la tête d'un jaune-vert, varié de taches longitudinales brunes; le derrière de la tête un peu plus jaune; le dessus du cou et le dos variés de brun et de vert jaunâtre; les plumes scapulaires pareilles; le croupion, les couvertures supérieures de la queue, la gorge, le devant du cou, la poitrine et le haut du ventre d'un jaune tirant sur le vert; les côtés d'un jaune pâle et tachetés de brun; le bas-ventre et les couvertures inférieures de la queue d'un blanc teinté de jaune; les petites couvertures des ailes d'un vert jaunâtre; les moyennes terminées par cette même teinte et brunes dans le reste; les plus grandes de cette couleur et bordées de gris; les pennes brunes en dessus, cendrées en dessous, et d'un gris-vert sur le bord extérieur; la queue pareille; le bec d'un gris-brun en dessus et blanchâtre en dessous; les pieds bruns et les ongles noirâtres. La femelle a des couleurs plus pâles; les parties supérieures nuancées de cendré; les inférieures d'un blanc jaunâtre, avec plus de taches que le mâle.

Cette espèce se trouve dans nos provinces méridionales, quelquefois au centre de la France et de l'Allemagne. Ce *serin vert de Provence* est remarquable par un chant fort et varié. Il se nourrit de petites graines, vit long-temps en cage, et semble se plaire avec le *chardonneret*; il paroît même l'écouter avec attention, et emprunter à son chant des accens dont il varie agréablement son ramage. Il fait son nid sur les osiers plantés le long des rivières, et en Allemagne, sur les arbres fruitiers, les hêtres et les chênes, le compose de crin, de poil à l'intérieur, et de mousse en dehors. La ponte est de quatre ou cinq œufs blancs, avec une zone de points et de taches brunes sur le gros bout.

Cette espèce, assez commune aux environs de Marseille et dans nos provinces méridionales, jusqu'en Bourgogne, n'habite guère nos provinces septentrionales. Elle est très-rare en Lorraine. On la trouve aussi en Suisse, en Allemagne, en Italie et en Espagne. Les Italiens lui donnent le nom de *serin* ou *scarzerin*; et les Catalans, celui de *canari de montagne*.

L'Habesch de Syrie, *Fringilla syriaca*, Lath. M. Bruce, à qui l'on doit la connoissance de cet oiseau, dit qu'il a un joli chant, qu'il est de passage, et que dans le cours de ses voyages, il ne l'a vu qu'à Tripoli en Syrie. Cet observateur regarde le *habesch* comme une espèce de linotte; mais il a le corps plus plein, plus gros que la nôtre. Buffon le place entre celle-ci et le serin, d'après son bec épais, court et fort, semblable à celui du canari; c'est ce qui m'a décidé à le classer dans la même section. Un beau rouge vif colore le dessus de la tête; la gorge, les joues et le dessus du cou sont d'un brun-noirâtre; le reste du cou, la poitrine, le dessus du corps et les petites couvertures des ailes, variés de brun, de jaune et de noirâtre; les grandes couvertures d'un cendré foncé et bordées d'une couleur plus claire; les grandes pennes et celles de la queue du même cendré, frangées à l'extérieur d'un orangé vif; le ventre et le dessous de la queue d'un blanc sale, avec des taches peu apparentes de jaunâtre et de noirâtre; le bec et les pieds de couleur plombée; la queue est fourchue et ne dépasse les ailes pliées que de la moitié de sa longueur.

Le Serin des Canaries, *Fringilla canaria*, Lath., pl. enl. de Buffon, n.° 202, fig. 1. Tout intéresse, tout charme dans l'oiseau des Hespérides: forme élégante, joli plumage, voix mélodieuse, naturel aimant, docilité et familiarité; il réunit toutes les qualités, les petits talens qui sont isolés dans les autres. Cet aimable volatile fait surtout l'amusement des jeunes personnes: et qui mieux qu'elles peut aider au développement de ses habitudes douces et sociales? Soins, attentions, baisers, rien n'est épargné. Son enfance, son éducation, causent quelquefois de petits embarras, mais ce n'est point un ingrat; capable de reconnoissance et d'attachement, il en donne des preuves à chaque instant du jour; le soir, ses adieux sont des caresses; le matin, à peine éveillé, sa bienfaitrice est l'objet de ses premiers regards, son premier vol est à elle; il la flatte de ses ailes, la becquète tendrement, et semble exprimer le sentiment qui l'anime par ces demi-sons enchanteurs et pénétrans, vrais soupirs d'amour qui n'étoient destinés qu'à sa femelle: elle repose encore, qu'il lui a rendu tous les baisers qu'elle lui a prodigués la veille.

La docilité du canari est telle, qu'on en a vu, à la voix de leur institutrice, voler à la tête d'un chat, y chanter à gorge déployée, et recevoir un baiser de leur ennemi naturel. La liberté donnée aux autres oiseaux dans le temps des amours, est presque toujours le terme de leur attachement; il n'en est pas de même du serin. Deux de ces oiseaux familiers, mâle et femelle, échappés de leur volière, se fixèrent dans un bosquet assez éloigné et y nichèrent; le mâle venoit régulièrement deux fois par jour chanter près de sa première demeure, et s'y gorger de nourriture, pour la partager avec sa compagne; mais il ne se laissoit pas prendre, quoiqu'il s'approchât de très-près de sa maîtresse, et parût se plaire à voltiger sur elle en répétant l'air qu'elle lui avoit appris. Enfin, il cessa tout d'un coup ses petits voyages; inquiète sur leur sort, les cherchant partout et ne les trouvant nulle part, elle les crut victimes de l'oiseau de proie; mais dix jours après des recherches infructueuses, le couple reparut accompagné de sa famille, et s'établit dans son ancien domicile, où, par la plus aimable familiarité, il sembloit vouloir faire oublier la peine qu'avoit pu occasioner son absence momentanée.

Le canari est aussi docile que familier; j'en ai vu, à un signal, saisir dans ses doigts une mèche, l'allumer, mettre le feu à un petit canon, tomber comme mort à l'explosion, se relever et se mettre en faction. Enfin, Valmont de Bomare cite des faits encore plus surprenans, qui prouvent la grande intelligence de ces oiseaux, et l'extrême patience de celui qui les instruit.

Si la jeune beauté fait son amusement de ce charmant oiseau, et puise dans son petit ménage l'exemple des soins délicats qu'exige une famille naissante; s'il charme les ennuis du cloître, et si par ses innocentes amours il fait naître la tendresse dans un cœur sacrifié, il ne plaît pas moins aux vieillards, qui trouvent dans sa société un adoucissement à leurs souffrances: son amabilité et ses gentillesses rappellent dans leur âme la gaîté qu'en avoit bannie le poids des années.

Ce petit musicien a ses dépits, ses emportemens; mais ils ne blessent ni n'offensent. Cependant on doit le ménager; car des agaceries trop répétées exaltent si vivement sa colère, qu'il en est quelquefois la victime. Doué d'un gosier qui se prête à l'harmonie de nos voix et de nos instrumens, il apprend à parler et siffler les airs les plus mélodieux. Les mots, les petites phrases les plus tendres, sont ceux qu'il semble retenir et prononcer avec plus de facilité. C'est, de tous les oiseaux, celui qui prend le plus de part et contribue le plus aux agrémens de la société. Le *rossignol* nous étonne par les ressources de son incomparable organe, nous intéresse par la variété de ses sons, nous ravit même par ses roulades brillantes et précipités; mais, fier de son talent, il dédaigne tout ce qui lui est étranger, ou du moins ce n'est qu'avec peine qu'il répète les airs qu'on veut lui apprendre: de plus, le charme de sa voix ne dure que quelques mois; et pour en jouir dans tout son éclat et avec tous ses agrémens, il faut l'entendre dans les bois, dans le silence de la nuit. Devenu notre prisonnier, renfermé dans nos appartemens, son chant perd de sa mélodie par des éclats trop bruyans pour une aussi petite enceinte, et ses accens y prennent une dureté qui fatigue. La *linotte*, le *chardonneret*, le *bouvreuil*, se prêtent volontiers à l'instruction ; mais le *serin* a plus d'oreille, plus de facilité d'imitation, plus de mémoire ; il est d'un naturel plus caressant ; son ramage, qui est un modèle de grâce, se fait entendre en tout temps, et nous recrée lorsque tout se tait dans la nature. C'est, enfin, de tous les oiseaux, celui qu'on élève avec plus de plaisir, parce que son éducation est la plus facile et la plus heureuse.

Le serin des Canaries n'ayant point été décrit sous son plumage naturel, je crois devoir le présenter tel qu'on le voit sous l'heureux climat des Hespérides, afin qu'on puisse saisir avec plus de facilité les différences occasionées par la domesticité. On verra, en comparant sa description à ses belles variétés, *jonquilles*, *agates* et *panachées*, qu'il a acquis dans la captivité des couleurs plus pures et plus brillantes. Si l'on compare son chant naturel à celui de nos musiciens de chambre, on voit que ceux-ci l'ont embelli et perfectionné, en empruntant des accens étrangers et les employant agréablement. Les uns ont dans leur ramage quelques traits de celui de la *farlouse ;* d'autres ont des tours de gosier, d'aussi beaux sons que le rossignol ; et tous ont acquis ce timbre pur, doux, mélodieux, que l'on cherche en vain dans le chant du serin de la nature. J'ai long-temps possédé de ces oiseaux vivans, je puis assurer que leur ramage est très-inférieur ; et quoi que j'aie fait, soit qu'ils aient été pris adultes, soit pour toute autre cause, ils ne se sont jamais accouplés entre eux, et ont constamment refusé de s'allier aux serins domestiques. Leur taille est la même, mais elle m'a paru un peu plus ramassée ; leur tête est plus grosse ; les plumes qui la recouvrent, ainsi que celles du dessus du cou et du dos, sont grises sur les bords et brunes dans le milieu ; le croupion, les côtés de la tête, le front, la gorge, le devant du cou, la poitrine, sont d'un vert-jaune, varié sur les flancs de traits bruns ; une teinte blanchâtre domine sur le ventre dans sa partie inférieure, ainsi que sur les petites couvertures des ailes, et sur les couvertures du dessous de la queue, dont les supérieures sont pareilles au croupion ; une couleur rembrunie teint les grandes couvertures des ailes, les pennes et celles de la queue ; leur bord extérieur est d'un vert-jaune ; le bec est couleur de corne, et terminé de noirâtre ; les pieds sont bruns. La femelle a des teintes moins vives.

Tel est le serin des Canaries, naturel et sans altération, le type de ses nombreuses variétés, dues à la domesticité, et dont le *canari jaune citron*, ou *jonquille*, ou *doré*, décrit par les naturalistes, est une des plus belles et des plus recherchées. (*Voy.* au mot Serin, à la lettre S, pour tout ce qui concerne l'éducation, les maladies et les diverses variétés de cette espèce.

Le SERIN DU CAP DE BONNE-ESPÉRANCE. Buffon nous a fait connoître cette race, dont il a reçu plusieurs individus de cette partie de l'Afrique, parmi lesquels il a cru reconnoître trois mâles, une femelle et un jeune. « Ce sont, dit-il, des *serins panachés*, mais dont le plumage est émaillé de couleurs plus distinctes et plus vives dans les mâles que dans les femelles; ces mâles approchent beaucoup de la femelle de notre *serin vert de Provence* (le CINI); ils en diffèrent en ce qu'ils sont un peu plus grands, qu'ils ont le bec plus gros à proportion; leurs ailes sont aussi mieux panachées; les pennes de la queue sont bordées d'un jaune décidé; ils n'ont point de jaune sur le croupion. Dans les jeunes, les couleurs sont plus foibles, et moins tranchées que dans la femelle. » (V.)

D. FRINGILLES *dont le bec est à la pointe un peu épais, incliné et un peu obtus* (moineau proprement dit, friquets, etc.).

Le MOINEAU proprement dit, *Fringilla domestica*, Lath., pl. enl. de l'*Hist. naturelle* de Buffon, n.° 6, fig. 1, et n.° 44, fig. 1. Si nous n'écrivions l'histoire naturelle que pour les habitans de nos contrées, il seroit superflu de faire la description d'un oiseau que le citadin loge dans ses murs, et rencontre à chaque pas dans ses promenades, qui se trouve dans les habitations champêtres, partage le grain que la fermière distribue à ses volailles et à ses pigeons, qu'enfin l'agriculteur signale comme un de ses ennemis les plus actifs et les plus opiniâtres. Mais les objets les plus communs au milieu de nous, sont étrangers à d'autres climats, et l'historien doit généraliser ses vues comme ses écrits, s'il veut être recherché dans tous les temps comme dans tous les pays.

Je ne m'appesantirai pas néanmoins sur des détails trop minutieux, rarement consultés, plus rarement supportables à une lecture suivie. Mais ce que je dirai suffira pour donner une idée assez nette des formes, des dimensions et des couleurs du moineau. Sa longueur ordinaire, en y comprenant le bec et la queue, est de cinq pouces dix lignes, son poids d'un peu plus d'une once, et son vol de huit pouces huit à neuf lignes. Le mâle a le dessus de la tête et les joues d'un bleu cendré sombre; une bande d'un rouge bai qui s'étend d'un œil à l'autre en passant par l'occiput; le tour des yeux noir, ainsi que l'espace entre le bec et l'œil; le dessus du cou et du dos varié de noir et de roux; le croupion d'un gris-brun; une plaque noire sur la gorge et le devant du cou; la poitrine, les flancs et les jambes d'un cendré mêlé de brun; le ventre d'un gris-blanc; les ailes et la queue noirâtres en dessus, et cendrées en dessous ; sur chaque aile une bande transversale d'un blanc sale ; l'iris couleur noisette ; le bec noirâtre, d'un brun sombre avec du jaune en dessous, surtout à la base, et totalement noir dans la saison des amours ; enfin, les pieds couleur de chair sombre et les ongles noirâtres.

La femelle, plus petite que le mâle, manque de la pièce noire de la gorge et du devant du cou, ces parties étant d'un gris clair ; le dessus de sa tête est d'un brun-roux, les autres nuances de son plumage sont généralement plus claires. Les jeunes mâles ressemblent aux femelles, et ce n'est qu'à leur première mue qu'ils prennent le plumage qui distingue leur sexe.

Il y a quelques variétés accidentelles dans l'espèce du *moineau franc :* tel est le *moineau blanc*, qui a tantôt le plumage d'un blanc sale, tantôt d'un blanc aussi brillant que la neige, tantôt la tête et le cou de la même couleur que les autres, tantôt l'iris jaune, tantôt rouge ; les jeunes, qui sont blancs dans leur premier âge, deviennent souvent pareils aux autres à leur première mue. Cette couleur s'acquiert aussi par l'âge, et il n'est pas rare d'en voir dans leur vieillesse qui sont en partie blancs et en partie noirs. Le *moineau noir* ou *noirâtre*, le *moineau jaune*, le *moineau roux* sont autant de variétés individuelles.

Une grosse tête, que termine un bec épais et court, et qu'animent des yeux très-vifs, donne au moineau la physionomie d'une grossière impudence ; son cou est aussi très-court, et son corps ramassé paroît encore avoir plus d'épaisseur par le peu de largeur de la queue, qui est un peu fourchue, et qui passe les ailes pliées des deux tiers environ de sa longueur. Ses formes n'ont rien de svelte, rien d'élégant, et quoique précipités, ses mouvemens n'ont aucune grâce. Un cri monotone et répété sans cesse, fatigue d'autant plus qu'il n'est pas possible d'éviter l'ennui qu'il cause, et qui nous poursuit autour de nos maisons et dans nos jardins.

Cette espèce a changé de nature ; elle est devenue presque domestique, et elle ne vit plus, pour ainsi dire, qu'en société avec l'homme ; ce sont des casaniers importuns, des commensaux incommodes, d'impudens parasites qui partagent malgré nous nos grains, nos fruits et notre domicile. Mais avant que l'homme ne formât de grandes sociétés, avant qu'il ne cultivât la terre pour lui faire produire des moissons abondantes, qu'étoit alors le moineau livré à ses propres ressources, ne trouvant point à partager la mense qu'il a su se rendre commune, en un mot, dans l'état sauvage ? Nous l'ignorons ; il n'existe plus aucun de ces oiseaux qui n'ait pris une teinte très-marquée de domesticité. L'on peut seulement soupçonner avec beaucoup de vraisemblance que, dans ces premiers âges du monde, l'espèce étoit beaucoup moins nombreuse qu'elle ne l'est de nos jours.

L'habitude de vivre au milieu de nous, a perfectionné l'instinct des moineaux ; ils savent plier leurs mœurs aux situations, aux temps et aux autres circonstances ; ils savent en quelque sorte varier leur langage ; et comme ils sont très-parleurs, l'on peut à chaque instant distinguer leurs cris d'appel, de crainte, de colère, de plaisir, etc. Mais au sein d'une association qu'ils ont seuls formée contre le gré d'une des parties et même de la plus puissante, pour leur seul avantage et au détriment de ceux avec lesquels ils établissent cette communauté forcée, les moineaux ont conservé leur indépendance. Plus hardis que les autres oiseaux, ils ne craignent pas l'homme, l'environnent dans les villes, à la campagne, se détournent à peine pour le laisser passer sur les chemins, et surtout dans les promenades publiques, où ils jouissent d'un entière sécurité ; sa présence ne les gêne point, ne les distrait point de la recherche de leur nourriture, ni de l'arrangement de leurs nids, ni des soins qu'ils donnent à leurs petits, ni de leurs combats, ni de leurs plaisirs ; ils ne sont assujettis en aucune manière, et, à vrai dire, ils ont plus d'insolence que de familiarité.

Ils ne sont pas moins nombreux dans les villes qu'aux champs; ils se logent et nichent dans les trous des murailles et sous les tuiles des toits. Quoique l'on en voie plusieurs dans le même lieu, ils ne forment pas société entre eux pendant l'été ; ils sont souvent seuls ou par couples ; c'est un petit peuple toujours en mouvement, dont les individus se croisent sans cesse, s'occupent à satisfaire leurs appétits, ne songent qu'à eux, et s'inquiètent peu des intérêts communs, image trop fidèle des habitans de ces mêmes cités, qu'ils ont choisis pour leurs hôtes.

Pendant la belle saison, ils se réunissent le soir sur les grands arbres, pour y piailler tous ensemble. J'ai remarqué à la campagne que ce tapage plus bruyant et plus prolongé qu'à l'ordinaire, est un signe de beau temps pour le lendemain. L'on voit aussi, en été, les moineaux en bandes sur les haies qui bordent les pièces de terre dont les récoltes mûrissent; mais c'est une réunion accidentelle que le désir du butin a formée, et qui se dissipe quand il n'y a plus rien à piller. Lorsqu'un coup de fusil ou tout autre bruit fait enlever cet attroupement de voleurs, ils ne fuient pas loin, et reviennent bientôt se poser à la place où ils exercent leurs déprédations. Cependant la même famille demeure rassemblée pendant quelque temps : les jeunes suivent leur mère, et on peut les tuer tous l'un après l'autre avec une sarbacane, pourvu que l'on commence par abattre la mère ; les jeunes alors ne s'envolent pas, ils se serrent même entre eux à mesure qu'il en tombe ; mais si l'on manque la mère, elle part et emmène ses enfans.

Le vol des moineaux est court et difficile ; ils ne peuvent point s'élever, et lorsqu'ils partent en troupe, c'est toujours tous à-la-fois, brusquement et avec beaucoup de bruit. Ce ne sont pas des oiseaux voyageurs : ils ne changent point de canton, et ils y suivent la maturité des différentes espèces de grains dont ils se nourrissent. Ils dédaignent de se fixer dans les pays peu fertiles, et ils affluent dans ceux qui produisent de riches moissons. L'on peut juger avec certitude de la fécondité d'une contrée par le nombre des moineaux qui s'y trouvent ; on les rencontre même dans les lieux les plus retirés et les plus solitaires, lorsqu'une ferme, entourée de champs cultivés, et munie d'une basse-cour et d'un colombier, leur offre une subsistance abondante et facile.

D'une constitution robuste, les moineaux supportent également les chaleurs des climats brûlans et les froids des régions hyperboréennes : ils sont répandus dans la Grèce, en Barbarie, etc. ; et d'un autre côté, on les retrouve jusqu'en Sibérie. Quoique communs dans une partie de l'Afrique, on n'en voit pas le long de la côte occidentale de ce continent. L'on ne peut en attribuer la cause à la chaleur du climat, puisqu'ils souffrent celle de l'Egypte ; mais c'est la différence des plantes alimentaires qui donne lieu à cette particularité, à laquelle personne avant moi n'avoit fait attention. Le froment et ses analogues sont cultivés en Egypte, de même qu'en Syrie et en Barbarie ; ils cessent de l'être aux environs du Cap Blanc : d'autres plantes nutritives les remplacent chez les nègres qui habitent au midi de ce promontoire, et les graines de ces plantes ne sont plus une nourriture qui convienne aux moineaux; en sorte que si ces oiseaux ne fréquentent pas tous les pays à blé, il est du moins certain qu'ils ne paroissent jamais dans ceux où cette espèce de grain et celles qui s'en rapprochent ne sont pas cultivées. Un fait nouvellement connu vient confirmer mes observations et lever tous les doutes, s'il pouvoit en rester. On lit dans la relation du *Voyage* du commodore Billings, au *nord de la Russie asiatique, à la mer Glaciale*, etc., que les bords du Pellidoui, rivière de Sibérie qui se jette dans la Léna, sont fameux, tant à cause des animaux qu'on y trouve, que parce que c'est le dernier endroit qui produit du blé. Les moineaux et les *pies* ne vont pas plus avant dans le Nord, *il n'y a même que cinq ans qu'on en voit là, c'est-à-dire, depuis qu'on a commencé à y cultiver du blé* (t. I de la traduction française, p. 42).

Buffon a peint avec beaucoup de vérité, et mieux sans doute que je ne pourrois le faire, les amours, ou, pour mieux dire, le tempérament lascif, l'extrême pétulance des moineaux. « Les mâles, dit-il, se battent à outrance pour avoir des femelles, et le combat est si violent, qu'ils tombent souvent à terre. Il y a peu d'oiseaux si ardens, si puissans en amour : on en a vu se joindre jusqu'à vingt fois de suite, toujours avec le même empressement, les mêmes trépidations, les mêmes expressions de plaisir ; et ce qu'il y a de singulier, c'est que la femelle paroît s'impatienter la première d'un jeu qui doit moins la fatiguer que le mâle, mais qui peut lui plaire aussi beaucoup moins, parce qu'il n'y a nul préliminaire, nulles carresses, nul assortiment à la chose ; beaucoup de pétulance sans tendresse, toujours des mouvemens précipités qui n'indiquent que le besoin pour soi-même. Comparez les amours du pigeon à celles du moineau, vous y verrez presque toutes les nuances du physique au moral ».

Ces oiseaux emploient du foin et des plumes pour la construction de leur nid ; ils se contentent d'arranger négligemment ces matériaux dans les pots qu'on leur offre, sous les tuiles, dans les trous et les crevasses des murailles ; mais ils en forment un tissu quand ils nichent sur les grands arbres, tels que les charmes, les noyers, les peupliers, etc. ; ils donnent alors à leur nid une forme arrondie, en couvrent exactement la partie supérieure, et ne laissent qu'une ouverture au-dessous de la calotte. Quelques-uns s'emparent des nids des hirondelles, des boulins des pigeons, etc. Leur ponte est de cinq, de six et quelquefois de huit œufs, d'un cendré blanchâtre, avec beaucoup de taches brunes. Les petits naissent sans plumes ni duvet, et ils sont tout rouges. Quelque part qu'ils s'établissent pour multiplier leur espèce, ils ne paroissent nullement affectés du bruit qui se fait autour d'eux, et auquel ils sont accoutumés dès leur naissance.

Des oiseaux qui viennent d'eux-mêmes faire en quelque sorte société avec l'homme, sont doués de toutes les dispositions à une association plus intime. Les moineaux s'élèvent aisément en cage, s'accoutument sans peine à la captivité, ont assez de docilité pour obéir à la voix, pour recevoir leur manger de la main qui l'offre, pour se laisser prendre, toucher, caresser, enfin pour amuser ; mais ils ne se privent ainsi que parce qu'ils sont naturellement hardis, et qu'ils trouvent dans l'esclavage les moyens faciles de satisfaire leur voracité. Ils n'aiment point; ils ne savent pas, comme le serin, provoquer les caresses, les rendre avec plus de sensibilité qu'elles ne sont reçues, se réjouir à la vue de l'objet chéri, s'affliger de son absence. Comment l'amitié feroit-elle naître en eux la tendresse, puisque ce sentiment est banni de leurs amours?

On a beaucoup varié au sujet de la durée de la vie des moineaux; quelques-uns ne leur accordent que deux ans; d'autres disent que leur existence se prolonge jusqu'à quatre, et même jusqu'à huit années. Toutes ces assertions ne sont point fondées; les moineaux vivent plus long-temps qu'on ne le croit généralement: il est à ma connoissanse qu'un de ces oiseaux a vécu vingt-quatre ans en captivité, et encore mourut-il de froid pendant une nuit de l'hiver de 1788. L'excès dans les plaisirs de l'amour doit abréger l'existence des moineaux qui vivent en liberté; mais l'on peut présumer, avec toute apparence de raison, qu'elle passe les bornes que les auteurs lui ont assignées.

La gourmandise des moineaux égale leur pétulance en amour. Les premiers fruits qui mûrissent dans les vergers, les grains semés dans les campagnes, ceux qui approchent de la maturité, ceux que le cultivateur a serrés dans ses granges et ses greniers, deviennent leur pâture. Les épouvantails n'arrêtent pas long-temps leur voracité; ils se familiarisent bientôt avec eux, et pleins de ruse et de finesse, ils tombent rarement dans les piéges qu'on leur tend. On les voit aussi manger des chenilles, des sauterelles, des mouches, etc.; mais ce goût, qui n'est que secondaire dans les moineaux, les rend encore plus pernicieux à l'agriculture, puisqu'il les porte aussi à manger les abeilles. C'est donc à tort que quelques écrivains d'économie ont prétendu que le nombre des insectes détruits par les moineaux, compensoit leurs dégâts par la consommation des grains et des fruits qu'ils dévorent. Ces oiseaux ne font que du mal pendant leur vie, et ne sont d'aucune utilité après leur mort; leur chair est dure et amère, et les propriétés médicinales qu'on attribuoit anciennement à quelques-unes de leurs parties, sont imaginaires.

Rougier de la Bergerie, à qui l'on doit d'excellens mémoires sur l'économie rurale, a fait le calcul approximatif de ce que les moineaux coûtoient annuellement à la France. Si l'on réduit leur nombre à dix millions seulement, réduction fort au-dessous de la réalité, il s'ensuit que chacun d'eux mangeant un boisseau de grains de vingt livres pesant, dix millions de boisseaux se trouvent soustraits à la consommation et au commerce des hommes; et en ne portant le prix du boisseau qu'à vingt sous, l'on n'en a pas moins une somme de dix millions que les moineaux ravissent chaque année aux richesses agricoles. Ce calcul d'un habile agriculteur est confirmé par toutes les observations; ceux qui en élèvent en cage peuvent s'assurer de la quantité de grains que ces oiseaux consomment, et j'ajouterai que j'ai compté quatre vingt-deux grains de blé dans l'estomac d'un moineau que je venois de tuer. *Voyez* MOINEAU à la lettre M, pour la manière de faire la chasse à cet oiseau. (S.)

Le MOINEAU COMBA-SOU, *Fringilla nitens* et *ultramarina*, Lath., pl. enl. de Buff., n.° 291. J'ai cru devoir décrire cet oiseau sous le nom qu'il porte au Sénégal, sa vraie patrie, et non pas sous celui de *moineau du Brésil*, qu'on lui donne sur la planche indiquée ci-dessus, puisqu'il ne se trouve point en Amérique; mais on l'a confondu avec le PÈRE NOIR, *Fringilla noctis*, qui est une espèce très-différente. (*V.* l'art. BOUVREUIL A SOURCILS ROUX); et surtout avec le TARIN D'ACIER. *V.* pag. 173 de ce vol.

Cette espèce subit deux mues dans l'année. Le mâle est, après la première, totalement d'un noir à reflets bleus, avec le bec d'un blanc légèrement teint d'une couleur de chair; dans l'oiseau vivant, les pieds sont colorés de même. Il conserve ce plumage pendant six mois; après ce temps on le distingue difficilement de sa femelle; néanmoins ses teintes sont plus prononcées. Celle-ci a les plumes du dessus du corps d'un brun noirâtre, et entourées d'un brun-gris; les pennes de la queue et des ailes noirâtres, et bordées à l'extérieur de cette dernière teinte. Trois bandes bien distinctes se font remarquer sur la tête, l'une d'un brun clair sur le milieu, et deux autres noirâtres sur les côtés: celles-ci partent de la base du bec, et passent au-dessus des yeux; un trait de même couleur se prolonge en arrière depuis le coin de l'œil; les joues sont grises; le dessous du corps est grisâtre; le bec d'un brun clair, et les pieds sont jaunâtres. Cette espèce est en double emploi, car l'*outremer* est un individu de la même espèce.

Le comba-sou, d'un caractère vif et pétulant, ne se façonne point à la captivité aussi facilement que les sénégalis; il conserve toujours dans la volière son air farouche et méchant; mais il est d'un tempérament plus robuste. Sa voix est forte et criarde, et son ramage peu agréable; sa vivacité et sa pétulance sont extrêmes; à peine le voit-on un instant tranquille, surtout dans la saison des amours; agitation stérile, puisque la femelle se refuse à ses désirs. Des circonstances fort singulières accompagnent ses amours: le mâle voltige avec beaucoup de vivacité au-dessus de la femelle, se pose ensuite sur elle, toujours en se soutenant de ses ailes) ; puis il disparoît aussitôt, et va se cacher dans un boulin, où il crie pendant plusieurs secondes, comme s'il se battoit avec d'autres oiseaux. La femelle n'est pas moins pétulante, et ne cesse de voltiger et de crier pendant la saison des amours. Pour les faire multiplier en captivité, il leur faut, en France, une chaleur de vingt-cinq à trente degrés, et les tenir seuls dans une volière, où l'on met des arbrisseaux verts.

Le Moineau a croissant, *Fringilla arcuata*, Lath., pl. enl. de Buff., n.° 230, fig. 1. Ce moineau, du Cap de Bonne-Espérance, a un caractère que je n'ai remarqué que dans cette espèce : c'est d'avoir le bec surmonté d'une arête qui donne lieu à une rainure sur chaque côté. Il a la tête, la gorge et le devant du cou noirs; une sorte de croissant blanc, qui s'étend depuis l'œil jusque dessous le cou ; la nuque, le dos, le croupion, les couvertures supérieures de la queue, et les petites des ailes, d'une couleur marron ; les moyennes noirâtres et terminées de blanc ; les grandes et les pennes, brunes et bordées de gris sale, ainsi que celles de la queue ; le bec noir ; les pieds et les ongles bruns ; la grosseur du *moineau franc*, et six pouces de longueur.

La femelle diffère du mâle en ce qu'elle est d'un gris-brun sur la tête, sur le dessus du cou et sur le manteau; cette couleur est plus sombre sur le milieu de la plume; le croupion est nuancé de vert-olive ; les pennes alaires et caudales, sont noires et bordées de brun ; les sourcils et la gorge d'un blanc uniforme ; la poitrine et le ventre, cendrés ; les parties postérieures blanchâtres.

Le Moineau friquet, *Fringilla montana*, Lath., pl. enl. 267, f. 1. Le nom de *friquet* a été donné à cet oiseau, parce qu'étant posé, il ne cesse de se remuer, de se tourner, de frétiller, de hausser et baisser la queue. Cette espèce est souvent confondue avec celle du *moineau ;* mais on la distingue facilement à son genre de vie, à sa taille et à son plumage. Le friquet n'approche guère de nos maisons ; il se tient à la campagne, fréquente le bord des chemins et des ruisseaux ombragés de saules, se pose sur les arbres et les plantes basses ; il se trouve aussi dans les bois, mais plus rarement. Ce moineau établit son nid dans des creux d'arbres, dans des crevasses de vieilles murailles à peu de distance de terre ; il le construit d'herbes fines et desséchées, de soies de cochon, de bourres et de plumes ; la ponte est au plus de six œufs d'un blanc sale et tachetés de brun. Nozeman assure qu'au nombre de ces œufs, il y en a toujours un beaucoup plus petit que les autres, et que l'oiseau qui en sort est aussi beaucoup plus petit que ceux de la même couvée ; on l'appelle en Hollande, *le Petit roi.* — Quoique les friquets fassent deux et trois couvées par an, ils sont moins nombreux que les *moineaux;* ils se rassemblent en troupe dès la fin de l'été, demeurent ensemble pendant tout l'hiver, et se joignent souvent, pendant cette saison, aux bandes de *pinsons*, *bruans* et *verdiers;* moins défians que les *moineaux*, ils donnent plus volontiers dans les piéges qu'on leur tend; ils ont moins de docilité, et ne se familiarisent jamais autant. On élève les jeunes pris dans le nid, en les nourrissant avec un peu de pain mouillé; et lorsqu'ils mangent seuls, on leur donne les mêmes graines qu'aux *serins* et *chardonnerets.* Cet oiseau vit en cage cinq à six ans; le chant du mâle est assez peu de chose, mais il n'a pas le désagrément de la voix du *moineau;* moins gourmand que lui, il ne fait pas grand tort aux grains; il préfère les baies, les graines sauvages, et mange aussi les insectes. L'espèce est répandue dans toute l'Europe, et se trouve aussi dans la Sibérie orientale.

Le friquet a cinq pouces de longueur; le sommet de la tête rouge bai; le dessus du cou et du dos varié de noir et de roussâtre; le croupion et les couvertures de la queue, gris; la gorge noire; cette couleur est encore indiquée par deux taches, l'une entre le bec et l'œil, et l'autre sur la joue; celle-ci est blanche, ainsi que le haut du cou par-derrière; la poitrine et le ventre sont d'un gris-blanc; les petites couvertures des ailes d'un rouge bai; les moyennes noirâtres et terminées de blanc; les plus grandes brunes, bordées de roussâtre, et terminées obliquement de blanc; ces trois couleurs forment sur les ailes trois bandes transversales; les pennes sont brunes, bordées de roussâtre, ainsi que celles de la queue; le bec est noir, et les pieds sont gris. La femelle a des couleurs moins vives, principalement sur la tête; du reste elle ressemble au mâle; les jeunes sont pareils à la femelle.

Buffon regarde comme des oiseaux de cette espèce, les *moineaux de montagne*, *à collier* et *fou;* je suis d'accord avec lui pour les deux premiers, mais pas pour le dernier. *V.* MOINEAU FOU, pag. 248 de ce vol.

Le MOINEAU ou FRIQUET HUPPÉ, *Fringilla cristata*, pl. enl. de Buff., n.° 181, f. 2, se trouve à la Guyane. Sa huppe est d'un rouge très-vif; un rouge moins brillant couvre la gorge, le devant du cou et toutes les parties postérieures; un brun foncé uniforme colore l'occiput, le dessus du cou, le dos, le dessus des ailes et de la queue; le bec est rougeâtre, et les pieds sont d'un gris mêlé de jaune. L'individu indiqué par Buffon pour la femelle, et qui est figuré sur la même planche, n.° 2, sous le nom de *moineau de la Caroline*, appartient à une autre espèce. La figure de ce friquet présente une grande analogie avec le PINSON BRUN HUPPÉ, *Fringilla flammea.* La seule différence qui m'ait frappé, c'est qu'il est représenté avec un bec de *moineau*, tandis que l'autre que j'ai vu en nature a celui d'une *linotte.* Si ces deux oiseaux appartiennent réellement à la même espèce, les ornithologistes allemands ne devroient donc pas placer ce pinson parmi ceux de cette partie de l'Europe; car il est certain que le friquet huppé ne se trouve que dans l'Amérique méridionale. Il me paroît se rapprocher beaucoup de l'ARAGUIRA du Paraguay; cependant celui-ci est plus grand et ses couleurs présentent des nuances un peu différentes. Ce nom signifie *oiseau de dieu*, *du ciel*, *de la lumière* ou *du feu.* Comme notre friquet, l'araguira (pl. 28 * des *Ois. chanteurs*), ne jette en tout temps qu'un simple cri d'appel. Cet oiseau, d'un naturel qui est un peu sauvage, ne fréquente pas les villes ni les habitations rurales; il se tient dans les campagnes et sur la lisière des bois, par paires en été, en petites bandes ou en familles pendant l'hiver. On trouve son nid au centre des grands buissons; il est composé d'herbes sèches en dehors, et de crins en dedans. La ponte est de trois œufs blancs. La femelle, selon M. de Azara, n'a point de huppe; la tête est du même brun rougeâtre qui couvre toutes les parties supérieures. La description du mâle présente quelques différences entre lui et le friquet. Sa huppe est d'un rouge vif, composée de plumes longues, soyeuses et à barbes décomposées. Il la porte ordinairement couchée; alors elle est peu apparente, étant cachée par les plumes noires qui forment sur les bords une sorte de saillie, et qui l'accompagnent quand elle est verticale; mais si quelque passion l'agite, il la relève et l'épanouit, de manière qu'elle paroît plus large en haut qu'à son origine; les joues, la nuque, le dos et les couvertures des ailes sont d'un brun rougeâtre; les pennes et celles de la queue, noirâtres et bordées d'une nuance plus claire; le croupion et toutes les parties inférieures, d'un rouge de feu; le bec et les pieds bruns.

Le MOINEAU GRIS, *Fringilla grisea*, Vieill.; se trouve dans les Etats-Unis; mais il y est rare. Un gris cendré règne sur la tête et le dessus du cou; le manteau est brun; plusieurs plumes des couvertures supérieures de l'aile sont blanches à leur extrémité, ce qui donne lieu à une petite bande transversale; les pennes alaires et caudales sont de la couleur du dos; la gorge et toutes les parties postérieures d'un gris-blanc; le bec est noir; le tarse d'un gris foncé; la queue fourchue. Longueur totale, quatre pouces neuf lignes.

Le MOINEAU IGNICOLOR, *Fringilla ignicolor*, V., pl. 59 des *Oiseaux chanteurs.* J'avois placé cet oiseau dans le genre GROS-BEC; mais un nouvel examen m'a prouvé que sa véritable place étoit dans le genre *fringille*. Les auteurs qui en ont parlé, l'ont donné pour une variété du *loxia orix*; en effet, il a de grands rapports avec lui par son plumage; mais il constitue une espèce particulière, qui en diffère par une taille moins longue et moins épaisse; par la gorge totalement d'un rouge orangé éclatant, et par la longueur de toutes les couvertures de la queue, lesquelles sont composées de barbes effilées et pendantes, et s'étendent jusqu'au bout des pennes; leur couleur rouge de feu domine aussi sur le cou, le dos, l'estomac, et à l'extérieur des couvertures supérieures des pennes des ailes, et de celles de la queue, qui sont brunes du côté interne; un noir velouté règne sur la tête jusqu'au-dessous des yeux, sur une grande partie de la poitrine et sur le ventre; le bec est d'un noir mat, et les pieds sont couleur de chair. Des individus ont des teintes moins foncées, d'autres ont le ventre varié de noir et de blanc sale. Ce plumage indique des mâles qui prennent leur livrée d'été pour la première fois ou qui la quittent pour se revêtir de celle de la mauvaise saison, époque à laquelle ils ne diffèrent pas des femelles, dont les parties supérieures sont variées de taches longitudinales brunes sur un fond gris, et les inférieures de taches pareilles sur un fond blanc sale; les ailes et la queue sont d'un brun sombre; le bec est de cette couleur, et les pieds sont gris. Cette espèce se trouve au Sénégal et dans d'autres contrées de la côte d'Afrique. On l'apporte quelquefois vivante en France.

Le MOINEAU NOIR ET BLANC, *Fringilla melanoleuca*, Vieill.; se trouve dans l'Inde; il est blanc sur le bec, la tête, les joues, le dessus du corps, les ailes et sur une partie de la queue, avec des taches noires sur le manteau; cette couleur domine sur le reste du plumage; les pieds sont couleur de chair claire; la queue est courte; grosseur de la *linotte*.

Le MOINEAU A TÊTE MARRON, ou d'ITALIE, *Fringilla Italiæ*, Vieill., pl. 340, f. 2 de l'Ornithologie italienne, où il porte le nom de *capannaia scherzosa* (*passer domesticus vulgaris*). Cet oiseau a été confondu avec notre *moineau commun*; mais c'est une espèce particulière ou une race constante, dont le mâle a le bec un peu plus court et plus bombé que le nôtre, et qui en diffère encore par la couleur marron qui domine seule sur le dessus de la tête, la nuque et le derrière du cou; par les plumes du *capistrum*, qui sont noires et par la teinte rousse qui termine les grandes couvertures; du reste il ressemble au nôtre. La femelle a les plumes de la tête et de la nuque roussâtres. Ces moineaux sont très-communs à Turin. M. Bonelli, à qui je dois la connoissance de ces oiseaux en nature, m'a assuré que les nôtres étoient si rares dans le Piémont, qu'il n'y en avoit encore vu qu'un seul individu. M. Themminck, qui a décrit le moinaeu de cet article comme une variété constante du nôtre, assure qu'on le trouve en Sicile et dans tout l'Archipel.

E. FRINGILLES *dont le bec est parfaitement conique, à pointe un peu comprimée et peu aiguë*, Linottes, etc.

La LINOTTE proprement dite, ou DES PLAINES, *Fringilla linota* et *cannabina*, Lath., pl. enl. de Buff. n.° 58, f. 1, et 485, f. 1.

Les personnes qui voient les nombreux traités que nous avons sur les oiseaux d'Europe, doivent être suprises qu'on soit encore forcé de s'en occuper; cependant c'est un fait avéré qu'un certain nombre de ces oiseaux, quoique tous les jours sous nos yeux, exigent un nouveau travail. J'en ai donné un exemple à l'article *fauvette*, et j'en prends un second dans les linottes proprement dites, et dans celles de montagne, dans les *sizerins* et les *cabarets;* mais il ne sera question ici que des premières. Consultez le mot *sizerin* pour les deux autres.

Brisson, Manduyt, Sonnini et Frisch ont fait deux espèces de la linotte proprement dite, sous les dénominations de *grise* et de *rouge;* Latham et Gmelin sous celles de *linota* et de *cannabina;* Belon, Linnæus, Olina, Gesner, Montbeillard, Meyer et Latham dans son deuxième supplement à son *Synopsis*, d'après les remarques de Boys et de Montagu, naturalistes anglais, n'en font qu'une seule espèce. Frappé de cette discordance dans les opinions des naturalistes sur ces oiseaux, j'ai multiplié et souvent reitéré mes recherches pour m'assurer de la vérité; je les ai étudiés dans toutes les saisons, et dans tous les périodes de leur âge; de plus j'ai engagé plusieurs de mes amis, observateurs judicieux, de les examiner de leur côté dans la nature vivante. Il en est résulté un accord qui ne me laisse plus de doute sur l'identité des linottes grise et rouge; en effet, toutes les deux, jeunes ou vieilles, mâles ou femelles, sont grises à l'arrière-saison, et se ressemblent tellement alors qu'on ne peut aisément distinguer les sexes, si l'on n'a égard à la bordure blanche des premières pennes alaires, laquelle est plus large et a plus d'éclat chez le mâle que chez la femelle. La couleur rouge, qui caractérise le mâle pendant l'été, commence à percer vers la fin de l'automne; mais à cette epoque elle est terne et n'occupe que la partie moyenne des plumes dont l'extrémité est d'un gris roussâtre, de manière qu'on ne l'aperçoit qu'en les soulevant; plus le printemps approche, plus cette couleur s'étend et s'embellit, et vers le mois de mai, elle est d'un bel éclat chez le mâle de deux ans, moins pure et moins étendue chez l'oiseau dans sa première année, et elle prend quelquefois une nuance orangée chez les vieux. Alors les linottes qui restent grises ne sont que des femelles. Toutes mes recherches, tous mes efforts, pour trouver en été des mâles adultes gris, ont été inutiles; j'ai toujours rencontré et l'on m'a toujours envoyé des mâles qui étoient plus ou moins rouges. Ce n'est pas seulement sur la tête et sur la poitrine que leur plumage éprouve des variations; l'occiput et la nuque deviennent d'un cendré clair, de gris et de roussâtre qu'ils étoient immédiatement après la mue; le brun-marron des plumes du dos prend un ton plus beau et plus prononcé; le croupion passe du gris et du blanc roussâtre au noirâtre et au blanc pur. Telles sont les linottes mâles dans l'état de liberté : mais il en est tout autrement si on les tient en captivité, même dans une volière toujours exposée à l'air; le rouge disparoît, le brun-marron reste terne, le gris de l'occiput et de la nuque garde sa teinte roussâtre. Les jeunes qu'on élève à la brochette, ou que l'on prend avant leur première mue, n'ont jamais de rouge en cage. Les principaux attributs, qui dans cet état distinguent le mâle et la femelle, consistent dans la couleur du sommet de la tête et de la poitrine, qui est d'un rouge terne vers le milieu de la plume, et dans le blanc des pennes alaires, qui est plus étendu dans le mâle que chez la femelle.

Quant aux proportions qu'on donne plus fortes aux linottes grises, cette différence n'est pas exclusive pour les linottes rouges, puisqu'il en est parmi celles-ci de la même taille que les autres, et quelquefois de plus grandes. J'ai seulement remarqué que toutes indistinctement paroissent un peu plus grosses en hiver qu'en été, parce qu'alors leurs plumes ont un duvet plus fourni. Enfin des auteurs, pour rendre plus vraisemblable leur distinction spécifique, ont présenté la femelle de leur linotte grise sous des nuances moins foncées que celles du mâle et de la femelle de leur linotte rouge, avec la poitrine variée de brun sur un fond roussâtre, et avec le dos tacheté de brun; mais ces différences, qui se rencontrent chez toutes les femelles indistinctement, dépendent des saisons, toutes ayant, comme les mâles, deux livrées, une d'hiver et une d'été; la livrée d'hiver est celle de la femelle de leur linotte grise; l'autre de la femelle de leur linotte rouge. Si ces faits ne paroissent pas suffisans pour se convaincre de l'identité de ces deux prétendues espèces; que l'on consulte leurs mœurs, leurs habitudes, leurs cris et leur chant, et on conviendra qu'il n'y a pas la plus petite dissemblance. Des naturalistes ont indiqué quelques différences dans la situation du nid et dans les matériaux dont il est composé, mais elles tiennent aux localités. Quant aux œufs dont les couleurs ne sont pas tout-à-fait pareilles, on sait qu'elles varient dans leurs nuances selon les époques de l'incubation. Ainsi donc, je crois avoir prouvé d'une manière convaincante que nous ne possédons qu'une seule espèce de linotte commune, ainsi que l'a fort bien démontré le savant collaborateur de Buffon, et pas même deux races, comme je l'ai avancé dans la première édition de ce Dictionnaire; parce que la linotte de vigne sous des teintes pures et avec un rouge éclatant, m'avoit paru plus rare que l'autre; ce que depuis j'ai reconnu devoir être, puisqu'elle n'est parée de ces couleurs qu'après deux ou trois mues, et que les vieux sont toujours beaucoup moins nombreux que les autres.

Si la linotte commune a été méconnue d'une certaine manière, nos ornithologistes modernes paroissent n'avoir connu celle de montagne que dans des descriptions; en effet, Brisson et Buffon ne la décrivent que d'après Willughby; en outre Buffon en fait une variété de la linotte commune, sous la dénomination de *linotte aux pieds noirs*, et le synonyme du *cabaret*, en donnant pour tel la *linotte à gorge jaunâtre* de la pl. 10 de Frisch, qui n'est autre que la linotte de montagne. M. Meyer cite cette planche de Frisch dans la synonymie du *sizerin*, et Gmelin la rapporte à la variété de son *fringilla montium*. M. Themminck a d'abord adopté l'opinion de M. Meyer, et par un double emploi, il donne pour une variété de la *linotte* proprement dite, le *fringilla montium*. Il paroît que ces naturalistes ont parlé de ce *fringilla* sans le connoître en nature, car ils auroient vu que le mâle n'a en aucun temps, le dessus de la tête et la poitrine rouges, et que cette couleur n'est indiquée chez lui que sur le croupion, tandis que les autres n'en ont aucune trace sur cette partie; il y a encore d'autres différences non-seulement dans le plumage, mais dans les habitudes, les mœurs, le cri et le ramage; différences qui ne constituent point une variété, mais une espèce particulière. *V.* LINOTTE DE MONTAGNE, p. 169. Enfin il nous reste le GYNTEL, *fringilla argentoratensis*, oiseau dont l'existence est très suspecte, qu'on ne voit dans aucune collection, et qu'on cherche en vain dans la contrée indiquée pour sa demeure habituelle.

Le mâle, pl. enl. de Buff. 485, f. 1, a pendant toute la belle saison, le sommet de la tête et la poitrine rouges; le derrière du cou cendré; le dos et les plumes scapulaires et les couvertures du dessus des ailes d'un marron rembruni pur; le croupion d'un blanc mêlé d'une légère teinte de roussâtre; les couvertures supérieures de la queue noires dans leur milieu et blanches sur les deux côtés; les trois pennes des ailes les plus proches du corps, d'un marron rembruni; le bec noirâtre, lavé de blanc à sa base en dessous; le reste du plumage est pareil à celui d'hiver; longueur totale, cinq pouces six lignes.

La femelle diffère du mâle en ce qu'elle n'a point de rouge sur le sommet de la tête et sur la poitrine ; il est remplacé sur la première partie par une teinte cendrée tachetée de noir, et sur l'autre, par une couleur roussâtre variée de taches brunes, que l'on remarque aussi sur le dos.

Le mâle en hiver, pl. enl. de Buff. n.° 58, f. 1, a les plumes du dessus de la tête d'un gris-brun dans leur milieu, et bordées de roussâtre sur les deux côtés ; celles du dessus du cou, bordées de gris ; le dos et le croupion, les plumes scapulaires et les couvertures supérieures des ailes, d'un brun tirant sur le marron, bordé d'une nuance plus claire ; les couvertures du dessus de la queue, noires dans leur milieu, blanches sur leur côté intérieur, et d'un gris roussâtre à l'extérieur ; le tour du bec et des yeux et la gorge, d'un blanc roussâtre ; les plumes du devant du cou d'un gris brun : celles de la poitrine d'un rouge obscur, et terminées de blanc roussâtre, de manière que le rouge paroît fort peu ; les côtés roussâtre ; le ventre, les jambes, d'un blanc sali de roux ; les couvertures du dessous de la queue blanches, avec une légère teinte de cette dernière couleur ; les grandes couvertures, les plus extérieures des ailes, noires dans leur milieu, blanches à l'intérieur vers l'origine, et grises à l'extérieur ; les pennes des ailes noires ; excepté les trois plus proches du corps, qui sont d'un brun-marron ; toutes sont bordées de blanc à l'intérieur, et les grandes du côté extérieur, ce qui forme sur l'aile, lorsqu'elle est pliée, une raie longitudinale de cette couleur ; les pennes caudales sont noires, bordées de blanc des deux côtés ; la queue est fourchue ; l'iris de couleur noisette ; le bec d'un gris-blanc, excepté à la pointe qui est brune, ainsi que les pieds.

La femelle diffère en ce que ses couleurs sont moins foncées que celles du mâle, et que les plumes de la poitrine n'ont point de rouge.

Variétés accidentelles des linottes. — On voit des individus totalement blancs ; d'autres qui n'ont que la tête, les ailes et la queue de cette couleur ; sur d'autres, le blanc est la couleur dominante, mais les pennes des ailes et de la queue sont noires, et seulement bordées de la première couleur, avec quelques vestiges de gris sur les couvertures des ailes ; j'ai possédé une linotte dont le plumage étoit de la couleur des serins que l'on nomme *agates*.

Le mâle ne partage ni le travail du nid, ni l'incubation ; mais rempli de petits soins pour sa femelle, il lui apporte des alimens qu'il dégorge comme le serin, égaie la monotonie de sa position par un joli ramage, sans cesse répété pendant tout le temps qu'elle couve, et veille encore à sa sûreté, car, dès qu'on lui porte ombrage, il jette un cri plaintif, voltige de buissons en buissons, s'éloigne un moment, mais pour reparoître aussitôt; plus on approche de sa compagne, plus ses cris redoublent; alors sa femelle, avertie par ses plaintes, et pressée par le danger, quitte le nid; aussitôt tous les deux s'en éloignent, et n'y reviennent ordinairement qu'après une heure d'absence; mais lorsque les œufs sont près d'éclore, ils y retournent plus tôt; le père et la mère ont beaucoup d'affection pour leurs petits; ils les nourrissent de graines tendres, préparées dans leur jabot, et les leur dégorgent dans le bec. Ces linottes font ordinairement deux et trois pontes, et même quatre si elles sont troublées dans les premières. Après les couvées, elles se réunissent en troupes nombreuses, quittent les montagnes et descendent dans les plaines. C'est alors qu'on leur tend des piéges, et qu'on en prend un grand nombre : comme ces oiseaux engraissent facilement lorsqu'ils ont de la nourriture en abondance, leur chair acquiert une saveur qui la fait rechercher, surtout dans nos contrées méridionales: de là leur est venu en Provence le nom de *bec-figue d'hiver*.

Montbeillard trouve une grande analogie entre le serin et la linotte, et avec raison; car ils ont les mêmes habitudes, le même naturel; et, de tous nos oiseaux, la linotte est celui qui s'accouple plus volontiers avec les canaris; mais j'ai peine à croire que les individus qui résultent de ce mélange soient plus féconds que ceux qui proviennent du chardonneret et du tarin: du moins, malgré des essais faits pendant plusieurs années et de diverses manières, je n'ai pu réussir à avoir des œufs féconds, soit d'une serine appariée avec un métis linotte, soit d'une femelle mulette accouplée avec un serin, soit enfin de ces métis appariés ensemble.

Quoique la linotte soit un des plus communs de nos petits oiseaux granivores, quoiqu'elle ne conserve en captivité aucune des brillantes couleurs qui en font désirer la possession, lorsqu'on la voit en liberté parée de son habit de noces, elle n'est pas moins recherchée que l'éclatant chardonneret et le charmant bouvreuil. Si alors des teintes sombres remplacent la belle couleur rouge de sa tête et de sa poitrine, si alors tout son plumage n'est grivelé que d'un brun terne et d'un blanc sale, la linotte ne mérite pas moins d'attirer sur elle l'attention de l'homme, et de contribuer à ses plaisirs, car elle a des qualités vraiment intéressantes. Elle réunit un naturel docile et susceptible d'attachement, un ramage agréable, un gosier qui se ploie facilement aux différens airs qu'on désire lui enseigner; on parvient même à lui apprendre à répéter distinctement quelques mots de telle langue que ce soit. *Petite vie, petit fils, baisez, baisez, petit fils*, sont des demi-phrases qu'elle prononce franchement et avec un accent si touchant, qu il semble exprimer le sentiment. Il est vrai que ces oiseaux sont d une amabilité étonnante, et deviennent tellement caressans, qu'il finissent souvent par importuner. Ils savent très-bien distinguer les personnes qui les soignent; ils viennent se poser sur elles de préférence, leur prodiguent de tendres caresses, et semblent même exprimer leur affection par la douceur de leurs regards. Outre cela, ils ont la faculté d imiter et de joindre aux modulations variées de leur charmante voix, le chant des autres oiseaux qui se trouvent à leur portée. Si on élève une très-jeune linotte avec un pinson, une alouette ou un rossignol, elle apprendra à chanter comme eux; mais elle perdra souvent son chant naturel, et ne conservera guère que son petit cri d'appel. Les linottes qu'on désire instruire doivent être prises dans le nid, quand les plumes commencent à pousser; car, si elles sont prises adultes, au filet ou autrement, il est rare qu'elles profitent des leçons qu'on leur pourroit donner: cependant on en voit quelquefois devenir assez familières et assez caressantes. On indique différens moyens d'instruction, tel que celui de les siffler le soir à la lueur d'une chandelle, avec l'attention de bien articuler les mots qu'on veut leur faire dire. Quelquefois, pour les mettre en train, on les prend sur le doigt; on leur présente un miroir, dans lequel elles croient voir un autre oiseau de leur espèce, et cette illusion produit, dit-on, une sorte d'émulation, des chants plus animés et des progrès plus réels; mais ces précautions ne sont pas de première nécessité, car les linottes ordinairement les mieux instruites sont celles élevées par les savetiers, qui les sifflent sans interrompre leur travail. On a remarqué, ce qui est vrai pour la plupart des oiseaux chanteurs, tels que les tarins, chardonnerets, etc., qu'elles chantent plus dans une petite cage que dans une grande. Cet oiseau vit long-temps en captivité, s'il est bien soigné. Sonnini en cite un qui a vécu quatorze ans, et eût vécu davantage, car il n'est péri que par accident. Ce charmant oiseau étoit rempli de gentillesse; il appeloit plusieurs personnes de la maison par leur nom et très-distinctement; il siffloit cinq airs entiers de serinette; et ce qui ajoutoit à l'agrément et à la vérité de son chant, c'est que ces cinq airs étant en *ré*, *si*, *mi* mineur, cette linote les mêloit souvent ensemble sans aucune discordance à raison du ton, ce qui produisoit une sorte de pot-pourri extrêmement agréable. (*V.* son édition de l'*Hist. natur.* de Buffon.) Enfin, ces oiseaux ont l'avantage de chanter presque toute l'année, et leur docilité est telle, qu'on peut les accoutumer à la galère comme le tarin et le chardonneret.

Lorsqu'on veut élever de jeunes linottes, il faut choisir des mâles; car les femelles ne chantent ni n'apprennent à chanter. On les reconnoît à la couleur blanche des aîles, qui est plus pure et plus étendue. On les nourrit d'abord avec du gruau d'avoine et de la navette broyée dans du lait ou de l'eau; d'autres remplacent le gruau avec de la mie de pain, et y joignent un jaune d'œuf dur. On leur donne la becquée comme aux serins, et il faut les tenir chaudement et proprement. Si on veut les rendre plus familiers, on leur présente cette nourriture à la main, et on leur donne quelques douceurs avec la bouche. Lorsqu'ils commencent à vouloir manger seuls, on laisse la navette entière, mais attendrie dans l'eau, afin qu'ils puissent la casser plus aisément; ensuite l'on varie leur nourriture avec du panis, du millet, de l'alpiste, des graines de rave, de choux, de laitue, de plantain, et quelquefois celle de melon broyée; de temps en temps, du massepain, de l'épine-vinette, du mouron. Il leur faut très-peu de chénevis, parce qu'il les engraisse trop, ce qui les fait périr ou les empêche de chanter. Beaucoup de personnes ne leur donnent pour nourriture que de la navette; mais il en résulte le même inconvénient. Plus on variera leurs alimens, moins ils auront de maladies. De plus, on met dans leur cage un petit platras ou morceau de craie, afin d'éviter la constipation à laquelle elles sont sujettes. Il les guérit aussi d'une maladie qu'on appelle *subtile:* leur tristesse, leur silence, leurs plumes roides et hérissées, en sont les indices; et lorsqu'elle fait des progrès, leur ventre devient dur, leurs veines sont grosses et rouges, leur poitrine est tuméfiée, leurs pieds s'enflent, sont calleux, et à peine peuvent-elles se soutenir. Les linottes sont encore sujettes au mal-caduc, pour lequel on indique encore le morceau de craie; mais le mal du *bouton* est presque incurable: cependant, on conseille de le percer promptement, et d'étuver la petite plaie avec du vin. Enfin, outre toutes ces maladies, dont la plupart sont les effets de la captivité, elles souffrent encore de l'asthme, ce qu'elles indiquent en frappant souvent du bec avec colère. On met alors un peu d'oxymel dans leur abreuvoir, et on change leur nourriture pendant quelques jours, en leur donnant de la chicorée sauvage tendre et pilée avec de l'épine-vinette ou du chou, si cette maladie les attaque pendant l'hiver; et rien n'est meilleur, pour les tenir gaies et en bonne santé, que de leur donner des groseilles rouges. Comme on ne doit rien négliger pour conserver un oiseau qu'on s'est donné la peine d'instruire, il faut, autant qu'on le peut, la rapprocher de son état naturel. Ces oiseaux sont *pulvérateurs;* on doit donc garnir le fond de leur cage d'une couche de petit sable, qu'on renouvelle de temps en temps; et comme ils aiment à se baigner, il leur faut aussi une petite baignoire, dont on renouvelle l'eau tous les jours.

Les linottes se réunissent en société vers le mois de septembre, y restent pendant l'hiver, volent très-serrées, s'abattent, s'élèvent toutes ensemble, et se posent sur les mêmes arbres. Leur vol est suivi, et ne va point par élans répétés comme celui du *moineau;* elles marchent en sautillant; elles passent la nuit dans les bois, et choisissent pour asile les arbres dont les feuilles, quoique sèches, ne sont pas encore tombées, tels que les chênes, les charmes, etc. Elles fréquentent alors les terres en friches et les champs cultivés, où elles se nourrissent de divers petits grains; elles piquent aussi les boutons des peupliers, des tilleuls et des bouleaux, comme font les sizerins et les bouvreuils. Leur nom, linottes (*linariæ*), indique encore un de leurs alimens; il ne leur a été imposé, que parce qu'elles aiment la graine de lin ou celle de la linaire; enfin toutes sortes de graines leur conviennent, mais je ne crois pas qu'elles touchent aux insectes: ce qu'il y a de certain, c'est qu'elles n'en portent pas à leurs petits, comme font les oiseaux granivores-insectivores. Vers le commencement du printemps on les entend chanter toutes à la fois, et leur chant est toujours devancé par une espèce de prélude; c'est alors qu'elles s'accouplent; une fois leur choix fait, chaque paire s'isole et affecte un canton d'où elle ne s'éloigne point pendant tout l'été. Les linottes sont communes en France, en Angleterre, en Italie, dans le Levant, en Allemagne et dans les parties méridionales de la Russie. Latham soupçonne, d'après Kolbe, qu'elles se trouvent aussi au Cap de Bonne-Espérance, ce qui paroît très-douteux. Enfin cet ornithologiste prétend que, du côté du Nord, l'espèce de *linotte rouge* s'est répandue jusqu'à la baie d'Hudson. Là, son plumage a varié; il est, dit-il, d'un brun plus pâle; mais l'oiseau dont il parle est d'une autre espèce, et fait partie d'un autre genre. *V.* PASSERINE DE MONTAGNE.

Chasse aux linottes. — On prend ces oiseaux de diverses manières, à l'albret ou albrot (*V.* BOUVREUIL); il ne faut point de cage, mais des moquettes apprivoisées: aux abreuvoirs avec des gluaux (*V.* HOCHEQUEUE); aux filets d'ALOUETTE (*V.* ce mot), car lorsque les linottes sont attroupées, elles descendent très-bas, pour s'approcher du miroir, et se posent quelquefois au milieu des filets; on est certain de les y attirer, si l'on a des mâles pour servir d'appeau ou de chanterelle, mais les mailles du filet doivent être plus serrées que pour les alouettes; alors il n'en échappe point. On les prend aussi avec un seul filet du retz saillant (*V.* CHARDONNERET); et enfin au rets saillant lui-même, ou filet volant. Le terrain propre à cette chasse doit être peu élevé; les vallons conviennent assez; il ne faut pas qu'il y ait aux environs, ni arbres, ni haies sur lesquels les oiseaux puissent se percher; plus les arbres sont éloignés, plus la chasse est lucrative. La place que l'on prépare doit avoir au moins cinquante brasses de long, et vingt-cinq de large; l'espace qui entourera les filets tendus, sera couvert d'un rang de petites plantes qui auront au plus un demi-pied de hauteur, et qui seront ou de la lavande mâle, ou du lentisque, ou du buis, ou du génèvrier; le tout sera rangé de manière qu'il cache les cordes auxquelles sont attachés les filets; on pratique autour de cet espace sur les côtés une sorte d'allée large d'environ une brasse, et on termine cette allée par un espalier fait avec les mêmes plantes, mais beaucoup plus fortes et plus hautes que celles de la première rangée. C'est au milieu de cet espalier que l'on place les cages des appelans; il faut avoir soin d'élaguer les petites branches, ou les contenir avec un cerceau, afin d'éclairer la place où doivent être les moquettes. Aux coins des quatre poulies qui font couler les cordes des filets, on dresse quatre touffes de semblables plantes, et on y place quatre cages d'oiseaux choisis parmi les meilleurs chanteurs: il est encore à propos pour attirer les linottes, de faire au milieu du bosquet, sur le côté droit, une rangée d'osiers rouges et de tilleuls, longue de trois brasses et large de deux; du même côté, on aura encore attention que le sol du terrain soit un peu relevé, et descende insensiblement pour favoriser le jeu du filet.

Il faut en outre construire une petite loge assez grande pour qu'elle puisse contenir deux à trois personnes, simplement avec des roseaux, la couvrir partout de verdure et mettre un siége dans le milieu pour l'oiseleur; ce siége est placé en droiture vis-à-vis le retz saillant: on fait à cette cabane une ouverture en forme de fenêtre, afin que le chasseur puisse diriger sa vue sur ce qui se passe autour de lui. Lorsqu'on destine cette place à servir pendant plusieurs années, on fait la loge en maçonnerie ou en bois; elle doit, dans tous les cas, être couverte de verdure, souvent renouvelée pendant tout le temps de la chasse; en outre, pour s'éviter le renouvellement des plantes et arbrisseaux, on entretient cette plantation que l'on a soin de contenir à la hauteur dite ci-dessus.

Les filets qu'on emploie pour le retz saillant doivent être d'égale longueur; celui de la droite a seulement une demi-brasse ou une brasse de plus de largeur; ces filets sont garnis à leur bout de deux perches d'aulne, autrement, piquets qui servent à les lier, et qu'on plante vers le bosquet aux quatre coins où l'on veut attacher ces filets; d'autres les adaptent à une petite pièce de bois, et qui a des poulies qu'on fiche en terre; l'extrémité du piquet est un fer qui entre dans une clochette; le fer qui les tient ensemble, et les cordes qui partent de la clochette et vont aux filets, se nomment *maîtresses*, tandis qu'on nomme *coucrines* celles qui sont du côté de la place en dessus; les maîtresses cordes se joignent à un nœud qu'elles font elles-mêmes; après quoi, à la distance de deux ou trois brasses, quelquefois plus ou moins, selon l'avantage de l'oiseleur, est un bâton qui sert à tirer les filets, et qui donne de la force pour les fermer, en les rapprochant l'un contre l'autre; il faut renforcer les cordes et les ficelles qui servent pour lesdits filets, et on leur donnera une couleur de terre verte.

Pour pouvoir prendre un grand nombre de petits oiseaux, il faut des appelans de chaque espèce; car rarement un oiseau s'abat, s'il n'y en a de sa race. A ce moyen, on peut prendre, à cette chasse, des linottes, chardonnerets, pinsons, lavandières, bergeronnettes, verdiers, bruans, etc.

La LINOTTE GRIS-DE-FER, *Fringilla cana*, Vieill.; *Loxia cana*, Lath., pl. 179 des *Ois. d'Edwards*, a la taille et les proportions de la linotte; mais son bec est un peu plus fort, ce qui a donné lieu aux méthodistes de la ranger parmi les *gros-becs*. Elle a le dessus de la tête, le cou et le dos gris-de-fer; le dessous du corps cendré clair; le croupion de la même teinte, mais plus foncée; les pennes des ailes et de la queue noirâtres, bordées de cendré clair, excepté les plus longues des ailes, qui sont entièrement noires vers leur extrémité, et blanches vers leur origine; la mandibule inférieure est bordée de cette même couleur, qui s'étend jusque sous les yeux; le bec cendré; les pieds sont couleur de chair. Cette linotte, qu'on trouve en Asie, a un ramage très-agréable.

La LINOTTE HUPPÉE, *Fringilla flammea*, Lath., pl. 29 des *Ois. chanteurs*, sous le nom de *fringille huppée*. Le mâle a une huppe couleur de feu tirant au rouge; les plumes qui la composent sont de la même teinte que celles de la huppe du manakin tijé (*pipra pareola*); la nuque, le dessus du cou et du corps, les ailes et la queue, bruns; cette couleur est plus claire à l'extérieur des pennes alaires et caudales; toutes les parties inférieures sont d'un rouge clair à peu près semblable à celui d'une rose fanée. La femelle ou le jeune, a les côtés de la tête et le haut de la gorge d'un blanc sale; tout le dessous du corps d'un brun rougeâtre, et le reste du plumage pareil à celui du mâle. La patrie de cet oiseau est à peu près inconnue; Linnæus croit qu'il habite dans le nord; tous les ornithologistes allemands le placent dans le nombre des oiseaux de cette partie de l'Europe. On lui donne une très-grande analogie avec le *friquet huppé*, que je n'ai jamais vu en nature, ce qui m'empêche de juger si leur identité est réelle. *V.* ci-dessus, FRIQUET HUPPÉ.

La LINOTTE, dite SÉNÉGALI CHANTEUR, *Fringilla musica*, Vieill., pl. 11 des *Ois. chanteurs*. Ce n'est point par une parure élégante que se distingue ce sénégali; modeste dans ses couleurs, il sait captiver notre attention par des qualités plus intéressantes: chant mélodieux, douceur et familiarité, tels sont ses attributs naturels. Il n'a point les sons flûtés, les coups de gosier éclatans, les roulades précipitées du rossignol; mais doué d'une voix moelleuse, sonore, forte sans dureté, pleine de grâce et d'harmonie, il a l'avantage de se faire entendre dans un appartement pendant presque toute l'année sans jamais fatiguer. Ce charmant volatile feroit aisément oublier le musicien des Hébrides, si, moins délicat et moins rare, il pouvoit s'acclimater dans nos pays; cependant avec des soins et des attentions, on y parviendroit facilement, puisqu'il suffit de mettre cet oiseau d'Afrique à l'abri du froid; l'on pourroit même l'y naturaliser et le faire multiplier, si on lui procuroit une chaleur convenable, que j'estime à 25 degrés pour les oiseaux qui sont nés sous la zone torride; mais ce petit chantre demande une volière particulière; car d'un naturel timide et doux, il est toujours la victime de ces espèces hardies et hargneuses, tels que les moineaux à bec rouge et certains bengalis, qui abusent de sa foiblesse, se font un jeu de le déplumer, et par-là l'exposent à périr du froid.

Cet intéressant *sénégali* est de la taille du *bengali mariposa*, mais plus arrondie: tout son plumage est d'un gris-blanc, et chaque plume a dans son milieu une tache brune, qui s'étend le long de la tige; le gris est plus foncé sur la tête, le dos, la poitrine et le haut du ventre; il est presque pur sur la gorge; les ailes et la queue sont brunes; cette dernière est un peu fourchue à son extrémité. La femelle ressemble tellement au mâle que le chant seul en fait la distinction. Ces oiseaux ne muent qu'une fois par an, et leurs plumes ne reparoissent qu'à cette époque, si elles ont été arrachées dans le courant de l'année, du moins sous notre climat. On les trouve au Sénégal.

La LINOTTE TOBAQUE, pl. 179 des *Ois. d'Edwards*, est donnée par cet auteur pour le mâle de la *linotte vengoline*; mais comme toutes les deux ont un chant fort agréable, il est très-probable que ce sont deux mâles, dont l'un est plus avancé en âge que l'autre, s'ils font partie de la même espèce. Au reste, le tobaque, qu'Edwards appelle encore *négral*, a la base du bec entourée d'une bordure noire, qui s'avance un peu sur le front; cette même couleur occupe aussi le dessous des yeux et descend sur les côtés de la gorge vers son origine; la tête, le cou, le dos et les petites couvertures des ailes, d'un cendré brunâtre varié de taches noirâtres; les autres couvertures et les pennes des ailes sont de la même couleur et bordées de jaune; le dessous du corps et des couvertures inférieures de la queue est d'un orangé terne uniforme, clair sur la poitrine et sombre sur les parties postérieures; le croupion est d'un jaune brillant; les pieds et les ongles sont couleur de chair.

La Linotte vengoline, *Fringilla angolensis*, Lath., pl. 179 des *Ois. d'Edwards*, se trouve en Afrique, sur la côte d'Angola: les Portugais l'appellent *banguelinha*. Son ramage, dit Daines-Barrington, est supérieur à celui de tous les oiseaux chanteurs de l'Asie, de l'Afrique et de l'Amérique, excepté toutefois le chant du moqueur. Elle a les parties supérieures variées de brun foncé et de brun clair; le croupion et les couvertures du dessus de la queue jaunes; les couvertures supérieures, les pennes des ailes et celles de la queue brunes et bordées de gris clair; les côtés de la tête d'un roux clair; un trait brun sur les yeux; le dessous du corps tacheté de brun sur un fond plus clair; le bec et les pieds bruns; la taille de la linotte.

F. Fringilles *dont le bec est plus fort que celui de la linotte, plus ou moins allongé, à pointe sans compression et un peu aiguë.* (Veuves, Pinsons, etc.)

Les Veuves. On appelle ainsi une belle famille d'oiseaux qu'on trouve non-seulement en Afrique, mais encore dans l'Asie jusqu'aux îles Philippines. Mais, dit Gueneau de Montbeillard, ce nom de *veuve* qui paroît bien leur convenir, soit à cause du noir qui domine dans leur plumage, soit à cause de leur longue queue traînante, ne leur a été imposé que par une méprise. Les Portugais les appelèrent d'abord *oiseaux de Whidha*, c'est-à-dire, de *Juida*, royaume d'Afrique, où ils sont très-communs; la ressemblance de ce mot avec celui qui signifie *veuve* en langue portugaise, aura pu tromper des étrangers qui auront pris l'un pour l'autre, et cette erreur se sera accréditée d'autant plus aisément, que le nom de *veuve* paroissoit, à plusieurs égards, fait pour ces oiseaux. Les femelles ne sont jamais parées d'une longue queue, et les mâles ne la portent que pendant six mois qui ne sont pas les mêmes pour tous; ce qui paroît dépendre, pour les jeunes, du jour de leur naissance, et pour les adultes, du climat sous lequel ils se trouvent. Ordinairement la première mue, celle où les mâles prennent leur habit de noces et font entendre leur ramage, a lieu au printemps, et la seconde à l'automne, ou pour mieux dire, aux époques qui répondent à ces deux saisons. Après celle-ci, les mâles diffèrent si peu des femelles, qu'on les confond souvent quand on n'a pas une certaine connoissance de ces oiseaux, connoissance qui ne s'acquiert que par l'habitude de les voir souvent et de les comparer les uns aux autres. Les femelles subissent aussi deux mues, mais elles n'éprouvent aucun changement dans leur plumage; cependant en vieillissant, il en est qui prennent des couleurs presque pareilles à celles que le mâle porte pendant la saison des amours. Cette observation a été faite par Mauduyt sur un individu de l'espèce de la *veuve au collier d'or* qu'il a conservé long-temps vivant: « à mesure, dit-il, qu'une femelle, qui a vécu chez moi neuf ou dix ans, avançoit en âge, elle devenoit moins semblable à son mâle dans son plumage d'hiver, et se rapprochoit davantage de lui dans son plumage d'été, en sorte que dans ses dernières années, cette femelle paroissoit en tout temps un mâle dans son plumage d'été, mais cependant un mâle moins beau; et d'ailleurs elle n'a point eu de longues plumes à la queue. »

Gueneau de Montbeillard a présenté ces longues plumes comme une *fausse queue*, et son sentiment a été adopté par M. Cuvier; mais l'observation me force de dire que ces savans se trompent pour toutes les veuves, à l'exception de la *veuve à épaulettes*. En effet, ce nom de fausse queue qui convient très-bien à quelques longues plumes de cette veuve, ne peut s'appliquer à celles des autres, puisque ce ne sont point, comme ils le pensent, quelques plumes des couvertures supérieures qui se développent sous diverses formes; au contraire, ces longues plumes sont, chez les *veuves au collier d'or*, *à quatre brins*, *dominicaine* et *en feu*, les quatre pennes intermédiaires de la queue qui, avec les huit autres, car ces oiseaux n'en ont pas davantage, forment le nombre de douze que les mâles, les femelles et les jeunes ont en tout temps. Si ces quatre pennes ne faisoient pas partie de la queue, celle-ci ne seroit donc composée que de huit; d'où il résulteroit que les mâles en auroient quatre de moins, quand ils sont sous leur plumage parfait, que lorsqu'ils portent leur habit d'automne, ce qu'on ne peut admettre. Je ne suis pas le seul qui ait indiqué ces longues plumes pour appartenir à la queue, car l'exact Brisson en fait mention pour les veuves qu'il a décrites. Latham s'est conduit de même. Mauduyt (*Encyclop. méth.*) a adopté l'opinion de Montbeillard; ce qui prouve qu'il n'a fait aucune vérification, et qu'il n'a pas consulté à ce sujet l'ornithologie de Brisson qui, d'ailleurs, lui a servi de guide dans presque toutes ses descriptions. Au reste, c'est d'après un examen réitéré des mâles, morts ou vivans, que je me suis assuré que les quatre grandes plumes sont les pennes intermédiaires de la queue, et non pas quelques couvertures supérieures, et que les pennes ne diffèrent nullement des huit autres, quand les mâles portent la livrée des femelles. Enfin, si les longues plumes ne sont qu'au nombre de deux, comme dans la *veuve à deux brins*, elles sont alors accompagnées des dix pennes latérales.

Les veuves, suivant les voyageurs, n'emploient que du coton à la construction de leur nid, et ce nid a deux étages; le mâle habite l'étage supérieur, et la femelle couve dans celui d'en bas; mais un nid ainsi construit est-il le travail de toutes les veuves, ou n'appartient-il qu'à une seule espèce; et quelle est cette espèce? c'est sur quoi se taisent les voyageurs, les naturalistes, et même les curieux hollandais, qui ont, dit-on, fait couver ces oiseaux en captivité.

Brisson, Montbeillard et d'autres ornithologistes français, ont rangé les veuves dans le genre des *moineaux* et des *pinsons*; Latham et Gmelin les ont classés avec les *bruans*; mais la conformation de leur bec les place naturellement dans le genre *fringille*.

La Veuve au collier d'or, *Fringilla paradisea*, Vieill.; *Emberiza paradisea*, Lath., pl. R. 11, fig. 3 de ce Dictionn. La dénomination donnée à cette veuve, vient d'une espèce de demi-collier d'un jaune doré qu'elle porte sur le derrière du cou; ce collier n'est pas de cette couleur dans tous les individus; plusieurs l'ont d'un brun plus ou moins roux ou d'un orangé pâle. Sa grosseur est à peu près celle d'un fort serin; elle a la tête, la gorge, le devant du cou, le dos, les ailes et la queue d'un beau noir; la poitrine d'un marron brillant; les parties postérieures blanches; dans quelques-unes; le bas-ventre et les cuisses sont noirâtres; dans d'autres, les plumes des jambes, noires et terminées de roussâtre; les couvertures inférieures de la queue, ou totalement noires, ou noirâtres et terminées de blanc; les pennes primaires des ailes ont à l'extérieur un liseré blanc; celles de la queue sont noires; des quatre intermédiaires, deux ont une position verticale et sont opposées l'une à l'autre par leur surface extérieure, et comme cannelées; elles n'ont guère que quatre pouces de longueur, sont larges, et se terminent tout d'un coup par un filet délié, long de plus d'un pouce; les deux autres qui paroissent comme ondées et moirées, sont relevées leur origine, ensuite recourbées et inclinées en arrière; elles portent onze pouces de long, 9 lignes de largeur près du croupion, et se réduisent à trois vers leur pointe (ces dimensions varient chez les divers individus) ; enfin quelques barbes de ces plumes ont des filets très-deliés, très-longs, plus ou moins nombreux : le bec est noir, et les pieds sont de couleur de chair. Tel est le mâle dans la saison des amours, mais lorsqu'il quitte ses longues plumes, son plumage brillant disparoît avec elles : alors la tête est variée de blanc et de noir : la poitrine, le dos et les couvertures supérieures des ailes sont d'un orangé terne, moucheté de noirâtre : les pennes des ailes et de la queue, d'un brun très-foncé ; le ventre et tout le reste du dessous du corps restent blancs ; le bec et les pieds pâlissent.

La femelle a des couleurs encore plus ternes ; ce qui est orangé dans le mâle, se change en roux blanc sale chez elle ; du brun remplace le noir ; le blanc est moins pur ; sa taille est aussi un peu inférieure.

Il y a dans cette espèce deux races, dont l'une est plus grande que l'autre ; mais c'est la seule différence qui existe entre elles. Je les ai eu vivantes pendant plusieurs années ; la petite race se trouve au Sénégal.

Ces veuves sont décrites et figurées dans l'ornithologie italienne, pl. 346 et 347, sous les noms de *vidua americana* et *vidua africana*.

Le mâle a un ramage que Manduyt trouve assez agréable, mais qui m'a paru un peu aigre, quoique assez varié : il le fait entendre avec plus de force lorsqu'il est décoré de sa belle parure, et même en volant si on le tient dans une grande volière. On rencontre ces veuves sur la côte occidentale de l'Afrique, au Sénégal et dans le royaume d'Angola.

Jusqu'à présent on n'a pu faire couver ces oiseaux en France ; mais je crois que cela vient de ce qu'on ne les tient pas dans un local dont la chaleur se rapproche de celle de leur pays natal. Ils sont d'un naturel gai, familier, et peu difficiles sur la nourriture : du *millet* et de l'*alpiste* leur suffisent, avec quelques herbes rafraîchissantes, telles que le *mouron* et la *chicorée* : ils ne demandent que des soins et quelques précautions indispensables pour s'acclimater et multiplier, comme de les tenir dans une serre chaude, plantée d'arbres toujours verts, et échauffée de vingt à vingt-cinq degrés de chaleur. La femelle peut pondre à des degrés inférieurs, mais elle ne fait point de nid, et se refuse aux désirs du mâle ; les degrés que j'indique seront suffisans pour la mettre en amour.

La Veuve chrysoptère, *Fringilla chrysoptera*, Vieill., pl. 41 des *Oiseaux chanteurs*. La longueur des quatre pennes intermédiaires de la queue du mâle m'a décidé à ranger cet oiseau avec les veuves, d'autant plus que, comme les mâles de cette petite famille, il ne les porte de cette longueur que pendant la saison des amours, après laquelle il a, de même que ceux-ci, un plumage à peu près pareil à celui de sa femelle. M. Cuvier (*Règne animal*) assure que cet oiseau n'est point une *veuve*, mais bien un *gros-bec ordinaire*; je ne puis adopter son sentiment, 1.° parce qu'il n'a pas le bec plus gros que l'*emberiza longicauda* que ce savant place parmi les veuves, ni que le *loxia dominica*, et qu'il l'a moins gros que le *paroare huppé*, et que la *loxia orix*, oiseau que ce même savant classe avec les moineaux. Le bec du *fringilla chrysoptera* le range dans la cathégorie des veuves qui ont, comme il le dit, le *bec quelquefois un peu plus renflé à sa base qu'un bec de linotte*. 2.° J'avoue que cet oiseau ne seroit pas une veuve, si on pouvoit généraliser à toutes les veuves le caractère distinctif, indiqué par M. Cuvier, d'avoir *quelques-unes des couvertures supérieures de la queue excessivement allongées dans les mâles*; mais cet attribut n'est admissible que pour l'*emberiza longicauda*; car chez les *veuves au collier d'or*, *à quatre brins*, *dominicaine* et *en feu*, ce sont, comme je l'ai déjà dit, les quatre pennes intermédiaires de la queue qui sont très-allongées, et non pas quelques plumes des couvertures, et il n'en est pas autrement pour la *veuve chrysoptère* mâle, seulement elles sont moins longues que chez les autres veuves, et elles n'ont point de forme particulière, si ce n'est plus de largeur que lorsqu'elle est sous son habit d'hiver.

Cette veuve a dans son ensemble et dans ses couleurs de l'analogie avec le *père noir à longue queue*; cependant celui-ci en diffère par une queue moins longue et par la teinte d'un roux jaunâtre qu'on voit sur le dos et les couvertures supérieures de l'aile; mais on le reconnoît facilement dans l'*yellow schoultdered oriole* dont Brown a publié la figure dans ses *Illust.*, et que Gmelin et Latham ont eu tort de rapporter à l'*emberiza longicauda*. Le noir velouté qui règne sur le vêtement du mâle, est coupé par le beau jaune qui couvre le dos et la partie antérieure de l'aile; cette dernière couleur, mais dégradée presque jusqu'au blanc, frange les couvertures supérieures et les pennes secondaires; le bec est noir et les pieds sont noirâtres; les quatre pennes intermédiaires de la queue outre-passent les autres d'environ deux pouces, et sont à peu près égales entre elles; les autres sont étagées. Les plumes de la tête et du cou semblent terminées carrément, et prennent la forme d'une coquille lorsque l'oiseau les redresse. Il subit deux mues par an, et après la saison des amours, il est pareil à sa femelle qui porte un plumage tacheté longitudinalement de gris-brun, de roux et de blanc sale; alors les quatre pennes du milieu de la queue dépassent très-peu les autres. On trouve ces oiseaux sur la côte d'Afrique, et particulièrement dans le royaume de Congo et Cacongo.

La VEUVE A DEUX BRINS, *Fringilla superciliosa*, Themminck, se trouve en Afrique. Elle a une bandelette blanche au-dessus des yeux, laquelle se prolonge jusque sur les côtés de la nuque; une autre de la même couleur part de la base supérieure du bec et s'étend en longueur sur le milieu du *vertex*; le dessus et les côtés de la tête, les côtés du cou sont noirs; cette couleur forme une sorte de ceinture sur le milieu de la poitrine, et règne encore sur le manteau, les couvertures, les pennes des ailes et le dessus de la queue; un blanc de neige domine sur la gorge, le devant du cou, le reste de la poitrine, le ventre et les parties postérieures, borde les plumes scapulaires et termine les petites et les moyennes couvertures alaires; ce qui donne lieu à deux bandes transversales sur l'aile; cette couleur forme encore une frange très-étroite sur les bords des pennes caudales, et est répandue sur la moitié des pennes les plus extérieures de la queue et sur les deux pennes intermédiaires qui ont six pouces de longueur et dépassent les autres de quatre; elles sont étroites, à barbes décomposées, déliées et légèrement bordées de noir; couleur qui couvre la tige de ces pennes, les pieds, et prend un ton brun sur le bec. Longueur totale, neuf pouces environ. Je dois la connoissance de cette espèce nouvelle à M. Themminck qui la conserve dans sa riche collection.

La VEUVE DOMINICAINE, *Fringilla serena*, Vieill.; *Emb. serena*, Lath., pl. 36 des *Ois. chanteurs*. Un beau noir et un blanc pur dominent seuls sur le plumage de cette veuve; le noir occupe le dessus de la tête, le haut du dos, les pennes des ailes et de la queue, tombe du dos en forme de bandelette sur chaque côté de la poitrine, vers le haut de l'aile, est indiqué par un point à la naissance de la gorge, par des taches sur le bas du dos, par de plus petites sur le croupion et sur les couvertures des ailes, et s'étend obliquement sur les petites pennes de la queue, du côté intérieur; la couleur blanche est répandue sur le devant du cou, la gorge, le dessous du corps et les côtés de la tête au-dessous des yeux, forme un demi-collier assez large sur le derrière du cou, et borde l'œil; le bec est rouge, et les pieds sont noirs; sa grosseur est à peu près celle du serin; les quatre plumes du milieu de la queue sont d'un beau noir, longues de sept à huit pouces, et d'une conformation particulière; elles sont disposées en forme de tuiles creuses, dont l'arête seroit fort relevée, et superposées depuis leur naissance jusqu'à leur pointe; elles s'emboîtent tellement l'une dans l'autre qu'elles ne présentent que deux pennes, et qu'il les faut séparer pour reconnoître qu'il y en a quatre; les ornithologistes n'indiquent que deux longues plumes à la queue du mâle: c'est ainsi que Brisson a fait figurer sa petite veuve et que Buffon a fait représenter sa veuve dominicaine, pl. enl. n.° 8, f. 2; mais cette méprise provient de ce qu'ils ont décrit un individu dont la queue n'avoit pas acquis toute sa perfection, tel qu'il y en a un chez M. Delalande fils, naturaliste attaché au cabinet du roi. Deux des quatre pennes intermédiaires dépassent les latérales d'environ deux pouces, tandis que les deux autres ne sont pas plus longues que celles-ci; mais il est facile de voir qu'aucune des quatre ne sont encore parvenues à leur longueur naturelle, et que les deux qui sont courtes ne font que commencer à se développer; du reste, cette veuve est totalement pareille à celle que j'ai fait figurer dans mes *Oiseaux chanteurs*, et à des individus dont l'un est dans la galerie du Muséum et l'autre dans la collection de M. Delalande.

La description que je viens de faire d'un mâle ne peut convenir en totalité à plusieurs autres, dont les couleurs ne sont pas tout-à-fait distribuées de même, et dont le blanc est moins pur, ou plutôt terni de roussâtre; cette teinte borde les pennes secondaires des ailes les plus proches du corps, se mêle au blanc du demi-collier des côtés du cou, de la gorge et la poitrine. Sur d'autres mâles le bas du dos et le croupion sont variés confusément de gris sale et de noirâtre, ce qui indique des oiseaux qui ne sont pas encore parvenus à leur entière perfection. Lorsque les mâles sont dans leur habit d'hiver, tout leur vêtement est en dessus moucheté de noirâtre, sans moucheture en dessous et sur les petites couvertures des ailes, dont les pennes et celles de la queue sont brunes. La femelle, comme dans les autres veuves, est privée des quatre longues plumes, et a les plus grands rapports avec le mâle en mue; mais ses couleurs sont plus ternes. On trouve cette espèce dans le royaume d'Angola.

Si l'on rapproche cette veuve de la *veuve mouchetée*, qui se trouve aussi dans la même contrée, l'on ne peut guère s'empêcher de les regarder comme oiseaux de la même espèce. (*V.* ci-après sa description.)

Levaillant nous assure qu'on rencontre aussi la veuve dominicaine au Cap de Bonne-Espérance, où dans une certaine saison une seule sert de conductrice à chaque bande de sénégalis et de bengalis; elle se tient sur un buisson à portée de la troupe qui cherche sa nourriture à terre, et dès qu'elle s'envole, toute la bande la suit. Cette observation peut aussi s'appliquer à la *veuve au collier d'or*, qui, au Sénégal, a la même habitude; cependant ces oiseaux forment aussi des bandes particulières qui ne sont composées que d'individus de leur espèce.

La Veuve a épaulettes, *Fringilla longicauda*, Vieill.; *Emb. longicauda*, Lath., pl. 39 et 40 des *Ois. chanteurs*. Un noir velouté est la couleur dominante de cette grande veuve dont la grosseur approche de celle du *gros-bec*, et qui a dix-neuf à vingt pouces de longueur du bout du bec à l'extrémité des plus longues plumes de la queue; une sorte d'epaulette d'un beau rouge dans sa partie supérieure, et d'un blanc pur dans le bas, tranche agréablement sur l'uniformité des ailes qui sont noires ainsi que toutes les plumes caudales; le bec est de cette dernière couleur, et les pieds sont bruns; la queue est composée de dix-huit pennes.

Cette veuve a réellement une double queue; la supérieur est composée de six plumes, dont les plus allongées ont treize pouces, l'inférieure en a douze à peu près égales, et assez longues; toutes s'élèvent verticalement, se courbent et s'inclinent en arrière. Elle ne porte cet ornement, sa belle couleur noire et ses épaulettes, que dans la saison des amours, qui dure environ six mois. Après ce temps, il est très-difficile de la reconnoître pour le même oiseau, car sa livrée d'hiver est totalement différente; sa queue n'est composée que de douze pennes un peu étagées, dont le plan est horizontal. Les plumes de la tête ont un brun noirâtre dans leur milieu, et un blanc roussâtre sur les côtés; celles du dessus du corps sont pareilles, mais la teinte du milieu est moins sombre; les couvertures des ailes, les pennes et celles de la queue sont brunes; cette couleur est entourée, sur les premières, du même blanc sale qui borde les pennes caudales, entoure l'œil et est variée sur toutes les parties inférieures de taches brunes longitudinales; le bec est en dessus de couleur de corne rembrunie; les pieds sont jaunâtres. Il doit en être de cette espèce comme des autres; la femelle et les jeunes doivent porter ce sombre plumage.

Levaillant nous assure que la femelle de la veuve à épaulettes jouit d'un privilége que la nature a refusé aux femelles des autres espèces auxquelles elle a bien accordé, à un certain âge, les couleurs du mâle, mais qu'elle a privées d'une longue queue. Dans celle-ci, au contraire, lorsqu'elle a perdu la faculté de se reproduire, la queue, suivant ce voyageur, toujours courte auparavant, s'allonge, et d'horizontale qu'elle étoit devient verticale; mais il ne nous dit pas si les longues plumes augmentent en nombre et se portent à celui de dix-huit comme dans le mâle. Elle jouit encore d'un autre attribut, « c'est de se revêtir toujours, ajoute-t-il, de l'uniforme que celui-ci avoit arboré passagèrement dans les jours de ses plaisirs. »

De là il résulte que, pendant les six mois où le mâle est dans son habit d'hiver, les individus qu'on rencontre avec leur grand uniforme, sont certainement de vieilles femelles déguisées sous l'habit des mâles, et qu'il faut chercher ceux-ci sous le costume des femelles. Ce n'est pas la seule particularité qu'on remarque dans cette espèce, elle diffère encore de tous les oiseaux de son ordre en ce qu'elle est polygame ; ces jolis oiseaux vivent, dit Barrow, voyageur anglais, dans une sorte de république où deux mâles suffisent au moins à trente femelles ; n'en ayant pas vu, ajoute-t-il, une plus grande quantité aux environs de trente ou quarante nids rassemblés sur une seule souche de roseaux. Ce fait est confirmé par M. Levaillant, car il nous assure que ces veuves vivent en société et qu'elles construisent des nids très-près les uns des autres. « Ordinairement, dit-il, cette société est composée à peu près de quatre-vingts femelles ; mais soit que par une loi particulière de la nature, il éclose beaucoup plus de femelles que de mâles, soit par quelque autre raison qu'on ignore, il n'y a jamais, pour ce nombre de femelles, que, douze ou quinze mâles qui leur servent en commun. » *Second Voyage dans l'intérieur de l'Afrique, par le Cap de Bonne-Espérance.*

La Veuve en feu, *Fringilla panayensis*, Vieill., *Emb. panayensis*, Lath., pl. enl. n.° 647. Cette veuve, qu'a fait connoître Sonnerat, se trouve à l'île Panay ; un beau noir velouté colore tout son plumage, à l'exception d'une large plaque d'un rouge vif qu'elle a sur la poitrine ; sa grosseur est celle de la *veuve au collier d'or*, et sa longueur, du bout du bec à l'extrémité des quatre longues plumes de la queue, de douze pouces ; ces quatre plumes la dépassent de plus du double de sa longueur, vont toujours en diminuant de largeur, et finissent en pointe ; le bec et les pieds sont noirs.

La Veuve mouchetée, *Emberiza principalis*, Lath. Cette *veuve*, que l'on ne connoît que d'après Edwards, pl. 270, est de la grosseur de la *dominicaine ;* elle a le bec rouge ; les pieds couleur de chair ; le sommet de la tête, le derrière du cou, le dos, le croupion et les ailes d'un brun vif tirant sur l'orangé ; chaque plume est noire dans son milieu ; l'estomac de la même teinte orangée, mais plus pâle et sans taches ; les côtés de la tête, les petites couvertures des ailes, le ventre, les plumes des jambes et les couvertures inférieures de la queue sont blancs ; les pennes courtes de la queue d'un brun obscur, bordées d'un brun plus clair à l'extérieur, et marquées de blanc du côté interne ; les quatre grandes, dont les deux du milieu ont environ dix lignes de plus que les deux autres, tombent sur les petites, les dépassent de près de six pouces, dans la figure qu'en donne Edwards, et sont d'un noir très-foncé. Cet oiseau est, selon moi, un individu de l'espèce de la *veuve dominicaine*, dont le plumage n'avoit pas encore toute sa perfection.

La Veuve a quatre brins, *Emberiza regia*, Lath.; *fringilla regia*, Vieill., pl. 34 et 35 des *Oiseaux chanteurs.* De toutes les veuves, celle-ci mérite la préférence par le charme de sa voix, sa propreté et sa forme élégante; mais on doit la tenir dans une grande volière, si l'on veut jouir de tous ces agrémens; il faut qu'elle puisse développer la souplesse, les grâces de ses mouvemens, et se livrer à son naturel vif et gai; rien ne la réjouit tant que de pouvoir se baigner à son aise; son chant, ses cris indiquent sa joie dès qu'on lui présente de l'eau fraîche et limpide; ce n'est point dans le silence qu'elle se baigne, mais en chantant. On conserve facilement ces jolies veuves en France, en les nourrissant de millet. J'en ai possédé plusieurs, dont une a vécu dix ans. Mais il est très-difficile, si on ne les tient dans un local très-chaud, d'en tirer de nouvelles générations, dans nos climats. Les mâles sont très-disposés à s'apparier; mais les femelles, du moins celles que j'ai eues, se sont toujours refusées à leurs agaceries. La température qui peut leur convenir pour se reproduire, doit être au moins à 25 degrés de chaleur; une volière en forme de serre, et plantée d'arbres toujours verts, dans laquelle ces oiseaux se plaisent plus qu'ailleurs, est un moyen certain pour exciter leurs désirs amoureux et les faire couver; mais, comme je l'ai déjà dit, il faut des soins, de la persévérance, et surtout étudier le goût, les inclinations de tous les charmans oiseaux d'Afrique que l'on nous apporte vivans, afin de leur donner tout ce qui peut leur plaire et même leur être nécessaire pour construire, placer leur nid et soigner leur jeune famille.

Les quatre pennes intermédiaires de la queue, prenant la forme de quatre longs brins dénués de barbes jusqu'à deux pouces de leur extrémité, distinguent cette veuve; un beau noir règne sur la tête, le dos, le croupion, les pennes des ailes et de la queue; il est égayé par le rouge vif qui colore le bec, les pieds, et par la nuance aurore qui couvre les joues, la gorge, la poitrine, le ventre; cette teinte forme un demi-collier plus ou moins large derrière le cou; le bas-ventre et les couvertures inférieures de la queue sont d'un blanc pur, lequel est sale sur le mâle en mue; la couleur aurore est alors remplacée par un roux terne, et tout le plumage varié de gris et de brun par taches plus ou moins grandes, oblongues et longitudinales; il est privé de ses longs brins; les pennes des ailes et de la queue sont brunes et bordées de blanc roussâtre, les dernières, d'égale longueur ; le bec et les pieds ont perdu leur couleur rouge, et son ramage a disparu avec sa belle parure.

La femelle n'a, dans aucun temps, les quatre brins, ni les couleurs brillantes du mâle : elle mue cependant deux fois ; mais elle porte, après l'une et l'autre mue, le plumage indiqué ci-dessus. On rencontre cette charmante veuve sur les côtes d'Afrique. Elle est d'une grosseur inférieure à celle du *serin*. Le mâle a douze à treize pouces de long, pris du bout du bec à l'extrémité des brins : dans des individus ces quatre plumes sont d'égale longueur entre elles ; dans d'autres, il y en a deux plus courtes ; enfin ces variations sont purement accidentelles, puisqu'on les a remarquées dans le même individu après diverses mues.

On voit rarement de ces veuves vivantes en France ; elles sont plus communes à Lisbonne. On les rencontre sur les côtes d'Afrique, mais il paroît qu'elles n'habitent pas le Sénégal, du moins on ne les voyoit jamais parmi la grande quantité d'oiseaux vivans qu'on apportoit autrefois de cette contrée.

Le Pinson proprement dit, *Fringilla cœlebs*, Lath., pl. enl. n.° 54, a le front noir ; l'iris noisette ; le dessus de la tête et du cou d'un cendré bleuâtre ; les côtés de la tête, la gorge et le devant du cou rougeâtres ; le dos marron ; le croupion olivâtre ; la poitrine et les autres parties inférieures, de couleur vineuse ; cette teinte est plus décidée sur la poitrine ; sur les petites couvertures des ailes est une grande tache blanche, et une bande transversale sur les grandes ; les pennes sont noires et bordées de jaunâtre, la queue est pareille aux ailes et fourchue ; une raie blanche s'étend obliquement sur le bord extérieur des pennes latérales ; et une tache de même couleur est du côté interne des plus proches ; le bec est bleuâtre et noir à la pointe pendant la belle saison et couleur de corne dans la mauvaise ; les pieds sont bruns. La femelle a des teintes sombres sur la tête et sur le dessus du corps ; le dessous est d'un blanc sale. Les jeunes lui ressemblent ; le plumage de ces oiseaux varie suivant les saisons ; mais ils sont si connus, qu'une description plus détaillée devient inutile.

Outre les variétés fréquentes dans les *pinsons* du même pays, il en est d'accidentelles ; tels sont les pinsons tout blancs ou variés de blanc ; celui *à ailes et queue noires*, dont font mention les ornithologistes, et qui ne présente que de très-foibles dissemblances ; le *pinson à collier*, qui a le sommet de la tête blanc et un collier de la même couleur ; le *pinson blanc* et *gris-de-fer*, chez lequel la première de ces couleurs occupe les parties antérieures, et l'autre les parties postérieures; enfin celui *à dos jaunâtre*, qui a la couleur du dessous du corps très-sale, ou presque blanche. Montbeillard décrit encore deux variétés, mais il est reconnu que ce sont deux espèces distinctes. (*V.* PINSON BRUN et PINSON BRUN HUPPÉ.)

Cette espèce est généralement répandue en Europe, depuis la Suède jusqu'au détroit de Gibraltar; on la trouve jusque sur la côte d'Afrique. Une partie voyage à l'automne, mais cette partie n'est composée que des femelles seules, à ce que l'on prétend, et les mâles restent pendant l'hiver dans leur pays natal. N'auroit-on pas pris à cette époque des mâles pour des femelles? car depuis la mue jusqu'au mois de février, et surtout à l'automne, les deux sexes portent à peu près les mêmes teintes. Quoi qu'il en soit, il est certain qu'il reste aussi beaucoup de femelles qui, réunies aux mâles, forment, avec les *friquets*, les *verdiers*, les *bruans* et d'autres oiseaux, ces bandes innombrables que l'on voit pendant l'hiver dans les champs et les vignes, et qui viennent, lorsque la terre est couverte de neige, devant nos granges, partager avec les moineaux la nourriture de nos volailles.

Dès les premiers jours, chaque couple s'isole; les uns se fixent dans nos jardins et nos vergers, les autres se retirent dans les bois taillis; et tous animent les lieux qu'ils habitent par leur gaîté, et un ramage qui ne manque pas d'agrément. Outre ce ramage, assez diversifié dans ces oiseaux, et composé de phrases plus ou moins longues, ils ont divers cris bien connus; celui que le mâle et la femelle font entendre à l'automne, et pendant toute la mauvaise saison est simple et aigu; le mâle seul en jette au printemps un autre d'un accent plaintif, surtout le soir, et le répète plus souvent dans les temps pluvieux. Cet oiseau pris dans le nid a la facilité de s'approprier des chants étrangers, et il imitera celui du *serin*, partie de celui du *rossignol*, etc., si on le tient auprès d'eux; il apprend même à articuler des mots. Enfin l'on a remarqué qu'il ne chantoit jamais mieux et plus long-temps, que lorsqu'il avoit perdu la vue; cette remarque est devenue funeste à ces petits prisonniers, puisqu'on les aveugle pour augmenter nos jouissances; cela se fait sur la fin de la lune, mais il faut les préparer à cette opération, d'abord en les accoutumant à la cage pendant quinze à vingt jours, s'ils ont été pris adultes, et les tenir ainsi enfermés nuit et jour de la manière indiquée ci-après, afin de les accoutumer à prendre leur nourriture dans l'obscurité. Ensuite, avec deux fils de métal de la grosseur de l'œil, bien chauds, sans être cependant rougis au feu, on réunit seulement les deux paupières en approchant ces fils le plus près possible de l'œil, et prenant garde de blesser le globe, ce qui forme une espèce de cicatrice artificielle. Alors ces pauvres aveugles, que rien ne distrait, deviennent des chanteurs infatigables; mais ils sont sujets, si l'on n'a pas été assez adroit, à un tournoiement de tête continuel, ce qui n'est pas agréable à voir; aussi ne fait-on cette opération qu'à ceux qui servent d'*appeaux* ou d'*appelans* pour mieux attirer dans les piéges les *pinsons sauvages*. Il n'est pas même nécessaire d'employer ce moyen pour en faire de bons *appelans*; il suffit de les mettre en mue, ce qui se fait de cette manière, ainsi que pour d'autres oiseaux qu'on destine au même emploi. Vers la fin d'avril on prend deux ou trois de chaque espèce, et beaucoup plus de pinsons que d'autres, que l'on prive par gradation du grand jour, avant de les plonger tout-à-fait dans les ténèbres; et l'on finit par les enfermer dans une chambre obscure ou dans un coffre; cette préparation demande au moins quinze jours; on commence d'abord par tenir à demi-close la porte et les fenêtres, et on continue à les priver par degrés de la lumière, jusqu'à ce qu'enfin il règne une obscurité complète; on doit avoir soin d'éloigner du voisinage tout oiseau chanteur, de les nettoyer tous les jours, de leur donner de nouvelle nourriture, et de changer l'eau de leur abreuvoir qu'on tient plus grand qu'à l'ordinaire; mais ce ne sera que le soir à la lumière qu'on remplira cette tâche. Si c'est dans une chambre qu'on les tient, on attachera les cages au mur l'une auprès de l'autre, ou bien on les suspendra avec des anneaux à une perche qu'on met en travers dans le milieu de la chambre. S'il y en a parmi eux quelques-uns qui chantent, on leur arrachera la queue. On les tient ainsi jusqu'au moins d'août, époque à laquelle on les retire de la chambre obscure; il faut agir de précaution, et ne leur donner le jour que peu à peu, ainsi qu'on l'a fait pour le leur retirer. Mais avant, il faut les purger, ce qu'on doit faire à l'entrée de la mue: cette purgation consiste à leur donner pendant quatre à cinq jours du sucre de bette bien coulé et clarifié, avec un peu de sucre rouge dans leur eau. On les laisse quelques jours renfermés dans la chambre éclairée avant de les exposer à l'air; on leur donne quelques feuilles de bettes à manger, et l'on met dans leurs cages un morceau de plâtre. Les oiseaux qu'on destine pour la mue doivent être mis en cage au mois d'octobre, pour avoir le temps de séparer les bons chanteurs d'avec les mauvais; en effet, ceux qui ne chantent point depuis ce temps jusqu'à la fin de mars, n'y sont pas propres. Il faut encore les accoutumer à manger de l'herbe, parce que sans cela ils languiroient dans la mue, où il faut leur donner trois ou quatre fois de la bette. Afin de les y habituer, on leur ôte le matin, pendant quatre heures, la nourriture ordinaire, et on la remplace avec des feuilles de choux tendres et de laitues; il est bon aussi de leur souffler trois ou quatre fois du vin fort pour les garantir des poux. Enfin, lorsqu'après leur sortie de la mue, on les mettra à l'air, il faut éviter de les exposer au soleil pendant douze à quinze jours.

Le pinson commence à chanter de très-bonne heure : on l'entend dans les beaux jours de février, et il ne finit que vers le solstice d'été; d'un naturel très-vif, il est toujours en mouvement, et cela, joint à la gaîté de son chant, a donné lieu au proverbe *gai comme pinson*. Le mâle, d'un naturel jaloux, une fois accouplé et fixé dans l'arrondissement qu'il a adopté, n'en souffre pas d'autres dans son voisinage, et si deux mâles s'y rencontrent, ils se battent avec acharnement jusqu'à ce que le plus foible cède la place, ou succombe; il ne quitte point sa femelle tandis qu'elle couve, se tient la nuit fort près du nid, et s'il s'en éloigne un peu pendant le jour, ce n'est que pour aller à la provision, dont il lui fait part à son retour. La femelle seule travaille à la construction du nid, et lui donne cette forme élégante, et ce tissu solide qui le fait citer comme un des plus jolis de notre pays. Elle le pose sur les arbres ou les arbustes les plus touffus, même dans nos jardins et nos vergers, sur les arbres fruitiers; l'on a remarqué qu'elle le place très-haut dans les bois, et que dans les vergers il n'est souvent qu'à la hauteur d'un homme; mais elle le cache si bien, qu'on passe souvent auprès sans l'apercevoir. Différentes mousses blanches et vertes, et de petites racines, sont à l'extérieur recouvertes en entier d'un lichen pareil à celui des branches sur lesquelles le nid est posé; l'intérieur est garni de laine, de crin, de plumes, liés ensemble avec des toiles d'araignées. Elle y dépose quatre à six œufs gris rougeâtres, semés de taches noirâtres, plus fréquentes au gros bout. L'incubation que ne partage pas le mâle, dure treize jours, et les petits naissent couverts de duvet. Les père et mère les nourrissent d'abord d'insectes et de chenilles, joignent ensuite à cette nourriture de petites graines d'herbes, et lorsqu'ils peuvent se suffire à eux-mêmes, ils vivent en outre de navette, de mil, de chènevis, de panis, de blé et d'avoine, qu'il savent fort bien écorcher pour en tirer la substance farineuse. Ceux qu'on destine à la cage doivent être pris dans le nid, car pris adultes ils se façonnent difficilement à la captivité, refusent le manger dans les premiers jours, ou ne mangent presque point, frappant continuellement de leur bec les bâtons de la cage, et fort souvent ils se laissent mourir. On les élève avec la nourriture des *serins*. Comme à cet âge il n'y a point de différence entre les sexes, on ne connoît les mâles qu'environ quinze jours après qu'ils mangent seuls, parce qu'alors ils commencent à gazouiller. On prétend que si on veut en faire de bons chanteurs, il faut leur donner un peu de pain, du fromage ou du lait; mais il ne faut pas que le fromage soit salé d'autres leur donnent des vers de farine, ou même quelques sauterelles. Au reste, on les nourrit de chènevis, de mil, de panis; mais le chènevis leur est pernicieux, ainsi qu'à beaucoup d'autres petits granivores; c'est pourquoi il faut leur en donner peu, quoiqu'ils en soient très-friands; enfin, cet oiseau aimant beaucoup à se baigner, l'on doit renouveler souvent l'eau dans sa baignoire, et lui en donner en abondance.

Chasse aux pinsons. — Le pinson est un oiseau de pipée : il vient en faisant un cri, auquel les autres ne manquent pas de répondre, et aussitôt ils se mettent tous en marche. On le prend encore aux raquettes ou sauterelles, aux trébuchets et avec différentes sortes de filets, entre autres celui d'ALOUETTE (*V.* ce mot), dont les mailles doivent être proportionnées à la grosseur de l'oiseau. On établit ce filet dans un bosquet de charmille d'environ soixante pieds de long sur trente-cinq de large, à portée des vignes et des chènevières; le filet est à un bout, la loge où se place l'homme qui tient la corde du filet, à l'autre bout; deux appeaux sont dans l'espace qui est entre les deux nappes; plusieurs pinsons en cage sont répandus dans le bosquet : cela s'appelle une *pinsonnière*. Il faut beaucoup d'attention à cacher l'appareil; car le pinson, qui trouve aisément à vivre, n'est point facile à attirer dans le piége, d'autant plus qu'il est défiant et rusé. Le temps de cette chasse est celui où ces oiseaux volent en troupes nombreuses, soit à l'automne, soit pendant l'hiver. Le temps calme est très-favorable, parce qu'alors ils volent bas et qu'ils entendent mieux l'*appeau*. On en prend considérablement dans nos contrées méridionales, avec un filet nommé aussi *pinsonnière;* c'est un grand hallier ou toile d'araignée, haut d'environ trois ou quatre pieds, et à qui on donne telle longueur que l'on désire; cela dépend de l'emplacement où il doit être tendu; ordinairement c'est entre deux rangs de vignes. Enfin, on les prend encore à la tendue d'hiver (*V.* BRUANT), à la *chouette* (*V.* VERDIER à l'art. FRINGILLE, pag. 240), à l'*arbrot* (*V.* BOUVREUIL), au *rets saillant* (*V.* CHARDONNERET à l'article FRINGILLE, pag. 265), enfin à l'*assommoir du Mexique*. Ce piége nouvellement apporté en France, assomme le gibier qui devient sa proie. *Voy.* dans l'*Aviceptologie française*, pag. 212, la description de ce piége, et sa figure, pl. 30, qui est très-nécessaire pour l'exécuter.

Le Pinson d'Ardennes, *Fringilla montifringilla*, Lath., pl. enl., n.° 44. Cette espèce arrive dans nos contrées à l'automne, y passe l'hiver, et en part au printemps: elle se tient en troupes plus ou moins nombreuses, se réunit aux pinsons communs et aux autres petits granivores, pour pâturer dans les champs, et se retire le soir dans les forêts. On distingue facilement ces pinsons des autres; car ils volent serrés, ils se posent et partent de même, jettent souvent un cri qui a du rapport avec celui du chat. Lottinger, excellent observateur, assure que les femelles voyagent seules, et que les mâles restent dans les Vosges lorraines; mais cette assertion ne peut être généralisée, puisque nous voyons dans nos provinces des bandes composées de mâles et de femelles; il est vrai qu'à l'automne il est difficile de les distinguer les uns des autres, leur plumage étant à peu près pareil, surtout celui des jeunes de l'année; mais dès les premiers jours d'hiver, les couleurs caractéristiques du mâle commencent à pointer.

Outre le cri dont je viens de parler, ces oiseaux en ont un autre qu'ils font entendre étant posés à terre; il approche de celui du *traquet*, mais il n'est pas aussi fort et aussi prononcé. Leur ramage est foible et monotone; c'est un petit gazouillement qu'on n'entend que de très-près. D'un naturel plus doux que notre pinson commun, celui-ci se ploie aisément à la captivité, et donne plus facilement dans les piéges. Il ne niche point en France, nous quitte avec les frimas, et se retire dans le Nord: quelquefois il reste jusqu'à la fin de mars; alors il devient un animal nuisible, car, ainsi que le *bouvreuil*, il ébourgeonne les arbres fruitiers, principalement les pruniers. Il paroît, d'après les voyageurs, qu'il niche dans le Luxembourg et dans les forêts de Northlande; qu'il pose son nid assez haut sur les sapins les plus branchus; qu'il y travaille sur la fin d'avril, le construit au dehors de la longue mousse de ces arbres, et au dedans de crin, de laine et de plumes. Sa ponte est de quatre à cinq œufs jaunâtres et tachetés. Il est probable, d'après leur grand nombre, que ces oiseaux font plusieurs couvées par an.

Le mâle est d'une taille supérieure à celle de la femelle; il a six pouces un quart de longueur; le bec jaunâtre, noir à la pointe; le front noir; le dessus de la tête et du cou, et le haut du dos, variés de gris jaunâtre et de noir lustré (la première couleur disparoît totalement dans le temps des amours, alors ces parties sont totalement noires); le croupion blanc, ainsi que le bas de la poitrine et les parties postérieures; la gorge, le devant du cou et le haut de la poitrine d'un roux clair; les petites couvertures supérieures des ailes d'un jaune orangé; les moyennes d'une teinte plus claire; les grandes noires, terminées de blanc, et les plus proches du corps, de roux; les pennes noires et bordées de blanc jaunâtre, ainsi que celles de la queue; les flancs mouchetés de noir sur un fond blanc; les pieds d'un brun olivâtre. La femelle n'a point la tache des ailes d'un aussi bel orangé, ni la belle couleur jaune de ses couvertures inférieures; sa gorge est d'un roux plus clair; le sommet de la tête, le dessus du cou et du dos sont d'un brun cendré. On décrit ainsi une variété qui se trouve au Japon : les parties supérieures sont pareilles à celles du précédent; mais il a une strie noire au-dessus de chaque œil, une autre sur l'occiput; une bande sur les ailes d'un blanc rougeâtre; une autre au-dessous, d'une teinte ferrugineuse; la gorge et la poitrine de couleur de tan; le ventre et le croupion blancs. On connoît plusieurs variétés accidentelles dont le plumage est plus ou moins varié de blanc; telle est celle à tête blanche de Brisson.

Le Pinson dit la Cardeline, *Fringilla erythrocephala*, Lath., pl. 28 *des Oiseaux chanteurs*, se trouve à l'Ile-de-France. Le mâle a le bec noir; la tête, la gorge, le devant du cou, le croupion et les couvertures supérieures de la queue, d'un rouge vif; cette couleur est coupée par un trait noir sur les côtés de la tête; ce trait part du bec, borde les paupières qui sont blanches, et dépasse un peu l'œil; les plumes du dessus du cou et du dos sont brunes dans le milieu et verdâtres sur les bords; les couvertures supérieures des ailes terminées de blanc; leurs pennes et celles de la queue, brunes et bordées de vert en dehors; la poitrine et les parties postérieures olivâtres; les pieds d'un gris rougeâtre. La femelle a le bec brun en dessus, d'une nuance plus claire en dessous; la tête, la gorge, le devant du côu et les couvertures de la queue, verdâtres; du reste, elle ressemble au mâle. L'individu dont la figure est indiquée ci-dessus, avoit le bec droit; mais j'en ai vu d'autres qui l'avoient un peu arqué vers le bout. Longueur totale, quatre pouces trois à quatre lignes.

Le Pinson a gorge blanche, *Fringilla pensylvanica*, Lath.; *Fringilla albicollis*, Gmelin, est un double emploi dans les auteurs; car c'est encore leur *fringilla striata*. Les dissemblances qu'on remarque entre ces deux oiseaux, caractérisent un âge plus avancé chez l'un que chez l'autre; et il y a certainement une méprise dans la longueur que ces auteurs donnent au *fringilla albicollis*, car il n'est pas plus grand que l'autre qui a cinq pouces six à huit lignes; le bec brun en dessus, et d'une nuance plus claire en dessous; une tache jaune sur chaque côté de la tête; cette tache part de la mandibule supérieure et s'avance un peu sur le front, s'éclaircit en passant au-dessus de l'œil, et devient totalement blanche vers l'occiput; une raie de la dernière couleur parcourt le sommet de la tête, dans toute sa longueur, et est accompagnée sur chaque côté, de deux bandes noires qui se réunissent sur la nuque, et y prennent un ton rembruni; le dessus du cou est d'un brun-roux; le dos de la même couleur et tacheté de noir; la gorge blanche; le devant du cou, la poitrine et les joues sont d'un gris cendré, inclinant au blanc sur les parties postérieures, et se changeant en roux sur les flancs; les pennes alaires et caudales, brunes; celles-ci ont à l'extérieur une bordure fuligineuse, et les autres une frange d'une nuance sombre; les couvertures des ailes sont tachetées de blanc à leur extrémité; les pieds jaunâtres. La femelle diffère du mâle par des couleurs plus ternes; la teinte jaune est peu apparente, et le blanc de la gorge n'occupe que le menton. Les jeunes, dans le premier âge, n'ont point de jaune sur les côtés de la tête, et leur gorge est totalement grise; du reste, ils ressemblent à la femelle. Le mâle, âgé de deux ou trois ans, a le bec plombé, le *lorum* et le front d'un beau jaune; les côtés de la tête blanchâtres, les pennes alaires noirâtres, et la poitrine d'un gris bleuâtre. Ces oiseaux se trouvent dans les États-Unis, au Canada et même à Terre-Neuve. Ils se tiennent, après les couvées, en petites troupes de quinze à vingt, jusqu'au printemps. Ils jettent à cette époque un petit cri à peu près semblable à celui du *bruant-zizi*. Je ne sais s'ils ont un ramage, ne les ayant jamais rencontrés dans la belle saison.

Le PINSON GRIVELÉ, *Fringilla iliaca*, Lath.; Merem, beyt 2, p. 40, tab. 10. Latham et Gmelin donnent à cet oiseau, près de sept pouces anglais de long, et la grosseur de l'*étourneau*; il y a erreur dans ces dimensions, car il n'a réellement que six pouces, et n'est pas plus gros que le *proyer*. Il a le bec brun en dessus, et couleur de corne en dessous; la tête, le manteau et toutes les parties supérieures, d'un gris-brun, varié de taches d'un ton plus foncé sur le dos, et prenant un ton rougeâtre sur les couvertures supérieures des ailes, dont les moyennes et les grandes sont terminées de blanc sale; la teinte rougeâtre reparoît encore, mais sous une nuance plus claire sur le bord extérieur des pennes, et est indiquée par deux bandes qui descendent de la mandibule inférieure, sur les côtés de la gorge; cette partie et tout le dessous du corps sont blancs; une grande tache brune est sur le milieu de la poitrine, et d'autres plus petites, sous la forme

Pexere del. Rigant Sculp

1 Aquatostère 2 Fringille à tête blanche (Pinson Leucophore) 3 Moucherolle à queue en éventail

d'un V renversé, se font remarquer au-dessus et sur les côtés. Ces taches sont moins nombreuses sur le ventre, et s'étendent en longueur sur les flancs; une petite marque d'un blanc sale est à l'origine du bec, et une bande de la même couleur sur les côtés de la tête; les paupières sont d'un blanc pur, et les pieds d'un brun jaunâtre. La femelle ne diffère du mâle que par des teintes un peu plus ternes; et je crois que c'est elle qui est figurée dans Merem.

Cette espèce habite le centre des Etats-Unis, au printemps et à l'automne; elle fréquente les taillis, se cache le plus souvent dans les buissons des endroits incultes et aquatiques, d'où lui est venu le nom de *great sparrow-swamp* (grand moineau de marais), que lui ont imposé les Anglais de la baie d'Hudson, où elle se trouve pendant l'été, ainsi que celui de *wilderness sparrow* (moineau des déserts), qu'elle porte dans la Géorgie où elle passe l'hiver.

Le Pinson de neige, *Fringilla australis*, Lath., se trouve dans les pays de hautes montagnes, d'où il descend dans la plaine, lorsqu'elles sont couvertes de neige. Longueur totale, sept pouces. Il a le bec et les pieds noirs, la tête et le dessus du cou cendrés; le dos, les scapulaires, le corps et le croupion d'un gris-brun, varié d'une couleur plus claire; les couvertures, les pennes des ailes et les pennes intermédiaires de la queue, noires; les autres blanches et terminées de noir; la gorge de cette couleur; le dessous du corps, une partie des pennes secondaires et les couvertures subalaires d'un blanc de neige; les plumes des jambes cendrées. La femelle diffère du mâle en ce qu'elle n'a point la gorge noire, et en ce que ses couleurs sont ternes.

Le Pinson leucophore, ou Fringille a tête blanche, *Fringilla leucocephala*, Lath., pl. G 20, f. 2 de ce Dictionnaire, se trouve dans l'Australasie. Le beau blanc qui domine sur le plumage du mâle, s'étend sur la tête, le cou, la gorge, le milieu du ventre et sur les parties postérieures; il est encore indiqué par des taches rondes semées sur le fond noir des côtés du corps; cette dernière couleur forme un petit croissant entre le bec et l'œil, couvre la poitrine, les pennes alaires et caudales, dont le bord extérieur est d'un brun-roux; le croupion, les couvertures supérieures de la queue, les plumes scapulaires, une grande partie du dos et le bec sont rouges; l'iris est jaune et le tarse d'un brun pâle. La femelle diffère en ce que les parties blanches chez le mâle, sont chez elle d'un gris blanchâtre; que la plaque noire de la poitrine a moins d'étendue; que le dos et l'extérieur des pennes alaires et caudales sont roussâtres, et qu'enfin le croupion et les couvertures supérieures de la queue sont d'un rouge très-pâle.

Le Pinson dit le Paroare, *Fringilla dominicana*, Vieill.;

Loxia dominicana, Lath., pl. 69 des *Ois. chanteurs*. Latham fait de cet oiseau une variété du *gros-bec du Brésil* de Brisson, (il ne faut pas confondre ce dernier avec le *gros-bec du Brésil* de la pl. enl. n.° 309, fig. 1, lequel est le *grivelin* qui ne se trouve point au Brésil, mais en Afrique), et il rapporte à ce *gros-bec*, le *cardinal dominicain* d'Edwards, qui n'est autre que le *paroare*. Gmelin donne ce dernier pour le même que le *guira tirica* de Marcgrave. Buffon en fait aussi mention à l'article du *grivelin* ; mais il observe que la courte description qu'en donne Marcgrave, ne lui convient pas parfaitement : c'est pourquoi il ne prononce pas sur l'identité de ces deux espèces. Nous allons donner ici le signalement du *guira tirica*, afin qu'on puisse le comparer à celui du *gros-bec grivelin*, ainsi qu'au *paroare* que les ornithologistes modernes donnent pour une de ses variétés.

Le Paroare, qui est le *Cardinal dominicain* de Brisson, et la *tije guacu paroara* de Marcgrave, a le sommet de la tête, les joues et la gorge d'un beau rouge : cette couleur se termine en pointe sur le devant du cou ; la nuque et le dessus du cou sont noirs ; les côtés du cou, la poitrine, le ventre et les couvertures inférieures de la queue d'un blanc de neige ; le dos, le croupion, les scapulaires et les couvertures du dessus de la queue d'un joli cendré, bordé de noir ; les pennes et les couvertures des ailes sont de cette dernière couleur ; les grandes sont de plus frangées de blanc, ainsi que les pennes et celles de la queue qui, à l'exception des latérales, ont du cendré pour bordure ; le bec est brun en dessus et couleur de chair pâle en dessous ; les pieds sont gris-bruns ; grosseur du *pinson d'Ardennes* ; longueur, six pouces.

Le *gros-bec du Brésil* de Brisson ou le *guira tirica*, a la taille de l'*alouette* ; la tête, la gorge et le devant du cou, d'un rouge de sang ; les plumes de la partie supérieure du cou, noirâtres, mêlées de quelques plumes blanches ; le dos, le croupion, les scapulaires, les couvertures supérieures de la queue et des ailes, d'un gris tacheté de noir ; les côtés du cou, la poitrine, le ventre, les plumes du dessous de la queue et les jambes blancs ; les pennes caudales et alaires noires ; celles-ci bordées à l'extérieur de blanc ; les yeux bleuâtres, la mandibule supérieure brune ; l'inférieure teinte d'une très-légère couleur de chair, et les pieds cendrés. On ne peut disconvenir que cette description convient sous beaucoup de rapports au *paroare*.

La femelle diffère, en ce que la partie antérieure de la tête est d'un fauve orangé, semé de petits points rouges. Suivant Daudin, cette description ne convient qu'à l'oiseau de la première année dans son jeune âge, et même l'adulte, après la mue. Cet ornithologiste distingue la femelle, par le derrière de la tête blanc ; le rouge de la gorge moins prolongé sur le devant du cou, et le dessus du corps en partie d'un gris cendré.

Mauduyt qui a vu plusieurs de ces oiseaux, et qui en a conservé quelques-uns vivans, assure positivement que c'est une espèce du genre du *moineau :* je le trouve très-fondé dans son opinion, leur bec ayant une grande analogie avec celui du *pinson*, mais un peu plus gros. Les *paroares* sont d'un caractère inquiet, n'ont point de chant, mais un cri qu'ils répètent rarement. J'en ai reçu de Lisbonne, où ils avoient été apportés du Brésil, leur pays natal.

Le PINSON, dit le PAROARE HUPPE, *Fringilla cucullata*, Vieill. ; *Loxia cucullata*, Lath., pl. 70 des *Oiseaux chanteurs.* Une belle huppe d'un rouge éclatant et composée de plumes étroites, soyeuses et effilées, orne la tête de cet oiseau ; la même couleur règne sur le reste de la tête et se prolonge jusqu'au milieu de la poitrine ; partout elle est bordée d'une bande blanche, coupée sur le milieu de l'occiput par une tache grise ; les côtés de la poitrine et toutes les parties postérieures sont également blanches ; les plumes extérieures des jambes, le dessus du corps et les petites couvertures supérieures des ailes d'un gris-noir ou bleuâtre. Cette teinte se rembrunit sur les grandes couvertures et sur les pennes alaires et caudales, dont le bord extérieur est d'un gris clair ; les pieds et le dessus du bec sont couleur de plomb sombre ; la mandibule inférieure est blanchâtre. Grosseur et longueur un peu plus fortes que chez le précédent.

Cette espèce se trouve au Brésil et au Paraguay, mais non pas à la Louisiane, comme l'a pensé Buffon, parce qu'il a reçu un individu de ce pays, qui probablement y aura été porté vivant, ainsi que d'autres oiseaux de l'Amérique méridionale, qu'on y voit en cage. Les *paroares huppés*, dit M. de Azara, se tiennent au Paraguay, dans les halliers et les buissons clairs des enclos ; ils vont de l'un à l'autre sans se percher à leur cime, mais aussi sans chercher à se cacher ; on ne les voit ni dans les bois, ni dans les campagnes découvertes ; mais ils se tiennent souvent à terre. Ces oiseaux ne sont ni vifs, ni farouches ; leur vol est léger et peu prolongé. Dans la saison des amours, on les voit par paires, et les sexes ne présentent aucune différence extérieure. L'on a assuré à ce savant naturaliste que le reste de l'année, et particulièrement en hiver, ils se rassemblent en petites troupes, et qu'ils entrent dans les cours et les jardins. Ils se nourrissent d'insectes et de petites graines. On a coutume d'en envoyer en Espagne, à cause de la beauté de leur panache ;

car, ainsi que le précédent, ils n'ont point de ramage remarquable.

Le PINSON DE TÉNÉRIFFE, *Fringilla canariensis*, Vieill., est de la taille du pinson commun. Il a les pieds couleur de chair ; le bec, le dessus de la tête, les ailes et la queue, noirs; le dessus du corps d'un brun noirâtre ; les couvertures supérieures des ailes bordées de blanc ; le devant du corps d'un roux clair, plus foncé sur la poitrine. Cet oiseau a été apporté par feu Maugé, qui l'a trouvé à Ténériffe.

Le PINSON WORABÉE, *Fringilla abyssinica*, Lath., pl. 28 des *Oiseaux chanteurs*, se trouve en Abyssinie et au Sénégal. Il subit deux mues dans la même année. Il est, après l'une, d'un noir velouté sur la gorge, les joues, la nuque, le bas de la poitrine et une partie du ventre ; les ailes et la queue sont brunes et bordées à l'extérieur d'une teinte plus claire ; le reste du plumage est d'un beau jaune jonquille ; le bec est noir et les pieds sont couleur de chair ; tout son plumage, après l'autre mue, est varié de brun et de gris ; ces teintes sont distribuées par taches plus ou moins allongées sur la tête, les couvertures des ailes et le corps ; les pennes caudales et alaires, le bec et les pieds sont bruns. Le *loxia afra*, figuré dans les *Illustrations* de Brown, a une très-grande analogie avec le worabée dans la taille, les couleurs et leurs distributions ; et il n'en différeroit, si sa représentation est exacte, que par un bec plus gros ; car, du reste, ces deux oiseaux se ressemblent.

Je présume que le BRUANT TISSERAND, *Emberiza textrix*, Lath., appartient encore à la même espèce. La description le présente à l'époque où il passoit d'un plumage à l'autre.

G. FRINGILLES *dont le bec est presque aussi épais que la tête et simplement pointu* (verdiers, etc.).

Cette dernière section des *fringilles* sera, si l'on veut, la première des *cocothraustes* qui n'en diffèrent qu'en ce que leur bec est à la base aussi épais que la tête, mais sans aucune autre dissemblance ; tel est celui de notre *gros-bec*.

L'ASTRILD, *Loxia astrild*, Lath., pl. 12 des *Oiseaux chanteurs*, est un des plus jolis oiseaux que l'on nous apporte vivans des côtes de l'Afrique : chant agréable, quoique un peu glapissant et plus fort qu'on ne doit l'attendre d'un si petit volatile : douceur, vivacité, gaîté, plumage soigné et bien peigné, telles sont les qualités de ce *sénégali*, qu'avec un peu de soin on parviendroit facilement à faire multiplier dans notre climat. On le nourrit avec du millet et du mouron. Cet oiseau, naturellement très-propre, aime beaucoup à se baigner.

Tout son plumage est rayé transversalement de gris et de brun; plus les rayures approchent de la tête, plus elles sont fines; les teintes sont plus claires sur la gorge et sur le devant du cou, et nuancées de rouge sur la poitrine et le ventre; cette couleur est plus étendue dans des individus que dans d'autres, et est sans mélange sur le milieu du ventre; il y a aussi un trait rouge de chaque côté de la tête, lequel entoure l'œil; le bec est de cette teinte; les pieds sont bruns, ainsi que les ailes et la queue; les couvertures inférieures de la queue sont d'un marron noirâtre, et les pennes un peu étagées. Longueur, quatre pouces et demi environ.

Cette espèce se trouve sur la côte d'Afrique et à l'Ile-de-France.

L'Azuvert, *Fringilla tricolor*, Vieill., pl. 20 des *Oiseaux chanteurs*, se trouve à l'île de Timor. Le mâle a le sommet de la tête, la gorge et toutes les parties postérieures d'un bleu azuré; le croupion rouge; le reste du plumage d'un vert-olive; le bec noir et les pieds couleur de chair; les deux pennes intermédiaires de la queue outre-passent les autres de quelques lignes. La femelle ou le jeune diffère en ce que le blanc prend un ton cendré, le vert-olive, une nuance sale; en ce que le croupion est pareil au dos, et que les pennes intermédiaires de la queue ne sont pas plus longues que les autres. Taille du *grenadin*, mais plus ramassée.

Le Bengali moucheté, *Fringilla guttata*, Vieill., pl. 3 des *Oiseaux chanteurs*. Ce bel oiseau des îles Moluques, a le bec rouge; toutes les parties supérieures cendrées; les pennes des ailes brunes; les joues d'un rouge rembruni et traversées par une raie blanche qui se prolonge sur les côtés de la gorge; celle-ci est grise et variée de lunules noires sur sa partie postérieure; les côtés de la poitrine et du ventre rougeâtres et parsemés de mouchetures blanches; leur milieu de cette dernière couleur; le croupion, les jambes et les couvertures supérieures de la queue, noirs; ces dernières presque aussi longues que les grandes plumes, et terminées par des taches blanches en forme de cœur; les pieds couleur de chair. La femelle diffère du mâle en ce qu'elle n'a point les joues et les flancs d'un brun rougeâtre, ni de lunules noires sur le devant du cou, ni de mouchetures noires sur les couvertures de la queue et sur les côtés de la poitrine. Son plumage est entièrement gris, et son bec d'une teinte rembrunie. Le mâle lui ressemble dans sa jeunesse; mais après sa première mue, son sexe est indiqué par les raies blanches des côtés de la tête et par le rouge rembruni des joues.

Le Dioch ou le Moineau du Sénégal, *Fringilla quelea*,

Vieill.; *Emberiza quelea*, Lath., pl. 22 et 23 des *Oiseaux chanteurs.* Le mâle a les joues et le menton noirs; le dessus de la tête et du cou, le dos et le croupion d'un brun jaunâtre, pointillé de noirâtre sur le sinciput; le milieu des plumes du manteau et de la nuque est aussi de cette dernière teinte; les couvertures supérieures, les pennes des ailes et celles de la queue sont d'un brun-noir et bordées de roussâtre; toutes les parties inférieures d'un brun-jaunâtre très-clair; le bec et les pieds rouges. Le moineau à bec rouge du Sénégal appartient à la même espèce. Ces moineaux changent de plumage deux fois par an, et les mâles portent pendant l'hiver un vêtement totalement pareil à celui de la femelle, qui a la tête d'un gris-brun; le dessus du cou et du corps d'un gris fauve tacheté de brun; la gorge blanchâtre; le devant du cou, le dessous du corps, les couvertures et les pennes secondaires des ailes du même gris que le dos; les pennes primaires et la queue brunes et bordées de gris fauve en dehors; les pieds d'un brun rougeâtre; le bec est jaune, et passe insensiblement de cette teinte à la couleur rouge, qu'il conserve durant l'été. Les deux mues qu'éprouvent ces oiseaux, ont lieu, en Europe, aux mois de février et de juillet. Les jeunes mâles ressemblent à la femelle pendant leur première année.

Ces oiseaux sont criards, turbulens et méchans; c'est pourquoi il ne faut pas les tenir en cage avec d'autres plus foibles qu'eux, surtout avec les *bengalis* et les *sénégalis*. Quoique d'un caractère naturellement querelleur, ils se plaisent ensemble, font beaucoup de bruit sans se faire de mal, nichent en société et même en volière; mais pour décider les femelles à pondre dans nos climats, il faut leur donner une chaleur de 22 à 24 degrés. Leur nid, qu'ils attachent à l'extrémité des petites branches, est fait avec beaucoup d'art, et très-solide, quoiqu'il ne soit composé que de brins d'herbes sèches; ils savent donner à ces herbes, que le moindre froissement met en poussière, l'élasticité du jonc; ils les tressent, les entrelacent, ne composent leur nid que de ces seuls matériaux, et lui donnent la forme d'une moitié de globe, dont l'ouverture est sur le côté vertical; tel est le nid que ces oiseaux font en volière; le mâle et la femelle travaillent avec la plus grande activité; aussi il ne leur faut que huit à dix jours pour le porter à sa perfection. Cette espèce est commune au Sénégal, dans les pays des Yolofes, où elle porte le nom de *dioch*.

Le Dioch rose, pl. 24 des *Oiseaux chanteurs*. Je soupçonne que cet oiseau est le même que le *moineau à bec rouge* ou le *dioch*, mais un mâle dans l'âge avancé; en effet, ils ont la même taille, le même port, la face colorée de même ; ils portent l'un et l'autre le même plumage pendant l'hiver, et leurs femelles sont pareilles. Mais le dioch de cet article a un vêtement plus brillant et autrement nuancé ; il a le dessus et le derrière de la tête, le cou, la poitrine et le milieu du ventre d'un rose vif ; le bec cramoisi foncé, qui ne se ternit point après sa mort, tandis que le bec de l'autre perd alors sa couleur jaune ou rouge ; les plumes du dessus de la tête ont la douceur, la finesse et le lustre de la soie ; elles sont blanches à l'origine, ensuite d'un roux jaunâtre, et terminées par la couleur rose, laquelle n'est très-apparente que lorsque ces plumes sont couchées les unes sur les autres ; mais pour peu qu'elles soient en désordre, le roux perce à travers le rose ; les pieds sont rouges ; du reste, il ressemble au précédent.

Le FOUDI, *Loxia madagascariensis*, Lath., pl. 63 des *Oiseaux chanteurs*, se trouve dans les Iles-de-France et de Madagascar ; il subit deux mues dans la même année. Le plumage du mâle est, pendant la saison des amours, d'un beau rouge sur la tête, la gorge, le cou et sur toutes les parties inférieures ; cette couleur s'éclaircit sur le croupion et sur les couvertures supérieures de la queue ; les ailes sont noirâtres et liserées de blanc à l'extérieur ; celles de la queue, brunes et bordées de rouge ; un trait noirâtre est sur les côtés de la tête ; les plumes du dos sont rousses et variées de noir ; des individus ont cette partie totalement rouge, et les ailes bordees d'orangé ; les pieds sont d'un gris-brun chez les uns, et rougeâtres chez les autres ; le bec est noir. L'individu que les auteurs désignent pour la femelle, a le bec d'un brun sombre ; la tête et tout le dessus du corps d'un vert-olive, varié de brun sur le cou et le dos ; la gorge et toutes les parties postérieures d'un vert jaunâtre ; les ailes et la queue brunes, bordées d'olivâtre en dehors. Le jeune, dans son premier âge, est olivâtre, où le mâle est rouge et n'a point de raie noire sur les côtés de la tête ; l'individu figuré dans Buffon, pl. 68, sous le nom de *moineau de l'Ile-de-France*, est un mâle qui n'a pas encore acquis un plumage parfait ; aussi le rouge ne s'étend pas au-delà de la poitrine. Son bec est si mal caractérisé sur cette planche, que les méthodistes en ont fait un BRUANT, *Emberiza rubra*.

Montbeillard s'est mépris en donnant cet oiseau pour une variété du *dioch* ou *moineau du Sénégal* ; enfin, le *foudi*, du Cap de Bonne-Espérance, est une espèce distincte. *V.* GROS-BEC ORIX.

Le MAIA, *Fringilla maia*, Lath. Cet oiseau du Mexique a la tête, la gorge et tout le dessous du corps noirâtres, le dessus d'un marron pourpré, plus éclatant sur le croupion que partout ailleurs; une large ceinture de la même couleur sur la poitrine; le bec gris et les pieds plombés.

La femelle (pl. enl. n.° 109, fig. 2) est fauve en dessus, et d'un blanc sale en dessous; la gorge est d'un marron pourpré, et de chaque côté de la poitrine, il y a une tache de la même couleur, qui répond à la ceinture du mâle; le bec est blanchâtre, et les pieds sont gris. Longueur, trois pouces trois quarts.

Les *maias* se réunissent en troupes nombreuses pour fondre sur les champs semés de riz; leur chair est bonne à manger et facile à digérer, à ce que nous assure Fernandez, qui a observé ces oiseaux au Mexique, leur pays natal; ils y sont connus sous le nom qu'on leur a conservé.

Cette espèce se trouve dans les Indes orientales, si l'on en croit Brisson; mais probablement il l'aura confondue avec une autre.

Le Maian ou Majan, *Loxia maja*, Lath., pl. enl. 109, f. 1, se trouve dans les Indes. Il paroît que cette espèce ne porte pas, dans les divers pays qu'elle habite, un plumage totalement pareil. Peut-être que les dissemblances que l'on remarque entre certains individus, sont dues à la différence de l'âge. Celui décrit par Montbeillard a tout le dessus du corps d'un marron rougeâtre; la poitrine et toutes les parties inférieures d'un noirâtre presque uniforme, mais un peu moins foncé sous la queue; un coqueluchon gris clair couvre la tête et tombe jusqu'au bord du cou; les couvertures inférieures des ailes sont de cette teinte; le bec est couleur de plomb, et le tarse couleur de chair. Celui de Brisson diffère du précédent en ce qu'il a la poitrine d'un brun clair, quelques-unes des pennes alaires bordées de blanc; le bec et les pieds gris. Le *maian* de Mauduyt, rapporté de la Chine par Sonnerat, a un coqueluchon blanc; le devant du cou d'un brun blanchâtre; le croupion et la queue d'un brun tirant au rougeâtre. Enfin, le mâle que j'ai fait figurer dans les *Oiseaux chanteurs*, pl. 56, a la tête et la gorge d'un gris-blanc, qui se rembrunit sur le devant du cou; le dessus du corps, les ailes et la queue bruns; la poitrine et le ventre fauves; les parties postérieures, le bec et les pieds noirs. La femelle a la tête et le cou d'un blanc sale, et la poitrine d'un brun clair.

La Soulcie, *Fringilla petronia*, Lath., pl. enl. n.° 225. Les couleurs de cet oiseau, quoique un peu sombres, présentent un ensemble assez agréable; il a les parties supérieures d'un gris clair, avec des taches brunes, longitudinales; les inférieures d'un blanc sale, varié de gris; une marque d'un jaune presque citron est placée sur le haut et le devant du cou; l'extrémité de la plupart des plumes scapulaires et des couvertures du dessus des ailes est blanchâtre; les pennes et celles de la queue sont brunes et bordées de gris en dehors; les deux latérales de la queue ont leur bord extérieur blanchâtre, et toutes portent une grande tache blanche du côté interne vers leur extrémité; le bec est gris-blanc et brunâtre à la pointe; les pieds sont grisâtres, et les ongles noirs. Longueur totale, cinq pouces et demi; forme du *moineau*, avec un peu plus de grosseur. On présume que la femelle ne diffère en rien du mâle; cependant, comme l'on voit de ces oiseaux qui ont la tache jaune du cou moins étendue et moins vive, ne seroit-ce point cette différence qui la caractérise? Au reste, cette tache jaune n'existe point chez les jeunes.

On a souvent confondu les *soulcies* avec le *moineau franc;* mais, outre qu'elles diffèrent dans leur plumage, elles n'en ont aucune des habitudes; le moineau s'est établi dans notre domicile, et la soulcie ne se tient que dans les bois, ce qui lui a fait donner, par la plupart des naturalistes, le nom de *moineau de bois;* elle niche dans les trous d'arbres, et ne fait qu'une couvée par an, composée de quatre à cinq œufs bruns et piquetés de blanc. Dès que les petits sont assez forts pour suivre le père et la mère, les familles se réunissent en troupes, et vivent constamment ensemble jusqu'au printemps. Alors le mâle, après avoir fait son choix, s'isole avec sa femelle. L'espèce n'est pas très-nombreuse; elle est même très-rare dans diverses parties de la France; on la dit commune présentement en Lorraine, où elle n'étoit pas connue autrefois. Quoique ces granivores restent constamment dans notre climat pendant toute l'année, ils sont sensibles au froid, et paroissent avoir de la peine à supporter nos hivers rigoureux; car l'on trouve assez souvent de ces oiseaux morts de froid dans des creux d'arbres. Ils ont le naturel des moineaux; comme eux ils aiment la société de leurs semblables, s'appellent dès qu'ils trouvent abondance de nourriture, et sont aussi défians; ils reconnoissent les piéges qu'on leur tend, mais on les prend facilement avec des filets. Il paroît que l'espèce ne s'étend pas au nord, du moins Linnæus ne l'a pas rangée dans le Catalogue des oiseaux de Suède; elle est assez commune dans le midi de l'Europe, et se retrouve, selon Latham, à la baie de Norton, dans le nord de l'Amérique; mais est-ce bien de cet oiseau dont les navigateurs anglais ont voulu parler?

M. Themminck (*Manuel d'ornithologie*) rapproche de cette espèce les *moineaux fou* et de *Bologne*, et donne pour une variété accidentelle le *moineau à queue blanche*. Est-il fondé? *V.* ci-après, pag. 245, 246 et 248.

Le WEEBONG, *Loxia bella*, Lath., pl. 55 des *Oiseaux chanteurs*. Le nom conservé à cet oiseau est celui qu'il porte à la Nouvelle-Hollande. Il a dans son plumage des rapports avec l'*astrild* décrit p. 232; mais il en diffère principalement par un bec plus gros, une taille plus allongée, et des proportions généralement plus fortes. Le bec, l'iris, le croupion et les couvertures supérieures de la queue sont rouges; le bord du front et le tour de l'œil, noirs; le reste de la tête et des parties supérieures d'un gris cendré foncé; les pennes alaires et caudales, la gorge et la poitrine du même gris, qui s'éclaircit sur les parties postérieures. Cette couleur est en dessus et en dessous du corps, coupée transversalement par de petites lignes noires. Les pieds sont d'un brun pâle.

Le VERD-BRUNET, *Fringilla butyracea*, Lath., pl. enl. n.° 341, fig. 1. Cet oiseau a la taille du *serin*, quatre pouces et demi de longueur; le bec noirâtre; l'iris couleur noisette; le dessus de la tête, du cou et du corps, les plumes scapulaires et les couvertures supérieures de la queue, d'un vert brun très-foncé; le croupion et toutes les parties inférieures jaunes; un trait de cette couleur au-dessus des yeux; un autre d'une teinte olivâtre qui passe à travers; enfin, un troisième au-dessous, qui est noir; les pennes des ailes pareilles au dos; la queue fourchue et de la même couleur; les pieds bruns. Edwards a fait figurer, pl. 84, un oiseau de la même espèce, qui diffère en ce que le vert prend une teinte olivâtre qui s'étend sur le croupion, et en ce que les pennes des ailes sont bordées de blanc. Cet oiseau, suivant cet auteur, surpasse le *canari* par la beauté de sa voix. On le trouve dans l'Inde et au Cap de Bonne-Espérance.

Le VERDERIN, *Loxia dominicensis*, Lath., pl. enl. n.° 341, fig. 2, a le tour des yeux d'un blanc verdâtre; toutes les plumes du dessus du corps, les pennes moyennes des ailes, leurs couvertures et les pennes de la queue, d'un vert-brun bordé d'une teinte plus claire; les pennes primaires des ailes noires; la gorge et tout le dessous du corps jusqu'aux jambes, d'un roux sombre moucheté de brun; le bas-ventre et les couvertures inférieures de la queue d'un blanc pur.

Le VERDIER, *Loxia chloris*, Lath., pl. enl. n.° 167, fig. 2. Dans beaucoup d'endroits, l'on confond tellement cet oiseau avec le *bruant*, qu'on leur donne les mêmes noms; néanmoins il en diffère non-seulement dans le plumage et les habitudes, mais encore dans la conformation du bec, qui est privé du tubercule osseux qu'on remarque dans l'intérieur de celui du vrai *bruant*.

Le *verdier* est de la grosseur du *moineau franc*, et long de cinq pouces et demi ; la tête, le derrière et les côtés du cou, le dos, les plumes scapulaires, sont d'un vert d'olive ombré de gris cendré ; cette dernière teinte disparoît presque en totalité vers le milieu du printemps, particulièrement sur l'oiseau avancé en âge ; une tache d'un cendré foncé est entre le bec et l'œil, et le bord des yeux est jaune ; le croupion, les couvertures du dessus de la queue, la gorge, le devant du cou, la poitrine et le haut du ventre, sont du même vert que le dessus du corps, mais il est relevé par une teinte d'un beau jaune ; il devient blanc jaunâtre sur les autres parties postérieures, et présente un mélange de jaune et de cendré sur les couvertures inférieures de la queue, dont les quatre pennes intermédiaires sont noirâtres, bordées de vert-olive à l'extérieur, et cendrées à leur bout ; les autres ont du jaune à leur origine, du cendré sur les bords, du noirâtre en dedans et à l'extrémité ; les pennes primaires de l'aile ont leur côté extérieur jaune, et l'intérieur noirâtre ; la queue est fourchue ; le bec de couleur de chair dans l'été, brun en dessus dans l'hiver ; les pieds sont d'un brun rougeâtre, et les ongles gris. La femelle diffère en ce que la couleur brune domine sur les parties supérieures, et qu'une teinte olivâtre remplace le jaune des parties inférieures ; son bec est brun, et ses pieds sont gris.

Les jeunes, avant leur première mue, n'ont que les pennes des ailes et de la queue colorées comme les vieux ; tout leur plumage est en dessus d'un brun ondé de verdâtre sale, excepté sur le croupion, où cette dernière couleur est uniforme, et en dessous, d'un blanc lavé de jaunâtre, varié de taches brunes longitudinales ; le bec est brun, excepté à la base de la mandibule inférieure, où il prend une couleur de corne ; les pieds et les ongles sont d'un brun clair.

Ces oiseaux se plaisent dans les bois, dans les jardins et les vergers, cherchent dans l'hiver les arbres toujours verts, les chênes touffus qui conservent leurs feuilles, quoique desséchées, pour y passer la nuit. On voit ces *verdiers* pendant toute l'année, mais tous ne sont pas sédentaires ; une partie voyage à l'automne, et passe dans le Sud : ils paroissent alors aux îles de l'Archipel, où on les appelle *langara*. Cette espèce, répandue dans toute l'Europe, se trouve encore en Sibérie et au Kamtschatka. Elle construit son nid sur les arbres, le place à une hauteur médiocre, et même dans les grands buissons ; elle le compose d'herbes sèches et de mousse en dehors, de poil, de laine et de plumes en dedans. La ponte est de quatre à six œufs tachetés de rouge-brun sur un fond blanc. La femelle couve avec un tel attachement, qu'on la prend quelquefois sur le nid. Le mâle ne partage pas l'incubation, quoique Buffon dise le contraire; mais il a pour sa compagne les plus grandes attentions, pourvoit à ses besoins en lui apportant la nourriture qui lui convient, et la lui dégorge comme font les *serins*. Outre cela, il veille à sa sûreté et à celle de sa jeune famille, en se tenant toujours aux environs du nid et l'avertissant du danger par un cri plaintif; il la réjouit par son ramage lorsque rien ne l'inquiète. Mauduyt se trompe, lorsqu'il dit que cet oiseau n'a point de chant; il en a un qu'il ne fait guère entendre, il est vrai, que dans la saison des amours, lorsqu'il est en liberté, mais pendant beaucoup plus de temps en captivité. Il chante posé et en volant, surtout de cette derniere manière, lorsqu'il cherche une compagne ou lorsqu'elle couve : on le voit alors se jouer dans l'air, voltiger et décrire des cercles autour du nid, s'élever par petits bonds, et retomber comme sur lui-même en battant des ailes.

D'un naturel doux et familier, les verdiers s'apprivoisent facilement, et s'apparient volontiers avec les *serins*. Ils se façonnent à toutes les petites manœuvres de la galère avec autant d'adresse que les *chardonnerets*. On les trouve très-souvent, à l'automne, mêlés avec les autres petits oiseaux granivores; comme eux, ils vivent de différentes graines; ils préfèrent celles de *scorsonère* et de *salsifis*, et pincent, ainsi que les *bouvreuils* et les *pinsons d'Ardennes*, les boutons des arbres, entre autres ceux du *marsaule*. Ils vivent aussi, dit-on, de *chenilles*, de *fourmis*, de *sauterelles*, etc., ce que j'ai peine à croire, car ils refusent en captivité toute espèce d'insectes.

On leur fait la chasse de diverses manières, plutôt pour en faire des oiseaux de cage que pour leur chair, car elle a ordinairement beaucoup d'amertume.

Chasse aux Verdiers. — On les prend aux *gluaux*, et aux *raquettes* ou *sauterelles*, particulièrement à l'entrée des bois, pendant les mois d'août et de septembre; ils viennent aussi à l'*arbrot*, si on y met des appelans de leur espèce (*V.* pour cette chasse le mot BOUVREUIL); plus tard, on les prend à la *tendue d'hiver* (*V.* BRUANT); au *filet rets saillant* (*V.* CHARDONNERET, pag. 165); et enfin à la *chouette*. Pour cette chasse, qu'on fait depuis le passage des *bec-figues* jusqu'à la fin de l'hiver, on doit choisir un endroit où il y ait des haies, des bosquets et des buissons; le choix fait, on fiche un bâton ou un pieu en terre à une distance de vingt-cinq brasses des haies ou du bosquet; on attache à ce bâton une *chouette* vivante avec une ficelle longue de trois doigts, et on la place sur le pieu, ou bien sur une petite cage attachée au bâton, qui doit être élevé de terre d'environ une brasse et demie. Une *chouette* propre à cette chasse doit être instruite à sauter continuellement de la cage ou du pieu à terre, et de la terre à la cage ; ce mouvement continuel est nécessaire pour attirer beaucoup d'oiseaux. On doit aussi, pour se procurer une chasse plus abondante, mettre dans la cage un appelant qui, par ses cris, fait approcher les autres que l'on prend avec des gluaux fichés dans des bâtons creux ; le bois de *sureau* est très-propre pour cela : ces bâtons sont longs d'environ deux brasses, et se posent dans des haies et des buissons, de manière que les baguettes engluées sortent en dehors du côté de la *chouette*, et soient à la distance d'environ huit à dix brasses l'une de l'autre. Si l'oiseleur s'aperçoit que la *chouette* ne se donne pas assez de mouvement, il la force de sautiller, soit en lui jetant des mottes de terre, soit en lui faisant signe de la main. On prend non-seulement des *verdiers* à cette chasse, mais encore tous les petits oiseaux qui viennent à la pipée.

FRINGILLES *dont les sections ne sont pas déterminées.*

* L'ATROCÉPHALE, *Fringilla atrocephala*, Miller, *illust.* pl. 42. Grosseur du pinson commun; longueur, cinq pouces; bec, tête, nuque et milieu de la gorge, noirs ; côtés de la gorge, devant du cou et poitrine jaunes ; ventre et parties postérieures blancs ; dessus du cou, dos, croupion et couvertures supérieures de la queue d'un cendré bleu ; pennes alaires et caudales noires ; pieds bruns. Il se trouve dans l'Amérique méridionale.

* L'AUTOMNALE, *Fringilla autumnalis*, Lath. Une calotte couleur de rouille couvre la tête de cet oiseau ; il est rouge de brique au bas du ventre et vert sur tout le reste ; sa queue n'est point étagée. On le trouve à Surinam.

* Les BENGALIS A OREILLES BLANCHES, *Fringilla leucotis*, Lath. On a réuni sous cette dénomination cinq oiseaux comme variétés les uns des autres ; le premier a la tête, le dos, les couvertures des ailes, de couleur pourpre ; le dessous du corps jaune ; les pennes primaires et la queue d'un beau bleu. Le second n'en diffère que par sa queue qui est pourpre. Le troisième, par sa queue qui est verte, et sa poitrine pourpre. Le quatrième a la tête et les petites couvertures des ailes brunes ; la poitrine d'un vert éclatant. Le cinquième est celui en qui l'on trouve le plus de dissemblances. La tête, les couvertures des ailes et la queue sont d'un brun foncé ; le dessous des ailes et du corps, d'un cramoisi vif. Tous ces oiseaux, qui habitent la Chine, ont sur les oreilles une tache blanche.

* Le Bonana, *Fringilla jamaïca*, Lath. Cet oiseau tire son nom d'un arbre d'Amérique sur lequel il se perche de préférence. Il a le bec court, épais, arrondi et noir; les plumes de dessus du corps soyeuses et d'un bleu obscur; le dessous d'un bleu plus clair; le ventre varié de jaune; les couvertures, les pennes des ailes et la queue d'un bleu verdâtre; les pieds noirs. Grosseur du *tarin*: longueur, quatre pouces. Le mâle et la femelle sont pareils. On les trouve à la Jamaïque.

* Le Bonjour commandeur, *Emberiza capensis*, var. Lath. Manduyt nous assure, comme je l'ai déjà dit, que cet oiseau est un vrai *moineau* sous un plumage un peu différent du nôtre; c'est pourquoi je le place ici, cependant avec le doute, motivé sur ce qu'il ressemble tellement à l'*ortolan* du Cap de Bonne-Espérance, pl. enl. 386, fig. 2 (*Emberiza capensis*, Lath.), que Sonnini le regarde comme un même oiseau sous un nom différent; d'où il suit, dit-il, nécessairement que l'une des deux dénominations est fautive. Celle de *bonjour commandeur*, qu'il porte à Cayenne, vient de ce qu'il a coutume de chanter au point du jour, et que c'est le premier oiseau dont le cri frappe l'oreille de celui qui commande les nègres. Comme notre moineau, il vit autour des maisons, et il en a le cri aigu. Sa longueur est de cinq pouces. Le mâle a sur la tête une calotte noire traversée par une bande grise: les joues grises et noires; une tache oblongue et blanchâtre à la racine du bec; le derrière du cou roux; le dessus du corps d'un brun verdâtre, varié sur le dos par des taches noires et oblongues; les couvertures des ailes bordées de roussâtre; quelques points blancs vers le pli de l'aile; la gorge d'un blanc grisâtre et varié de noir; la poitrine et le ventre d'un gris cendré; les grandes pennes des ailes noirâtres et frangées de brun jaunâtre; la queue d'un brun lavé en dessus et grisâtre en dessous; le bec et les pieds couleur de corne. M. Cuvier place l'*ortolan* du Cap de Bonne-Espérance, pl. 386, fig. 2, parmi ses moineaux ainsi que l'*ortolan à ventre jaune du Cap de Bonne-Espérance*, pl. enl. 664, fig. 2, que j'ai décrit parmi les *bruans* avec l'astérisque qui indique mon doute sur le genre de cet oiseau. Depuis l'impression de son article, je suis parvenu à le voir en nature, et je lui ai trouvé le caractère extérieur du bec du *bruant*, c'est-à-dire, les bords des mandibules rentrant en dedans: mais je n'ai pu voir s'il avoit le tubercule osseux de l'intérieur qui distingue ce genre de celui des *passerines*.

* Le Capi, *Fringilla erythronotos*, Themminck, se trouve dans le pays des Cafres. Il a la partie supérieure du bec noire, et l'inférieure blanche; les joues et la gorge noires;

la tête et le dessus du cou d'un gris foncé ; le manteau, les couvertures supérieures et les pennes des ailes d'un vert-olive; le croupion et les couvertures supérieures de la queue d'un rouge terne ; la première penne caudale de chaque côté d'un gris noirâtre ; toutes les autres noires ; la gorge et toutes les parties postérieures d'un gris-blanc ; les pieds bruns et quatre pouces de longueur totale. Cette espèce nouvelle m'a été communiquée par M. Themminck.

* Le Capi a fraise, *Fringilla ornata*, Themminck, se trouve dans les îles de la mer du Sud. Une sorte de fraise, composée de longues plumes d'un beau jaune, part des oreilles, descend sur le haut de la poitrine, et en couvre une partie ; l'estomac, la face et la gorge sont noirs ; les sourcils jaunes ; le dessus de la tête est d'un gris foncé ; le manteau, les ailes et la queue sont d'un vert-olive ; le ventre est gris, et le tarse blanc. Longueur, quatre pouces environ. Cette nouvelle espèce fait partie du cabinet de M. Themminck.

* Le Catotol, *Fringilla cacatototl*, Lath. Au Mexique, on appelle ainsi, ou plutôt *cacatotatl*, un petit oiseau de la taille de notre *tarin*. Toute la partie supérieure de son corps est variée de noirâtre et de fauve ; toute la partie inférieure l'est de blanchâtre, et ses pieds sont cendrés. Son chant est fort agréable. Il se tient dans les plaines, et vit de la graine de l'arbre que les Mexicains appellent *hoauhtli*.

* Le Chapeau roux, *Fringilla ruficapilla*, Lath. *tab.* 44 *du Mus. Carls. fasc.* 2, Sparman. Cet oiseau, dont on ignore le pays et le genre de vie, a sur le sommet et le derrière de la tête une sorte de coiffure d'un roux brillant, et bordée de noir en devant et sur les côtés, ce qui, sans doute, lui a fait donner le nom de *chapeau roux*. Une bande blanchâtre, composée de points noirs, couvre le front et les joues ; les parties supérieures du corps sont noires ; les inférieures cendrées ; mais cette couleur est plus foncée sur la poitrine, et prend une nuance gris-de-fer sur la gorge ; la queue est d'un brun noirâtre ; les pieds sont bruns.

* Le Chardonneret a face rouge, *Fringilla afra*, Lath., pl. 25, *Brown's Illust.* Longueur, près de six pouces ; couleur générale du plumage, vert foncé ; côtés de la tête d'un rouge cramoisi ; pennes primaires, noirâtres et bordées d'un orangé terne; queue d'un rouge sale; pieds jaunâtres. Cette espèce se trouve en Afrique, dans le royaume d'Angola.

* Le Demi-fin noir et bleu, *Fringilla cyanomelas*, Lath., Cet oiseau, que l'on donne comme une espèce fort rare et venant de l'Inde, a le bec plus long et plus menu que le *pinson ;* sa grosseur est à peu près celle de la *linotte ;* son bec est brun ainsi que les pieds ; la gorge, la base de l'aile

et la partie antérieure du dos sont noires ; cette couleur forme sur cette dernière région un demi-cercle dont la convexité est tournée du côté de la queue, et indique un trait qui va de chaque narine à l'œil : les pennes des ailes sont noirâtres, et le reste du plumage est d'un bleu changeant avec des reflets de couleur cuivreuse.

* Le DIUCA, *Fringilla diuca*, Lath., a des rapports avec le *siu*, non-seulement par ses formes, mais encore par son chant agréable. *V.* ci-après MOINEAU BLEU DU CHILI.

* La LINOTTE A GORGE ET BEC JAUNES, *Fringilla surinama*, Lath. Cet oiseau dont fait mention Fermin dans sa *Description de Surinam*, a le bec et la gorge jaunes ; le plumage cendré ; le ventre blanc ; les pennes des ailes noires, avec du blanc sur chaque côté vers leur base ; les petites pennes en ont à leur extrémité ; celles de la queue sont noirâtres, égales en longueur ; la première et la seconde ont une tache blanche sur leur côté intérieur ; la troisième, la quatrième et la sixième sont terminées de blanc. C'est, selon Fermin, un oiseau de savane plus grand que le *moineau ;* il n'a pas un chant remarquable ; mais on le regarde comme une espèce d'*ortolan*, parce qu'il est bon à manger.

* La LINOTTE BRUNE, *Fringilla obscura*, Lath., *Fringilla atra*, Linn. éd. 13. Longueur d'environ quatre pouces ; le bec est couleur de cendre ; le plumage généralement d'un brun noirâtre, inclinant au cendré sur la poitrine et le croupion ; toutes les plumes sont bordées et terminées d'une teinte plus claire, d'où il résulte un mélange dont la couleur foncée est la dominante ; les pieds sont brunâtres ; la queue est courte. Cet oiseau, décrit d'après Edwards, a été apporté de Lisbonne en Angleterre ; mais l'on ignore s'il vient d'Afrique ou du Brésil.

* La LINOTTE GYNTEL, *Fringilla argentoratensis*, Lath. Cet oiseau, que l'on dit se trouver en Lorraine et que l'on y cherche en vain, a la taille et les habitudes de la *linotte* proprement dite ; ses œufs sont aussi de même couleur ; elle a le dessus du corps rembruni ; la poitrine rousse et mouchetée de brun ; le ventre blanc, les ailes et la queue brunes, celle-ci est fourchue ; ses pieds sont rouges.

* La LINOTTE A LONGUE QUEUE DE CAYENNE, *Fringilla macroura*, Lath. Grosseur de la *linotte ;* longueur, sept pouces et demi anglais ; bec brun ; dessus de la tête, du cou et du corps de la couleur de l'*alouette ;* le milieu de chaque plume très-foncé ; le dessous du corps d'une teinte cendrée très-pâle ; la queue longue, terminée en forme de coin ; les deux pennes intermédiaires étroites, pointues et d'un brun

verdâtre ; toutes les latérales brunes, ainsi que les pennes des ailes, qui sont bordées de verdâtre ; les pieds bruns.

Latham, qui nous fait connoître cet oiseau, l'a vu dans une collection qui avoit été envoyée de Cayenne.

* La LINOTTE A TÊTE JAUNE, *Loxia mexicana*, Lath., pl. 46 des *Ois. d'Edwards*, a le bec couleur de chair pâle ; la gorge et la partie antérieure de la tête, jaunes ; une bande brune sur les joues, partant de l'œil et descendant sur les côtés du cou ; tout le dessus du corps brun, mais plus foncé sur les pennes de la queue et semé de taches plus claires sur le cou et sur le dos ; la partie inférieure du corps jaunâtre, avec des taches brunes, longitudinales et clair-semées sur la poitrine et le ventre ; grosseur au moins du *pinson* d'Ardennes. J'ai peine à croire que cet oiseau soit une *linotte*.

* Le LOVELY, *Fringilla formosa*, Lath. Bec et pieds rouges ; ventre et couvertures inférieures de la queue, rayés transversalement de noir et de blanc ; queue d'un noir sombre ; reste du plumage vert ; cette couleur tendant au jaune sur la gorge et sur le devant du cou. On trouve ce bel oiseau dans l'Inde. Je présume que c'est une femelle ou un jeune de l'espèce du beau MARQUET, pag. 252.

* Le MOINEAU BLEU DE CAYENNE, pl. enl. 203, f. 2, est donné par Latham et Gmelin pour un *tangara* (*tangara cærulea*). Il est bleu avec le bec noir, les pieds d'un bleu-violet, la taille du *friquet* et cinq pouces de longueur.

* Le MOINEAU BLEU DU CHILI, *Fringilla diuca*, Lath. Molina nous fait connoître cet oiseau dans son *Hist. du Chili*, mais très-succinctement ; il est un peu plus grand que le *serin* et tout bleu, excepté à la gorge, où cette couleur est remplacée par du blanc. Ce plumage a beaucoup d'analogie avec celui du *gros-bec bleu d'Amérique*, mais l'oiseau est beaucoup plus petit. Il se plaît dans les lieux habités et près des maisons ; le ramage qu'il fait entendre, surtout au lever du soleil, a quelque chose de remarquable.

* Le MOINEAU DE BOLOGNE, *Fringilla boloniensis*, Lath., est aussi grand et aussi gros que le *moineau franc*. La tête et le dessus du cou sont tachetés de jaunâtre sur un fond blanc ; le dos et le croupion variés de blanc, de noir et de jaunâtre, ainsi que les scapulaires, les couvertures supérieures des ailes et de la queue ; toutes les parties inférieures d'un blanc jaunâtre ; les pennes des ailes noires et bordées de blanc en dehors ; la queue est jaunâtre, mais cette teinte blanchit en dessous ; le bec jaunâtre en dessus, et jaune en dessous ; les pieds sont d'un blanc légèrement teint de jaune. M. Themminck fait de cet oiseau le synonyme de la *soulcie*, et Sonnini une espèce très-rapprochée du *friquet*. Quant à moi j'ai jugé,

d'après le dessin en couleur d'Aldrovande, que c'étoit une variété accidentelle de l'*ortolan* ou du *bruant*.

* Le Moineau de Bologne a queue blanche, *Fringilla leucura*, Lath. Taille et grosseur du précédent; le blanc jaunâtre est la teinte de toutes les parties inférieures, laquelle est parsemée d'assez grandes taches d'une couleur marron, et de très-petites lignes blanches; les couvertures du dessus des ailes sont d'un brun rougeâtre dans le milieu, et jaunes sur les bords; les pennes des ailes pareilles; la queue est d'un cendré blanchâtre; l'iris noir; le tarse brun; et le bec blanchâtre. Ce que j'ai dit dans l'article du précédent, s'applique à ce moineau.

* Le Moineau brun, *Fringilla fusca*, Lath., est un peu plus gros que le *roitelet;* il a le bec noirâtre; le plumage, en dessus, brun; chaque plume bordée d'une teinte plus foncée; le dessous du corps d'un blanc brunâtre, et les pieds pareils au bec.

* Le Moineau de la Caroline, *Fringilla carolinensis*, Lath., pl. enl. de Buff., n.° 181, f. 2, a été pris mal à propos par Buffon, pour la femelle de son *friquet huppé;* car il est reconnu aujourd'hui pour une espèce particulière. Cet oiseau a le front noir; les côtés, le devant du cou et le croupion rouges; les couvertures et les pennes moyennes des ailes brunes et rayées de noirâtre; les grandes pennes noires; celles de la queue brunes et bordées de roussâtre; une bande noire demi-circulaire sur le haut de la poitrine, qui est d'un fauve rougeâtre; le ventre noir; les flancs d'un blanc mêlé de rouge; le bec et les pieds bruns; longueur totale, près de cinq pouces et demi.

* Le Moineau de Carthagène, *Fringilla carthaginensis*, Lath., a la taille un peu au-dessus de celle du *serin;* le bec d'un brun pâle; la couleur de son plumage généralement cendrée et tachetée de brun et de jaune; les pieds pareils au bec.

On trouve cette espèce dans les bois de Carthagène de l'Amérique méridionale; son chant est, dit-on, pareil à celui du pinson.

* Le Moineau cendré aux oreilles noires, *Fringilla nitida*, Lath. Cet oiseau de la Nouvelle-Galles méridionale a la taille du *moineau-franc;* le bec d'un rouge pâle; les pieds jaunes; une bande noire domine sur les yeux, se rétrécit d'abord un peu en arrière de l'œil, s'élargit ensuite et couvre les oreilles en entier; le dessus de la tête, du cou et des autres parties supérieures, y compris la queue, est d'un cendré clair; le dessous du corps est blanc et teinté de jaune sur les côtés; les pennes des ailes sont d'un ferrugineux terne, et les pieds jaunes.

* Le MOINEAU DE CEYLAN, *Fringilla zeylonica*, Lath. Taille petite; bec et tête noirs; dos verdâtre; le reste du dessus du corps jaune; dessous blanc et noirâtre; ailes et queue de cette dernière teinte. Une variété, ou peut-être la femelle, a la tête de couleur de tan; le dos vert; la poitrine et le ventre d'un blanc jaunâtre; les ailes et la queue noires.

* Le MOINEAU COULEUR DE BRIQUE, *Fringilla testacea*, Lath., a été rapporté du Portugal à Vienne, où il a été vu par Jacquin; il a cinq pouces et demi de longueur; le bec rouge; l'iris noir; la tête, le cou et le dos d'une teinte rougeâtre nuancée de noir, plus pâle sur la poitrine et le ventre; les ailes et la queue brunes; les pieds de couleur de chair.

* Le MOINEAU COULEUR D'OCRE, *Fringilla ochracea*, Lath. Cet oiseau qu'on a pris en Autriche, et que Jacquin a vu vivant dans une volière, doit être regardé comme une variété accidentelle; car il seroit plus connu si réellement il eût constitué une espèce distincte. Taille du *pinson;* bec et pieds jaunes; plumage généralement blanc, avec une teinte jaune d'ocre, plus ou moins apparente sur la tête, le devant du cou, la poitrine et les couvertures des ailes.

Je crois reconnoître dans cet oiseau une variété accidentelle du *moineau commun.*

* Le MOINEAU A CROISSANT NOIR ET JAUNE, *Fringilla torquata*, Lath. Miller a décrit cet oiseau (ou *var. subj.*, tab. 24, B.). Il a un croissant noir et bordé de jaune dans sa partie inférieure, sur la gorge; la tête, le cou et le dos rougeâtres; le croupion bleu pâle; les ailes noires; une tache blanche vers leur extrémité qui est colorée de bleu; le bec, la queue et les pieds de la teinte du croissant. Longueur, six pouces. On dit que ce moineau se trouve aux Indes orientales.

* Le MOINEAU A CROUPION VERT, *Fring. multicolor*, Lath. Ceylan est, dit Pennant, le pays qu'habite cet oiseau. Il a le bec bleuâtre; la tête, le dessus du cou, le haut du dos et la queue, noirs; les joues, la gorge et le reste du dessous du corps d'un jaune clair, plus marqué sur les couvertures inférieures de la queue; les ailes noires, avec une tache blanche sur les couvertures; les pennes secondaires traversées de blanc à leur extrémité; la partie inférieure du dos et les jambes vertes, et les pieds gris.

* Le MOINEAU DE DATTE ou le DATTIER, *Fringilla capsa*, Lath. Cet oiseau a le bec épais à sa base, et accompagné de quelques moustaches près des angles de son ouverture; la mandibule supérieure noire l'inférieure jaunâtre, ainsi que les pieds; les ongles noirs; la partie antérieure de la tête et

la gorge blanches ; le reste de la tête, le cou, le dessus du corps, une partie du dessous, d'un gris plus ou moins rougeâtre, avec quelques reflets sur la poitrine ; les petites couvertures des ailes, les pennes et celles de la queue noires ; la queue, qui est un peu fourchue et assez longue, dépasse les ailes repliées des deux tiers de sa longueur.

Les dattiers sont aussi communs en Barbarie, que les moineaux en France. Shaw assure que le ramage du mâle est préférable à celui du serin et du rossignol. (*Travels.*, p. 253.) On dit que ces oiseaux sont si délicats, que les tentatives que l'on a faites pour nous les apporter vivans, ont été infructueuses. Selon Poiret, ils se tiennent particulièrement dans les lieux où l'on cultive les palmiers, s'y réunissent en troupes nombreuses, et ravagent les dattiers. (*Voyage en Barbarie.*)

* Le Moineau d'Esclavonie, *Fringilla dalmatica*, Lath., est présenté par Sonnini, dans son édition de Buffon, comme une espèce très-rapprochée du *friquet*. On va juger s'il n'appartient pas plutôt à une autre race. Cet oiseau, qui est plus grand et plus gros que le *moineau* proprement dit, a la tête, le dessus du cou et toutes les parties supérieures, d'un roux clair sans mélange d'aucune autre couleur; la gorge et toutes les parties postérieures tout-à-fait blanchâtres; les pennes alaires d'un roux clair; la queue pareille; le bec blanchâtre et les pieds couleur de chair. Telle est la description que Brisson en fait. L'individu figuré dans l'ornithologie italienne, pl. 342, sous la même dénomination, porte un plumage très-analogue à celui de l'*ortolan de neige*, sous son habit d'été, et totalement pareil à un individu de cette espèce que j'ai conservé vivant pendant deux ans.

* Le Moineau fou, *Fringilla stulta*, Lath., est, selon Buffon, le même oiseau que le *friquet;* cependant la description qu'en fait Brisson, ne me paroît pas lui convenir; en effet, il est de la grandeur et de la grosseur du *moineau* proprement dit; il a la tête, le dessus du cou, le dos et les plumes scapulaires d'un gris roussâtre, varié de taches ferrugineuses et oblongues, qui occupent le milieu des plumes: le croupion et les couvertures supérieures de la queue d'un gris roussâtre sans taches; la gorge, les parties postérieures et les couvertures inférieures des ailes jaunâtres; les petites couvertures supérieures pareilles au dos; les autres noirâtres, bordées à l'extérieur de roussâtre et terminées de blanc; les pennes alaires et caudales noirâtres; l'iris jaune; le bec roux, et les pieds d'un jaune roussâtre. Il est aisé de voir que cette description ne peut s'approprier au friquet. M. Themminck est-il plus heureux, quand il fait du *moineau*

fou le synonyme de la *Soukie* (p. 236), qui certainement n'a pas la gorge, toutes les parties postérieures et les couvertures du dessous des ailes d'une teinte jaunâtre, mais qui a seulement une tache jaune sur le devant du cou?

* Le Moineau des herbes, *Fringilla graminea*, Lath., s'appelle à New-Yorck, *grass-bird* (*oiseau des herbes*). La tête, le dessus du cou et le dos sont variés de cendré, de couleur de rouille et de noir; les joues brunes; les petites couvertures des ailes d'un bai brillant; les autres noires bordées de blanc; le dessous du cou et les côtés blancs, avec des petites stries; le ventre est de cette même couleur, mais pure; la queue est noirâtre.

Je soupçonne que cet oiseau est le même que mon *bruant des herbes*. *V.* ce mot.

* Le Moineau jaune, *Fringilla domestica*, var. Lath., est très-peu connu et décrit d'après Aldrovande. Brisson, et les auteurs qui l'ont copié, en font une variété du *moineau commun*, quoiqu'il n'y ait entre eux aucun rapport dans leurs couleurs et leur genre de vie; ils ne se rapprochent que par la forme du corps et celle du bec, ce qui indiquoit seulement, dit Sonnini, à l'ornithologiste italien, qu'il appartenoit au genre du *moineau*. Cet oiseau se tient, selon Aldrovande, presque toujours sur les branches de la viorne, et se nourrit des fruits de cet arbrisseau. La nuance qui domine sur son plumage tire à la couleur marron sur les parties supérieures, et est pure sur les inférieures et sur le bec; les pieds sont rougeâtres; les yeux et les ongles noirs, et un peu longs. La femelle est d'un jaune plus pâle que le mâle.

* Le Moineau de Java, *Fringilla melanoleuca*, Lath., pl. enlum., n.º 224, fig. 2, est de la taille de celui de *Macao*; il porte aussi le même plumage, mais il diffère en ce qu'il a, sur la poitrine, une bande blanche, irrégulière et transversale.

* Le Moineau a joues blanches, *Fringilla nævia*, Lath., a les côtés de la tête blancs; le reste de la tête, le cou et le dessous du corps cendrés, avec des stries noirâtres sur le cou; le dos et les ailes d'un roux pâle avec les mêmes stries; une ligne rougeâtre, bordée de noir dans sa partie postérieure, passe à travers les yeux; une autre de cette dernière couleur est sur les joues, et se réunit à la première; la queue est noirâtre; le bec cendré; le tarse noir; taille du *moineau-franc*; longueur, cinq pouces et demi. Cet oiseau a été vu au Cap de Bonne-Espérance.

* Le Moineau de Macao, *Fringilla melanictera*, Lath., pl. enl. n.º 224, fig. 1. Taille de la *linotte*; longueur, un peu

plus de quatre pouces ; plumage entièrement noir, excepté quelques taches blanches sur le ventre ; ailes et queue bordées de gris-de-fer ; bec et pieds d'un rouge brun.

* Le Moineau de Norton, *Fringilla nortoniensis*, Lath. Cette espèce se trouve sur la côte nord-ouest de l'Amérique, dans le golfe de Norton. Les plumes de la tête, du dessus du cou et les pennes secondaires sont noires et bordées d'un bai brillant, avec une ligne transversale blanche ; les primaires noirâtres; le ventre et les flancs blancs; les plumes des côtés et du devant du cou ont leur milieu couleur de rouille ; la queue est noirâtre et bordée de blancsale; une ligne blanche parcourt le bord de ses pennes latérales dans toute leur longueur.

* Le Moineau d'Onalaschka, *Fringilla cinerea*, Lath, a sur les côtés de la tête, deux traits, l'un gris et l'autre noir ; la gorge grise ; le devant du cou cendré, avec des taches blanchâtres ; le milieu du ventre blanc ; les plumes des autres parties brunes et bordées de gris-de-fer ; le bec et les pieds noirs.

* Le petit Moineau de Bologne, *Fringilla brachyura*, Lath. Il a à peu près la taille et la grosseur du *friquet*, mais la queue plus courte; le plumage généralement jaunâtre, plus clair sur la poitrine et le ventre ; les pieds jaunâtres, et le bec jaune.

Voilà encore, selon Sonnini, une espèce très-rapprochée du *friquet*. Ne seroit-ce pas plutôt une variété du *cini* ?

* Le Moineau des pins, *Fringilla pinetorum*, Lath. Lépéchin a trouvé ce moineau dans les forêts de pins de la Sibérie : il est d'un roussâtre mêlé de rouge de brique en dessus, jaune en dessous, avec une bande transversale ferrugineuse sur la poitrine.

Je rapproche de cet oiseau, le second moineau des pins, *fringilla sylvatica*, qui en est peut-être la femelle. Il a été vu dans le même pays, dans les mêmes forêts et par le même voyageur. Son plumage est varié de gris et de noir sur les parties supérieures ; la poitrine et le ventre sont d'un gris-blanc.

* Le Moineau a queue rayée, *Fringilla fasciata*, Lath. Le dessus de la tête, du cou et du dos est d'une couleur de rouille tachetée de noir; les taches sont plus grandes sur le dos; les ailes sont de la même teinte que la tête, mais uniforme; les pennes primaires noirâtres et bordées de blanc; le dessous du corps est blanc et marqué de stries noires longitudinales; la queue est brune, avec de nombreuses lignes transversales et noirâtres. Cet oiseau, dit Pennant, se trouve à New-Yorck.

* Le Moineau rose, *Fringilla rosea*, Lath. Cette jolie et rare espèce a été rencontrée par Pallas dans les saussaies qui avoisinent Uda et Salenga en Sibérie. Les plumes qui en-

tourent la base du bec semblent être de l'argent incrusté; le reste de la tête est d'un rose pur, plus lavé sous le cou et vers le croupion, moins pur à la poitrine, et mélangé de brun et de gris sur le dos; les ailes et la queue sont noirâtres et bordées de rose à l'extérieur. Taille du pinson d'Ardennes.

* Le Moineau roux, *Fringilla calida*, Lath. Un beau roux nuancé de brun, colore généralement les plumes de cet oiseau; il est uniforme sur celles des parties inférieures, mais chaque plume sur les supérieures a dans son milieu un trait noirâtre; ce trait s'étend davantage sur celles de la tête et est plus distinct; la queue est carrée à son extrémité; le bec noirâtre; les pieds sont d'un jaune pâle; longueur, cinq pouces trois lignes. Cette espèce se trouve dans le pays des Marattes.

* Le Petit Moineau du Sénégal, *Loxia astrild*, var. Lath., pl. enl. n.° 230, fig. 2. Taille du *serevan* (*V.* pag. 253). Bec et pieds rouges; trait de même couleur sur les yeux; gorge et côtés du cou d'un blanc bleuâtre; reste du dessous du corps bleu; dessus de la tête d'un bleu plus clair; dessus du corps d'un blanc mêlé de couleur de rose plus ou moins foncée; ailes et plumes scapulaires brunes; queue noirâtre.

* Le Moineau de la Terre-de-Feu, *Fringilla australis*, Lath. La taille de cet oiseau est inconnue. Son plumage est entièrement brun avec un collier ferrugineux.

* Le Moineau a tempes rouges, *Fringilla temporalis*, Lath. Un trait d'un rouge terne part du bec, s'agrandit vers les yeux, et s'étend sur les oreilles, où il prend une forme ovale; dessus de la tête d'un gris-bleu; dessus du cou, dos, ailes et queue bruns; toutes les parties inférieures de couleur blanche; croupion rouge; bec et pieds rougeâtres.

Latham rapproche de cette espèce plusieurs oiseaux du même pays, qui présentent des différences assez tranchantes; dans l'un, le bec, la bande des côtés de la tête, le croupion et les couvertures du dessous de la queue sont rouges; la tête paroît plus garnie de plumes que celle du précédent; le dessus du corps est vert; le dessous d'un blanc nuancé de vert, et légèrement teinté de rouge sur la poitrine; la queue est courte et pareille au dos. Un autre individu qui se rapproche davantage du premier, a la queue courte comme le précédent; le plumage en dessus d'un brun verdâtre, et cendré en dessous; enfin, un troisième ne diffère du second qu'en ce que sa queue est beaucoup plus longue. *Nota* que ces oiseaux dont on ne connoît pas la taille, ont été décrits par Latham, d'après des dessins faits à la Nouvelle-Galles méridionale.

* Le Moineau a tête noire, *Fringilla melanocephala*,

Lath. Il a quatre pouces de longueur; le bec rouge; le dos, les ailes et la queue d'un brun ferrugineux; la tête, le devant du cou noirs; des stries noires sur les côtés du cou et sur la poitrine; le derrière du cou et le ventre blancs; les pennes noires, les pieds de couleur de plomb. Cet oiseau se trouve à la Chine.

Le Beau-Marquet, *Fringilla elegans*, Lath. pl. 25 des *Ois. chant.*, a le bec, le front, la gorge rouges; le reste de la tête et le dessus du cou gris; le dos et les couvertures des ailes d'un vert-olive; la poitrine et le haut du ventre rayés de blanc, de vert et de noir; les parties postérieures blanches; la queue d'un rouge rembruni; le croupion et les pieds couleur de chair; on le trouve en Afrique. Cet oiseau doit être classé dans la section A.

* L'Oranoir, *Fringilla aurea*, Themminck, a quatre pouces et demi de longueur totale; le dessus de la tête, le devant du cou et le haut de la poitrine d'une belle couleur de feu éclatante; un trait noir lui sert de bordure au-dessus des yeux et sur le front; cette teinte couvre les pennes des ailes à leur origine et à leur extrémité, ainsi que les deux pennes intermédiaires de la queue et le bout des autres; le milieu des rémiges et le reste des rectrices latérales sont orangés; les côtés de la tête et le manteau fauves avec des taches noires; le ventre et les parties postérieures d'un blanc sale. On trouve cette espèce dans l'île de Java. Elle fait partie de la collection de M. Themminck.

* Le Pinson brun, *Fringilla flavirostris*, Linn., est d'un cendré brun sur les parties supérieures; d'un brun plus clair en dessous; noir sur les ailes, avec la queue fourchue; le bec jaunâtre et les pieds noirs. Tel est le pinson brun de Brisson et de Buffon: Latham et Gmelin ajoutent que les plumes de la poitrine sont rouges à l'extrémité. Des ornithologistes allemands rapprochent le *fringilla flavirostris* de la linotte de montagne; en effet, il a le bec et les pieds de la même couleur; mais s'il a la poitrine rouge, ce seroit plutôt un *sizerin*, cependant il faut d'autres renseignemens pour le déterminer avec justesse, tels que l'indication des couleurs du sommet de la tête et du menton. Au reste, il me paroît certain que cet oiseau n'est point une espèce particulière, mais un individu décrit incorrectement.

* Le Pinson de la Chine ou l'Olivette, *Fringilla sinica*, Lath., a cinq pouces de longueur; le bec jaunâtre; les joues, la gorge, le devant du cou et les couvertures supérieures de la queue d'un vert d'olive; le dessus de la tête et du corps d'un brun olivâtre, légèrement nuancé de roux sur le dos, le croupion et les couvertures des ailes les plus proches du corps; la queue noire, bordée de jaune, terminée de blanchâtre et fourchue;

la poitrine et le ventre d'un roux mêlé de jaune; cette dernière couleur est celle des couvertures inférieures de la queue et des ailes; les pieds sont jaunâtres. La femelle diffère par des couleurs plus foibles. Ces oiseaux se trouvent à la Chine.

* Le PINSON A DOUBLE COLLIER, *Fringilla indica*, Lath. Cet oiseau de l'Inde a deux colliers, l'un noir par devant, et le plus bas des deux, et l'autre blanc par derrière; le bec et la tête noirs; le tour du bec, les yeux, la gorge d'un blanc pur; le dessous du corps d'un cendré brun, plus clair sur les couvertures supérieures de la queue; les couvertures, les pennes secondaires et primaires des ailes noires, mais les premières et les secondes sont bordées d'un roux brillant; la queue et les pieds pareils au dos, et tout le dessous du corps d'un blanc roussâtre; grosseur du pinson ordinaire; longueur, cinq pouces environ.

* Le PINSON FRISÉ, *Fringilla crispa*, Lath., est d'une taille inférieure à celle du pinson commun; il a le bec blanc; la tête et le cou noirs; le dessus du corps, les pennes des ailes et de la queue d'un brun olivâtre; le dessus du corps jaune; les pieds bruns. Le nom qu'on lui a donné vient de ce qu'il a plusieurs plumes frisées naturellement, tant sur le ventre que sur le dos.

On ne sait laquelle des deux contrées, Angola ou le Brésil, habite cet oiseau, que l'on a apporté du Portugal en France.

* Le PINSON JAUNE ET ROUGE, *Fringilla Eustachii*, Lath. C'est d'après Séba que cet oiseau est décrit; il l'appelle *beau moineau d'Afrique*, quoiqu'il dise qu'il se trouve à Saint-Eustache, qui est une des petites Antilles. Grosseur du pinson commun; longueur, cinq pouces et demi; bec, pieds, ailes et queue rouges; marque bleue immédiatement au-dessous de l'œil; tête, gorge, cou et dessus du corps jaunes; poitrine et autres parties inférieures orangées.

* Le PINSON A LONG BEC, *Fringilla longirostris*, Lath. Tête et gorge noires; dessus du corps varié de brun et de jaune; dessous d'un jaune orangé; collier couleur marron; pennes de la queue olivâtres; bec et pieds gris-bruns. Longueur, six pouces un quart. On trouve cet oiseau au Sénégal.

Il a de si grands rapports avec la PASSERINE A TÊTE NOIRE et la FRINGILLE CROCOTE, figurée dans les Oiseaux chanteurs, pl. 27, que je les crois de la même espèce. *V.* l'article PASSERINE.

* Le SEREVAN *Fringilla serevan*, Vieill. C'est, selon Latham, une variété du *sénégali astrild*. La tête, le dos, les ailes et les pennes de la queue sont de couleur brune; le dessous du corps est gris clair, quelquefois fauve pâle, mais toujours nuancé de rougeâtre; le croupion et le bec sont rouges, et les

pieds rougeâtres. Dans des individus, la base du bec est bordée de noir, et le croupion semé de points blancs, ainsi que les couvertures des ailes. Cet oiseau a été envoyé de l'Ile-de-France par Sonnerat. Je crois que c'est un individu de l'espèce du *bengali amandava.*

Un individu que Commerson appelle aussi *serevan*, n'avoit ni le bec ni le croupion rouges, ni une seule moucheture. Son corps étoit fauve clair en dessous, et ses pieds étoient jaunâtres. C'étoit probablement un jeune ou une femelle. D'autres oiseaux fort approchant de celui-ci, et envoyés par le même observateur sous le nom de *bengalis du Cap*, avoient la tête rouge et étoient plus marqués de cette couleur sur le devant du cou et sur la poitrine. En général, ces oiseaux sont à peu près de la grosseur des bengalis et sénégalis.

* Le Serin de la Jamaïque, *Fringilla cana*, Lath., a huit pouces de longueur; le bec d'un brun bleuâtre, plus pâle en dessous; la tête et la gorge grises; le dessus du cou et du corps d'un jaune-brun; le dessous jaune; le bas-ventre blanc; les ailes et la queue d'un brun foncé, rayé de blanc; les pieds bleuâtres; les ongles bruns, courts et crochus.

* Le Serin jaune a front couleur de safran, *Fringilla flaveola*, Lath. On ne connoît pas le pays natal de cet oiseau que Linnæus a vu dans le cabinet de M. Degeer. Latham en a trouvé un pareil dans le *Muséum Leverian*, mais sans renseignemens sur son origine; peut-être, dit l'ornithologiste anglais, est-ce un oiseau *métis*, produit du *serin de Canarie* et du *chardonneret.* La couleur générale de son plumage est un beau jaune qui prend une teinte de safran sur le devant de la tête, et tend au vert sur le dos; les pennes des ailes et de la queue sont noires et bordées de jaune; cette dernière est fourchue; le bec et les pieds sont d'une teinte pâle. Taille du *serin de Canarie.*

* Le Siu, *Fringilla barbata*, Lath. *Siu* est le nom que les naturels du Chili donnent à cet oiseau, et les Espagnols l'appellent *gilguero.* Si l'on en croit Molina, le mâle de cette espèce a une sorte de barbe composée de poils noirs qui ne commence à pousser à la base du bec que lorsqu'il est âgé de six mois, qui croît à mesure qu'il avance en âge et qui s'étend jusqu'au milieu de la poitrine quand il est vieux. Il a le bec blanc à la base et noir à la pointe; la tête d'un noir velouté; le corps jaune, légèrement teint de vert; les ailes variées de noir, de vert et de jaune. La femelle en diffère par un plumage tout gris; ses ailes sont tachetées de jaune. Elle n'a jamais de barbe. Forme et grosseur du *serin.*

Cette espèce place son nid sur les arbres, le compose de

paille menue et de plumes. Sa ponte n'est que de deux œufs. Le mâle, dit-on, a un chant très-mélodieux et beaucoup plus agréable que celui du *serin*. Il imite facilement le chant des autres oiseaux. Les *sius* nourrissent des graines de la *madia sativa ;* ils mangent aussi les feuilles aromatiques du *scandix chilensis*.

* Le TARIN DE LA CHINE, *Fringilla asiatica*, Lath., *Fringilla sinensis*, Gm. Cet oiseau qu'a fait connoître Sonnerat, est un peu moins gros que le *moineau franc ;* sa tête est noire ; et il a le dessus du cou et le dos d'un vert d'olive; le devant du cou, le dessous du corps, les petites pennes des ailes et les couvertures inférieures de la queue, jaunes ; deux bandes transversales noires sur les ailes, dont les pennes les plus proches du corps sont jaunes ; leur extrémité, les primaires, les pennes de la queue, le bec et les pieds sont pareils à la tête.

* La TOUITE, *Fringilla variegata*, Lath. Le nom de cet oiseau est tiré de son cri, et celui qu'il porte à la Nouvelle-Espagne. Il a la tête d'un rouge clair mêlé de pourpre ; la poitrine de deux couleurs jaunes ; tout le reste varié de jaune, de rouge, de brun et de bleu ; les ailes et la queue bordées de blanc, le bec jaune et les pieds rouges. Longueur totale, cinq pouces huit lignes.

* La VEUVE ÉTEINTE, *Emberiza psittacea*, Lath. C'est d'après sa longue queue traînante que Montbeillard a placé cet oiseau parmi les *veuves ;* Séba, qui le premier en a parlé, en fait un *pinson ;* Albin, un *friquet ;* Brisson, une *linotte ;* Linnæus et les méthodistes modernes, un *bruant*. Il résulte de cette différence dans les opinions, que cet oiseau n'est guère connu. A l'exception de la base du bec qui est entourée de plumes d'un rouge clair, et des ailes qui sont variées de ce même rouge et de jaune, tout son plumage est d'un brun cendré ; il n'a que deux longues pennes à la queue ; ces pennes sont les intermédiaires et ont le triple de la longueur du corps ; elles prennent naissance au croupion, et sont terminées de rouge bai.

Les CHIPIUS. Oiseaux du Paraguay auxquels M. de Azara donne pour caractères d'avoir le *bec droit*, *très-fort*, *pyramidal*, *très-pointu et à mandibules égales*. Ces caractères les rapprochent tellement des *fringilla* que j'ai cru qu'on pouvoit décrire, à la suite des précédens, ceux d'entre eux que je n'ai pas classés à la suite des *forestiers* (*V.* ce mot.).

Du cri d'un oiseau de cette petite famille exprimant *chipiu*, les naturels en ont fait la dénomination générique de tous les petits oiseaux granivores. On trouve des *chipius* au Paraguay jusqu'à Buenos-Ayres. Ils se plaisent en captivité et se nourrissent, dans l'état sauvage, de petites graines et d'insectes qu'ils cherchent à terre, et non pas sur les arbres. Ils ne pénètrent point dans les bois. Leur vol est rapide, et quelquefois assez élevé et incertain.

Le CHIPIU proprement dit. Ce nom est l'expression du cri de cet oiseau qui est commun au Paraguay. Il fréquente les campagnes, les terrains cultivés, et pendant l'hiver les habitations. Ces chipius vivent en troupes souvent si serrées qu'ils se touchent, lorsqu'ils se perchent sur les arbres et sur les buissons. Le mâle a un ramage agréable; cinq pouces de longueur totale; le bec large et épais de trois lignes, noirâtre en dessus, blanchâtre en dessous; les parties inférieures d'un jaune foncé, avec une petite tache blanche sur le ventre; l'extrémité des couvertures de la queue de cette couleur et du brun jaunâtre sur la face extérieure des jambes; un trait jaune part des narines et passe au-dessus de l'œil; les plumes du sommet de la tête sont noirâtres et bordées de jaune; elles prennent une teinte plombée sur l'occiput, sur le dessus du cou et sur les côtés de la tête; mais l'oreille est brune, et une petite tache d'un blanc jaunâtre se fait remarquer au-dessous de l'œil; le bas du dos et le croupion offrent un mélange de jaune et de brun; les petites couvertures supérieures des ailes sont de la dernière couleur, et largement bordées de jaune; le haut du dos, la queue et les grandes couvertures des pennes internes de l'aile, noirâtres; les pennes secondaires ont un liseré blanc, et les primaires un liseré jaune; le tarse est olivâtre. La femelle, qui est d'une taille plus petite que le mâle, en diffère par la couleur blanche de sa gorge et des couvertures inférieures de sa queue, par le dessous du corps qui est blanchâtre, et par des teintes plus claires sur la bordure des plumes et des pennes.

Le CHIPIU BALANCEUR. Selon Noséda, cité par M. de Azara, le balanceur doit être regardé comme le meilleur musicien entre les oiseaux chanteurs du Paraguay, et certainement, dit-il, comme le seul qui puisse surpasser le *rossignol*. La dénomination de *balanceur* lui vient de l'habitude qu'a le mâle, au temps des amours, de s'élever soir et matin à la hauteur d'un jet de pierre pour exécuter ses balancemens. Il vole sur un certain espace, comme d'environ soixante pieds, en décrivant une courbe, et revenant aussitôt en arrière pour la décrire encore, de la même manière que s'il étoit suspendu par un fil à un point fixe. Il répète ce jeu plusieurs fois de suite. Ce petit oiseau fait entendre en même temps son ramage. Du reste, il se pose par instans, sur les joncs et les plantes un peu grandes, et il demeure toujours caché dans les herbes.

Le balanceur a quatre pouces deux lignes de longueur ; le bec aussi épais que large, presque droit, un peu comprimé latéralement, large et épais de trois lignes, long de quatre ; les couvertures de la queue fort longues ; les parties inférieures d'une couleur sombre de plomb, légèrement saupoudrée de blanchâtre ; quelques individus ont sur la poitrine des taches de la même teinte. Les couvertures inférieures des ailes sont d'un blanc lavé d'un peu de jaune ; les côtés de la tête et le dos noirâtres ; les plumes du dessus de la tête, du cou et du haut du dos noires au milieu, d'un brun clair sur le reste, et les petites couvertures des ailes presque noires, avec une large bordure d'un jaune vif et verdâtre, qui colore aussi le pli de l'aile et le côté supérieur des pennes extérieures ; les grandes couvertures, ainsi que les dernières pennes, bordées de roux en dehors ; cette teinte entoure finement les autres couvertures dont le fond est noir ; les deux pennes intermédiaires de la queue sont rousses sur leur moitié supérieure ; l'extérieur de chaque côté l'est un peu moins, tout le reste est noir. Quoique je place cette espèce et les *chipius* proprement dits, *noir et rougeâtre*, *brun et roux*, *noir et blanc*, *à tête rayée*, *manimbé* et *à oreilles noires*, je ne garantis pas qu'ils soient classés convenablement ; néanmoins les caractères indiqués par M. de Azara me semblent les rapprocher plus du genre *fringille*, que de tout autre. Au reste, c'est aux naturalistes qui verront ces oiseaux en nature, à signaler la place qui leur est propre.

Le Chipiu manimbé. Tel est le nom sous lequel cet oiseau est généralement connu chez les naturels du Paraguay. On le trouve jusqu'à la rivière de la Plata. Ses habitudes sont les mêmes que celles du chipiu à oreilles noires. Il se perche ordinairement sur les buissons les plus bas et aux bords des bois ; il vole peu, il n'est point farouche et son naturel est paisible. Son ramage est doux, clair, et assez varié ; les pennes de la queue sont pointues, fort étroites et étagées ; le bec est épais de deux lignes et demie et large de trois ; la gorge d'un blanc mêlé de gris noirâtre ; le devant du cou et la poitrine sont blanchâtres ; le ventre et les couvertures inférieures des ailes de la même teinte, mais lavée foiblement de jaune ; les côtés et le sommet de la tête, le dessus du cou et la moitié du dos sont revêtus de plumes noirâtres au milieu et de couleur de plomb sur le reste ; celles du bas du dos et du croupion sont d'un brun noirâtre ; les pennes des ailes et de la queue brunes, les premières, bordées de roux et les secondes de blanchâtre ; le pli de l'aile, ainsi qu'un petit trait qui part des narines et qui se perd à l'angle antérieur de l'œil, d'un jaune foncé pur; les paupières blanchâtres; l'iris est brun, le tarse olivâtre; le bec noirâtre en dessus et blanchâtre en dessous. La femelle ressemble au mâle. Longueur totale, cinq pouces.

Le CHIPIU A OREILLES NOIRES est un oiseau des plaines du Paraguay, qui se tient caché dans les herbes hautes et épaisses, où il court avec vitesse; il se pose quelquefois, principalement le matin et le soir, sur les plantes élevées, et il y fait entendre un cri qui semble exprimer *sili-sili*, d'un ton bas et foible qui ne paroît pas partir d'un oiseau. Son vol est très-court, et souvent il a besoin de piétiner avant de prendre son essor. Il ne se tient que par paires, et il vit de vers et de petites graines. Il a la tête un peu comprimée en devant et sur les côtés; les plumes du bas du dos et du croupion assez longues; cinq pouces deux lignes sont sa longueur totale. Il a le bec large et épais de trois lignes et demie; une plaque d'un beau noir sur les oreilles, laquelle entoure l'œil et s'étend jusqu'au bec; le dessus de la tête de la même couleur, mais séparée des oreilles par un trait blanc, qui des narines s'étend jusqu'à l'occiput; les parties inférieures blanchâtres; le pli de l'aile et les couvertures inférieures d'un jaune pur; les plumes du derrière de la tête noirâtres vers le milieu et de couleur de plomb dans le reste, de même que celles du cou en dessus et de la moitié du dos; les couvertures de la queue bordées de roussâtre, ainsi que les plumes du reste du dos et du croupion; les pennes alaires brunes et bordées de jaune; leurs couvertures supérieures de cette teinte, mais les plus grandes ayant du noir dans leur milieu; la queue blanche à la pointe, noire dans le reste, excepté les deux pennes intermédiaires qui sont brunes; le tarse olivâtre; l'iris brun; le bec noir en dessus et orangé en dessous. Les jeunes n'ont point la plaque noire des oreilles.

Le CHIPIU A TÊTE RAYÉE a un cri foible et plaintif qui semble dire *cheveché* ou *chachuchu*; il a six pouces six lignes de longueur totale; un trait jaune sur le milieu du dessus de la tête dont le fond est noirâtre; un autre trait d'un jaune doré au-dessus des yeux, derrière lequel est une ligne étroite et noirâtre qui se prolonge jusqu'aux oreilles; le reste des côtés de la tête, le devant du cou et une partie de la poitrine d'un blanc doré; la gorge plus blanche avec des petites taches rares et noirâtres; le reste de la poitrine et le ventre blanchâtres; les couvertures de la queue rougeâtres dans le milieu et mordorées sur les bords; la queue brune en dessus, argentée en dessous; les plumes des parties supérieures noirâtres et bordées de blanc doré ; le tarse noirâtre. La femelle est pareille au mâle. Cette espèce se tient dans les halliers, les campagnes et les savanes noyées du Paraguay. Elle est très-farouche, et se cache entre les plantes. Son vol est élevé.

FRINGILLA. Nom latin du *pinson*, qui, dans les ouvrages latins des méthodistes, est devenu celui d'un genre nombreux, où sont rangés non-seulement les *pinsons*, mais encore les *moineaux*, les *linottes*, les *chardonnerets*, les *bengalis*, les *sénégalis*, etc., etc. (s.)

FRINGILLÆ ADFINIS. Désignation de l'*ouette*, dans Moehring. *V.* OUETTE. (s.)

FRINGILLAGO. Belon et Gesner ont désigné, par cette dénomination latine, la MÉSANGE CHARBONNIÈRE. *V.* ce mot. (s.)

FRINGUELLO d'Olina. C'est le PINSON, *fringilla cœlebs*, Linn. (DESM.)

FRINSON. Un des noms vulgaires du *verdier*. (s.)

FRIPIER, *Phorus.* Genre de coquilles établi par Denys de Montfort, pour séparer des TOUPIES, celles des espèces qui comme la fripière, agglutinent des corps étrangers à leur test. Les caractères de ce nouveau genre sont : coquille libre, univalve, ombiliquée (l'ombilic s'oblitérant quelquefois avec l'âge), à spire régulière, aplatie ; ouverture entière, très-évasée, à bords tranchans ; carène tranchante et agglutinante.

L'espèce qui sert de type à ce genre vit dans les mers intertropicales de l'Amérique. Elle parvient à trois ou quatre pouces de diamètre. Tantôt ce sont des coquilles entières, ou des fragmens de coquilles, de madrépores, etc., qui recouvrent son test ; tantôt ce sont de petites pierres. L'enthousiasme des amis de la nature ne peut qu'être excité en considérant l'industrie avec laquelle elle se cache à la vue de ses ennemis. On connoît plusieurs *fripiers* fossiles, dont l'une est assez commune à Grignon ; mais le plus souvent les corps étrangers qui la recouvrent ne s'y voient plus. (B.)

FRIPIÈRE. Nom que les marchands donnent à plusieurs coquillages qui ont la faculté de souder à leur test des portions d'autres coquilles, des madrépores, de petites pierres, etc. Ces coquilles sont toutes du genre des TOUPIES. (B.)

FRIQUET. *V.* l'article FRINGILLE, section D p. 196. (V.)

FRISOLES et **FRIJOLES.** Noms espagnols du HARICOT (*phaseolus vulgaris*). (LN.)

FRISOUN. Un des noms piémontais du GROS-BEC. (V.)

FRIST-FRAST. L'on appelle ainsi, dans les fauconneries, une aile de pigeon dont on se sert pour frotter les oiseaux de vol quand on les instruit. V. FAUCONNERIE. (S.)

FRITILLAIRE, *Fritillaria*, Linn. (*Hexandrie monogynie.*) Nom d'un genre de plantes de la famille des liliacées, dans lequel les fleurs dépourvues de calice, ont une corolle en cloche, composée de six pétales ovales et droits, creusés à leur base d'une fossette oblongue: les étamines au nombre de six, terminées par des anthères d'une forme ovoïde allongée; le style, un peu plus long qu'elles, soutenu par un germe supérieur, se partageant à son sommet en trois stigmates épais et obtus; le fruit est une capsule oblongue, unie, à trois lobes, et à trois cellules remplies de semences plates et placées en double rang.

La FRITILLAIRE IMPÉRIALE, dont Jussieu a fait un genre distinct sous le nom d'IMPERIALE, est la plus grande des espèces de ce genre. Elle a la racine bulbeuse, grosse et demi-tronquée; la tige simple, droite, haute de deux à trois pieds; les feuilles alternes, sessiles, nombreuses, lancéolées, luisantes; les fleurs grandes, rouges, striées, pendantes, au nombre de six à huit, sous une touffe de feuilles terminales. Elle est originaire de Perse et se cultive depuis plusieurs siècles dans nos jardins, où elle varie à fleurs jaunes, à fleurs doubles et à feuilles panachées. Sa floraison a lieu au milieu du printemps. On la multiplie de graine ou par division des caïeux. Tout terrain et toute exposition lui conviennent. Les gelées de l'hiver ne lui nuisent en aucune manière. Ses fruits se relèvent et représentent un candélabre.

La plus jolie de toutes les fritillaires, est la FRITILLAIRE MÉLEAGRE, *Fritillaria meleagris*, Linn., appelée aussi *fritillaire panachée* ou le *damier*. C'est une plante très-recherchée des fleuristes pour la beauté de ses fleurs, qui paroissent au commencement du printemps. Elle croît en France, en Italie, en Suisse, en Autriche, etc., dans les prés et les pâturages humides des montagnes. Sa racine est un bulbe solide, composé de deux tubercules charnus; sa tige s'élève à la hauteur d'un pied à quinze pouces: elle est simple, droite, mince, cylindrique, et garnie de six ou sept feuilles alternes, qui l'embrassent à demi. Elle porte à son sommet une ou deux fleurs (rarement trois), belles, pendantes, et ressemblant un peu à des tulipes renversées. Ces fleurs, qui varient dans leur couleur, sont ordinairement tachetées de pourpre, par petits carreaux en forme de damier, sur un fond d'un vert jaunâtre ou blanchâtre. On voit dans les jardins des fleuristes un grand nombre de variétés de cette espèce obtenues de semences.

La *fritillaire à damier* demande un terrain gras, et doit être couverte dans les gelées. Il est à propos de relever son bulbe tous les trois ans, au mois de juillet ou d'août; on le garde dans un lieu sec; on le replante en octobre, il fleurit au mois d'avril. On multiplie cette plante ou par les caïeux ou par les graines.

La Fritillaire de Perse, ou le Lis de Suze, *Fritillaria persica*, Linn., donne rarement des semences dans notre climat; mais on la multiplie par ses caïeux. Elle est originaire de Perse, et a été apportée de Suze en Europe, en 1573. Sa racine est grosse et ronde; sa tige droite, simple, et haute d'environ deux pieds, est garnie de feuilles étroites, lancéolées, lisses, entières, obliques et éparses; ses fleurs d'un violet noirâtre, sont penchées, et disposées en une grappe pyramidale. *V.* Eucomis, genre établi aux dépens de celui-ci. (D.)

Fritillaria, du mot latin *fritillus* (cornet à jouer aux dés). C'est la *fritillaire*, dont les fleurs marquées de petits carreaux colorés rappellent un damier par leur disposition, et par leur couleur le plumage du dindon, ce qui l'a fait également nommer *meleagris* par Dodonée et d'autres botanistes. Tournefort en a fait un genre que Linnæus adopta, mais il y comprenoit le *petilium* (*V.* Impériale) et les espèces dont Lhéritier a fait son genre Eucomis (*basilæa*, Juss.). Stapel, botaniste hollandais, à la mémoire duquel on a consacré le genre *stapelia*, en a fait connoître une espèce qu'il nomme *fritillaria*, dont la corolle est jaune de soufre, marquée de rides transverses et de taches d'un pourpre brun qui ressemblent au damier. C'est le *stapelia variegata*, L. (LN.)

FROELICHE, *Froelichia*. Genre de plantes de la tétrandrie monogynie, établi par Wahl, sous le nom de Billardière. Il a pour caractères: un calice monophylle à quatre divisions; une corolle tubuleuse; une baie sèche à une seule semence ailée.

Ce genre ne contient qu'une espèce, qui est un arbuste de l'île de la Trinité, à rameaux quadrangulaires, à feuilles opposées, elliptiques et entières, et à fleurs disposées en panicules terminales.

On a aussi donné ce nom au genre Kobresie. (B.)

Froelichia. Trois genres de plantes ont reçu ce nom. L'un est de Wulfen; c'est le Kobresia de Willdenow, ou Elyna de Schrœder; le second de Mœnch, fondé sur le *gomphrena interrupta*, L., que Jacquin rapportoit au Celosia, et qui diffère des autres espèces de gomphrena par son calice tubuleux à cinq dents. *V.* Amaranthine.

Le troisième FROELICHIA est celui de Willdenow, décrit ci-dessus. *V.* FROELICHE.

Ces trois genres sont consacrés à la mémoire de J. A. Froelich, botaniste allemand, de la fin du dernier siècle. (LN.)

FROG. Nom anglais des GRENOUILLES. (DESM.)

FROID. Ce mot pris dans son sens vulgaire désigneroit une sensation absolue produite par un principe particulier, comme la sensation de chaleur est produite par le calorique. Mais, en approfondissant cette idée, on trouve qu'aucun phénomène ne prouve l'existence d'un principe frigorifique, ni même ne donne lieu de le concevoir pour simplifier l'énoncé des résultats.

Le *froid*, considéré par rapport aux êtres sensibles, n'est qu'une sensation relative qui s'excite en eux lorsque le principe calorifique agit sur leurs organes avec moins d'intensité que dans d'autres circonstances antérieures, ou avec une intensité plus foible qu'il ne conviendroit à leur constitution. Le nom de *froid*, appliqué aux corps insensibles, ne désigne qu'une diminution opérée dans les effets extérieurs et sensibles du calorique qui agit sur eux. (BIOT.)

FROLE. Nom du CHÈVREFEUILLE des Alpes, pag. 262. (*Lonicera alpigena*, Linn.). (LN.)

FROMAGE. Un des principes du lait (la partie caseuse), privé de son eau surabondante et préparé de manière à pouvoir être conservé pour la nourriture des hommes. *Voyez* LAIT et VACHE.

Le lait de chaque animal contient une partie caseuse de nature différente. Celui de la vache, de la brebis et de la chèvre, sont les seuls avec lesquels on fabrique le fromage.

Le simple repos, aidé de la chaleur, suffit pour retirer le fromage du lait, mais il convient souvent d'accélérer sa séparation par le moyen des acides et principalement de celui qui est dans l'estomac des veaux qui tètent. *V.* PRÉSURE.

Il est quantité de sortes de fromages parce que non-seulement celui du lait des trois animaux nommés plus haut, ainsi que leur mélange dans toute sorte de proportions, en offrent de différens, mais encore parce que la chaleur de la saison, le mode de préparation, etc., influent considérablement sur eux, et que cette préparation même varie beaucoup.

Les fromages sont fabriqués sans feu ou par l'intermède de cet agent. Tous peuvent être, ou maigres, c'est-à-dire privés de crème, ou gras, c'est-à-dire, contiennent plus ou moins de crème. Les uns sont salés, les autres ne le sont pas.

Ceux qui sont préparés sans feu, ou se mangent frais, ou même après avoir été gardés plus ou moins long-temps dans un lieu frais; presque jamais on ne leur enlève que la portion de partie séreuse (petit-lait) qui s'en sépare naturellement, soit par l'affaissement de leurs parties, soit par l'évaporation. Quelques précautions qu'on prennent, on ne peut guères les conserver bons au-delà de six mois; de sorte qu'il faut qu'ils soient consommés dans les environs des lieux où ils ont été fabriqués.

Ceux qui sont préparés par l'intermède du feu, sont privés de suite, par le moyen d'une puissante pression, de la presque totalité du petit-lait qui s'y trouve. Ces fromages se conservent plus d'un an et sont l'objet d'un commerce étendu. (B.)

FROMAGE DES ARBRES. On a donné ce nom à un CHAMPIGNON des arbres, dont la chair est très-blanche. (B.)

FROMAGEON. Nom vulgaire de la MAUVE. (B.)

FROMAGER, *Bombax*, Linn. (*Monadelphie polyandrie.*) On donne ce nom à plusieurs arbres exotiques de la famille des malvacées, remarquables par la grandeur et la beauté de leurs feuilles et de leurs fleurs, et par la singularité de leurs fruits, qui sont très-gros, faits en forme de cône ou de poire, et remplis de semences entourées d'un duvet cotonneux. On trouve ces arbres dans les Indes, en Afrique, au Brésil et aux Antilles. Ils croissent très-promptement. Plusieurs s'élèvent à une hauteur prodigieuse. Leur bois est en général fort léger, et on s'en sert dans ces pays pour faire des pirogues ou canots d'une grandeur considérable.

Quoique les diverses espèces de *fromagers* connues offrent entre elles de grandes différences, même dans les parties de la fructification, on les a cependant réunies en un seul genre qui porte le même nom. Ce genre a pour caractères essentiels: un calice en cloche, à trois, quatre ou cinq dents et persistant; une corolle formée de cinq pétales oblongs, concaves et réunis à leur base: cinq ou plusieurs étamines dont les filets sont joints par le bas en anneau ou colonne; et un ovaire supérieur, ovale, ou arrondi, portant un style couronné par un stigmate en tête. Le fruit est une capsule presque ligneuse, de forme ovoïde, plus ou moins allongée, ayant cinq valves et cinq loges remplies chacune de semences cotonneuses, attachées à un placenta central.

Tous les fromagers ont les feuilles alternes et digitées. Dans quelques-uns l'écorce du tronc est lisse et molle; dans d'autres elle est couverte d'aiguillons nombreux. Leurs fleurs naissent tantôt en faisceaux aux aisselles des feuilles, et tantôt en grappes au sommet des rameaux.

FROMAGER A CINQ ÉTAMINES, ou PENTANDRE, *Bombax pentandrum*, Linn. Arbre commun dans les Deux-Indes, de trente à quatre-vingts pieds de hauteur, dont les fleurs sont très-nombreuses et à cinq étamines, et dont les feuilles ont sept à neuf folioles lancéolées. Son fruit a la forme d'un concombre rétréci par le bas; et le duvet qui entoure ses semences est très-ressemblant au coton. Cet arbre est figuré pl. D 22 de ce Dictionnaire.

FROMAGER A FLEUR LAINEUSE, *Bombax erianthos*, Cav., ou *coton en arbre à écorce très-épineuse*. Cette espèce a été trouvée, par Commerson, dans le Brésil. Les digitations de ses feuilles, au nombre de sept, sont lancéolées, lisses et terminées par un filet particulier.

FROMAGER PYRAMIDAL, *Bombax pyramidale*, Cav., *Mapou de Saint-Domingue*. C'est un des plus grands arbres des Antilles; il y est très-commun. Il sert de type au genre OCHROME. Son écorce fibreuse et cendrée, est parsemée de taches blanchâtres. Ses feuilles ont un pied de diamètre; elles sont en cœur et à bords anguleux. Ses fruits, longs de huit à dix pouces, représentent une petite pyramide à cinq côtés: ils sont pleins d'un duvet très-fin et rougeâtre, et dont les Anglais font usage dans la composition de leurs chapeaux. Le bois de *mapou* est blanc, et si léger, qu'il tient lieu de liége aux pêcheurs.

FROMAGER GRANDIFLORE, *Bombax grandiflorum*, Cav. Il croît aux environs de *Rio-Janeiro*, et se distingue des autres par sa superbe corolle, dont les pétales blanchâtres et veloutés en dehors, ont cinq pouces de longueur. C'est, selon Cavanilles, l'espèce qui a le plus de rapports avec le *baobab* d'Adanson, par la grandeur des fleurs et par le tuyau ou support des filamens. Il sert de type au genre CAROLINÉE, qui ne diffère pas du PACHIRIER.

FROMAGER A SEPT FEUILLES, *Bombax heptaphyllum*, Linn. Il a des fleurs odorantes qui présentent des filamens très-nombreux et rougeâtres, partagés en cinq paquets, des feuilles à sept folioles, et un fruit qui a la forme d'un *concombre*. On trouve cet arbre dans les Deux-Indes; il s'élève à cinquante pieds, et a quelquefois six pieds de diamètre à sa base. Dans sa jeunesse il est muni d'épines qu'il perd en vieillissant. Son bois est mou, fragile et léger.

FROMAGER COTONNIER, *Bombax gossypium*, Linn. Une écorce verte et presque lisse; des feuilles cotonneuses en dessous, et divisées jusqu'à moitié en cinq lobes aigus: des fleurs jaunes renfermant un grand nombre d'étamines, et entourées d'un calice à cinq folioles inégales: tels sont les principaux caractères auxquels on peut reconnoître ce *fromager*, qui est un grand arbre de la côte de Coromandel.

FROMAGER A FRUIT ROND, *Bombax globosum*, Aublet. Arbre élevé de trente pieds, commun près de Cayenne, et dont les feuilles sont composées de cinq folioles de grandeur inégale et légèrement échancrées à leur sommet. Elles tombent et se renouvellent chaque année.

FROMAGER A CINQ FEUILLES, *Bombax ceiba*, Linn. C'est le *ceiba* des Espagnols, arbre très-élevé, très-gros, qui a ses feuilles composées de cinq folioles unies et lancéolées, et dont les fleurs de couleur pourpre renferment un grand nombre d'étamines formant cinq paquets réunis par le bas entre eux et avec la corolle. (D.)

FROMENT, *Triticum*. Genre de plante de la triandrie digynie et de la famille des GRAMINÉES, dont les caractères consistent : en une balle calicinale sessile sur un axe simple, dentée en zigzag, et composée de deux valves, renfermant trois fleurs ou davantage, chacune de deux valves, dont l'extérieure est grande, concave, et l'intérieure petite et plane; trois étamines à anthère fourchue; un ovaire supérieur, ovale, surmonté de deux styles à stigmates plumeux.

Le fruit est une graine ovale, convexe d'un côté et sillonnée de l'autre.

Les genres BRACHYPODE et AGROPYRON enlèvent quelques espèces à celui-ci.

Ce genre renferme une trentaine de plantes annuelles ou vivaces, dont quelques-unes sont de la plus grande importance pour l'homme.

On distingue parmi les premières :

Le FROMENT COMMUN ou le BLÉ PAR EXCELLENCE, *Triticum æstivum*, Linn., qui a l'épi simple, quatre fleurs ventrues et imbriquées dans chaque calice. On lui réunit ordinairement, comme simples variétés, les *triticum hybernum*, *compositum*, *turgidum* et *polonicum*, que Linnæus avoit regardées comme des espèces, et dont les unes sont pourvues de barbes, et les autres en sont privées. (*V.* son article ci-après.)

Le FROMENT ÉPEAUTRE, *Triticum spelta*, Linn., qui a l'épi simple, la balle calicinale à quatre fleurs tronquées, dont les deux extérieures sont hermaphrodites et presque toujours pourvues de barbes, et les deux intérieures stériles et mutiques. On le cultive dans beaucoup d'endroits, principalement sur les montagnes élevées. Sa graine ne se sépare pas naturellement de sa balle; et il faut le monder, comme l'orge, à l'aide du moulin. Cette espèce a été trouvée sauvage en Perse, par Michaux (*Voyez* au mot ÉPEAUTRE). On peut lui réunir, comme variété de culture, le *triticum monococcum* de Linnæus, qu'on appelle vulgairement la *petite épeautre* ou le *froment locular*.

On distingue parmi les espèces vivaces :

Le FROMENT JONCIFORME, *Triticum junceum*, Linn., qui a les épillets alternes, composés de cinq fleurs, et les valves de la balle calicinale tronquées. On le trouve très-abondamment dans presque toute l'Europe, dans les bois, les haies, les friches sablonneuses, sur le bord des chemins. Il parvient à deux à trois pieds de haut. Ses feuilles sont pubescentes, blanchâtres, roulées sur elles-mêmes, et roides.

Cette plante, par sa grandeur et sa faculté de croître dans les plus mauvais terrains, seroit très-précieuse si la sécheresse et l'insipidité de son fanage ne la faisoient rejeter par les animaux, surtout lorsqu'elle a acquis toute sa croissance, c'est-à-dire en été et en automne. On peut cependant l'employer avec avantage pour fixer les landes sablonneuses et faciliter les semis de bois qu'on desireroit y faire; car ses racines sont traçantes, très-longues et très-garnies de chevelus. Ses fanes, coupées à la fin de l'été, fournissent une excellente litière.

Le FROMENT RAMPANT, *Triticum repens*, Linn., a la balle calicinale de deux valves aiguës, et renfermant ordinairement cinq fleurs; les feuilles supérieures hérissées; les racines articulées et rampantes. On le trouve dans toute l'Europe, dans les champs et les jardins, qu'il infeste souvent au point d'empêcher la croissance des grains ou des légumes qu'on y sème. C'est le *gramen* proprement dit des anciens, le véritable *chiendent* des boutiques. Sa hauteur surpasse rarement deux pieds; mais ses racines s'étendent à une distance bien plus considérable. La plus petite portion de ces racines, laissée dans la terre, suffit pour reproduire un pied; de sorte que plus on laboure les terres où il s'en trouve, et plus on le multiplie. *Voyez* au mot CHIENDENT, ses usages en médecine, et les moyens de l'extirper. (B.)

Le FROMENT COMMUN est, sans contredit, de toutes les graminées qui couvrent la surface de l'Europe, celle qui mérite le plus notre admiration, le travail assidu des cultivateurs, et les soins que nous prenons de sa conservation; aussi la nature a-t-elle accordé à ce végétal une sorte de prédilection, en le faisant croître avec un égal succès dans les climats chauds comme dans les climats froids.

Il paroît que les sentimens sont bien partagés relativement à l'origine et à l'état primitif du froment. Les premiers historiens et les plus anciens écrivains que nous connoissions, en font mention avec éloge.

Quelques auteurs veulent que dans la Sicile, l'île autrefois la plus fertile en blé qu'il y eût au monde, il existe une terre qui en produit sans culture. D'autres, qui nient l'existence du blé sauvage, prétendent que le froment est le chiendent, que la culture ou des accidens, dont l'histoire trop reculée se perd dans la nuit des temps, ont assez éloigné de sa première constitution, pour en faire l'espèce de plante vigoureuse qu'on appelle froment.

Le vrai est que cette graminée est une véritable espèce dont on ne connoît plus le pays natal. Cependant, si on en juge par analogie, on pourra croire qu'elle nous vient de la Haute-Asie, d'où nous ont également été apportés l'Epeautre, l'Avoine et l'Orge.

Le froment porte généralement le nom de *blé* dans la plus grande partie de la France; ainsi nous nous servirons indifféremment de ces deux mots dans le cours de l'article dont nous nous occupons.

S'il falloit décrire les caractères des variétés de froment, la notice abrégée que nous pourrions en donner, deviendroit un article immense qui n'offriroit peut-être encore que des conjectures, puisque, si l'on s'en rapporte aux observations des plus célèbres botanistes, le nombre de ces variétés monte déjà à trois cent soixante. Les variations du froment, comme celles de toutes les plantes cultivées depuis long-temps, se portent principalement sur l'objet qu'on a en vue, qui est ici la graine. Ainsi, quoiqu'il y ait des fromens blancs, des fromens jaunes, des fromens rouges, des fromens longs, ronds, etc., on les réduira donc à deux classes, celle des *blés fins* ou *tendres* et celle des *bles durs* ou *glacés*. Une nomenclature plus étendue, tout exacte qu'elle pourroit être, deviendroit absolument inutile ici : car toutes ces variations ne diffèrent entre elles que par des manières perceptibles seulement pour ceux qui sont habitués à les voir. C'est une de ces variétés à grains longs et grêles, qui, cultivée très-serrée dans un terrain sablonneux aux environs de Florence, fournit la paille avec laquelle on fabrique ces chapeaux de paille si estimés et qu'on paye jusqu'à 500 francs.

Ces mêmes raisons m'empêcheront d'entrer dans des détails sur les fromens barbus ou sans barbe, sur ceux à épis longs et à épis courts, à épis colorés, à maturité hâtive, à maturité tardive, etc., etc.

Les blés fins ou tendres semblent appartenir plus spécialement aux pays septentrionaux et aux sols humides. Leurs caractères généraux sont d'être un peu flexibles sous la dent; d'offrir dans leur intérieur une matière très-blanche : d'avoir l'écorce mince, lisse et jaunâtre. Les blés de Pologne occupent le premier rang dans cette classe ; ils s'écrasent plus aisément sous les meules, et donnent une farine avec laquelle on prépare un pain fort blanc.

Parmi les sous-variétés de ces sortes de blés, une de celles qui ont paru à Tessier réunir le plus d'avantages, est le froment à épis rouges sans barbes, et à tige creuse. Il l'a semée à Rambouillet, au milieu d'un grand nombre d'autres, et comme il a remarqué qu'elle étoit propre à donner du pain très-blanc, il a cherché et employé tous les moyens pour la multiplier.

La sécheresse et la chaleur du climat produisent plus particulièrement les blés durs ou glacés; aussi voit-on qu'ils approchent davantage de cet état dans tous les pays, à mesure que la saison a été plus sèche et plus brûlante. Ces blés se cassent sous la dent moins aisément et plus net que les blés fins: ils offrent dans leur cassure une couleur grise; ils sont pesans, plus ou moins transparens, et ressemblent à une gomme desséchée; le son en est plus épais; ils se broient difficilement au moulin, et le pain, quoique savoureux, n'est jamais bien blanc. Les blés de la Sicile et de la Barbarie tiennent en ce genre le premier rang.

Les blés se distinguent encore les uns des autres par l'époque de leurs semailles; on appelle *hivernaux*, ceux que l'on sème à la fin de septembre, et qu'on récolte au mois de juillet ou d'août l'année suivante; et *marsais* ou *printaniers*, ceux qu'on ne sème qu'en mars, comme les menus grains, et qu'on moissonne aussitôt que les blés hivernaux. Ils sont ras ou barbus.

L'introduction en France des *blés de mars*, remonte à l'époque de 1709: ils n'étoient réellement connus et cultivés alors que dans quelques contrées, et surtout en Espagne; c'est de là que Louis XIV en fit venir une certaine quantité, pour les semer après l'hiver sur les mêmes terres des mars. Ils donnèrent au mois d'août des épis en abondance et furent d'un grand secours. Ce succès auroit dû sans doute encourager leur culture et la répandre plus qu'elle ne l'est; mais les motifs d'opposition de la part des fermiers, sont que les fromens marsais s'égrènent facilement; que dans le temps où il faut les semer, ils ont beaucoup de travaux, et que constamment ces grains sont toujours d'un moindre rapport. Nous pensons, tout en convenant de la justesse de ces motifs, qu'il seroit de la prudence des cultivateurs d'en avoir toujours une certaine quantité, pour servir de ressource quand les pluies continuelles d'automne ont empêché de terminer les semences de cette saison, ou lorsque les mulots, les insectes, le froid, les débordemens les ont détruites.

On cultive au Bengale et en Egypte, une sous-variété de

blé de mars qui donne deux récoltes par an sur le même terrain, et qui y est par conséquent fort estimée. Elle a été apportée d'abord du premier de ces pays, par M. Cossigny, et cultivée en petit par M. Thouin, dans l'École des plantes économiques, au jardin de Museum d'Histoire naturelle; ensuite du second par un soldat belge, faisant partie de l'armée française qui en a fait la conquête. L'estimable agriculteur M. Bottin a fait part, cette année (1817), à la Société d'agriculture de la Seine, des avantages que les cultivateurs de la Belgique avoient reconnus dans ce blé, qu'ils appellent *blé de mai*, ces avantages sont: 1.° de pouvoir retarder ses semailles jusqu'en mai; 2.° de pouvoir être récolté environ cent jours après son ensemencement; 3.° de produire davantage dans le même espace de terre; 4.° de s'accommoder d'une terre de qualité inférieure; 5.° d'être moins sujet ou peut-être jamais attaqué de la carie et du charbon; 6.° d'être, proportion gardée, plus pesant que les autres; 7.° de pouvoir être coupé jusqu'à trois fois en vert pour la nourriture des bestiaux dans le courant de l'été.

D'après ces faits constatés par une expérience de six à sept ans, faite en grand, dans les environs d'Ypres, de Bruges, de Bruxelles, la Société d'agriculture de la Seine, s'est procuré une certaine quantité de ce blé dont la moitié a été distribuée à ses membres, et l'autre semée pour son compte dans les environs de Paris. Elle a de plus invité M. Vilmorin, marchand grenetier, l'un de ses membres, de s'en approvisionner suffisamment lors de la récolte prochaine, pour pouvoir satisfaire au plus grand nombre de demandes présumables; de sorte qu'il est à croire que cette précieuse variété ne tardera pas à être généralement cultivée en France.

Pendant long-temps les cultivateurs, et même les commerçans, n'ont distingué dans un grain de blé que l'écorce qui sert d'enveloppe, le germe destiné à la reproduction, enfin la matière farineuse dans laquelle réside la vertu alimentaire; mais aujourd'hui que l'étude des objets d'utilité première a mérité de fixer l'attention des physiciens, un examen approfondi et des recherches plus exactes ont appris que cette matière farineuse est elle-même composée de plusieurs substances, dont la nature et les proportions varient à raison du sol, du climat et de la culture. Ces substances sont:

L'*amidon*.

Le *muqueux sucré*.

La *matière glutineuse*.

Ces trois parties constituantes du grain du blé, rangées selon le degré nutritif de chacune, ont des caractères particuliers qui les distinguent.

La première, qui est l'amidon, se reconnoît à son toucher froid et à un cri qui lui est particulier, à sa pesanteur et à la disposition qu'elle a de prendre la forme pulvérulente, et de ne se dissoudre que dans l'eau bouillante ; sans elle il est impossible de faire du pain et de l'empois. Le blé est, de toutes les graminées, le grain qui en contient le plus.

La seconde est confondue et enveloppée d'une matière extractive dont il n'est pas aisé de la dépouiller entièrement ; elle s'humecte à l'air, poisse les mains, se dissout dans l'eau froide qu'elle colore. Ce muqueux sucré est distribué dans la plupart des végétaux alimentaires : il a le privilége exclusif de fournir, par la fermentation et la distillation, de l'alcool ; de devenir plus sensible par la germination. Le blé est encore le grain qui en contient le plus.

La substance glutineuse, qui forme la troisième partie constituante du blé, est une espèce de gomme-résine particulière qui se broie difficilement au moulin, et donne par l'analyse tous les produits des matières animales : mais c'est principalement à l'amidon qu'appartient essentiellement la faculté éminemment nutritive, puisqu'il réunit tout ce qui la caractérise : que d'ailleurs le blé le plus médiocre en contient jusqu'à huit onces par livre, tandis que la matière glutineuse s'y trouve à peine pour un huitième : qu'elle est d'ailleurs privée des propriétés principales de l'aliment, la dissolubilité dans l'eau, la forme muqueuse ou gélatineuse.

A ces vérités, ajoutons que la substance glutineuse et élastique est contenue privativement dans le froment et dans l'épeautre, qu'il n'en existe pas un atome dans aucun autre grain de la famille des graminées, tandis que tous renferment plus ou moins d'amidon ; que c'est à ce principe essentiel des farineux qu'ils doivent l'état laiteux qu'ils ont quand ils approchent de l'époque de la maturité. Si donc la substance glutineuse joue le plus grand rôle dans la panification, l'amidon produit presque seul tout l'effet nutritif.

Au reste, il n'est pas indifférent de connoître la nature des parties constituantes du blé, puisque l'art de le conserver, de corriger ses mauvaises qualités, de l'assortir avantageusement, de le moudre avec profit, enfin, de préparer un pain de bonne qualité, dépend très-souvent de cette connoissance. Elle n'a pas été dédaignée des hommes les plus recommandables : heureux le siècle et le gouvernement où les objets de première nécessité méritent quelque considération, et où ceux qui s'y livrent sont assurés de ne pas rencontrer sur leurs pas, d'obstacles aux efforts de leur zèle et à l'utilité de leurs vues !

Nous allons présenter ici, en abrégé, le tableau des travaux des champs, qui ont pour objet la végétation et la culture du blé ; la plupart peuvent s'appliquer aux autres grains de cette famille des plantes, la plus utile à l'homme et aux animaux, puisqu'elle leur fournit la base de leur nourriture ; d'ailleurs, les intérêts du laboureur pourroient-ils être oubliés dans un article où il s'agit de blé?

S'il est une opération critique et importante en agriculture, c'est celle des *semailles*. De cette opération, bien ou mal pratiquée, dépendent en partie la médiocrité ou l'abondance des récoltes, la richesse ou la pauvreté des campagnes ; il est donc de l'intérêt du cultivateur de s'en bien acquitter, s'il veut recueillir le fruit de ses travaux et de ses avances.

Quoique l'on sache, de temps immémorial, que les blés échaudés ou retraits, qui ont mûri sans se remplir de farine, germent et poussent très-bien, qu'étant d'un prix moins cher, il y auroit toujours du bénéfice à les employer en qualité de semence, il est prouvé cependant que, toutes choses égales d'ailleurs, ces grains chétifs produisent assez constamment une paille moins nourrie, des tiges moins hautes, des épis moins nombreux, enfin des grains moins volumineux.

Le choix de la semence n'est donc pas une chose indifférente au produit qu'on en attend ; il convient donc de prendre celle recueillie dans un terrain meilleur que celui qu'on veut ensemencer ; de préférer les grains d'une terre parfaitement cultivée, à ceux d'une autre qui ne l'est pas aussi bien ; de faire choix encore de gerbes qui montrent de beaux épis, dont les grains, parfaitement mûrs, se détachent avec facilité ; de battre légérement, pour n'en tirer que les grains les plus mûrs, les mieux conformés, exempts de graines étrangères.

Sans doute il y a des pays, des terrains et des circonstances où le renouvellement des semences est absolument indispensable ; mais il résulte des expériences de Tessier, qu'il n'est pas toujours nécessaire de les changer ; de plus, qu'on peut se dispenser de semer ceux de la dernière récolte, puisque quand ils sont parfaitement mûrs, ils conservent longtemps leur propriété germinatrice. Chacun doit semer selon le climat qu'il habite, depuis le mois de septembre jusqu'à la fin de novembre, et même de décembre ; cependant, comme les riches moissons dépendent, en général, de la force qu'acquièrent les tiges avant l'hiver, et de la quantité de racines qu'elles poussent, il faut donc semer aussitôt qu'on le peut, selon cette maxime de l'antiquité :

Si tu veux bien moissonner,
Ne crains de trop tôt semer.

Le succès des semailles précoces explique pourquoi les pays

froids sont si fertiles en grains, malgré le désavantage apparent de leur climat; or, voilà précisément ce qu'on ne fait pas dans beaucoup de cantons, où, pour attendre souvent les pluies d'automne et les sécheresses, on trouve à peine le temps de semer avant le mois de janvier; la tige mince et peu nourrie, ne donne alors que des épis mesquins et de très-petits grains.

Pour se convaincre que les semailles précoces sont en général les plus constamment heureuses, il suffit de voir dans les champs, les plantes dont le grain y étoit resté après la moisson. Quoique venues, pour ainsi dire, sans culture, leurs tiges sont belles et bien fournies, parce qu'elles ont suivi l'ordre de la nature, sans être contrariées dans leur végétation.

La chaux vive et l'eau suffisent pour chauler le grain de semence; mais la réussite de cette préparation, toute simple qu'elle soit, dépend de la proportion observée et de la manière d'en faire l'application. Elle peut servir aux semailles de toutes les plantes.

Lorsque le blé est moucheté, ou que l'on soupçonne qu'il y a eu de la CARIE ou du CHARBON dans les moissons du canton d'où l'on tire sa semence, il faut encore être plus attentif à la composition du chaulage et à son application, augmenter même l'action de la chaux, par une addition de potasse caustique; mais jamais ce supplément n'est pas d'une nécessité indispensable, chez les cultivateurs soigneux, dont les terres ne sont jamais infectées de ce fléau.

En faisant infuser les semences dans des décoctions de plantes âcres et amères, dans la saumure, dans l'égout de fumier, ce seroit un moyen de les préserver de cette foule d'animaux qui fondent dessus au moment où elles viennent d'être confiées au sillon, en même temps qu'il deviendroit une espèce d'engrais appliqué immédiatement au grain qui pourroit augmenter la force du germe et de la plante naissante.

La macération de la semence, même dans l'eau simple, sera toujours de la plus grande utilité, ne dût-elle servir qu'à faire connoître les grains légers: on les enlève au moyen de l'écumoire, et ils servent avantageusement pour l'engrais des animaux de la basse-cour; alors il n'y auroit plus un grain d'ensemencé sur lequel on ne pût compter.

Loin donc que cette opération préliminaire puisse nuire en aucun cas aux récoltes, on devroit toujours l'employer; les peuples les moins instruits pratiquent bien la macération de la semence dans l'eau légèrement chaude, pour la ramollir et la faire lever plus tôt.

L'expérience apprend qu'il ne faut pas faire rapporter plus

de plantes à la terre, qu'elle n'a le pouvoir d'en nourrir, et qu'étant trop rapprochées, elles sont toujours, malgré la bonté du sol, foibles, élancées, languissantes et peu productives : le grand point est donc de semer avec égalité, et dans une proportion relative à la nature du fonds, et à l'espèce convenable à chaque production.

La quantité de semence à employer doit toujours être plus considérable pour les terres maigres et légères, que pour les bons fonds, parce que les grains poussent moins en feuillage et en tiges ; or, ces terres ne se trouveroient point assez couvertes ni ombragées ; disposées d'ailleurs à laisser évaporer aisément l'humidité essentielle à la végétation, le hâle agiroit trop puissamment sur le tuyau et sur les racines, qu'il dessécheroit bien avant l'époque de la maturité.

Il faut donc proportionner la quantité de la semence à la nature du sol sur lequel on la répand ; plus il est propre au blé, moins on doit en employer ; l'augmenter, au contraire, s'il est maigre ; or, en supposant que six à sept boisseaux, mesure de Paris, puissent suffire pour chaque arpent, il sera toujours nécessaire d'en mettre huit à neuf pour les terres médiocres ; mais il faudra rarement excéder cette quantité, attendu que les fonds assez ingrats pour ne rapporter au plus, en grain, que celui qu'on y auroit ensemencé, seroient plus utilement consacrés à d'autres productions qui les amélioreroient et les rendroient insensiblement propres à la culture du blé.

Ce n'est pas que les pratiques locales ne doivent encore régler cette proportion ; car en semant trop clair dans un bon sol, les tiges acquerroient tant de force, de volume et de consistance, que les bestiaux refuseroient d'en manger la paille ; mais dans tout cela, il y a un juste milieu à observer, qu'on ne peut saisir que par sa propre expérience.

Dans la proportion ci-dessus énoncée, il se trouve assez de grains pour fournir aux pertes inévitables occasionées par les accidens, les avaries, les insectes et les autres animaux destructeurs.

Dans un champ semé épais, tous les grains germent et végètent à la fois ; les racines, au lieu de s'étendre, de se ramifier, se rencontrent, s'entrelacent et se nuisent réciproquement : ces faits incontestables, recueillis sur la plante même du blé, d'après la manière dont elle jette ses racines, ont déterminé d'excellens agronomes à développer tous les inconvéniens qu'il y avoit de répandre trop de semence, et à prouver une vérité que la théorie avoue, et qu'une multitude d'expériences ont confirmée ; toutes attestent que les cultivateurs qui sèment communément par arpent un setier de blé de douze boisseaux, mesure de Paris, en sèment un tiers au moins de plus qu'il ne faut, et que cette prévoyance, cette cupidité aveugle, se trouvent trompées à la moisson.

En donnant dans un excès ridicule, à l'égard des semences, on conçoit ordinairement les plus flatteuses espérances dès qu'on aperçoit, pendant l'hiver, un tapis serré de verdure couvrir parfaitement le champ; mais souvent ces espérances s'évanouissent à mesure qu'on approche de la moisson. Que de faits nous pourrions accumuler ici, pour démontrer que la diminution de la semence, par un événement quelconque, a souvent influé sur le succès des récoltes, autant que les faveurs de la saison.

Si les laboureurs qui accusent leur sol d'être peu favorable à la culture, qui se plaignent que la récolte ne répond ni aux peines qu'ils se donnent, ni aux dépenses qu'ils font, peuvent faire taire un instant leurs préjugés; qu'ils arrachent, au mois d'avril, la plante de froment qui occupe le plus de place, qu'ils la comparent ensuite à celle qui en prend le moins dans le même champ, ils verront que le diamètre des racines chevelues de l'une est deux ou trois fois moins considérable que l'autre; ils verront que la semence étant bien préparée et répandue à la distance de quatre à cinq pouces, tous les grains germent, poussent, tallent et épient; tandis que quand la plante se trouve trop serrée, elle est non-seulement plus exposée aux accidens, mais encore infiniment moins productive.

Comme, en agriculture, les essais, les exemples et les encouragemens sont plus puissans que tous les raisonnemens, nous invitons les propriétaires éclairés à faire, dans leurs cantons respectifs, ce qu'ont fait dans le leur d'estimables agronomes. Qu'ils partagent une pièce de terre en trois parties, l'une ensemencée à l'ordinaire, l'autre à un tiers de moins, et la troisième à moitié; les résultats de cette expérience comparative ne laisseront plus subsister aucun doute dans l'esprit des fermiers, en même temps qu'ils les pénétreront de l'utilité d'une pareille méthode, dont voici un simple aperçu.

Toutes les expériences faites à dessein de prouver les inconvéniens qui résultent de la prodigalité dans les semailles, servent en même temps à établir les avantages de la méthode contraire: elle épargne d'abord du grain, et produit encore un très-grand bénéfice à la récolte.

Nous dirons aux cultivateurs: défiez-vous surtout de ces recettes merveilleuses, de ces liqueurs prolifiques, présentées comme des moyens infaillibles pour hâter le développement des grains, fortifier leur végétation, et procurer des récoltes abondantes; sachez que l'agriculture, comme tous les arts, a aussi ses enthousiastes et ses charlatans; enfin, si vous voulez familiariser vos gens avec les maximes fondamentales de l'économie rurale, faites inscrire en gros caractères, dans l'endroit où ils se réunissent pour prendre leur repas : *Connoissance parfaite du sol ; engrais suffisans et appropriés au terrain ; labours profonds et répétés à propos ; préparation des semences et économie dans leur distribution ; semailles précoces et enterrées.*

Pour semer épais, l'ouvrier ralentit son pas, et l'accélère un peu pour semer clair; sa marche doit être uniforme, et sa main ne prendre jamais plus de grains une fois qu'une autre ; s'il changeoit la valeur de ses poignées, il répandroit inégalement la semence.

Quoique le procédé de semer n'ait que l'apparence d'une routine, cependant on peut bien savoir labourer sans savoir semer : comme ce talent ne s'acquiert que par l'usage, il y a toujours dans les grandes fermes un ouvrier auquel est confiée cette opération, à l'exclusion des autres.

Nous ne parlerons ni des semoirs, quoique quelques-uns méritent d'être approuvés, ni des semis du blé au plantoir, quelque avantageux qu'ils soient, parce que les uns et les autres sont très-peu usités.

La profondeur à laquelle il convient d'enterrer la semence dépend, 1.° de la saison où l'on sème, 2.° de la qualité du terrain ; 3.° de la manière dont il aura été cultivé; 4.° du climat où le terrain est situé.

Dans tous les pays et dans toutes les saisons, si les terres sont légères, il faut enfouir la semence à une bonne profondeur.

Les semailles d'hiver doivent être plus couvertes que celles de mars et du printemps, parce que les racines des plantes plus enfoncées en terre, résistent davantage aux rigueurs du froid et aux hâles du printemps.

Pour éviter les inconvéniens dont je viens de parler, dans une terre parfaitement ameublie par les labours, une profondeur de quatre à cinq pouces est suffisante. Lorsque le grain est semé, on passe la herse à diverses reprises ; au reste, pourvu qu'il soit assez recouvert, peu importe la manière, qui varie selon le pays et la qualité du sol.

Les soins qu'on doit prendre d'un terrain ensemencé jusqu'à la moisson, dépendent de sa qualité et de celle de la production : la plupart des grains se cultivent de la même manière; quelques autres exigent presque autant de travail qu'une plante potagère : il faut les biner et les buter.

Lorsque le terrain est situé en pente, aussitôt que le grain est enterré, on doit faire ouvrir de larges sillons pour procurer à l'eau un écoulement lent, employer pour cet effet une charrue à double oreille, c'est-à-dire, qui ait un versoir de chaque côté ; par ce moyen, la terre est parfaitement bien renversée ; le cultivateur qui se dispense de ce soin, sous le prétexte qu'il occasione une perte de terrain, apprendra par l'expérience si cette économie peut tourner à son profit.

Les agronomes sont bien persuadés que rien ne contribue davantage aux progrès de le végétation, que des labours pratiqués à propos pendant l'accroissement des plantes ; il seroit à désirer qu'on pût trouver la manière de faire passer une petite charrue entre les rangées de froment ; ceux-ci deviendroient bien plus vigoureux : en attendant qu'on ait trouvé le moyen de rendre praticable dans tous les terrains, cette excellente méthode déjà usitée dans quelqu'une de nos exploitations, il ne faut pas négliger d'arracher les mauvaises herbes sans porter aucun dommage aux grains.

Les opérations les plus importantes après les labours et les engrais, sont le *hersage* et le *roulage*. La herse déracine, arrache, entraîne les mauvaises herbes, les expose à la chaleur du jour qui les tue ; elle nettoie exactement la terre du chiendent ; elle sert aussi à écraser les mottes, à dresser et à niveler le sol : on donne à l'instrument qui y est destiné différentes formes, grandeurs et solidité.

Divers agronomes ne sont pas assez partisans du hersage pour le répéter après chaque labour ; ils ne s'en servent que quand les mottes de terre sont un obstacle au labourage : mais dans ce cas, il est nécessaire que la herse soit forte et pesante, sans quoi elle voltigeroit sur les mottes, et ne les écraseroit pas; d'ailleurs herser, avant de labourer, entraîne à l'extrémité du champ une infinité de mauvaises herbes qui embarrassent la marche de la charrue.

Lorsque les avoines et les orges se trouvent couvertes de mauvaises herbes quelque temps après qu'elles sont levées, la herse à dents de fer les enlève facilement, parce que leurs racines sont, pour ainsi dire, à la surface. On peut donc établir, comme une vérité démontrée, que dans les temps humides *il faut beaucoup de charrue, et point de herse ;* dans les temps secs, *beaucoup de herse et point de charrue.*

La destination du rouleau a pour but d'écraser les mottes des terres nouvellement ensemencées, de les comprimer, de maintenir dans leur sein les principes fertilisans, en fermant tous les conduits par lesquels ils tendent à s'évaporer.

Après les gelées d'hiver, c'est le cas de herser les *blés*, ou plutôt de passer le rouleau pour affaisser la terre soulevée par l'effet de la pluie, et chausser les racines dont le collet est déraciné ; mais le cultivateur expérimenté a grand soin de ne point s'en servir quand la terre est trop humectée : on en sent assez les raisons, sans qu'il soit nécessaire de les détailler.

Dans tous les terrains où la herse de bois est employée, l'usage du rouleau est indispensable, parce qu'il en resserre les molécules, et empêche la dissipation de l'humidité, sans laquelle la végétation est languissante.

Il est bien étonnant que ces instrumens si utiles, connus et mis en pratique dans les Gaules il y a tant de siecles, ne le soient pas dans la plupart de nos cantons.

Il faut remonter jusqu'aux semailles pour saisir les causes qui rendent souvent les blés sales et d'une garde difficile ; il y a encore d'autres soins à employer, qui, négligés pendant le cours de la végétation, peuvent nuire aux produits et à la qualité des récoltes.

Le *blé* de semence renouvelé, choisi, parfaitement nettoyé et bien préparé, ne sauroit empêcher que les engrais, les vents et d'autres causes, ne rassemblent souvent dans les champs des graines étrangères qui croissent en même temps que le *blé*, aux dépens duquel elles végètent, se multiplient pour long-temps, si on leur laisse parcourir le cercle de leur développement : c'est ce qui détermine cette opération qu'on nomme le *sarclage*. Ici il a lieu pour toutes les productions, tandis qu'ailleurs on n'en sarcle aucune. Cette négligence est révoltante : il faudroit être plus persuadé qu'on ne l'est communément de l'importance du sarclage, et combien il est essentiel de ne point négliger une aussi utile opération, puisque les plantes qui occupent la place du bon grain, affament et étouffent celui qui est en végétation, et partagent en pure perte sa subsistance.

Outre cet inconvénient, les semences qu'elles produisent ne peuvent être aisément séparées par le van et par le crible, quand leur forme est analogue à celle du blé ; en sorte que, quoiqu'elles ne soient pas sensiblement de qualité nuisible, elles contribuent à rendre les *fromens* moins beaux, et d'un débit difficile, à moins qu'on ne les vende au-dessous du prix commun : ces semences étrangères préjudicient encore à la bonté de l'aliment qu'on en prépare. L'intéret public et l'intérêt particulier réclament donc contre cette négligence.

L'opération du *sarclage* s'exécute de deux manières, ou à la main, ou en se servant d'une petite pioche ; mais la première est préférable, parce qu'elle ne déchausse pas autant le blé, et que la plante arrachée exactement avec ses racines, n'est plus exposée à repousser ; il s'agit seulement de choisir un temps plus humide que sec, et surtout de commencer dès le matin, parce qu'alors la terre est humectée de rosée.

Une seconde opération pareille est quelquefois nécessaire, quand surtout on veut nettoyer parfaitement les fromens; car, au premier sarclage, il est difficile de ne pas confondre les tiges du *seigle*, de l'*avoine* et de l'*orge*, avec celles du *froment;* il faut donc attendre qu'il soit monté en épis; on n'emploie à ce *second sarclage*, que de petits garçons qui traînent leur pied d'un endroit à l'autre, pour ne pas casser les tiges; on leur apprend à connoître les épis cariés, qui s'enlèvent en même temps.

Mais quand la terre est purgée du chiendent et des autres herbes qui font la loi au grain par la profondeur de leurs racines et la vigueur de leurs tiges; qu'on a eu soin de n'ensemencer que des *blés* nets, bien séparés, espacés et enterrés convenablement, on est dispensé d'un second *sarclage*, et les champs, malgré leur étendue, sont aussi exempts qu'il est possible, de mauvaises herbes; souvent le seigle est employé pour les désinfecter, parce que ce grain tallant plus tôt, le tuyau s'élève, et l'épi sort du fourreau de bonne heure; il subjugue les plantes inutiles, les empêche de monter en graine, et par conséquent de se perpétuer.

S'il est étonnant que les meilleures méthodes ne soient pas suivies dans tous les pays, pour semer, cultiver et récolter, il l'est bien davantage que ces méthodes ne soient pas réciproquement connues; chaque canton a la sienne; et souvent dans le cercle de quelques lieues, les usages ne se ressemblent point.

C'est ici que commence la jouissance du cultivateur; la moisson est indiquée par la couleur de la paille et de l'épi, par la consistance du grain: il ne faut cependant pas attendre qu'il soit durci dans son enveloppe; car, si la journée étoit chaude, on courroit les risques d'en perdre une grande partie.

Le fermier prévoyant n'attend point à être à la veille de la moisson pour disposer tout ce que demande cette grande opération des champs; il arrête le nombre d'ouvriers proportionnés à la récolte, afin qu'elle puisse se faire dans le moins de temps possible.

Dans les cantons méridionaux, où l'on bat la récolte aussitôt qu'elle est levée, il faut de bonne heure s'occuper de préparer l'aire qui y est destinée. La grange où l'on renferme la plupart des gerbes, doit être aussi l'objet de quelques précautions; il est nécessaire de boucher les trous, toutes les cavités qui donnent retraite aux rats, aux mulots, etc. Les voitures destinées au transport doivent également être prêtes et en bon état, afin que le service ne soit en aucun temps interrompu.

La manière de lever la récolte varie suivant le canton; dans l'un on travaille à la journée, et tous les ouvriers sont soumis à un chef choisi parmi eux; dans l'autre on donne à prix fait, et ce prix diffère encore; ici, on paye tant par mesure de blé semé, et les moissonneurs sont obligés d'abattre le *froment*, de le rassembler en gerbes et de les lier; cette dernière opération est l'ouvrage des femmes qui suivent les coupeurs.

Là, les coupeurs en nombre fixé, font un traité avec le propriétaire ou le fermier, d'abattre la moisson, de la monter en gerbier, moyennant deux, trois ou quatre mesures de grain sur vingt. C'est cette dernière méthode qui paroît préférable, parce qu'il est de l'intérêt de l'ouvrier: 1.º de bien moissonner; 2.º de bien lier les gerbes; 3.º de les retourner à propos sur le champ; de les monter en gerbier, de manière que les *blés* ne soient pas pénétrés par la pluie; 5.º de les battre et vanner convenablement: enfin, le maître ne peut pas perdre par leur faute, sans qu'une partie de la perte ne retombe sur eux, et il résulte pour tous un bien de cet intérêt réciproque.

La plus mauvaise de toutes les méthodes, est de nourrir et de payer à la journée; les ouvriers ne sont jamais contens de la nourriture, boivent beaucoup, travaillent peu, puisqu'il est de leur intérêt que l'ouvrage soit de longue durée, et pour peu qu'il survienne du mauvais temps, ils ne vont pas à l'ouvrage, la gerbe pourrit sur le champ, et la récolte en souffre.

Si le prix fait du moissonnage est en argent, si celui du battage, vannage, l'est aussi, qu'arrive-t-il? Pour moins se courber et hâter le travail, l'ouvrier coupe la paille à plus d'un pied au-dessus de la terre, en donnant à son bras toute son étendue, et le ramenant en demi-cercle; il embrasse avec la main gauche la plus grande quantité possible de paille serrée par cette main, donne son coup de faucille sans aucune attention; il reste beaucoup de tiges couchées; un grand nombre d'épis cassés au haut des tiges, par le contre-coup, tombent; la paille coupée est mal étendue sur la terre; la lieuse la ramasse à la hâte; l'on perd souvent un cinquième ou un sixième de sa récolte.

Quant au *battage* et au *criblage*, il importe peu à ces ouvriers que le grain reste dans l'épi, que le blé soit net; ils n'en sont pas moins payés, et c'est tout ce qu'ils demandent.

J'insiste sur ces objets, parce que Rozier voulant se convaincre de la méthode la plus avantageuse au propriétaire, il les a toutes éprouvées, et il assure que la meilleure est de payer en blé ou en argent, en fixant le salaire sur la mesure;

dans ce cas, l'ouvrier et le propriétaire ne sauroient être trompés.

Cette pratique, adoptée par le Columelle français, est devenue la règle de conduite de beaucoup de fermiers, qui payent toujours bien, mais qui ne veulent jamais être dupes. Les moissonneurs sont à leurs yeux des êtres intéressans; jamais salaire n'est plus justement mérité, ni argent mieux gagné; n'est-ce pas, d'ailleurs, une justice que la moisson soit aussi un temps de récolte pour les ouvriers qui y sont employés?

Les outils destinés à couper les grains varient dans leur forme suivant les cantons; mais il paroît que la *faux* proprement dite, armée de playons, est l'instrument le plus expéditif, celui qui couche, arrange, étend le mieux les tiges sur le sol, qui égrène le moins l'épi, coupe les pailles le plus près qu'il est possible, et ne fatigue pas autant que la faucille: le scieur donne une secousse assez forte à la poignée des tiges qu'il saisit, et en la retirant, pour peu que ces tiges soient mêlées, il fait tomber beaucoup de grains.

La moisson est encore beaucoup plus prompte, et moins dispendieuse par la *faux* que par la *faucille;* six faucheurs abattent plus de *blés* en quinze jours avec la *faux*, que les moissonneurs n'en coupent en un mois avec la *faucille:* on sent que moins la récolte est abondante, plus le cultivateur a intérêt d'en diminuer les frais.

Les reproches dirigés contre la faux, ne sont fondés que sur l'ignorance de son meilleur emploi et sur l'intérêt particulier; mais parmi les *faux* dont on se sert, celle nommée dans la Belgique *piquet*, mérite la préférence.

Dans les années pluvieuses, la récolte est perdue, si, pour la faire, on ne profite du peu d'instans où le soleil peut se montrer pour la sécher; la *faux* peut seule procurer cette célérité: il seroit impossible d'avoir une assez grande quantité de moissonneurs pour y suppléer avec la *faucille*, et quand la *faux* occasioneroit quelque dispersion de grains, ne vaut-il pas infiniment mieux éprouver une diminution sur la quantité, que la perte totale de la moisson?

Lorsque la paille est basse, l'intérêt le plus naturel et le plus pressant est d'en perdre le moins possible; or la *faux*, approchant la terre de plus près, fournit de plus que la *faucille* un tiers de paille, que le cultivateur emploie à la nourriture de ses bestiaux et à l'engrais de ses terres, qui rendant ordinairement à proportion des sacrifices que l'on fait, lui rapportent au centuple l'année suivante cet excédent d'engrais qu'il lui a donné.

Enfin, quand le *blé* est rare et foible, il est presque toujours mêlé de beaucoup d'herbes. Avec la *faucille*, on ne peut couper le *blé* qu'au-dessus de la hauteur des herbes étrangères, et tandis qu'elles sont perdues pour le cultivateur avec la paille qui les environne, elles restent sur la terre qu'elles détériorent et qu'elles démeublent en se multipliant ; la *faux* rasant la terre de près, coupe toutes ces herbes qui augmentent la nourriture des bestiaux, et les empêche d'occuper inutilement la terre sur laquelle elles se seroient reproduites en renaissant, malgré tous les soins et les travaux du laboureur.

Il y a de deux sortes de *meules :* celles que l'on forme sur le champ même pour être enlevées avant l'hiver, et celles autour de la maison pour n'être démolies qu'au temps du battage.

Dès que le *blé* est coupé et réuni en gerbes, on les laisse sur le champ plus ou moins long-temps, afin qu'elles perdent leur humidité superflue, humidité qui devient dangereuse, soit que l'on forme et amoncelle les gerbes dans la grange, ou qu'on les monte en meules; cette humidité fait alors fermenter le grain et l'échauffe ; souvent même il germe et moisit.

Il y a encore des circonstances autres que les soins des labours, des engrais et des semailles, qui peuvent amener des disettes ; ce sont les coutumes plus ou moins vicieuses de procéder à la moisson, et l'oubli des moyens indiqués pour conserver aux grains toute leur qualité. Parvenues sans accident au point de maturité convenable, les productions de la terre sont encore exposées à devenir le jouet des élémens ; les pluies continuelles qui précèdent et accompagnent les moissons, peuvent diminuer les avantages sous lesquels elles s'annonçoient d'abord.

Le glanage est l'aumone de l'agriculture ; il n'étoit accordé autrefois qu'aux pauvres et aux infirmes ; mais à présent toutes sortes de mains y prétendent : dès que la récolte est ouverte, une grande partie des habitans des petites communes, de tout âge, de tout sexe, quittent leur profession pour courir les campagnes, et des bandes de glaneurs se répandent dans les champs, inquiètent et fatiguent les cultivateurs ; souvent même, pendant leur absence, ils pillent les gerbes, ce qui augmente la rareté des ouvriers qui, d'un autre côté, laissent par complaisance des épis pour favoriser les glaneurs.

Cette circonstance empêche, dans certains cantons, que le fermier ne recueille paisiblement le fruit de ses récoltes ; il seroit à désirer qu'il fût fait une défense expresse à tout citoyen, ayant un métier ou une propriété quelconque, de jamais glaner, à moins qu'on ne trouvât plus sage d'interdire le glanage ; car il est immoral, ne favorise que la paresse, les vols, le pillage ; il ôte enfin des bras à l'agriculture.

Le blé à la grange ne diffère de celui en meules, qu'en ce que l'un est abrité par un toit, et l'autre par une couche de paille ; que le premier est plus sous la main du propriétaire, tandis que le second demande une plus grande surveillance : au reste, il est prouvé que, dans l'un et l'autre cas, le grain, quelle que soit sa qualité, s'améliore encore dans la gerbe, et acquiert le dernier degré de la maturité.

Chaque grain, il est vrai, se trouve comme isolé, recouvert d'une matière sèche et lisse qui le préserve de l'action de la chaleur, le tient dans l'état froid, et rend insensible l'évaporation de son humidité ; en sorte que, par ce moyen, le *blé* ne perd presque point de sa couleur et de son poids ; qu'il possède long-temps la faculté germinative et le goût de fruit qui caractérise sa nouveauté, avantage qui se perpétue dans le pain qu'on en prépare : on peut même comparer le grain gardé dans cet état, à l'amande renfermée dans sa coque.

Sans vouloir examiner à fond si la méthode adoptée dans les cantons méridionaux, de séparer le grain de l'épi par le moyen du pied des animaux ; mérite la préférence sur celle de le battre au fléau, il paroît que, par la première méthode, on laisse plus de grains dans l'épi, que la paille perd une partie de sa valeur, et que dans tous les endroits où les grains sont également secs et recueillis à peu près à la même époque, il seroit plus économique de substituer le fléau.

Le dépiquage des grains, au moyen du pied des animaux, malgré les avantages d'expédier à la fois, et sans beaucoup de soins, la totalité de la moisson. n'est nullement capable de dédommager des sacrifices qu'il faut nécessairement faire : on sait d'ailleurs qu'il existe des machines pour l'opérer promptement; mais alors l'humidité végétative renfermée dans le tuyau qui continue d'agir dans le grain, n'a pas le temps de se combiner avec ses autres principes, et de lui procurer le dernier degré de maturité, à peu près comme il arrive à certains fruits qui achèvent de mûrir après qu'ils ont été cueillis, surtout lorsqu'on leur a conservé un peu de la tige à laquelle ils appartenoient.

Lorsque les gerbes sont battues, le grain est encore mêlé et confondu avec les balles, la poussière, et des parcelles de paille ; il devient donc nécessaire de les séparer au moyen d'un *van*, l'un des plus anciens instrumens de l'agriculture, afin de débarrasser l'aire et de continuer successivement jusqu'à ce que la totalité du grain soit battue.

Le défaut de sarclage, l'habitude de battre sur des aires malpropres, admettent nécessairement dans les grains des matières étrangères que l'oubli des précautions, lors des semailles, augmente encore ; il faut donc, si on veut avoir des blés propres et sans mélange, imiter la pratique de ceux qui multiplient les cribles, dont la construction joint à l'avantage de rafraîchir le grain, celui de l'écurer et de le nettoyer parfaitement : pour bien cribler, il ne faut pas expédier trop de *blé* à la fois; six cents livres environ suffisent par heure, et un jeune homme peut aisément faire tourner ce crible au moyen d'une manivelle.

Comme il importe peu à l'ouvrier, chargé du criblage, que le blé soit parfaitement nettoyé, parce qu'il n'en reçoit pas moins son salaire, on a encore observé qu'il étoit essentiel que la partie du bout du crible servant à mouvoir l'auget, fasse beaucoup de bruit, afin que, d'une part, le grain soit tamisé avec plus de facilité, et que de l'autre, l'homme employé à ce service, ne puisse jamais en imposer sur l'activité et la continuité de son travail.

Les pailles de *froment*, d'*orge* et d'*avoine*, sont la base de la nourriture des animaux d'une métairie, et par conséquent l'objet des soins du fermier, qui ne doit rien négliger pour les conserver dans la meilleure qualité sous des hangards, en meules élevées et construites à la manière des gerbiers.

Rien de plus important que de préserver les pailles de l'accès de l'humidité. Celles qui ont été mouillées ou versées sur le champ, ne méritent pas d'être conservées comme aliment des bestiaux ; elle leur deviendroient très-funestes, et communiqueroient une mauvaise odeur à celles qui seroient saines et qu'on mélangeroit avec elles.

La paille des *blés mouchetés*, quoique entièrement consommée sous les animaux auxquels elle a servi de litière, ne doit jamais être employée à l'engrais des terres destinées aux fromens, parce qu'elle pourroit leur communiquer la *carie*, maladie particulière au froment, qui n'est point contagieuse pour les autres grains. Il seroit à souhaiter qu'on pût interdire l'usage où l'on est, dans les villes, de brûler la paille des lits, sous le prétexte qu'elle peut propager quelques maladies, et qu'on la fît servir de litière aux bestiaux, plutôt que de la condamner aux flammes dans des rues très-peuplées ; plusieurs grands incendies n'ont pas eu d'autre cause.

Après le battage, le vannage et le criblage du blé, viennent les moyens de le conserver ; la méthode la plus efficace employée dans ce cas, c'est l'air et le feu. On a déjà dit, au mot BLÉ, que la moins coûteuse et la plus simple, consistoit à le mettre en sacs isolés ; que non-seulement elle étoit applicable à toutes les graminées, mais encore aux semences légumineuses. *Voy.* pour le développement de cette méthode, au mot FARINE. (PARM.)

FROMENT-BARBU. C'est l'orge à large épi (*hordeum zeocritum*) appelée encore *riz d'Allemagne.* (LN.)

FROMENT DE VACHE. C'est le MELAMPYRE DES CHAMPS. (LN.)

FROMENT DES INDES. *V.* MAÏS. (LN.)

FROMENTAL. *V.* au mot AVOINE. (B.)

FROMENTEAU. Excellente sorte de RAISIN de la Champagne. Ce raisin est d'un gris-rouge, à grappe grosse et serrée. Les grains ont la peau dure et un goût exquis. (LN.)

FROMENTEL et FAUX FROMENT. Espèce d'AVOINE. *V.* ce mot. (LN.)

FRONCHE. *V.* FIGUIER A FEUILLES PERCÉES. (LN.)

FRONDES. On a donné ce nom aux feuilles des FOUGÈRES et aux expansions des HÉPATIQUES qui ne sont pas en rapport d'organisation avec les véritables FEUILLES. *V.* ce mot. (B.)

FRONDICULINE, *Frondiculina.* Nom donné par Lamarck au genre appelé ADÉONE par Lamouroux. (B.)

FRONDIFLORE. *V.* PHYLLANTHUS. (LN.)

FRONDIPORE. Nom anciennement donné aux MILLÉPORES FEUILLÉS, dont on voit distinctement les pores. (B.)

FRONT, *Frons.* C'est le nom que l'on donne à la partie antérieure et supérieure de la tête des insectes, qui se trouve au-dessus de la bouche, entre les yeux et les antennes. Il donne naissance à la lèvre supérieure, et est armé de cornes dans quelques coléoptères. Sa partie antérieure a reçu le nom de *chaperon* dans les scarabés. (O.)

FRONTIROSTRES ou RHINOSTOMES. Nom donné par M. Duméril à une famille d'insectes, de l'ordre des hémiptères, et qui a pour caractères : élytres demi-coriaces ; bec paroissant naître du front ; antennes longues, non en scie ; tarses propres à marcher. Elle comprend les genres : PENTATOME, SCUTELLAIRE, CORÉE, ACANTHIE, LYGÉE, GERRE et PODICÈRE. Cette famille réunie à celle qu'il nomme SANGUISUGES ou ZOADELGES, embrasse notre famille des GÉOCORISES. *V.* ce mot. (L.)

FROSONE. Nom du GROS-BEC dans Olina. (V.)

FROUER (*chasse*). C'est contrefaire, avec une feuille de lierre, les cris des geais, des pies, des merles, des grives et de différens petits oiseaux, pour les engager à s'approcher des piéges qu'on leur tend. (V.)

FRUAR. C'est, en Danemarck, l'un des noms du NÉNUPHAR BLANC (*nymphæa alba*). (LN.)

FRUCHBLUMACHEN. Un des noms allemands de la Paquerette, *Bellis perennis*, L. (ln.)

FRUCTIFICATION. Ce mot se prend toujours dans un sens collectif, et comprend non-seulement l'œuvre de la fécondation du germe et de la *maturification* du fruit, mais même l'assemblage de tous les organes destinés à cette opération. Ces organes se trouvent réunis dans la fleur et le fruit; on peut les réduire à sept principaux, savoir : le calice, la corolle, l'étamine, le pistil, le péricarpe, la graine et le réceptacle. Ce sont ces parties qui, dans les plantes, concourent plus ou moins à la reproduction de toutes les espèces. Les autres parties des végétaux, telles que les racines, les tiges, les feuilles, sont spécialement destinées à entretenir et à prolonger la vie des individus. (d.)

FRUCTUS. Fruit en latin. Les botanistes anciens ont décrit sous ce nom, quelques fruits dont ils ne connoissoient point les plantes qui les produisaient; ainsi le

Fructus 5-angulus de Petiver, gaz. t. 37, f. 8, paroît être une espèce du genre *cacoucier* d'Aublet.

Fructus oblongus de Rai, 1800, est peut-être l'*achras mammosa?* Linn.

Fructus orbicularis major de Bauhin est le *strychnos colubrina*. *V*. Vomiquier.

Fructus regis de Rumph., Amb. t. 7, f. 17, est l'*helicteres isora*, Linn.

Le Nelumbo est le *fructus elegans* de plusieurs anciens auteurs; le Sablier, le *fructus crepitans*, etc., et le Zalacca (*calamus zalacca*) le *fructus Baly insulæ*, etc. (ln.)

FRUGILEGA, en latin, le Freux. *V*. ce mot.

FRUGIVORES. Ce sont les animaux qui se nourrissent de fruits. (s.)

FRUGIVORES, *Frugivori*. Famille de l'ordre des oiseaux Sylvains et de la tribu de Zygodactyles. (*V*. ces mots.) *Caractères*: pieds courts ou médiocres; tarses annelés, nus; doigts antérieurs unis à la base par une membrane; l'externe le plus souvent dirigé en devant; bec court, un peu épais, robuste, dentelé, fléchi à la pointe; queue composée de dix pennes. Cette famille est composée des genres Musophage et Touraco. *V*. ces mots. (v.)

FRUIT, *Fructus*. Dernier terme, en quelque sorte, de la végétation annuelle; but et fin bienfaisante que s'est proposé l'auteur de toutes choses en créant cette multiplicité de végétaux, dont les fruits sont si précieux pour l'homme ou pour cette innombrable variété d'animaux, qui d'un côté en font une de leurs principales nourritures, et qui, d'un autre côté, leur offrent des secours de plusieurs genres et des soulagemens à leurs maux.

Dans l'acception commune du mot *fruit*, le vulgaire n'entend que les fruits charnus ou qui servent à sa nourriture, tels que les *poires*, les *pommes*, les *figues*, les *cerises*, les *fraises*, les *melons*, etc. Le botaniste et le savant lui donnent une plus grande extension : ils comprennent, sous cette dénomination générale, le résultat parfait de toute fleur complète, dont l'ovaire ou les ovaires produisent un fruit quelconque ; ainsi le *blé*, le *seigle*, l'*orge*, l'*avoine*, le *chènevis* dans lesquels le vulgaire ne voit qu'une graine, sont des fruits complets. *V.* Plante, Ovaire, Péricarpe, Graine.

Antérieurement au XVI.e siècle, les botanistes ont eu très-peu d'égard au fruit, dans les diverses méthodes ou systèmes qu'ils ont publiés sur les plantes. Ce n'est que vers la fin de ce siècle, en 1576, que Lécluse, dans deux classes seulement, a rangé quelques plantes étrangères d'après la forme des fruits.

Vers le même temps à peu près, Césalpin, en distribuant dans quinze classes les huit cent quarante plantes connues alors, en a formé quatorze d'après la considération du fruit et des graines. Ce botaniste est, à proprement parler, le premier qui a fait usage de cette partie importante des végétaux pour les classer et les distribuer dans un ordre méthodique. Les savans qui, depuis cette époque, et à partir seulement de C. Bauhin, ont eu égard au fruit, n'en ont fait l'application que dans un petit nombre de familles. La méthode naturelle, dont on s'occupe essentiellement depuis quelques années, a surtout fait sentir l'importance du fruit. Il étoit réservé au célèbre Gærtner, vers la fin du XVIII.e siècle (1788), d'imaginer un système complet de carpologie, c'est-à-dire, une méthode dans laquelle les plantes fussent classées d'après leurs fruits. Mais ce savant botaniste s'est moins arrêté à la forme extérieure, à la contexture et à la qualité de la substance, qu'à l'organisation intérieure, à l'arrangement, au nombre des graines, à la composition intérieure de ces dernières, etc. ; quoi qu'il en soit, cet ouvrage mémorable de Gærtner sera toujours un des plus précieux en botanique.

Linnæus reconnoissoit sept sortes de fruits ; savoir : la *capsule*, la *silique*, le *légume*, le *drupe*, la *pomme*, la *baie* et le *strobile*. Ce nombre ne concernoit que les plantes Phanérogames. On n'avoit pas acquis jusqu'alors sur les Æthéogames (Cryptogames, Linn.), les connoissances qu'ont obtenues depuis des observateurs laborieux et persévérans. On n'avoit que des idées très-imparfaites sur la fructification des *algues*, des *champignons*, des *lichens*, des *mousses*, etc., ainsi que sur les organes qui servent à leur régénération : quoique ce mystère ne soit pas encore complétement éclairci aujourd'hui, néanmoins on a donné des noms différens aux organes ultérieurement observés, et le nombre de ces nouveaux noms surpasse trois fois celui qu'on avoit employé pour les plantes phanérogames.

M. le D. Sprengel, dans une nouvelle édition du *Philosophia botanica* de Linn., rapporte ces différens noms, et il en donne l'explication. Nous allons faire connoître à nos lecteurs, par différens paragraphes, la manière dont plusieurs botanistes ont divisé les fruits.

§ I. — *Classification des fruits par Linnœus.*

Linnæus distingue sept sortes de fruits avec péricarpe, dans les plantes phanérogames.

I. La Capsule, *Capsula*. Fruit sec, s'ouvrant d'une manière déterminée.

On distingue dans cette sorte de fruit : 1.° les valves ou les divisions extérieures des fruits ouverts; 2.° les cloisons qui séparent l'intérieur en deux ou plusieurs loges ; 3.° la columelle, axe central formant la réunion de l'intérieur des valves ; 4.° les loges ou vides intérieurs où sont placées les graines.

II. La Silique, *Siliqua*. Péricarpe bivalve; valves séparées par une cloison membraneuse, à laquelle les graines sont attachées.

Cette sorte de péricarpe se divise en *silique* lorsqu'il est plus long que large, et en *silicule* quand il est plus large que long.

III. Légume ou Gousse, *Legumen*. Péricarpe à deux valves non séparées par une cloison membraneuse, et sur lesquelles les graines sont attachées alternativement.

On distingue la gousse lomentée (*lomentum*) lorsqu'elle est articulée assez fortement pour former comme autant de loges distinctes. (Les *sophora*, etc.)

IV. Le Drupe, *Drupa*. Péricarpe indéhiscent, charnu, recouvrant un noyau plus ou moins ligneux, dans lequel l'amande est renfermée.

V. La Pomme, *Poma*. Péricarpe charnu, indéhiscent, entourant des semences renfermées dans des enveloppes particulières. (Les fruits à pepins.)

VI. La Baie, *Bacca*. Péricarpe mou, indéhiscent, dans lequel les graines sont régulièrement disposées et nues. Moënch distingue deux sortes de baies : la *vraie baie* qui n'a point de loges, et dont les graines sont sans ordre ; la *fausse baie* qui a des loges et des graines rangées symétriquement.

VII. Le STROBILE, *Strobilus*, ou CÔNE, *Conus.* Péricarpe en forme de chaton, composé d'un assemblage d'écailles, contenant chacune une graine ou des graines imbriquées.

§ II. — *Classification des fruits par Sprengel.*

A ces sept sortes de fruits, M. Sprengel en ajoute trois autres, et six applicables aux Æthéogames.

I. Le GALBULE, *Galbulus.* Nom donné d'abord par Varron et adopté par Gærtner, à un péricarpe subéreux, ovale, composé d'écailles peltées, striées en forme de rayons, portant plusieurs graines à leur extrémité : le *cyprès.* Quelques botanistes désignent mal à propos cette sorte de fruit par le nom de noix, *nux.*

II. La SAMARE, *Samara.* Nom donné par Gærtner aux péricarpes indéhiscens, membraneux, comprimés, en forme d'ailes, et chargés d'un appendice sur les bords, à une ou deux loges : l'*orme.*

III. L'UTRICULE, *Utriculus.* Péricarpe membraneux, contenant une semence libre de tous les côtés. Le mot *utricule* étant employé en botanique dans plusieurs autres circonstances, il seroit plus convenable d'adopter celui proposé par M. Link : *Cystidium.*

IV. APOTHÉCION, *Apothecium.* Nom donné par Acharius, à un organe particulier aux lichens, et qui paroît être le réceptacle des organes reproductifs.

On distingue dix sortes d'apothécion, auxquelles on a donné un nom particulier ; savoir :

1. La *Lirelle* (*Lirella*). Nom donné au réceptacle sessile, linéaire, plus ou moins flexueux, quelquefois divisé en étoile, et fendu longitudinalement. Les *opégraphes* et les *graphis*, Ach.

2. La *Patelle* (*Patella*). Réceptacle des lécidés, genre de lichen; il est plane, ayant un rebord distinct du thallus.

3. Le *Bouclier* (*Pelta*). On nomme ainsi la fructification mince, large, aplatie et sans rebord de quelques lichens, dont Acharius a formé son genre PELTIDÉE, *peltidea*, que dans ses premiers ouvrages il nommoit *peltigère*; tel est le *lichen caninus*, Linn.

4. L'*Orbille* (*Orbilla*). Réceptacle du genre USNÉE, *usnea*, Ach., ordinairement orbiculaire, radié, c'est-à-dire, entouré à ses bords de fibrilles, formé entièrement par le thallus, et de la même couleur. Exempl. *Lichen floridus*, Linn. M. Decandolle applique ce nom au réceptacle des parmelies qui diffère cependant beaucoup, 1.° parce que l'extérieur seul est une continuité du thallus; 2.° que l'intérieur est

ordinairement d'un brun rougeâtre, et d'une couleur différente de celle du thallus.

5. La *Girome* (*Trica*). Réceptacle plus ou moins orbiculaire, quelquefois plane à la superficie, chargé de stries et de rugosités en forme de rides. Exemple : le *gyrophora*, Ach. Link donne le nom de gyroma à l'anneau élastique qui entoure la fructification des fougères.

6. *Céphalode* (*Cephalodium*). Réceptacle orbiculaire, dont le rebord disparoît dans la convexité.

7. *Pilidion* (*Pilidium*). Réceptacle hémisphérique, dont la surface extérieure finit par se réduire en poussière. Exemple : le genre *calycium*, Ach.

8. *Cistule* (*Cistula*). Réceptacle fermé d'abord, formé par le *thallus*, et contenant une poussière. Exemple : les *sphærophores*, Ach.

9. *Thalamion* (*Thalamium*). Péricarpe sphéroïde, incrusté dans le *thallus* : les *endocarpes*, Ach.

V. L'Urne des mousses, *Theca*, *pyxis*. Elle se compose extérieurement de cinq parties : la *coiffe*, l'*opercule*, l'*anneau*, le *péristome* simple ou double, et l'*apophyse*. M. Sprengel oublie la gaîne, le périchèse et les parties intérieures de cet organe. *V*. Mousses.

VI. Péridion, *Peridium*. Nom donné par M. le docteur Persoon aux champignons gastéromyces, dont le corps est rempli d'une matière pulvérulente.

VII. Hymenion, *Hymenium*. Nom appliqué par M. Persoon à une membrane particulière, où sont contenus les organes reproductifs des champignons : tels sont les feuillets ou lames des *agarics*, les rides des *mérules*, les pores ou tuyaux des *bolets*, les pointes des *hydnes* et les papilles des *théléphores*.

VIII. L'Utricule fertile, *Utriculus matricalis*. On nomme *utricules fertiles* des cloisons pleines d'une substance pulvérulente : les *conferves*.

IX. Le Spermatocystidion, *Spermatocystidium*. Ce nom, donné d'abord par Hedwig à l'anthère des végétaux, est appliqué, par M. Sprengel, aux utricules transparentes et oblongues, incrustées dans l'épiderme des pezizes, clavaires, etc., et aux tubercules des sphæries et des thélotrematés.

§ III. — *Classification des fruits par M. Decandolle, dans sa théorie élémentaire.*

M. Decandolle, en rappelant la plupart des dénominations ci-dessus et celles proposées par M. Richard, en indique plusieurs autres.

D'abord, il distingue trois sortes de fruits :

1. Les *simples*, ou ceux qui proviennent d'un seul ovaire ; telles sont la *cerise*, la *prune*, etc.

2. Les *multiples*, ceux qui résultent de plusieurs ovaires contenus dans la même fleur : par exemple, les *fraises*, les *framboises*, les *renoncules*, etc.

3. Les *agrégés*, ceux qui se composent de plusieurs fruits portés sur un même réceptacle, et provenant de plusieurs fleurs : la *mûre*, etc.

Plus, les organes de la fructification des plantes æthéogames.

Fruits simples.

Parmi les fruits simples, il distingue les fruits *pseudospermes*, *gynobasiques*, *charnus* et *capsulaires*.

Les fruits Pseudospermes (quelques graines nues des anciens auteurs) sont de huit sortes.

1. Le *Cariopse*, Rich. (*Cariopsis*). Fruit indéhiscent, unisperme, dont le péricarpe adhère fortement avec les tégumens propres de la graine. Le fruit des graminées est un cariopse.

2. L*achène* (*Achena*, Neck. ; *Achenium*, Rich. ; *Acenium*, Link). Fruit monosperme dont le péricarpe adhère plus ou moins intimement avec l'enveloppe propre de la graine et avec le tube du calice ; telles sont les composées.

Quelques botanistes donnent à cette sorte de fruit, des acceptions différentes. *Voyez* ci-après ce même mot défini par M. Desvaux. M. Decandolle paroît adapter plus particulièrement ce mot à la famille des plantes composées. Il en distingue de deux sortes.

a. L'Achène nue, lorsque son sommet ne se prolonge ni en membranes, ni en poils.

b. L'Achène aigrettée, lorsqu'elle est terminée par un sommet saillant, dont on distingue six sortes, savoir :

α. L'Achène bordante, lorsqu'elle ne présente qu'un léger bord membraneux.

β. L'Achène membraneuse, lorsque le bord membraneux est très-prononcé.

Ces sortes d'achènes, dont le caractère essentiel est le même et ne dépend que d'un prolongement plus ou moins grand, pourroient être réunies.

γ. L'Achène écailleuse, lorsqu'elle paroît composée de petites écailles.

δ. L'Achène capillaire (*Pilaris*, Link), lorsqu'elle est formée de poils simples.

ε. L'Achène plumeuse, lorsque les poils sont divisés dans toute leur longueur.

v. L'Achène rameuse, lorsque les poils se ramifient irrégulièrement.

3. La *Polachène*, Rich. Fruit composé de deux ou plusieurs loges soudées et renfermées dans le calice, se séparant longitudinalement à leur maturité : les *araliées* et les *ombellifères*.

4. L'*Utricule*, Gærtn. (*Cystidium*, Link). *Voyez* ci-avant, au même mot adopté par Sprengel, § II, n.° III.

5. La *Scléranthe*, Moënch. Fruit composé de la graine soudée avec la base du périgone (*corolle*), endurcie et persistante : les *belles-de-nuit*.

6. La *Samare*, Gærtn. Fruit indéhiscent, contenant un petit nombre de graines, membraneux, souvent prolongé sur les bords, en aile ou appendice uni ou biloculaire : l'*orme*, l'*érable*, etc.

7. Le *Gland*. Fruit presque charnu, uniloculaire, unisperme, dont le péricarpe adhère à la graine ; enchâssé et articulé par sa base à une coupe coriace nommée cupule, et formée par les écailles de l'involucre : le *chêne*, etc. Cette sorte de fruit est appelée Noix par quelques botanistes.

8. La *Noisette*. Fruit à enveloppe osseuse, uniloculaire, unisperme, indéhiscent, sans péricarpe distinct et souvent enchâssé dans un involucre : le *noisetier*. Quelques botanistes le confondent avec la noix.

Les fruits Gynobasiques, indéhiscens, dont les loges écartées les unes des autres paroissent être autant de fruits séparés. M. Decandolle en distingue de deux sortes.

9. Le *Sarcobase*. Gynobase grand, charnu, composé de cinq loges ou plus, toujours distinctes les unes des autres : les *ochnacées*, les *simaroubées*, le *castela*.

10. Le *Microbase*. Gynobase petit, peu charnu, quadriloculaire : loges peu distinctes lors de la fleuraison : les *labiées*, les *borraginées*.

Les fruits Charnus ont le sarcocarpe (*V*. ce mot) mou, pulpeux ou charnu. Ils sont indéhiscens, et contiennent un petit nombre de graines. On en distingue de sept sortes; savoir :

11. Le *Drupe*, mou, succulent, renfermant un noyau uniloculaire, à paroi osseuse ou ligneuse: la *cerise*, l'*abricot*, etc.

12. La *Noix* (*nux*). Noyau entouré d'un sarcocarpe charnu, ferme et presque coriace, en quoi il diffère du drupe proprement dit : le *noyer*, l'*amandier*.

Nous avons vu, à Saint-Domingue, des pêchers venus d'Europe, qui ne portoient qu'un très-petit nombre de fruits, et dont le sarcocarpe étoit à peine plus charnu et plus épais que celui des amandiers de notre climat. Ce fait prouve combien est arbitraire et peu naturelle cette multiplicité de noms qu'on s'efforce de donner aux fruits.

13. La *Nuculaine* (*Nuculanium*, Rich.). Fruit charnu, non couronné par le calice auquel l'ovaire n'adhéroit pas, et qui renferme plusieurs noyaux distincts, nommés plus spécialement osselets. *V.* ce mot.

14. La *Pomme* (*Pomum*, *Melonida*, Rich.). Fruit charnu, couronné par les lobes du calice, à plusieurs loges, revêtues chacune d'une tunique propre. On distingue deux sortes de pommes.

A. La *Pomme à pepins*, dont les loges sont formées de membranes cartilagineuses: le *poirier*, le *pommier*. Moënch appeloit cette sorte de fruit *antrum*.

B. La *Pomme à osselets*, à loges osseuses: le *nèflier*, le *grenadier*.

15. La *Péponide* (*Peponida*, Rich.: *Pepo*, Linn.; *Peponium*, Brot.). Fruit charnu, graines écartées de l'axe, placées près de la circonférence plus dure que le centre: la *courge*, le *melon*, etc.

16. L'*Orange* (*Bacca corticata*). Charnue, enveloppe remplie de glandes vésiculaires, à plusieurs loges membraneuses, qui se séparent sans déchirement: les *oranges*, les *citrons*, etc.

17. La *Baie* (*Bacca*). *V.* ci-avant nomenclature de Linnæus, VI.

Les fruits Capsulaires, déhiscens, d'une consistance sèche, contenant plusieurs graines. On en distingue cinq sortes:

18. Le *Follicule*, membraneux, univalve, s'ouvrant par une suture longitudinale.

19. La *Gousse*. Même sorte de fruit ainsi désigné par Linnæus. On le nomme aussi légume, d'où vient le nom de légumineuse donné à la famille des plantes qui portent ce fruit: les papilionacées. La gousse est:

A. Uniloculaire, lorsque les graines ne sont pas séparées par une cloison.

B. Biloculaire, dans le cas contraire: l'*astragale*.

C. Multiloculaire ou diaphragmatique, lorsqu'elle est partagée en deux ou plusieurs loges monospermes, par des cloisons transversales.

D. Lomentée ou articulée, comme dans l'*hippocrepis*, etc.

20. La *Silique*. *V.* § I, n.° II. Moënch nomme *silique vraie* celle dont les graines sont attachées aux deux bords de la cloison; et *silique fausse*, celle dont les graines sont attachées aux bords des valves.

21. La *Boîte à savonnette* (*Pyxidium*, Ehr.). Cette sorte de fruit est une véritable capsule, qui, au lieu de s'ouvrir par le sommet, se sépare par le milieu et horizontalement en deux valves hémisphériques: le *mouron*, etc.

22. La *Capsule*. *V*. § I, n.° I.

Fruits multiples.

Les *fruits multiples* sont ainsi nommés, lorsque plusieurs de ceux ci-dessus décrits et de la même espèce, se trouvent réunis sur un même réceptacle et proviennent d'une seule fleur. Ainsi ils sont à deux ou plusieurs follicules : les *apocinees* ; à plusieurs utricules ou bacciformes : la *fraise*, la *ronce*, etc. ; ou cornés : le *rosier* ; enfin à plusieurs capsules disposées sur un réceptacle cylindrique, nommé *torus* ou strobile de Linnæus :

Fruits agrégés.

Les *fruits agrégés* sont de cinq sortes.

23. La *Syncarpe* (*Syncarpa*, Rich.). Fruit composé de plusieurs utricules charnues, à demi-soudées : le *mûrier*.

24. La *Figue*. Fruit composé d'un grand nombre de cariopses réunis dans un involucre charnu et succulent ; le *figuier*.

25. Le *Cône* (*conus*, *strobilus*). *V*. ci-dessus § I, n.° VII. C'est le fruit de certains arbres conifères, du *protea*, etc.

26. *Galbule* (*Galbulus*). Nom donné par Gærtner au fruit du cyprès, etc., qui, selon lui, a un péricarpe tubéreux, ovale, composé d'écailles peltées, striées en forme de rayons, mucronées au centre et portant à leur extrémité quatre ou un plus grand nombre de graines. Quelques botanistes nomment cette sorte de fruit, *noix*.

27. Il est parmi les plantes conifères une autre sorte de fruit qui ne diffère du précédent que parce que les bractées y sont charnues et ne se séparent point à la maturité. Quelques botanistes le nomment *baie*. M. Mirbel, qui l'a confondu avec le précédent, désigne l'un et l'autre par le nom de *pseudocarpe*. C'est l'arcesthide de M. Desvaux.

Organes de la fructification des plantes œthéogames.

28. La *Capsule des fougères*. *V*. Fougères.

29. L'*Involucre*. Nom impropre donné à l'enveloppe générale et indéhiscente qui entoure la graine du marsiléa, etc.

M. Decandolle décrit l'urne des mousses, qu'il regarde avec Hedwig comme un fruit. Il en distingue toutes les parties. *V*. Mousses. Il rappelle également les noms donnés aux organes des hépatiques, des lichens et des champignons. *V*. ces mots, et ci-avant le § II, n.os IV et VII.

§ IV. — *Classification des fruits, par M. Desvaux.*

M. Mirbel avoit publié une classification des fruits avant M. Desvaux (*V*. *Journ. bot.*, tom. IV, octobre 1814, p. 181, et *Nouv. Bull. de la Soc. Phil.*, n.° 11) ; mais comme il a donné ultérieurement une nouvelle classification où il se trouve beaucoup de changemens, nous croyons devoir placer auparavant celle de M. Desvaux, sauf aux amateurs à recourir aux ouvrages indiqués pour comparer les deux classifications entre elles et même les deux classifications de M. Mirbel.

M. Desvaux admet trois sortes principales de fruits: l'Autocarpien, « lorsque l'ovaire, en se développant, sans contracter aucune adhérence avec les parties environnantes et sans être immédiatement recouvert par elles, le fruit alors n'est modifié par aucune addition de partie. »

L'Hétérocarpien, « quand l'ovaire se développe conjointement avec quelques parties, qui, sans le cacher entièrement, modifient sa forme primitive : le fruit du *chêne*, de l'*if*, etc. »

Le Pseudocarpien. C'est le strobile et le cône décrits dans les paragraphes qui précèdent.

Ces trois sortes de fruits sont éparses dans les classes et les ordres adoptés par ce botaniste, de la manière suivante :

Première classe. — *Fruits à péricarpe sec.*

Premier ordre. — *Fruits simples.*

* *Non déhiscens.*

1. Le *Cariopse* (*V.* ci-devant § III) est un fruit autocarpien. M. Desvaux met le *sparganium* parmi les fruits à cariopse. Celui de cette plante est une véritable achêne.

2. L'*Achêne* (*V. id.*). Fruit autocarpien. C'est à tort que l'auteur indique quelques graminées dont le fruit seroit une achêne. Toutes les plantes de cette famille, sans exception, portent un cariopse, même les *milium*, *paspalum*, *panicum*, etc, dont les paillettes dures, coriaces, persistantes, servent d'enveloppe au cariopse, qui leur donne l'apparence d'une achêne; mais à toutes les époques, avant ou après la maturité parfaite, les deux paillettes ne sont jamais soudées et sont séparables.

3. Le *Stéphanoe.* Fruit hétérocarpien. Il est le même que l'achêne de M. Decandolle, affecté principalement à la plupart des *composées*, aux *valérianées*, aux *dipsacées*, etc. M. Desvaux le distingue parce que son péricarpe est soudé avec le calice et que les divisions du calice, qu'il nomme sépales dans les composées, sont placées au sommet en forme de couronne.

4. Le *Diclésie* (*Diclesium*). Fruit pseudocarpien. Le même que le scléranthe de Moënch. *V.* ce mot, § III, Fruits simples, n.° 4.

5. Le *Catoclésie* (*Catoclesium*). Fruit hétérocarpien, unisperme, à péricarpe coriace non ligneux, recouvert par le calice qui ne devient jamais charnu. Les *chénopodées*, etc.

6. Le *Xylodie* (*Xylodium*). Fruit hétérocarpien, non sy-

métrique, unisperme, ligneux, porté sur un gynophore et charnu : *Noix* de plusieurs auteurs.

7. *Noisette* (*Nucula*). Fruit hétérocarpien. *V.* ce même nom au § III, n.° 8.

8. Le *Gland*. Fruit hétérocarpien. *V.* Gland au § III, n.° 7.

9. Le *Ptérodie* (*Pterodium*). Fruit autocarpien (*Samare* de Gærtner). *V.* ce mot, § III, n.° 6.

10. L'*Amphisarque* (*Amphisarca*). Fruit autocarpien, pluriloculaire, ligneux extérieurement et pulpeux dans l'intérieur : l'*omphalocarpe*, l'*adansonia*, le *crescentia*, etc.

11. Le *Carcerule* (*Carcerulus*). Fruit autocarpien, sec, pluriloculaire, à loges confluentes ou distinctes : le *tilleul*, la plupart des *sapindées*.

*** Déhiscens.*

12. L'*Utricule*. *V.* ci-avant § II, n.° 111.

13. Le *Conceptacle*. Fruit autocarpien ; le même nommé follicule par M. Decandolle. *V.* ce mot, ci-avant § III, n.° 18.

14. La *Silique*. Fruit autocarpien, auquel Linnæus avoit donné le même nom. *V.* ci-avant § I, n.° 11.

15. La *Gousse*, le *Légume*. Fruit autocarpien. *V.* ci-avant le mot Gousse, § I, n.° 111.

16. L'*Hémigyre* (*Hemigyrus*). Fruit autocarpien, non symétrique, souvent ligneux, s'ouvrant d'un seul côté, uni, rarement biloculaire, loges uni ou bispermes.

Les *Protées*. Cette sorte de fruit est nommée noix par quelques auteurs.

17. Le *Regmate* (*Regmatus*). Nom emprunté de M. Mirbel, pour désigner un fruit autocarpien, sec ou coriace, bi-, tri ou pluriloculaire, dont les loges se séparent avec élasticité, uni ou disperme, etc. Les *euphorbiées*. M. Richard a le premier distingué cette sorte de fruit ; il lui avoit assigné le nom d'*elaterium*, donné depuis long-temps à un genre de plantes, et ne pouvant pas par conséquent être conservé pour un genre de fruit. M. Desvaux l'avoit remplacé par le mot *crepitacle* auquel il a renoncé lui-même.

18. La *Capsule*. Fruit autocarpien. *V.* le mot Capsule, ci-avant § I, n.° 1.

19. Le *Stérigme* (*Sterigmum*). Fruit hétérocarpien, pluriloculaire, loges uni ou polyspermes, distinctes : famille des *malvacées* et des *geraniées*.

20. Le *Pyxidie* (*Pyxidium*). Nom emprunté d'Ehrhard, et donné à un fruit autocarpien. *V.* ci-avant § III, fruit caps., n.° 21, Boîte à savonnette.

21. La *Diplotége* (*Diplotegia*). Fruit hétérocarpien, sec,

infère ou engagé dans le calice. M. Desvaux pense que les diplotéges pourroient se diviser.

ORDRE SECOND. — *Fruits à péricarpe sec, composé.*

22. La *Follicule* (*Follicula*, Rich.). Fruit autocarpien, multiple, à double follicule, Decand. : les *apocinées*.

23. Le *Carpodèle* (*Carpadelium*). Fruit hétérocarpien, bi ou pluriloculaire, enveloppé par le calice ; loges distinctes, unispermes, opposées : les *aralies*, les *ombellifères*. *V.* Polachêne, § III, n.° 3.

24. *Microbase*. Fruit hétérocarpien. *V.* Microbase, § III, n.° 10 : *Fruits gynobasiques*.

25. Le *Plopocarpe* (*Plopocarpium*). Fruit autocarpien, plusieurs loges séparées, provenant de plusieurs ovaires distincts, polyspermes, déhiscens : la première section des renonculées, les crassulées, les alismées, etc.

26. Le *Polysèque* (*Polysecus*). Fruit hétérocarpien, loges séparées provenant de plusieurs ovaires distincts mais unispermes, indéhiscentes, portées sur un réceptacle distinct du disque et en forme de colonne. Cette sorte de fruits comprend dans deux divisions, des fruits multiples de M. Decandolle, les *magnoliers*, le *fraisier*, etc.

27. L'*Amalthée* (*Amalthica*). Fruit pseudocarpien : plusieurs ovaires secs, non symétriques, renfermés dans la cavité d'un calice coriace, clos par le sommet. Quelques genres de la famille des rosacées : *poterium*, *agrimonia*, etc.

28. Le *Strobile*. *V.* § I, n.° VII. C'est un fruit pseudocarpien.

SECONDE CLASSE. — *Fruits à péricarpe charnu.*

PREMIER ORDRE. — *Fruits simples.*

29. Le *Sphalérocarpe* (*Sphalerocarpum*). Fruit pseudocarpien, unisperme, indéhiscent, recouvert en tout ou en partie par le calice qui a pris l'apparence d'une baie ou d'un péricarpe charnu. Les genres *coccoloba*, *basella*, *blitum*. M. Desvaux comprend encore le genre *if*, qu'il avoit donné pour exemple au fruit hétérocarpien. *V.* ce mot au présent § IV : il y a sans doute dans ce double emploi contradictoire une faute typographique.

30. La *Baie*. Fruit autocarpien. *V.* ci-avant § I, n.° VI.

31. L'*Acrosarque* (*Acrosarcum*). Fruit hétérocarpien, sphérique, quelquefois didyme, charnu, soudé avec le calice qui souvent le couronne : les fruits baccifères, etc.

32. La *Péponide* est un fruit hétérocarpien. *V.* Péponide, ci-avant § III, n.° 15.

33. L'*Arcesthide* (*Arcesthida*). Fruit pseudocarpien, sphérique, composé de plusieurs ecailles charnues : le *genévrier*.

34. L'*Hespéride* (*Hesperidium*), est un fruit autocarpien : l'*orange*, Decand. *V.* ci-avant § III, n.° 16.

35. Le *Drupe*. Fruit autocarpien. M. Richard, dont M. Desvaux adopte la nomenclature, ne place pas parmi les drupes tous les fruits que Linnæus et d'autres botanistes y avoient compris. Le drupe, suivant lui, se borne aux fruits charnus plus ou moins uniloculaires, à en docarpe ligneux, qui se sépare facilement de l'endocarpe lors de sa maturité. La *cerise*, l'*amande*, etc. Les *palmiers*.

36. La *Nuculaine* (*Nuculanium*, Rich.). Fruit autocarpien. Le même que le drupe, dont il ne diffère qu'en ce qu'il est pluriloculaire. *V.* ci-avant § III, n.° 13.

37. Le *Pyrénaire* (*Pyrenarius*). Fruit hétérocarpien, pulpeux, demi-infère, pluriloculaire, endocarpe des loges ligneux : le *néflier*.

38. La *Mélonide* (*Melonidium*, Rich.), est un fruit pseudocarpien nommé *autrum* par Moënch, et *pomum* par M. Decandole. *V.* ci-avant § III, n.° 14.

39. La *Balauste* (*Balausta*). Fruit hétérocarpien, infère, péricarpe charnu, non succulent, grand nombre de graines, épisperme drupacé : le *grenadier*.

40. Le *Cynarrhode* (*Cynarrhodium*). Fruit pseudocarpien, charnu, un grand nombre d'ovaires à péricarpe soudé, renfermé dans un calice charnu, presque clos, mais distinct de sa paroi intérieure : le *rosier*, le *calycanthus*.

41. L'*Erythrostome* (*Erythrostomum*). Fruit hétérocarpien, ayant un placenta conique, supportant un grand nombre d'ovaires distincts, bacciformes, provenant d'une seule fleur : la *ronce*. Il est compris dans les fruits multiples de M. Decandolle.

42. Le *Sarcobase*, Decand. Fruit hétérocarpien. *V.* § III, n.° 9.

43. Le *Baccaulaire* (*Baccaularius*). Fruit autocarpien, à plusieurs ovaires distincts, bacciformes, provenant d'une seule fleur, disque non charnu. Les genres *drymis*, *zantoxylum*, les *ménispermées*. Ne diffère du sarcobase que par son disque non charnu.

44. L'*Assimine* (*Assimina*). Fruit autocarpien, ovaires nombreux bacciformes, uniloculaires, réunis en un fruit sphérique : les *anona*.

45. La *Syncarpe* (*Syncarpa*, Rich.). Fruit pseudocarpien, résultat de plusieurs fleurs réunies, mais distinctes sur un réceptacle commun, très-variable par sa forme. M. Desvaux en distingue six sortes. Celui du *poirier* et du *cécropia*, celui du *mûrier* et du *broussonetia*, de l'*artocarpus*, de la *dorstenia*, de l'*ambora*, enfin celui de la *figue*.

M. Desvaux ne mettant pas au nombre des fruits les organes reproductifs des plantes æthéogames, n'en fait point mention.

§ V. — *Classification des fruits, par M. Mirbel.*

M. Mirbel avoit publié une nouvelle classification des fruits, dans le soixante-onzième numéro du *Nouveau Bulletin de la Société Philomathique*. Dans son dernier ouvrage, *Élémens*, etc., cette classification ayant subi des changemens, nous ne donnerons que cette dernière à nos lecteurs.

Les fruits y sont divisés en deux classes, sept ordres et vingt-un genres. La première classification comprenoit vingt-neuf genres. Pour se rendre raison de cette différence, on pourra consulter et comparer les deux classifications de l'auteur; on y verra treize genres supprimés de l'une et quatre nouveaux genres insérés dans la seconde.

Première classe. — *Fruits découverts ou gymnocarpes.*

Ordre premier. — Les Carcérulaires, *Carcerulares.* Fruits qui restent clos. Cet ordre est composé de trois genres :

1. *Cypsèle.* Ce genre de fruit se trouve compris parmi les *achènes* de M. Decandolle. *V.* ci-avant § III, n.° 2. Il est le même que le *stéphanoe* de M. Desvaux. *V. id.* § IV, n.° 3. M. Mirbel donne treize formes différentes de *cypsèle*, qui présentent encore des caractères particuliers dans la substance : l'aigrette, etc.

M. Cassini a adopté ce nom dans son travail sur les *composées* ou *synanthérées.*

2. Le *Cérion* (*Ceris*). Fruit des graminées, nommé depuis long-temps cariopse par M. Richard, adopté par tous les autres botanistes, et qu'il étoit conséquemment très-inutile et même nuisible de changer. Il est à remarquer que Loureiro a établi le genre cérion, en latin *cerium.*

3. La *Carcerule* (*Carcerula*). Cette sorte de fruit est présentée avec des caractères d'abstractions, vagues, négatifs et pour ainsi dire nuls ; *le fruit carcérulaire*, dit l'auteur, *est très-variable, mais différent des deux précédens.* Ne pourroit-on pas appliquer ici le précepte de Linnæus: *nomen specificum terminis positivis, non vero negantibus, utatur. — Negativa nihil dicunt, vel dicunt quod non est, non vero quid est.* Phil. Bot. Ed. Spreng. pag. 365, n.° 298.

Ordre II. — Les Capsulaires. Fruits simples qui s'ouvrent à la maturité.

4. Le *Légume. V.* § I, n.° III. M. Mirbel présente trente-

cinq espèces de légumes différentes entre elles par la forme, le nombre des loges, celui des graines, et la déhiscence.

5. La *Silique*. *V*. ci-avant § I, n.° II. M. Mirbel divise ce fruit en silique et silicule, avec tous les auteurs. Il en décrit de vingt-sept formes différentes parmi lesquelles on trouve la cylindracée, (*brassica oleracea* ou chou), et la cylindrique, (*erysimum barbarea* ou herbe de Sainte-Barbe). La nuance n'est pas facile à saisir entre ces deux formes de fruit.

6. La *Pyxide* (*Pyxis*). La même que la Boîte à savonnette, Decand. § III, n.° 21, et la pyxidie, Desv. § IV, n.° 20. En créant le mot pyxis, M. Mirbel ne s'est pas rappelé sans doute qu'il a depuis long-temps une toute autre application, et qu'il est adopté par les botanistes pour désigner la fleur la plus apparente des mousses, que quelques-uns nomment aussi *theca*, *capsula*, etc.

7. La *Capsule*. *V*. ci-avant § I, n.° I. M. Mirbel en désigne de soixante-dix formes différentes, parmi lesquelles on remarque encore comme dans la silique la forme cylindracée et la cylindrique; la forme *ovoïde* et *obovoïde*, *turbinée*, *obturbinée*, et autres dont il est difficile de saisir la véritable nuance qui les différencie.

Ordre III. Les Diérésiliens. Fruits simples qui se divisent en plusieurs coques à leur maturité.

8. Le *Crémocarpe*. Nom donné au fruit des ombellifères. C'est la polachêne, Rich., Decand; la carpadèle de M. Desvaux. M. Mirbel en distingue de quatorze formes.

9. Le *Regmate*. M. Desvaux a adopté cette dénomination. *V*. ci-avant § IV, n.° 17.

10. La *Dièrésile* correspond au stérigmé de M. Desvaux. *V*. ci-avant § IV, n.° 19.

Ordre IV. — Les Etairionaires. Fruits composés, provenant d'ovaires portant le style, c'est-à-dire de deux ovaires distincts qui n'ont qu'un seul style commun.

11. Le *Double follicule* correspond à la follicule, Rich., adoptée par M. Desvaux. *V*. ci-avant § IV, fig. 22. Il y en a de six formes différentes, tels, entre autres, le *follicule ventru* et le *follicule enflé*.

12. L'*Etairion*. L'auteur le définit ainsi. « Plusieurs Camares disposées autour de l'axe imaginaire du fruit, forment un *étairion*. » Cette sorte de fruit correspond au Plopocarpe, Desv. § IV, n.° 25.

M. Mirbel admet onze formes différentes d'étairions, entre autres les Tricamares, Tétracamares, Pentacamares, Polycamares. On compte vingt sortes de Camares.

ORDRE V. — Les CÉNOBIONAIRES. Fruits composés, provenant d'ovaires ne portant pas le style.

13. Le *Cenobion*, correspond au microbase de M. Decandolle. *V.* ci-avant § III.

On en distingue quatorze sortes suivant le nombre des *érêmes*, et treize autres, n.° 10, d'après les formes des *érêmes*.

ORDRE VI. — Les DRUPACÉES. Fruits simples, succulens, renfermant un noyau.

14. Le *Drupe*. Fruit simple, charnu, contenant un noyau. On en distingue de quarante sortes.

ORDRE VII. — Les BACCIENS. Fruits simples succulens, contenant plusieurs graines séparées.

15. Le *Pyridion*. La pomme de Linnæus; le *mélonide* de Richard. *V.* ci-avant § I, n.° V, et § III, n.° 14, *A* et *B*.
16. Le *Pepon*. *V.* Péponide, ci-avant § III, n.° 15.
17. *Baie*. *V.* ci-avant § I, n.° VI.

SECONDE CLASSE. — *Fruits couverts ou angiocarpes.*

18. Le *Calybion*, formé d'un ou de plusieurs glands, contenus dans une capsule, le *chêne*, le *noisetier*, le *châtaignier*, l'*if*, l'*éphedra*, le *cycas*. On voit que cette sorte de fruit correspond au gland, à la noisette, Decand. et Desv.
19. Le *Strobile*. *V.* § I, n.° VII.
20. Le *Sycone*. Réunion de fruits couverts provenant de plusieurs fleurs placées sur un *clinanthe qui tapisse la parois interne d'un involucre*. Correspond à la *figue*, Decand., et à la *Syncarpe*, Desv., en partie.
21. Le *Sorose*. Fruits réunis en un seul corps par l'intermédiaire des enveloppes florales, succulentes et entre-greffées. Cette sorte de fruit n'est qu'une modification de la précédente, réunie par M. Desvaux sous le nom commun de *syncarpe*.

M. Mirbel ne met pas non plus au nombre des fruits les organes reproductifs des plantes æthéogames.

Le rôle important que le fruit joue dans la science de la botanique, l'utilité de cette partie essentielle des végétaux dans les arts et pour la nourriture des hommes et des animaux, et surtout les travaux et les recherches récentes qui ont été faites sur les fruits, nous ont déterminé à entrer dans des détails sur les diverses classifications.

On a vu que Linnæus n'admettoit que sept sortes de fruits dans les plantes phanérogames; que M. Sprengel en a ajouté trois, déterminés par Varron, Gærtner, etc. ; que M. Decandolle porte ce nombre à vingt-sept ; M. Desvaux à quarante-six, et M. Mirbel en premier lieu à vingt-neuf, réduites dans ses élémens à vingt-un. Si à ce nombre, déjà trop considérable, on ajoute les noms donnés par différens auteurs aux organes reproductifs des plantes æthéogames, plus les divisions, sous-divisions, etc., dans chaque sorte de fruits, et à chacune desquelles M. Mirbel a assigné un nom souvent barbare, etc., on trouvera que la nomenclature des fruits est presque aussi nombreuse à elle seule que celle de toutes les plantes en général.

On ne peut nier que depuis Linnæus on n'ait fait un grand nombre d'observations nouvelles et importantes ; on doit convenir aussi que les nouvelles choses doivent être indiquées par des noms nouveaux et qui leur sont propres : cette marche est naturelle et inséparable des véritables progrès de la science. Mais abuser de ce principe ; créer de nouveaux mots, et des noms pour les modifications les plus légères, fussent-elles même toutes constantes et invariables ; surcharger inutilement la nomenclature d'une science à qui l'on fait depuis long-temps le reproche d'en avoir beaucoup trop ; diviser et subdiviser sans cesse par des noms, sous le prétexte d'introduire de l'ordre et de la méthode, n'est-ce pas agrandir de plus en plus le chaos et jeter un désordre tel qu'il devient impossible de se reconnoître ? Tel est du moins l'effet que doit produire, dans notre opinion, cette multiplicité de noms superflus, pour ne pas dire nuisibles aux véritables progrès de la science.

Sans doute, nous le répétons, les nouvelles choses doivent avoir des noms nouveaux ; mais ne nous écartons pas des routes tracées par nos maîtres. Les premiers travaux du Gærtner français (M. Richard), qui sans doute se rectifiera lui-même en devenant plus avare de nouveaux mots, nous donnent lieu d'espérer que plus modéré dans ces sortes d'innovations, et se bornant à une juste proportion pour celles qui sont devenues indispensables, d'après les nouvelles découvertes, on travaillera efficacement à soulager la mémoire des botanistes et à dégager la science de toutes les épines qui n'ont d'autre avantage que de hérisser et de combler les routes à suivre pour atteindre le véritable but, les progrès réels de la science.

Tous les fruits ne sont pas propres à la nourriture de l'homme ; il en est même dont l'usage lui seroit funeste ; il en est encore qui sont recherchés par tel ou tel animal, et qui donneroient la mort à l'homme. Dans ce nombre, nous citerons celui du mancenillier, dont les effets sont très-singuliers. Cet arbre, indigène aux Antilles, croît ordinairement sur le bord des fleuves et de la mer. Ses fruits, qui sont des drupes charnus, ressemblent par la forme extérieure et par les couleurs à une pomme d'api; ils sont pour l'ordinaire très-abondans, et couvrent, en tombant, une surface assez étendue de l'eau qui baigne son pied. Ces fruits sont mortels pour l'homme; mais au moment de leur maturité les poissons viennent les dévorer, et s'en nourrissent sans aucun inconvénient. On a remarqué que les hommes qui mangent de ces poissons éprouvent les mêmes effets que s'ils eussent fait eux-mêmes usage du fruit.

Les fruits trop petits pour être recueillis par l'homme, n'en sont pas moins utiles. Ils sont recherchés par les animaux, et plus particulièrement par les oiseaux. Si l'on vient à considérer dans la pensée le nombre incalculable de fruits divers que les végétaux produisent chaque année, et qui tous, ou la majeure partie, ont la faculté de produire autant d'individus nouveaux, semblables à celui dont ils sont sortis, on concevra difficilement comment il existe un point sur le globe qui ne produise pas un arbre ou une plante. Mais, si, d'un autre côté, on met en parallèle la quantité d'animaux de toutes sortes, pour lesquels ces fruits ont été créés, on ne s'étonnera pas qu'une forêt aussi ancienne que le monde disparoisse dans l'espace d'un petit nombre d'années, lorsque l'homme s'en est une fois emparé pour sa convenance, qu'il y a mis la hache, qu'il dévore, lui et les animaux qu'il entraîne à sa suite, etc., les fruits des arbres dont le bois a servi à la construction de sa demeure, à son chauffage et à toutes sortes d'usages.

On distingue des fruits de toutes les formes, de toutes les grosseurs, grandeurs, et de substances très-différentes. Il en est de secs, de mous, de charnus, d'aqueux. Les uns sont longs, d'autres ovales, sphériques, d'autres comprimés, aplatis, etc.; dans l'intérieur, ils sont pleins, entiers ou divisés, et contiennent depuis une graine jusqu'à un nombre infini. Lorsqu'ils sont simples comme la pêche, l'abricot, la cerise, etc., on les nomme uniloculaires, unispermes, parce que l'intérieur n'a qu'une seule loge et une seule graine. Mais si l'intérieur est divisé comme la poire, la pomme, au centre desquelles on remarque cinq rayons, contenant chacun ordinairement une graine, alors on le désigne uni, bi, tri, etc., pluriloculaire, suivant le nombre des loges; uni, bi, tri, etc., sperme, suivant le nombre des graines renfermées dans chaque loge.

Les fruits à l'usage de l'homme et cultivés par lui offrent un grand nombre de variétés, qui sont le produit de son industrie. Il n'a été créé originairement qu'une seule sorte de poirier, pommier, etc., que l'on nomme *sauvageon*. C'est par les travaux constans d'une culture soignée que le cultivateur est parvenu à adoucir l'âpreté de ces premiers fruits, et à se procurer ces nombreuses et agréables variétés qu'il a l'art de perpétuer par les greffes.

Chaque climat, chaque pays a des productions, et par conséquent des fruits qui lui sont propres et particuliers. On a remarqué que ces productions sont en général d'une qualité analogue au tempérament des habitans de ces mêmes contrées, et aux maladies auxquelles ils sont le plus sujets. C'est ainsi que les plantes antiscorbutiques sont plus multipliées et plus abondantes dans les endroits bas et marécageux. L'ananas, l'orange, le citron et plusieurs autres fruits acides et rafraîchissans, se trouvent en grand nombre dans les climats chauds. Il ne sera peut-être pas inutile de faire remarquer que l'ananas, placé avec raison à la tête des fruits les plus délicieux, tant pour l'odeur que pour le goût, contient un acide tellement corrosif, qu'au lieu d'être salutaire, lorsqu'on en fait un usage modéré, il devient nuisible et même mortel à la longue aux Européens, entraînés par tout ce que ce fruit leur présente d'agréable, qui en font un usage trop fréquent ou immodéré.

Nous terminerons cet article, qu'il eût été possible d'étendre davantage, par quelques remarques qui donnent lieu à diverses questions qu'il seroit important de résoudre, et pour lesquelles, néanmoins, on pourra consulter les mots ARBRE, BOIS et GRAINE.

1.° Rien de plus difficile et de plus problématique que le moyen de conserver les fruits pendant l'hiver.

Quelle est donc l'époque précise de la récolte des fruits, ayant égard à l'été plus ou moins chaud, sec ou pluvieux qui s'est écoulé depuis leur maturité, soit à l'état atmosphérique de l'automne?

Quel est le meilleur moyen de les conserver? est-ce en les renfermant, comme on a coutume de le pratiquer en France, dans des fruitiers? Quelle doit être la véritable exposition de ces sortes de serres? Combien de fois par jour, et quand faut-il leur donner de l'air? ou bien est-il préférable de suivre le mode indiqué par Miller? Il consiste à renfermer chaque sorte de fruits dans un panier, d'en former plusieurs couches séparées par des espèces de matelas de paille, liés avec des ficelles.

2.° Qu'est-ce que la blétissure de certains fruits? quelle en est l'origine et la cause? pourquoi tous les fruits n'y sont-ils pas sujets? Quels sont les moyens de la prévenir?

La blétissure est-elle une maladie, un commencement de pouriture, ou une maturité parfaite? L'exemple de la *nèfle* et de plusieurs autres *mespilus* et *cratægus*, dont les fruits ne sont bons à manger que lorsqu'ils sont parvenus à cet état, sembleroit décider affirmativement la troisième question; mais d'un autre côté la poire d'Angleterre, le messire-jean, la blanquette, etc., sont moins bonnes lorsqu'elles sont blettes, ce qui semble donner quelque crédit à la seconde question.

La blétissure, dans les poires, commence ordinairement par le centre. Dans la supposition que cet effet fût dû à l'introduction de l'air, on a essayé de boucher avec de la cire le bout de la queue, et l'extrémité opposée, l'œil ou la tête, mais sans succès. Cependant on a conservé ces sortes de fruits pendant tout l'hiver, en les trempant en entier dans de la cire fondue.

3.° Quelques fruits offrent une particularité très-remarquable et digne d'attirer les regards et les méditations des physiciens. Si l'on examine les fruits à noyau, on voit plusieurs substances très-différentes. D'abord l'épiderme, puis la pulpe, puis le noyau osseux; enfin, la graine composée elle-même de diverses parties. Si, après cette première observation, on pense que les fibres dont elles sont formées partent toutes d'un même point, qui étoit le placenta de l'ovaire dans la fleur, on se dit naturellement, il doit y avoir autant de fibres différentes qu'il y a de parties dans un fruit. Ces fibres ne doivent pas être entretenues par les mêmes sucs, ou doivent l'être par le suc commun, diversement élaboré. Puis on se demande, 1.° quelle est l'origine de ces fibres? Dans les fruits, on remarque les mêmes parties que dans l'ensemble d'un végétal, l'épiderme, le parenchyme, le corps ligneux et la graine. Y auroit-il dans la moelle des fibres qui n'ont pas encore été aperçues, et qui ne se développent et ne prennent de la consistance que dans le fruit; ou bien, ce qui peut-être est plus probable, l'ovaire seroit-il formé par des faisceaux des fibres qui entourent l'étui médullaire? Mais ce qu'il y a de plus remarquable, comment se fait-il que dans l'espace de moins de six mois, les noyaux des pêchers, des abricotiers, des cocos, etc., acquièrent plus de solidité, de dureté et de consistance que le corps de l'arbre, qui a mis plusieurs années à parvenir à l'état de bois, beaucoup moins dur et moins compacte? On connoît, on voit, on distingue les diverses parties dont les troncs des arbres sont formées; dans le bois des fruits à noyaux, on ne voit qu'une masse serrée, compacte, dont on ne distingue pas les élémens. Ces observations donnent lieu à une infinité de questions qu'il seroit trop long de présenter, et qu'il seroit à désirer que l'on pût résoudre.

Enfin, quelle est l'origine et comment se forment les concrétions pierreuses dans la partie charnue de certains fruits, et notamment des poires ? (PAL.-BEAUV.)

FRUITA PEDRIKA des Portugais. *V.* PATTARA. (LN.)

FRUIT A PAIN. Nom vulgaire du fruit du JACQUIER CULTIVÉ. (B.)

FRUIT ÉLASTIQUE. On appelle ainsi la capsule du SABLIER, qui décrépite avec bruit à l'époque de sa maturité, et lance ses semences à une grande distance. (B.)

FRUIT ÉLASTIQUE. *V.* BALSAMINE. (LN.)

FRUIT EMPOISONNÉ, *Cerbera manghas*, L. C'est l'ODALLAM des Malabares. *V.* AHOUAI. (LN.)

FRUIT DU VRAI BAUME. C'est le fruit du BALSAMIER DE LA MECQUE. (B.)

FRUITS PÉTRIFIÉS ou CARPOLITES. *V.* VÉGÉTAUX FOSSILES. (PAT.)

FRUIT RAISONNANT. *V.* HERNANDIER et CROTALLARIA. (LN.)

FRUITS A PEPIN. Terme d'agriculture employé pour désigner les fruits qui contiennent plusieurs graines ou amandes dans une chair croquante (*pomum*) ou juteuse (*uva*), comme la poire et le raisin. On nomme FRUITS A NOYAUX les fruits (*drupa*) qui contienennt un ou plusieurs noyaux durs et ligneux renfermant l'amande. (LN.)

FRUIT DU SOLEIL. *V.* HÉLIOCARPE. (LN.)

FRUMENTAIRES. Soldani, dans sa Testacéographie, a donné ce nom à une série de coquilles fossiles microscopiques ou presque microscopiques, qui se rapprochent de la forme des grains de froment. Ces coquilles, dont le nombre est d'environ cinquante, ne sont pas faciles à décrire systémaiquement, à raison de ce qu'elles n'offrent pas toujours l'intégralité de leurs caractères. Je renvoie à cet ouvrage ceux qui voudroient apprendre à les connoître. (B.)

FRUMENTUM. *V.* les articles FROMENT et BLÉ. (LN.)

FRUTA-DA-GRALHA. Les Portugais d'Asie donnent ce nom au *melastoma malabathrica*. (LN.)

FRUTA MANILHA (POMME de MANILLE). Nom portugais d'une espèce de SAPOTILLIER (*achras dissecta*). (LN.)

FRUTEX, arbrisseau en latin. Beaucoup de plantes ont été simplement désignées sous ce nom. Les plus remarquables sont les suivantes que nous citons pour exemples. (LN.)

FRUTEX ÆTHIOPIUS (ARBRISSEAU DU CAP DE BONNE-ESPÉRANCE). Breyn a nommé ainsi quelques *protea* et le *myrsine afri-*

cana ; Séba, Mus. 4. p. 29, t. 5, le *cassine capensis* ; Plukenet, les *borbonia*, le *gnaphalium cephalotes*, W. ; le *cliffortia rusci-folia* ; et Commelin, Hort. 1. t. 91., le *clutia pulchella*. Linn.

Frutex africanus. C'est, dans l'Almageste de Plukenet, l'*anthospermum æthiopicum*, Linn. ; dans le *Thesaurus* de Séba, l'*erica bruniades* ; dans Boerhaave, *Lugd*. le *galenia africana*, Linn. ; dans Commelin, amst. 2. tab. 60, l'*eranthemum parvifolium*, L. ; dans Hermann, *afra* 10. ; le *buddleia salvifolia*, L. (ln.)

Frutex americanus. C'est à une espèce de Poivre (*piper amalago*), qu'il faut rapporter, suivant Linnæus, cette plante figurée par Plukenet, Alm. t. 2, 5, f. 2. (ln.)

Frutex aquosus feminea, Rumph, Amb. 4. t. 45. C'est le *leea sambucina*, Linn. (ln.)

Frutex aquosus mas., de Rumph, Amb. 4. tab. 44, paroît être l'Aralie de Chine, *aralia chinensis*, L. (ln.)

Frutex baccifer, Plukenet (*Alm.*, pl. 95, f. 5.) mentionne sous ce nom le *scopolia aculeata*, W. et pl. 50, f. 4, le Grewia d'Orient ; Catesby (*Carol.* 2, t. 47), le *callicarpa americana* et Rai, l'Aralie de Chine. (ln.)

Frutex cinereus (Pluk-Alm., 159), c'est le *seriphium cinereum*, Linn., ou *breynia cineroïdes* de Petiver. (ln.)

Frutex corni foliis de Catesby, c'est *le calycanthus floridus*, Linn.

Frutex coronarius. Clusius nomme ainsi le Syringa, *philadelphus coronarius*. (ln.)

Frutex flore roseo de Lippi. Suivant M. de Jussieu, ce seroit le Nitraria ou Guirzim des Maures. (ln.)

Frutex foliis majoribus. Brown (*Jam.*, tom. 31, f. 2) figure, sous ce nom, le Lagetto (*daphne lagetto*, Sw.) ou Bois dentelle. (ln.)

Frutex foliis oblongis de Catesby (*Car.* 1, tab. 71) ; c'est l'*andromeda arborea*. Cet auteur nomme l'*andromeda Catesbæi*, Frutex *foliis serratis*. Gronove indique le *callicarpa americana* sous le nom de Frutex *foliis amplis*. (ln.)

Frutex folio cotini de Catesby (*Car.* 1, tab. 25). C'est le *chrysobalanus icaco*, L., à ce que l'on croit. (ln.)

Frutex globulorum (arbrisseau aux globules). C'est le nom que Rumphe. (*Amb.* 5, tab. 48) donne au *guillandina bonduc*, à cause de la forme des graines. (ln.)

Frutex indicus, Plukenet (*Phys.* 261, f. 4). C'est l'*acanthus ilici-folius*, Linn. ; Rai (*Hist.* 1766), désigne cet arbrisseau sous ce même nom ; mais son Frutex *indicus*, n.° 1765, est l'Hélictère isora, Linn. Le *phyllanthus rhamnoïdes* de Retz et de Willdenow se trouve être le Frutex *indicus* de Breyne (*cent.* 8, tom. 4), et le *tetracera sarmentosa*, Linn. le *frutex indicus* de Burmann, *Zeyl.* 101. (LN.)

FRUTEX INDIAE ORIENTALIS. C. Bauhin désigne ainsi dans son *Pinax*, pag. 401, le *cacalia kleinia*, Linn. (LN.)

FRUTEX MARINUS. Clusius et autres auteurs anciens donnent ce nom à divers polypiers marins. Le *frutex marinus ericæ facie*, Clus., est le *gorgonia placomus* de Gm.; le *frutex verrucarius* de Wormius, ou *frutex marinus flabelliformis* de Rai, est le *gorgonia verrucosa*; le *frutex marinus elegantissimus*, Clus., est le *gorgonia flabellum* de Gmel., etc. *V.* GORGONE. (DESM.)

FRUTEX NANKINENSIS. C'est le *daphne indicale.* (LN.)

FRUTEX PADI FOLIIS de Catesby (*Carol.* 1, tab. 64). C'est l'*halesia tetraptera*, L. (LN.)

FRUTEX PAVONINUS. Breyn nomme ainsi la POINCILLADE (*poinciana pulcherrima*, L. (LN.)

FRUTEX PEREGRINUS de Walther. C'est le *bosea yervamora*, Linn. (LN.)

FRUTEX SCANDENS de Plukenet (*Mant.*, tab. 412, f. 2). C'est la VIGNE en arbre (*vitis arborea*, L.). (LN.)

FRUTEX SPICATUS. C. Bauhin désigne ainsi le *spiræa salicifolia*, Linn. (LN.)

FRUTEX SPINOSUS. Catesby a fait connoître, le premier, sous ce nom, un arbrisseau dont on a fait un genre qui lui a été consacré; c'est le *catesbæa spinosa*, Linn. (LN.)

FRUTEX TERRIBILIS. Nom donné anciennement à la GLOBULAIRE TURBITH (*globularia alypum*). (LN.)

FRUTEX TRIFOLIUS, Burmann, (*Zeyl.* 100) nomme ainsi l'*ornitrophe cobbé*; Willd. et Catesby (*Carol.* 2, t. 33, f. 3) le BALSAMIER ELEMIFÈRE (*amyris elemifera*, Linn. (LN.)

FRUTEX VIMINIBUS LENTIS de Gronovius. C'est le CÉLASTRE GRIMPANT (*celastrus scandens*, L.). (LN.)

FRUTEX VIRGINIANUS de Plukenet. C'est le PTELEA TRIFOLIÉ. (LN.)

FRUTEX VISCOSUS de Kæmpfer. C'est le CANANG DU JAPON (*uvaria japonica*, L.) (LN.)

FRUTICULUS, petit arbrisseau, sous-arbrisseau ou végétal sous-ligneux. Plukenet nomme *fruticulus capsularis* le PHYLLANTUS URINARIA et quelques autres plantes du même genre. Cet auteur désigne le CHINA (*smilax china*) par *fruticulus convolvulaceus sinicus*, et le *sophora heptaphylla* par *fruticulus sinensis*. Le *fruticulus foliis rusci* de Dillen (*Elth.* t. 123, f. 149), que Linnæus avoit d'abord considéré comme une espèce de MÉDEOLE est maintenant le *jacquinia ruscifolia*, L. (LN.)

FRUTICULUS MARINUS de Morisson (*Hist.* pl. 3, pag. 652, tab. 10, n.° 18). C'est un polypier flexible du genre ANTIPATHE (*antipathes clathrata*, Gm.) (DESM.)

FRUTILLAS. Nom donné, par les Espagnols du Chili à un FRAISIER (*fragaria chiloensis*, Willd.). (LN.)

BRUTILIER. C'est le FRAISIER DU CHILI. (B.)

FRUTIGLIO. L'un des noms du BALISIER (*canna indica*, L.), en Italie. (LN.)

FU. Nom arabe d'une espèce de VALÉRIANE (*V.* PHU). On prétend qu'il est le radical de *fedia* qui désigne maintenant un genre fait aux dépens de celui des VALÉRIANES. (LN.)

FU-CHAU-CAN-TSAO. Nom donné, en Chine, à une RÉGLISSE (*glycyrrhiza echinata*, L.). Cette plante se trouve dans le nord de cet empire. Le CAM-THAO des Cochinchinois est le nom de cette espèce et de celle de la *réglisse* proprement dite (*gl. glabra*), qui est le *fan-chau-can-tsao* des Chinois. Elle est sauvage et cultivée dans diverses parties de la Chine. (LN.)

FU-MUON-THAN. Nom donné, en Chine, à une plante qui paroît être une espèce d'APOCYN (*apocynum alternifolium*, Lour. (LN.)

FU-PUEN-TSU. Nom donné, à la Chine, au FRAISIER (*fragaria vesca*, L.). (LN.)

FU-RAN. Espèce d'orchidée qui naît au Japon; c'est le *dendrobium moniliforme* de Swartz. (LN.)

FU-RUBE. Poisson des mers du Japon, décrit par Kœmpfer (*Jap.* 1, pag. 152), et rapporté par Gmelin à son TETRODON *ocellatus*. (DESM.)

FU-SI-THAN. Espèce de PERGULAIRE (*pergularia sinensis*, Lour.) qui croît en Chine. (LN.)

FU-YUNG. Nom donné, en Chine, à la KETMIE changeante, *hibiscus mutabilis*, L., cultivée dans les jardins de l'Asie à cause de la beauté de ses fleurs. (LN.)

FUCACÉES. Un des ordres de la famille des THALASSIOPHYTES de Lamouroux, *Annales du Museum*, mais qui ne répond pas exactement aux fucacées de Richard et autres botanistes. Ses caractères sont : organisation ligneuse, couleur olivâtre noircissant à l'air. *V.* au mot VAREC l'énumération des genres qui y entrent. (B.)

FUCÉES. Nom donné aux especes de la troisième section de la famille des *algues* dans la classification de Palissot-Beauvois. Cette section comprend les espèces coriaces, dont la plupart croissent dans la mer, et qui sont connues généralement sous les dénominations de FUCUS ou VARECS. *V.* ces mots. (P. B.)

FUCHS. Nom allemand du RENARD. *Voy.* à l'article CHIEN. (DESM.)

FUCHSIA, du nom de Léonard Fuchsius, botaniste allemand du seizième siècle, dont on a plusieurs ouvrages, savoir : un premier intitulé *historia plantarum*, et un second, l'*Icones plantarum*, dont les figures, généralement citées, sont fidèles. Plumier dédia, à ce naturaliste un genre fondé sur une plante d'Amérique. Depuis, ce genre s'est augmenté du THILCO DE FEUILLÉE qui est notre FUCHSIE ÉCARLATE; du *Skinnera* de Forster ou *quelusia* de Roemers; du *dorvallia* de Commerson et d'autres espèces.

Le *fuchsia involucrata* de Swartz n'est plus de ce genre; c'est le *schradera* de Vahl et l'*urceolaria* de Cothenius; il a des rapports avec la famille des rubiacées dans laquelle Adanson place le *fuschia* de Plumier et avec les *chèvrefeuilles*, rapprochement indiqué par M. de Jussieu. (LN.)

FUCHSIE, *Fuchsia*. Genre de plantes de l'octandrie monogynie, et de la famille des épilobiennes, dont la fleur offre un calice monophylle, infundibuliforme, en massue colorée, tubuleux inférieurement, et divisé supérieurement en quatre découpures ovales, lancéolées, pointues et ouvertes; quatre pétales ovales ou lancéolés, droits, insérés à l'orifice du calice, alternes avec ses divisions, une fois plus courts qu'elles; huit étamines à très-longs filamens; un ovaire inférieur, ovale-oblong, chargé d'un style filiforme, aussi long et plus long que le calice, à stigmate épais et obtus; une baie ovoïde ou oblongue, divisée intérieurement en quatre loges qui contiennent des semences ovales, petites et nombreuses.

Ce genre renferme une quinzaine d'espèces. Ce sont des plantes ligneuses ou herbacées, à feuilles simples opposées ou verticillées, et à fleurs axillaires ou terminales, longuement pédonculées et pendantes. Une seule de ces espèces est cultivée dans les jardins de botanique. C'est la FUCHSIE ÉCARLATE, ou *fuchsie de Magellan*, dont les fleurs sont solitaires et axillaires, et les feuilles dentées et ternées. Elle vient du détroit de Magellan, et se multiplie fort bien, à Paris, de bouture ou de marcottes. Cette plante est très-élégante par son port, et par le contraste de la couleur rouge de son calice avec le violet foncé de sa corolle.

La FUCHSIE INVOLUCRATE entre dans le genre SCHRADÈRE. (B.)

FUCHSSCHWANZ. *V.* FENCH. (LN.)

FUCHSWEDEL. *V.* FEDERBALL. (LN.)

FUCUS. *V.* au mot VAREC. (B.)

FUCUS GALLO PAVONIS. Quelques oryctographes donnent ce nom aux madrépores du genre FUNGITE. (DESM.)

FUCUS LINTEIFORMIS. *V.* RÉTÉPORITE. (DESM.)

FUDENEGI, FOUDENIGI et **FAUDENEGI**. Noms arabes des Marjolaines. *V.* Origan. (ln.)

FUDSINA LAMPOPO. *V.* Fosel. (ln.)

EUEDDAH. Nom de l'Étain dans le pays de Dar-Runga, en Afrique. (ln.)

FUFAL. Nom arabe du Poivre. (ln.)

FUGA-DOEMONUM. Nom anciennement donné aux Millepertuis, *Hypericum*, L., et principalement à l'*Hyp. perforatum*, L. (ln.)

FUGAL. *V.* Fugel. (ln.)

FUGEIROU. Le Pied de veau, *Arum maculatum*, porte ce nom en Provence. (ln.)

FUGEL, FUGAL et **FIGL**. Divers noms arabes des Radis; le Fugla des Hébreux. (ln.)

FUGLEGRAES et **FUGLESBERRE**. Noms danois de la Morgeline, *Alsine media*. (ln.)

FUGLELIM. Nom donné, en Norwége, au Gui, *Viscum album*. (ln.)

FUGOSE, *Cienfugosia*. Arbuste à feuilles alternes, divisées en trois ou en cinq lobes, à découpures lancéolées, obtuses, et à fleurs axillaires et solitaires, qui forme un genre dans la monadelphie dodécandrie, et dans la famille des malvacées.

Ce genre a pour caractères : un calice double, l'intérieur divisé en cinq parties, et l'extérieur formé de douze folioles très-courtes; une corolle de cinq pétales; environ douze étamines, réunies par leur base; un ovaire supérieur, arrondi, terminé par un style filiforme à stigmate en massue; une capsule globuleuse, à trois loges et à trois semences. (b.)

FUIRÈNE, *Fuirena*. Genre de plantes de la triandrie monogynie, et de la famille des cypéroïdes, qui a de très-grands rapports avec les Scirpes.

Ses caractères sont : fleurs en tête, formées d'écailles imbriquées, ovales, terminées par une petite barbe, couvrant chacune une balle composée de trois écailles en cœur, presque membraneuses, pétaliformes, planes et terminées par une petite barbe cruciforme, qui naît de leur échancrure; trois étamines; un ovaire supérieur, chargé d'un style filiforme et bifide; une graine nue et trigone.

Ce genre, qui a été établi par Schreber, contient une demi-douzaine d'espèces à tiges anguleuses, garnies de feuilles alternes, profondément striées, qui croissent dans les marais.

Le genre Vaginaire a été fait aux dépens de celui-ci. (b.)

FUITES (*Vénerie*). Ce sont les voies du *cerf* qui fuit devant les chiens. (s.)

FUJET. Coquille du genre des TOUPIES, le *trochus corallinus*. (B.)

FUJO et FUJOA. Nom donné, au Japon, à la KETMIE CHANGEANTE, *Hibiscus mutabilis*. (LN.)

FUJOO. *V.* FJOO. (LN.)

FUKU. Suivant Kæmpfer, les Japonais appellent ainsi, et *boo*, *obanna* et *tsikusits*, une graminée qui, d'après Thunberg, est une espèce du genre *saccharum*. C'est le *S. japonicum*, L., rapporté par M. Beauvois à son genre *erianthus*. (LN.)

FUKU-SUBUKI. Nom d'un TUSSILAGE, en Hongrie, *Tussilago petasites*. (LN.)

FULA-COCO. Nom qu'on donne, à Macao, à une espèce de TULIPIER (*Liriodendron coco*, Lour.), dont le fruit ressemble à celui du cocotier. Cet arbre est cultivé pour la beauté de ses fleurs, ainsi que le suivant. (LN.)

FULA-FIGO. Arbre d'ornement, cultivé en Chine. C'est un TULIPIER (*Liriodendrum figo*, Lour.). (LN.)

FULBOM. Le SUREAU, *Sambucus nigra*, est ainsi nommé en Gothlande, province de Suède. (LN.)

FUL DJELLABE et FUL-BARABRA. Deux noms arabes du DOLICHOS *Faba nigrita* de Forskaël. (LN.)

FULD-KOPPE. Nom sous lequel le PETIT GUILLEMOT est connu à l'île Féroë. (V.)

FULFEL, FULFUL, FULFER et FUTAL. Noms arabes du POIVRE. (LN.)

FULFULIMON des Arabes. Variété du BASILIC. (LN.)

FULGA DAMONUM. C'est le MILLEPERTUIS, *Hypericum perforatum*. (LN.)

FULGORE, *Fulgora*. Genre d'insectes, de l'ordre des hémiptères, et de la famille des cicadaires. Ses caractères sont : élytres de la même consistance; tarses de trois articles; antennes insérées sous les yeux, de deux ou trois articles, dont le dernier beaucoup plus grand, presque globuleux, chagriné, ayant un tubercule surmonté d'une soie; bec long, de deux ou trois articles apparens; tête pointue, prolongée ordinairement en une espèce de museau, de forme variée, avec de petits yeux lisses placés au-dessous des yeux à réseau, qui sont arrondis, saillans; trompe ou bec couché sur la poitrine, et renfermant trois soies; élytres et ailes en toit; pattes de moyenne longueur, avec les jambes postérieures armées d'épines; tarses terminés par deux crochets et par une pelote.

Ces insectes sont remarquables par la beauté et la variété

des couleurs qui ornent les élytres et les ailes du plus grand nombre, et par la forme de la tête dans quelques espèces ; cette partie est aussi singulière que variée. Dans les unes, elle présente une scie, dans d'autres une trompe semblable à celle de l'éléphant, dans quelques autres un mufle ; de sorte qu'on est étonné de trouver dans les insectes du même genre des différences aussi grandes.

Une espèce qui habite Cayenne, la *fulgore porte-lanterne*, a, au rapport de mademoiselle de Mérian, la propriété singulière de répandre, pendant la nuit, une lumière si considérable, qu'elle permet de lire facilement les caractères les plus fins ; mais ce fait est contredit par plusieurs naturalistes qui ont habité le pays où se trouve cette *fulgore*, qui, selon eux, ne répand aucune lumière. M. Richard est cité, dans l'*Encyclopédie*, pour avoir élevé cette même espèce, sur laquelle il n'a observé aucun point lumineux. On doit désirer que des observations répétées fassent lever les doutes que laissent ces différentes assertions ; car il est possible que cet insecte ne soit lumineux que dans certains temps de sa vie, et à volonté, comme le sont les lampyres, qui font paroître et disparoître les points phosphoriques, qui les décèlent quand il leur plaît.

Ces points lumineux des lampyres, *vers luisans*, sont placés vers l'extrémité de leur corps, au lieu que c'est la tête de la *fulgore* qui répand de la lumière. Réaumur, qui a cherché à découvrir ce qui pouvoit produire ce phénomène, n'a trouvé dans la vessie, qui fait partie de la tête de cet insecte, qu'une cavité considérable, et absolument vide ; mais cette observation faite sur un individu mort depuis long-temps, ne prouve rien, parce qu'il est possible que, dans l'insecte vivant, cette cavité soit remplie par une matière qui se dessèche et s'évapore quand l'insecte meurt.

Les plus grandes fulgores sont apportées en Europe, de l'Amérique méridionale, de Cayenne et de Surinam : elles vivent sur les arbres. Celles qui habitent l'Europe, sont très-petites : on les trouve sur les arbustes et les buissons. Leurs larves sont inconnues. Elles forment un genre composé d'une cinquantaine d'espèces.

FULGORE PORTE-LANTERNE, *Fulgora laternaria*, Linn., Fab. *V.* pl. D 27, fig. 5 de cet ouvrage.

Elle a près de trois pouces et demi de long ; le front très-avancé, vésiculeux, arrondi à son extrémité, bossu en dessus près de son origine, garni aussi en dessus et sur les côtés de quatre rangées de tubercules épineux, aplatis, de couleur rougeâtre ; cette partie vésiculeuse est couleur d'olive, avec quelques lignes rougeâtres supérieures ; le corselet est d'un jaune pâle ;

D. 27.

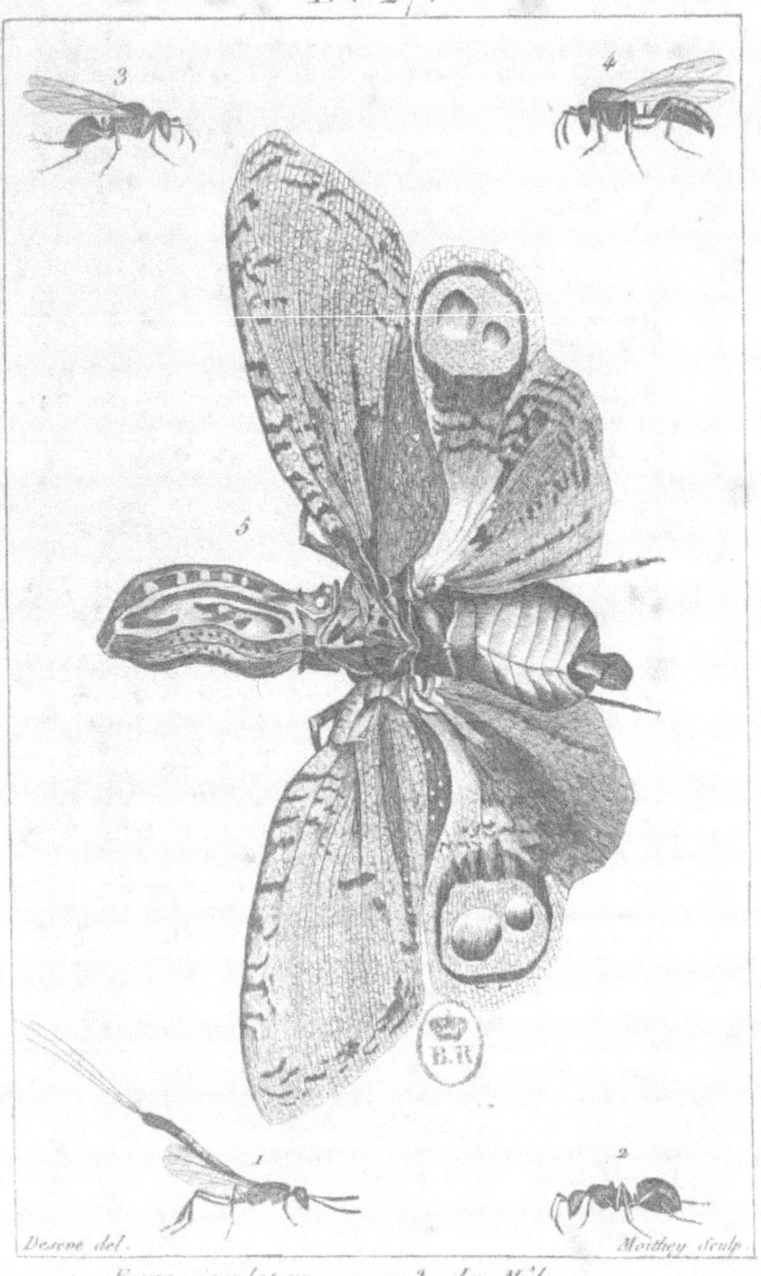

1. *Fœne jaculateur* 3. *Le Mâle.*
2. *Fourmi jaune.* 4. *La Femelle*
5. *Fulgore porte-lanterne.*

les élytres sont de la même couleur, avec les nervures et des traits noirâtres; les ailes sont grisâtres, avec une grande tache en forme d'œil, entourée d'un cercle noir, et ayant une double prunelle blanche et noire; les pattes sont d'un jaune pâle.

On la trouve dans l'Amérique méridionale, à Cayenne, à Surinam.

FULGORE PORTE-CHANDELLE, *Fulgora candelaria*, Linn., Fab.

Elle a environ deux pouces de longueur; le front très-prolongé, mince, recourbé, de couleur jaune; les yeux bruns; la tête et le corselet d'un beau jaune; l'abdomen jaune en dessus, noirâtre en dessous; les élytres d'un beau vert, avec plusieurs bandes transversales et des taches jaunes, les nervures des élytres élevées, et entre elles de petits traits qui forment des espèces de grilles; les ailes d'un jaune de safran, avec une large bande noire à l'extrémité; les pattes jaunes; les quatre jambes antérieures noires, et les postérieures épineuses.

On la trouve à la Chine, d'où on l'apporte en grande quantité.

FULGORE EUROPÉENNE, *Fulgora europœa*, Linn., Fab.

Elle a environ cinq lignes de long; elle est entièrement verte; son front est prolongé, conique, relevé, avec deux lignes longitudinales, élevées en dessus, et trois en dessous; ses ailes sont transparentes, avec les nervures vertes.

On la trouve dans les cantons méridionaux de la France, en Italie, en Sicile. *V.* FULGORELLES. (L.)

FULGORELLES, *Fulgorellœ.* Tribu d'insectes, de l'ordre des hémiptères, famille des cicadaires, ainsi nommée du genre FULGORE, *Fulgora*, qui en est le type. Ces insectes diffèrent des cicadaires *chanteuses* ou des cigales proprement dites, en ce qu'elles n'ont que deux yeux lisses et que leurs antennes ne sont composées que de trois articles; ces organes sont insérés immédiatement sous les yeux, caractère qui distingue ces hémiptères de ceux de la tribu des cicadelles. Les uns et les autres ont des pattes propres à sauter; leurs mâles sont dépourvus de ces organes du chant que l'on voit à ceux des cigales.

Olivier n'a fait aucun changement au genre fulgore de Linnæus. Dans mon précis des caractères génériques des insectes, j'en ai séparé les PŒCILLOPTÈRES, auxquels Fabricius a donné depuis le nom de *flate* (*V.* ce mot.), et les ASIRAQUES, dont il a encore changé la dénomination en celle de *delphax.* J'ai postérieurement établi le genre TETTIGOMÈTRE et celui de CIXIE; mais le dernier me paroît devoir être réuni aux flates, et telle est aussi l'opinion de Fabricius. On peut encore distinguer des fulgores ses genres *lystra* et *issus*. Celui qu'il désigne sous le nom de *derbe* m'est inconnu ; mais je soupçonne qu'il appartient à cette tribu. *V.* ces noms. (L.)

FULGUR. Nom latin adopté par Denys de Montfort, pour le genre de coquilles qu'il appelle en français, CARREAU. (DESM.)

FUL-HENDI. Nom arabe d'un DOLIC, décrit par Forskaël, *Dolichos faba indica*. (LN.)

FULICA. C'est, dans Brisson, le nom générique de la FOULQUE ; et dans Gesner, c'est une MOUETTE. (V.)

FULICARIA. En latin moderne et dans les ouvrages de nomenclature, c'est le *phalarope rouge*. *V.* PHALAROPE. (S.)

FULIGO. Haller a donné ce nom aux BYSSUS, dont les filamens sont mous. (B.)

FULIGUE, *Fuligo*. Genre de plante cryptogame, de la famille des CHAMPIGNONS, qui est le même que celui des RÉTICULAIRES de Bulliard. (B.)

FULIGULA. Nom latin dont plusieurs ornithologistes se sont servis pour désigner le *petit morillon*. *V.* au mot CANARD MORILLON. (S.)

FULL-BOTTOM de Pennant, ou GUENON A CAMAIL de Buffon. Roi des *singes* des nègres de Guinée. *Voy.* l'article COLOBE, *Colobus*. (DESM.)

FULLO. Quelques auteurs ont désigné, par ce mot de latin moderne, le JASEUR. *V.* ce mot. (S.)

FULMAR. Nom que l'on donne au PÉTREL DE L'ÎLE DE SAINT-KILDA. (V.)

FULMINAIRE ; PIERRE FULMINAIRE ; PIERRE DE FOUDRE ; *Lapis fulminaris* ; *Fulmineum tellum* ; *Cuneus fulmineus* : en allemand *donnerstein*. *V.* CERONNITE, BELEMNITE et OURSINS, Bertr. Dict. des foss. (DESM.)

FULOUN. Nom du CHEVALIER GAMBETTE, dans des cantons du Piémont. (V.)

FUMA. Nom provençal du GRÈBE HUPPÉ. (V.)

FUMARIA. Nom d'une plante mentionnée par Pline. Elle le doit, selon quelques auteurs, à sa propriété de fournir un excellent engrais pour la terre ; d'autres, et c'est le plus grand nombre, l'attribuent à la vertu de son suc, qui produit sur les yeux un picotement analogue à celui causé par la fumée. C'est le *capnos* ou *capnitis* de Dioscoride, et notre FUMETERRE, suivant tous les botanistes ; aussi le nom de *fumaria* lui a-t-il été constamment donné, ainsi qu'au genre dont elle est le type ; genre que Tournefort divise en plusieurs, que la plupart des botanistes modernes ont adoptés. *V.* FUMETERRE, CAPNOÏDE, CORYDALIS, CYSTICAPNOS, CUCULARIA, DICLITRA et NECKERIA.

La MOSCATELINE (*Adoxa moschatellina*, L.) est nommée *fumaria bulbosa* par Tabernamontanus (Ic. 39). (LN.)

FUMAT. Espèce de RAIE, qui paroît ne pas s'éloigner de celle appelée *à long bec*, si elle n'est pas la même. (B.)

FUM-HOAM. Un des noms de l'OISEAU ROYAL. (S.)

FUMÉE DES VOLCANS. Vapeur extrêmement épaisse et noire qui sort des cratères, surtout avant l'éruption de la lave, et qui forme une colonne immense, qui s'élève quelquefois jusqu'à près de deux lieues de hauteur; le sommet de cette colonne se dilate, et lui donne, suivant l'expression de Pline, la forme d'un *pin*. Cette fumée est presque totalement composée de molécules terreuses, souvent cristallisées, qui retombent dans le voisinage du volcan, si l'atmosphère est tranquille, ou qui sont transportées par les vents à des distances très-considérables. *V.* CENDRES VOLCANIQUES.

Dans le moment où la fumée des volcans sort du cratère, elle est sillonnée par des éclairs continuels, produits par les explosions du fluide électrique, l'un des principaux agens de la nature dans les phénomènes volcaniques. *Voyez* VOLCAN. (PAT.)

La fumée du Vésuve est très-souvent aqueuse, et exhale aussi une forte odeur d'acide muriatique, d'après les belles observations de M. Breislak et de M. Ménard de la Groye. *V.* FUMEROLES. (LUC.)

FUMÉES (*Vénerie*), sont les fientes des bêtes fauves. Les fumées sont les indices que les chasseurs consultent pour connoître la nature du gibier. Elles changent de forme dans les différentes saisons : au printemps, elles sont en *plateaux;* depuis le commencement de juin jusqu'à la mi-juillet, en *troches;* et depuis la mi-juillet jusqu'à la fin d'août, en *nœuds*. Il y a aussi des fumées en *bouzards*, *formées*, *martelées* et *aiguillonnées*. (S.)

FUMEROLES. On donne, en Italie, le nom de *fumeroles*, soit aux canaux par lesquels s'échappent, dans les terrains volcaniques de ces contrées, des vapeurs en grande partie aqueuses, soit à ces vapeurs elles-mêmes. On sait que dans certains endroits, comme à la Solfatarre, à l'île d'Ischia et ailleurs, elles entraînent avec elles du soufre, ou des matières salines qui se déposent à l'entour d'elles. Les fumeroles du Vésuve contiennent beaucoup de gaz acide muriatique ou hydrochlorique et peu d'acide sulfureux; celles de l'Etna au contraire et du pic de Téneriffe, renferment davantage de ce dernier. *V.* VOLCAN.

L'abondance des vapeurs aqueuses qui s'exhalent des fumeroles de la Solfatarre, et de l'une d'elles en particulier, est si considérable que l'on a entrepris de les réunir et de les condenser, en les emprisonnant dans une sorte de tour. Après beaucoup d'essais, grâces aux travaux de M. Breislak, on est parvenu à la convertir en une fontaine qui fournissoit alors (en 1800), six à sept tonneaux de 480 bouteilles (environ 3 kilolitres) chacun. On peut lire la description de cet étonnant appareil et des soins nombreux qu'il a fallu prendre pour l'établir, dans le second volume des *Voyages physiques et lithologiques dans la Campanie* (traduct. française, t. 2, p. 77 à 90.), où il est aussi figuré.

Nous saisissons avec empressement l'occasion qui se présente ici de rendre à M. Breislak l'hommage qui lui est dû pour son profond savoir en géologie, et pour réparer une faute bien involontaire que nous avons commise envers lui ; en laissant subsister, dans l'article BITUME de ce Dictionnaire, une imputation injuste de plagiat, que lui a intentée feu Patrin, auteur de ce même article, au sujet de sa *Théorie des volcans.* On peut consulter, à cet égard, l'*Introduction à la géologie*, publiée par le savant italien, en 1810. (Traduct. française, pag. 489 à 499.) (LUC.)

FUMETERRE, *Fumaria*, Linn. (*diadelphie hexandrie*). Nom d'un genre de plantes de la famille des papavéracées, qui comprend des herbes, la plupart annuelles, et dont les fleurs sont très-irrégulières. Le calice est formé de deux petites folioles latérales, opposées et caduques, ou manque quelquefois ; la corolle semble labiée ou papilionacée ; elle a quatre pétales inégaux ; le supérieur est recourbé postérieurement en forme d'éperon simple ou double, l'inférieur plus court, les deux latéraux rapprochés ; ils renferment six étamines, dont les filets portent chacun trois petites anthères ovales ; le germe est supérieur et oblong ; il soutient un style couronné par un stigmate orbiculaire, comprimé et à deux sillons. Le fruit est une espèce de silique à une cellule, contenant une ou plusieurs semences rondes.

Les *fumeterres* ont les feuilles alternes et ailées, avec les folioles découpées, et les fleurs disposées en épi ou en grappe. Les espèces les plus connues, ou les plus intéressantes des trente connues, sont :

La FUMETERRE OFFICINALE, *Fumaria officinalis*, Linn., qui est annuelle, et employée en médecine. Elle se trouve par toute l'Europe, dans les lieux cultivés, et fleurit tout l'été. Sa tige est diffuse, lisse, creuse, garnie de feuilles pétiolées folioles obtuses. Les rameaux sont anguleux, opposés aux feuilles, ainsi que les fleurs ; et celles-ci sont remplacées par de petites siliques rondes, qui ne renferment qu'une semence.

La Fumeterre bulbeuse, *Fumaria bulbosa*, Linn. Elle croît en France et dans les pays tempérés de l'Europe, aime les bois, les lieux ombragés, a des racines bulbeuses et vivaces, et fournit des variétés agréables par leurs fleurs, qui se montrent en mars et en avril. Ces variétés sont bleues, purpurines, quelquefois roses ou blanches, sans calice, mais accompagnées de bractées ovales, lancéolées, qui ont la même longueur qu'elles.

La Fumeterre jaune, *Fumaria lutea*, Linn., vulgairement *fumeterre vivace*. Cette espèce, qu'on trouve aux lieux montagneux et pierreux du midi de la France et de l'Europe, n'est pas moins agréable que la précédente. Elle forme de belles touffes, est toujours en fleurs, et conserve sa verdure pendant presque toute l'année. Elle a une racine vivace, plusieurs tiges quadrangulaires, et des siliques minces, contenant six semences. Cette plante a une belle apparence; on peut en garnir les grottes, les ouvrages en rocaille : elle se multipliera assez d'elle-même par ses semences, que les valvules élastiques des siliques lancent au loin, dès qu'elles sont mûres.

La Fumeterre du Canada, *Fumaria sempervirens*, Linn. C'est aussi une belle espèce, qui a un port élégant; mais elle est mal nommée, puisqu'elle est annuelle. Elle croît en Virginie et dans le Canada. Sa tige est droite; ses fleurs sont d'un pourpre pâle, et ses siliques linéaires et disposées en panicule. Elle fleurit pendant presque tout l'été, se ressème d'elle-même, vient facilement dans un sol pierreux, et peut être placée dans les mêmes lieux que la précédente.

Il y a encore la Fumeterre a epis, *Fumaria spicata*, L., qui diffère à peine de l'*officinale;* ses tiges sont droites, ses folioles capillaires, et ses fruits entourés d'une espèce de bourrelet. La Fumeterre a fruit vesiculeux, d'Ethiopie, *Fumaria vesicaria*, Linn. La Fumeterre a neuf feuilles, d'Espagne, *Fumaria enneaphylla*, Linn. La Fumeterre a vrilles, d'Europe, *Fumaria claviculata*, Linn.; elle s'accroche à tout ce qui l'environne, par ses feuilles supérieures terminées en vrilles. Celle à grandes feuilles, de Sibérie, *Fumaria nobilis*, Linn.; elle ressemble à la *fumeterre bulbeuse*, mais elle est plus grande et plus belle. Celle d'Afrique, découverte dans ce pays par M. Desfontaines; ses feuilles sont ailées avec impaire et à folioles en coin, et ses fleurs sont panachées de pourpre et de blanc. Toutes ces *fumeterres* ont des éperons simples. On en connoît deux espèces à éperon double. La Fumeterre a grosses fleurs pourpres, de Chine, *Fumaria spectabilis*, Linn., très-belle plante, qui, selon Linnæus, croît aussi en Sibérie; et la Fumeterre a

FLEURS JAUNATRES et en capuchon, de Virginie, *Fumaria cucullaria*, Linn. Quelques espèces de fumeterre, et entre autres la *fumeterre capnoïde*, ont été regardées comme devant faire un genre appelé CORYDALIS. *V.* CAPNOÏDE et CISTICAPNOS. (D.)

FUM-HOAM. *V.* OISEAU ROYAL. (S.)

FUMIER. Ce mot, dans son acception propre, ne doit s'appliquer qu'aux pailles, ou autres tiges et feuilles de plantes qui ont servi de litière aux animaux domestiques, qui sont imbibées de leur urine, mélangées avec leurs fientes, et dont on se sert pour fertiliser les terres; mais quelques agriculteurs l'étendent à toutes les especes d'ENGRAIS végétaux et animaux.

Chaque espèce de paille ou de plante donne des *fumiers* d'une nature particulière; mais la différence n'est pas assez sensible pour qu'on doive y faire une grande attention. Ce sont des animaux qui ont concouru à leur formation, qu'ils tirent leurs principales propriétés distinctives; aussi en prennent-ils le nom.

Le *fumier de cheval* est appelé *chaud*, parce qu'il a une grande tendance à fermenter, et qu'il donne une très-grande activité à la végétation. C'est celui dont on fait le plus généralement usage, surtout dans les jardins. C'est presque le seul qui convienne dans la fabrication des couches.

Le *fumier de vache* est appelé *froid*, parce qu'il fermente moins facilement, moins fortement et moins long-temps.

Le premier convient aux terres fortes et humides, et le second à celles qui sont sèches et maigres.

Le *fumier de mouton* est le plus actif de tous, parce qu'il contient plus de carbone sous un plus petit volume. Celui de chèvre n'en diffère pas sensiblement.

Celui des cochons passe également pour être très-actif, chez quelques agriculteurs, tandis qu'il est regardé comme froid par d'autres; ce qui peut être également fondé, car c'est de la nourriture donnée à l'animal que dépend sa qualité.

Les fumiers sont employés plus ou moins long-temps après qu'ils sont sortis de dessous les animaux qui les ont fournis; mais le plus généralement, on ne les répand sur les terres qu'au bout de l'année, soit à la fourche, soit à la main. La manière de les ramasser et de les conserver varie à un point incroyable. Il semble que, dans certains pays, on n'y mette aucune importance, tant ils sont négligés; tandis que dans d'autres on paroît y en mettre trop, tant ils sont soignés.

Aux environs de Paris, les fumiers couvrent le sol entier

de la cour des fermes, de manière qu'ils sont journellement piétinés par les hommes et les animaux. Cette méthode n'est rien moins que salubre pour les habitans de la ferme, et n'a d'autre avantage que d'éviter la perte de quelques parcelles de pailles, de quelques excrémens de volailles Elle ne doit par conséquent pas être adoptée par un agronome éclairé.

Dans les parties septentrionales de la France, on fait généralement au centre de la cour un bassin où se dirigent toutes les eaux pluviales, et on y jette le fumier, qui, étant toujours noyé, se lave, perd la plus grande portion de ses principes fertilisans, et ne peut fermenter.

Dans quelques autres cantons, au contraire, les fumiers sont placés dans l'endroit le plus élevé de la cour, et on en forme des cônes ou meules que l'on élève le plus possible pour épargner la place; de sorte que d'un côté, les eaux pluviales entraînent leurs sels et leurs autres parties constituantes, tandis que de l'autre, le soleil les prive de l'humidité nécessaire à leur fermentation.

Voici la méthode la plus généralement avantageuse à employer pour disposer les fumiers, de manière à en tirer tout le parti possible.

Dans la partie de la cour la plus voisine des écuries, mais cependant à quelque distance de ces dernières, à l'exposition du nord s'il est possible, on fera une fosse carrée de deux à trois pieds au plus de profondeur, et d'une largeur proportionnée à la quantité de fumier qui doit y entrer annuellement. On en pavera le sol avec de larges pierres plates, ou bien, à défaut de pierres, on la couvrira d'un lit d'argile, et on fera un lit autour. C'est là qu'on déposera les fumiers à mesure qu'on les tirera des écuries, ayant soin de les répandre toujours également. Ils y seront dans la position la plus favorable pour fermenter, et passer, sans perte de substance, à ce qu'on appelle *fumier consommé*, c'est-à-dire, à devenir noir, gras et homogène. Une bonne fermière ne manquera pas d'y faire porter chaque jour les urines de la nuit, les restes de la cuisine, les fientes de bœufs ou de chevaux que ces animaux auront laissé tomber dans les autres parties de la cour, etc.

Le fumier est ordinairement entièrement consommé au bout de trois ans; après ce temps, il se détériore, se change en terreau; ainsi on doit l'employer dans cet intervalle. Il y a de l'avantage à l'utiliser au sortir de l'écurie, surtout dans les terres fortes.

On trouvera, au mot Engrais, les principes de l'action

des fumiers, et tout ce qu'on peut désirer de plus sur ce sujet. (B.)

FUM-LAN des Chinois; PHAONG-LAN des Cochinchinois. C'est l'*æride odorante* de Loureiro, orchidée parasite à fleurs odorantes. Les rameaux détachés de la plante sont suspendus à l'air libre; ils se développent et croissent ainsi pendant plusieurs années. Loureiro ajoute qu'il se seroit refusé à le croire, s'il n'en avoit été témoin journellement. L. (LN.)

FUNAIRE, *Funaria*. Nom donné, par Hedwig, à un genre de plantes de la famille des mousses, qui offre pour caractères: un péristome double, l'extérieur à seize dents obliques, rapprochées à leur sommet; l'intérieur muni d'autant de poils membraneux et aplatis; fleurs mâles et femelles terminales. Il a été aussi appelé KOELREUTÈRE.

L'HYPNE HYGROMÉTRIQUE sert de type à ce genre qui contient sept espèces. (B.)

FUNCO et **HINOIO**. Noms du FENOUIL, en Espagne. (LN.)

FUNDUCH. Nom donné au NOISETIER, par quelques nations tartares, les Arméniens, etc. (LN.)

FUNDULE, *Fundulus*. Genre de poissons, établi par Lacépède, pour placer deux espèces de COBITES qui n'ont pas les caractères des autres.

Les leur sont: corps et queue presque cylindriques; des dents et point de barbillons aux mâchoires; une seule nageoire dorsale.

Le FUNDULE MUDFISH, *Cobitis heteroclita*, Linn. Il a six rayons à chaque ventrale. Il se trouve dans les rivières de Caroline.

Le FUNDULE JAPONAIS. Il a huit rayons à chaque ventrale; il habite les eaux du Japon. (B.)

FUNDULUS. On a donné ce nom à la loche, *Cobitis barbatula*. (DESM.)

FUNGICOLES, *Fungicola*. Famille d'insectes coléoptères, de la section des trimères, ayant pour caractères: antennes plus longues que la tête et le corselet; palpes maxillaires filiformes, ou simplement un peu plus gros à leur extrémité; corps ovale, avec le corselet en trapèze.

Les espèces indigènes vivent, pour la plupart, dans les lycoperdons et autres champignons, et telle est l'origine de la dénomination de cette famille. Elle se compose des genres EUMORPHE, LYCOPERDINE, ENDOMYQUE, et DASYCÈRE. Le dernier n'y est placé qu'à raison du nombre des articles de ses tarses et de ses antennes; ses autres caractères l'en éloignent et le rapprochent davantage des *lyctes*, des *latridies*. *V.* ces mots. (L.)

FUNGIE, *Fungia*. Genre de polypiers pierreux, établi par Lamarck aux dépens des *madrépores* de Linnæus. Il a pour caractères d'être libre, orbiculaire ou hémisphérique, ou oblong; convexe et lamelleux en dessus, avec un sillon ou un enfoncement au centre; concave et raboteux en dessous; d'avoir une seule étoile lamelleuse, subprolifère, à lames dentées ou hérissées latéralement.

Ce genre a pour type le MADRÉPORE FUNGITE de Linnæus. (B.)

FUNGIFER LAPIS de Gesner. *V.* PIERRE A CHAMPIGNONS. (DESM.)

FUNGITE. *Voy.* FONGITE. (DESM.)

FUNGIVORES. *V.* FONGIVORES et FUNGICOLES. (DESM.)

FUNG-MI-CHU. Nom chinois du *Clerodendrum infortunatum*. L. (LN.)

FUNGOIDASTRE. Micheli a ainsi nommé les PEZIZES dont le chapeau est en forme de trompette. (B.)

FUNGUS. Nom collectif latin des CHAMPIGNONS. (DESM.)

FUNGUS CYATHIFORMIS. *V.* HIPPURITE. (DESM.)

FUNGUS ENCEPHALOIDES. *Voyez* MENANDRITE. (DESM.)

FUNGUS GLAPHYRUS. *V.* STALACTITES. (DESM.)

FUNKIE, *Funkia*. Genre de plantes établi par Willdenow, dans les Mémoires de l'académie de Berlin, pour placer le MÉLANTHE NAIN de Forster. Ses caractères sont: calice nul; corolle de six pétales; six étamines insérées à la base des pétales; trois stigmates sessiles; capsule polysperme à trois loges et à trois sillons. (B.)

FUNICULE. Synonyme de CORDON OMBILICAL. C'est un filet qui unit la GRAINE au PLACENTA, et qui lui porte la nourriture fournie par les RACINES et les FEUILLES. Souvent il n'existe pas, ou il est si court qu'on ne peut le voir. Quelquefois il devient très-long, comme dans les MAGNOLIERS. (B.)

FUNICULINE, *Funiculina*. Genre de polypes flottans, établis par Lamarck aux dépens des PENNATULES. Ses caractères sont: corps libre, filiforme, très-simple, très-long, charnu, garni de verrues ou papilles polypifères disposées par rangées longitudinales; un axe grêle, corné, presque pierreux au centre; polypes solitaires sur chaque verrue.

Les pennatules figurées par Linn., *Mus. Reg.*, tab. 19, n.° 4; par Boadsch, *Mar.*, tab. 9, n.° 4; et par Muller, *Zool. Dan.* tab. 36, n.os 1—3, servent de type à ce genre. (B.)

FUNIOLE. Nom que les cultivateurs de l'Abruzze donnent

au MILLEPERTUIS CRÉPU, qu'ils croient propre à donner la mort aux moutons blancs, et à ne faire aucun mal aux moutons bruns. (B.)

FUNIS CREPITANS. Rumphe fait connoître, sous cette dénomination, plusieurs espèces d'ACHIT (*Cissus*), dont l'un le F. C. MAJOR, vol. 5, tab. 164, est le *Cissus latifolia*; et un second, le F. C. TRIFOLIUM, vol. 5, tab. 165, est le *Cissus carnosa*. (LN.)

FUNIS MURÆNARUM, Rumph., Amb. 5, t. 35. Espèce de MELASTOME (*Mel. crispata*, L.), qui croît à Amboine. (LN.)

FUNIS MUSARIUS, Rumph., *Amb.* 4, t. 72. C'est le CANANG de Ceylan, *Uvaria zeylanica*, Linn. (LN.)

FUNIS QUADRANGULARIS, (Rumph., *Amb.* 5, t. 44, f. 2.) Espèce d'ACHIT (*Cissus quadrangularis*, D), sur laquelle étoit fondé le genre *sœlanthus* de Forskaël. La figure 1.re de la même planche de Rumphe, représente et sous le même nom, le *menispermum crispum*. (LN.)

FUNIS UNCATUS, Rumph., *Amb.* 5, t. 34. M. de Jussieu pense que l'on doit rapporter cette plante des Indes orientales, au genre nauclea, dont la première espèce connue étoit un céphalante pour Linnæus, et dont deux autres forment le genre UNCARIA de Schreber. Loureiro rapproche avec doute la plante de Rumphe, de son *uvaria uncata*, le YM-CHAO des Chinois. (LN.)

FUNIS VIMINALIS (Rumph., *Amb.* 5, t. 2). C'est le *Ventilago maderaspatana* de Gærtner. (LN.)

FUNON. Coquille du genre des BUCCINS. (B.)

FUR et FURN ou FURA. Ces noms désignent le PIN SAUVAGE, dans les provinces danoises, suédoises et Norwégiennes. (LN.)

FUR NOCTURNUS. Pline désigne ainsi le *Crapaud-volant* ou l'ENGOULEVENT. *V.* ce mot. (S.)

FURAB ORDAO. Nom portugais du NYCTANTHE VELU (*Nyctanthes hirsuta*, L.). (LN.)

FURAFF. L'un des noms japonais de l'ARMOISE DES INDES (*Artemisia indica*, Willd.). (LN.)

FURCOCERQUE, *Furcocerca*. Genre de vers infusoires, établi par Lamarck, aux dépens des CERCAIRES de Muller. Ses caractères sont : corps très-petit, transparent, rarement cilié, muni d'une queue diphylle ou bicuspide.

Les espèces rapportées à ce genre par Lamarck, sont les CERCAIRE VERTE, PODURE, BOURSE, CATELLE, LIME, de Muller, et la CERCAIRE CORNUE que j'ai observée en Amérique, et décrite et figurée dans le Buffon de Deterville, partie des Vers, pl. 32. (B.)

D. 28.

Desève del. Drouet Sculp.

1. Furet. 2. Fourmilier.

FURCULAIRE, *Furcularia*. Genre établi par Lamarck aux dépens des vorticelles de Muller. Ses caractères sont : corps libre, contractile, oblong, muni d'une queue courte ou allongée, terminé par deux pointes ou par deux soies ; bouche pourvue d'un ou deux organes ciliés et rotatoires.

Lamarck rapporte treize espèces à ce genre, dont les plus communes sont : les VORTICELLES AURICULÉE, HÉRISSÉE, FRANGÉE, ÉTRANGLÉE, ROBIN, FOURCHUE, REVIVIFIABLE. Cette dernière est le ROTIFÈRE. (B.)

FURCRÉE, *Furcrea*. Genre de plantes de l'hexandrie monogynie et de la famille des broméloïdes, établi par Ventenat, et qui offre pour caractères : une corolle campanulée, divisée en six parties égales ; six étamines à filamens aplatis à leur base et insérés sur une glande qui recouvre l'ovaire ; un ovaire supérieur, à style épais et à stigmate trilobé ; une capsule à trois loges, à trois valves et à plusieurs semences.

Ce genre, qui a été formé aux dépens des AGAVES de Linnæus, dont il diffère principalement par sa corolle campanulée, ne comprend qu'une espèce, qui est l'*agave fétide* ou le *pitte*, plante d'Amérique, dont les feuilles radicales sont longues, médiocrement épaisses et canaliculées en leur milieu, et les fleurs portées en très-grand nombre, sur une hampe de plusieurs toises de haut.

C'est dans le n.° 28 du *Bulletin de la Société philomathique*, que Ventenat a d'abord publié ses observations sur cette plante remarquable, qui fleurit rarement dans nos climats, et dont les fleurs se changent presque toutes en bulbes par l'effet du froid.

On verra au mot AGAVE, l'utilité qu'on en retire dans son pays natal. (B.)

FURERA. Genre établi par Adanson sur le *thymus virginicus*, Linn., que Michaux a depuis nommé *Brachystemum*, et que M. Persoon a réuni au *pycnanthemum* du même botaniste. (LN.)

FURET. Mammifère du genre des MARTES, figuré pl. D. 28 de ce Dictionnaire. Le furet est très-voisin du *putois* de notre pays, par sa taille et par ses formes ; mais il en diffère par la couleur de son pelage qui est beaucoup plus claire. Cet animal est employé pour la chasse aux lapins de garenne. *Voyez* sa description plus détaillée, et l'histoire de ses habitudes, à l'article MARTE. (DESM.)

FURET (GRAND) de d'Azara. C'est la *Mustela barbara* de Guel, ou GRISON mammifère du genre GLOUTON. (DESM.)

FURET (PETIT) du même ; c'est le TAYRA, autre espèce de glouton. (DESM.)

FURET DES INDES de Brisson. C'est la MANGOUSTE de l'INDE. (DESM.)

FURET DE JAVA (*Mustela javanica*), Seb., *Thes.* 1, tab. 48, fig. 4. Cet animal, au sentiment de Buffon et d'Erxleben, ne différeroit pas de la MANGOUSTE-VANSIRE. (DESM.)

FURET-PUTOIS. *V.* FURET. (DESM.)

FURET (*Ornith.*). Sur la Saône, on donne ce nom au CANARD SAUVAGE, lorsqu'il est petit. On l'appelle aussi CANARD DE MONTAGNE. (V.)

FURIE, *Furia.* Genre de vers extérieurs, établi par Linneus, et auquel il a donné pour caractères : un corps linéaire, filiforme, égal, garni de chaque côté d'un rang de cils piquans et dirigés en arrière.

Ce nom de *furie*, et même de *furie infernale*, donné par Linnæus, paroît avoir été créé par la peur, à l'occasion d'un animal fabuleux. Voici le fait.

Il arrive fréquemment que les habitans des provinces orientales de la Suède, et leurs bestiaux, sont attaqués d'un mal atroce qui se fixe sur le visage ou les mains, et qui devient souvent mortel lorsqu'on n'y applique pas, dès le moment de son invasion, des cataplasmes huileux ou laiteux. Le préjugé populaire veut que ce mal soit le résultat de la piqûre d'un animal qui se tient sur les arbres, d'où il est jeté par le vent sur l'homme et les animaux, et dans les chairs desquels il pénètre.

Linnæus, dans une de ses herborisations, fut attaqué de ce mal, et faillit en périr. La personne qui lui donnoit l'hospitalité, et qui étoit un prêtre, ne manqua pas de lui faire part de l'opinion générale. Elle fit même plus, elle lui montra, desséché, un ver d'un demi-pouce de long, qu'elle donna comme la véritable cause du mal. Linnæus, sans doute encore affoibli par la maladie, le décrivit, le nomma, et à son retour le fit connoître au monde savant, en le mentionnant dans son *Systema naturæ*, comme formant un genre nouveau.

J'ai entendu dire à des naturalistes suédois, qu'il étoit généralement reconnu parmi les savans de leur pays, que leur illustre compatriote avoit été égaré, dans cette occasion, par la douleur, la peur, et un préjugé populaire ; que la maladie dont il avoit été frappé, étoit un phlegmon semblable à ceux qu'on connoît, surtout pendant l'automne, dans les pays marécageux, et qui deviennent souvent mortels en se gangrenant ; que l'animal qu'on croit y trouver est le *bourbillon*, qui, comme on sait, a la forme d'un ver ; qu'enfin l'objet présenté à Linnæus, étoit la larve de quelque insecte, ou quelque néréide qu'il n'a pu reconnoître à raison de sa dessiccation.

Les recherches faites depuis la mort de Linnæus pour retrouver un second individu de ce ver, ont été infructueuses. Tous les habitans de la Bothnie et de la Finlande le connoissent par ses effets, ou de réputation; mais ils avouent tous ne l'avoir jamais vu avant son entrée dans le corps. Il est toujours pourri à moitié lorsqu'on l'en retire. D'après cela, on doit avoir encore plus que du doute sur son existence. (B.)

FURIE. Coquille du genre des VÉNUS. (B.)

FURNARIUS. Nom latin et générique du FOURNIER. *V.* ce mot. (V.)

FURCELLAIRE, *Furcellaria*. Genre de plantes, établi par Lamouroux, aux dépens des VARECS de Linnaeus. Il présente pour caractères: une tige et des rameaux cylindriques et sans feuilles; une fructification siliquiforme, subulée, simple ou rameuse, et à surface unie.

Ce genre, dans lequel rentre celui appelé FASTIGIAIRE, par Stackhouse, ne renferme que deux espèces, dont l'une est le VAREC LOMBRICAL de Turner. (B.)

FURO. Nom latin du FURET. En latin moderne, c'est *furunculus*. (S.)

FUROO-TOO. Nom donné, au Japon, suivant Thunberg, au *geranium palustre*. (LN.)

FURUNCULUS. Nom du FURET en latin moderne. (S.)

FURUNCULUS SCIUROIDES de Messerschmid. C'est l'ÉCUREUIL SUISSE d'Asie. (DESM.)

FURS, FURZE, L'AJONC (*Ulex europœus*, L.) porte ces noms en Angleterre. (LN.)

FURSTHAFER. Un des noms de l'Ivraie en Allemagne. (LN.)

FURU. *V.* FIELDFURU et FUR. (LN.)

FURZE. C'est l'AJONC en Angleterre. (LN.)

FUS. Nom du BLONGIOS à Turin. (V.)

FUSAGINE. Nom italien du FUSAIN. (LN.)

FUGOSA de Césalpin. *V.* FUSAIN et GENÉVRIER (LN.)

FUSAIN, *Evonymus*, Linn. (*Pentandrie monogynie.*). Genre de plantes de la famille des RHAMNOÏDES, qui comprend des arbres et des arbrisseaux dont les feuilles sont simples, et dont les parties de la fructification varient, pour le nombre, de quatre à cinq. La fleur a un calice court, presque plane, divisé en quatre ou cinq parties, et muni, à sa base inférieure, d'un disque charnu, qui offre le même nombre de divisions; la corolle est formée de quatre ou cinq pétales entièrement ouverts, et insérés sur le bord extérieur du disque; entre ce bord et celui du calice, sont attachées quatre ou cinq étamines plus courtes que les pétales, et terminées par des anthères jumelles ; un germe supérieur enfoncé dans le disque avec lequel il fait corps, soutient un style court, à stigmate obtus.

Le fruit est une capsule succulente, colorée, ayant quatre ou cinq angles obtus, et autant de valves et de loges. A l'angle central de chaque loge, est insérée une semence ovale, enveloppée d'une membrane pulpeuse, et qui est aussi colorée.

FUSAIN COMMUN, ou BONNET DE PRÊTRE, *Evonymus europæus*, Linn. Grand arbrisseau qui croît en France, en Suisse, en Allemagne, dans les haies et les bois taillis. Il est élevé de dix à quinze pieds, a une écorce lisse et verdâtre ; un bois cassant ; des branches nombreuses ; des feuilles opposées, entières, ovales, dentées finement, et des fleurs d'un blanc sale, qui naissent en petits paquets aux parties latérales des tiges. Son fruit est à quatre lobes obtus, ordinairement rouge, quelquefois blanc ; il imite dans sa forme un bonnet de prêtre.

Cet arbrisseau quitte ses feuilles tous les ans, fleurit au mois de mai, et se trouve couvert, pendant les mois de septembre, octobre et novembre, d'une quantité de fruits vivement colorés, qui lui méritent une place dans les bosquets d'automne. Il est encore plus utile qu'agréable. Son bois obéit au ciseau, et peut être employé quelquefois aux ouvrages de sculpture. Les luthiers en font usage. On en fait des vis, des fuseaux, des cure-dents, des lardoires, et d'autres instrumens. Les dessinateurs se font des crayons avec les baguettes de fusain, qu'ils réduisent en charbon dans un tube de fer rougi au feu, et bien fermé. Ce crayon est propre à esquisser, parce qu'il s'efface très-facilement ; mais quand on le taille, il faut faire la pointe sur un des côtés pour éviter la moelle. Les fruits de cet arbrisseau sont employés par les teinturiers, qui s'en servent pour trois couleurs, le vert, le jaune et le roux : pour avoir la première, on en fait bouillir les graines, encore vertes, avec de l'alun.

Le fusain commun croît partout, et fait de bonnes haies. On peut le multiplier par semences, par marcottes, ou par boutures. C'est toujours en automne qu'il faut ou semer ses graines, ou coucher ses jeunes branches, ou planter ses boutures. Au bout d'un an, les jeunes sujets doivent être transplantés dans une pépinière, et y rester au moins deux ans avant d'être placés à demeure.

FUSAIN A FEUILLES LARGES, *Evonymus latifolius*, Linn. Ses feuilles sont beaucoup plus larges, et presque toutes ses fleurs ont cinq parties au lieu de quatre. Il diffère du fusain commun, par ses fruits, dont les cinq lobes sont comprimés, tranchans, et minces comme des ailes. On le cultive de la même manière.

FUSAIN GALEUX, *Evonymus verrucosus*, Linn. On reconnoît aisément celui-ci aux points verruqueux et noirâtres dont ses rameaux sont couverts, et à ses fleurs quadrifides. Il croît dans l'Autriche et la Hongrie, fleurit au commencement du printemps, et se dépouille en hiver de ses feuilles.

FUSAIN D'AMÉRIQUE, *Evonymus americanus*, Linn. Ce petit arbrisseau, qui vient sans culture en Virginie et dans la Caroline, offre deux avantages aux amateurs des plantes exotiques; il résiste au froid, pourvu qu'il ne soit pas planté dans un endroit trop exposé, et il conserve ses feuilles en hiver. On peut donc l'employer à garnir les bosquets sombres de cette triste saison. Il s'élève à huit ou dix pieds; ses feuilles sont sessiles et ses fruits quinquéfides. On le multiplie, dit Miller, en marcotant ses jeunes branches en automne, en observant de les fendre comme celles des œillets. (D.)

Le genre FUSAN a été établi aux dépens de celui-ci.

FUSAIN TOBINE. Il est actuellement rangé parmi les *pittospores*.

FUSAIN BATARD. C'est le CÉLASTRE GRIMPANT. (B.)

FUSAIRE, *Fusaria*. Zéder avoit donné ce nom à un genre dans lequel il avoit réuni des FILAIRES et des ASCARIDES. Ce genre n'est pas adopté. (B.)

FUSAN, *Fusanus*. Genre de plantes de la tétrandrie monogynie, qui a pour caractères: un calice monophylle à quatre dents; point de corolle; quatre étamines; un ovaire inférieur à style presque nul, et à stigmate cruciforme, obtus; une noix ovale, ombiliquée et uniloculaire.

Ce genre ne contient qu'une espèce, qui avoit été décrite par Bergius sous le nom de *colpoon*, et réunie, mal à propos, d'abord aux THÉSIES, et ensuite aux FUSAINS. C'est un arbuste à feuilles opposées, ovoïdes et entières, et à fleurs disposées en grappes terminales, qui croît au Cap de Bonne-Espérance.

Depuis, R. Brown a ajouté à ce genre quatre nouvelles espèces originaires de la Nouvelle-Hollande. (B.)

FUSANUS. *V.* FUSAIN et FUSAN.

FUSARIA et FUSANO. Noms du FUSAIN en Italie. (LN.)

FUSARION, *Fusarium*. Genre de plantes de la classe des anandres, section des épiphytes, proposé par M. Link. Ses caractères sont: un thallus globuleux, des sporidies en forme de fuseau, non cloisonnées, couvertes. Ce genre ne diffère du *fusidion* que par les sporidies qui sont nues dans ce dernier genre.

Ce genre ne renferme qu'une seule espèce, *F. roseum*, trouvée sur les tiges sèches des malvacées. Nous l'avons reconnue sur des feuilles d'orme et sur des morceaux de bois morts. (P. B.)

FUSCALBIN. *V.* l'article HÉOROTAIRE. (V.)

FUSCINIE, *Fuscinia.* Schrank donne ce nom au genre de mousse, appelée FISSIDENT par Hedwige. (B.)

FUSCITE. Nom donné par M. Schumacher à un minéral observé par lui à Kallerigen, près d'Arendal en Norwége, dans du quarz grenu roulé, accompagné d'un peu de feldspath et de chaux carbonatée ferro-manganésifère.

Ce minéral est opaque et d'un noir grisâtre ou verdâtre; il est tendre, facile à racler, et donne une poussière d'un gris blanchâtre. Sa pesanteur spécifique est de 2,5 à 3. Il cristallise en prismes à 4 et à 6 pans, et sa cassure est raboteuse. Il devient luisant et comme émaillé par le feu du chalumeau, mais ne se fond pas.

Suivant M. Brongniart, il paroît avoir beaucoup de ressemblance avec la *pinite.* On a aussi nommé FUSCITE une substance très-différente de celle-ci, et qui se trouve également en Norwége.

Cette dernière nous a présenté tous les caractères d'un porphyre à base de feld-spath résinite; elle est d'un vert noirâtre foncé. (LUC.)

FUSEAU, *Fusus.* Genre de coquilles univalves établi par Lamarck, aux dépens de ROCHERS (*Murex*) de Linnæus. Son expression caractéristique est : coquille fusiforme, canaliculée à sa base, sans bourrelets constans, et ayant sa partie ventrue, soit également distante des extrémités, soit plus voisine de sa base; spire allongée; columelle lisse; bord droit, sans échancrure.

Ce genre comprend presque toutes les coquilles figurées dans Dargenville sous le nom de FUSEAU. (B.)

FUSEAU BLANC, A DENTS, DENTELÉ, ÉTOILÉ, de TERNATE. Synonymes du *strombus fusus* de Linnæus, coquille du genre ROSTELLAIRE. (DESM.)

FUSEAU A LONGUE QUEUE, *Fusus colus.* C'est le type du genre FUSEAU. (DESM.)

FUSEAU A COLLET. Espèce d'AGARIC qui se trouve fréquemment aux environs de Paris, et que Paulet a figuré pl. 149 de son *Traité des champignons.* Il a le chapeau fauve clair en dessus, et fauve foncé en dessous; le pédicule fusiforme et pourvu d'un collet. Il n'a pas incommodé les animaux à qui on l'a fait manger.

FUSEAU A RUBAN. Autre espèce d'AGARIC qui croît aussi

aux environs de Paris, et qui ne paroît pas dangereuse. Elle se fait remarquer par son pédicule fusiforme blanc avec un cercle rouge dans son milieu. Son chapeau est marron clair en dessus et marron foncé en dessous. Paulet l'a figurée pl. 149 de son *Traité des champignons*. (B.)

FUSÉE. Les chasseurs appellent quelquefois ainsi une partie du terrier du *renard*.

C'est aussi, en vénerie, l'espèce de sillon que le *sanglier* trace en fouillant la terre avec son boutoir. (S.)

FUSÉE. Nom vulgaire de l'AGARIC ÉLEVÉ qui se mange dans beaucoup de lieux. (B.)

FUSELÉE. C'est le CHARDON PRISONNIER (*atractilis cancellata*, Linn. (LN.)

FUSEN. *V.* FUSAIN. (LN.)

FUSICORNES ou CLOSTOCÈRES, Dumér. Famille d'insectes, de l'ordre des lépidoptères, composée du genre *sphinx* de Linnæus, et qui répond à notre division des lépidoptères *crepusculaires*. *V.* ce mot, et ceux de SPHINGIDES et ZYGÆNIDES. (L.)

FUSIDION, *Fusidium*. Nouveau genre de plantes proposé par M. Link. Il a pour caractères : des sporidies fusiformes non cloisonnées, nues, libres, réunies en masse.

Ce genre comprend quatre espèces. (P. B.)

FUSIL. Les carriers appellent ainsi un banc particulier de pierre à plâtre qui existe dans la première masse exploitée, à Montmartre, à Belleville et autres lieux des environs de Paris. (DESM.)

FUSIL. (PIERRE A) *V.* SILEX PYROMAQUE. (DESM.)

FUSIPORÉE, *fusiporium*. Genre de plantes de la classe des anandres, deuxième ordre ou section, les moisissures, proposé par M. Link. Il a pour caractères : un thallus composé de filamens réunis en gazon, rameux, cloisonnés; des sporidies fusiformes rassemblées au milieu du thallus.

Il se compose d'une seule espèce, le FUSIPORE COULEUR D'OR, qui croît sur les tiges du maïs, des cucurbitacées et autres plantes. (P. B.)

FUSTER. Echapper au piége. On dit qu'un oiseau a *fusté*, soit qu'il ait vu le piége, ou qu'il ait été manqué. (V.)

FUSTET. Nom d'une espèce du genre SUMAC. (B.)

FUSTICK-WOOD. Rai (*Dendr.* 14 et 666) désigne par ce nom une espèce de MURIER (*morus tinctoria*, L.). (LN.)

EUSUS. Nom latin des coquilles du genre FUSEAU. (DESM.)

FUSUS AGRESTIS, ATRACTYLIS en grec. *V.* ATRACTYLIDE. (LN.)

FUTAIE. Bois qu'on a laissé croître au-delà de *trente* ou *quarante ans*. A cet âge, il porte le nom de FUTAIE SUR TAILLIS: entre quarante et soixante ans, c'est *demi-futaie ;* après ce terme, il est HAUTE-FUTAIE; et quand il a passé deux *cents ans* ou qu'il est sur le retour, on l'appelle ordinairement VIEILLE FUTAIE. *V.* les mots ARBRE, BOIS, TAILLIS. (D.)

FUTE. C'est, au Japon, suivant Thunberg, le nom d'une espèce de gnaphale qu'il rapporte au *gnaphalium arenarium*, L. (LN.)

FYR et FYRRETRÆ. Nom du PIN SAUVAGE en Danemarck. (LN.)

FYRLOSKEN. L'un des noms du FAUX NARCISSE (*narcissus pseudo-narcissus*), en Allemagne. (LN.)

FUZENV. Nom donné, en Hongrie, à la LYSIMACHIE COMMUNE. (LN.)

G.

GA, GAI. Noms du GEAI, en Piémont. (V.)

GAAPERKEM. Nom hollandais de l'*antirrhinum orontium*. *V.* MUFLIER. (LN.)

GAAR. Nom espagnol de l'ESOCE BELONE. (B.)

GAARBON. Nom norwégien de l'ENGOULEVENT. (S.)

GAARDGRAES. Nom de la RENOUÉE (*polygonum aviculare*), en Norwége. (LN.)

GAAS ou GASA. Nom de l'OURS au Kamtschatka. *V.* ce mot. (S.)

GAASGRAES. Nom de la FÉTUQUE FLOTTANTE ou MANNE DE POLOGNE, en Suède et en Norwége. (LN.)

GAATI-EGER. C'est, en Hongrie, le CAMPAGNOL RAT-D'EAU. *V.* ce mot. (DESM.)

GABALIUM, Pline. Sorte d'*aromate* qu'on apportoit de l'Arabie. (LN.)

GABANZA. Nom de l'EGLANTIER (*rosa canina*), en Espagne. (LN.)

GABAR. *V.* le genre EPERVIER. (V.)

GABBRO. Les marbriers florentins donnent ce nom à la roche de diallage, appelé *euphotide* par M. Haüy, et à plusieurs variétés de serpentine, renfermant ce même minéral, qui se trouvent en Toscane. *V.* l'article EUPHOTIDE. Il paroît même avoir été étendu à des pierres différentes de la serpentine. Ferber cite un *gabbro* noir, avec des taches blanches, venant de *Cecina*, dans les maremmes de Volterre, près de Pise, où il se trouve disposé par couches; un *gabbro* vert, blanc, noir et rouge, qui renferme de l'asbeste; un *gabbro* noir, mêlé de mica; ces deux variétés se trouvent à Prato, près de Pistoia; on nomme la première *verde di Prato*, la seconde *nero di Prato*.

Les montagnes d'*Impruneta*, à deux lieues au sud de Florence, sont formées de gabbro que Ferber désigne formellement sous le nom de *serpentine de Saxe*. On l'emploie à l'ornement des édifices, et l'on en voit surtout de beaux échantillons dans l'église de la Chartreuse, qui est à une lieue de Florence.

Desmarest appeloit *gabbro* l'amphibole lamellaire en masse ou horneblende commune. *V.* t. I, p. 463. (PAT. et LUC.)

GABBRONITE. M. Schumacher a décrit sous ce nom un minéral trouvé par lui en Norwége, et auquel il assigne les caractères suivans : sa couleur est le blanc grisâtre nuancé de différentes teintes de vert ou de rougeâtre; il raye le verre, quoiqu'il étincelle difficilement sous le choc du briquet, et sa cassure est en général écailleuse; son tissu est très-serré : au chalumeau il fond, avec peine, en un émail blanc. Il est ordinairement accompagné de feldspath compacte incarnat, d'amphibole, de talc et de fer oligiste laminaire.

M. Haüy penche à croire que l'opinion de M. Reuss qui tend à rapprocher cette substance de la néphrite ou feldspath tenace, est assez vraisemblable. Suivant M. Jameson, le gabbronite est une simple variété du paranthine compacte. *V.* sa *Minéralogie*, t. 1, p. 391. (LUC.)

GABELKRAUT. L'un des noms allemands des BIDENS. (LN.)

GABETS. (*Vénerie.*) VERS ou plutôt *larves* d'insectes qui se logent dans la peau du CERF. *V.* OESTRE. (DESM.)

GABIAN. Nom vulgaire du GOÉLAND. (DESM.)

GABRIAN. C'est, en Provence, la dénomination du PLONGEON. (V.)

GABIER. Nom appliqué par M. de Azara à un petit oiseau du Paraguay, parce qu'il se tient vers le milieu des arbres. (V.)

GABINA. Barrère dit que en Catalogne, le *gabina* est une espèce de GOÉLAND, qu'il désigne par cette phrase : *Larus albus, dorso, rostro et pedibus fuscis* (*Ornith.* class. 1, gen. 4, sp. 4). C'est, selon toute apparence, l'espèce surnommée le *bourguemestre* ou le *goéland à manteau-gris-brun*. *V.* au mot MOUETTE. (S.)

GABIOURNE. Nom des PIES-GRIÈCHES dans une partie du Piémont. (V.)

GABIOUSNA D'MARINA. Nom du GUÊPIER dans l'Astesane. (V.)

GABIRA. C'est une espèce de *guenon* noire qui se trouve en Afrique. Comme ces caractères ne sont pas assez détaillés, on ne sait à quelle espèce il faut la rapporter. Son poil est noir; sa taille égale celle du renard, et sa queue est longue. C'est probablement un mangabey (*simia æthiops*, Linn.). *V.* l'article GUENON. (VIREY.)

GABON. Grand oiseau d'Afrique, auquel on donne six pieds de long, dans quelques voyages anciens, où l'on ne dit rien de plus du *gabon*, si ce n'est qu'il se trouve vers la Gambie. (S.)

GABOT. Nom d'un poisson qu'on pêche pour servir d'amorce, et qui a la propriété de rester trois ou quatre jours en vie hors de l'eau. On ignore à quel genre appartient ce poisson. (B.)

GABRE. On désigne quelquefois par ce nom le COQ D'INDE et le vieux mâle de la PERDRIX. (DESM.)

GABURA. Genre établi par Adanson dans la famille des CHAMPIGNONS ou des LICHENS. On ne l'a pas adopté. (B.)

GACENIA d'Heister. Cette plante est une GIROFLÉE (*cheiranthus*, Linn.). (LN.)

GACHELKRAUT. L'un des noms allemands de la MILLEFEUILLE (*achillea millefolium*). (LN.)

GACHET. Nom d'une HIRONDELLE DE MER. *V.* le genre STERNE. (V.)

GACHETTE. Dénomination d'une machine quelconque qui sert à détraquer un piége. (V.)

GACHIPAES. Nom vulgaire d'un BACTRIS de la Nouvelle-Grenade, décrit dans l'ouvrage de Humboldt, Bonplan et Kunth sur les plantes de l'Amérique méridionale. (B.)

GADDEL. Les oiseleurs de Londres appellent ainsi le PILET. (S.)

GADE, *Gadus*. Genre de poissons de la division des JUGULAIRES, dont les caractères offrent une tête comprimée; des yeux éloignés l'un de l'autre, et placés sur les côtés de la tête; un corps allongé, peu comprimé, et revêtu de petites écailles; les opercules composés de plusieurs pièces, et bordés d'une membrane non ciliée.

Les sous-genres suivans ont été proposés par Cuvier pour diviser celui-ci: MORUE, MERLAN, MERLUCHE, LOTTE, MUSTELLE, BROSME et RANICEPS.

Les *gades* vivent dans la mer, et fournissent presque tous à l'homme une nourriture aussi agréable que saine. Ils sont, en général, si abondans, qu'il ne faut, pour ainsi dire, que les désirer pour se les procurer. Quelques espèces, comme le *gade morue*, le *gade merlan*, le *gade lotte*, le *gade mustelle*, sont plus généralement connues ; mais on verra que les autres ne leur cèdent pas en bonté.

On compte une vingtaine d'espèces de *gades*, qui se rangent sous cinq divisions.

La première division comprend les gades qui ont trois nageoires sur le dos, un ou plusieurs barbillons au bout du museau, tels que :

Le Gade morue, dont la nageoire de la queue est fourchue ; la mâchoire supérieure plus avancée que l'inférieure ; le premier rayon de la première nageoire de l'anus aiguillonné. *V*. pl. D. 32 où il est figuré. On le pêche dans les mers du nord de l'Europe et de l'Amérique. Il est connu sous le nom de *cabillau* sur nos côtes. C'est un des poissons les plus précieux pour l'homme, à raison de son abondance et de sa bonté. *V*. au mot Morue.

Le Gade églefin a la nageoire de la queue fourchue ; la mâchoire supérieure plus avancée que l'inférieure ; la couleur blanchâtre ; la ligne latérale noire. On le trouve dans la mer du Nord, et on le connoît, sur les côtes de France, sous le nom d'*églefin*, d'*égrefin*, et d'*ânon*.

Cette espèce a les plus grands rapports avec la précédente pour la forme et les qualités de la chair ; mais elle a rarement plus d'un pied et demi de long. Sa tête est cunéiforme ; ses écailles petites, rondes et solidement fixées. Son dos est brunâtre ; son ventre blanc ; on aperçoit une tache noire près de la nageoire pectorale.

On prend une grande quantité d'Eglefins dans la mer du Nord ; mais c'est surtout sur les côtes d'Angleterre que leur pêche est abondante. Ils arrivent sur les rivages d'Yorck au milieu de l'hiver, et forment un banc de trois milles en largeur et de quatre vingts milles en longueur. Dans cet espace, il suffit de jeter la ligne pour amener un poisson, et pendant trois mois, trois pêcheurs peuvent en remplir leur canot deux fois par jour. Aussi sont-ils, à cette époque, à si bon marché, qu'on les donne à un sou la pièce, et même quelquefois moins. Sur les côtes du nord de la France, où ils ne sont jamais aussi abondans, on les prend avec des lignes de fond. On jette ces lignes vers le soir, et le lendemain on les trouve ordinairement garnies chacune d'un gade : de sorte que le pêcheur peut revenir avec cent poissons et plus.

Un fait digne de remarque, c'est que les gades églefins n'entrent point dans la Baltique.

C'est en hiver qu'ils déposent leur frai entre les varecs du rivage, et peu après ils rentrent dans les profondeurs de l'Océan. Ils vivent de mollusques et de petits poissons. Ils poursuivent surtout les HARENGS, qui les engraissent rapidement; ils sont eux-mêmes dévorés par les REQUINS, qui suivent constamment leur marche.

Le GADE BIB, *Gadus luscus*, Linn., a la nageoire de la queue fourchue; la mâchoire supérieure un peu plus avancée que l'inférieure; le premier rayon de chaque nageoire jugulaire terminé par un long filament. On le trouve dans la mer du Nord, et surtout autour de l'Angleterre. Il parvient à la même grandeur que le précédent. Son dos est jaunâtre, et son ventre est blanc. Sa chair est exquise.

Le GADE SAÏDA a la nageoire de la queue fourchue, la mâchoire supérieure un peu plus avancée que l'inférieure, le second rayon de chaque nageoire jugulaire terminé par un long filament. Il habite la mer Blanche, et ne parvient guère au-dessus d'un pied. Sa tête est noire, son dos brun, parsemé de points noirs, et son ventre blanc. Sa chair n'est pas aussi savoureuse que celle de la plupart des gades; mais elle est très-mangeable.

Le GADE BLENNOÏDE a la nageoire de la queue fourchue; le premier rayon de chaque nageoire jugulaire plus long que les autres, et divisé en deux. On le trouve dans la Méditerranée. Il a beaucoup de rapports de grandeur et de forme avec le *gade merlan*. Il est blanc partout, mais plus sous le ventre. La forme du premier rayon de ses nageoires jugulaires, beaucoup plus grand que les autres, fait croire, à la première vue, qu'il appartient au genre BLENNIE.

Le GADE CALLARIAS a la nageoire de la queue en croissant, la mâchoire supérieure plus avancée que l'inférieure; la ligne latérale large et tachetée. On le trouve dans la mer du Nord et dans la Baltique, où on le connoît sous le nom de *dorse* ou *dorsch* en Allemagne.

On le prend pendant toute l'année, mais principalement l'été, soit à la ligne, soit au filet, sur les côtes de la Prusse, du Groënland et autres contrées du Nord. Il aime à se tenir à l'embouchure des fleuves, et même à les remonter avec la marée. Il vit d'autres poissons, de crustacés et de vers. Sa chair est tendre et d'un excellent goût. On peut la donner sans inconvénient aux personnes foibles et valétudinaires. Quelquefois elle est verte, ce qu'on attribue aux varecs, parmi lesquels il vit, et sur lesquels il dépose son frai au commencement du printemps. On la sèche en Irlande.

Le GADE TACAUD, *Gadus barbatus*, Linn., a la nageoire de la queue en croissant, la mâchoire supérieure plus avancée que l'inférieure, la hauteur du corps égale à peu près au tiers de la longueur totale. On le trouve sur toutes les côtes de l'Europe septentrionale, où il arrive pour frayer au commencement du printemps. Le reste de l'année, il se tient en pleine mer. On l'appelle *molle* ou *mollé* dans quelques ports de France. Il vit de petits poissons, de crustacés, de mollusques ou de vers. Sa chair est blanche, molle, feuilletée, et se corrompt très-rapidement; on la regarde comme un bon mets lorsqu'elle est grasse; mais, en France, on l'estime moins que dans d'autres pays, qu'en Angleterre, par exemple. Les Groënlandais la font sécher, ainsi que les œufs, pour leur provision d'hiver.

On prend ce poisson, qui a rarement plus d'un pied, au filet et à l'hameçon. Il est quelquefois si abondant dans certaines rades, qu'on en amène plusieurs centaines d'un seul coup. Son dos est brun et son ventre blanc.

Le GADE CAPELAN, *Gadus minutus*, Linn., a la nageoire de la queue arrondie; la mâchoire supérieure plus avancée que l'inférieure; le ventre très-caréné; l'anus placé à peu près à égale distance de la tête et de la queue. On le pêche dans toutes les mers d'Europe. On le connoît à Marseille sous le nom de *capelan*, et sur l'Océan sous celui d'*officier*.

Quand il paroît sur les côtes, il excite une grande joie parmi les pêcheurs, parce qu'il leur annonce une pêche abondante: en effet, comme les *capelans* arrivent en grandes troupes, ils sont suivis de nombreux poissons voraces, tels que les *morues*, les *dorses*, les *églefins*, dont la prise leur procure de grands bénéfices.

Le *gade capelan*, hors cette époque, qui est celle du frai, se tient dans les profondeurs de la mer, où il vit de petits poissons, de petits coquillages et de vers. Il ne parvient pas à plus de six à sept pouces; sa chair est blanche et de bon goût.

La seconde division des *gades* comprend ceux qui ont trois nageoires sur le dos, et point de barbillons au bout du museau, comme:

Le GADE COLIN, *Gadus carbonarius*, Linn., qui a la nageoire de la queue fourchue, la mâchoire inférieure plus avancée que la supérieure, la ligne latérale presque droite, la bouche noire. On le trouve dans toutes les mers du Nord. Il parvient à la longueur de deux à trois pieds, et fraye à la fin de l'hiver. On le pêche pendant toute l'année, soit au filet, soit à l'hameçon amorcé de *spat*, ou de peau d'*anguille*. Lorsqu'il est jeune, il passe pour un mets délicat; mais quand il est vieux, sa chair est dure et coriace: on le prépare cependant de la même manière que la MORUE, c'est-à-dire, qu'on le sèche ou le sale pour le conserver pendant l'hiver, ou l'envoyer au loin.

En Angleterre, où on prend beaucoup de ce poisson, il porte différens noms, selon son âge : les jeunes, qui sont olivâtres, s'appellent *puars ;* ceux d'un an, *billets ;* et les vieux, *raw-pollack.*

Le GADE POLLACK, *Gadus pollachius*, Linn., a la nageoire de la queue fourchue, la mâchoire inférieure plus avancée que la supérieure, et la ligne latérale très-courbe. Son corps, qui est ordinairement long de deux pieds, est couvert de petites écailles minces, oblongues et bordées de jaune ; son dos est jaune, taché de brun, et son ventre blanc. On le pêche dans la mer du Nord et dans la Baltique, dans les lieux où l'eau est la plus agitée. Il arrive, pendant l'été, en grandes troupes sur les côtes d'Angleterre, où on l'appelle *whiting pollack.* Il est plus rare en France, où il est connu sous le nom de LIEU. Sa chair est blanche, ferme et de très-bon goût. Il vit de petits poissons et de crustacés, et surtout d'*ammodytes appâts*, qu'il sait déterrer dans le sable, où ils se tiennent cachés.

Le GADE SEY, *Gadus virens*, Linn., a la nageoire de la queue fourchue ; les deux mâchoires également avancées ; la couleur du dos verdâtre. Il se trouve dans toutes les mers du Nord. On l'a confondu long-temps avec le précédent, dont il diffère fort peu en effet. C'est sur les côtes de la Norwége que s'en fait la plus abondante pêche ; aussi y porte-t-il cinq noms différens, à raison de son âge.

Le GADE MERLAN, *Gadus merlangus*, Linn., a la nageoire de la queue en croissant ; la mâchoire supérieure plus avancée que l'inférieure ; la couleur blanche. C'est un des poissons les plus abondans dans nos mers, et en même temps un de ceux dont la chair est la plus délicate ; aussi en fait-on dans l'Europe, et surtout dans le Nord, une énorme consommation. *V.* au mot MERLAN.

On trouve dans la troisième division des *gades*, ceux qui ont deux nageoires dorsales et un ou plusieurs barbillons au bout du museau, tels que :

Le GADE MOLVE, qui a la nageoire de la queue arrondie, et la mâchoire supérieure plus avancée que l'inférieure. On le trouve en grande quantité dans toutes les mers du nord de l'Europe et de l'Amérique. Il porte le nom de *lingue* sur nos côtes, où on en prend d'immenses quantités. Dans d'autres contrées, on l'appelle *gade long*, à raison de sa forme plus étroite et plus allongée qu'aucune autre espèce de ce genre. Il parvient fréquemment à quatre pieds de long, et on en voit quelquefois du double. Sa tête est grosse, aplatie par en haut; son corps est rond, brun en dessus, jaune sur les côtés et blanc en dessous; ses écailles sont oblongues; ses nageoires grises, bordées de blanc et tachetées quelquefois de noir.

Après le *hareng* et la *morue*, ce poisson, à cause de son immense multiplication, est le plus important pour les peuples du Nord. En Angleterre et en Norwége, où on en consomme beaucoup et d'où on en exporte davantage, on le prépare comme la MORUE.

C'est au printemps, à l'époque du frai, et sur les bancs de sable qui sont à quelque distance des côtes, surtout à l'embouchure des fleuves, qu'on en prend le plus. On se sert pour cela de lignes de fond, amorcées avec des *harengs* ou autres poissons.

Le foie de ceux qu'on vide, pour saler ou pour sécher, est mis de côté, et on en tire une huile très-douce, qu'on emploie dans les arts. On met également de côté sa vésicule aérienne, pour en faire de la COLLE DE POISSON.

Le GADE MUSTELLE a la nageoire de la queue arrondie, la première nageoire du dos très-basse, excepté le premier et le second rayons. On le trouve dans toutes les mers d'Europe, et principalement dans la Méditerranée. Il atteint rarement plus d'un pied de long; ses couleurs varient; sa chair est molle et de mauvais goût. On le prend au filet ou à la ligne, amorcée de petits coquillages ou de crustacés. Il fraye en automne. Il ne faut pas confondre ce poisson avec la *moutelle*, ou *mouteille* qui est le COBITE LOCHE FRANCHE.

Le GADE LOTTE a la nageoire de la queue arrondie, et les deux mâchoires également avancées. On le trouve dans les rivières et les lacs de presque toute l'Europe. On l'appelle *barbotte* ou *motelle* dans quelques cantons de la France. Il a tous les caractères des *gades*, mais il s'en éloigne par ses habitudes. *V.* au mot LOTTE.

La quatrième division des *gades* ne renferme qu'une espèce qui a deux nageoires dorsales et point de barbillons au bout du museau. C'est le GADE MERLUS, plus généralement connu sous le nom de *merlucha*. On le trouve dans toutes les mers d'Europe. Il parvient à deux pieds de long.

Ce poisson est très-vorace, et poursuit particulièrement le *hareng* et le *maquereau*. Il mange même ceux de son espèce. Il va par troupes très-nombreuses, et est l'objet d'une pêche très-considérable, faite en partie avec des filets, et en partie avec la ligne.

En Angleterre, où il est de passage, il arrive pendant plusieurs années de suite sur les mêmes bancs en quantité si innombrable, que six hommes en peuvent prendre un millier dans une seule nuit avec la ligne; mais aussi il va sur d'autres bancs pendant les années suivantes, sans suivre cependant une marche régulière. En France, on n'en pêche guère plus que ce qui est nécessaire pour la consommation du pays. On l'y mange frais, salé ou séché; dans ce dernier cas, on l'appelle *stok-fisch*, mot anglais, qui indique que, comme la *morue*, on le met sur des bâtons, et qu'on écarte les deux parties de son ventre avec d'autres. *V.* au mot MORUE.

En Espagne on estime beaucoup la chair de ce poisson, qui est blanche et feuilletée; en France, on ne la dédaigne pas, même sur les bonnes tables; mais en Angleterre et dans le Nord, on la trouve molle et de mauvais goût; ce qui vient sans doute des lieux où le poisson habite; car on a remarqué que ceux qui étoient pris dans un fond pierreux étoient meilleurs que ceux qui provenoient d'une côte vaseuse.

Les anciens qui ont connu ce poisson, faisoient un cas particulier de son foie, qui est gros, jaune et très-chargé d'huile.

La cinquième division des *gades* ne renferme encore qu'une espèce, qui a une seule nageoire dorsale et des barbillons au bout du museau. C'est le GADE BROSME dont la nageoire de la queue est lancéolée, et qui a des bandes transversales sur les côtés. Il se trouve autour du Groënland.

Quatre espèces nouvelles ont été introduites dans ce genre par M. Risso, savoir : le GADE MORO, le GADE LÉPIDION, le GADE BRUN, le GADE MARALDI. (B.)

GADELBEERE et GANDELBEERE. Le MYRTILLE (*vaccinium myrtillus*), porte ces noms en Allemagne. (LN.)

GADELLE. Nom que portent les GROSEILLES ROUGES, dans la ci-devant province du Perche. (LN.)

GADELLIER. Le GROSEILLIER ÉPINEUX (*ribes grossularia*) porte ce nom dans quelques endroits. (LN.)

GADELUPA ou GALEDUPA, *Galedupa*. C'est un arbre de la famille des légumineuses, qui s'élève à une assez grande hauteur, dont les feuilles sont alternes, ailées avec impaire, composées de cinq à sept folioles ovales, acuminées et entières; dont les fleurs sont blanches, odorantes et disposées en grappes axillaires.

Chacune de ces fleurs offre un calice monophylle cyathiforme, à bord un peu oblique et entier; une corolle papilionacée, composée de quatre pétales, à onglets saillans hors du calice, savoir un étendard relevé et bilobé; deux ailes conniventes; une carène oblongue et obtuse; dix étamines, dont neuf réunies à leur base ; un ovaire supérieur, oblong, velu, pédiculé, se terminant en un style courbé supérieurement, à stigmate simple ; une gousse elliptique, un peu en croissant, terminée par une petite pointe courbe, et contenant une ou deux semences réniformes.

Cet arbre croît dans les Indes orientales. Il est toujours vert. Les Français l'appellent *pongolote*. Willdenow l'a réuni aux DALBERGES. (B.)

GADIN. Coquille du genre des PATELLES. (B.)

GADO-FOWLO, c'est-à-dire, *oiseau du bon dieu*. Les colons de Surinam appellent ainsi un petit oiseau, assez semblable, dit le capitaine Stedman, au *roitelet* d'Angleterre, mais plus gros ; il est très-familier, et son ramage délicieux lui a fait donner aussi le surnom de *rossignol de l'Amérique septentrionale* (*Voyage à Surinam*, traduction de Henry, t. I, pag. 156). Il y a sans doute une faute typographique dans ce passage du livre du capitaine Stedman. Comment, en effet, supposer qu'en parlant d'un oiseau du midi de l'Amérique, il le nommeroit *rossignol de l'Amérique septentrionale?* Au surplus, quoique je connoisse presque tous les oiseaux de la Guyane, je ne devine pas à quelle espèce on doit rapporter le *gado-fowlo*, tel que Stedman l'a décrit. (S.)

GADOFUM. L'EPICIA (*pinus abies*) porte ce nom en Danemarck. (LN.)

GADOLINITE. Substance minérale, décrite en 1794, par le professeur Gadolin, mais dont on n'a reçu des échantillons en France qu'en 1800.

Ce minéral est en masses informes, et a l'apparence d'une lave vitreuse. Sa couleur est noire, tirant quelquefois sur le roussâtre ; sa cassure est éclatante et conchoïde comme celle du verre ; sa dureté est plus considérable que celle du quarz, et sa pesanteur spécifique plus grande que celle de presque toutes les matières pierreuses : elle excède quatre. Elle est à peu près infusible au chalumeau, sans addition. Fondue avec le borax, elle lui communique une belle couleur jaune. Avant même d'avoir subi l'action du feu, elle agit fortement sur le barreau aimanté. Elle est soluble en gelée, dans l'acide nitrique étendu d'eau et chauffé ; elle est seulement décolorée par l'acide muriatique à froid.

La *Gadolinite* acquiert l'électricité résineuse par le frottement, étant isolée. (*Haüy*.)

Le professeur Gadolin avoit reconnu que ce minéral contenoit une terre nouvelle, et M. Ekeberg, chimiste d'Upsal, a confirmé cette découverte, et nommé cette nouvelle terre *yttria*, du nom de son lieu natal; et il a appelé le minéral qui la contient, *gadolinite*, en l'honneur du savant observateur qui en avoit le premier reconnu l'existence.

On l'a aussi nommée *Ytterbite*, du lieu où elle se trouve; c'est la *Zéolithe noire* de Geyer.

Suivant la première analyse de la *gadolinite*, faite par Eckeberg, elle contient :

Yttria.	47	5
Silice.	25	
Alumine.	4	5
Oxyde de fer.	18	
Perte.	5	
	100	

Le résultat de l'analyse faite par Vauquelin, offre des différences notables :

Yttria.	35	
Silice.	25	
Chaux.	2	
Manganèse.	2	
Oxyde de fer.	25	5
Perte.	10	5
	100	

Vauquelin attribue cette perte considérable à l'eau que contenoit probablement le minéral, et à un peu d'acide carbonique (*Journ. de Phys.*, fructidor an 8, septembre 1800).

L'*yttria* présente divers traits de ressemblance avec la *glucine*; mais Vauquelin a reconnu qu'elle en diffère, en ce qu'elle n'est pas soluble dans les alkalis, tandis que la glucine s'y dissout facilement. Elle est précipitée de ses dissolutions par le prussiate de potasse : la glucine ne l'est pas ; et M. Eckeberg a reconnu aussi qu'elle est précipitée par les succinates. Enfin, la pesanteur spécifique de ces deux terres est fort différente ; celle de l'*yttria* est de 4,842 ; celle de la *glucine* n'est que de 2,967.

Dans un nouveau travail de M. Eckeberg, sur la *gadolinite*, il a reconnu qu'elle contient 4,5 de *glucine*, que Vauquelin ni Klaproth n'y avoient trouvée. Suivant cette dernière analyse, elle contient :

Yttria.	55	5
Silice.	23	
Glucine.	4	5
Oxyde de fer.	16	5
Perte.	0	5
	100	

M. Eckeberg n'y a jamais trouvé ni chaux ni manganèse ; « mais ce qu'il y a d'étonnant, dit le rédacteur des Annales de Chimie, c'est que M. Eckeberg n'ait éprouvé qu'un demi-centième de perte dans son analyse, tandis que Vauquelin en a eu constamment une de dix à douze centièmes. Cette différence, vraiment remarquable et extraordinaire, tiendroit-elle à la diversité de la pierre, ou à la manière dont ils ont opéré ?

« En soumettant à l'analyse d'autres échantillons qui lui avoient été donnés par M. Geyer, comme étant de la *gadolinite*, M. Eckeberg y a découvert une substance métallique, combinée, dans les uns, avec l'oxyde de fer et de manganèse, et dans les autres, avec l'yttria et le fer. Ces minéraux avoient été recueillis dans la paroisse de Kimito, en Finlande. Il nomme le premier TANTALITE et le second YTTRO-TANTALE, parce que le nouveau métal qu'ils recèlent ne se combine point avec les acides. » *V.* TANTALE.

La *Gadolinite*, dont la découverte est due à M. Arrhenius, a été trouvée d'abord à Ytterby en Suède, avec l'yttrotantale, dans un feldspath pur, coupé verticalement par de grands filons de mica, et surtout dans le voisinage du point d'intersection de ces deux substances ; quelquefois aussi en petits grains disséminés dans le feldspath. (Eckeberg, *J. des M.*, t. 12, p. 260.)

On en a rapporté depuis des échantillons, de Finbo près de Fahlun, et de Brodbo, où elle est disséminée dans un granite blanchâtre; d'Afvestad et de l'île de Bornholm, également en Suède. Elle accompagne aussi le minéral récemment découvert dans ce pays, et que l'on a nommé ALBITE, à cause de sa couleur blanche. (PAT. et LUC.)

GADRAY. Nom de la SARRIETTE, en Bohême. (LN.)

GADRILLE. Un des noms du ROUGE-GORGE dans Belon, et au Mans. (V.)

GADWALLE. Nom anglais du CHIPEAU. (S.)

GAENSBLUME. Nom du PISSENLIT (*Leontodon taraxacum*), de la PAQUERETTE, de la GRANDE MARGUERITE DES PRÉS (*Chrysanthemum leucanthemum*) de la GLOBULAIRE, et de la DRAVE PRINTANIÈRE, dans diverses parties de l'Allemagne. (LN.)

GÆRTNÈRE, *Gærtnera.* Nom donné par Schreber, à un genre de plantes formé aux dépens des BANISTÈRES de Linnæus. Ce genre a été appelé HIPTAGE par Gærtner, et MOLINA par Cavanilles. Il diffère des *banistères* parce que les folioles du calice sont munies d'une seule glande, que l'ovaire est simple, a un seul style, et que la samare est munie de quatre ailes inégales.

L'arbre qui le compose, est de moyenne grandeur, a les feuilles opposées, ovales, lancéolées, et les fleurs disposées en grappes terminales; toutes ses parties sont velues. Il est naturel aux Indes. On le cultive dans les jardins à raison de la beauté de ses fleurs, qui, sous le nom de *madablota*, servent à parer les autels des dieux.

Lamarck a donné le même nom à un genre de la pentandrie monogynie, dont il n'a pas encore publié les caractères. C'est son fruit que les Créoles de l'île de la Réunion appellent *café marron*, à raison de ses rapports avec le véritable café. Jussieu croit que ce genre peut devenir le type d'une nouvelle famille. *Voyez* son septième mémoire sur les caractères des familles, inséré dans les Annales du Muséum. (B.)

Retzius avoit établi sur le *pongati* des Malabares un genre GÆRTNERA, que Gærtner, auteur de l'immortel traité sur les fruits et les graines des plantes (3 vol. in-4.°), avoit formé et nommé *sphenoclea*. (LN.)

GAESTEIN ou PIERRE ÉCUMANTE. Romé de l'Isle a décrit sous ce nom, et rangé parmi les produits volcaniques, différens minéraux compactes et à cassure vitreuse, de couleur grise, ou verte, ou roussâtre, fusibles en un émail blanc et spongieux, que les minéralogistes allemands ont appelé *pechstein*.

M. Haüy les place à la suite du feldspath sous le nom de feldspath résinite. *V.* PECHSTEIN. (LUC.)

GAFERI, GAFETI. Noms espagnols de l'AIGREMOINE. (LN.)

GAFET. C'est le *cardium costatum*. *V.* BUCARDE. (B.)

GAFET. Les Arabes nommoient ainsi l'EUPATOIRE DE MESUÉ. (LN.)

GAFFARON. Nom espagnol du VENTURON, et au Paraguay celui du CHARDONNERET OLIVAREZ. (V.)

GAGATES. *V.* JAYET. (LUC.)

GAGATHES. Anderson, dans son Histoire naturelle de l'Islande, t. I, p. 103, dit qu'il se trouve dans cette île deux sortes de *gagathes*: l'une combustible, qu'il nomme aussi *ambre noir*; et l'autre semblable au verre, appelée *hrafntinna* ou *pierre à fusil noire* par les habitans du pays. La première est une variété de JAYET, et la seconde une OBSIDIENNE. *V.* ces mots. (LUC.)

GAGÉE, *Gagea*. Genre de plantes établi pour placer l'ORNITHOGALE JAUNE. Ses caractères sont: corolle calyciforme, persistante, à six pétales égaux, recourbés en dehors; étamines à filamens comprimés, droits, presque égaux ; anthères verticales, attachées par leur base ; ovaire triangulaire, à style de même forme et à stigmate frangé. (B.)

GAGEL. Nom allemand du GALÉ, *Myrica gale*. (LN.)

GAGET. L'un des noms patois du GEAI. (DESM.)

GAGIANDRA, GALANA. Noms italiens des TORTUES. (DESM.)

GAGNAGES (*vénerie*). Champs ensemencés, où le cerf va *viander*, c'est-à-dire, pâturer pendant la nuit. (S.)

Se dit aussi des *gazons* ou des *champs* où divers animaux pâturent. (S.)

GAGNOL. Nom du SYNGNATHE TROMPETTE. (B.)

GAGNOLE. Le SYNGNATHE HIPPOCAMPE porte ce nom à Marseille. (B.)

GAGON. Arbre de Cayenne, qui sert à faire des canots très-légers. On ignore à quel genre il appartient. (B.)

GAGRA. Nom de la COURGE, en Georgie. (LN.)

GAGUEDI. Espèce de PROTEA (*Protea abyssinica*, W.), découverte par Bruce aux environs de Lamalmon en Abyssinie. Il en donne une figure pl. 15 de son Voyage. (LN.)

GAHLY. Nom du *panis* ou *millet en épi* (*Panicum italicum*, Linn.), en Bohême. (LN.)

GAHNIE, *Gahnia*. Genre de plantes de l'hexandrie monogynie, et de la famille des graminées, dont les caractères sont d'avoir : la balle calicinale univalve, et contenant deux à cinq fleurs ; la balle florale de deux valves tronquées ; six étamines ; un ovaire arrondi, surmonté d'un long style, divisé en deux parties également subdivisées en deux ; une semence ovale.

Ce genre, autrement appelé ZELARI, a été établi par Forster. Il contient quatre espèces, qui viennent des îles de la mer du Sud. Le genre LAMPOCARIE de R. Brown diffère à peine de celui-ci. (B.)

GAHNITE. Nom donné par le célèbre baron de Moll à un minéral cristallisé en octaèdre, trouvé en Suède il y a quelques années, et que l'on rapporte aujourd'hui au *Spinelle*. Il a été aussi appelé *automalithe*. *V.* SPINELLE ZINCIFÈRE.

M. le comte de Lobo a décrit, sous ce même nom de *Gahnite*, un minéral du pays de Salzbourg que M. Haüy regarde comme une variété d'Idocrase. *V.* ce mot. (LUC.)

GAI. Nom qu'on donnoit anciennement, en France, au GEAI, et qu'il porte encore en Picardie et en Provence. (S.)

GAI MARIN. Nom piémontais du ROLLIER. (V.)

GAI D'MOUNTAGNA. Nom piémontais du CASSE-NOIX. (V.)

GAI. Nom donné au Japon, suivant Thunberg, à une espèce d'ARMOISE qu'il prit pour l'armoise vulgaire : mais Willdenow en fait une espèce distincte (*artemisia indica*); elle croît aussi en Chine, où on la nomme NGAI-YE. (LN.)

GAIAC. *V.* GAYAC. (LN.)

GAIANUS, Rumphius. Arbre des Moluques, qui porte dans ces îles les noms de *gajan*, *gajang*, *gapjen*, et de *angajin*, *Boisna*. *V.* GAJAN. (LN.)

GAIDAROTHYMO. Nom sous lequel Clusius indique l'ÉPIAIRE ÉPINEUSE (*stachys spinosa*), arbuste qui croît en Orient. (LN.)

GAIDAROTHYME. C'est, dans Lécluse, la STACHIDE ÉPINEUSE de Linnæus. (B.)

GAIDERON. Espèce de SPONDYLE. (B.)

GAIFOL des Arabes. C'est le MACIS. (LN.)

GAIGAMADOU. C'est, à Cayenne, le nom d'un arbre de la graine duquel on retire, par l'ébullition dans l'eau, une cire propre à faire des chandelles. On ignore à quel genre appartient cet arbre. (B.)

GAILLARD. Synonyme de GAYAC. Le GAILLARD FRANC est le *guayacum officinale*, et le GAILLARD BATARD le *guayacum sanctum*. (LN.)

GAILLARDIA. Ce genre, établi par Fougeroux de Bondaroy, est décrit à l'article GALARDIENNE. (LN.)

GAILLET, *Galium*. Genre de plantes de la tétrandrie monogynie, et de la famille des rubiacées, dont le caractère est d'avoir un calice très-petit, à quatre dents ; une corolle monopétale, très-courte, en rosette et à quatre découpures ; quatre étamines ; un ovaire inférieur, didyme, chargé d'un style bifide, à stigmates globuleux ; deux petites capsules globuleuses, connées, glabres ou hispides, contenant chacune une seule semence.

Ce genre comprend des herbes, la plupart vivaces et indigènes à l'Europe, dont les racines sont traçantes et colorées en rouge ; dont les feuilles sont verticillées à chaque nœud, et dont les fleurs sont disposées en grappes ou en panicules terminales.

Les gaillets tirent leur nom de la propriété qu'on leur a reconnue de faire cailler le lait dans lequel on met de leurs feuilles desséchées ; mais cette propriété leur est commune avec un grand nombre d'autres plantes, et est même très-foible en eux. On en compte près de cent espèces, que les botanistes ont divisées, soit d'après le nombre de feuilles qu'elles ont à chaque verticille, soit d'après la surface de la capsule, qui est glabre ou ridée, ou hérissée, ou velue.

Ce dernier mode de division est préférable, comme moins sujet à varier.

Les espèces les plus communes de la première division sont :

Le GAILLET DES MARAIS, qui a les feuilles quaternées, un peu ovales, inégales, et les tiges filiformes et rameuses. Il se trouve dans les marais.

Le GAILLET JAUNE, *Gallium verum*, Linn., qui a les verticilles de huit feuilles linéaires, sillonnées, et les rameaux florifères très-courts. Il se trouve très-abondamment dans les bois, les prés, le long des chemins. Il est astringent, vulnéraire, dessicatif, céphalique, antiépileptique, antihistérique et antispasmodique. On mêle, dans le comté de Chester, en Angleterre, ses sommités fleuries avec de la présure, pour faire cailler le lait, dont sont faits les excellens fromages de ce pays, et on prétend que ce mélange les rend beaucoup meilleurs. La racine de cette espèce est propre à teindre en rouge ou en jaune, selon les ingrédiens salins que l'on emploie comme mordans.

Le GAILLET BLANC, *Gallium mollugo*, Linn., a huit feuilles ovales, linéaires, légèrement dentées et mucronées, à chaque verticille ; sa tige est foible et ses rameaux écartés. Il se trouve dans toute l'Europe, le long des haies, dans les prés, etc. Il est astringent et dessiccatif, et sa racine teint en rouge. Ses touffes ont quelquefois un aspect très-agréable.

Le GAILLET DES BOIS a huit feuilles unies en dessus, et rudes en dessous à chaque verticille, excepté aux environs des fleurs, où il n'y en a que deux ; ses pédoncules sont capillaires, et sa tige unie. Il se trouve dans les bois des hautes montagnes. Il est plus rare que les précédens.

Le GAILLET GLAUQUE a environ huit feuilles linéaires à chaque verticille ; les pédoncules dichotomes, et la tige unie. Il se trouve dans les parties méridionales de l'Europe.

Les espèces les plus communes de la seconde division sont :

Le GAILLET BÂTARD, qui a six feuilles lancéolées, carinées et rudes au toucher, à chaque verticille ; les fruits recourbés. Il se trouve dans les champs, parmi les blés. Il est annuel.

Le GAILLET ULIGINEUX, ou GAILLET COUCHÉ de Lamarck, qui a six feuilles lancéolées, roides, mucronées, épineuses en leurs bords, à chaque verticille, et la corolle plus grande que le fruit. Il se trouve dans les pâturages humides.

Les espèces les plus communes de la troisième division sont :

Le Gaillet boréal, qui a quatre feuilles lancéolées, glabres, offrant trois nervures, à chaque verticille, et la tige droite. Il se trouve sur les hautes montagnes de la France et dans le nord de l'Europe.

Le Gaillet accrochant, *Gallium aparine*, Linn., qui a huit feuilles lancéolées, carinées, hérissées de pointes à chaque verticille; les articulations velues. Il est annuel et très-commun dans les haies, les lieux incultes, etc.

Le Gaillet parisien a six feuilles linéaires à chaque verticille, et les pédoncules biflores. Il est commun en France et en Angleterre, dans les lieux stériles et sablonneux.

Le Gaillet tubéreux, qui a cinq feuilles à chaque verticille, les fleurs disposées en têtes axillaires, et la racine tubéreuse. Il croît à la Cochinchine, où on mange sa racine cuite, soit entière, soit réduite en farine. On en ordonne l'usage aux phthisiques et aux convalescens.

Enfin, l'espèce la plus commune de la dernière division est le Gaillet maritime, qui a cinq ou six feuilles hérissées à chaque verticille, et les pédoncules uniflores. Il se trouve dans les parties méridionales de l'Europe, sur le bord de la mer. (B.)

GAI-MA-VUONG et BACH-TAT-LÉ. Noms cochinchinois du *Tribulus terrestris*, Lour., qui paroît être le *tribulus lanuginosus*, Pers. Cette plante croît dans toute l'Inde. *V*. Herse. (LN.)

GAINE. L'un des noms que porte le Loup, en Laponie. (S.)

GAINE, *Vagina*. Fabricius désigne ainsi le tuyau articulé dans lequel sont placées les soies qui composent les organes de la manducation dans les hémiptères. Il donne le nom de bec (*rostrum*) à l'appareil entier, composé des soies et de la *gaine*. Cependant il emploie encore ce dernier mot pour d'autres insectes, comme les *hippobosques*, et pour des *arachnides*, tels que les *atax*. *V*. Bouche. (O. L.)

GAINE, *Vagina*. Espèce de tuyau formé tantôt par la base prolongée des feuilles, qui embrasse la tige, tantôt par la réunion des filets ou des anthères qui enveloppent le pistil. *V*. le mot Spathe. (D.)

GAINIER, ARBRE DE JUDÉE, *Cercis*, Linn. (*Décandrie monogynie*.) Genre de plantes de la famille des légumineuses, remarquable par l'étendard de sa fleur, qui est situé au-dessous des ailes: ses autres caractères sont: un petit calice persistant, en forme de cloche, à cinq dents, et renflé à sa base; une corolle papilionacée, composée d'un étendard arrondi, de deux grandes ailes un peu réfléchies, et d'une carène partagée en deux segmens, et renfermant les organes sexuels; les étamines, au nombre de dix, sont distinctes, inclinées, et légèrement velues à leur extrémité inférieure et interne; l'ovaire supérieur est porté par un petit pédicelle, et terminé par un style de la longueur des étamines; il se change en une gousse oblongue, aiguë, très-comprimée, et bordée dans sa suture supérieure d'une aile étroite et membraneuse; à cette suture sont attachées plusieurs semences ovoïdes et plates.

Ce genre comprend deux arbres de moyenne grandeur, dont les feuilles en cœur, alternes, sont toujours précédées par les fleurs, qui naissent en faisceaux sur les branches et le tronc.

GAÎNIER COMMUN, *Cercis siliquastrum*, Linn. C'est un petit arbre très-agréable à voir lorsqu'il est en fleur. Il croît spontanément en Espagne, en Italie et dans le midi de la France. Les Espagnols et les Portugais l'appellent *arbre d'amour;* et le nom de *gaînier* lui vient de la forme de ses gousses, faites comme des gaînes de couteau. Il s'élève à la hauteur de vingt à vingt-cinq pieds, avec une tige couverte d'une écorce brune, et divisée en plusieurs branches irrégulières, garnies de feuilles lisses, arrondies, échancrées en cœur à leur base, et supportées par de longs pétioles. Ces feuilles ne se développent tout-à-fait qu'après l'entier épanouissement des fleurs, qui paroissent avant elles, et qui naissent en grappes ou en faisceaux sur les parties latérales des branches, et souvent même sur le tronc de l'arbre. Leur couleur est rouge, et d'un pourpre rose éclatant; quelquefois elles sont blanches. Elles paroissent en mars, et conservent leur éclat pendant près d'un mois; comme elles ont une saveur piquante et agréable, on en assaisonne les salades; et plusieurs oiseaux, les moineaux surtout, se plaisent à les becqueter. Les gousses qui les remplacent, restent pendantes à l'arbre jusqu'au retour de la belle saison; elles contiennent neuf ou dix semences ovoïdes, comprimées, dures et rougeâtres. Le *gaînier* est un des plus beaux arbres qu'on puisse cultiver pour l'agrément. Ses feuilles, grandes et belles, ne sont pas sujettes à être dévorées par les insectes; mais il gèle quelquefois dans le climat de Paris, et il se charge au printemps d'une si grande quantité de fleurs, que ses branches en sont toutes couvertes. Il peut servir à former des palissades, à couvrir des cabinets ou des tonnelles. Il est aisé à élever de semence, et il n'est pas délicat sur le choix du terrain. Il se plaît pourtant de préférence dans un sol un peu sec et léger. Dans quelques pays, on confit au vinaigre les boutons de ses fleurs, et on emploie à différens usages son bois veiné de noir et de vert, et susceptible d'un assez beau poli.

Gaînier de Canada, *Cercis canadensis*, Linn. Cet arbre a beaucoup de ressemblance avec le précédent, mais il s'élève moins et porte des fleurs plus petites. Il croît dans presque toutes les parties de l'Amérique septentrionale, où il est connu sous le nom de *bouton rouge*. On le cultive dans les jardins de l'Europe. Il y fleurit au commencement du printemps. Son bois est de la même couleur et de la même texture que celui de l'espèce ci-dessus. Le *gaînier du Canada* peut être élevé en pleine terre, comme le *gaînier commun*. Il supporte mieux que le précédent le froid de nos hivers, se contente d'un terrain médiocre; mais il donne rarement des graines dans le climat de Paris.

On sème les graines de ces deux arbres en mars ou en avril, sur une terre légère et qu'on couvre d'un demi-pouce de terreau. Quelques-unes germent la première année, mais la plupart ne paroissent qu'au printemps suivant. Les jeunes plantes qui en proviennent doivent être arrosées de temps en temps lorsqu'il fait sec, et abritées en hiver avec des nattes, si le froid est très-vif. Quand elles ont acquis une certaine force, on les transplante en pépinière ou à demeure. Cette opération doit se faire le plus promptement possible, afin que leurs racines n'aient pas le temps de se dessécher par le contact de l'air, ce qui leur seroit très-nuisible. On conduit de la même manière les semis de *gaînier commun*. (D.)

GAINULE. Ce nom s'applique particulièrement, dans les Mousses, à la partie inférieure de la *coiffe*, qui s'en sépare lors de la maturité, et continue de couvrir la base de l'urne. (B.)

GAIRO. En Laponie, le Goéland à manteau noir. (S.)

GAIROUTTE et JAROSSE. Dans l'Anjou, on nomme ainsi une Gesse, *Lathyrus cicera*. (LN.)

GAISSENIA. Genre que Raffinesque Schmaltz a établi sur une plante des États-Unis, découverte en Pensylvanie par MM. les docteurs Muhlenberg et Gaissenheiner, et placée par eux dans le genre Trollius, *Trollius americanus*. Les caractères de ce nouveau genre, de la famille des Renonculacées, ne sont pas connus. L'espèce est appelée *G. verna* par R. Schmaltz. (LN.)

GAISSUM. Nom donné, par les Maures, à l'Auronne ou Citronnelle. (LN.)

GAJA. Nom du Geai dans le bas Montferrat. (V.)

GAJAN. Arbre de moyenne grandeur, qui croît dans les Moluques, dont on ne connoît qu'imparfaitement les organes de la fructification. Ses rameaux sont munis de feuilles alternes, ovales-oblongues, entières, glabres et coriaces. Ses fleurs sont petites, blanchâtres, quinquéfides et disposées en grappes. Ses fruits sont des noix solitaires, assez grosses, qui contiennent, sous une peau épaisse et velue, deux graines jointes ensemble, à substance ferme, sèche, sans saveur, que l'on mange cependant dans le pays, après les avoir fait cuire dans l'eau ou sous la cendre.

Lamarck pense que cet arbre se rapproche du *croton des Moluques*, de l'*aléorite*, du *dryandre*, et autres plantes de la famille des EUPHORBES. (B.)

GAJATI. Nom donné, à Java, à une plante herbacée, de la famille des légumineuses. C'est le *gajatus* de Rumphius (*Amb.* 4, tab. 24), le *neli-tali* des Malabares, et l'*æschinomene indica*, Linn.

Adanson nomme *gajati* le genre ÆSCHYNOMÈNE, abandonnant ce dernier nom, employé par Pline, pour désigner une plante différente des espèces de ce genre. (LN.)

GAL, GAU, GEAU, GOG. Noms du COQ, en vieux français. (V.)

GAL, *Gallus*. Genre de poissons de la division des THORACIQUES, établi par Lacépède pour placer une espèce de ZÉE de Linnæus, le *zeus gallus*, qu'il a trouvé assez différer des autres pour devoir en être séparé.

Ce nouveau genre présente pour caractères : un corps et une tête très-comprimés ; des dents aux mâchoires; deux nageoires dorsales ; plusieurs rayons de l'une de ces nageoires, terminés par des filamens très-longs ; plusieurs piquans le long de chaque côté des nageoires du dos; une membrane verticale placée transversalement au-dessous de la lèvre supérieure ; les écailles très-petites ; point d'aiguillons au-devant de la première ni de la seconde dorsale, ni de la nageoire de l'anus.

L'espèce que renferme ce genre, qui, réuni aux ARGYREÏOSES et aux SÉLÈNES, a été appelé VOMER par Cuvier, à cause de sa couleur, a sept rayons aiguillonnés à la première nageoire du dos, qui est très-basse ; dix-sept à la seconde, qui est antérieurement très-haute; quinze rayons à l'anale, et la caudale fourchue. Elle est connue des navigateurs sous le nom de *coq de mer* et de *lune*. Elle est figurée dans Bloch, pl. 192, et dans l'*Histoire naturelle des poissons*, faisant suite au *Buffon*, édit. de Deterville, vol. 2, p. 153. On la trouve dans toutes les mers. Elle vit de très-petits poissons, de vers et de mollusques. Pison rapporte qu'elle fait entendre, lorsqu'on la prend, une espèce de cri, produit par l'air qui sort de son abdomen. Son corps est très-aplati et presque rhomboïdal. Elle parvient à la longueur d'un demi-pied. Sa chair est d'un bon goût. *V.* pl. D 32, où elle est figurée. (B.)

GALA, de Théophraste, est rapporté aux LASERPITIUM par Adanson. (LN.)

GALACTIA. Genre établi par Brown (*Jam.* 298, tab. 32, f. 2), que Linnæus crut devoir réunir au *clitoria*, mais que Adanson en trouve distinct. Michaux et Poiteau l'ont rétabli, et M. Persoon l'a adopté en en faisant connoître les caractères et les espèces.

Ce genre diffère des CLITORES par un calice tubuleux à quatre dents, et muni de deux bractées, par sa corolle à pétales oblongs et à étendard large, par son stigmate obtus, le plus souvent cilié, et par ses légumes cylindriques. L'espèce la plus remarquable de ce genre est le GALACTIA A FLEURS PENDANTES, *Galactia pendula*, Pers., ou *Clitoria galactia*, L., qui croît à la Jamaïque et à Cayenne. (LN.)

GALACTITE. Espèce de CENTAURÉE (*Cent. galactites*, L.), remarquable par ses feuilles d'un blanc de lait en dessous, sinueuses et épineuses. Ses fleurs sont rouges et semblables à celles des JACÉES. Moëuch, et après lui M. Persoon, en ont fait un genre caractérisé par le réceptacle celluleux, et par les graines couronnées d'aigrettes plumeuses caduques.

Cette plante est annuelle. Elle croît dans le midi de l'Europe, en Barbarie et dans le Levant. (LN.)

GALACTITE. Ce nom, qui signifie *laiteux*, a été donné par les anciens naturalistes à une *smectite* ou *argile savonneuse* qui se dissout dans l'eau, et la rend blanche comme du lait : ce n'est autre chose qu'une *terre à foulon*; mais des préjugés superstitieux lui donnèrent autrefois de la célébrité. La bonne *terre à foulon* n'en mérite pas moins pour son utilité réelle. *V.* ARGILE (tom. 2, p. 489). (PAT.)

Pline dit simplement que cette pierre est remplie de veines rouges ou blanches; suivant Vallérius, c'est un *Jaspe*. (LUC.)

GALAGO, *Galago*, Geoffr., Dum., Lacép., Cuv.; *Otoclinus*, Illig. Genre de mammifères, de l'ordre des quadrumanes et de la famille des MAKIS, dont toutes les espèces présentent les caractères suivans : tête ronde; museau court; yeux grands, rapprochés et dirigés en avant; oreilles longues, nues et membraneuses; dents incisives, deux ou quatre supérieures, toujours six inférieures, deux canines à chaque mâchoire, douze molaires en haut et dix en bas; les incisives supérieures étant séparées au milieu et logées en dedans des canines; les inférieures presque horizontales et appuyées par les externes, plus grosses et plus robustes; tarse trois fois plus long que le métatarse; tous les ongles plats, à l'exception de celui du deuxième doigt des pieds de derrière, qui est subulé.

A ces caractères, recueillis par M. Geoffroy, ce naturaliste en joint quelques autres qui sont purement anatomiques, et qui consistent principalement en ce que les molaires antérieures n'ont qu'une seule pointe, et que celles du fond sont à large couronne évidée à son centre et tuberculeuse aux angles; en ce que l'os jugal est sans ouverture apparente; en ce que les intermaxillaires sont courts et verticaux; les os du bras et de la jambe distans; le tibia plus long que le fémur, etc.

Ce genre se compose de cinq espèces, dont quatre sont indiquées par M. Geoffroy (*Ann. Mus., tom.* 19); trois nous sont particulièrement connues et habitent, l'une le Sénégal, la seconde Madagascar, et la dernière la Ginée. La patrie des autres est encore ignorée; mais tout porte à croire qu'elles habitent aussi quelques contrées de l'ancien continent. La manière de vivre de ces animaux n'a pas encore été observée; mais il y a lieu de croire, d'après la forme de leurs molaires, qu'ils se nourrissent d'insectes, et d'après la grosseur de leurs yeux, qu'ils sont nocturnes, ce qui amène à faire supposer que, pendant le jour, ils se tiennent dans des retraites obscures, afin de ménager la sensibilité de ces organes.

Première Espèce. — GALAGO DE MADAGASCAR, *Galago madagascariensis*, Geoffr.; RAT DE MADAGASCAR, Buff., Suppl., tom. 3, pl. 20; *lemur murinus*, Pennant. Quadr. 1, p. 247. MAKI NAIN de la première édition de ce Dictionnaire. — *lemur pusillus*, Audebert.

Cet animal, ainsi que le suivant, présente quatre incisives à la mâchoire supérieure; son pelage est roux; ses oreilles sont de moitié moins longues que la tête; sa queue est de moitié plus longue que le corps. Il a cinq pouces et demi de longueur depuis le bout du nez jusqu'à l'origine de la queue; son museau est moins allongé que celui des makis; ses yeux sont grands et entourés d'une teinte brune.

Un individu de cette espèce, apporté de Madagascar, a vécu en France pendant quelques années. Il avoit les mouvemens très-vifs, mais un petit cri plus foible que celui de l'*écureuil*, et à peu près semblable. Il mangeoit avec ses pattes de devant, relevoit sa queue, se dressoit et grimpoit en écartant les jambes. Il mordoit serré et ne s'apprivoisoit pas. On le nourrissoit d'amandes et de fruits. Il ne sortoit guère de sa caisse que la nuit, et passoit très-bien les hivers dans une chambre où le froid étoit tempéré par un peu de feu.

Deuxième Espèce. — GALAGO A QUEUE TOUFFUE, *Galago crassicaudatus*, Geoffr. Le *grand Galago*, Cuv. Règn. anim. t. 4, pl. 1, fig. 1, et pl. E 31 de ce Dict. Cette nouvelle espèce, établie par

M. Geoffroy, a la taille d'un lapin. Ses incisives supérieures sont au nombre de quatre ; son pelage est d'un gris-roux ; ses oreilles sont ovales et ont les deux tiers de la longueur de la tête ; sa queue est très-touffue. On ignore la contrée où elle habite.

Troisième Espèce. — POTTO de Bosman, *Bestuy. Van. de guin. Kuft.*, p. 30, fig. 4) ; *lemur potto*, Linn. *Syst. nat.*, édit. de Gmelin ; NYCTICEBE POTTO, Geoffr. (*Ann. du Mus.*, *tom.* 19).

M. Cuvier (*Règne animal*) dit qu'il paroît qu'on doit ajouter, au genre galago, cet animal qui n'est connu que par la description très-imparfaite et la figure qu'en a donnée Bosman. Le nombre de ses dents incisives supérieures n'est pas connu ; son pelage est roux (cendré dans le premier âge) ; sa queue est de moyenne longueur.

D'ailleurs cet animal, qui a été observé en Guinée, ressemble beaucoup au loris paresseux ; mais il en diffère néanmoins par sa queue allongée. On lui attribue les habitudes pleines de lenteur et de paresse de cet animal.

Quatrième Espèce. — GALAGO DE DEMIDOF, *Galago demidof*, Fischer, *Act. de Moscou*, 1, p. 24, fig. 1 ; Geoff., *Ann. de Mus.*, tom. 19.

Ce *galago* est le plus petit de tous. Sa mâchoire supérieure ne présente que deux incisives seulement. Son pelage est d'un roux-brun ; son museau noirâtre ; ses oreilles moitié moins longues que la tête ; sa queue plus longue que le corps, et finissant en pinceau.

Sa patrie est inconnue.

M. Geoffroy rapporte à cette espèce le PETIT GALAGO, *Lemur minutus*, de M. Cuvier, *Tabl. élément. des anim.*, pag. 101, lequel a pour caractères : sa taille moindre de celle d'un rat, sa couleur gris-de-souris, et la petitesse de ses oreilles. Cet animal est la petite race de galago, observée au Sénégal par Adanson.

M. Cuvier (*Règne animal*) paroît distinguer cette espèce de celle de *demidof*, et lui rapporte pour synonyme le *little maucauco* de Brown (*Illust. zool.*, tab. 44), que M. Geoffroy regarde comme n'étant que le *Galago de Madagascar.*

Cinquième Espèce. — GALAGO DU SÉNÉGAL, *Galago senegalensis*, Geoff., *Mém. sur les makis*, p. 20, fig. 1 ; *Lemur galago*, Schreb. ; *Galago Geoffroy*, Fisch., *Actes de Moscou*, t. 1, p. 25 ; *Galago moyen*, Cuv. (*Règne anim.*).

Celui-ci, qui n'a, comme le précédent, que deux seules dents incisives à la mâchoire supérieure, est de la grosseur d'un rat. Son pelage est d'un gris-roux ; ses oreilles sont aussi longues que la tête ; sa queue est plus longue que le corps, rousse et finissant en pinceau.

Galago est le nom que porte ce quadrupède au Sénégal, où le célèbre naturaliste Adanson l'a observé le premier. Il a remarqué qu'il en existoit en outre deux autres espèces, dont l'une a la taille du chat, et l'autre n'est pas plus grosse qu'une souris. (Celle-ci est sans doute le *petit galago* de M. Cuvier. *Voy.* l'espèce précédente.) Toutes trois ont la tête arrondie, le museau court; le nez sillonné dans son milieu; de grandes oreilles dénuées de poils; enfin, le poil long et touffu, gris sur la tête, blanc jaunâtre au chanfrein et sous le corps, gris-roux en dessus, et d'un brun-roux sur la queue.

Cet animal est doux et innocent; il fait sa nourriture d'insectes, et dépose ses petits dans des creux d'arbres. Les nègres de Galam lui font la chasse pour manger sa chair, qui, de même que celle de tous les animaux dont les insectes font la subsistance, doit être de mauvais goût. (DESM.)

GALAGONYA-FA. Nom donné, en Hongrie, à une espèce d'AUBÉPINE, *Cratægus monogyna.* (LN.)

GALANA. *V.* GALGANA GAGIANDRA. (DESM.)

GALANCIER. Synonyme d'EGLANTIER en Languedoc. (LN.)

GALANDE. Variété de l'AMANDIER. (LN.)

GALANE, *Chelone.* Genre de plantes de la didynamie angiospermie, et de la famille des personnées, qui offre pour caractères : un calice monophylle, court, persistant et partagé en cinq découpures ; une corolle monopétale à tube renflé ou ventru, et à limbe irrégulier ou composé d'une lèvre supérieure obtuse, un peu plus courte que l'inférieure, qui est trifide; quatre étamines, dont deux plus courtes, et, en outre, un cinquième filament dépourvu d'anthère, situé entre les deux plus grandes; un ovaire supérieur ovale, chargé d'un style simple à stigmate obtus; une capsule ovale, biloculaire, bivalve, à cloison double et à semences nombreuses et membraneuses en leurs bords.

Ce genre comprend huit espèces, dont les feuilles sont opposées et les fleurs disposées en épi ou en panicule, munies quelquefois de bractées. Ce sont des plantes vivaces, d'un aspect agréable, toutes originaires de l'Amérique septentrionale. Willdenow les a séparées en trois genres, sous les noms de PENSTEMON et d'OURISIE.

Les espèces les plus communes sont :

La GALANE A ÉPIS, *Chelone glabra*, Linn., dont les feuilles sont pétiolées, lancéolées, dentelées, et les inférieures alternes.

La GALANE A PANICULE, *Chelone penstemon*, Linn., dont

les feuilles sont amplexicaules, lancéolées, presque entières; les fleurs paniculées, et le filament stérile, barbu.

Je les ai toutes deux fréquemment observées en Caroline, dans les terrains améliorés par les alluvions, sur le bord des bois humides.

La GALANE BARBUE dont les feuilles radicales sont spathulées, les caulinaires lancéolées; la corolle rouge et à lèvre inférieure velue. Elle vient du Mexique.

On les cultive toutes trois dans nos jardins. On les multiplie par le semis de leurs graines ou par le déchirement de leurs racines. Elles fleurissent fort tard en automne, et sont susceptibles d'être frappées par les premières gelées, ce qui doit restreindre et restreint, en effet, leur culture. (B.)

GALANGA ou LANQUAS, *Maranta*, Linn. (*Monandrie monogynie.*) Genre de plantes à un seul cotylédon, de la famille des drymirrhizées, qui se rapproche des AMOMES, et qui comprend des herbes exotiques, dont les feuilles, simples et alternes, embrassent la tige par leur base, et dont les fleurs sont terminales et disposées en grappes lâches ou en panicules. Ses caractères sont d'avoir: un calice court, placé sur le germe, et divisé en trois parties; une corolle monopétale en tube, terminée par un limbe découpé en quatre, cinq ou six segmens inégaux; une seule étamine, formée d'une anthère linéaire attachée à une languette membraneuse; un ovaire arrondi, surmonté d'un style aussi long que la corolle, à stigmate triangulaire et courbé. Le fruit est une capsule ronde ou ovoïde, à trois valves et à une loge, contenant une ou plusieurs semences rudes et dures. *V.* les mots ALPINIE et THALIE.

Le GALANGA OFFICINAL, *Maranta galanga*, Linn. C'est une plante vivace des Indes orientales, qui croît ordinairement dans les lieux humides. Sa racine est employée depuis longtemps en médecine. *V.* pl. D. 29.

L'huile pure qu'on tire des fleurs de *galanga*, dans les Indes, est aussi rare que précieuse. Bomare dit que M. Tronchin en reçut, en 1749, du gouverneur de Batavia, une très-petite quantité, mais d'une qualité si parfaite, qu'une goutte suffit pour embaumer admirablement deux livres de thé.

Le GALANGA DE L'INDE, *Maranta indica*, diffère peu de l'officinal, et provient des mêmes pays. On le cultive aujourd'hui à la Jamaïque, pour ses racines qui, cuites, sont un mets très-agréable, et dont on tire une fécule encore meilleure qui sert à faire des crêmes et autres préparations culinaires. *V.* FÉCULE.

La racine fraîche et la fécule de cette plante, sur laquelle

M. de Tussac a fait une dissertation très-intéressante, qu'il a insérée dans le Journal de botanique, sont en ce moment l'objet d'un commerce de quelque importance entre la Jamaïque et l'Angleterre.

Galanga a feuilles de balisier, *Maranta arundinacea*, Linn. Plumier a le premier découvert cette plante dans l'île de Saint-Vincent, l'une des petites Antilles; elle croît dans les lieux humides et voisins des ruisseaux. Aublet dit qu'à la Guyane les Caraïbes la cultivent près de leurs habitations, et en mangent la racine cuite sous la cendre, pour faire passer les fièvres intermittentes. Ils se servent également de cette racine comme d'un spécifique contre les blessures faites par des flèches empoisonnées; ils l'écrasent et l'appliquent, en forme de cataplasme, sur la partie blessée; elle attire le poison et guérit la plaie, pourvu qu'elle ait été appliquée assez tôt. Cette propriété, et l'usage que ces Indiens font des tiges de la même plante, pour en former le corps de leurs flèches, a fait donner à cette espèce de galanga le nom de *roseau à flèches* ou *herbe aux flèches*. Les Caraïbes l'appellent *toutlola;* ils en font aussi des corbeilles et des *pagaras*, espèces de paniers dans lesquels ils enferment leurs petits meubles. Cette plante a à peu près le port d'un *balisier*. Sa racine est vivace, noueuse, et garnie de fibres longues, blanches, tendres et rampantes. Elle pousse trois ou quatre tiges droites, effilées, grosses comme le doigt, hautes de trois ou quatre pieds, et couvertes par les gaînes des feuilles. Les feuilles sont amples, aiguës, quatre fois plus longues que larges, d'une texture membraneuse et d'un vert gai; elles se roulent d'elles-mêmes aussitôt qu'elles sont cueillies. Les rameaux noueux, articulés, et étendus en panicule lâche, portent, à leur sommet, de petites fleurs blanches dont la corolle est découpée en six parties; à ces fleurs succèdent des fruits rougeâtres de la grandeur environ d'une olive, et contenant une graine blanche et raboteuse.

Il y a encore le Galanga effilé, *Maranta juncea*, Lam., qui pousse plusieurs hampes très-droites, lisses, sans nœuds, et hautes d'environ dix pieds; ses feuilles sont ovales et pétiolées; ses fleurs, qui sont rouges, ont leur corolle découpée en cinq segmens, et un pédoncule commun, recouvert d'écailles membraneuses et rougeâtres. Le Galanga jaune, *Galanga lutea*, Lam., à tige nue, à épis écailleux et à fleurs jaunes; ses feuilles radicales sont amples, lancéolées, droites, et portées par de très-longs pétioles; ses fruits contiennent trois semences. Ces deux *galangas* croissent aux Antilles et à la Guyane, dans les lieux aquatiques et marécageux. Le premier porte, dans le pays, le nom d'*arouma* ou *aroman*, et ses racines se mangent sous le nom de *topinambour;* et le second celui de *cachibou.* Les Indiens fendent leur tige en lanières pour en faire des corbeilles, et autres meubles utiles.

Les galangas sont des plantes de serre-chaude. On les multiplie par leurs racines rampantes. Il leur faut une terre riche et légère. (D.)

GALANGA, Rumph., Amb. 5, t. 63, ou *Maranta galanga*, Linn., est un *alpinia* pour Willdenow. Ce naturaliste réunit le GALANGA de *Malacca* de Rumph., Amb. 5, t. 71, f. 1, au genre *maranta*, décrit dans ce Dictionnaire au mot *galanga*. Le *kœmpferia galanga*, Linn., Willd., est un troisième GALANGA nommé *sonchorus* par Rumphius, et *katsjula kelengu* par Rheede. (LN.)

GALANGA. On appelle ainsi la LOPHIE BAUDROIE. (B.)

GALANGA DE MARAIS. Ce sont le SOUCHET ODORANT, le SCIRPE MARITIME, le CHOIN MARISQUE, quelques LAICHES, et plus rarement la racine de la MILLEFEUILLE, ou celle de l'ACORUS. (LN.)

GALANGA (PETIT). C'est l'*aponogeton monostachyon*. (LN.)

GALANT D'HIVER. *V.* GALANTINE. (B.)

GALANT DE JOUR et GALANT DE NUIT. Ce sont les noms que donnent les jardiniers à deux espèces de CESTREAUX, dont l'une fleurit le jour et l'autre la nuit. Le *galant d'hiver* est la GALANTINE. (B.)

GALANTHUS. Fleur de LAIT, en grec. La couleur blanche des fleurs de la *galantine, galanthus nivalis*, explique ce nom que Linnæus lui a donné, soit pour cette même cause, soit parce qu'elle fleurit en hiver. Adanson, pensant que cette plante est l'*akrocorion* de Pline, substitue ce nom au genre *galanthus*, Linn., auquel Haller réunit le *leucojum vernum*, L. (LN.)

GALANTINE, *Galanthus.* Plante de l'hexandrie monogynie, et de la famille des narcissoïdes, dont la racine est bulbeuse, tuniquée; les feuilles longues, étroites et obtuses; la fleur solitaire, penchée, blanche, portée sur une hampe grêle, et sortant d'une spathe monophylle.

Cette plante forme seule un genre, qui a pour caractères: une corolle presque campanulée, formée par six pétales, dont trois extérieurs sont oblongs, presque obtus, blancs, légèrement rayés, et trois intérieurs plus forts, plus épais, verdâtres et échancrés en cœur; six étamines insérées sur une glande calicinale qui recouvre l'ovaire, et dont les anthères sont conniventes: un ovaire inférieur, duquel naît un style de la longueur des étamines et à stigmate simple; une capsule ovale, obtuse, triloculaire, trivalve, qui contient plusieurs semences globuleuses.

On trouve cette plante dans les prés montagneux et couverts de la partie moyenne de l'Europe. Elle fleurit dès le commencement du printemps, souvent lorsque la terre est encore couverte de neige, d'où on l'a appelée *perce-neige*. On la cultive dans les jardins d'ornement, où elle a doublé. Elle se multiplie par la séparation de ses caïeux, et on la cultive comme la *nivéole*. *V*. ce mot. (B.)

GALANTINE DES JARDINS. C'est l'ANCOLIE dont les fleurs paroissent au premier printemps. (LN.)

GALARDIENNE, *Galardia*. Très-belle plante de la syngénésie polygamie frustranée, et de la famille des corymbifères, qui seule forme un genre voisin des RUDBEQUES et des CORIOPES.

Sa tige est haute de deux à trois pieds, rameuse, hispide : ses feuilles radicales sont oblongues, spathulées, grossièrement crénelées et âpres au toucher; celles de la tige sont alternes, amplexicaules, oblongues, bordées de quelques dents ou crénelures anguleuses, légèrement velues. Les pédoncules sont simples, nus, longs, terminaux et uniflores.

Chaque fleur a un calice commun, à folioles linéaires, aiguës, ciliées à leur base, et disposées sur deux ou trois rangs; des fleurons hermaphrodites très-nombreux au centre; des demi-fleurons stériles à languette large, cunéiformes, et profondément trifides à la circonférence; tous portés sur un réceptacle légèrement convexe et chargé de paillettes.

Le fruit consiste en plusieurs semences turbinées, couronnées, chacune, de cinq à huit paillettes aiguës et scarieuses qui forment leur aigrette.

Cette plante est originaire de la Louisiane, et est très-propre à l'ornement des parterres, par la grandeur de ses fleurs et la vivacité de leurs couleurs : les demi-fleurons étant d'un beau pourpre vers leur base et jaunes à leur sommet. Malheureusement elle est annuelle, et ses graines avortent fréquemment; de sorte qu'après avoir été très-abondante dans les jardins de Paris, elle y est devenue très-rare. C'est le CALONNÉE de Buchoz et le VIRGILIE de Lhéritier. Une seconde espèce, la GALARDIENNE FRANGÉE, a été découverte depuis par Michaux. (B.)

GALARICIDE. *V*. GALACTITE. (PAT.)

GALARIPS. Nom sous lequel Allamand a fait connoître une plante grimpante d'Amérique, qu'ensuite Linnæus lui dédia; c'est l'*allamanda cathartica*, qu'Aublet nomme *orelia grandiflora*. Cette plante est mentionnée par Barrère *dans son Histoire de la France équinoxiale*. Il dit qu'on la nomme LIANE

A LAIT. En effet, elle grimpe comme toutes les *lianes*, et elle est remplie d'un suc laiteux; caractère propre à la famille des apocinées à laquelle elle appartient. (LN.)

GALATHÉE, *Galathea*, Fab. Genre de crustacés, de l'ordre des décapodes, famille des macroures, tribu des anomaux, ayant pour caractères : les deux pieds postérieurs beaucoup plus petits que les autres, filiformes, repliés ; queue terminée par des feuillets natatoires, connivens, étendue ou simplement courbée à son extrémité; antennes latérales longues, sétacées, sans écaille à leur base; les mitoyennes saillantes; pieds-mâchoires extérieurs point dilatés à leur base; test ovoïde ou oblong (rugueux) ; yeux gros, situés, un de chaque côté, à la base de la saillie, en forme de bec ou de pointe, de son extrémité antérieure; les deux pieds antérieurs beaucoup plus grands que les autres, en forme de serres allongées.

Les galathées se rapprochent des crustacés décapodes, que j'ai nommés anomaux, à raison de leurs pieds postérieurs très-différens des autres et pour la grandeur et pour leur usage ; ils sont beaucoup plus petits, grêles, pliés en double sur eux-mêmes, et terminés par un article mutique et garni de poils, ce qui paroît indiquer qu'ils peuvent servir à la natation. Ce genre et celui des porcellanes sont les seuls de la même tribu dont la queue offre, à son extrémité, des feuillets se réunissant pour former une nageoire en éventail, comme dans les écrevisses et les macroures suivans; la pièce du milieu est divisée par des sutures, et très-échancrée ou bilobée. Dans les porcellanes, la queue étant exactement appliquée contre la poitrine, comme celle des brachyures, ne paroît pas lorsqu'on regarde l'animal en dessus ; le test est presque orbiculaire ; les yeux sont écartés; les antennes intermédiaires sont logées en dessous dans des fossettes; le second article des pieds-mâchoires extérieurs s'élargit au côté interne ; les serres sont remarquables en ce que la pince ou la main est presque triangulaire, et que l'article qui la précède et qu'on appelle le carpe, est plus grand que tous les inférieurs ensemble. Les galathées n'offrent point ces caractères, et paroissent, au premier aperçu, se rapprocher davantage des écrevisses ; mais elles n'ont que les deux pieds antérieurs en forme de serres, et les deux derniers diffèrent des précédens ; les antennes intermédiaires, quoique saillantes, sont terminées par deux divisions très-courtes, subulées et portées sur un long pédoncule, ou ressemblent, à leur longueur près, à celles du même rang des brachyures. Le test de ces crustacés est déprimé, divisé par des incisions nombreuses, transverses et ciliées; leurs serres sont fort longues, avancées et garnies de poils, de tubercules ou d'épines ; on en voit aussi sur les autres pattes. Les individus des deux sexes sont presque semblables, quant à la forme générale des corps.

On n'a pu observer les habitudes de ces animaux. M. Risso dit, que leur natation est vive, et qu'en repos durant le jour, ils ne sortent qu'au commencement de la nuit. Ils sont très-bons à manger, et on les pêche presque toute l'année sur la côte de Nice.

« Ayant eu occasion, dit M. Bosc (1.re *Edit. de cet Ouvrage*), de prendre plusieurs galathées de différens âges, et d'étudier leur composition sur le vivant, j'ai quelques motifs de croire que leur accroissement ne se fait pas comme celui des autres crustacés, par le renouvellement complet de leur enveloppe, mais par la dislocation générale de toutes leurs articulations ou écailles, et par la production rapide de lames intermédiaires qui se soudent aux anciennes. Il faut, sans doute, des expériences pour assurer un fait physiologique de cette importance, et on doit désirer que quelque homme instruit veuille bien en faire sur les galathées de nos mers, qui ne sont point rares, surtout dans la Méditerranée. Il faudroit opérer à la manière de Réaumur. (*V.* au mot Crustacé et au mot Écrevisse). Cette reproduction supposée du test des galathées peut être comparée à celle de celui des Balanes.» Ces soupçons ne me paroissent pas fondés. Le test des galathées, malgré les impressions qui rendent sa surface comme écailleuse, a une conformation parfaitement analogue à celle du test des écrevisses et des autres macroures, et dès lors son renouvellement doit être le même.

Rondelet a mentionné une espèce de ce genre sous le nom de *lion*, donné, par Athénée et Pline, à un crustacé macroure de la Méditerranée. Il ne parle point de la galathée *striée;* la figure que cite, à cet égard, M. Risso, se rapporte évidemment à notre écrevisse de mer ou le *homard.* Mais Aldrovande, *de Crust.*, *lib.* 2, *pag.* 123, a représenté cette galathée et celle que M. Léach nomme *porte-écailles*, probablement la *galathée glabre* de M. Risso, sans parler de l'espèce de Rondelet, dont il a copié la figure.

M. Léach a divisé ce genre d'après la manière dont se termine antérieurement le test, d'après la forme des serres, celle des saillies latérales, des tablettes de la queue et de la pièce intermédiaire de sa nageoire, et encore d'après la composition du pédoncule des antennes, et les longueurs relatives des deux premiers articles des pieds-mâchoires extérieurs, qu'il appelle *pieds-palpes.*

La Galathée rugueuse, *Galathea rugosa.*, Fab. ; le

lien, Rond., *Hist. des Poissons*, pag. 390; Léach., *Malac. Brit.*, *tab.* 29, se distingue par ses serres fort longues et cylindriques, et surtout en ce que son test n'a point de bec proprement dit en devant; on y voit trois épines plus remarquables, dont celle du milieu est beaucoup plus forte que les laterales. On trouve cette espèce dans la Méditerranée et dans la Manche, ainsi que les deux suivantes.

Galathée striée, *Galathea strigosa*, Fab.; pl. D 15. 5. de cet ouvrage; *Galathea spinigera*, Léach, *ibid*, *tab.* 28. *B*; *Astacus similis pediculo marino*, Aldrov. *de Crust.*, *lib.* 2, *pag.* 123, fig. à gauche. Son corps est quelquefois d'un rouge assez vif, ponctué de blanchâtre; son bec s'avance notablement au-delà des yeux, a trois épines de chaque côté, outre celle du bout qui est plus forte; les serres sont très-velues, avec des épines nombreuses, sur une partie de leur dessus et le long de leurs bords, jusqu'au bout des pinces; les doigts sont comprimés et peu écartés l'un de l'autre, lorsqu'ils sont fermés.

Galathée porte-écailles, *Galathea squamifera*, Léach.; *ibid*, *pl.* 28 *A*; *galathée glabre*? Riss.; Aldrov. *ibid*, fig. à droite; son corps est d'un brun verdâtre; son bec est plus court que dans l'espèce précédente; les serres sont chargées de tubercules ciliés, et n'ont d'épines remarquables que dans la partie inférieure de leur bord interne; les doigts des pinces sont plus etroits que ceux de la galathée striée, et plus écartés entre eux; l'ouverture forme un ovale étroit.

M. Risso a trouvé dans des excavations des environs de Nice, et dans un sol calcaire argileux, un crustacé dont il a fait une espèce de galathée, sous le nom d'Antique. Elle m'est inconnue. (L.N.)

GALATHÉE, *Galathea*. Genre de coquille, établi par Lamarck dans la classe des Bivalves, et qui offre pour caractères: coquille bivalve, équivalve, régulière, subtrigone; deux dents cardinales, rapprochées sur la valve droite, avec une cavité en devant; deux dents cardinales, écartées sur la valve gauche, et en devant une grosse callosité intermédiaire sillonnée; dents latérales médiocres; nymphes proéminentes; ligament extérieur très-bombé.

Ce genre, qui se rapproche de celui des Vénus et des Mactres, et encore plus des Cyclades, ne renferme qu'une espèce, la Galathée a rayons, qu'on trouve dans les rivières de l'Inde, et qui est figurée pl. 28 *des Annales du Muséum*. Elle est blanche, avec des rayons violets. Son diamètre est d'environ trois pouces. (B.)

GALATION de Dioscoride. Adanson rapporte cette plante aux Gaillets, *Galium*. (LN.)

GALAX, *Galax*. Plante de Virginie, dont les feuilles sont radicales, la tige nue, les fleurs disposées en épis terminaux, et qui forme seule un genre dans la pentandrie monogynie.

La fleur offre un calice de dix folioles, dont les extérieures sont plus courtes et alternent avec les autres; une corolle monopétale, hypocratériforme, à tube cylindrique, à limbe plane, divisé en cinq découpures obtuses; cinq étamines, dont les anthères sont conniventes; un ovaire supérieur, ovale, velu, surmonté d'un style semi-bifide, à stigmates arrondis.

Le fruit est une capsule ovale, uniloculaire, bivalve, colorée, s'ouvrant avec élasticité, et contenant deux semences ovales, convexes, calleuses, et qui semblent n'en former qu'une.

Michaux croit que cette plante est la même que celle qu'il a figurée sous le nom d'Erythrorhize, quoique leurs caractères ne soient pas les mêmes. Elle ne diffère pas non plus du Blanfordie d'Andrews, et du Viticelle de Micheli. *V*. Glaux. (B.)

GALAXAURE, *Galaxaura*. Genre de polypiers phytoïdes, dichotomes, articulés, fistuleux, cylindriques, à cellules invisibles, établi par Lamouroux aux dépens des Corallines de Linnæus et des Sertulaires d'Esper.

Lamouroux rapporte à ce genre dix espèces, toutes des mers des pays chauds. La plus commune d'entre elles est la Galaxaure rugueuse, figurée par Solander et Ellis, tab. 22, n.° 3, et qui vient des mers de l'Amérique. Ses articulations sont cylindriques, annelées, légèrement rugueuses, et aplaties à leurs extrémités. (B.)

GALAXIAS. *Voyez* Galaxie. (DESM.)

GALAXIE. C'est un des noms des *Aérolithes* ou *Météorolithes*, nommés aussi *Chalasie*, *Céraunie*, etc. (LUC.)

GALAXIE, *Galaxia*. Genre de plantes de la monadelphie triandrie, et de la famille des iridées, qui présente pour caractères: une corolle monopétale, infundibuliforme, à tube filiforme et à limbe presque campanulé, régulier, partagé en six découpures, dont trois extérieures ont une petite fossette nectarifère à leur base; trois étamines dont les filamens sont soudés les uns aux autres; un ovaire inférieur obtusément triangulaire, chargé d'un style filiforme à trois stigmates multifides; une capsule oblongue, presque cylindrique, marquée de trois sillons, triloculaire, trivalve, et qui contient plusieurs semences fort petites.

Ce genre comprend trois espèces, qui sont de petites plantes bulbeuses, à feuilles simples et radicales, à hampe courte et uniflore, dont deux sont propres au Cap de Bonne-Espérance, et l'autre au détroit de Magellan. (B.)

GALAXIE, *Galaxias.* Sous-genre de poissons établi par Cuvier, aux dépens des ÉSOCES. Il ne renferme qu'une espèce qui n'a pas encore été décrite. Ses caractères sont : corps sans écailles apparentes ; dents pointues et médiocres aux mâchoires, dont la supérieure est presque toute formée par l'os intermaxillaire ; quelques fortes dents crochues sur la langue. (B.)

GALAXIE. Les anciens astronomes ont donné ce nom à la VOIE LACTÉE. *V.* ce mot, et GALACTITE. (PAT.)

GAL-AYL. Nom arabe du LAITERON OLÉRACÉ, *Sonchus oleraceus*, L. (LN.)

GALBA. Ver qui, d'après Suétone, naît dans le *chêne vert.* (DESM.)

GALBANON de Dioscoride, est, dit-on, la même plante que nous nommons BUBON GALBANIFÈRE. *V.* GALBANUM. (LN.)

GALBANUM. C'est une substance végétale, grasse, et d'une consistance molle, ductile comme de la cire, à demi-transparente, et qui semble tenir en quelque sorte le milieu entre la gomme et la résine. Selon qu'elle est plus récente et pure, elle est ou blanchâtre, ou jaune, ou rousse, ou gris-de-fer. Sa saveur est amère et médiocrement âcre, son odeur aromatique et forte ; elle est inflammable, demi-soluble dans l'eau froide, soluble dans l'esprit-de-vin, les jaunes d'œufs, le sirop, le miel, et en grande partie dans les huiles, les graisses et dans l'eau chaude.

Cette gomme-résine découle avec ou sans incision d'une plante qu'on soupçonne être le BUBON GALBANIFÈRE, *bubon galbanum*, Linn. (*Voyez* BUBON.). Elle nous vient de Syrie, de la Perse et de quelques autres endroits du Levant. On l'apporte en larmes pures, ou en pains visqueux remplis d'impuretés.

On attribuoit autrefois beaucoup de vertus au galbanum, et il étoit fréquemment employé en médecine, soit intérieurement, soit sous la forme d'onguent ou d'emplâtre. Mais le succès de ce remède ne répondoit pas toujours à l'attente. Il manque d'observations, dit Vitet (*Pharmacopée de Lyon*), pour constater ses prétendues propriétés. On le prépare en le pulvérisant et tamisant, et en l'incorporant avec du sirop, ou en le faisant dissoudre dans un jaune d'œuf; la dose est depuis dix grains jusqu'à une drachme. (D.)

GALBANUS. Juvénal nomme ainsi le GALBANUM. (LN.)

GALBERO ou GARBELLA. Nom italien du LORIOT d'Europe. (DESM.)

GALBULA et GALBULUS. L'un des noms latins du Loriot, désigné dans Linnæus et Latham sous la dénomination spécifique d'*oriolus galbula*. *Voyez* Loriot.

Moehring a appliqué la dénomination de galbula au jacamar, et les ornithologistes modernes l'ont adoptée. *V.* Jacamar. (s.)

GALBULE, *Galbulus*. Sorte de fruit propre aux Pins et aux Cyprès. *Voyez* ces mots. *V.* Fruit, section troisième, comprenant les fruits agrégés. (b.)

GALBULUS. C'est l'un des noms du Loriot. (s.)

GALDEBAER et GALLEBAER. C'est la Bryone (*Bryonia alba*), en Danemarck. (ln.)

GALÉ. Nom du Poulet, dans quelques cantons de la France. (desm.)

GALÉ, *Myrica*. Genre de plantes de la dioécie tétrandrie, et de la famille des amentacées, dont le caractère consiste à avoir les fleurs mâles et les fleurs femelles sur des pieds distincts, et disposées en chatons imbriqués d'écailles. Chaque écaille ovale, un peu pointue, concave, recouvre, dans les fleurs mâles, quatre ou six étamines à anthères didymes, et dans les fleurs femelles, un ovaire supérieur ovoïde, surmonté de deux styles filiformes à stigmates simples. Le fruit est une petite baie ovoïde ou globuleuse, uniloculaire, et qui contient une seule semence.

Ce genre renferme une douzaine d'espèces, dont une seule est indigène. Ce sont des arbres de moyenne grandeur, ou des arbrisseaux, à feuilles alternes, parsemées de points résineux, et à fleurs axillaires, qui paroissent avant le développement des feuilles. Les plus remarquables sont:

Le Galé odorant, *Myrica gale*, Linn., dont les feuilles sont lancéolées, dentelées à leur pointe, et les tiges frutescentes. Il croît en Europe, dans les lieux marécageux. Toutes ses parties, surtout ses fruits, ont une odeur forte, aromatique, et absorbent plus que la plupart des autres plantes, l'air impur ou l'hydrogène des marais. On s'en servoit autrefois en guise de thé, mais on a reconnu que l'usage en étoit dangereux pour le cerveau. On l'appelle vulgairement le *piment royal*.

Le Galé cirier, *Myrica cerifera*, Linn., a les feuilles ovales, lancéolées, dentelées à leur extrémité, et les tiges arborescentes. Il croît naturellement dans les marais, sur le bord des rivières, dans l'Amérique septentrionale.

J'ai observé dans son pays natal, c'est-à-dire en Caroline,

que la grande et la petite espèce ne sont que les extrêmes d'une suite immense de variétés. Il a encore plus que le précédent la propriété d'améliorer l'air des marais. Lorsqu'il fait chaud, il répand une odeur résineuse forte, qui porte à la tête, mais qui est sans danger, et qui est même quelquefois agréable. Lorsqu'on met ses fruits sous une claie ou dans un sac au fond d'un vase d'eau bouillante, l'espèce de cire farineuse qui le revêt, se fond, monte à la surface, d'où on l'enleve pour en faire des bougies qui répandent en brûlant une odeur agréable, mais qui, à raison de leur couleur verte, donnent une lumière triste. Quoique cet arbuste soit excessivement abondant dans la basse Caroline, et qu'il ne coûte, à qui en veut, que la peine d'en ramasser la graine, les bougies qu'on en fait reviennent plus cher, à Charleston, que les chandelles de suif; en conséquence, on n'en brûle point dans la ville, ni dans ses environs. Il n'y a que les nègres esclaves qui s'occupent quelquefois de cette récolte pour leur usage seulement. Je ne crois donc pas qu'il soit avantageux, comme on l'a prétendu, de le multiplier en France pour en tirer parti sous ce rapport.

On cultive fréquemment une variété de ce galé, sous le nom de *galé du Canada*, dans les jardins, en Europe. Cette variété supporte fort bien la rigueur de nos hivers et se multiplie ou par graine ou par éclat de ses racines, ou par marcottes : je dis variété, quoique je sois convaincu qu'elle est espèce, parce qu'il est difficile de lui attribuer des caracteres différentiels suffisans. *V.* pl. D 29, où elle est figurée.

Le Galé à feuilles de chêne a les feuilles ovales, cunéiformes, sinuées, dentelées, obtuses, et les découpures souvent anguleuses. Il croît au Cap de Bonne-Espérance. Les Hottentots retirent de ses fruits une cire analogue à celle de l'espèce précédente. Il se cultive dans nos orangeries.

Le Galé du Japon a les feuilles lancéolées et entières. On le cultive dans le Japon, sous le nom de *nagi*, à raison de la beauté de son feuillage. (B.)

GALÉ. Tournefort et Adanson donnent ce nom au genre *myrica* de Linn., maintenant divisé en deux : l'un le *myrica* proprement dit (*V.* Galé, ci-dessus), fondé sur le *chamæeleagnus* de Dodonée ; le second, le *nageia* de Gærtner, fondé sur le *myrica nagi* de Thunberg, et sur le *buxus dioïca* de Forsk. Petiver plaçoit avec les galés le *comptonia asplenifolia*, sentiment de Linnæus avant qu'il eût fait un liquidambar de cette plante. Le *coriotragematodendros* de Plukenet répond au genre actuel *myrica*. (LN.)

D. 29.

Deseve del. Marchand Sculp.

1 Galanga officinal. 3. Gayac officinal.

2 Galé cirier male et fem.lle 4. Gingembre de l'Inde.

GALEA de Klein. Genre d'oursins qui correspond à celui des ANANCHITES de Lamarck, et qui ne contient que des espèces fossiles. (DESM.)

GALEA. *V.* GALETTE et BOUCHE. (O.)

GALEC. C'est le GALEGA. (B.)

GALEDRAGON de Xénocrates. Suivant Anguillara, cité par C. Bauhin, ce nom désigne la CARDERE. (LN.)

GALEDUPA. *Voy.* GADELUPA.

GALEDUPE, *Galedupa.* Genre autrement appelé PONGAMIE. Le DALBERGE EN ARBRE en fait partie. (B.)

GALÉE, *Galea.* Nom donné par Klein à un genre fait aux dépens des OURSINS. Il ne diffère pas de celui appelé ANANCHITE par Lamarck. (B.)

GALEGA, *Galega.* Genre de plantes de la diadelphie décandrie, et de la famille des légumineuses, qui présente pour caractères: un calice campanulé à cinq dents, presque égales; une corolle papilionacée, dont l'étendard est en cœur, les deux ailes oblongues, la carène comprimée et à pointe courte; dix étamines, dont neuf le plus souvent réunies à leur base; un ovaire supérieur, oblong, grêle, se terminant en un style court à stigmate simple et un peu globuleux; une gousse linéaire, comprimée, polysperme, souvent noueuse aux endroits où sont les semences, et ayant ou des sillons transverses, ou des stries obliques.

Ce genre contient une quarantaine d'espèces plus souvent herbacées que frutescentes, à feuilles alternes, ailées avec impaire, à stipules distinctes du pétiole et à fleurs disposées en épis axillaires ou terminaux, dont une seule est indigène à l'Europe.

Les principales de ces espèces sont:

Le GALEGA COMMUN, autrement appelé *lavanèse, faux indigo, rue de chèvre*, a les feuilles de dix-sept paires de folioles oblongues, nues et terminées par un filet, et les légumes droits et striés. C'est une assez belle plante, originaire des parties méridionales de l'Europe, et que l'on cultive dans les parterres pour l'ornement. Elle est regardée comme sudorifique et alexitère, comme bonne contre les fièvres malignes, l'épilepsie, les maladies convulsives des enfans. On l'a préconisée comme propre à fournir un excellent fourrage; mais elle ne s'est pas trouvée autant du goût des bestiaux que l'abondance de sa fane et la facilité de sa culture sembloient le faire désirer, et de fait ils n'y touchent pas lorsqu'ils ont d'autres herbes, ainsi que je m'en suis assuré en Italie même. Sa multiplication s'effectue par le semis de ses graines et par la séparation des vieux pieds.

Le Galega de Virginie passe, en Amérique, pour un puissant vermifuge.

Le Galega soyeux a les feuilles de quinze paires de folioles oblongues et soyeuses en dessous, et les épis terminaux. Il se trouve dans l'Amérique méridionale, où on l'emploie pour enivrer le poisson.

Le Galega des teinturiers a les feuilles de sept paires de folioles émarginées, velues en dessus; les épis latéraux et les légumes grêles et pendans. Il vient dans l'Inde, et y sert à faire un indigo peu foncé en couleur, et qu'on appelle *faux indigo*, pour le distinguer de celui qui provient de l'Anil.

Persoon a établi le genre Téphrosie aux dépens de celui-ci, auquel il enlève la plus grande partie de ses espèces. (B.)

Galega. Nom donné anciennement, en Italie, à la *lavanèse* des Toscans, ou *avaneza*, dite aussi *castracara* et *rutacapraria*. Ce nom de *galega*, qui a passé dans le latin moderne, paroît une corruption du mot *glaux*, désignant chez les anciens une plante (*astragale*) qui avoit sans doute des rapports avec la lavanèse, à laquelle presque tous les premiers botanistes ont laissé le nom de galega, bien qu'il l'aient étendu aux *orobes*, à quelques *vesces*, à des *aeschinomenés*, etc. Tournefort nomma *galega* le genre actuel, décrit ci-après, et que Linnæus et Adanson adoptèrent. Ce genre s'augmenta d'un grand nombre d'espèces étrangères, de sorte que les caractères n'étant plus exacts, on a proposé d'établir les genres suivans : *erebinthus*, *reiniera* et *tephrosia*, aux dépens du galega, et de renvoyer quelques espèces, qu'on y avoit mal rapportées, au *Sophora*, etc. *Voy.* Glaux. (ln.)

GALEJOU. C'est le Héron gris, en Provence. (desm.)

GALÈNE ou SULFURE DE PLOMB. Minerai composé de plomb, de soufre, et, pour l'ordinaire, de quelques matières terreuses; le plomb en fait la moitié ou même les deux tiers. La galène jouit d'un éclat métallique semblable à celui du plomb fraîchement coupé. Elle est presque toujours cristallisée en cube ou en lames carrées. Elle est fort employée pour vernir les poteries communes, quoique son usage ne soit pas sans danger. *V.* Plomb sulfuré. (pat.)

GALÈNE ANTIMONIALE. *V.* Plomb sulfuré antimonifère. (luc.)

GALÈNE ARGENTIFÈRE. Les différentes variétés de galène ou plomb sulfuré contiennent presque toutes de l'argent, mais en quantité très-variable. On a remarqué qu'en général les variétés à grain fin et à surface luisante et comme argentée, en renfermoient davantage que celles à grandes facettes. *V.* Plomb sulfuré argentifère. (luc.)

GALÈNE DE BISMUTH. On a donné ce nom au *sulfure de bismuth*. *V*. BISMUTH SULFURÉ. (LUC.)

GALÈNE FAUSSE. On donne quelquefois ce nom à la *blende grise* ou *sulfure de zinc*, qui jouit de l'éclat métallique comme la véritable galène, mais dont on la distingue facilement ; car la blende est presque de moitié plus légère, et se ternit quand on l'humecte avec le souffle. *V*. ZINC SULFURÉ. (LUC.)

GALÈNE DE FER. Quelques naturalistes ont donné ce nom à la *mine de fer micacée* ou *Eisenman*, qui se présente quelquefois en lames agglomérées qui ont quelque apparence de la galène proprement dite. *V*. FER OLIGISTE. (PAT.)

GALENIA. Ce genre, établi par Linnæus, est consacré à la mémoire de Claude Galien, célèbre médecin grec du deuxième siècle, qui publia plusieurs ouvrages de médecine et des commentaires sur les écrits d'Hippocrate. *V*. GALÉNIE. (LN.)

GALÉNIE, *Galenia*. Genre de plantes de l'octandrie digynie et de la famille des arroches, dont les caractères sont: calice à quatre divisions; point de corolle; capsule presque ronde, à deux semences.

Ce genre renferme deux espèces, dont une, la GALÉNIE D'AFRIQUE, a les feuilles linéaires, charnues, glutineuses, sessiles, tantôt opposées, tantôt alternes. Elle se cultive dans nos orangeries, où on la multiplie par marcottes et par boutures. (B.)

GALEOBDOLON, *Galeobdolon*. Plante vivace fort commune dans les bois des montagnes du centre de la France, qui a été placée parmi les GALÉOPES, les LAMIERS, les POLLICHIES et les AGRIPAUMES, et enfin dont on a fait un genre particulier, auquel on a attribué les caractères suivans: calice à cinq dents aiguës; corolle à deux lèvres, la supérieure concave et entière, l'inférieure à trois découpures aiguës; les anthères glabres. *V*. GALÉOPE. (B.)

Cette plante, plus connue sous le nom d'*ortie morte jaune*, a été d'abord placée par Linnæus dans le genre *leonurus*, puis dans le *galeopsis*. Sur la considération que la corolle est privée de dents et que les graines sont sphériques, plusieurs naturalistes en ont fait un genre qu'ils ont nommé *galeobdolon* avec Dillen, et entre autres Adanson qui croit que le galeobdolon des Grecs est la même plante. Hudson, Villars, Smith et Moench adoptent ce genre, mais ce dernier y rapporte le *lamium amplexicaule*, et Roth l'appelle *pollichia*; Willdenow pense que le galeobdolon doit rester dans le genre *leonurus*, L.

Le galeobdolon (*G. luteum*, Will.) est une plante couchée, herbacée, dont les feuilles sont ovales, un peu en cœur, dentées, et les fleurs jaunes, disposées en verticilles sexflores; la lèvre inférieure a trois divisions, dont celle du milieu est aiguë. Cette plante croît dans les bois. Elle est alexitère. (LN.)

GALÉODE, *Galeodes*, Oliv.; *Solpuga*, Fab. Genre d'arachnides, de l'ordre des trachéennes, famille des faux-scorpions. Olivier l'établit, en 1791, dans l'*Encyclopédie méthodique*, sous la dénomination qu'il porte ici, ainsi que dans presque tous les ouvrages des naturalistes français. Mais Fabricius a conservé celle de *solpuga*, que Lichtenstein a donnée quelques années après à ce même genre.

Ces arachnides ont pour caractères : corps oblong, annelé; segment antérieur beaucoup plus grand, portant deux mandibules très-fortes, avancées, comprimées, terminées en pince dentelée, avec la branche inférieure mobile; deux yeux lisses, dorsaux et rapprochés sur un tubercule commun; deux grands palpes filiformes, sans crochet au bout; les premiers pieds également filiformes, mutiques et en forme de palpes; bouche composée de deux mâchoires sciatiques formées chacune par la réunion de la base d'un de ces palpes et d'un de ces pieds antérieurs, et d'une languette sternale subulée, située entre les mandibules; six autres pieds filiformes terminés chacun par deux espèces de longs doigts mobiles, avec un petit crochet au bout; les deux pieds postérieurs plus grands, avec une rangée de petites écailles pédicellées sous les hanches.

Le célèbre Pallas est le premier qui ait décrit, avec beaucoup de détail, une espèce de ce genre, le GALÉODE ARANÉOÏDE. C'est dans ses *Spicilèges de Zoologie*, *fascic.* 9, et dans la *Monographie des Solpuges* d'Herbst, qu'il faudra chercher le développement des caractères de ces arachnides. Le *Voyage en Grèce* de Sonnini offre encore des connoissances sur cet objet, et surtout de bonnes figures, dessinées par Marechal, peintre du Muséum d'Histoire naturelle de Paris. Olivier a publié une notice des espèces qu'il a observées dans ses voyages au Levant.

Les *galéodes* ont le corps oblong, recouvert en général d'une peau d'une foible consistance, ou légèrement écailleuse, brune ou jaunâtre, souvent hérissée de poils longs, et dont quelques-uns de ceux des mandibules paroissent très-distinctement tubulaires; la partie antérieure présente deux mandibules énormes, d'une forme à peu près conique, contiguës tout le long de leur côté interne, et terminées en pointe : chaque mandibule est armée à son extrémité de deux griffes ou dents écailleuses, verticales, croisées l'une sur l'autre, dentelées intérieurement, et finissant en pointe crochue. Dans quelques espèces, ou plutôt peut-être dans les individus de différens sexes, on remarque un petit appendice écailleux, brun, presque filiforme, sur le dessus de chaque mandibule, et contre la partie postérieure de laquelle il est rejeté. Cet appendice part de la base de l'entre-deux des tenailles; on ignore son usage.

Les palpes sont très-grands dans ce genre; ils surpassent les pattes en grosseur, et sont plus longs que les deux ou trois paires antérieures; ils sont avancés, filiformes, de six articles, dont le radical prolongé en pointe à son angle interne et supérieur, et soudé avec l'article correspondant des deux pieds suivans, pour former une mâchoire; dont le second très-court, les trois suivans fort longs, et le sixième très-court, arrondi au bout, paroissant fermé par une membrane, et sans onglet; les deux pieds antérieurs, réunis avec les palpes à leur naissance, et pareillement annexés au segment antérieur du corps, qui fait la majeure partie du thorax, leur ressemblent pour la forme, la direction et la manière dont ils se terminent; mais ils sont plus courts, et surtout beaucoup plus grêles; leurs hanches offrent une articulation de plus, et qui paroît être formée par une division de la partie inférieure de la troisième, ou du premier des articles allongés, celui qui correspond à la cuisse. L'analogie ne permet pas de douter que ces organes ne représentent les deux pieds antérieurs des autres arachnides; mais d'après la nature de leurs fonctions, l'on peut dire avec M. Walckenaer, que les galéodes ont quatre palpes, ou plutôt six pieds-palpes; ils se rapprochent, à cet égard, des phrynes et des thélyphones. Les mâchoires ne sont séparées que par une fente linéaire, et se confondent même à leur angle interne et supérieur; cet angle se dilate en avant, et forme dans l'entre-deux des mandibules, à leur naissance, une petite languette bifide, et terminée par deux appendices soyeux. Elle cache une pièce écailleuse, pareillement ligulée, et ayant au bout supérieur un onglet ou dent arquée vers sa base et en forme de faux. Les deux mandibules sont très-grandes, ovoïdes, comprimées, appliquées l'une contre l'autre par leurs faces internes, entièrement découvertes et s'avancent droit en avant; elles sont terminées par deux dents très-fortes, écailleuses, verticales, croisées à leur pointe, dentelées au côté interne. On croiroit que ces arachnides ont quatre mâchoires; et l'on a soupçonné qu'elles pourroient bien être les animaux de la même classe, que d'anciens naturalistes désignèrent sous le nom de *tétragnathes*, et sous ceux encore de *solpuges, solifuges*, etc. Ces mandibules, le premier segment du thorax qui est beaucoup plus étendu que les suivans, et ses accessoires présentent, réunis, l'apparence d'une énorme tête. Ce segment, ou plutôt sa plaque dorsale, a la figure d'un triangle, dont la base un peu courbe forme le bord antérieur du corselet; l'on voit, près de son milieu, une petite élévation, ayant de chaque côté un petit œil lisse, placé un peu obliquement. Une autre plaque, mais très-petite, recouvre le second segment, celui qui porte la seconde paire de pattes. Le reste du corps est mou, forme un ovale oblong, et se compose d'une dizaine d'anneaux, qui ne sont que des plis de la peau; le troisième et le quatrième servent d'attache aux quatre pieds postérieurs.

Ces quatre pieds, ainsi que les deux précédens, sont réunis par paires à leur naissance, au moyen d'un article commun transversal, divisé dans son milieu par une ligne enfoncée, et correspondant à l'article maxillaire des deux premiers pieds et des palpes; il n'y a point de sternum proprement dit, l'espace qui en tient lieu étant occupé par cette suite d'articles radicaux. Ces six pieds, dont les longueurs augmentent progressivement, offrent, comme d'ordinaire, les parties que l'on distingue sous les noms de hanche, de cuisse, de jambe et de tarse; la hanche est composée de deux articulations fort courtes; la cuisse et la jambe sont longues et d'une seule pièce; le tarse plus grêle, ainsi que la jambe, est divisé en trois articles, dont le premier fort long, et le dernier très-court; à l'extrémité supérieure de celui-ci sont implantés deux appendices filiformes, arqués, velus, semblables à deux doigts, et terminés chacun par un petit crochet écailleux : tous ces divers articles sont cylindriques.

Les pieds sont hérissés de longs poils, et ont çà et là de petites épines mobiles; les hanches des deux derniers ont en dessous une rangée de petites écailles très-minces, transparentes, et composées chacune d'un pédicule, au bout duquel est une pièce mobile triangulaire, large, pliée en deux ou formant un angle, et inclinée dans quelques espèces; on peut comparer ces écailles à la moitié d'un entonnoir que l'on auroit comprimé et coupé en deux dans le sens de sa longueur. Elles représentent, mais d'une manière très-éloignée, les peignes des scorpions. L'abdomen est oblong, mou, et plus ou moins velu, ainsi que le corps, et sans aucun appendice, du moins saillant, à son extrémité; il est composé de neuf segmens, dont celui de la base, vu en dessous, représente une plaque écailleuse; j'ai aperçu un stigmate sur chaque côté de la poitrine, près de la seconde paire de pieds.

Les galéodes sont propres aux pays chauds, à ceux particulièrement du midi de l'Europe, de l'Asie, et à l'Afrique. MM. Dufour et Dejean en ont découvert une espèce en Espagne. MM. de Humboldt et Bonpland en ont rapporté une autre, mais très-petite, des contrées équatoriales de l'Amérique. Il paroît, d'après les voyages de Pallas et de Gmelin, que ces arachnides ne sont pas rares dans la Russie méridionale, le long du Volga et du Borysthène, et que les Kalmoucs les distinguent sous le nom de *bychorcho*.

On les redoute beaucoup dans tous les pays où on en trouve. Non-seulement l'histoire de ces animaux est inconnue, mais les descriptions de leurs espèces sont encore très-défectueuses.

La *Monographie* d'Herbst, qui n'est guère, comme la plupart de ses autres livres sur l'entomologie, qu'une simple compilation, ne nous offre, à cet égard, que de foibles secours. Un zoologiste, qui a recueilli avec des fatigues incroyables, et souvent au péril de sa vie, les insectes de l'Egypte et des pays adjacens, et dont j'ai cité plusieurs fois dans cet ouvrage les belles observations, M. Savigny publiera bientôt celles que les galéodes lui ont fournies. Déjà Olivier, dans son Voyage en Perse, pag. 441 de l'édit. in-4.°, nous a donné sur les espèces du même genre qu'il a trouvées, des renseignemens utiles, et que je rapporterai textuellement. Après avoir parlé d'une nuée prodigieuse de criquets, dont lui et la caravane étoient importunés jusque dans les tentes, il s'exprime ainsi : « Le soir, ces petits criquets étoient remplacés par un autre insecte non moins incommode, et plus désagréable à voir; il appartient au genre que j'ai établi dans l'*Encyclopédie méthodique*, sous le nom de *galéode*. Les Arabes le regardent comme très-venimeux, et vouloient d'abord nous empêcher d'y toucher. Lorsqu'ils virent prendre des précautions pour n'en être pas mordus, ils se contentèrent de nous faire une infinité de contes plus effrayans les uns que les autres. Selon eux, l'endroit mordu s'enfle considérablement, noircit bientôt, et est promptement suivi de la gangrène et de la mort. Cette opinion est également établie en Egypte et au midi de la Perse. M. Pallas rapporte plusieurs faits, dont il dit avoir été témoin, qui semblent prouver que le venin de cet insecte est mortel, si on n'y apporte remède à temps. Il regarde l'huile et tous les corps gras comme les meilleurs à appliquer. Nous avouerons que, malgré l'assertion des Arabes, des Egyptiens et de tous les habitans chez lesquels se trouvent des galéodes, malgré l'assertion de M. Pallas lui-même, nous doutons que ces insectes soient aussi venimeux qu'on le dit. N'a-t-on pas fait une semblable réputation, en Perse, au scorpion ; en Italie, à la tarentule ; dans presque tout l'orient et au midi de l'Europe, aux diverses espèces de geckos, qui vivent dans les maisons ou dans les vieilles masures? En Egypte et en Crète, les scinques ne sont-ils pas également regardés comme venimeux?

« Nous avons trouvé le galéode fort commun en Perse, dans le désert de la Mésopotamie et dans celui de l'Arabie ; tous les soirs, il couroit sur nous, sur nos effets, sur notre table, sur nos lits, avec la plus grande célérité, sans jamais s'arrêter. Personne n'en a été mordu, et nous n'avons jamais pu recueillir un fait bien constaté, qui prouvât que cet insecte est aussi dangereux qu'on le dit. La morsure du galéode doit être sans doute fort douloureuse, à en juger par les deux fortes pinces dont la bouche est armée ; mais est-il bien certain que cette morsure soit accompagnée d'un épanchement de venin, comme dans les vipères? L'inspection de la bouche de l'animal semble ne pas le prouver. Cet insecte se cache assez ordinairement durant le jour, et ne sort guère que la nuit. Il paroît qu'il est attiré par la clarté d'une bougie ou d'une chandelle allumée, car c'étoit plus particulièrement dans notre tente, la seule qui fût éclairée, que venoient les galéodes. Nous en vîmes moins dans la suite, parce que nous n'eûmes plus besoin de lumière.

« L'espèce qui couroit avec le plus de célérité, et qui se montroit le plus communément, *pl.* 42, *fig.* 3, paroît devoir se rapporter à celle que Pallas a observée au nord de la mer Caspienne, et qu'il a décrite sous le nom de *phalangium araneoïdes*. Les pattes sont très-longues, et tout le corps est velu, d'une couleur cendrée, un peu roussâtre ; les mandibules sont entièrement ciliées, et armées de fortes dents.

« Nous en prîmes une seconde espèce (*galeodes phalangium*), *pl.* 42, *fig.* 4, qui se présentoit moins fréquemment, et qui couroit avec bien moins de célérité. Celle-ci a ses pattes une ou deux fois plus courtes. Le corps est velu et de la même couleur que celui de la précédente ; mais les mandibules sont d'un rouge ferrugineux ; elles sont moins dentées, et on remarque au côté interne de la pièce supérieure, un crochet arqué, recourbé, mobile, qui manque au galéode aranéoïde.

« Nous vîmes aussi, aux environs de notre tente, deux autres galéodes, qui offrent entre eux peu de différence, et qui pourroient bien, comme les deux précédens, n'être pas deux espèces, mais les deux sexes de la même espèce. L'une (*galeodes melanus*, *pl.* 42, *fig.* 5) a le corps très-noir, les pattes courtes, velues, et un crochet arqué, recourbé, mobile à la partie interne des mandibules.

« L'autre (*galeodes arabs*, *pl.* 42, *fig.* 6), qui est évidemment une femelle, a les pattes très-courtes, velues, et le corps d'un noir de velours ; ses mandibules sont dentées et sans crochet latéral. »

Pallas a fait sa description du *phalangium araneoides* sur deux individus de la collection d'histoire naturelle de Pétersbourg, sans nous dire quelle est leur patrie ; il considère comme des différences sexuelles de la même espèce, celles qu'il a observées entre ces individus ; mais je ne crois pas que son opinion soit suffisamment autorisée, et l'individu qu'il prend pour la femelle pourroit bien être, à raison des poils nombreux dont la poitrine et la base des pieds sont garnies, le galéode du Cap de Bonne-Espérance, représenté par Petiver. L'individu qu'il donne pour le mâle, *fig.* 7 et 8, me paroît devoir se rapporter plutôt à la seconde espèce d'Olivier qu'à la première. Ses palpes, que Pallas désigne sous la dénomination de bras et ses pieds sont beaucoup plus courts que ceux du *galéode aranéoïde*, figuré par Olivier, *pl.* 42, *fig.* 3, et dans ce Dictionnaire, E 2, 1. On a représenté ici les mandibules dans une position contraire à celle qu'elles ont naturellement, afin de rendre plus sensible la forme de leurs pinces. Cette espèce est la *solpuge arachnoïde* d'Herbst, *Monog. tab.* 1, *fig.* 2. Son corps a près d'un pouce et demi de long. Il est d'un jaune roussâtre pâle, avec l'extrémité des serres brune ; il est hérissé de poils, particulièrement sur les palpes ; le tubercule portant les yeux est noirâtre.

On la trouve dans la Russie méridionale et dans le Levant. J'ai une variété dont le dessus du corps est cendré.

Quelques passages de Pline nous font soupçonner que les *galéodes* étoient connus de son temps ; mais l'espèce qu'on avoit pu observer devoit être l'*aranéoïde*, qui se trouve dans le Levant, et non une espèce du Bengale, ainsi que l'indique la citation faite par Herbst.

Galéode sétifère, *Galeodes setifera*, Oliv. ; Herbst., *Monog. solpug.*, *tab.* 2, *fig.* 1. Il est un peu plus petit que le précédent, d'un roux-brun et velu ; l'abdomen a une raie latérale blanche ; les mandibules ont chacune à leur partie supérieure un appendice en forme de soie, recourbé. Mais, comme je l'ai remarqué, est-ce bien un caractère spécifique ?

Cette espèce est du Cap de Bonne-Espérance.

Le Galéode dorsale, *Gal. dorsalis*, que M. Dufour et M. le général Dejean ont trouvé en Espagne, n'aguère plus d'un demi-pouce de longueur. Son corps est blanchâtre, et un peu roux en dessous, d'un cendré noirâtre en dessus, avec les pinces des mandibules de couleur ferrugineuse, et les pieds d'un fauve très-pâle ; le sommet des palpes est plus obscur. Mais on trouve dans la partie la plus australe de ce royaume, une espèce aussi grande que l'*aranéoïde*, et qui a été rapportée par M. Durand, ancien conservateur du jardin de botanique de Montpellier.

La *solpuge fatale* d'Herbst, *Monog.*, *tab.* 1, *fig.* 1, ayant le Bengale pour patrie, seroit, suivant cet auteur, distinguée de ses congénères par l'horizontalité de ses pinces. Mais cette position est-elle naturelle et constante? Ne seroit-elle pas le produit d'un changement forcé?

Les Grecs, anciennement, faisoient entrer dans la composition de la matière médicale de la thériaque, une espèce de *phalangium*; c'étoit la même *solpuge*, au sentiment du même naturaliste. *Voy.* ce que nous avons dit plus haut, en parlant du *G. aranéoïde*. (L.)

GALÉOLE, *Galeola.* Arbrisseau grimpant, sans feuilles, à racines épaisses, peu nombreuses, coupées net à leur extrémité; à vrilles solitaires; à fleurs jaunes, situées sur de grosses grappes latérales, accompagnées d'une grande quantité de bractées charnues et aiguës, qui, selon Loureiro, forme un genre dans la gynandrie monandrie.

Ce genre offre pour caractères: un calice remplacé par des écailles petites et aiguës; une corolle de cinq pétales ovales et presque égaux; un grand nectaire presque globuleux, très-entier, attaché à la base intérieure de la corolle, et cachant les parties de la fructification, consistant en une étamine insérée au sommet d'un pistil à germe linéaire inférieur, et à stigmate concave et inégal.

Le fruit n'est pas connu; il avorte presque toujours.

Le galéole croît dans les forêts de la Cochinchine. Loureiro le croit voisin de l'*orchis sans feuilles* de Forskaël, et Willdenow pense qu'il peut être réuni à son genre CRANICHIE. *V.* ce mot. (B.)

GALÉOPE, *Galeopsis.* Genre de plantes à fleurs monopétalées, de la didynamie gymnospermie, et de la famille des labiées, qui offre pour caractères: un calice monophylle, campanulé, à cinq découpures aiguës et épineuses; une corolle monopétale, labiée; munie de dents latérales, à lèvre supérieure en voûte arrondie, légèrement dentelée; à lèvre inférieure à trois lobes, dont celui du milieu est plus large; à une bosse aux deux côtés de sa base; quatre étamines, dont deux plus courtes; un ovaire supérieur partagé en quatre parties, du milieu desquelles s'élève un style filiforme, bifide, à deux stigmates aigus.

Le fruit consiste en quatre semences nues, trigones, situées au fond du calice.

Ce genre renferme quatre à cinq plantes d'Europe, à feuilles simples, opposées, et à fleurs verticillées aux aisselles des feuilles supérieures, dont les plus communes sont:

Le Galéope des champs, *Galeopsis ladanum*, Linn., qui a les feuilles lancéolées, rarement dentelées, et les verticilles écartés. C'est une plante annuelle qu'on trouve partout dans les champs, le long des chemins et sur le bord des bois.

Le Galéope piquant, *Galeopsis tetrahit*, Linn., qui a les entre-nœuds supérieurs des tiges plus épais, et les calices épineux. Il se trouve dans les bois, les haies, le bord des chemins, et est annuel comme le précédent.

On ne tire ordinairement parti ni de l'un ni de l'autre; mais je sais, par expérience, qu'ils fournissent par leur incinération une grande quantité de potasse, et ils sont quelquefois assez abondans pour mériter d'être ramassés pour cet objet. Quelques espèces de ce genre ont été placées parmi les Agripaumes. *V.* Galéopsis et Galéobdolon. (B.)

GALÉOPITHÉCIENS. Famille de mammifères, que j'ai établie dans les tables méthodiques qui terminent la première édition de ce Dictionnaire, et dont les caractères sont ceux du genre unique qu'elle renferme. *V.* le mot Galéopithèque. (desm.)

GALÉOPITHÈQUE, *Galeopithecus*, Pallas, Geoff., Cuv., Illig.; *Lemur*, Storr., Gmel. Genre de mammifères rangés parmi les carnassiers et dans la famille des chéiroptères, mais qui diffèrent principalement de ceux-ci par la forme, le nombre et la disposition de leurs dents, ainsi que par la conformation de leurs membres antérieurs. Ces animaux, que les voyageurs ont indiqués sous les noms de *chats-volans*, de *civettes-volantes*, de *singes-volans* et de *chiens* ou *renards-volans*, avoient été rangés par les nomenclateurs avec les *makis*, quoiqu'ils en différassent par plusieurs caractères très-prononcés. Pallas est le premier qui en ait fait un genre nouveau, sous le nom de *galéopithèque*, et qui en ait donné une description complète. Il résulte de cette description, et des observations de M. le professeur Geoffroy-Saint-Hilaire, que les galéopithèques, loin d'être des *makis*, comme on l'avoit pensé, n'appartiennent pas même à l'ordre des Quadrumanes. Ils ne peuvent, en effet, se servir de leurs doigts, ni pour saisir, ni pour grimper, ni même pour marcher. Leur pattes antérieures sont engagées dans une forte membrane, qui enveloppe les cinq doigts, jusqu'à la base des ongles; ces doigts n'excèdent point en longueur ceux des pieds de derrière; ils sont comprimés et armés d'ongles très-aplatis en forme de quart de cercle tranchant, et dont l'extrémité est en pointe très-fine; le doigt interne n'est point un pouce distinct et éloigné des autres doigts. La mâchoire supérieure a deux incisives écartées, qui, ainsi que les canines, ont une dentelure semblable à celle des molaires ; il y a six incisives à la mâchoire inférieure, toutes dirigées en avant ; les quatre intermédiaires sont exactement formées comme des peignes à six ou huit dentelures profondes, étroites et parallèles, et elles correspondent aux deux incisives supérieures.

Une membrane qui enveloppe les flancs, le cou, les extrémités et même les doigts et la queue des galéopithèques, leur donne la faculté de voltiger comme les *polatouches* et les *phalangers-volans*.

« Les galéopithèques, dit M. Geoffroy, ressemblent beaucoup aux *chauve-souris* par la forme des pieds de derrière, le nombre des mamelles et leur position, les organes de la génération, la vie nocturne, l'habitude de se pendre par les pieds de derrière, et s'en rapprochent même en quelque sorte par les dents, puisque les *chauve-souris* sont ceux de tous les quadrupèdes qui offrent les combinaisons les plus bizarres. Mais ce rapprochement a ses limites, et les galéopithèques diffèrent plus particulièrement des *chauve-souris*, en ce que leurs bras et leurs doigts de devant sont semblables à ceux de derrière, et plus courts qu'eux, tandis que ces mêmes parties sont demesurées dans les *chauve-souris*, et en ce que celles-ci manquent de cœcum, et que les galéopithèques en ont un d'un volume énorme, relativement à leur grandeur. » (*Mémoire sur les rapports naturels des makis*, par Geoff., *Mag. encycl.*, t. 1, pag. 25 et suiv.

Ce genre se forme de trois espèces, originaires des îles de l'Océan indien, et que M. Cuvier (*Règne animal*) n'admet pas encore comme suffisamment caractérisées.

Première Espèce. — Le GALÉOPITHÈQUE ROUX, *Galeopithecus rufus*, Audebert, *Histoire des singes et makis; Lemur volans*, Linn.), a près d'un pied de long, depuis le long du museau jusqu'à l'origine de la queue ; il est d'un beau roux vif de cannelle sur le dos, un peu plus pâle sous le ventre. Il a reçu des habitans des îles Pelew le nom d'*oleck*. Cet animal court sur la terre et grimpe sur les arbres comme un *chat* ; les membranes dont il est pourvu lui permettent de se soutenir en l'air et de voltiger ; sa tête est comme celle du renard, et il répand la même odeur. C'est à Pelew un mets de choix que l'on ne sert, comme le pigeon, qu'aux personnes d'un rang distingué.

Cette espèce est figurée dans le magnifique ouvrage d'Audebert sur l'*Hist. nat. des singes et des makis*, et pl. E 6 de ce Dict.

Seconde Espèce. — Le GALÉOPITHÈQUE VARIÉ, *Galeopithecus varius*, Audeb.; *Hist. des singes et makis*, est de moitié plus

E. 6.

Bosse del. T. F. Brouet Sculp.

1. *Galéopithèque roux.* 2. *Giraffe.*
3. *Guenon à long nez.*

petit que le précédent ; sa tête est à proportion plus grosse, et son museau plus allongé et plus fendu. Il est d'une couleur obscure et variée de diverses nuances ; des points blancs sont semés sur ses jambes ; il y en a aussi deux entre les yeux.

On ignore dans quel pays se trouve cette petite espèce, dont le seul individu que l'on connoisse est conservé dans la collection du Muséum d'Histoire naturelle. Audebert (*Histoire des singes et des makis*) remarque avec raison que la petite taille de cet individu, la grosseur de sa tête et la variété de son pelage, semblent annoncer qu'il étoit dans le jeune âge, et qu'il n'est peut-être, en effet, qu'un jeune *galéopithèque*, de l'espèce précédemment décrite.

Troisième Espèce. — GALÉOPITHÈQUE DE TERNATE (*Galeopithecus ternatensis*), Geoffr. M. Geoffroy admet encore cette espèce d'après la description très-incomplète qu'en donne Séba, *thes.* 1. p. 93, pl. 58, fig. 2 et 3. Elle a le corps couvert d'un poil serré, court et doux comme celui de la taupe, d'un roux-gris, plus foncé en dessus qu'en dessous. Sa queue est légèrement tachetée. (DESM.)

GALEOPSIS, *Figure de belette*, en grec, à cause de la forme des fleurs. Cette plante de Dioscoride est un arbuste semblable, pour la tige et les feuilles à l'ORTIE ; ses feuilles exhaloient une forte odeur lorsqu'on les frottoit avec la main ; et les fleurs étoient pourpres. La plante naissoit dans les haies. Pline est d'accord avec Dioscoride. Galien ne parle pas de ce végétal, qui semble devoir être un LAMIUM, autre genre qui doit son nom à la forme de sa corolle comparée à la figure d'une lamie et dont les espèces ressemblent assez à l'*ortie* pour justifier le nom vulgaire d'orties mortes qu'elles portent. Peut-être est-ce l'EPIAIRE DES BOIS. *Stachys sylvatica*, Linn., nommé *Galeopsis legitima* par Clusius ; peut-être un *phlomis*. Ce nom de galeopsis désigne non-seulement des *lamiers*, dans les ouvrages de botanique, mais aussi des *sideritis*, des *leonurus*, des *germanea*, etc. Le genre galeopsis de Tournefort comprenoit des *galeopsis* et des *stachys* de Linnæus. Adanson rapporte à son galeopsis le *stachys germanica*, Linn., et le *glechoma hederacea* ou LIERRE TERRESTRE. Enfin le genre GALEOPSIS tel que Linnæus l'avoit reconnu dans sa première édition du *Systema naturæ*, se trouve maintenant divisé en deux, *galeopsis* et *galeobdolon*, et même en trois si l'on admet le *tetrahit* d'Adanson et de Moënch. En outre, les espèces qu'il avoit d'abord regardées comme des LAMIERS et des AGRIPAUMES, ont été reportées dans ces genres. *V.* GALÉOPE. *Galiopsis* et *galeopseis* sont des synonymes de galeopsis. (LN.)

GALEORHIN, *Galeorhinus*. Sous-genre établi par Blainville aux dépens des SQUALES.

Les SQUALES MILANDRE et ÉMISSOLE lui servent de type. (B.)

GALEOTE. Reptile du genre des IGUANES. (B.)

GALEPHOS de Dioscoride. *V.* GALEOBDOLON. (LN.)

GALERA. Mammifère carnassier indiqué par Brown, et qui paroît être le même que le *taira*, espèce de GLOUTON. *V.* ce mot. (DESM.)

GALERAND. Nom breton du BUTOR. (V.)

GALÈRE. C'est le nom que les matelots donnent à la PHYSALIDE et à la VELLELLE, parce qu'elles ont un peu la forme d'un navire. (B.)

GALÈRE. Coquille du genre de l'ARGONAUTE. (B.)

GALÈRE. Les ÉPHÉMÈRES ont reçu ce nom dans quelques cantons. (DESM.)

GALERITA. C'est, en latin, l'ALOUETTE HUPPÉE.

Varron désigne le *cochevis*, par le mot *galeritus*.

Galerita vatria, dans Fabricius, est le JASEUR. (S.)

GALERITA. C'est le PETASITES, espèce de *tussilage*. (LN.)

GALÉRITE, *Galerita*, Fab. Genre d'insectes, de l'ordre des coléoptères, section des pentamères, tribu des carabiques, ayant pour caractères : élytres tronquées à leur extrémité ; jambes antérieures échancrées au côté interne ; tête ovoïde, entièrement dégagée et tenant au corselet par une sorte de nœud ou de rotule ; corselet en forme de cœur tronqué ; dernier article des palpes extérieurs plus grand, presque sécuriforme ; languette trifide ; divisions latérales petites, en forme d'oreillettes ; milieu du bord supérieur de l'intermédiaire avancé en pointe ; antennes sétacées, avec le premier article long ; pénultième article des tarses bilobé ; corps assez épais, ou n'étant point très-aplati.

Fabricius a établi ce genre sur un insecte qu'il avoit placé, dans les premières éditions de son Entomologie, avec les carabes, et qu'il avoit distingué sous le nom d'*americanus*. Il lui associe plusieurs autres espèces de la même tribu, semblables sous quelque rapports, mais très-différentes sous d'autres, et qui composent maintenant les genres ZUPHIE, POLYSTICHUS, SIAGONE et celui d'HELLUO, carabiques dont le corps est très-aplati. M. Clairville (*Entom. helvet.*, t. 2), a cité et figuré pour exemple du genre *galerita*, l'espèce que Fabricius nomme, d'après Rossi, *olens ;* mais il est aisé de voir que ces caractères ne cadrent pas avec ceux que ce dernier lui assigne. Il faut donc restreindre ce genre à la galérite *américaine* et à celles qui présentent une conformation absolument identique.

Les galérites ont de grands rapports avec les insectes de la même tribu que j'ai désignés sous le nom général de *bombardiers ;* peut-être ont-elles aussi les mêmes propriétés. Outre l'espèce citée plus haut, j'en connois deux autres également propres à l'Amérique; l'une rapportée de la Nouvelle-Espagne par MM. Humboldt et Bonpland, et l'autre découverte à la Guadeloupe par M. l'Herminier, et qu'il a eu la complaisance de m'envoyer.

La GALÉRITE AMÉRICAINE, *Galerita americana*, Fab.; Oliv. *Col.*, tom. 3, n.° 35, planche 6, *fig.* 72, a près de neuf lignes de long. Son corps est noir, avec le premier article des antennes, le corselet et les pattes fauves; les élytres sont d'un noir bleuâtre obscur, un peu soyeuses, avec des lignes enfoncées, peu profondes et longitudinales.

On la trouve aux Etats-Unis.

Voyez pour la *galérite odorante*, mentionnée dans la première édition de cet ouvrage, les articles : POLYSTICHUS et ZUPHIE. (L.)

GALERITE, *Galerites*. Genre établi par Lamarck aux dépens des OURSINS. Ses caractères sont : corps élevé, conoïde ou presque ovale; ambulacres complets, formés de dix sillons qui rayonnent par paire du sommet à la base; bouche inférieure et centrale; anus dans le bord.

L'OURSIN VULGAIRE, qui se trouve si fréquemment fossile en France et ailleurs, sert de type à ce genre, qui, dans l'ouvrage de Lamarck, contient seize espèces, toutes fossiles. Klein avoit appelé ce genre CONULE. (B.)

GALERO, GHIRO, GLIERO. C'est le LOIR, en Italie. (S.)

GALERUCITES, *Galerucitæ*. Tribu d'insectes coléoptères tétramères, de la famille des cycliques, distinguée des autres tribus que cette famille comprend, en ce que les antennes sont insérées entre les yeux et très-rapprochées à leur base. Elle est composée des genres : ADORIE, GALÉRUQUE, LUPÈRE et ALTISE. *V.* ces mots. (L.)

GALERUQUE, *Galeruca*, Geoff. Genre d'insectes, de l'ordre des coléoptères, section des tétramères, famille des cycliques.

Les *galéruques* ont le corps ovale oblong, deux ailes membraneuses, repliées, cachées sous des étuis durs, de la grandeur de l'abdomen, et quelquefois plus grands; le corselet rebordé, ordinairement inégal; la tête plus étroite que le corselet; deux antennes filiformes de la longueur de la moitié du corps, avec le second article un peu plus court; la bouche composée de deux lèvres, de deux mandibules courtes, grosses, en forme de cuiller, de deux mâchoires bifides, et de quatre palpes filiformes; enfin, les tarses composés de quatre articles, dont les trois premiers sont courts, assez larges, garnis de poils en dessous, et dont le troisième est bilobé.

Ces insectes ont beaucoup de rapports avec les *chrysomèles*, les *altises*, les *adories* et les *lupères*. Ils diffèrent des premières par leurs antennes insérées entre les yeux et très-rapprochées à leur base ; des secondes, en ce qu'ils ne sautent point, leurs cuisses postérieures n'étant pas plus grosses que les autres ; le dernier article de leurs palpes maxillaires est conique et aussi long que le précédent, tandis qu'il est court et tronqué dans les adories : enfin, les antennes des galéruques sont plus courtes que le corps, avec leurs articles en cône renversé, au lieu que celles des lupères sont longues et formées d'articles cylindriques. Plusieurs galéruques, surtout parmi les exotiques, ont le corps allongé. Fabricius en a composé, ainsi qu'avec des altises à forme analogue, son genre *crioceris*.

Les galéruques ressemblent surtout aux *chrysomèles* par leurs habitudes, et même par leurs larves.

Les unes ainsi que les autres marchent lentement, se servent rarement de leurs ailes, sont timides, se laissent tomber quand elles se croient menacées de quelque danger, demeurent sans mouvement, et tentent de tromper leur ennemi en paroissant à ses yeux privées de vie ; elles aiment les lieux ombragés et frais, les bois, le bord des rivières, quelquefois les prairies. Leurs larves ont six pattes, la tête écailleuse, le corps mou et pulpeux. Elles vivent de la substance des feuilles, qu'elles rongent et dévorent. Elles se fixent sur une de ces feuilles, et elles cessent de manger quand elles doivent subir leur métamorphose.

Il manque à l'histoire des galéruques, comme à celle de la plupart des insectes, des détails suivis et plus étendus. Nous ne connoissons un peu particulièrement que trois espèces, celles de la Tanaisie, de l'Orme et du Nénuphar. La première espèce vit sur la tanaisie vulgaire jaune, et c'est aussi des feuilles de cette plante que la larve se nourrit. Les femelles sont quelquefois remplies d'œufs, qui les gonflent si fort, que les élytres ne peuvent plus atteindre que la moitié de la longueur du ventre, en sorte que les trois derniers anneaux sont entièrement à découvert. On trouve les larves en quantité vers le mois de juin. Elles sont toutes noires, et de la longueur d'un peu plus de cinq lignes; elles ont six pattes écailleuses, garnies à l'extrémité d'un seul crochet, et au derrière un mamelon charnu, qui leur sert de septième patte, et d'où sort une matière gluante, qui fixe la larve sur le plan où elle marche. Sur le corps il y a plusieurs tubercules rangés transversalement, et garnis de six ou sept petits poils. Elles marchent lentement et se laissent tomber par terre, roulant le corps en cercle, pour peu qu'on touche la plante à laquelle elles sont fixées. C'est dans le même mois qu'elles se transforment en nymphes, d'un beau jaune tirant un peu sur l'orange, avec plusieurs petits poils noirs et roides, dont quelques-uns sont placés sur des tubercules. Le ventre est courbé en arc. On voit sur ces nymphes toutes les parties extérieures de la galéruque, comme les yeux, les antennes, les six pattes et les fourreaux des élytres et des ailes. Vers les côtés du corps on observe de petits points noirs, qui sont les stigmates. Elles n'aiment pas à se donner de mouvement, et elles restent tranquilles quoiqu'on les touche. Dans trois semaines, l'insecte parfait est prêt à quitter l'enveloppe de nymphe.

Les *ormes* sont quelquefois, surtout au commencement de l'automne, tout couverts de galéruques, qui vivent particulièrement sur ces arbres, et dont elles ont emprunté le nom. Les feuilles sont criblées de leurs morsures. Au premier froid qui se fait sentir, l'insecte cherche à l'éviter; il se réfugie et pénètre dans les maisons auprès desquelles il se trouve; on peut voir quelquefois des croisées qui regardent le midi, couvertes de ces galéruques.

La galéruque du *nénuphar* se tient et vit, au mois de juin et dans le reste de l'été, sur les feuilles du potamogéton, du nénuphar ou autres plantes aquatiques qui sont hors de l'eau, et s'en éloigne rarement. La larve qui se trouve au mois de juillet, vit en société sur les grandes feuilles, plus particulièrement du nénuphar, qui sont supendues à la surface de l'eau, et s'y promène souvent en assez grand nombre. Elle ronge la substance supérieure de la feuille, laissant la membrane inférieure entière, et quand elle mange, elle va toujours en avant. Les endroits rongés paroissent sur les feuilles comme des taches brunes. Ces larves, noires et longues de quatre lignes, sont en général semblables à celles des autres galéruques et des chrysomèles. Les douze anneaux du corps, couverts de plaques coriaces, sont très-bien marqués par de profondes incisions, et le long des deux côtés ils ont des élévations en forme de tubercules, chaque anneau a encore en dessus une ligne transversale, en forme d'incision. Lorsque la larve courbe le corps, ou qu'elle l'allonge considérablement, on voit paroître entre les anneaux la peau membraneuse qui les unit ensemble. Les excrémens que rejettent ces larves, se trouvent sous la feuille, en forme de longs filets tortueux, d'un brun grisâtre. Pour se transformer, elles s'attachent par le mamelon du derrière, aux feuilles mêmes où elles ont vécu, et prennent ensuite la figure de nymphe, en se dépouillant de leur peau, qu'elles font glisser en arrière jusque près du derrière, et qu'elles ne quittent pas tout-à-fait. L'extrémité du ventre de la nymphe reste engagée dans la peau plissée, qui sert aux larves de soutien et de point d'appui, pour rester attachées à la feuille, comme on l'observe dans d'autres larves du genre des *chrysomèles* et des *coccinelles*. La nymphe n'offre rien de particulier; elle est courte et grosse, ayant d'abord une couleur jaune, comme celle du dessous de la larve, mais qui ensuite se change en noir luisant; les anneaux du ventre ont en dessus quelques tubercules en forme de pointes courtes. Comme ces larves, tant sous leur première que sous leur seconde forme, sont souvent exposées à être submergées dans l'eau, particulièrement quand les grandes feuilles où elles habitent sont agitées par le vent, leur naturel est de ne pas craindre l'eau, ni d'en recevoir aucun mal; cependant elles paroissent plus à leur aise sur la surface de la feuille qui reste à sec sur l'eau. Elles savent nager en quelque façon, ou au moins ramper sur la superficie de l'eau, et se transporter ainsi d'un endroit à un autre. En moins de huit jours elles se métamorphosent en galéruques, qui se plaisent encore à rester sur les feuilles de la même plante aquatique, qu'elles rongent pour s'en nourrir, comme dans leur premier état. On a observé qu'en retirant ces larves de dessous l'eau même, elles ne sont point mouillées, et paroissent sèches. Il faudroit savoir si c'est une transpiration onctueuse, ou une enveloppe aérienne qui les garantit du contact de l'eau, et par quel mécanisme elles respirent sous l'eau.

Parmi une trentaine d'espèces connues, on distingue comme les plus communes :

La Galéruque de la tanaisie, *Galeruca tanaceti*, Oliv., *Col.* tom. 5, n.° 93, pl. 1, *fig.* 1; pl. E 22 de cet ouvrage, dont tout le corps est noir; dont le corselet est rebordé, un peu inégal, fortement pointillé, un peu raboteux; dont les élytres sont un peu plus grandes que l'abdomen, fortement pointillées, sans aucune strie élevée; dont les pattes sont de la couleur du corps. Elle se trouve dans presque toute l'Europe, sur la tanaisie.

La Galéruque de l'orme, *Galeruca calmariensis*, Oliv., *ibid.*, pl. 3, *fig.* 37, dont la grandeur varie depuis deux jusqu'à trois lignes de long; elle a les antennes noirâtres, la tête jaunâtre, avec une tache noire à sa partie supérieure; le corselet d'un jaune obscur, avec une tache longitudinale noire au milieu, et une autre de chaque côté; l'écusson d'un jaune obscur; les élytres pubescentes, d'un gris jaunâtre, avec une raie noire vers le bord extérieur, et quelquefois une petite ligne courte, noire à la base; le dessous du corps noirâtre; les pattes d'un jaune obscur. Elle se trouve dans presque toute l'Europe, sur l'orme.

La Galéruque du nénuphar, *Galeruca nymphea*, Oliv., *ibid.*, pl. 3, fig. 51. Elle a le corps oblong, d'environ trois lignes de long; les antennes de la longueur du corps, mélangées de noir et de jaune; la tête obscure, le corselet d'un jaune obscur, avec trois taches enfoncées, noires; les élytres obscures, bordées de jaune; le dessous du corps obscur, avec le dernier anneau jaunâtre; les pattes d'un jaune brun, avec la moitié des cuisses et les genoux noirs. Elle se trouve dans toute l'Europe, sur les plantes aquatiques. (O. L.)

GALET ou GALÉ. Le Poulet, dans le midi de la France. (DESM.)

GALETI. L'Ancolie porte ce nom à Venise. (LN.)

GALETS. Pierres roulées qu'on trouve au bord des grandes rivières et sur le rivage de la mer. On les appelle aussi Cailloux roulés; mais il semble que le mot *cailloux* soit spécialement réservé aux pierres *siliceuses*, tandis que les *galets* en offrent de toutes les espèces.

Les galets du rivage de la mer ne se trouvent, pour l'ordinaire, en abondance que dans le voisinage des falaises ou des côtes abruptes, qui étant continuellement minées par les flots, éprouvent de fréquens éboulemens. Ces débris battus et ballottés par les marées, sont bientôt arrondis et roulés sur les plages voisines; c'est ce qu'on observe surtout quand les falaises sont formées de couches calcaires, contenant des silex; la partie crétacée est triturée par le frottement et entraînée par les eaux, et les galets siliceux restent presque seuls sur le rivage, comme on le voit sur les côtes de Normandie, où le flux les repousse jusque dans les ports, qu'on est obligé de déblayer par le moyen des écluses de chasse.

Les galets forment aussi des *barres* à l'embouchure des rivières, ainsi qu'on peut le reconnoître maintenant à découvert dans la fameuse *plaine de la Crau*, où fut jadis l'embouchure du Rhône. Comme la Méditerranée faisoit alors partie de l'Océan qui couvroit l'isthme de Suez, elle participoit à ses marées qui repoussoient les galets que le Rhône charrioit dans son sein.

Cette plaine, dont le sol est entièrement formé de cailloux roulés (qui sûrement s'étendent jusqu'à une profondeur très-considérable), a près de vingt lieues carrées d'étendue, et sa forme annonce clairement que c'étoit bien là en effet l'embouchure du Rhône; car elle a la figure d'un triangle, dont la pointe regarde la mer, comme cela arrive dans tous les atterrissemens formés par les rivières rapides, le milieu du courant portant toujours les pierres qu'il roule plus en avant que les parties latérales de ses eaux, dont l'impulsion est moins forte.

J'ignore sur quoi pouvoit se fonder le célèbre Saussure,

pour dire que ce n'est pas le Rhône qui a charrié les pierres roulées qui composent le sol de cette plaine: lui, surtout, qui avoit reconnu que les sept huitièmes de ces cailloux étoient formés de cette espèce singulière de quarz grenu, ou plutôt de grès quarzeux qui composent également les sept huitièmes des cailloux roulés qui accompagnent les deux rives de ce fleuve, depuis le mont Jura jusqu'à la mer (§ 1551).

Ainsi, tout concourt à confirmer l'opinion des naturalistes qui avoient déjà regardé la *plaine de la Crau* comme un attérissement du Rhône, et non comme l'ouvrage d'une prétendue débâcle subite de l'Océan. Et ce qui achève de prouver, suivant la remarque même de Saussure, que la mer avoit long-temps séjourné sur cet attérissement, c'est que toute la base de la *plaine de la Crau* est formée d'un pouding arénacéo-calcaire, qui commence tout près de la surface, et qui a, suivant Darluc, jusqu'à cinquante pieds de profondeur.

L'étude des dépôts de galets peut jeter un grand jour sur divers points de géologie très-importans; par exemple, leurs entassemens prodigieux qui accompagnent la plupart des grandes rivières, jusqu'à deux ou trois lieues de distance à droite et à gauche de leur lit actuel, sont des témoins irrécusables, qui attestent combien les montagnes furent jadis plus élevées qu'aujourd'hui, puisque ces immenses déblais ne sont formés que de leurs débris. Ils attestent en même temps l'ancienne puissance des courans qui les ont charriés, et dont le volume étoit proportionné à l'élévation des montagnes, d'où ils tiroient leur source.

Ils nous prouvent encore qu'il exista jadis d'immenses couches pierreuses, dont il ne reste plus aucun vestige. Saussure et d'autres observateurs ont vainement cherché le gîte de ces grès durs et purement quarzeux, qui non-seulement couvrent les plaines, mais qui forment des chaînes de collines de cinq à six cents pieds d'élévation, tout le long du cours du Rhône et des rivières qui descendent, ou qui descendirent autrefois des montagnes du Forez, des Cévennes, etc., et qui ont comblé les vallées et couvert les plaines les plus élevées, d'une immensité de galets de la même espèce.

A l'égard des pierres roulées d'un volume considérable, qu'on trouve quelquefois sur des sommets de montagnes d'une nature toute différente; des blocs de granite, par exemple, sur des montagnes calcaires, c'est encore la grande élévation primordiale des montagnes qui a donné lieu à cet événement; il n'a fallu pour cela ni débacles subites de l'Océan, ni marées de huit cents toises, ni catastrophes d'aucune espèce.

La place qu'occupe le bloc roulé n'avoit pas toujours été un sommet de montagne, c'étoit la superficie plane d'un entassement de couches calcaires, adossées contre le flanc d'une très-haute montagne primitive. Le bloc détaché du sommet de cette montagne, est venu s'arrêter dans quelque ravin de ces assises calcaires. Les eaux qui couloient dans le ravin, trouvant cet obstacle, se sont divisées à droite et à gauche ; elles ont creusé deux ravins, et bientôt le bloc s'est trouvé isolé sur un tertre. Avec le temps, les ravins sont devenus vallées, et le tertre est devenu montagne. C'est ainsi qu'avec des moyens simples, la nature fait de grandes choses, parce qu'elle a le temps à sa disposition, tandis que nous ne songeons qu'à des moyens violens, parce que le temps nous manque. *V.* POUDINGUE. (PAT.)

GALETTA. Nom du ROITELET à Turin. (V.)

GALETTE, *Galea*. Pièce inarticulée membraneuse, qui recouvre la mâchoire de tous les *orthoptères* et de quelques *néroptères*. *V.* BOUCHE, ORTHOPTÈRES, PSOQUE. (O.)

GALEUS. Nom latin que M. Cuvier a donné au sous-genre de squales qui renferme les MILANDRES. (DESM.)

GALFATE. *V.* CALFAT. (V.)

GALGANA, GALANA et GALBANO. Noms espagnols d'une GESSE, *Lathyrus cicera*, L. (LN.)

GALGAN-PLANCY. Nom du SOUCHET, en Bohème. (LN.)

GALGENKRAUT. Le CHANVRE est ainsi nommé en Allemagne. (LN.)

GALGO. C'est ainsi que les Portugais désignent les chiens lévriers. Ils nomment *galco chico* le levron de Buffon (*canis italicus*, Linn. (DESM.)

GALGULE, *Galgulus*, Lat. Genre d'insectes, de l'ordre des hémiptères, section des hétéroptères, famille des hydrocorises, tribu des ravisseurs, ayant pour caractères : antennes insérées sous les yeux, plus courtes que la tête, n'ayant que trois articles distincts, dont le dernier plus grand et ovoïde; pieds antérieurs ravisseurs ; tous les tarses semblables, cylindriques, à deux articles, avec deux crochets au bout du dernier.

Les *galgules* ont un corps court, carré-orbiculaire, raboteux ; la tête très-courte, avec les yeux saillans, situés à ses angles latéraux qui sont allongés ; le corselet court, lobé postérieurement; un écusson triangulaire; les élytres coriaces, courtes; l'abdomen court et large ; les pattes antérieures courtes, appliquées sous la tête, avec les cuisses très-renflées, dentées en dessous ; les jambes et les tarses s'appliquant sous les cuisses ; les jambes et les tarses des autres pattes sont un peu velus ; il y a deux crochets au bout de chaque tarse.

Ce genre a pour type la *naucore oculée* de Fabricius, *Suppl. entom.*, pag. 525, qui a été rapportée de la Caroline par M. Bosc.

Les galgules s'éloignent des *naucores*, avec lesquelles ils ont de grands traits de ressemblance, par le dernier article de leurs antennes, qui est beaucoup plus grand que les autres, et par leurs tarses antérieurs qui ont deux crochets.

Nous nommerons la seule espèce de ce genre qui nous soit connue, GALGULE OCULÉ, *Galgulus oculatus*, E 2, 3. Nous ignorons sa manière de vivre ; mais il est probable qu'elle se rapproche de celle des insectes des genres voisins. (L.)

GALGULUS. C'est, dans Brisson, le nom latin générique et spécifique du ROLLIER. (V.)

GALI DES INDIENS. Nom de l'INDIGOTIER, *Indigofera tinctoria*.

Les Brames nomment ainsi le BABOULI et le BENKARA des Malabares. C'est un arbrisseau rapporté au genre RANDIA; il appartient peut-être au FLACCOURTIA.

Adanson en fait un genre particulier dans sa famille des ONAGRES ; il le place entre l'*alangium* et le *melastoma*, et le caractérise ainsi : feuilles opposées ; deux épines également opposées ; fleurs en épis axillaires, munies d'un calice et d'une corolle de cinq pièces ; de cinq étamines ; et d'une baie à quatre loges polyspermes. (LN.)

GALIBI. A la Guadeloupe, les naturels donnent ce nom aux squelettes humains que l'on trouve englobés dans un tuf calcaire. *V.* ANTHROPOLITHE. (DESM.)

GALICE. On donne ce nom aux SARDINES. (B.)

GALI-DOUSA DES BRAMES. *V.* PERIN-KARA. (LN.)

GALIETTE et BIEN-SALÉE. A l'Ile-Bourbon, on donne ce nom à une CONYSE (*Conyza retusa*, Lamark), dont les feuilles ont un goût salé. (LN.)

GALIGAAN. Nom du SCIRPE MARITIME et de quelques LAICHES, en Hollande. (LN.)

GALINASSA. Un des noms piémontais de la BÉCASSE. (V.)

GALINE. Nom de la RAIE TORPILLE. (B.)

GALINELLA. Nom italien de la MORGELINE (*Alsine media*). (LN.)

GALINETTE. C'est la mâche (*valeriana locusta*) dans le midi de la France et en Italie. On applique aussi ce nom aux COCRÈTES (*Rhinanthus*). (LN.)

GALINIE, *Galinia*. C'est un arbrisseau dont les feuilles sont linéaires, charnues, sessiles, canaliculées, persistantes, glutineuses, tantôt alternes et tantôt opposées, et les fleurs disposées en panicules au sommet des rameaux. Seul il forme, dans l'octandrie digynie, un genre qui a pour caractères : un calice fort petit, concave, à quatre divisions ; point de corolle ; huit étamines à anthères didymes ; un ovaire supérieur, arrondi, chargé de deux styles à stigmate simple.

Le fruit est une capsule arrondie, qui contient deux semences.

Cet arbrisseau croît naturellement au Cap de Bonne-Espérance. (B.)

GALINOTTE. *V.* MERLE DOMINICAIN de la Chine. (V.)

GALINSOGA, *Galinsoga.* Plantes herbacées du Pérou, qui forment un genre dans la syngénésie polygamie superflue, et dans la famille des corymbifères. Ses caractères sont : un calice hémisphérique, pentagone, composé de huit écailles ovales, oblongues, dont cinq extérieures égales ; un réceptacle conique, garni de paillettes ciliées, renfermant plusieurs fleurons hermaphrodites dans son disque, et cinq demi-fleurons femelles fertiles, à sa circonférence : des semences coniques, anguleuses, un peu courbes, à aigrettes écailleuses.

Ce genre, qui a aussi été appelé WIBORGIE et VIGOLINE, renferme trois espèces, dont une, cultivée dans le jardin du Muséum de Paris, le GALINSOGA OVALE, qui a les tiges couchées, les feuilles alternes, ovales, hérissées, et les fleurs jaunes, portées sur des pédoncules axillaires et terminaux. Elle est annuelle, et garnit fort agréablement le terrain. (B.)

GALION, *Gallium*, *Galerium* ou *Galatium.* Ces noms désignent, chez Dioscorides et Gallien, la même plante, dont la principale propriété étoit d'accélérer la coagulation du lait, lorsqu'on y faisoit séjourner ses feuilles desséchées. C'est ce qu'exprime le nom grec de *galion* ou *gallium* des Latins. Il est assez généralement reconnu que le *gaillet jaune* est cette plante ; aussi Linnæus conserve-t-il le nom de GALLIUM VERUM à cette espèce, et celui de GALLIUM au genre qui la comprend, et auquel il ramène l'*aparine* et le *galion* de Tournefort, qui ne diffèrent que par les fruits lisses ou hérissés. *V.* GAILLET. (LN.)

GALIOPSIS de Dioscoride. *V.* GALEOPSIS. (LN.)

GALIOT, GALLIOTE et GARIOT. Noms qu'on donne, dans quelques cantons, à la BENOITE, *Geum urbanum.* (LN.)

GALIPIER, *Galipea.* C'est un arbrisseau de la Guyane, appelé INGA par les naturels, et qui se rapproche des RAPUTIERS. Ses feuilles sont alternes, pétiolées, et composées chacune de trois folioles lancéolées, entières, dont celle du milieu est plus grande ; ses fleurs petites, verdâtres, et disposées en corymbes terminaux.

Chaque fleur offre un calice monophylle, à quatre ou cinq angles et à quatre ou cinq divisions; une corolle monopétale presque infundibuliforme, à tube court et à limbe partagé en quatre ou cinq découpures inégales et aiguës; quatre filamens, dont deux, plus grands, portent des anthères, et deux, plus courts, sont stériles; un ovaire supérieur, arrondi, à quatre ou cinq côtes, surmonté d'un style long, à stigmate obtus, marqué de deux sillons en croix. Le fruit n'est pas connu. (B.)

GALIPOT. Nom donné au suc résineux et fluide qui découle par incision de quelques *pins*, et particulièrement du PIN MARITIME. Quand ce suc sèche sur l'arbre, en masses jaunâtres, on l'appelle BARRAS. Si on l'épaissit par la cuisson, et qu'après l'avoir filtré, on le coule en pains dans des moules, il se trouve transformé en une matière connue sous le nom de BRAI SEC.

Les Provençaux distillent en grand le *golipot*. Ils en tirent une huile qu'ils nomment HUILE DE RAZE. Enfin, le bois des mêmes *pins*, d'où suinte cette résine, coupé en morceaux plus ou moins grands, et réduit en charbon dans des fourneaux construits exprès, donne le GOUDRON. *V.* ce mot et celui de RÉSINE. (B.)

GALLAÏCA. Nom d'une pierre chez les anciens. M. Delaunay (*Min. des anc.*) pense que ce peut avoir été une pyrite blanche (fer sulfuré), se présentant par cubes séparés les uns des autres. (DESM.)

GALLAZONNE. Sorte de RAISIN, ainsi nommée en Italie. (LN.)

GALLE. On donne ce nom à des excroissances de formes très-variées, qui se voient sur les feuilles, les pétioles, les fleurs, les pédoncules, les bourgeons, les branches, les tiges et même les racines des arbres et des plantes, et qui sont dues à la piqûre des insectes. *V.* ARBRE.

La plupart de ces galles ne sont que curieuses; mais il en est une qui est l'objet d'un commerce considérable, c'est celle du chêne de l'Asie Mineure, connue sous le nom de *noix de galle*, dont on fait un grand usage dans la teinture et d'autres arts.

C'est à Réaumur qu'on doit presque exclusivement le peu de notions que nous avons sur les galles. Les naturalistes plus modernes se sont bien occupés de la description des insectes qui les produisent, mais point, ou presque point de de leur formation.

On a beaucoup disserté sur les moyens que la nature employoit pour faire naître des galles si différentes les unes des autres, de la blessure faite par un insecte à telle ou telle partie d'une plante; mais le résultat des idées émises à cet égard ne peut satisfaire un bon esprit. Il faut, et il faudra sans doute encore long-temps, avouer notre ignorance sur la cause de la régularité d'accroissement que prennent ces singulières productions.

On peut diviser les galles en *galles vraies* et en *galles fausses*. Les premières sont celles qui forment une excroissance exactement fermée de toutes parts, et dans laquelle vit une ou plusieurs larves d'insectes, qui en sortent avant ou après leur métamorphose; les secondes sont celles qui sont formées par l'augmentation, contre nature, d'une partie de plante produite par la piqûre d'un insecte, mais dans laquelle la cavité est souvent ouverte, ou même n'est qu'incomplète.

Les *galles vraies* se subdivisent en *galles simples*, c'est-à-dire dans lesquelles il n'y a qu'une seule loge d'insecte, soit qu'il y ait un seul ou plusieurs insectes; et en *galles composées*, c'est-à-dire formées par la réunion de plusieurs loges qui croissent ensemble. On trouve dans l'une et l'autre de ces divisions des *galles globuleuses et unies*, *globuleuses et à surface plus ou moins rugueuse*, des *galles feuillées*, *velues*, *osseuses*, *fongueuses*, etc., etc.

C'est, pour la plupart des galles, une chose fort difficile que d'obtenir parfaits les insectes dont elles contiennent la larve. Plusieurs de ces larves meurent aussitôt que la galle est séparée de la plante à qui elle étoit unie; et d'autres exigent, pour leur transformation, des conditions qui sont inconnues ou qu'on peut difficilement leur procurer.

Beaucoup d'insectes font naître des galles : on en trouve d'où sortent des *coléoptères*, des *hémiptères*, des *lépidoptères* et des *diptères*; mais c'est dans les *hyménoptères* qu'existe le genre particulièrement consacré par la nature à les produire. Ce genre est le genre DIPLOLÈPE, Geoff. (*V.* ce mot et le mot CYNIPS.) Toutes les espèces qui le composent sont nées dans une galle; ce sont les *vraies galles*. Les plus remarquables d'entre elles, sont :

La *galle du rosier*, appelée *bédéguar* : elle est grosse comme une pomme, et couverte de longs filamens rougeâtres, pinnés. Elle croît sur la tige du rosier églantier, est composée d'un grand nombre de loges, et est produite par le *diplolèpe du rosier*. On l'a mise au nombre des remèdes qui peuvent être employés avec succès contre les diarrhées et les dyssenteries, être utiles contre le scorbut, la pierre et les vers.

La *galle fongueuse du chêne* : elle est grosse comme la précédente, mais unie à l'extérieur. Elle croît à l'extrémité des jeunes rameaux du chêne, est composée d'un grand nombre de loges osseuses, renfermées dans une matière fongueuse, et est produite par le *diplolèpe terminal*.

La *galle grappe de raisin du chêne*, qui vient sur les pédoncules des fleurs mâles du chêne. Elle est grosse comme un grain de raisin, demi-transparente, et ne renferme qu'une seule loge. Son insecte n'a pas été décrit par Fabricius.

La *galle en artichaut du chêne*. Elle vient dans les bourgeons du chêne, qui prennent un accroissement monstrueux, semblable à un artichaut ou à un cône de sapin. Elle est produite par le *diplolèpe des bourgeons*.

La *galle des feuilles du chêne*. Elle croît sur la surface inférieure des feuilles du chêne. Elle est de la grosseur, de la forme et quelquefois de la couleur d'une cerise. Elle ne contient qu'une seule loge, qu'habite la larve du *diplolèpe des feuilles*.

La *galle du chêne toza*, qui vient sur les jeunes rameaux du chêne toza, dans les Pyrénées. Elle est ronde et grosse comme une pomme d'api, et aux deux tiers de sa hauteur se voit un rang de tubercules pointus. Je l'ai figurée pl. 32. du *Journal d'Histoire naturelle*. Olivier en a figuré une presque semblable, mais visqueuse, pl. 15 de son *Voyage dans l'Empire Ottoman*.

La *galle du commerce*, ou *noix de galle*, qui croît sur les rameaux du chêne à la galle, dans l'Asie Mineure, est fort dure, et le plus souvent tuberculeuse. C'est à Olivier qu'on doit la connoissance de l'insecte qui la forme, et du chêne sur lequel elle naît. Elle est beaucoup plus estimée lorsqu'elle est cueillie avant sa maturité, c'est-à-dire avant la sortie de l'insecte qui la produit. Les galles qui sont percées sont d'une couleur plus claire et moins pesantes. Les Orientaux ont l'attention de faire la récolte des galles au moment précis que l'expérience leur a prouvé être le plus avantageux ; c'est celui où elles ont acquis toute leur grosseur. En conséquence, les agas veillent à ce que les cultivateurs parcourent, vers le commencement de juillet, les collines qui sont couvertes de chênes. Les premières galles sont mises à part, et connues dans le commerce sous le nom de *galles noires* ou *galles vertes*. Celles qui ont échappé aux premières recherches s'appellent *galles blanches*, et se vendent moins cher.

Les galles des environs de Mossoul et de Tocat sont inférieures à celles d'Alep et de tout l'intérieur de la Natolie.

La noix de galle est d'un grand usage dans la teinture, pour faire les couleurs noires et toutes les nuances qui en dépendent ; on l'emploie aussi dans la préparation des cuirs, dans la fabrication de l'encre, et en médecine comme astringente, soit intérieurement, soit extérieurement. En général elle a, mais à un plus haut degré, les propriétés du chêne, c'est-à-dire, qu'elle contient une certaine quantité de tannin ou de principe astringent.

La *galle des racines du chêne* est ligneuse, composée d'une grande quantité de loges réunies. Elle croît sur les racines des vieux chênes qui sortent de la terre. C'est la plus dure de celles de ce pays-ci. Je l'ai décrite et figurée dans le *Journal de Physique*, an V.

La *galle du cirsium des champs*, ou *chardon hémorrhoïdal*, qui n'est qu'un renflement de la tige même de cette plante, a joui autrefois d'une grande réputation, parce qu'on la regardoit, seulement portée dans la poche, comme un excellent remède contre les hémorragies, vertu qu'elle ne devoit qu'à sa ressemblance avec le signe principal de cette maladie, le gonflement de la veine. Elle est formée de plusieurs loges presque ligneuses, et produite par un diplolèpe qui n'est pas décrit, quoique peu difficile à se procurer.

La *galle de la terrète* ou *lierre terrestre*, qui naît sur les tiges et les feuilles de cette plante. Elle est velue, et renferme un petit nombre de loges ligneuses, au centre d'une chair spongieuse et sphéroïdale. Elle est produite par le DIPLOLÈPE GLÉCOME, *cynips glecome*. On a quelquefois mangé ces galles, qui ont un goût agréable, et qui jouissent à un haut degré de l'odeur de la plante qui les produit.

La *galle de la sauge*, qui ressemble beaucoup à la précédente, et qui se trouve sur une espèce de sauge, la *sauge pomifère*. Les habitans de l'île de Crète, où croît cette plante, en font tous les ans la récolte, comme objet de nourriture, au rapport de Tournefort, confirmé par Olivier, qui ajoute qu'on la confit au miel à Scio, et que cette confiture est très-agréable et très-stomachique.

La *galle du hêtre*, qui couvre quelquefois les feuilles du hêtre sous la forme de petits cônes très-luisans et très-durs. Elle est produite par le *cynips fagi*, Fab.

Toutes ces galles, outre l'insecte qui les produit, fournissent souvent à ceux qui les conservent dans des boîtes bien closes, des insectes des genres ICHNEUMON, MOUCHE, etc. Ces derniers ont été nourris aux dépens de la larve de l'insecte producteur de la galle. Ils n'ont contribué en aucune manière à sa formation. *Voyez* aux mots CYNIPS et ICHNEUMON.

Parmi les galles qui ne sont pas produites par un diplolèpe, on ne peut pas citer d'espèces aussi connues que celles qui viennent d'être mentionnées; mais elles ne sont pas moins abondantes dans la nature. Les boutons à fleurs du genêt à balais sont piqués par un moucheron d'un genre nouveau, fort voisin des *tipules à ailes rapprochées*, genre appelé CECIDOMYE par Latreille. Ces boutons ne se developpent point, et forment une galle pointue, qui est quelquefois si abondante, que j'ai trouvé, une certaine année, presque la moitié des fleurs des genêts de la forêt de Montmorency près Paris, avortées par cette cause. Il n'y a jamais qu'une seule larve dans chaque galle. On voit souvent, à la fin de l'été, les rameaux de la ronce chargés de tubérosités, dans lesquelles il y a plusieurs cellules habitées par des larves qui se changent au printemps en mouches à deux ailes.

Les feuilles de la viorne sont souvent chargées de galles qui les traversent de part en part. Elles donnent naissance à un coléoptère que Réaumur a figuré pl. 38, fig. 2 et 3 de son troisième volume, et qui paroît être du genre CRIOCÈRE.

Il est quelques cantons où les feuilles des saules et des osiers sont garnies de galles oblongues, qui, comme les précédentes, saillent de chaque côté, et qui sont si abondantes, qu'il y a peu de feuilles qui n'en aient une ou deux. Ces galles, assez solides, donnent retraite à une fausse chenille, qui, quand elle est parvenue à une certaine grosseur, perce la galle, et va se transformer dans la terre. C'est une TENTHRÈDE qui en résulte.

Il est probable que les pays chauds de l'Ancien et du Nouveau-Monde contiennent une quantité de galles proportionnée au grand nombre de plantes qui y croissent. Jusqu'à présent, aucun naturaliste voyageur ne s'est occupé de leur étude. Je suis peut-être le seul qui a rapporté quelques notes à leur sujet. J'en ai décrit et dessiné seize espèces pendant le peu de temps que je suis resté en Caroline, mais je n'ai pu obtenir les insectes d'aucune de ces espèces. Là, comme ici, le chêne est l'arbre qui en fournit le plus; car sur ces seize espèces, huit lui appartiennent. Parmi elles, deux méritent spécialement de fixer l'attention.

La première vient sur les bourgeons du chêne rouge. Elle est sphérique, muriquée, semblable au fruit du liquidambar à styrax, mais très-lanugineuse. Elle est composée d'une grande quantité de galles réunies. Dès qu'on la touche, ses poils s'affaissent, et ne reprennent plus leur position. Il faut la voir, pour s'en faire une idée. On ne peut rendre par la description, l'effet qu'elle présente.

L'autre croît sur les feuilles du chêne figuré par Michaux, pl. 13 de son superbe ouvrage sur les chênes d'Amérique, chêne qu'il regarde comme une variété de celui à feuilles de saule, mais qui forme certainement une espece distincte, puisqu'il ne s'élève jamais à plus de deux pieds, et que sa grosseur surpasse rarement celle d'une plume d'oie, tandis que le véritable chêne à feuilles de saule est un des plus grands arbres du pays, et qu'il acquiert la grosseur du corps d'un homme. Cette galle est ronde, verte, de la grosseur d'un pois, et se forme sur la nervure principale de la feuille. Elle est creuse dans son intérieur, et ses parois sont même si peu épaisses, qu'elles ont une demi-transparence, qui permet de voir dans l'intérieur une petite boule qui y roule, et qui n'est pas plus grosse qu'un grain de millet. C'est dans cette boule que loge la larve de l'insecte qui a produit la galle. Quoique j'aie ouvert des centaines de ces galles, je n'ai jamais pu concevoir comment la petite boule pouvoit rester libre dans la grande, y croître, ou du moins conserver assez de fraîcheur pour donner la nourriture à la larve qui l'habite. Ce fait donne lieu à beaucoup de réflexions.

Les fausses galles ne sont pas moins communes dans la nature que celles dont il vient d'être question. On en trouve sur un très-grand nombre de plantes, et quelques-unes sont d'une grosseur et d'une abondance très-remarquables. Elles se montrent cependant sur un moins grand nombre d'organes, c'est-à-dire presque uniquement sur les feuilles et sur les fleurs ou parties voisines et délicates. Il est peu de personnes qui n'aient remarqué de grosses vessies creuses, rougeâtres, qui croissent par bouquets sur les branches d'orme, et qui, quelquefois, couvrent des branches entières. Elles sont produites par des pucerons. Quand elles sont jeunes, on ne trouve dedans qu'une seule mère puceron; mais au milieu de l'été, on y en trouve des centaines. Quelquefois ces galles sont entièrement fermées, quelquefois aussi elles ont communication avec l'extérieur.

On trouve dans les parties méridionales de l'Europe et en Turquie, sur le térébinthe, des galles analogues à ces dernières, qui entrent, en Espagne, en Syrie et à la Chine, dans la confection des teintures écarlates. On les appelle en Syrie *baizonges*. Réaumur en parle.

Les feuilles du peuplier noir sont aussi souvent déformées par des vessies de même nature, ainsi que celles des saules.

Les fleurs de la germandrée sont quelquefois gonflées et entièrement fermées; elles n'acquièrent ni la couleur ni la forme des autres. Un insecte du genre des ACANTHIES, *Acanthia clavicornis*, Fabr., en est la cause.

On observe dans les fleurs de quelques autres plantes didynames, des concavités analogues, qui sont dues sans doute encore à des insectes, mais que jusqu'à présent on a peu étudiées.

Beaucoup d'espèces de tipules, de mouches, toutes les psiles, produisent des monstruosités aux feuilles et aux fleurs d'un grand nombre de plantes, qui peuvent être aussi considérées comme des galles.

On ne finiroit pas si on vouloit ici passer en revue tout ce qui peut être appelé galle dans le sens le plus général. On observe que beaucoup d'excroissances qui se voient sur des arbres sont appelées galles, sans être cependant des produits d'insectes. Tantôt ce sont de simples extravasations de suc, tantôt ce sont des plantes parasites des genres VARIOLAIRE, HYPOXYLON et autres, tantôt enfin elles sont le produit de maladies de plusieurs espèces.

Quant à la galle, dans les animaux, c'est souvent le produit d'un insecte *acarus scabiei* de Degeer. (*Voyez* au mot SARCOPTE); mais souvent aussi c'est une maladie de la peau. (B.)

GALLEBAER. Nom danois de la BRYONE. (LN.)

GALLEGUA. Nom espagnol de la LAVANÈSE ou RUE DE CHÈVRE (*Galega officinalis*). (LN.)

GALLERAND. *V.* GALERAND. (DESM.)

GALLERIE, *Galleria*, Fab. Genre d'insectes, de l'ordre des lépidoptères, famille des nocturnes, tribu des tinéïtes, ayant pour caractères : ailes très-inclinées, appliquées sur les côtés du corps, et relevées postérieurement en queue de coq; langue nulle ; palpes supérieurs cachés ; les inférieurs avancés, garnis uniformément d'écailles, avec le dernier article un peu courbé ; écailles du chaperon formant une saillie voûtée au dessus d'eux ; antennes simples.

Les lépidoptères de ce genre ne méritent malheureusement que trop notre attention. Les cultivateurs des abeilles voient en eux un ennemi des plus redoutables, par les dégâts qu'ils font dans les ruches, lorsqu'ils sont sous la forme de chenilles. Ces chenilles sont connues sous le nom de *fausses teignes de la cire*. Réaumur a cru devoir les désigner ainsi, pour les distinguer des *teignes véritables* : celles-ci se font des fourreaux qu'elles transportent partout ; celles-là se pratiquent des tuyaux immobiles dans lesquels elles marchent à couvert.

Les *fausses teignes* n'en veulent pas au miel, mais à la cire, et se logent de préférence dans les gâteaux dont les cellules sont vides. Réaumur en distingue deux sortes d'inégale grandeur ; l'une et l'autre ont la peau tendre, rase et blanchâtre, parsemée de taches brunes; la tête de cette dernière couleur et écailleuse ; seize pattes, dont les membraneuses ont des couronnes de crochets. La plus grosse espèce est moins commune, a les anneaux plus entaillés, et surpasse l'autre en vivacité ; elle est de la grandeur des chenilles ordinaires.

Toutes les deux ont de grands poils noirs, dispersés sur le dos; leurs travaux et leurs habitudes sont les mêmes. Qui croiroit que des animaux aussi délicats puissent braver le dard empoisonné des abeilles? N'en soyons pas surpris, et voyons comment ils se mettent à l'abri de leurs atteintes, et comment ils les obligent même à abandonner leur propriété.

Chaque *teigne* sait s'enfermer dans un tuyau cylindrique, qui devient pour elle un logement bien couvert, une sorte de galerie, dont elle ne sort presque jamais. Ces tuyaux ont cinq à six pouces de long, et rarement un pied; leur intérieur nous offre un tissu d'une soie blanche, serrée; et leur extérieur, une couche de grains de cire ou d'excrémens, qui sont quelquefois si pressés les uns contre les autres, que ces tuyaux semblent n'être composés que de cette matière grenue.

La *chenille* commence à se construire une habitation, dès l'instant qu'elle est sortie de l'œuf, et le diamètre de ce logement est en raison de la grandeur du reclus. Il n'est d'abord pas plus gros qu'un fil; mais à mesure que l'animal avance en âge, le tuyau s'allonge et s'élargit; il est toujours assez gros pour que l'insecte puisse s'y retourner bout à bout, jeter ses excrémens, ou les employer dans la couverture de sa demeure. Mis à nu, et pressé de se couvrir, il rapproche peu les fils du nouveau tuyau qu'il prépare, à peine distingue-t-on sa forme; mais bientôt le tissu est plus serré, et la chenille est à couvert.

La tête de cette chenille est écailleuse, comme nous l'avons dit, et armée de deux dents ou mandibules, qui lui servent à couper la cire, à la disposer en petits grains, et à former avec eux et ses excrémens, le toit de sa maison.

Parvenues à leur accroissement, ces chenilles passent à l'état de chrysalide. Elles se construisent à cet effet, au commencement de juin, une coque d'un tissu fort et serré, qu'elles recouvrent de petits grains de cire et d'excrémens; c'est là qu'elles subissent leurs denières métamorphoses; le lépidoptère qui en sort est différent, suivant les deux espèces de chenilles. Ces insectes marchent, sous cette forme, avec une extrême vitesse; leurs ailes sont alors pendantes; mais dans le repos, elles sont en toit très-incliné. Les femelles sont plus grandes que les mâles, et produisent une grande quantité d'œufs.

Les *fausses teignes* établies dans un gâteau, vont d'un bout à l'autre, à travers son épaisseur, et marchent à couvert. Elles percent les alvéoles qui sont sur leur passage, et sèment partout une malpropreté qui fait horreur aux abeilles. Le gâteau semble couvert d'une toile d'araignée.

Un gâteau assez grand, que j'avois transporté dans mon

cabinet, et qui recéloit, sans que je m'en doutasse, des œufs de ces chenilles, fut dévoré en peu de temps. Tirés de leurs galeries, ces insectes marchoient avec vitesse sur la surface du gâteau, introduisant à chaque instant leur tête dans les alvéoles, comme pour reconnoître leur première demeure. Ils étoient en grand nombre. Lorsque le moment de se transformer en chrysalides fut arrivé, ces chenilles se répandirent dans les alentours, et filerent çà et là leurs coques, dont elles formèrent différens tas, en les fixant les uns contre les autres.

La présence de ces hôtes dangereux est annoncée par les grains de cire, ou les excrémens qui tombent sur le support de la ruche. Les dégâts qu'ils occasionent sont plus considérables dans les pays chauds que dans ceux qui le sont moins, et ils augmentent à raison de la sécheresse de la saison. Des personnes versent du vinaigre sur les gâteaux infectés de ces chenilles; mais l'humidité que cette liqueur produit, et son odeur, sont contraires aux abeilles.

Les ruches à hausse ont, à cet égard, un grand avantage; comme on peut renouveler chaque année les gâteaux, les *fausses teignes* n'ont pas le temps de s'y établir. Ces animaux se logeant dans les gâteaux supérieurs, il est facile de concevoir l'impossibilité où l'on est de les détruire lorsque les ruches sont d'un système différent. C'est surtout dans les cantons où la taille n'est pas en usage, où ces insectes font de grands ravages. Il faut donc avoir la précaution de visiter les ruches au printemps, d'ôter avec la pointe du couteau les œufs de ces *teignes*, et de donner aux abeilles, pour les fortifier, un peu de sirop composé de miel et de vin. Cette visite est surtout nécessaire dans les temps secs. On arrache les tuyaux que ces chenilles ont formés, ou mieux l'on coupe la partie du gâteau qui est salie. Si le dommage que les abeilles ont souffert est considérable, il faut leur faire changer de ruche. On doit passer dans l'eau bouillante les ruches qui sont vides, afin de détruire les œufs qui seroient attachés après elles.

Gallérie de la cire, *Galleria cereana*, Fab., E 2, 4, de cet ouvrage. Cette espèce a environ cinq lignes de longueur; son corps est cendré, avec la tête et le corselet plus clairs, grisâtres; l'extrémité postérieure du corselet a une petite élévation; les ailes supérieures ont le long de la suture quelques espaces ou petites taches brunes, et leur extrémité postérieure semble offrir quelques stries, des sortes de plis, et a un sinus ou une échancrure au milieu du bord postérieur.

Gallérie alvéolaire, *Galleria alvearia*, Fab., est une

fois plus petite; sa tête est jaunâtre, et ses ailes sont d'un cendré obscur. Je crois qu'elle doit être exclue de ce genre. (L.)

GALLERION, de Dioscorides. *V.* GALATION. (LN.)

GALLETTA DI MAGGIO et GALLETTO DI MARZO. Noms de la HUPPE, en Italie. (DESM.)

GALLGRAES. Nom de la FUMETERRE, en Westmanie, province de Suède. (LN.)

GALLHUMLE. Nom du HOUBLON, en Suède et en Danemarck. (LN.)

GALLIA. La CORONILLE (*Coronilla varia*) porte ce nom en Italie. (LN.)

GALLIASTRUM, d'Heister. *Voy.* PHARNACEUM CERVIANA, Linn. (LN.)

GALLICOLES, *Gallicola.* Tribu d'insectes, de l'ordre des hyménoptères, section des térébrans, famille des pupivores.

Ces insectes, qui composoient dans mes ouvrages antérieurs la famille des DIPLOLÉPAIRES, n'ont point, ainsi que les *chalcidites*, les *oxyures* et les *chrysides*, de nervures ou d'aréoles aux ailes inférieures. Les femelles sont pourvues d'une tarière filiforme, naissant de la partie inférieure de l'abdomen, roulée en spirale à sa base, et logée dans une coulisse. Dans l'un et l'autre sexe, les palpes sont très-courts, terminés par un article un peu plus gros, et quelquefois nul ; les antennes sont droites, filiformes ou légèrement plus grosses vers le bout, et composées ordinairement de treize à quinze articles.

Les larves de ces insectes vivent dans des galles végétales, dont nous avons expliqué la formation à l'article CINIPS, et dont on traite encore plus particulièrement à celui de GALLE.

Cette tribu renferme les genres *ibalie*, *cinips* et *eucharis*. *V.* ces mots et les précédens. (L.)

GALLI-CRISTA. *V.* CRISTA GALLI et COCRÈTE. (LN.)

GALLICRUS, d'Apulée. C'est le *panicum sanguinale*, L. *V.* DIGITAIRE. Le *panicum crus-galli*, Linn., est une plante différente. (LN.)

GALLIGASTRE. Nom de la POULE D'EAU, en Provence. (V.)

GALLINA. Nom du DACTYLOPTÈRE PIRAPÈDE, *Dactyloptera pirapeda*, à Nice. (DESM.)

GALLINA. Nom de la poule en Italie. On appelle le coq GALLO. (DESM.)

GALLINAÇA ou GALLINAÇO. Les Espagnols et les Portugais ont appelé ainsi un *vautour* d'Amérique. *V.* GALLINAZE. (V.)

GALLINACCIO. Nom du DINDON, en Italie. C'est aussi l'un des noms de la CHANTERELLE. (DESM.)

GALLINACE (PIERRE DE), PIERRE OBSIDIENNE, AGATE NOIRE D'ISLANDE. On a donné ces divers noms à un *verre de volcan*, complétement noir et opaque, susceptible d'un poli parfait. J'en ai vu dans le cabinet de Faujas de Saint-Fond, un miroir convexe, d'environ six pouces de diamètre, qui est admirable pour dessiner des paysages et des vues d'après nature. Il a trouvé ce beau verre parmi les produits volcaniques du Vivarais. *V.* VERRE DE VOLCAN. (PAT.)

GALLINACÉE. Porter appelle ainsi les CHAMPIGNONS, aujourd'hui connus sous les noms de GIROLLE ou CHANTERELLE. *V.* ces mots. (B.)

GALLINACÉS, *Gallinacei*, Vieill.; *Gallinæ*, Lath., troisième ordre des oiseaux. *Caractères* : Pieds médiocres ou courts jambes garnies de chair et de plumes jusqu'au talon, tarses arrondis, ou nus et réticulés, ou emplumés, doigts fendus, calleux en dessous; trois devant, un ou point derrière; les antérieurs, ou unis à la base par une membrane, ou totalement séparés, très-rarement distincts seulement à la pointe; le pouce des tétradactyles articulé sur le tarse plus haut que les autres doigts, quelquefois sans ongle, ou ne portant à terre que sur le bout, ou élevé de terre; ongles nullement rétractiles, un peu obtus, convexes, rarement comprimés latéralement, courbés et pointus; rectrices, douze à dix-huit, quelquefois nulles chez des TINAMOUS, selon M. de Azara : bec voûté, mandibule supérieure couvrant les bords de l'inférieure. Les gallinacés ont le sternum osseux, diminué par deux échancrures si larges et si profondes qu'elles occupent presque tous ses côtés; sa crête tronquée obliquement en avant, en sorte que la pointe aiguë de la fourchette ne s'y joint que par un ligament; toutes circonstances qui, en affoiblissant beaucoup leurs muscles pectoraux, rendent leur vol difficile; leur larynx inférieur est très-simple; aussi n'en est-il aucun qui chante agréablement; ils ont un jabot très-large et un gésier fort vigoureux (*Règne animal*). Tous, à l'exception du *ganga* et de l'*hétéroclite*, ont le port lourd, les ailes courtes et arrondies; le vol peu élevé et presque toujours à raze de terre. La plupart sont polygames; le mâle ne nourrit pas sa femelle quand elle couve, et ne partage point l'incubation; les petits y voient dès leur naissance, quittent le nid, courent et prennent eux-mêmes la nourriture indiquée par la mère, dès qu'ils sont éclos. *Nota.* On assure que le *ganga* nourrit ses petits dans le nid.

C'est de cet ordre que sortent la plupart de nos oiseaux de

basse-cour; il est composé de deux familles sous les noms de *nudipèdes* et de *plumipèdes*, et des genres TINAMOU, HOCCO, DINDON, PAON, ÉPERONNIER, ARGUS, FAISAN, COQ, MONAUT, PEINTADE, ROULOUL, TOCRO, PERDRIX, ORTYGODE, TÉTRAS, LAGOPÈDE, GANGA, HÉTÉROCLITE. *V.* ces mots. (V.)

GALLINACO. *V.* GALLINAZE. (S.)

GALLINARIA. Rumphius, dans son *Herbier d'Amboine*, vol. 5, figure sous ce nom, pl. 97, f. 1, le *cassia sophera*, Linn., et f. 2. de la même planche, le *cassia obtusifolia*. (LN.)

GALLINAZE, *Catharista*, Vieill.; *Vultur*, Lath. Genre de l'ordre des ACCIPITRES, de la tribu des DIURNES et de la famille des VAUTOURINS (*V.* ces mots). *Caractères :* bec allongé, droit jusqu'au delà du milieu, garni d'une cire à la base, comprimé latéralement, convexe en dessus; mandibule supérieure à bords droits, crochue à la pointe; l'inférieure plus courte, obtuse à l'extrémité; narines grandes, situées dans la partie antérieure de la cire, oblongues et percées à jour; langue charnue, caronculée, à bords dentelés; quatre doigts, trois devant, un derrière; les antérieurs grêles, très-peu rétractiles; l'intermédiaire long et tendu, l'interne et le pouce égaux; ongles courts, foibles, émoussés; le postérieur le plus court de tous; peau de la tête et du cou nue, ou ridée ou mamelonnée; jabot dénué de plumes, saillant; première rémige moyenne; les troisième et quatrième les plus longues.

Ce genre n'est composé que de deux espèces qui diffèrent en ce que l'une (l'*urubu*) a la tête et le cou garnis de mamelons, et les pennes caudales égales; tandis que l'autre (l'*aura*) a la peau de la tête et du cou ridée et la queue arrondie, attributs spécifiques et distinctifs qui suffisent pour ne pas les confondre, ainsi qu'on l'a fait, en les réunissant ou en présentant l'un pour une variété de l'autre.

Les *gallinazes* ne se trouvent qu'en Amérique, et sont beaucoup plus nombreux dans le Midi que dans le Nord. Ils sont d'une si grande utilité dans la partie méridionale, que les Espagnols et les Portugais ont prononcé des peines contre les personnes qui les tueroient : en effet, ces oiseaux purgent l'air en dévorant toutes les charognes; mais ils deviennent dangereux, s'ils n'ont pas une nourriture suffisante; car, emportés par leur gloutonnerie et leur voracité, ils se jettent sur les bestiaux; malheur alors à l'animal qui est malade et blessé; ils fondent aussitôt dessus et l'attaquent sur la partie affectée; c'est en vain que la pauvre bête cherche à leur échapper par la course et des bondissemens, ces carnivores ne lâchent pas prise qu'ils ne l'aient dévorée jusqu'au os. Ils ne font point la chasse aux oiseaux, et ils ne jettent aucun cri; seulement ils semblent prononcer la syllabe *hu*, d'une manière nasale, lorsqu'on les suprend dans leur repos. Ces oiseaux se tiennent presque toujours en troupes, soit dans les airs, soit sur les arbres, soit à terre; leur odorat est si fin qu'à peine une charogne est-elle exposée dans un lieu où l'on n'en aperçoit aucun, qu'on les voit venir de toutes parts, volant en spirale et descendant peu à peu jusqu'auprès de leur proie. Ils se nourrissent aussi de serpens, d'insectes, et surtout des œufs de l'*alligator* qui, sans les *gallinazes*, deviendroient si nombreux qu'ils feroient déserter le pays. A l'époque où les femelles *alligators* déposent leurs œufs à terre, ces oiseaux se tiennent sus les arbres voisins, les suivent de l'œil et remarquent l'endroit où elles cachent leurs œufs, qu'elles croient mettre à l'abri de tout danger en les renfermant dans le sable; mais sitôt qu'elles sont retournées à l'eau, ils descendent de leur observatoire, et, à l'aide de leur bec et de leurs griffes, ils les déterrent et les dévorent. Les uns nichent sur les arbres ou dans les rochers, et les autres à terre, sur les montagnes couvertes de broussailles. La ponte est de deux œufs, et les petits naissent couverts d'un duvet blanc, lequel disparoît à mesure qu'ils se couvrent de plumes. Le père et la mère les nourrissent dans les premiers jours de leur naissance, en leur dégorgeant les alimens dans le bec, ce que ne fait aucun autre oiseau de proie, à l'exception des vautours.

Le GALLINAZE AURA, *Catharista aura*, Vieil.; *Vultur aura*, Lath., pl. 2 des Oiseaux de l'Amérique septentrionale, a été confondu avec l'urubu par les ornithologistes, et même dans les pays qu'ils habitent; car les naturels de la Louisiane les appellent indistinctement l'un et l'autre *caranero*, et les Anglais de la Caroline et des Florides, *carrion-crown* ou *turkay-buzard*. Ces oiseaux, dont le plumage est totalement pareil, diffèrent par leur manière de voler et par leur genre de vie; l'*urubu*, dit Catesby, monte et descend sans qu'on aperçoive le mouvement de ses ailes; l'*aura*, selon Bartram, qui a observé cet oiseau dans les Florides, frappe ses ailes l'une contre l'autre, s'avance un peu, puis frappe encore ses ailes et ainsi de suite à chaque temps de vol, comme s'il étoit toujours prêt à tomber, et toujours faisant effort pour se relever. M. de Azara appelle cet oiseau *acabiray*, et les Sauvages le nomment *iribu-acabiray*.

Il vole, dit ce naturaliste, près de terre et avec beaucoup d'aisance, change rarement de direction, passe les jours en l'air, et paroît néanmoins à chaque instant vouloir se poser. J'ai cru lire dans le texte espagnol, que son vol étoit lent et embarrassé, ainsi que je l'ai dit à son article dans mon *Hist. des Ois. de l'Amérique sept.* Il est moins glouton et moins âpre de la charogne que l'urubu; il joint à cette nourriture les limaçons et les insectes. Son nid ne consiste qu'en un léger enfoncement en terre dans les halliers, sans aucune disposition de matériaux. Sa ponte est de deux œufs blancs et marqués de rougeâtre. Ses petits naissent couverts d'un duvet blanc et les yeux fermés. Il est, dans l'âge avancé, d'un noir à reflets bleus. L'individu dont j'ai publié la figure, n'avoit pas encore acquis un plumage parfait; il en est de même de celui décrit par M. de Azara. Il a alors les plumes du manteau d'un noir changeant en violet sur le milieu, et brunes sur les bords; cette dernière couleur s'étend davantage sur les couvertures des ailes, sur les pennes secondaires, et sur toutes les latérales de la queue; la tige des primaires est d'une nuance terne d'un côté, et blanche de l'autre; toutes sont en dessous d'un gris-blanc lustré; la collerette est noire avec des reflets d'un bleu d'acier bruni, ainsi que toutes les parties inférieures, sur lesquelles les reflets sont peu apparens; le bec est blanc; la cire rouge; la peau de la tête et du cou de la dernière couleur, ridée sur le derrière du cou et semée de poils ras noirs, mais plus nombreux sur la nuque; les rides et le tour des yeux sont jaunes, ainsi qu'une raie qui s'étend d'un œil à l'autre en passant sur le front; les pieds sont couleur de paille chez des individus, couleur de chair chez d'autres; les ongles noirâtres. Longueur totale, vingt-six à vingt-sept pouces; queue étagée.

Le Gallinaze urubu, *Catharista urubu*, Vieill.; *Vultur aura*, Lath., pl. 2 des Oiseaux de l'Amérique septentrionale, a vingt-deux pouces de longueur; le bec blanc sur la partie découverte; la cire bleuâtre; l'iris d'un roux clair; la paupière d'un jaune de safran; la peau de la tête et du cou d'un rouge sanguin, couverte de petits mamelons et parsemée de quelques poils; le plumage d'un noir à reflets bleus et verdâtres; le dessous des pennes primaires d'un blanc jaunâtre; les pieds et les ongles noirs chez des individus; le tarse couleur de chair chez d'autres; la queue carrée à son extrémité. Il est rare dans les Carolines, commun dans les Florides, et très-nombreux sous la Zone-Toride; il niche sur les grands arbres et dans les rochers. Ses œufs sont d'un blanc fuligineux. Les jeunes sont bruns dans leur première année. Cet oiseau, ou le précédent, porte, à Carthagène, le nom de *cosquantli*. Il y est si respecté, qu'il s'y promène dans les rues.

La description que M. de Azara fait de son urubu, que je crois cependant être de l'espèce du précédent, diffère en ce qu'il a la portion crochue du bec d'un olive clair, le reste noir aussi bien que l'iris, et le plumage d'un noir uniforme. Il est très-commun au Paraguay. L'on sait, par tradition, qu'au temps de la conquête et même long-temps après, cet oiseau n'existoit pas à Monte Video, et qu'il y passa en suivant les vaisseaux et les barques. Il paroît que dans ces contrées les *urubus* sont plus timides et moins voraces; car, dit M. de Azara, ils n'attaquent ni ne harcèlent aucun animal. (V.)

GALLINE ou GALLINETTE. Noms du *trigle grondin*, ou *trigle gurneau*, ou autres voisins, mais plus particulièrement du *trigle hirondelle*. *Voy.* TRIGLE. (B.)

GALLINELLA. Nom italien de la POULE D'EAU. (V.)

GALLINETTE. *V.* GALLINE. (B.)

GALLINETTO. Nom niçard du TRIGLE HIRONDELLE. (DESM.)

GALLINNA FARAOUNA. Nom piémontais de la PEINTADE. (V.)

GALLINÆ. C'est, dans Linnæus, le nom des oiseaux GALLINACÉS. *V.* ce mot. (V.)

GALLINO. A Nice, c'est le nom du TRIGLE LYRE. (DESM.)

GALLINOGRALLES. C'est le nom proposé par M. de Blainville (*Prodrome*) pour désigner une famille d'oiseaux de l'ordre des *échassiers* ou *grallatores*, qui comprend ceux de ces oiseaux qui ont le plus de rapports avec les GALLINACÉS, comme, par exemple, l'*autruche*, l'*agami*, etc. (DESM.)

GALLINSECTES, *Gallinsecta*. Famille d'insectes, de l'ordre des hémiptères, section des homoptères, ayant pour caractères: tarses d'un seul article, et terminé par un crochet unique; femelles aptères et munies d'un bec; mâles privés de cet organe, ayant deux ailes couchées horizontalement sur le corps, et l'abdomen terminé par deux soies; antennes des deux sexes filiformes ou sétacées, le plus souvent de onze articles.

Cette famille, à laquelle j'avois d'abord donné un peu plus d'étendue, est composée du genre COCHENILLE, *Coccus* de Linnæus, et forme dans la méthode de Degeer un ordre particulier. Les femelles, après leur fécondation, se fixent pour toujours sur les végétaux, où elles vivent; leur corps se gonfle et prend la forme d'une galle, et telle est l'origine de la dénomination de ces insectes. *V.* COCHENILLE et KERMÈS. (L.)

GALLINULA. Nom générique des POULES D'EAU ou GALLINULES, dans Brisson et Latham. (V.)

GALLINULE ou POULE D'EAU, *Gallinula*, Briss., Lath.;

Fulica, Linn. Genre de l'ordre des ECHASSIERS et de la famille des MACRODACTYLES (*V.* ces mots). *Caractères :* bec plus court que la tête, chez la plupart, droit, épais à la base, convexe en dessus, comprimé latéralement, un peu renflé en dessous vers le bout; mandibule supérieure inclinée à la pointe et couvrant les bords de l'inférieure; narines oblongues, couvertes d'une membrane gonflée; langue comprimée, entière; front chauve; quatre doigts, trois devant, un derrière; les antérieurs très-longs, aplatis en dessous, et bordés d'une membrane étroite; le postérieur portant à terre sur plusieurs phalanges; ongles presque arqués, comprimés sur les côtés, un peu pointus; ailes concaves, arrondies; la première rémige plus courte que la cinquième, les deuxième et troisième les plus longues.

Les poules d'eau habitent le bord des rivières et des étangs, et fréquentent quelquefois les marais; elles nagent facilement, mais elles ne le font guère que par nécessité, comme pour passer d'une rive à l'autre, ou pour chercher leur nourriture, qui consiste en petits poissons, insectes et plantes aquatiques; elles se tiennent, pendant la plus grande partie du jour, dans les roseaux, se cachent sous les racines des arbres marécageux, et n'en sortent guère que le soir, où on les voit se promener sur l'eau; leur manière de nager a cela de particulier, qu'elles frappent sans cesse l'eau de leur queue. Ces oiseaux quittent en octobre les pays froids et les montagnes, pour passer la mauvaise saison dans les lieux tempérés, où ils recherchent les sources et les eaux vives. Ce sont les seuls voyages qu'ils se permettent, et dans ce changement de demeure ils suivent régulièrement la même route, et reviennent toujours faire leur ponte aux mêmes lieux. Ils placent leur nid au bord des eaux, et le construisent d'un grand amas de débris de roseaux et de joncs entrelacés. Les petits naissent couverts de duvet, et dès qu'ils sont éclos, ils abandonnent le nid et suivent leur mère; mais elle les cache si bien qu'il est difficile de les lui enlever; ils la quittent de bonne heure, car en peu de temps ils deviennent assez forts pour se suffire à eux-mêmes.

La famille des *poules d'eau* est répandue dans toutes les parties du monde, et plusieurs des mêmes espèces se rencontrent dans les deux continens. Un astérisque indique celles que je n'ai pu déterminer. (V.)

* La GALLINULE ANGOLI, *Gallinula maderaspatana*, Lath.; *Fulica maderaspatana*, Gm. Cet oiseau est trop peu connu pour indiquer la place qui lui est propre. Il a la taille du *canard*. Son nom, à Madras, est *cannangoli*, que Buffon a abrégé. Les Gentous l'appellent *boollu-cory*. Il a le plumage

cendré sur le corps, les ailes et la queue ; blanc aux côtés de la tête, devant le cou et sous le corps ; quelques taches noires en forme de croissant sur la poitrine, et un liseré noir autour des pennes des ailes. Les ornithologistes ont copié Brisson, qui prête à l'*angoli* une plaque nue et blanche au front, quoique Petiver, qui en a donné une courte notice, n'en fasse aucune mention. (s.)

* La GALLINULE ou la POULE D'EAU CENDRÉE, *Gallinula cinerea*, Lath.; *Fulica cinerea*, Linn., édit. 13. Cette espèce, qu'on croit avoir été apportée de la Chine, a sur le front une petite protubérance rouge comme la peau qui l'entoure : sa taille est celle de la *foulque*, et sa longueur de dix-sept pouces environ ; la tête et le cou sont cendrés ; cette couleur est nuancée de vert sur le corps et les ailes ; les parties postérieures sont d'un cendré pâle ; le milieu du ventre est blanc ; les pieds sont bruns.

La GALLINULE ou POULE D'EAU COMMUNE, *Gallinula chloropus*, Lath. ; *Fulica chloropus* Linn. , pl. M 31 , n.° 3. du Dict. Sa grosseur est à peu près celle d'un *poulet* de six mois, et sa longueur de quatorze pouces et demi ; la tête, la gorge, le cou et la poitrine sont noirâtres ; le ventre, les côtés et le haut des jambes d'un cendré très-foncé, avec quelques nuances blanches à l'extrémité des plumes, et des taches longitudinales de même couleur sur celles des côtés ; le dessus du corps est d'un brun olivâtre ; le bord de l'aile blanc ; la queue d'un brun obscur ; la membrane du front d'un rouge vif ; le bec de même couleur à la base et jaune à la pointe ; le haut de la partie de la jambe dénué de plumes, entouré d'un cercle rouge et étroit ; les pieds sont verdâtres. La femelle est un peu plus petite que le mâle, et a des teintes plus claires. Sa ponte est de cinq à huit œufs d'un blanc jaunâtre et tachetés irrégulièrement de brun rougeâtre. On prétend que lorsque la femelle quitte ses œufs pour prendre de la nourriture, ce qui a lieu le soir, elle les couvre auparavant avec des brins d'herbes et de joncs.

* La GRANDE POULE D'EAU de Brisson et de Buffon, ou la PORZANE, *gallinula fusca*, Lath.; la POULETTE D'EAU, *gallinula fusca ;* le GLOUT, *gallinula fistulans*, donnés comme espèces particulières, sont, suivant M. Meyer, des individus de cette espèce dans des âges différens; ce qui me paroît très-vraisemblable. (*V.* ci-après ces mots). Cette gallinule se trouve en Europe, en Afrique et en Amérique.

Chasse. — Quoique la chair de ces oiseaux soit un manger médiocre et peu recherché, on leur fait la chasse de diverses manières, au fusil, avec la *pince* d'Elvaski (*V.* CANARD), et au *tramail*, Voy. RALE.

La GALLINULE COULEUR DE PLOMB, *Gallinula plumbea ;*

Vieill., se trouve dans l'île de Java; elle se distingue de ses congénères en ce que la plaque frontale s'avance sur la tête en forme de fer de lance; un gris tirant à la couleur de plomb couvre la tête, le cou et tout le dessous du corps, avec une bande blanche à l'extrémité de chaque plume, mais presque imperceptible; les plumes du dos sont noires et terminées par un gris de plomb; les grandes couvertures des ailes, les plus proches du corps, noires et largement bordées d'un roux clair; les pennes d'un gris-brun et rayées de gris et de blanc en dedans; les couvertures inférieures de la queue présentent les mêmes raies; le bec est d'un roux jaunâtre, et la membrane du front d'un rouge vif. Longueur totale, vingt pouces.

* La Gallinule ou Poule d'eau a cou roux, *Gallinula ruficollis*, Lath.; *Fulica rufa*, Gm., a seize pouces de longueur; le bec long de deux pouces et demi, rouge à la base, et jaune à la pointe; le sommet de la tête brun; le dessus du cou cendré brun; le dos d'un brun verdâtre; les pennes pareilles et à bord roux; la naissance de la gorge blanche; le devant du cou et la poitrine d'un roux brillant; le ventre, les parties situés au-delà et le croupion noirs; les côtés et les couvertures inférieures des ailes rayés transversalement de roux et de noir; les pieds rouges et assez longs.

Sonnini regarde cet oiseau comme une variété de la *grande poule d'eau de Cayenne*. *V*. Rale.

La Gallinule glout, *Gallinula fistulans*, Lath.; *Fulica fistulans*, Gm. La membrane qui couvre le devant de la tête est d'un vert jaunâtre; le reste de la tête et du corps est couvert de plumes brunes, bordées de roussâtre; le dessous du corps est aussi de cette teinte; les ailes sont également bordées de roussâtre et brunes dans le reste; le bec, la partie des jambes dénuée de plumes, et les pieds d'un vert jaunâtre. MM. Meyer et Themminck, ainsi que je l'ai déjà dit, me semblent fondés à présenter le *glout* comme un jeune de la *poule d'eau* commune.

* La Gallinule grinette, *Gallinula nævia*, Lath.; *Fulica nævia*, Gm. Cet oiseau, que l'on trouve en Italie, porte, selon Aldrovande, le nom de *porzana* à Mantoue; on le trouve aussi en Allemagne, suivant Gesner; et Girardin dit qu'on a tué une *grinette* sur un petit étang des Vosges. M. Meyer le rapporte à la *marouette*; cependant, si, comme le dit Brisson, il a le front depuis l'origine du bec jusque vers le milieu du sommet de la tête chauve et couvert d'une membrane épaisse et d'un jaune safran, cet attribut est totalement étranger à la *marouette*. Au reste, la grinette dont ce méthodiste fait une poule sultane, est trop peu

connue pour lui assigner le rang qu'elle doit tenir; c'est pourquoi je la laisse isolée.

Elle n'est pas tout-à-fait aussi grosse que le *râle d'eau*. La longueur du bout du bec à celui de la queue, est de neuf pouces trois lignes; les plumes de la tête et de la partie supérieure du cou sont noires et bordées de roux; celles du dos et des scapulaires ont de plus une bordure blanche après la teinte rousse; le croupion et les couvertures du dessus de la queue sont pareils aux plumes de la tête; celle-ci a sur chaque côté une bande d'un gris-blanc partant du bec et passant au dessus des yeux; la gorge est d'un cendré bleuâtre; sur le devant du cou et sur la poitrine, cette teinte prend un ton jaunâtre et est parsemée de taches noires; le reste des parties inférieures est roux, et les flancs ont des raies transversales brunes et blanches; cette dernière couleur borde l'aile. On remarque sur le fond roux des couvertures, des bandes transversales blanches; les pennes sont noirâtres, ainsi que celles de la queue, dont les deux intermédiaires sont bordées comme les ailes; queue étagée; yeux petits; iris d'un vert jaunâtre; bec pareil; pieds d'un vert sale.

* La GALLINULE ou POULE D'EAU MOUCHETÉE, *Gallinula maculata*, Lath.; *Fulica maculata*, Gm. Taille du *râle de genêt*; longueur, onze pouces; bec jaune sale, ainsi que le front; plumage en dessus d'un brun-roux, marqué de noir et tacheté de blanc sur les ailes; côtés de la tête, gorge et devant du cou blancs; reste du dessous du corps brun; pennes intermédiaires de la queue noires et terminées de blanc; les autres brunes; pieds gris. Cette espèce se trouve en Allemagne, où elle porte les noms de *matknettzel* et *matkern*. M. Themminck présente encore cet oiseau pour une *jeune poule d'eau* commune.

La GALLINULE ou la GRANDE POULE D'EAU PORZANE, *Gallinula fusca*, var. Lath., est rangée, par MM. Meyer et Themminck, parmi les jeunes de la *poule d'eau* proprement dite. Elle se trouve en Italie, aux environs de Bologne, où elle est connue sous le nom de PORZANA. La tête, le cou et la gorge sont noirâtres; le dessus du corps est de couleur marron; la poitrine, le haut du ventre et les côtés sont d'un cendré obscur; chaque plume est bordée de blanc par le bout; cette couleur couvre le bas-ventre, les couvertures inférieures et les pennes latérales les plus extérieures de la queue; les autres et les pennes des ailes sont pareilles au dos; les pieds sont verts et les ongles d'un brun verdâtre; le bec est jaunâtre à son origine et en dessous, et noir dans le reste de sa longueur. La femelle ne diffère du mâle que par des couleurs plus foibles.

La GALLINULE dite POULETTE D'EAU, *Gallinula fusca*, Lath.; *Fulica fusca*, Gm., est un jeune oiseau dans sa première année, selon MM. Meyer et Themminck; ce qui me paroît très-vraisemblable, quoique l'on dise qu'elle vit isolée et qu'elle ne se mêle jamais avec la précédente. Son cri s'exprime par les syllabes *bri*, *bri*, *bri*, souvent réitérées. La tête, le dessus du cou et du corps sont d'un brun olivâtre; la gorge et le devant du cou d'un cendré foncé, nuancé d'olivâtre; la poitrine et les parties postérieures cendrées; chaque plume terminée de blanc; les couvertures inférieures de la queue noires; le bord de l'aile est blanc, ainsi que le bord de la première penne primaire, et la plus extérieure de chaque côté de la queue; les autres pennes caudales sont d'un brun olivâtre, et celles des ailes noirâtres; la membrane qui couvre le front est d'un jaune olivâtre; l'iris rouge dans les unes, jaune dans d'autres; le bec et les pieds sont d'un vert d'olive, et les ongles d'un vert brunâtre.

* La GALLINULE ou POULE D'EAU ROUSSE A FRONT BLEU, *Gallinula carthagena*, Lath.; *Fulica carthagena*, Linn., édit. 13. Cette espèce, dont la dénomination fait la description, est de la taille de la *foulque*. On la trouve à Carthagène d'Amérique.

* La GALLINULE SMIRBING, *Gallinula flavipes*, Lath.; *Fulica flavipes*, Gm., est présentée par M. Themminck pour une variété d'âge de la *poule d'eau commune*. Le nom que Gesner lui a imposé est d'après son cri. Rzaczynski compte cet oiseau parmi les espèces naturelles à la Pologne. Il dit qu'il se tient sur les rivières et niche dans les halliers qui les bordent; il ajoute que la célérité avec laquelle il court, lui a fait quelquefois donner le nom de *Trochilus*. « Le fond de tout son plumage, dit-il, est roux; les petites plumes des ailes sont d'un rouge de brique; la tête, le tour des yeux et le ventre, blancs; les grandes pennes de l'aile, noires; des taches de cette même couleur sont çà et là sur le cou, le dos, les ailes et la queue; les pieds et la base du bec sont jaunâtres. » J'ai peine à croire que cet oiseau soit un jeune de notre poule d'eau, et il ne me paroît même pas certain qu'il fasse partie du genre de la GALLINULE; car on ne nous dit pas s'il a le front nu.

GALLIRION. Nom que les Grecs donnoient à un LIS à fleurs rouges, qu'ils appeloient aussi *sang de Mars*. (LN.)

GALLITE, *Alectrurus*. Genre de l'ordre des oiseaux SYLVAINS, de la famille des MYIOTHÈRES. *V.* ces mots. *Caractères*: bec plus large qu'épais, droit, conico-convexe, mandibule supérieure un peu crochue à la pointe; l'inférieure droite; narines arrondies, situées vers le milieu du bec; langue large, courte et ne se terminant pas en pointe; angles de la bouche garnis de longs poils noirs; ailes à penne bâtarde, courte et pointue; la troisième remige la plus longue de toutes; tarses un peu forts; quatre doigts, trois devant, un derrière; pennes caudales verticales et susceptibles de rester relevées. J'ai mis à la suite de l'espèce qui sert de type à ce genre, le *Guirayetapa*, parce qu'il m'a paru s'en rapprocher davantage que de tout autre; mais il diffère en ce qu'il n'a que les deux pennes extérieures de la queue qui soient sur un plan vertical; et il n'est pas question dans sa description, s'il a la faculté de relever la queue. Ces deux espèces sont vraiment extraordinaires, et l'on verra ci-après que l'on n'avoit pas d'idée de pareils oiseaux dont on doit entièrement la connoissance à M. de Azara. L'une et l'autre ont les mêmes habitudes; elles sont d'un naturel tranquille, peu farouche, et leur voix est sans agrément. Les campagnes voisines des eaux sont les lieux qu'elles préfèrent; elles n'entrent point dans les bois et elles ne se perchent que sur les jones et les plantes aquatiques, jamais sur les arbres et les buissons; leur nourriture ne consiste que dans les insectes qui passent près d'eux, mais pour l'ordinaire elles les prennent à terre. Lorsque ces oiseaux sont effrayés ou qu'ils veulent dormir, ils se cachent si bien sous les plantes, qu'il est impossible de les en faire sortir. M. de Azara dit qu'il n'a jamais vu deux mâles plus près l'un de l'autre que de deux cents pas, mais qu'il a rencontré quelquefois des femelles en petites troupes.

La Gallite tricolor, *Alectrurus tricolor*, Vieill. M. de Azara appelle cet oiseau *galitto*, d'après la forme de sa queue, et Sonnini a traduit ce nom par celui de *petit coq*. Cette espèce ne se trouve qu'entre le vingt-sixième et le vingt-septième degré et demi de latitude australe, où elle arrive en septembre et d'où elle repart en mars; cependant il en reste quelques individus dans le pays, car M. de Azara a vu trois femelles au plus fort de l'hiver du Paraguay. Le mâle s'élève quelquefois presque verticalement dans les airs, et battant vivement des ailes en relevant beaucoup sa queue; il paroît alors plutôt un papillon qu'un oiseau. Quand il est à trente ou trente six pieds de hauteur, il se laisse tomber obliquement pour se poser sur quelque plante. Ce petit coq n'est ni farouche ni inquiet, et quoique deux mâles se trouvent rarement plus rapprochés que de six cents pieds, il est assez ordinaire de rencontrer deux et jusqu'à six femelles presque ensemble; cela vient de ce que leur nombre est au moins double de celui des mâles. Cette espèce ne seroit-elle pas polygame? c'est de quoi ce savant naturaliste ne nous a pas informé. Cet oiseau a les douze pennes de la queue bien fournies de barbes, et toutes ont, à l'exception des deux intermédiaires, la forme d'une pelle, c'est à dire qu'elles s'élargissent beaucoup à leur extrémité; les deux du milieu sont pressées par les côtés des autres qui sont à peu près de la même longueur et qui ont douze lignes de moins que les deux intermédiaires. C'est un attribut particulier de cette espèce de tenir toujours sa queue verticale comme celle du coq.

Le mâle a le front marbré de blanc et de noir; les côtés de la tête et les parties inférieures de couleur blanche avec les extrémités des pennes noirâtres, ainsi que l'extérieur des jambes; le dessus de la tête et du cou, la queue, ses couvertures supérieures, et un demi-collier au bas du cou, d'un noir profond; le dos et le croupion cendrés; les plumes scapulaires, le pli et les petites couvertures du dessus des ailes, d'un beau blanc; les grandes couvertures et les pennes, noirâtres avec une bordure blanche; les tarses noirs; l'iris brun; le bec olivâtre et sa pointe noirâtre; longueur totale, cinq pouces et demi: longueur de la queue, deux pouces un tiers: longueur du bec, cinq lignes trois quarts. La femelle diffère du mâle en ce qu'elle a des dimensions plus petites; le blanc des côtés de la tête et du dessous du corps moins pur; les plumes du dessus de la tête et du cou d'un brun noirâtre, avec une bordure d'une teinte plus claire; le dessus du corps d'un brun roussâtre; toutes les couvertures supérieures et les pennes de l'aile noirâtres et bordées finement de blanchâtre; toutes les pennes de la queue pareilles aux pennes extérieures de celle du mâle; mais ces pennes se plient en deux parties; elles forment en-dessus un angle obtus ou un enfoncement, et l'oiseau ne les relève jamais au-dessus du croupion. Quelques femelles sont en dessous d'un blanc moins sale; elles ont aussi la gorge brune et les autres teintes moins vives.

Le Guirayetapa. Ce nom signifie, dans la langue des Guaranis, *oiseau coupeur* ou *en ciseaux*, et ces peuples du Paraguay l'appliquent non-seulement à cette espèce, mais encore à tous les oiseaux à longue queue; M. de Azara, qui l'appelle *pardo y blanco*, nous dit qu'elle est composée de huit ou dix fois plus de femelles que de mâles, et qu'il a vu quelquefois des bandes de trente femelles sans un seul de ces derniers; n'en seroit-il pas du guirayetapa comme de la *veuve à épaulette*, qui est polygame? Cette espèce est sédentaire, et elle a les mêmes habitudes que le petit coq. La principale différence, qui fait distinguer les sexes, consiste dans la forme et la disposition des pennes de la queue; et comme ce savant a vu deux individus qui avoient du mâle la partie droite de la queue et la gauche de la femelle, il est tenté de soupçonner aussi qu'il existe des hermaphrodites parmi ces oiseaux. Ces individus ont moins de roux dans leur plumage que les femelles et moins de blanc que les mâles, de sorte que les teintes de leur vêtement tiennent le milieu entre celles des deux sexes. On croira difficilement à ces hermaphrodites, d'après cette différence dans la queue; ne seroit-ce pas tout simplement des jeunes mâles qui commencent à se revêtir de leur plumage parfait? ce n'est de ma part qu'une conjecture, puisque M. de Azara ne nous indique point les couleurs du jeune mâle dans son premier âge; cependant je la crois très-vraisemblable. Au reste, cet habile naturaliste ne nous indique point la forme que présente la queue de la femelle, mais seulement la conformation de celle du mâle, laquelle est composée de douze pennes dont l'extérieur d'un côté se joint, en dessous des autres, à l'extérieur de l'autre côté; toutes deux sont ébarbées sur dix-sept lignes de longueur près de leur base; les barbes, sur le reste de la partie supérieure (car il n'y en a point à l'inférieure), sont longues de dix-huit lignes; le plan de ces deux pennes est vertical: la seconde est plus courte et quatre pouces et demi plus longue que les deux intermédiaires; les autres sont étagées et toutes sont pointues à leur extrémité, fortes, roides et presque sans barbes à leur naissance; les plumes qui environnent les oreilles du mâle sont noires et longuettes; celles du tour de l'œil et de la base de la mandibule supérieure, la gorge, le haut du cou en devant, et toutes les parties inférieures sont blanches; un demi-collier de plumes noires frangées de brun clair occupe le bas du cou et une partie de la poitrine; celles du dessus de la tête et du cou sont noirâtres et bordées de brun clair; les plumes du dos et du croupion ont une bordure brune sur un fond plombé; les pennes des ailes sont brunes et liserées de blanc; les grandes couvertures noires et frangées de blanc, les autres marbrées de cette couleur et de cendré; les pennes de la queue blanchâtres et terminées de brun; toutes sont noirâtres en dessus, à l'exception de la plus extérieure de chaque côté qui est entièrement noire; le tarse est noirâtre, l'iris brun et le bec de couleur de paille sèche; la femelle, qui est beaucoup plus petite que le mâle, a la tête blanchâtre, ainsi que le devant du cou jusqu'au demi-collier qui est d'un roux sale; le dessous du corps est blanc, avec un peu de rouge sur les flancs; le dos, le croupion et les petites couvertures supérieures des ailes sont d'un brun roussâtre; les grandes couvertures d'une nuance plus foncée et bordées de rouge; les pennes alaires et caudales noirâtres et finement frangées de brun ; le reste comme dans le mâle. (V.)

GALLITE. Espèce de linaire (*antirrhinum hirtum*), qui croît en Espagne. (LN.)

GALLITRICHUM. J. Bauhin mentionne sous ce nom plusieurs espèces de SAUGES et de SCLARÉES décrites par d'autres auteurs comme des HORMINUM. Morison le donne à la SAUGE DES PRÉS et, avec Bauhin, à l'HORMIN DES PYRÉNÉES (*horminum pyrenaicum*, Linn.), dont le genre est nommé *Pasina* par Adanson. (LN.)

GALLITZINITE. Nom donné par Lenz à une variété de *Titane oxydé ferrifère*, découverte dans la forêt de Spessart par M. le prince Dimitri de Gallitzin, auquel la science est redevable de plusieurs ouvrages qui ont contribué à ses progrès, et notamment d'une Concordance entre les diverses nomenclatures minéralogiques qui a eu plusieurs éditions ; la dernière est de 1802. *Voyez* TITANE OXYDÉ. (LUC.)

GALLOT. Nom vulgaire de la TANCHE DE MER. (DESM.)

GALLUCIO. L'un des noms de la CHANTRELLE, en Italie. (S.)

GALLUS. Nom latin du COQ. (V.)

GALONNÉ. Poisson du genre SQUALE. (B.)

GALONNÉ. Un LÉZARD et une GRENOUILLE portent ce nom. (B.)

GALOPINE, *Galopina*. Genre de plantes établi par Thunberg, dans la tétrandrie digynie et dans la famille des rubiacées. Il a pour caractères : une corolle à quatre divisions ; point de calice ; un ovaire inférieur surmonté de deux styles ; deux semences épineuses.

Ce genre ne contient qu'une espèce, qui est une plante annuelle du Cap de Bonne-Espérance, dont la tige est ordinairement simple, les feuilles opposées, oblongues, aiguës, glabres, et les fleurs disposées en corymbes terminaux, accompagnées chacune de deux bractées sétacées et opposées. (B.)

GALOS-PAULES. Nom que les Portugais ont donné au *patas*, espèce de *guenon*. Voyez GUENON PATAS. (S.)

GALPHIMIE, *Galphimia*. Arbrisseau à rameaux rougeâtres, à feuilles opposées, pétiolées, ovales, blanchâtres en dessous, à une seule dent à leur base, à fleurs jaunes, disposées en grappes terminales, qui forme un genre dans la décandrie trigynie.

Ce genre établi par Cavanilles, offre pour caractères : un calice à cinq divisions persistantes ; une corolle de cinq pétales ovales, dont le supérieur est plus grand ; dix étamines alternativement grandes et petites; un ovaire supérieur ovale, trigone, surmonté de trois styles à stigmates simples; un fruit à trois loges monospermes.

La galphimie se trouve dans le Mexique. Elle ne diffère des MOUREILLERS, que par le défaut de glandes calicinales.

On a depuis trouvé deux autres arbrisseaux du même pays, qui se réunissent à celui-ci. Ainsi il y a une GALPHIMIE GLAUQUE, une GALPHIMIE HÉRISSÉE et une GALPHIMIE GLANDULEUSE. (B.)

GALSTEM. *Voyez* GAST. (LN.)

GALTABÉ. L'un des noms du MONITOR (*lacerta monitor*, Linn.). (DESM.)

GALUCHAT. Peau grise, garnie de tubercules aplatis, qu'on emploie ordinairement, après l'avoir colorée en vert, pour couvrir les boîtes et les étuis destinés à contenir des bijoux. On en connoît deux espèces, l'une à petits et l'autre à gros grains.

La première, qui est très-commune et à bas prix, est fournie par plusieurs espèces de *squales*, principalement par le SQUALE ROUSSETTE.

On ignoroit quel poisson fournissoit la seconde, que les gaîniers de Paris tirent exclusivement de l'Angleterre, et qu'ils payent fort cher. C'est à Lacépède qu'on doit d'avoir reconnu qu'elle appartenoit à une espèce de *raie*, à la RAIE SEPHEN, qui habite la mer Rouge et celle des Indes. On doit faire avec ce naturaliste des vœux pour que le commerce national, actuellement instruit des moyens de se procurer directement cette sorte de galuchat, ne laisse plus à la discrétion des étrangers la consommation de nos fabriques. (B.)

GALURT. En Danemarck, c'est le GAILLET JAUNE (*galium verum*, Linn.). (LN.)

GALVANIE, *Galvania.* Plante du Brésil, qui a servi à établir un genre dans la pentandrie monogynie et dans la famille des rubiacées, fort voisin du PALICOUR et du PSYCOTHRE; ses caractères sont: un calice à cinq dents; une corolle ventrue à cinq découpures aiguës; cinq étamines à filamens velus; un ovaire inférieur surmonté d'un style incliné à stigmate trifide; une baie à deux loges et à deux semences. (B.)

GALVANISME. On a désigné, par cette expression, une classe fort curieuse de phénomènes découverts d'abord par un physicien italien nommé Galvani, et que Volta a réunis aux lois ordinaires de l'électricité, en leur donnant une généralité beaucoup plus grande. Limités comme Galvani les avoit vus d'abord, ils consistent dans des contractions musculaires qui s'exécutent par le simple contact des nerfs et des muscles dans les organes animaux vivans ou morts.

D'après les découvertes de Volta, l'effet qui a lieu dans cette circonstance est produit par une électricité très-foible qui se développe au contact des nerfs et des muscles, comme en général à tout autre contact de substances hétérogènes. Il est plus que vraisemblable que les secousses que donne la torpille sont produites par un appareil de ce genre qu'elle fait agir à volonté. (BIOT.)

GALVÈSE, *Galvesia*. Genre de plantes établi par Jussieu, dans la didynamie angiospermie, et dans la famille des personnées, fort voisin des DODARTIES. Il a pour caractères: un calice petit, divisé en cinq parties; une corolle monopétale, tubuleuse, ventrue à sa base, et labiée à son limbe, dont la lèvre supérieure est divisée en deux lobes, et l'inférieure en trois parties; quatre étamines, dont deux plus courtes; un ovaire supérieur, terminé par un style simple; une capsule globuleuse à deux loges. (B.)

GALVÈZE, *Galvezia*. Arbre du Pérou, qui forme, dans l'octandrie tétragynie un genre dont les caractères consistent en un calice de quatre folioles ovales et caduques; une corolle de quatre pétales oblongs, sessiles et concaves; huit étamines, dont quatre alternes, plus courtes; quatre ovaires supérieurs, rapprochés, insérés sur un corps glanduleux, et terminés chacun par un style comprimé à stigmate simple; quatre drupes ovales, contenant chacune une noix uniloculaire.

Ce genre se rapproche infiniment de la PORLIÈRE. (B.)

GAMAICU. Quelques voyageurs disent que les Indiens donnent ce nom à certains corps calcaires, globuleux, qui sont ou de simples concrétions, ou des corps marins fossiles, et qu'ils y attachent de grandes vertus. Il y a tout lieu de croire que c'est un MADRÉPORE FOSSILE (*Voyez* ce mot.), et, dans ce cas, ces vertus se réduisent à celles de la *pierre calcaire* la plus commune. (PAT.)

GAMAL. Nom hébreu, et GAMALA, nom chaldéen du chameau d'Arabie, employé comme bête de somme. *Voyez* CHAMEAU. (DESM.)

GAMAMAH, CHAMAMAH et DAZAMACH. Suivant Gesner et Aldrovande, ce sont les noms arabes du PIGEON. Les jeunes sont appelés PHERA KHAMAN. (V.)

GAMAO et GAMOEIRA. Noms portugais de l'ASPHODÈLE, appelé *gamon* en Espagne. (LN.)

GAMARZA. Nom espagnol du *peganum harmala*. (LN.)

GAMASE, *Gamasus*, Lat. Genre d'arachnides trachéennes, de la famille des holètres, tribu des acarides, ayant pour caractères : huit pieds simplement ambulatoires; mandibules d'un seul article, terminées en pince; palpes saillans et filiformes.

Ce genre se compose d'un assez grand nombre d'espèces, rangées par Hermann fils (*Mém. aptérol.*), soit avec ses *trombides*, soit avec ses *mites*.

Fabricius, qui n'avoit d'abord détaché des *acarus* de Linnæus que les *trombidions*, et auxquels il réunissoit les *hydrachnes* de Müller, a distingué postérieurement (*Syst. antliat.*) ces dernières arachnides sous le nom générique d'*atax*, et adopté mes genres *nyctéribie*, *ixode*, *bdelle* et *gamase*. Il a conservé les trombidions avec ses unogates; mais il paroît avoir suivi, quant au rang qu'il assigne aux autres genres, le tableau élémentaire de l'*Histoire des animaux* de M. Cuvier. Ces genres, ainsi que celui des *poux*, terminent son ordre des antliates, qui répond à celui des diptères de Linnæus. Ces animaux s'éloignent des autres antliates par l'absence des ailes, et forment, à l'exclusion des poux, une division spéciale, ayant pour caractère : point d'antennes.

J'avois institué le genre Gamase sur la mite des coléoptères, *acarus coleoptratorum* de Linnæus. Elle court assez vite, et de là sa dénomination générique qui, en grec, signifie agile. Quelques espèces, et parmi lesquelles celle-ci doit être comprise, vivent en parasites sur d'autres animaux, et particulièrement sur divers oiseaux et quelques quadrupèdes.

Hermann en a même observé une (*acarus marginatus*) sur le corps calleux du cerveau d'un homme. Les autres sont tantôt vagabondes, tantôt fixées à des feuilles, y sont même réunies en société, et les recouvrent de fils soyeux et très-fins. M. Huber fils a recueilli, à l'égard de ces dernières espèces, quelques faits particuliers, mais dont je n'ai pas encore eu connoissance.

Je divise ce genre en deux sections : dans l'une, le dessus du corps offre, en totalité ou partiellement, un derme écailleux ou coriace; tels sont l'*acarus marginatus* d'Hermann, son *trombidium longipes*, et l'*acarus coleoptratorum* de Linnæus; dans l'autre, le corps est entièrement mou. Ici viennent les mites, *vespertilionis*, *hirundinis*, du premier; celle de la *poule* de Degeer, et les trombides, *celer*, *bipustulatum*, *socium*, *tillarium* et *telarium* d'Hermann. Les trois dernières espèces sont du nombre de celles qui vivent sur les feuilles, et le plus souvent à leur face inférieure : celles du tilleul et du haricot y sont très-sujettes. Ces gamases y filent des toiles très-fines et qui leur nuisent beaucoup. L'espèce nommée Tisserand, *telarius*, et que l'on y trouve abondamment, est rougeâtre, avec une tache noire de chaque côté.

Des habitudes aussi différentes nous annoncent que ce genre n'est pas encore bien circonscrit. Un naturaliste, dont les yeux sont très-exercés, ainsi qu'on peut s'en convaincre par les observations fines et délicates qu'il a mises au jour, M. Leclerc de Laval, s'occupe depuis long-temps de l'étude des arachnides et des insectes parasites. Nous avons tout lieu d'espérer qu'il éclaircira cette partie obscure et difficile de l'entomologie. Il est venu à bout de découvrir dans la *mite de la gale*, des mandibules en pince, et c'est d'après ce fait qu'il a eu la bonté de me communiquer, que je me suis déterminé à supprimer le genre SARCOPTE, et à le réunir à celui d'ACARUS. (L.)

GAMBALEVROT. Nom du PLUVIER GRIS, dans des cantons du Piémont. (V.)

GAMBALIEN. *V.* CAMELÉON. (DESM.)

GAMBERETTO. Nom italien de la COURTILIÈRE, TAUPE-GRILLON. (DESM.)

GAMBERO. Nom italien des ECREVISSES. *Gambero d'aqua dolce* est celui de l'*écrevisse* ordinaire, et *gambero marino*, celui de la *crevette*. (DESM.)

GAMBETTE. *V.* CHEVALIER AUX PIEDS ROUGES. (V.)

GAMBIRLAUT. Nom donné par Rumphius à un arbre de l'Inde, qui est le *douglassia* d'Houstone et d'Adanson. *V.* ce mot. (LN.)

GAMBOEIRA. Nom donné, en Portugal, à une variété du COIGNASSIER A GROS FRUIT. (LN.)

GAMMA. C'est le nom d'un PAPILLON de jour, *Papilio C. album*, du genre NYMPHALE. (DESM.)

GAMMA DORÉ. C'est un autre *lépidoptère*, du genre NOCTUELLE, *Noctua gamma*. (DESM.)

GAMMARINÆ. *V.* CREVETTINES. (L.)

GAMMAROLITE. Nom que les anciens naturalistes donnoient aux CRUSTACÉS devenus fossiles. (B.)

GAMMARUS, Fab. *V.* CREVETTE et AMPHIPODES. (L.)

GAMMASIDES. M. Léach, dans sa nouvelle distribution des crustacés, des myriapodes et des arachnides, donne ce nom à une famille d'arachnides comprise dans le quatrième ordre. Elle correspond au genre GAMASE de M. Latreille. *Voyez* ce mot. (DESM.)

GAMOEIRA. En Portugal, c'est l'ASPHODÈLE. (LN.)

GAMON. *V.* GAMAO. (LN.)

GAMUTE. On appelle ainsi aux Philippines les filamens

de la base des feuilles de Palmiers, avec lesquels on fait des cordes. (B.)

GAMUTO. *V.* Gomuto. (B.)

GAMUZA. Nom espagnol du Chamois, espèce d'Antilope. (desm.)

GAN. Nom que l'on donne au Harle, sur le lac de Constance. (V.)

GANACHE. Nom que j'avois donné à cette partie de la lèvre inférieure des insectes, qu'on appelle maintenant *menton*. *V.* Bouche. (L.)

GANDA-MONOSSOL, de Rai, et Gandasulium, de Rumphius. C'est le Gandasuli des Indes-Orientales. *Voy.* ce mot. (LN.)

GANDARUSSA-SOSA (Rumph., *Amb.* 4, t. 28 et 29). Plante des Indes orientales, que Rheede a retrouvée au Malabar, où elle porte le nom de Vada-koki. C'est le *justicia gandarussa*, Linn., dont Scopoli avoit fait son genre *adina*, croyant que le fruit étoit une graine nue, tandis que c'est réellement une capsule semblable à celle des autres espèces du même genre. *V.* Carmantine. (LN.)

GANDASULI, *Hedychium*. C'est une plante dont la racine est grosse, traçante; les tiges droites; les feuilles alternes, oblongues, pointues, presque sessiles, entières, avec quelques longs poils; les fleurs disposées en épis terminaux, blanches, avec un peu de jaune, renfermées deux par deux, avant leur épanouissement, dans une écaille spathacée.

Chaque fleur offre un calice monophylle, tubuleux, cylindrique, membraneux, tronqué très-obliquement en son bord; une corolle monopétale à tube long et grêle, un peu courbé, à limbe à six divisions, dont les deux supérieures sont fort étroites et presque linéaires, trois autres ovales oblongues, et la sixième, plus large, est échancrée en cœur, colorée en jaune; un filament linéaire, portant à son sommet une anthère linéaire adnée, et dont les deux lobes laissent entre eux une cavité qui donne passage au style; un ovaire inférieur petit, oblong, d'où sort un style capillaire, terminé par un stigmate pubescent.

Cette plante est cultivée dans les jardins de Java et de la presqu'île de Malaca, à raison de la bonne odeur de ses fleurs. Elle n'y donne pas de graine, et on la multiplie de caïeux.

Lamarck l'a réunie aux Zédoaires. (B.)

GANDELBEERE. C'est le *vaccinium myrtillus*, en Allemagne. (LN.)

GANDOLA, Rumphius (*Amb.* 5, t. 154, f. 2.) a figuré

sous ce nom une espèce de BASELLE, *Basella rubra*. Son *gandola alba* est une seconde espèce du même genre. Ces plantes servent de nourriture dans les Indes. On les nomme *gandoles* dans les colonies. (LN.)

GANELLI. C'est la BAUDROIE PÊCHERESSE, à Nice. (DESM.)

GANGA, *Œnas*, Vieill.; *Tetrao*, Lath. Genre de l'ordre des GALLINACÉS et de la famille des PLUMIPÈDES. (*Voy.* ces mots.) *Caractères* : bec court, emplumé à la base, convexe en dessus; mandibule supérieure voûtée, courbée vers le bout et plus longue que l'inférieure; narines couvertes d'une membrane, cachées sous les plumes du *capistrum* et ouvertes en dessous; langue charnue, entière; tarses vêtus sur leur partie antérieure; quatre doigts, trois devant unis à la base par une petite membrane, un derrière très-court, fléchi et élevé de terre; ongles très-courts, obtus; ailes longues, pointues, étroites; la première rémige la plus longue de toutes; queue composée de seize pennes, les deux intermédiaires les plus allongées, quelquefois subulées.

En adoptant le nom d'*œnas*, je me suis rangé du sentiment de Gessner et de Brisson qui le donnent à notre *ganga*. Buffon prétend, il est vrai, que l'*œnas* ne peut être qu'un *pigeon*, parce que sa ponte n'est que de deux œufs, ce qui ne me paroît pas décisif, puisque la couvée de ce *ganga* n'est ordinairement composée que de deux, ainsi que je le prouverai ci-après d'après des observations réitérées.

Les espèces qui composent ce genre, ont été classées par Latham, Gmelin, etc., dans celui du *tétras*; mais j'ai cru pouvoir les isoler, puisqu'elles diffèrent essentiellement des *tétras* ou *gélinottes* par la forme et la longueur des ailes, dont la première rémige est la plus longue de toutes, tandis que ceux-ci portent des ailes courtes, arrondies, concaves, dont la première rémige est moins allongée que la sixième et la septième. De plus, les *gangas* ont le pouce articulé si haut qu'il se trouve élevé de terre; au contraire, ce doigt y porte chez les autres. Si l'on consulte l'instinct, le genre de vie et le vol des *gangas*, on y trouve encore des disparités très-tranchées. M. Themminck qui a fait aussi, dans son *Histoire des Gallinacés*, un genre particulier de ces oiseaux sous le nom de *ptérocles*, dit *qu'ils font une ponte nombreuse et que leurs petits courent au sortir de l'œuf.* Cependant nous voyons tout le contraire dans l'Histoire naturelle de la Provence, que ce naturaliste connoît très-bien, puisqu'il l'indique dans le synonyme de son *ganga kata*. En outre, ne se contredit-il pas lui-même? car dans ces espèces, dont il indique la couvée, la plus forte n'est que de quatre ou cinq œufs, ce qui certainement ne peut passer pour une ponte nombreuse.

Au reste, comme il n'a point étudié ces oiseaux d'après la nature vivante, et qu'il ne cite aucun auteur à l'appui de son assertion, on doit plutôt s'en rapporter aux naturalistes provençaux qui nous assurent que la ponte de ce *ganga*, qui se trouve dans la plaine de la Crau, n'est que de deux ou trois œufs au plus; que les petits naissent sans plumes, sont nourris dans le nid par la mère à la manière des pigeons, jusqu'à ce qu'ils soient assez forts pour se suffire à eux-mêmes; j'ai d'autant plus de confiance dans ces faits, que depuis ils m'ont été confirmés par un très-bon observateur, M. de Belleval, de Montpellier, faits qui ont donné lieu à un Mémoire qu'il a présenté à l'Académie de Lyon, il y a quelques années. Ainsi donc, j'écarte comme apocryphe tout ce que M. Themminck a publié sur ce sujet, et lorsqu'il dit que les pieds de ces oiseaux sont propres à courir avec célérité sur un sable mouvant; car, au contraire, ils marchent lentement. Les *gangas* diffèrent de tous les gallinacés par la forme et la longueur de leurs ailes; par leur vol élevé et très-rapide; par la lenteur de leur démarche; par leur ponte, leur manière de boire et d'élever leurs petits, attributs qui leur sont communs avec les pigeons, à l'exception de la ponte; si réellement elle est chez des *gangas* composée de quatre ou cinq œufs: mais ils s'éloignent des uns et des autres par l'élévation et la forme de leur doigt postérieur. Des personnes, selon l'auteur de l'histoire citée ci-dessus, ont trouvé des rapports si grands entre le *ganga cata* et le *ramier*, qu'elles ont pris, le premier pour un métis procréé de ce pigeon et de la perdrix, d'où lui est venu, dans quelques cantons, le nom de *pigeon-perdrix*.

Les *gangas* habitent l'Afrique, les contrées chaudes de l'Asie et de l'Europe; suivant M. Themminck, leur passage n'est qu'accidentel en Europe, expression très-impropre et qui porte à faux, puisqu'il en est qui nichent en Provence et en Espagne, et y sont sédentaires. Ces oiseaux fuient les terrains cultivés et ne se plaisent que dans les lieux pierreux et sablonneux.

Le Ganga ribande. *V.* Ganga a double collier.

Le Ganga cata, *Œnas cata*, Vieill.; *Tetrao alcata*, Lath., pl. enl. de Buffon, n.os 105 et 106. *Cata*, *Kata* ou *Chata* est le nom turc et arabe de cette espèce, qui est décrite par Brisson, sous le nom de *Gélinotte des Pyrénées*, parce qu'elle se trouve près des Pyrénées Orientales. On la rencontre également en Espagne, en Italie, en Perse, en Syrie, etc. Elle reste toute l'année dans les plaines de la Crau, où elle est connue sous la dénomination de *grandoulo*. On la voit rarement dans les campagnes éloignées de ce lieu; elle vole en troupes très-nombreuses, et si haut qu'on ne peut tirer ces oiseaux au fusil. Ils s'accouplent en mars; la ponte est, comme je l'ai déjà dit, de deux ou trois œufs (il paroît qu'elle est rarement de trois, car M. de Belleval ne me l'indique que de deux). Les petits naissent sans plumes; la mère les nourrit en les gorgeant comme les pigeons, jusqu'à ce qu'ils soient assez forts pour chercher leur nourriture. Ces gangas ne se laissent point approcher, prennent aisément l'épouvante en poussant de grands cris, et s'envolent à tire d'ailes, lorsqu'ils aperçoivent quelqu'un. Ils viennent, pendant les chaleurs de l'été, au bord des étangs et des ruisseaux, pour boire, surtout le matin : c'est là que le chasseur les attend à l'affût. Mais, lorsqu'ils ont essuyé quelques coups de fusil, ils rasent la surface de l'eau, et boivent en volant. Ces oiseaux ont la chair noire et dure, aussi n'en fait-on pas grand cas; mais on estime davantage celle des jeunes, qui est tendre et de fort bon goût : les gourmets la préfère même à celle de la perdrix. M. Themminck, dans une note de son *Histoire des gangas*, prétend que la *perdrix de Damas* de Belon, citée par Brisson, dans la *Description de sa gélinotte des Pyrénées* (l'espèce de cet article), ne peut sous aucun rapport être comparée avec les *gangas;* cependant il suffit de jeter un coup d'œil sur la figure que Belon a publiée, pour se convaincre, malgré sa défectuosité, que c'est le même oiseau que le *ganga* de la Crau, mais auquel on a supprimé les deux longs brins de la queue. Cet oiseau est connu à Montpellier sous les noms d'*angel* et de *perdrix d'Angleterre.* Roussel assure que cette espèce passe une grande partie de l'année dans les déserts de la Syrie, et qu'elle ne se rapproche de la ville d'Alep qu'au mois de mai ou de juin, lorsque la soif la contraint d'abandonner ces solitudes arides pour chercher les lieux où il y a de l'eau.

Le mâle a 13 pouces 6 lignes de longueur depuis le bout du bec jusqu'à la pointe de ses deux plus longues pennes caudales; le dessus de la tête, le cou, et le dos variés d'olivâtre, de jaunâtre, de noir et de roux; ces couleurs donnent lieu à des bandes transversales; le croupion est rayé transversalement de noir et de roux; les couvertures supérieures de la queue ont des raies noires et jaunâtres; les petites couvertures des ailes sont d'un brun-marron; les moyennes d'une teinte plus claire, avec des bandelettes obliques, jaunâtres, et d'un marron foncé; les grandes sont olivâtres, variées de jaunâtre, et terminées de noir; le tour des yeux est de cette dernière couleur, ainsi qu'une bande longitudinale, qui se fait remarquer en arrière de l'œil; les joues sont fauves; la gorge est noire; la partie inférieure du cou, d'abord olivâtre, ensuite traversée par deux bandes étroites, noires, séparées l'une de l'autre par un espace de dix-huit lignes, et qui forme un double collier ; cet espace est roux ; le reste des parties inférieures est blanc, avec des raies transversales noirâtres et rousses sur une partie des couvertures inférieures de la queue ; les pennes primaires des ailes sont cendrées, terminées de brun et noires sur la tige ; les secondaires blanches à l'intérieur, cendrées en dehors et à leur extrémité ; les autres olivâtres, rousses et noires dans le milieu ; les seize pennes de la queue, dont les deux intermédiaires ont presque le double de longueur des latérales, et la partie qui les excède, très-étroite, d'un cendré mêlé confusément d'olivâtre ; toutes ces pennes latérales ont leur côté extérieur rayé transversalement de jaunâtre ; celles du milieu le sont sur les deux bords, avec leur partie étroite noirâtre. Toutes les autres ont leur pointe blanche, et sont noires en-dessous ; le bec et les pieds cendrés, les ongles noirs ; enfin le devant du tarse est couvert de petites plumes blanches. Les doigts sont garnis de chaque côté, d'appendices écailleux très-courts, selon Brisson à qui j'ai emprunté la description de ce ganga. Ils sont bordés de petites dentelures, suivant Buffon ; mais si l'on en croit M. Themminck, ce ne sont ni des appendices écailleux, ni des dentelures, mais des membranes. M. Virey s'est rangé de l'opinion du Pline français, pour les dentelures des doigts, et a ajouté que les sourcils et les orbites des yeux du ganga sont élevés ; que sur la poitrine, on observe une espèce de plaque noire en croissant, faite comme un hausse-col. *Ceci*, dit M. Themminck, *est écrit à bon plaisir, et fait voir assez combien on peut s'en rapporter à des livres d'Histoire naturelle dont les auteurs n'ont point étudié le grand livre de la nature, et se contentent d'embrouiller la science par des compilations.* En aucun cas, on ne doit se permettre de pareilles diatribes, et cet hollandais se trompe fort, si par-là il croit donner des preuves de son savoir ; car ce qu'a dit M. Virey n'est pas aussi loin de la verité, que M. Themminck veut le persuader aux autres. En effet, les dentelures des doigts ont été remarquées, comme je l'ai dit ci-dessus, par Buffon, et de plus par des naturalistes qui méritent certainement quelque confiance, puisque les appendices indiqués par Brisson, que M. Themminck dit fort mal à propos être l'auteur le moins estimé en France, sont bien de véritables dentelures ; que les sourcils et les orbites élevés existent réellement sur l'oiseau vivant ; et que l'espèce de plastron en croissant signale la bande transversale du haut de la poitrine, qui, selon M. Themminck lui-même, s'étend en forme circulaire.

La femelle diffère principalement du mâle, en ce qu'elle a la gorge blanche, et que son collier est noir immédiatement en-dessous de cette couleur ; l'espace entre ce collier et la large bande de la poitrine est d'un jaune-roux clair; cette bande est d'un roux orangé et bordée de noir ; elle n'a point de filets à la queue, et les deux pennes intermédiaires ne dépassent les autres que d'un pouce environ. Les jeunes mâles et femelles, avant leur première mue, ont, suivant M. Themminck, la gorge blanche, les colliers seulement indiqués par quelques taches noires ; la tête, la nuque et le dos d'un cendré olivâtre ; la couleur blanche des jambes et du ventre, avec des lignes et des taches jaunâtres, brunes et cendrées ; le plastron de la poitrine coupé par des bandes transversales, brunes et noirâtres.

Le Ganga a double collier, *Œnas bicincta*, Vieill. ; *Pterocles bicinctus*, Themm. Ce *ganga*, que M. Themminck regarde comme une espèce nouvelle, se trouve, dit-il, dans le pays des grands Namaquois. M. Levaillant l'a rencontrée sur les bords et au-delà de la grande rivière des Poissons; elle n'est point connue au Cap de Bonne-Espérance. On la rencontre en famille, composée du mâle, de la femelle et des petits; mais chaque couple s'isole dans le temps des amours. Le mâle a une petite tache blanche à la base du bec ; une large bande noire qui va d'un œil à l'autre, laquelle est coupée au-dessus des yeux par deux grandes taches blanches; les plumes, du dessus de la tête et de l'occiput, d'un roux jaunâtre sur les bords et noirâtres dans le milieu; les joues, le cou, la poitrine et les petites couvertures alaires, d'un cendré jaunâtre ; le dos, les autres couvertures et les pennes secondaires des ailes d'un cendré brun, avec des raies et des taches rousses qu'on n'aperçoit qu'en soulevant les plumes qui toutes sont terminées par une tache blanche triangulaire ; le croupion, les couvertures et les pennes de la queue, sont rayés transversalement de brun et de roux jaunâtre ; ces dernières ont à leur extrémité une grande tache de la dernière teinte ; celles des ailes sont noires, avec la tige brune ; au collier blanc qui est au-dessus de la poitrine, en succède un autre de couleur noire ; tous les deux se terminent sur les parties latérales du dos ; le reste des parties inférieures est rayé finement de brun, sur un fond blanc terne qui occupe aussi les plumes des tarses ; les doigts, les ongles et le bec, sont jaunâtres ; longueur totale, neuf pouces et demi. La femelle n'a ni bandes sur le front, ni colliers; le haut de la tête est d'un roux jaunâtre, varié de taches longitudinales noirâtres ; les joues et la gorge sont pointillées de brun; le cou et la poitrine, tachetés longitudinalement de brun et de jaunâtre ; les plumes du dos et des ailes rayées de brun et de jaune ; les moyennes et les grandes couvertures des ailes terminées par une zone blanche ; les pennes d'un brun noirâtre et liserées de blanc à leur extrémité ; le bec et les ongles bruns ; la queue est très-étagée, mais les deux pennes intermédiaires ne sont ni allongées, ni subulées.

Le Ganga des Indes, *Œnas indicus*, Vieill. ; *Tetrao indicus*, Lath., pl. 96 du *Voyage aux Indes*, par Sonnerat. Cette espèce habite la côte du Coromandel, où elle est connue sous le nom de *caille de la Chine*. Le mâle a la tête entourée d'un bandeau noir ; le front blanc ; l'occiput roussâtre, avec une raie noire sur chaque plume ; le cou d'un gris sale et terreux ; les plumes de la poitrine mordorées et bordées de blanc transversalement ; le dessus du corps d'un roux jaunâtre, traversé de petites raies noires et courbées en arc : les ailes avec des bandes alternativement noires et blanchâtres : les plus longues pennes d'un brun noirâtre en dessus et grises en dessous ; l'abdomen d'un gris terreux, avec des raies transversales noires ; le bec jaunâtre ; les pieds et les ongles bruns ; longueur totale, neuf pouces et demi ; la queue est pareille à celle du ganga à deux colliers.

La femelle diffère du mâle en ce qu'elle a la tête d'un roux jaunâtre avec une bande longitudinale dans le milieu ; la nuque, le dos et le croupion, rayés de brun-noir et de jaunâtre ; les scapulaires bordées et terminées par cette dernière teinte, qui prend un ton plus clair et qui est coupée en travers de noir sur les couvertures des ailes ; les plumes des parties inférieures sont d'une couleur plus claire que celles du mâle.

Le Ganga namaquois, *Œnas namaqua*, *Tetrao namaqua*, Lath., a la tête, le cou et la poitrine d'un gris cendré, inclinant au roux sur les côtés de la tête et de la gorge ; celle-ci jaune ; un croissant blanc et étroit sur le haut de la poitrine, au-dessous duquel il y en a un autre d'un brun de chocolat ; le ventre, jusqu'aux cuisses, d'un cendré presque noir, teint de pourpre selon Themminck ; le reste des parties inférieures d'un gris-blanc pâle : le dos et le croupion sont d'un brun de chocolat, plus foncé sur le bord des plumes ; les petites couvertures des ailes blanches et bordées de brun ; les grandes de cette dernière couleur, plus pâle sur les bords avec une tache bleuâtre à l'extrémité de chaque plume ; les pennes noirâtres ; les secondaires terminées de blanc, et les primaires de cette couleur sur leur tige ; les deux pennes intermédiaires de la queue subulées comme celles du *ganga cata*, noires vers le bout et cendrées dans le reste ; toutes les autres de cette couleur et terminées de blanc jaunâtre ; les plumes des pieds d'un cendré bleuâtre ; le bec est d'un bleu sombre ; les ongles sont noirs. Longueur totale, dix à onze pouces.

La femelle, qui est un peu plus petite, a la tête et le cou comme le mâle, et un peu striés de noir ; la partie supérieure du corps rayée transversalement de noir, de blanc et de roux ; la gorge roussâtre ; la poitrine d'un blanc roussâtre, avec des bandes brunes et longitudinales qui se présentent quelquefois en forme de croissant ; le ventre rayé en travers de noir et de blanc ; la partie inférieure du ventre d'un roux clair ; les pennes latérales de la queue ont des marques jaunâtres et brunes à l'intérieur et à l'extérieur ; les deux intermédiaires sont un peu plus courtes que celles du mâle.

M. Themminck rapporte à cette espèce la *gélinotte* du Sénégal, pl. enl. n.° 130. Buffon en fait une variété du *ganga cata ;* Latham a adopté son opinion dans son *synopsis*, et l'a donnée pour une espèce dans son *Index*, sous la dénomination de *tetrao senegalus*. Ce ganga du Sénégal a le bec noirâtre, la couleur générale de son plumage d'un rouge de tan pâle, une strie bleuâtre au-dessus de l'œil ; le menton et la gorge fauves ; le devant du cou et la poitrine marqués de bleu pâle ; les couvertures des ailes avec des taches sombres ; les pennes intermédiaires de la queue pareilles à celles du *ganga cata*, et les autres de la même couleur que celles de cet oiseau. Des individus ont une bande rousse sur la poitrine, mais la couleur est plus foncée que sur l'individu de la planche enluminée. Le caractère d'après lequel M. Themminck s'est décidé à donner la *gélinotte* du Sénégal pour n'être pas une variété du *ganga cata*, consiste dans la hauteur de la base du bec qui est de quatre lignes chez celui-ci, et seulement de deux chez l'autre.

Sparmann a vu le *ganga* qui fait le sujet de cet article, dans le pays des Namaquois, à la pointe australe de l'Afrique. Sa nourriture se compose des graines mûres des graminées, et on le voit arriver en troupe près des sources d'eau vive. Son vol est pareil à celui du pigeon, et il est connu au Cap de Bonne-Espérance sous le nom de *perdrix des Namaquois*. C'est de cette espèce que M. Levaillant parle dans ses Voyages.

Le Ganga quadribande. *V.* Ganga des Indes.

Le Ganga des sables ou des steppes, *Œnas arenaria*, *tetrao arenarius*, Lath., fig. dans les *Nouv. Comment. de l'académie de Pétersbourg*, tom. 19, pl. 8. On le trouve dans les déserts sablonneux qui avoisinent la mer Caspienne. M. Pallas l'a décrit le premier, et lui donne la tête cendrée, le dessus du corps d'une couleur terreuse pâle, tachetée de brunâtre ;

la gorge jaune ; un collier noir, ainsi que le dessous du corps ; la queue traversée alternativement par des bandes brunes et grises, avec du blanc à l'extrémité de chaque penne, et du jaune sur toute la longueur des deux du milieu ; les plumes de la gorge et du cou paroissent tronquées ; celles du tarse sont d'un blanc jaunâtre, le bec est bleuâtre, la partie nue du pied et les doigts sont d'un jaune foncé ; la queue est très-étagée et les deux pennes du milieu sont aiguës à leur bout. Longueur totale, douze à quatorze pouces.

La femelle est moins grande que le mâle et a des couleurs plus ternes ; elle a sur la tête et le cou des taches noires, et des bandes de la même couleur sur le dos. Ses œufs, plus gros que ceux du pigeon, sont d'un blanc pâle ; elle les dépose dans un trou qu'elle fait dans le sable.

Ces oiseaux jettent un cri perçant en s'élevant, et boivent souvent dans les chaleurs avec une telle avidité, qu'ils plongent le bec dans l'eau jusqu'au cou, et s'abreuvent d'une seule gorgée comme font les pigeons. Ce *ganga* se trouve non-seulement dans la partie méridionale de la Russie, mais encore, suivant M. Themminck, au nord de l'Afrique, dans l'Andalousie et d'autres provinces du midi de l'Espagne. Les ornithologistes allemands le placent au nombre des oiseaux de l'Allemagne, parce que trois individus de son espèce ont été vus dans le territoire d'Anhalt. Ce ganga es en double emploi dans Latham, comme l'a remarqué M. Themminck, 1.º sous le nom de *tetrao arenarius*, et 2.º sous celui de *perdix calcarata*, ce qui suppose qu'il a le tarse éperonné ; mais il paroît que c'est une méprise de la part de Latham qui a décrit cet oiseau d'après la *Faune arragonaise*, dans laquelle il est représenté, pl. 7. f. 2. Il se trouve aux environs de Saragosse où il est connu sous le nom de *churra*. Sa ponte se compose de quatre ou cinq œufs de couleur testacée et tachetés de brun ; c'est en quoi ils diffèrent de ceux indiqués par Pallas. Les Tartares appellent *desherdk* les individus que ce voyageur a fait connoître.

Le Ganga unibande. C'est sous ce nom que M. Themminck a présenté le Ganga des sables.

Le Ganga vélocifère. *V.* Ganga namaquois. (v.)

GANGLION. Ce sont des espèces de nœuds ou de petits tubercules assez variables dans leur forme et leur consistance, et qui se remarquent en diverses parties du corps des animaux. Ils sont constamment revêtus d'une membrane qui les renferme comme une bourse ou capsule.

Les anatomistes ont long-temps confondu divers ganglions avec des glandes ou des follicules ; mais le professeur Chaussier en a nettement établi la différence, en faisant remarquer que les glandes avoient toujours un canal excréteur pour la sortie de l'humeur qu'elles sécrètent; le follicule a pareillement un orifice vers l'extérieur pour le même objet. Au contraire, les vrais ganglions ne sécrètent rien, et n'ont, par conséquent, aucun orifice dans leur enveloppe.

Mais parmi ces ganglions, il faut encore distinguer la nature et les fonctions de plusieurs d'entre eux. Par exemple, divers anatomistes rangent sous ce nom les glandes thyroïde, thymus et les surrénales, qui paroissent sécréter, surtout dans l'enfance, un suc laiteux dont les usages sont peu connus. Mais ces glandes ne sont pas de vrais ganglions; elles sont composées dans leur intérieur de globules agglomérés et parmi lesquels se ramifient une infinité de vaisseaux sanguins, au milieu d'une cellulosité assez dense.

Les *ganglions lymphatiques* ne sont autre chose que des glandules qui se trouvent dans les rameaux des vaisseaux conducteurs de la lymphe, le long de leurs trajets, à diverse distance, et servent à l'anastomose, à la réunion de plusieurs branches des troncs des lymphatiques, ou bien à des filtrations et élaborations particulières du fluide de la lymphe. Ces ganglions de diverse forme, composés d'une cellulosité graisseuse entremêlée de vaisseaux sanguins, sont plus volumineux chez les enfans, les femmes; plus petits, amoindris et comme desséchés dans les vieillards. Les ganglions qui s'engorgent en certaines circonstances, surtout chez les personnes scrophuleuses, chez divers animaux gras, tels que les cochons, paroissent devenir le siége de la dégénération morbifique de la lymphe, dans la lèpre, l'éléphantiasis, les scrophules, le cancer, le vice vénérien, etc.

Les GANGLIONS NERVEUX sont le principal objet qui doit ici nous occuper, à cause de leur importance. Des nerfs variés et nombreux composent des lacis considérables dans la cavité abdominale, en envoyant une grande quantité de filets et de rameaux en différens sens aux viscères contenus dans cette cavité; ces nerfs viennent souvent s'unir, se pelotonner dans plusieurs points de cette trame, à divers centres ou plexus; ils forment des nodosités par leur réunion, et ces nœuds portent le nom de *ganglions nerveux;* de là partent des filets en divers sens pour animer différens viscères.

Dans l'homme, il y a des ganglions nerveux, 1.° vers la tête ou cervicaux, 2.° au cou, 3.° à la poitrine, 4.° à l'abdomen, et 5.° au bassin. Ceux vers la tête sont le lenticulaire, le spheno-palatin, celui de la glande sublinguale et quelques petits de moindre importance ou qui manquent en plusieurs sujets. Ceux du cou sont les trois cervicaux, indépendamment d'un autre qui se trouve par fois à un côté de la trachée artère. Dans la poitrine sont les douze thoraciques, ou six de chaque côté entre chaque côte. Dans l'abdomen sont les semi-lunaires et les lombaires, également entre chaque vertèbre : enfin le bassin a les sacrés ou ceux placés au *sacrum*.

L'usage des ganglions nerveux paroît être merveilleux dans l'économie animale ; car lorsque deux ou plusieurs nerfs viennent se joindre ou se nouer, pour ainsi dire, dans un ganglion, chacun des petits filets nerveux dont les rameaux sont composés, se partage dans le ganglion, s'y unit à d'autres filets d'un autre nerf, et va se rendre à tel ou tel organe. De cette sorte la faculté de sentir se combine de mille manières différentes pour faire correspondre, pour rattacher les divers organes du corps les uns aux autres, les faire agir en concordance. Aussi tous ces divers rameaux nerveux qui se rendent à des ganglions et qui en sortent, composent un immense réseau qui entretient une communauté de vie, de rapports, de sentiment dans nos viscères ; de là vient que ce réseau est connu sous le nom de *nerf grand sympathique*, car il transmet les affections, fait vibrer à l'unisson tous les organes, comme on s'en aperçoit dans les passions, telles que la colère, l'amour, la terreur, ou dans les secousses de l'estomac qui entraînent un ébranlement général par tous les membres du corps (*V.* NERFS et SENSIBILITÉ). Ce grand sympathique se nomme aussi trisplanchnique, parce qu'il se répand dans trois cavités viscérales, la poitrine, l'abdomen et le bassin.

Les ganglions nerveux deviennent donc les centres auxquels aboutissent les filets nerveux, et d'où ils partent ou rayonnent pour agiter les divers organes placés sous leur sphère ou dépendance. Il s'ensuit que ces ganglions font l'office d'autant de petits cerveaux, puisqu'ils distribuent le sentiment et l'action nerveuse ; cette opinion émise d'abord par Johnstone, a été soutenue par Monro, Tissot, Scarpa, Barthez, et surtout par Bichat.

Il y a cette différence entre ces petits cerveaux ganglionaires et le vrai cerveau, que ceux-ci ne sont nullement subordonnés à la volonté, mais agissent indépendamment d'elle et constamment. Ainsi pendant le sommeil, l'engourdissement, l'apoplexie, les fonctions du cerveau sont suspendues ; néanmoins les ganglions et leur système nerveux agissent toujours, font respirer, digérer, sécréter les humeurs, circuler le sang, la lymphe, etc. ; de sorte que nous vivons toujours à l'intérieur, quoique presque morts à l'extérieur. De même, nous pouvons bien commander à notre bras, à nos membres externes, soumis au cerveau, d'agir ; mais nous ne pouvons pas forcer notre estomac, notre cœur, notre rate, nos reins, à cesser ou redoubler leur action, à volonté ; cela s'opère malgré nous et sans nous, par l'intervention des petits cerveaux ganglionaires. Ces ganglions soustraient donc les nerfs internes à notre vouloir ; mais c'est pour agir instinctivement, spontanément, car notre volonté, sans doute, auroit pu mal régler ces choses qui concernent notre vie essentielle.

Or, parmi la plupart des animaux imparfaits, les vers, les insectes, les mollusques, on n'observe guère de cervelle proprement dite; mais leur système nerveux intérieur est composé de plusieurs ramifications avec des nœuds ou ganglions qui envoient des filets à diverses parties. Ils ont un *système nerveux ganglionique*, et manquent, à proprement parler, du système nerveux cérébral des animaux vertébrés (mammifères, oiseaux, reptiles, poissons, ayant un squelette intérieur osseux et une moelle épinière). Aussi ces animaux ne se dirigent ou ne se gouvernent que par des instincts merveilleux, et non avec le concours d'une intelligence acquise, comme feroient le chien, le cheval, l'oiseau dressés. Le système nerveux ganglionaire ou intérieur spontané, est ainsi la source de ces instincts, de ces actes non raisonnés, comme il est la source des fonctions internes des organes digestifs et élaborateurs. Il y a plus; chaque ganglion nerveux devient un petit cerveau indépendant, un foyer de vie chez les vers qui, coupés en morceaux, se complètent par une force végétative. Chaque anneau d'insecte a son ganglion qui distribue l'activité vitale à ses muscles. Une série de ganglions nerveux devient ainsi une république de facultés vitales qui se correspondent dans l'animal. Aussi une tête coupée à un colimaçon, à un ver, ne les fait pas toujours périr; plusieurs espèces en repoussent une autre, car leur tête ne contient qu'un ganglion analogue aux autres, et ils peuvent se suppléer ou agir l'un sans l'autre. *V.* Animal, Instinct, Nerfs, etc. (virey.)

GANGRÈNE. Maladie des arbres. *V.* Arbre. Ce mot est peu employé dans les ouvrages sur l'agriculture. On lui préfère celui de Carie; mais ce dernier doit être réservé à l'altération des grains du froment, qui est produite par une Urède. *V.* ce mot.

Il faut donc appeler gangrène cette altération du bois, qui ne paroît pas beaucoup différer de la pouriture, mais qui se montre sur les arbres vivans, agissant soit du centre à la circonférence, soit de la circonférence au centre, soit avec beaucoup de lenteur, soit très-rapidement. On ne connoît ni la cause de la gangrène, ni les moyens de l'empêcher de se développer ou de la guérir : couper jusqu'au vif ou rez terre les arbres qui en montrent les signes, est le seul conseil que je puisse donner. (b.)

GANGUE. On nomme ainsi les substances pierreuses qui accompagnent ou enveloppent les substances métalliques, dans les divers gîtes de minerais, et qui constituent souvent la masse principale de ces gîtes. Ce nom vient du mot allemand *gang*, qui signifie *filon*. Les Allemands appellent *gangart*, ce que nous désignons par *gangue*.

Quelquefois les gîtes sont remplis de différentes substances, et les minerais métalliques ne s'y rencontrent jamais qu'avec une ou plusieurs de ces substances. C'est à celles-ci seulement qu'on accorde alors le nom de gangue.

On a étendu l'acception du mot *gangue*, en l'appliquant à toutes les substances qui enveloppent ou supportent, dans quelque gisement que ce soit, un minéral, métallique ou non, mais que l'on considère particulièrement. C'est ainsi qu'on dit que la gangue du diamant paroît être un poudingue ferrugineux; que le disthène du Saint-Gothard a pour gangue une roche talqueuse; que telle variété de chaux carbonatée a pour gangue un quarz, etc. On dit aussi que le fer spathique sert souvent de gangue au cuivre gris, au cuivre pyriteux, au fer sulfuré, quoique le fer spathique soit lui-même un minerai métallique, parce qu'il enveloppe et renferme, disséminés dans sa masse, du cuivre gris, du cuivre pyriteux, etc., dans des gîtes de minerais exploités principalement pour le cuivre qu'on en retire.

On donnoit autrefois aux gangues le nom de *matrices* des minéraux qu'elles renferment. Cette expression se rattachoit aux anciennes idées de transmutation des substances les unes dans les autres, idées d'après lesquelles les roches constitutives des terrains se changeoient, dans les gîtes de minerais, en gangues qui se changeoient ensuite en minerais métalliques, au moyen d'une élaboration plus parfaite ou plus prolongée, ou d'une sorte de fécondation opérée par les vapeurs minérales qui les pénétroient. Toutes ces opinions sont abandonnées depuis long-temps, ainsi que le mot qui les rappelle.

Les gangues sont ordinairement de nature tout-à-fait différente de celle de la roche qui encaisse les gîtes de minerais. Quelquefois, au contraire, cette roche forme elle-même la gangue principale du gîte : elle est alors souvent dans un état d'altération plus ou moins prononcé. (*V.* FILON et GITE DE MINERAI.)

Les gangues sont ou amorphes, ou cristallisées. Souvent la structure seule est cristalline et les formes ne se sont pas développées; ailleurs elles offrent, au contraire, des cristaux nombreux et bien prononcés. Ordinairement un même gîte renferme plusieurs espèces de gangue : ordinairement aussi une de ces espèces est dominante dans tous les gîtes de même nature dans un même pays.

Les gangues les plus fréquentes à rencontrer dans les gîtes de minerai, sont : le quarz, la chaux carbonatée spathique, la baryte sulfatée, la chaux carbonatée brunissante, la chaux fluatée, le schiste argileux et les psammites ; on trouve souvent aussi le silex corné, le jaspe, les agates, la lithomarge, la wacke, la stéatite, la chlorite ; moins souvent, l'asbeste, l'opale, le mica, le feldspath, la topaze, la chaux phosphatée, la chaux sulfatée, etc. On rencontre aussi comme gangue, des grès, des brèches, des poudingues, des argiles et des terres grasses de toute nature.

On croit avoir remarqué que certaines gangues se rencontrent plus habituellement dans les gîtes de minerai de certains terrains; qu'ainsi, le quarz et la baryte sulfatée, se trouvent plus fréquemment dans les filons des terrains de granite et de gneiss; la chaux carbonatée, au contraire, dans les filons des terrains de schiste ; le schiste argileux dans les terrains de psammite et de schiste de transition, etc.; mais toutes ces règles sont sujettes à un grand nombre d'exceptions, et il paroît impossible de rien généraliser sur cet objet. Il en est de même relativement à l'association de certaines gangues avec certains minerais. Les observations ne présentent à cet égard rien de constant dans les différens pays à mines ; mais dans un même pays, on peut, au contraire, poser des règles à peu près certaines, et l'apparition de telle ou telle espèce de gangue peut faire naître des espérances ou des craintes assez fondées sur l'enrichissement ou l'appauvrissement des gîtes de minerai qu'on exploite. Le mineur donne le nom de *gangues amicales* ou *d'un aspect flatteur*, à celles qui lui font ainsi espérer la rencontre prochaine de minerais riches ; il appelle, au contraire, *gangues sauvages* ou *stériles*, celles qui ne renferment pas ordinairement de minerais ; mais les gangues amicales d'une contrée sont sauvages dans une autre, et réciproquement.

Dans une même localité, telle espèce de gangue se rencontre dans toutes les sortes de filons, telle autre dans certains filons seulement, telle autre paroît entièrement exclue de tous les gîtes de minerai d'un pays. La Hongrie présente un exemple d'exclusion remarquable pour la chaux fluatée qui est généralement répandue ailleurs.

Dans un même gîte, la nature des gangues varie quelquefois, soit en allant des parois du gîte vers le milieu, soit dans les différentes *branches* qu'il forme, soit en suivant le gîte dans le sens de sa direction, soit en le suivant dans le sens de sa pente. L'abondance ou la nature des minerais varie ordinairement en même temps.

L'observation des rapports qui existent dans la nature, la proportion et la disposition des gangues et des minerais dans les divers gîtes d'une même contrée, ou dans les diverses parties d'un même gîte, conduit à reconnoître et à classer les différentes formations de ces gîtes. (*V.* FILON et GITE DE MINERAI.)

Dans l'exploitation des gîtes de minerais métalliques, on a pour but d'obtenir les métaux qu'ils contiennent à l'état de pureté. Il faut donc séparer ces métaux de toutes les substances étrangères auxquelles ils sont mélangés ou combinés. Cette séparation ne peut avoir lieu d'une manière complète que par des moyens chimiques. Les grillages, la fusion, l'amalgamation, la distillation, sont les opérations principales qu'on emploie pour parvenir à ce but. Mais pour que ces opérations puissent être exécutées avec avantage, il est nécessaire de leur soumettre les minerais déjà dégagés de la plus grande partie de leurs gangues. Il est souvent nécessaire aussi d'amener les minerais ainsi purifiés, à un état tel qu'ils présentent aux agens chimiques le plus de points de contact qu'il est possible, c'est-à-dire, de les réduire en poussière plus ou moins fine. Ces deux résultats, la séparation d'une partie des gangues et la trituration des minerais, sont obtenus en même temps, par une série d'opérations mécaniques qui composent ce que l'on nomme la *préparation des minerais*.

Les opérations sont d'autant plus nombreuses et plus compliquées, que les minerais sont plus disséminés dans les gangues et qu'ils ont une valeur qui permet des dépenses plus considérables pour les obtenir. Ainsi la préparation des minerais de fer, par exemple, est beaucoup plus simple que celle des minerais d'or, d'argent, de cuivre, de plomb, d'étain, etc.

On peut dire que la préparation des minerais commence dans l'intérieur même de la mine. En effet, le mineur fait un premier triage entre les portions du gîte qu'il a arrachées. Il laisse dans l'intérieur des travaux les morceaux qui ne contiennent que des gangues, et n'extrait au jour que les morceaux de gangue mêlée de minerais.

Sur la halde de la mine un second triage a lieu : on casse en petits morceaux, avec des marteaux, les gros morceaux extraits, on rejette les portions de gangues stériles qu'on en détache, et l'on sépare en trois classes : 1.° les morceaux de minerai pur, ou presque pur ; 2.° les morceaux qui ne renferment que du minerai disséminé dans la gangue ; 3.° les menus débris qui se sont formés soit dans l'arrachement des portions du gîte, soit dans le cassage, et dont on ne peut pas bien reconnoître la nature, à cause des parties terreuses qui les salissent.

Cette troisième espèce est lavée sur des grilles ou sur des cribles dont les ouvertures sont de différentes dimensions, de manière que les fragmens sont nettoyés et classés selon leur grosseur. On peut alors les diviser aussi en minerai pur ou presque pur, minerai disséminé dans la gangue, et gangue stérile qui est rejetée.

Les minerais purs ou presque purs, sont pulvérisés à sec sous de gros marteaux ou sous des machines à pilons nommées *bocards*.

Les minerais disséminés dans la gangue sont aussi *bocardés*; mais un courant d'eau, qui arrive continuellement dans l'auge du bocard, entraîne le minerai pulvérisé dans une suite de petits canaux en bois qui font un grand nombre de détours et qui traversent plusieurs bassins, avant d'arriver au canal de fuite par lequel l'eau s'échappe. L'ensemble de ces canaux et bassins se nomme *labyrinthe*. Les particules de minerais et de gangues suspendues dans le courant d'eau, se déposent plus ou moins promptement suivant leur pesanteur spécifique et leur grosseur. Les gangues étant en général beaucoup plus légères que les minerais, elles sont emportées plus loin, et une partie est tout-à-fait entraînée.

La hauteur de la chute des pilons, leur pesanteur, leur nombre, leur position plus ou moins rapprochée des extrémités de l'auge du bocard, la manière dont cette auge est fermée à l'extrémité par laquelle l'eau s'échappe, soit par un crible placé à telle ou telle hauteur, soit par une paroi non percée, espèce de vanne au-dessus de laquelle l'eau est obligée de passer pour sortir; toutes ces circonstances sont variables à volonté, selon que l'on veut réduire le minerai et la gangue en un sable plus ou moins fin. En général, plus le minerai est disséminé en particules fines dans la gangue, et plus on cherche à bocarder fin; mais la nature de la gangue influe aussi beaucoup sur cette détermination. Lorsque la gangue est légère, tendre, et qu'elle se détache facilement du minerai, on trouve plus d'avantages à bocarder à gros sable. Quand, au contraire, la gangue est très-dure, quand elle tient fortement au minerai, quand sa pesanteur spécifique est peu différente de celle du minerai, il faut bocarder à sable fin.

Les gangues de baryte sulfatée ou de fer spathique augmentent souvent beaucoup la difficulté du bocardage des minerais d'argent, de cuivre et de plomb. D'une pesanteur presque égale à celle de ces minerais, elles se déposent dans les canaux du labyrinthe presque aussitôt qu'eux, ou si l'on emploie des courans d'eau assez forts pour les emporter, on risque de faire entraîner le minerai avec elles.

Les matières déposées dans les différens canaux et bassins du labyrinthe, sont d'autant plus pauvres en minerai, et à grain d'autant plus fin, que ces canaux ou bassins sont plus loin du bocard (en considérant l'éloignement suivant le trajet sinueux de l'eau qui s'écoule); celles des canaux et bassins les plus éloignés sont désignées sous le nom de *bourbe* ou de *schlamm* (mot technique allemand, qui signifie *bourbe*).

Chacun de ces dépôts est recueilli à part, et on lui fait subir de nouvelles opérations pour en séparer encore une partie des gangues. Ces opérations constituent le *lavage*. Elles s'exécutent : 1.° soit dans des caisses allongées, dites *caisses allemandes* ou *tables à tombeaux*; on y lave surtout les premiers dépôts ou les sables les plus gros ; 2.° soit sur des tables plus ou moins inclinées, mais fixes, et appelées *tables dormantes*; 3.° soit sur ces mêmes espèces de tables couvertes de toiles auxquelles s'attachent les particules de minerai métallique ; 4.° soit dans des conduits inclinés garnis d'espèces de gradins horizontaux ; 5.° soit sur des *tables à percussion* ou *à secousses*, qui très-légèrement inclinées, mais suspendues à des chaînes, ont un continuel mouvement de va et vient, accompagné à chaque oscillation d'une secousse plus ou moins forte.

Dans toutes ces opérations, les sables ou schlamms, placés en tas à la partie supérieure des tables, sont exposés à de petits courans d'eau qui les entraînent, et qui emportent ou déposent plus loin leurs différentes parties, de la même manière que les dépôts ont lieu dans les labyrinthes des bocards. Des ouvriers armés de rables ou de balais, aident à l'opération, en exposant successivement au courant d'eau les diverses parties du tas de sable ou de schlamm, remontant à plusieurs reprises les parties entraînées ou déposées, vers le haut de la table, ouvrant ou fermant à propos les diverses ouvertures par lesquelles doivent s'échapper les eaux chargées de sable, etc. Ces eaux s'écoulent dans des canaux analogues à ceux du bocard, où l'on recueille de nouveau leurs différens dépôts pour les laver encore ; et au bout d'un certain nombre d'opérations analogues, on a amené les sables à un tel degré de richesse en minerai, que des opérations subséquentes produiroient moins d'avantages, par un enrichissement plus grand encore, qu'elles n'occasioneroient de dépense, soit par la main-d'œuvre, soit par la perte des portions de minerais qui s'en vont toujours avec les gangues entraînées.

On arrête alors l'opération. Les sables ainsi enrichis, et prêts à être portés aux ateliers métallurgiques, se nomment *schlichs* (nom allemand généralement adopté en France). Chaque espèce de schlich est soigneusement distinguée, d'après l'opération ou la série d'opérations par laquelle elle a été produite, et chaque espèce est plus ou moins riche en minerai, ou abondante en gangue de telle ou telle nature. Dans toutes ces séries d'opérations, les gangues barytiques ou ferrugineuses, quand elles existent dans les sables, augmentent continuellement les difficultés de la manipulation, et elles finissent par rester en plus grande proportion dans les schlichs.

La plupart des minerais de fer exploités, n'ont pas ou n'ont que très-peu de gangue proprement dite; la masse presque entière du gîte est formée de minerai dans lequel le métal est souvent combiné avec des terres; ce minerai est ordinairement grossièrement mélangé de parties terreuses qu'on en sépare par un lavage très-simple, en l'exposant à un courant d'eau assez considérable, dans lequel on le remue soit à la main avec des râteaux et des rables, soit au moyen d'un arbre tournant armé d'ailes ou de bras qui battent et agitent l'eau et le minerai. Cette machine se nomme *patouillet*.

Dans les mines de mercure, la séparation des gangues stériles se fait ordinairement par un simple triage et un cassage à la main; on ne lave quelquefois les minerais que pour les dégager des parties terreuses qui les salissent et empêchent de les trier. Tous les morceaux qui contiennent du mercure, sont traités dans les fourneaux, et c'est par la distillation qu'on sépare le métal de sa gangue. Dans cette opération on mêle au minerai de la chaux, pour s'emparer du soufre. La facilité du traitement chimique rend ici la préparation mécanique inutile.

Une simple distillation suffit de même pour séparer de sa gangue le bismuth natif, et l'obtenir à l'état de métal, à l'usine de Schneeberg, en Saxe.

La grande fusibilité de l'antimoine sulfuré engage aussi à le séparer de sa gangue par une opération chimique. A cet effet, on chauffe le mélange de gangue et de minerai, soit dans un fourneau de réverbère, soit plus communément dans des pots ou creusets percés de trous à leur partie inférieure. Le minerai se fond à une foible chaleur, et coule dans des creusets inférieurs ou dans le bassin du fourneau, sans que la gangue éprouve de commencement de fusion.

Toute préparation par des moyens mécaniques seroit probablement beaucoup plus dispendieuse. Le produit, appelé *antimoine cru*, est ici du minerai sans gangue, mais toujours à l'état de sulfure, et ce n'est que par des opérations subséquentes qu'on sépare l'antimoine du soufre auquel il est combiné.

Dans la fusion des minerais préparés mécaniquement, les portions de gangues restées dans les schlichs, forment des scories vitreuses qui se rassemblent à la surface du bain formé par les métaux fondus. Il est important alors de mélanger les divers minerais, de manière que les différentes substances terreuses des gangues facilitent leur fusion réciproque, pour que l'ensemble exige l'emploi de moins de combustible. Quand une même espèce de gangue est trop abondante, il est quelquefois nécessaire d'ajouter au mélange, avant de le jeter dans le fourneau, une autre substance pierreuse, afin que le tout devienne plus fusible. C'est d'après un principe analogue, qu'on ajoute, dans les hauts fourneaux, de la *castine* ou de la pierre calcaire aux minerais de fer siliceux ou argileux, et de l'*arbue* ou de l'argile aux minerais calcaires.

Quelquefois les gangues ainsi que les substances pierreuses ajoutées, sont destinées, dans la fusion, à s'emparer d'une des substances métalliques pour l'entraîner dans les scories. C'est ainsi qu'aux usines à cuivre de Chessy et Saint-Bel, on emploie avec grand avantage le quarz pour scorifier le fer et faciliter la séparation du cuivre.

Les scories formées par la fusion des gangues retiennent et emportent toujours des métaux, soit mélangés avec elles, soit entièrement combinés. On sépare les premiers par le bocardage. Quant aux seconds, lorsque les scories sont trop *riches*, on les fait repasser au fourneau avec d'autres minerais; mais le but continuel du métallurgiste doit être de proportionner tellement les mélanges des substances à fondre, que les scories ne retiennent que le moins possible des parties métalliques. Il faut, pour parvenir à ce résultat, s'éclairer à la fois et par une saine théorie et par des expériences nombreuses.

Dans le traitement des minerais d'or ou d'argent par l'amalgamation, les gangues ne paroissent jouer aucun rôle particulier; seulement plus elles sont abondantes, plus elles enveloppent les minerais, et plus elles nuisent à l'action du mercure sur les parties métalliques. Il est donc nécessaire, comme pour la fusion, qu'une préparation mécanique convenable ait diminué autant que possible la proportion des gangues, et réduit les minerais en sables d'un degré de finesse suffisant. (BD.)

GANIA. C'est la CORETTE CAPSULAIRE. (B.)

GANIL. Kirwan décrit sous ce nom, dans la deuxième édition de sa Minéralogie, un calcaire granuleux qui, d'après les caractères qu'il lui assigne, doit être rapporté à la chaux carbonatée magnésifère ou *dolomie*. Il se trouve dans l'île de Baghery, sur la côte d'Autsine, au Vésuve, et au mont Saint-Gothard. *V*. DOLOMIE. (LUC.)

GANITRE, *Elæocarpus*. Genre de plantes de la polyandrie monogynie et de la famille des tiliacées, qui présente pour caractères : un calice de quatre ou cinq folioles lancéolées et égales ; quatre à cinq pétales un peu plus longs que le calice, et laciniés à leur sommet ; vingt à trente étamines, dont les filamens courts et attachés au réceptacle, portent des anthères linéaires et bifides ; un ovaire supérieur posé sur un réceptacle velu et renflé ou glanduleux à sa circonférence, surmonté ordinairement d'un, quelquefois de plusieurs styles à stigmate simple ; une baie globuleuse ou ovoïde, contenant un noyau crépu à l'extérieur, et à deux ou quatre loges polyspermes.

Ce genre renferme sept espèces, qui sont toutes des arbres de l'Inde ou de la mer du Sud, à feuilles simples, le plus souvent alternes, et à fleurs disposées en grappes axillaires.

Les plus connues de ces espèces, sont :

Le GANITRE A FEUILLES EN SCIE, dont les feuilles sont alternes, ovales-oblongues, dentées, et les grappes simples. Il se trouve dans l'île de Ceylan. Les habitans en confisent les fruits avant leur maturité, et les enfans jouent avec leurs noyaux ou en font des colliers et des chapelets.

Le GANITRE A FEUILLES ENTIÈRES, qui a les feuilles lancéolées, très-entières. Il se trouve à la Cochinchine, où on le cultive en raison de la beauté et de l'excellente odeur de ses fleurs. Son bois se conserve long-temps dans l'eau sans pourir.

Le GANITRE DICÈRE, dont les feuilles sont opposées, ovales, deux fois dentelées, les grappes composées, et les fleurs à quatre styles. C'est le DICERA de Forster. Il se trouve à la Nouvelle-Zélande.

Le GANITRE COPALLIFÈRE a les feuilles très-entières, et les fleurs en panicule terminal. C'est le *vateria* de Linnæus. Il croît à Ceylan, et fournit, par incision, la véritable *copale orientale*, qu'il faut distinguer de la *copale d'Amérique*, qui est produite par le SUMAC COPALLIN.

La *résine copale*, qu'on appelle improprement *gomme copale*, est dure, luisante, transparente, odorante, et de couleur jaune citrin. Son odeur se développe bien davantage lorsqu'on la brûle ; aussi s'en sert-on dans quelques endroits comme d'encens. Le principal usage qu'on en fait en Europe, est pour les vernis. Elle est rare, et par conséquent chère. Celle qui provient du *sumac copallin* est beaucoup plus commune ; c'est celle qu'on trouve habituellement chez tous les droguistes et les marchands de couleur. Elle est un peu moins odorante, et un peu moins transparente que la précédente, mais, du reste, lui ressemble beaucoup.

Gærtner a fait, sous le nom de *ganitrus*, un genre qu'il distingue des *elæocarpus* de Linnæus, et qui est formé sur la première des espèces ci-dessus citées. Il a pour caractères : un calice divisé en cinq parties, une corolle de cinq pétales laciniées, un nectaire orbiculaire et glanduleux, un grand nombre d'étamines, un ovaire supérieur terminé par un style simple, un drupe charnu, à cinq sillons, à cinq loges, sans valves, qui contient une seule semence.

Vahl a réuni à ce genre le genre VATÈRE de Linnæus, qu'il a prouvé n'avoir été établi que sur une erreur d'observation ; mais Loureiro a décrit sous le nom de *vatérie flexueuse* une nouvelle espèce, dont le fruit est une capsule uniloculaire et monosperme, à trois lobes et à trois valves, ce qui semble obliger à conserver ce genre.

Le CRASPÈDE et l'ADENODE du même Loureiro, paroissent se rapprocher infiniment de ce genre. (B.)

GANJA SATIVA, Rumphius, 8. t. 78, f. 1. C'est le CHORCHORE CAPSULAIRE, espèce de CORETTE cultivée dans l'Inde. Le GANJA AGRESTIS du même auteur est une autre espèce du même genre, c'est le *Corchorus olitorius*. (LN.)

GANNET. Nom vulgaire du GOÉLAND BRUN. (V.)

GANNILLE. La FICAIRE et le POPULAGE portent ce nom aux environs de Boulogne. (B.)

GANOWEC. Nom donné, en Bohème, au GENÊT des teinturiers, *Genista tinctoria*. (LN.)

GANS. Nom allemand des OIES. (V.)

GANSBLON, *Gansblum*. Genre de plantes établi par Gesner : c'est le même que celui appelé DRAVE par Linnæus. (B.)

GANSBLUM, du nom allemand, *Gans blume* (*fleur d'oie*). Adanson en fait celui d'un genre qu'il établit dans la famille des crucifères, et dans lequel il place le *draba verna*, L., et l'*alyssum incanum*, L. *V.* GANSBLON, DRABA et GŒNSBLUME. (LN.)

GANSO. Nom espagnol de l'OIE. (V.)

GANTE. Nom vulgaire de la GRUE COMMUNE. (V.)

GANTELÉE, GANTELET et GANTILLIER. Le *campanula trachelium*, la DIGITALE POURPRE et le TAMINIER portent ces noms. Les jardiniers nomment GANTELINE d'Angleterre le *campanula glomerata*. (LN.)

GANTELET. *V.* GANTELÉE. (LN.)

GANTELINE. C'est la CLAVAIRE CORALLOÏDE. (B.)

GANTILLIER. *V.* GANTELÉE. (LN.)

GANTI-RADIX de C. Bauhin. *V.* CURCUMA. (LN.)

GANTO. Nom languedocien de la CIGOGNE BLANCHE. (V.)

GANTS DE NOTRE-DAME. On donne ce nom, tantôt à la DIGITALE A FLEURS ROUGES, tantôt à l'ANCHOLIE, tantôt au TAMINIER, tantôt à une CAMPANULE. (B.)

GANUS ou GANNUS. C'est, dans quelques auteurs, le nom de l'HYÈNE en latin moderne. *V.* ce mot. (S.)

GANYA FA. Nom de l'OBIER, *Viburnum opulus*, en Hongrie. (LN.)

GAOM. *V.* DOMYERY. (LN.)

GAR des Arabes, c'est le LAURIER. (LN.)

GARAB. C'est, en Arabie, le SAULE PLEUREUR. (B.)

GRADAH. Nom arabe du GYMNOCARPE DÉCANDRE, *Gymnocarpos decandrum*, Forsk. (LN.)

GARAGIAU. C'est, suivant Dapper, un oiseau de la Cafrerie, qui diffère peu du PÉLICAN. (S.)

GARAGUAY. Oiseau de proie de l'Amérique qui a, selon Meremberg, la tête et l'extrémité des ailes blanches, et qui est de la taille du milan. (V.)

GARAIOS des Portugais; c'est la *petite mouette cendrée*. *V.* MOUETTE. (S.)

GARAMON. Le TRIGLE PIN de Bloch, porte ce nom à Nice. (DESM.)

GARANCE, *Rubia*, Linn. (*tétrandrie monogynie.*) Genre de plantes de la famille des rubiacées, qui comprend des herbes communément rudes au toucher, dont les feuilles sont simples et verticillées, et dont les fleurs naissent en corymbes aux aisselles des feuilles, et à l'extrémité des rameaux. Chaque fleur a un très-petit calice à quatre dents, une corolle monopétale en roue, sans tube et à quatre ou cinq divisions, quatre ou cinq étamines plus courtes que la corolle, un ovaire inférieur double, surmonté d'un style divisé en deux parties vers le haut. Deux baies jointes ensemble forment le fruit; elles renferment chacune une semence; l'une d'elles avorte quelquefois.

Les *garances* ont des rapports avec les ASPÉRULES et les GAILLETS. Les espèces de ce genre se réduisent à une quinzaine, parmi lesquelles on distingue la *garance des teintu-*

riers, que l'on cultive en grand, et dont la racine, utile aux arts, forme une branche de commerce considérable.

La GARANCE DES TEINTURIERS, *Rubia tinctorum*, Linn., est sauvage ou cultivée. La *garance sauvage* croît naturellement dans plusieurs provinces de France, particulièrement dans celles du midi, dans la Suisse, l'Italie, etc., le long des haies, parmi les buissons, et dans les vignes. C'est une plante vivace, haute de deux ou trois pieds, dont la racine est assez grosse, longue, rampante, très-branchue, et rougeâtre en dehors et en dedans. Elle pousse plusieurs tiges herbacées, diffuses, anguleuses, et dont les angles sont hérissés de petites pointes ou dents crochues. Ses feuilles sont faites en forme de lance, et disposées en anneaux sur chaque nœud, au nombre de cinq ou six; elles ont leur nervure postérieure et leurs bords remplis d'aspérités. Les fleurs sont d'un jaune pâle; elles paroissent au milieu de l'été, et sont remplacées par de petites baies noirâtres, et communément jumelles. La *garance cultivée* ne diffère de la *sauvage* que parce qu'elle est plus grande, plus vigoureuse et mieux nourrie.

Cette plante est d'un très-grand produit. *Colbert* est le premier qui ait encouragé sa culture en France. Il s'en est formé plusieurs établissemens dans les provinces d'Alsace, de Flandres et de Normandie, et dans celles du midi, aux environs d'Aubenas, de Carcassonne, de Montpellier, d'Avignon, etc.; de sorte que la culture de la garance est devenue comme indigène à notre pays. Cependant elle n'y est pas aussi multipliée qu'elle devroit l'être; et nous sommes encore tributaires de l'étranger pour cette précieuse racine, dont il se fait dans nos manufactures une grande consommation. Nous achetons celle qui nous manque aux Hollandais, qui étoient autrefois en possession de la fournir toute. On en tire aussi du Levant.

Beaucoup d'auteurs ont écrit sur la garance. Les meilleurs traités ou mémoires publiés sur cette plante, sont ceux de Duhamel, de l'Esbros, du persan Althen, et de d'Ambournai. C'est principalement des écrits des deux derniers, cités par Rozier, que cet article est extrait.

Suivant les expériences de Guettard, on obtient une couleur rouge du *caille-lait;* il est vraisemblable qu'on en tireroit aussi de quelques autres plantes de la même famille; mais comme la garance est celle dont la racine fournit le plus de cette teinture, on lui a donné avec raison la préférence. Sa culture a dû produire nécessairement plusieurs variétés relatives au sol, au climat, à l'exposition, et résultantes aussi quelquefois des méthodes différentes employées par les cultivateurs. Deux peuples, d'un climat très-opposé, cultivent avec le plus grand soin cette plante ; ce sont les Hollandais et les habitans de la Turquie asiatique. La graine de garance qu'on apporte de ce dernier pays, est appelée *azala* ou *izari;* on l'a semée au Muséum national, et elle a donné une plante qui ne diffère point de celle cultivée en Flandres. M. d'Ambournai a trouvé dans la Normandie, sur les rochers d'Oizel, une garance qui n'est point inférieure à celle du Levant, et qu'il croit être de la même espèce. Si l'on faisoit des recherches ou essais comparatifs sur les autres garances qu'on cultive dans le centre et au midi de la France, en Suisse et ailleurs, on se convaincroit, sans doute, qu'elles sont toutes spécifiquement les mêmes, et qu'elles ne diffèrent que par de légères modifications.

Les racines de garance sont pivotantes, traçantes, fibreuses ; elles exigent donc une terre très-meuble, substantielle, un peu fraîche, et qui ait du fond. Sans ces qualités, les racines prennent peu d'accroissement. Suivant le chanoine Zuochim, qui a rétabli la culture de la garance dans le territoire de Cortone en Toscane, cette plante tinctoriale végète heureusement dans les terrains même que l'on croît incapables de rien produire. Il dit qu'une seule racine venue dans un terrain de sable, a été du poids d'une livre et demie, et que d'après l'essai qu'un habile teinturier de Florence a fait de cette garance, il l'a trouvée meilleure que celle de Hollande de la première qualité. On peut multiplier la garance de trois manières différentes, soit par la graine, soit par les jeunes plants enracinés, soit en la provignant. La première manière est la plus longue, mais elle est préférable aux deux autres ; d'ailleurs elle est nécessaire, lorsqu'on est éloigné des garancières. Ainsi, lorsqu'on veut former un de ces établissemens, il faut commencer par se procurer de bonne graine, dans le pays même, si cela se peut. Il sera encore plus avantageux d'en faire venir du Levant ou de Zélande ; celle du Levant doit être préférée à tous égards.

On a le choix de semer à demeure ou en pépinière. Le semis à demeure paroît convenir au climat du nord de la France, où les pluies sont assez fréquentes pour faire croître rapidement la garance dans son premier âge. La pépinière, au contraire, est indispensable dans les cantons du midi, à moins qu'on n'ait la faculté d'arroser par irrigation ou de toute autre manière.

Voici comment on dispose une garancière, suivant la méthode des Levantins, qui est réputée la meilleure. Lorsque le terrain a été également travaillé, bien ameubli et bien uni, on le divise par planches de quatre et de six pieds de largeur alternativement, dans toute l'étendue du champ. Les plus étroites sont destinées à recevoir les semences au printemps, plus tôt ou plus tard, selon le climat. On verra tout à l'heure quel parti on tire des planches les plus larges. Si la graine de garance a été cueillie dans sa parfaite maturité, et qu'on ait eu soin de la déposer lit par lit, avec du sable, non pas trop sec, et de la tenir dans un lieu peu humide jusqu'à l'époque des semailles, on n'aura besoin d'aucune autre préparation pour la confier à la terre au moment convenable. On la sème à la volée comme le blé, ou à la main, en suivant les sillons. Cette seconde manière, quoique plus longue, est préférable, parce qu'elle rend ensuite les sarclaisons plus faciles. C'est du semis à demeure dont il est ici question. Il suffit que la graine soit enterrée à trois pouces environ.

Veut-on former une garancière avec les jeunes plants provenus des semis faits en pépinière? on dispose pareillement le terrain comme il a été dit, c'est-à-dire, en planches d'inégale largeur; sur celles qui ont quatre pieds, on trace six à huit rigoles, le long desquelles on ouvre de petites fosses espacées de quatre à six pouces, et destinées à recouvrir les plants. Ceux-ci doivent être enlevés de la pépinière avec précaution, mis dans des paniers, recouverts avec des feuilles pour être tenus fraîchement, et transportés à la garancière, où l'ouvrier, muni d'une cheville, les met en terre, en disposant convenablement les plus longues racines, de manière que le collet de la plante ne soit pas trop recouvert. Cette transplantation doit se faire en automne.

Que la garancière ait été semée ou plantée, voici l'usage qu'on fait des plate-bandes de six pieds de largeur. Depuis l'époque du semis à la fin de février ou dans le courant de mars, ou depuis celle de la transplantation jusqu'au mois de septembre suivant, elles servent à cultiver du grain ou des légumes, comme pois, haricots, gros millet, maïs, etc.; mais dans le courant de septembre, on prend, à la profondeur de deux pieds, la terre de ces plate-bandes, on en recouvre la vraie plate-bande garancière, et on ajoute encore de la terre sur ses côtés, de manière qu'elle augmente de deux pieds de largeur, et réduit l'autre de six pieds à quatre pieds. Ce recouvrement étouffe les mauvaises herbes, et favorise la multiplication et le développement des racines de garance. Il peut être répété au mois de mai ou de septembre suivans.

Dix-huit mois après qu'on a semé la garance, ou deux ans après qu'on l'a replantée, elle donne une grande quantité de graines, dont la maturité est indiquée par leur couleur noire foncée. On les recueille alors à la main en divers temps, à mesure qu'elles mûrissent; ou, lorsque toutes, à peu près, sont mûres, on coupe rez de terre les tiges de la plante, on les fait sécher et on en sépare ensuite la graine.

Lorsqu'on a assez de graines pour son usage, ou lorsqu'on ne trouve point à vendre le superflu avec profit, on peut, dès le mois de mai de la seconde année, faire faucher l'herbe de la garance pour servir de fourrage aux bestiaux ; et cette coupe peut avoir lieu au moins trois fois dans une année. Ce fauchage sert à l'accroissement de la plante, et les racines en grossissent beaucoup plus. Mais, soit qu'on ramasse la graine, soit qu'on fauche l'herbe, il faut toujours recouvrir la garance après ces deux opérations.

L'époque de sa récolte doit être relative aux progrès de sa croissance, qui est subordonnée au climat et au terrain. En général, il est plus avantageux de récolter à la fin de la troisième année, parce que les racines sont plus fortes et plus remplies de parties colorantes. Toutes les expériences des agriculteurs prouvent que la garance arrachée la seconde année, diminue de moitié le bénéfice qu'elle auroit donné à la fin de la troisième. Cela n'empêche pas les Flamands de la récolter dix-huit mois après avoir semé. Mais cet usage est une exception. Dans la Flandre, les terres sont très-fertiles et ne se reposent jamais ; si elles étoient occupées plus d'un an et demi par la garance, elles ne rapporteroient pas autant à leurs propriétaires que les autres récoltes ; et en attendant la troisième année, ils seroient réellement en perte.

C'est ordinairement en octobre qu'on enlève les racines de garance. La disposition du terrain, selon la méthode du Levant, favorise beaucoup cette extraction, puisque la terre de la plate-bande de six pieds, ayant servi à chausser celle de quatre, il existe le long de celle-ci un fossé déjà tout fait, et dont la base est presque au niveau des premières racines ; il ne s'agit que de les creuser un peu plus, afin d'avoir toutes les racines sur leur plus grande profondeur. Au moment de cette opération, on choisit les plants enracinés pour établir de nouvelles garancières.

Les racines de garance, pour être bonnes, doivent avoir une odeur forte, et qui approche de celle de la réglisse. L'écorce, qu'il ne faut pas confondre avec l'épiderme, doit adhérer au corps ligneux : c'est la partie la plus utile ; car c'est dans l'écorce qu'on aperçoit, à l'aide du microscope, des molécules rouges, mêlées à une substance de couleur fauve. Une découverte très-utile seroit de trouver le moyen d'extraire la partie rouge sans aucun alliage de la partie jaune ou fauve. Duhamel pense que ces essais devroient être faits sur des racines fraîches, afin que la partie rouge qui est en dissolution fût plus aisée à extraire.

On peut employer, pour la teinture, les racines fraîches ou sèches ; l'emploi des racines fraîches est plus avantageux. Mais, pour pouvoir les transporter au loin, on est obligé de les dessécher laborieusement au soleil ou dans des fours, et de les pulvériser ; on éviteroit ces deux opérations, en cultivant la garance près des ateliers de teintures.

M. d'Ambournai est le premier qui ait essayé de teindre avec des racines fraîches. On peut voir le résultat de ses expériences, dans *un Mémoire*, sur cet objet, *imprimé au Louvre par ordre du gouvernement*, en 1771.

La dessiccation de la garance se fait de plusieurs manières. Voici la méthode publiée par l'auteur dont nous venons de parler. « Les racines, en sortant de terre, sont mises sur des claies, sous un hangar, à couvert du soleil et de la pluie, et exposées au courant d'air. Elles y restent de quatre à douze jours, suivant la saison, et jusqu'à ce qu'elles soient devenues molles comme des ficelles, et qu'en les tordant on n'en fasse plus sortir de jus. C'est là le point à saisir pour brusquer la dessiccation, soit au grand soleil, soit dans des fours dont on vient de retirer le pain, et dont on laisse l'entrée entr'ouverte, afin que les vapeurs aient une libre issue. Il faut ordinairement qu'elles y passent deux fois de suite ; et lorsqu'elles sont cassantes et sonnantes, presque comme des filets de verre, on les porte sur l'aire d'une grange, où on les bat légèrement avec le fléau : ainsi brisées, on les vanne pour en séparer la terre et la surpeau grise ou l'épiderme. On les jette à la pelle sur un crible d'osier très-incliné, pour en assortir à peu près la grosseur, et enfin elles sont en état de passer au moulin. »

La racine de garance est d'un grand usage dans la teinture des laines ; elle leur donne un rouge à la vérité peu éclatant, mais qui résiste à l'action de l'air et du soleil, et que rien d'ailleurs ne peut altérer. Elle sert aussi à fixer les couleurs déjà employées sur les toiles de coton, et à rendre plus solides beaucoup d'autres couleurs composées.

La meilleure manière de connoître la qualité de la garance, est d'en faire des essais sur un morceau d'étoffe que l'on a fait tremper dans un bain d'alun, et de prendre, pour objet de comparaison, de l'étoffe teinte avec de la belle garance de Zélande, ou avec de l'*azala*. L'exactitude avec laquelle la garance de Zélande est séchée, lui donne quelque avantage sur les autres ; mais sa couleur est moins vive que celle de la garance de Smyrne, ou même que celle de la garance de Suisse.

On a vu que l'herbe de garance pouvoit servir de fourrage. Les vaches en mangent les feuilles avec avidité ; c'est pour elles une bonne nourriture. La racine est quelquefois employée en médecine; elle est un peu astringente, apéritive et diurétique. Elle teint en rouge les os des animaux qui en sont nourris.

La GARANCE MAUJILH est celle que les teinturiers de l'Inde emploient. Roxburg l'a décrite dans son *Histoire des plantes de l'Indostan*. (B.)

GARANCE (PETITE). On donne ce nom à l'*asperula tinctoria* et à l'*asperula cynanchica*. *V.* ASPÉRULE RUBÉOLE. (LN.)

GARANON. C'est, en Espagne, l'ETALON, soit *cheval*, soit *âne*, qui a servi à engendrer un MULET. *V.* ce mot. (S.)

GARAOUAN. Nom arabe d'un BUPHTHALME (*buphthalmum pratense*, Vahl.); c'est le *ceruana pratensis*, Forsk. (LN.)

GARAS. Le FUSAIN porte ce nom dans quelques endroits. (LN.)

GARATAUK. Nom turc de la GRIVE DRAINE. (S.)

GARBA, GARBEOU, GARBOU. Noms du LORIOT, dans le Piémont. (V.)

GARBA. Nom arabe d'une espèce de GIROFLÉE (*cheiranthus farsetia*, L.). (LN.)

GARBANCILLO et GARBANZERA. Noms espagnols du *phaca bætica* et de l'*astragale garbancillo* de Cavanilles. (LN.)

GARBANZERA. *V.* GARBANCILLO. (LN.)

GARBANZO. Nom du POIS CHICHE (*cicer arietinum*, L.), en Espagne. (LN.)

GARBE. Les ACHILLÉES, la SPIRÉE FILIPENDULE et le CARVI, portent ce même nom dans différentes parties de l'Allemagne et du Nord. (LN.)

GARBELLA. Un des noms italiens du LORIOT. (V.)

GARBELLA. *V.* GALBÉRO. (S.)

GARBENA. Nom de la BRUYÈRE, en Espagne. (LN.)

GARBOTEAU. *V.* GARBOTIN. (DESM.)

GARBOTIN. C'est le *cyprinus jeses*, Linn. *V.* au mot CYPRIN. (B.)

GARBOU. C'est le LORIOT, en Italie. (V.)

GARCIANE, *Garciana*. Nom donné par Loureiro au genre appelé PHYLIDRE par Schreber. (B.)

GARCIE, *Garcia*. Arbre à feuilles alternes, oblongues glabres, à fleurs disposées, en petit nombre, à l'extrémité des rameaux, qui forme un genre dans la monoécie polyandrie et dans la famille des tithymaloïdes.

Ce genre présente, 1.° dans les fleurs mâles, un calice divisé en deux parties ; une corolle de dix à douze pétales ; un grand nombre d'étamines ayant chacune une glande à sa base; 2.° dans les fleurs femelles un calice divisé en deux parties; six à neuf pétales; une couronne de glandes, un ovaire surmonté d'un seul style ; 3.° une capsule à trois coques.

Cet arbre est originaire de l'île de Sainte-Marthe. (B.)

GARCINIA. Linnæus donne ce nom au genre des MANGOUSTANS appelé *mangostana* par Rumphius, et *biwaldia* par Scopoli. La plupart des botanistes, à l'imitation de Gærtner, réunissent à ce genre le *cambogia* de Linn. (*V.* GUTTIER.) L'OXICARPE de Loureiro est un autre genre très-voisin du GARCINIA, et même il en contient une espèce, le *garcinia celebica*, Linn. *V.* BRINDONIER et OXYCARPE. (LN.)

GARDE-BOEUF. Nom que les Européens établis en Egypte donnent à un oiseau qu'on soupçonne être le HÉRON GARZETTE. (V.)

GARDE-BOUTIQUE. On appelle vulgairement ainsi le *martin-pêcheur*, parce qu'on croit qu'il préserve des teignes les étoffes de laine. *V.* MARTIN-PÊCHEUR. (S.)

GARDE-CHARRUE. Nom du MOTTEUX en Sologne. (V.)

GARDE-ROBE. Nom que les jardiniers donnent à l'ARMOISE AURONE, à une SANTOLINE, et à diverses herbes odorantes, parce que, mises dans une armoire où il y a des habits, elles préservent ces derniers de l'attaque des larves de la *teigne ronge-laine* et autres insectes. (B.)

GARDENE, *Gardenia.* Genre de plantes de la pentandrie monogynie, et de la famille des rubiacées, qui offre pour caractères : un calice monophylle à cinq découpures droites, quelquefois appendiculées ; une corolle monopétale, infundibuliforme, à tube plus long que le calice, et à limbe partagé en cinq à neuf découpures ovales et ouvertes ; cinq étamines à anthères sessiles ; un ovaire inférieur, d'où s'élève un style filiforme à stigmate épais et bifide ; une baie ovale ou oblongue, divisée intérieurement en deux ou quatre loges polyspermes.

Ce genre ne comprenoit autrefois qu'une espèce ; on lui a réuni depuis les genres MUSSAENDE, GENIPAYER, THUNBERGIE, MARMOLIER, GRATAL et RANDIE, et autres, ce qui en a porté le nombre à une trentaine; mais tous les botanistes ne sont pas d'accord sur cette réunion, et on trouvera en conséquence les plantes des genres ci-dessus mentionnées à leur article.

Les espèces les plus saillantes du genre *gardène* proprement dit, sont :

La GARDÈNE A LARGES FLEURS, *Gardenia florida*, Linn., qui est sans épines, et dont les feuilles sont opposées, ovales, aiguës des deux côtés, les rameaux uniflores, et les divisions du calice aussi longues que le tube de la corolle. C'est un arbrisseau intéressant par sa fleur, dont l'odeur est des plus agréables. Il croît naturellement au Cap de Bonne-Espérance et en Asie, et on l'y cultive généralement pour l'agrément, dans les jardins des riches. En Europe, où on le cultive aussi dans les serres, on l'appelle *jasmin du Cap*. Sa corolle est d'un blanc de lait très-pur, et ses fruits contiennent une pulpe couleur de safran, que l'on emploie au Japon pour teindre en jaune. On multiplie ordinairement par marcottes sa variété double; mais en Caroline où je l'ai cultivée, elle venoit fort bien de boutures; il en est sans doute de même dans son pays natal.

La GARDÈNE VERTICILLÉE, qui a été établie en titre de genre, sous le nom de THUNBERGIE et BERGKIE. Elle a les feuilles ternées, ovales, acuminées, les rameaux uniflores et les calices avec des appendices spathacés. Elle croît au Cap de Bonne-Espérance. C'est une plante dont la fleur ne le cède pas en beauté et en bonne odeur à la précédente.

La GARDÈNE A GRANDES FLEURS, qui a les feuilles lancéolées, les découpures du calice recourbées, et les baies oblongues. C'est un arbre de moyenne grandeur, qui croît à la Cochinchine, où on le cultive à raison de la beauté et de l'excellente odeur de ses fleurs. Ses baies teignent en rouge, et sont regardées comme rafraîchissantes, émollientes et ophthalmiques. On les ordonne dans les fièvres, la jaunisse, la phthisie, la dysurie et les dartres.

La GARDÈNE A LONGUES FLEURS a les feuilles lancéolées, la corolle très-longue et hérissée, le fruit cylindrique et très-long. Elle se trouve au Pérou. Les Indiens sucent la pulpe de son fruit, qui est douce et agréable au goût. (B.)

GARDES (*Vénerie*). Ce sont les ERGOTS du sanglier. (S.)

GARDIO. Nom languedocien du GARDON. (DESM.)

GARDON. Poisson du genre CYPRIN, *Cyprinus rutilus*, Linn. On le connoît aussi sous le nom de ROSSE. (B.)

GARDOQUE, *Gardoquia*. Genre de plantes de la didynamie gymnospermie et de la famille de labiées, dont les caractères sont : un calice petit, tubuleux, cylindrique, recourbé, strié, bilabié, persistant, à lèvre supérieure tridentée, et à lèvre inférieure bidentée ; une corolle personnée, à long tube recourbé, à lèvre supérieure droite, profondément émarginée, velue à sa base interne, à lèvre inférieure ouverte, et à trois divisions obtuses ; quatre étamines, dont deux plus courtes ; un ovaire supérieur quadrifide, à style filiforme, et à stigmate bifide ; quatre semences trigones, insérées au fond du calice.

Ce genre renferme six espèces. Ce sont des arbrisseaux du Pérou. (B.)

GARDUNA. Nom espagnol de la FOUINE, espèce du genre MARTE. (DESM.)

GARE (*Vénerie*). Cri par lequel on avertit que le *cerf* est lancé. (S.)

GARENNE. Lieu peuplé de *lapins*. On en distingue de trois sortes : la *garenne libre* ou *garenne ouverte* ; la *garenne forcée*, et la *garenne domestique*. *V.* à l'art. LIEVRE (espèce du LAPIN), la description et l'usage de ces différentes *garennes*. (S.)

GARFUANA. Arbre du Brésil, dont l'écorce donne une couleur jaune. Si ce n'est pas le MURIER A TEINTURE, je ne sais à quel genre il appartient. (B.)

GARFULH. L'on trouve dans les Actes de Copenhague, une espèce de *pingouin* décrite sous le nom de *garfulh*. *Voyez* PINGOUIN. (S.)

GARGA. Nom turc du CASSE-NOIX. *V.* ce mot. (S.)

GARGANCY. Nom anglais de la SARCELLE ; c'est aussi celui du HARLE, dans quelques cantons de la France. (V.)

GARGANELLE. Nom italien des SARCELLES. (DESM.)

GARGANON. Il paroît que ce nom indiquoit, chez les Romains, l'une des plantes que Dioscoride appelle TRAGION. *V.* ce mot. (LN.)

GARGIA. Nom du BUTOR, *Ardea stellaris*, en Italie. (DESM.)

GARGOT. Nom piémontais du GARROT. (V.)

GARI. En Languedoc, ce nom équivaut à celui de RAT. (DESM.)

GARIDELLE, *Garidella*. Plante annuelle, qui croît dans les blés des parties méridionales de l'Europe, et qui forme seule un genre dans la décandrie trigynie, et dans la famille des renonculacées. Ses feuilles sont pétiolées, oblongues, bipinnées, à découpures linéaires, celles de la tige seulement ternées. Ses fleurs sont petites, terminales, solitaires, blanchâtres, ou légèrement teintes de pourpre.

Chacune de ces fleurs offre un calice de cinq folioles ovales, pointues et égales ; cinq pétales labiés, à lèvre inférieure fort courte, et à lèvre supérieure allongée, partagée en deux découpures linéaires ; dix étamines plus courtes que les pétales ; deux ou trois ovaires supérieurs, droits, acuminés, réunis, se terminant en style très-court, à stigmates simples.

Le fruit consiste en deux ou trois capsules oblongues, pointues, comprimées sur les côtés, bivalves, qui contiennent plusieurs semences noirâtres, un peu âcres, et qui ont quelque chose d'aromatique.

On ne fait aucun usage de cette plante, dont le port est élégant, et dont la fleur, quoique petite, est assez agréable.

Michaux a rapporté une seconde espèce de ce genre de l'Orient. (B.)

GARIDELLE. Nom vulgaire du ROUGE-GORGE. (DESM.)

GARIES. Le chêne a reçu ce nom en France. (LN.)

GARIN. Coquille du Sénégal, placée parmi les *huîtres*, et qui forme aujourd'hui le genre PLICATULE. (B.)

GARIOT. C'est la BENOITE, *Geum urbanum*, L. (LN.)

GARIQUE. Nom donné, par les habitans du Canada, à un champignon qui vient sur le pin, et qu'ils emploient avec succès contre les maux de gorge et de poitrine, et même contre la dyssenterie. On ignore à quel genre appartient ce champignon. (B.)

GARLANKA. Nom russe de la CALEBASSE, *Cucurbita lagenaria*. (LN.)

GARLICK. Nom anglais de l'ail. (LN.)

GARLU. *V.* TYRAN TICTIVIE. (V.)

GARMAL. Nom arabe d'une espèce de FABAGELLE, *Zygophyllum simplex*, L. (LN.)

GARNA. Nom arabe des CITROUILLES. (LN.)

GARNACHA. C'est, en Espagne, le nom d'une sorte de RAISIN, tirant sur la couleur vermeille. (LN.)

GARNIÈRE. Nom que l'on donne à une rigole creusée en terre, pour cacher les ustensiles d'un filet tendu, afin que le gibier ne les aperçoive pas. (V.)

GARNOT. Coquille du Sénégal, qui fait partie du genre CRÉPIDULE. (B.)

GARO. Nom que les Malais donnent à l'arbre qui produit le *bois d'aigle*. *V.* AGALLOCHE et AQUILAIRE. (B.)

GAROBUSTO. Dans le Languedoc, on donne ce nom aux petits poissons ou fretin, que les pêcheurs abandonnent aux pauvres, sur le bord de la mer. (DESM.)

GAROFOLO et GAROFANO. Noms italiens de l'ŒILLET. *Garofolo aromatico*, désigne le GIROFLE; et *garofoletti*, les LYCHNIDES. (LN.)

GAROFOLETTI. *V.* GAROFOLO. (LN.)

GAROSMUM, GAROSMUS. Noms donnés par C. Bauhin et Dodonée, à une espèce de CHÉNOPODE, *Chenopodium vulvaria*, L. (LN.)

GAROU ou GAROUTTE. Espèce de LAURÉOLE, le *daphne thymelea* de Linn., avec l'écorce de laquelle on fait des vésicatoires. (B.)

GAROUIL, GAROUILLET. Noms du MAÏS, dans le département de la Charente-Inférieure. (B.)

GAROUILHE. Le CHÊNE KERMÈS s'appelle ainsi dans le département de l'Aude. Le MAÏS porte aussi ce nom. (B.)

GAROUPE. Nom vulgaire de la CAMELÉE. (B.)

GAROUTTE. Espèce de GESSE, *Lathyrus cicer*, en Anjou. (LN.)

GAROUTTE. *V.* GAROU. (B.)

GARRAFAL et GARROBOL. Noms des BIGARREAUX, sorte de cerises, en Espagne. (LN.)

GARRANIER. C'est la GIROFLÉE JAUNE des murailles, *Cheiranthus cheiri*, L. (LN.)

GARRI. Les Provençaux donnent ce nom aux RATS, en général, et ceux de GARRI GRÉOU au CAMPAGNOL RAT D'EAU, et de GARRI DE BOUESC au LOIR. (B.)

GARROBO et ALGARROBO. Noms espagnols du CAROUBIER. (LN.)

GARROBOL. Ce sont, en Espagne, les BIGARREAUX, sorte de cerises. (LN.)

GARROSA. C'est l'ERS TÉTRASPERME, *Ervum tetraspermum*, en Espagne. (LN.)

GARROFERA. L'un des noms du CAROUBIER. (LN.)

GARROT. *V.* le genre CANARD. (V.)

GARROUN. Vieux mâle de la perdrix. (LN.)

GARRU. Un des noms du COMBATTANT, sur les côtes de Picardie. (V.)

GARRULUS. C'est, dans Brisson, le nom latin, générique et spécifique du GEAI; et dans Gesner, Aldrov., etc., celui du ROLLIER. (V.)

GARRUS. Le HOUX portoit autrefois ce nom et celui d'AGRERON. (LN.)

GARS, GARZ. Noms bretons de l'OIE DOMESTIQUE. (V.)

GARSETTE BLANCHE. *V.* l'article HÉRON. (V.)

GARSOLEI et GARSEU. Noms de l'OSEILLE DES BOIS, *Rumex acetosa*, dans quelques provinces du nord de l'Italie. (LN.)

GARSOTTE. L'on désigne ainsi, dans quelques cantons de la France, la *sarcelle commune*. (S.)

GARU. *V.* COTTERET. (S.)

GARUGA, *Garuga*. Arbre de l'Inde, qui seul, selon Roxburg, constitue un genre dans la décandrie monogynie. Ses caractères sont : calice campanulé à cinq divisions staminifères; cinq pétales égaux, insérés au calice; stigmate à cinq lobes; deux, trois, quatre ou cinq noix monospermes. (B.)

GARULEUM. Nom que les Étrusques donnoient au *chrysanthemum* (*V.* ce mot). Quelques botanistes pensent que ce peut être la Reine marguerite des prés, *Chrysanthemum leucanthemum*, ou une espèce du même genre. (LN.)

GARUM. Les anciens Romains donnoient ce nom à une espèce de saumure. On la faisoit en pilant des poissons salés et séchés, et en les laissant exposés à l'air, après les avoir suffisamment imbibés d'eau, pour qu'il se fît un commencement de décomposition et qu'il se développât de l'ammoniaque. On y joignoit du laurier, du thym, et autres aromates. Cette liqueur étoit noire, très-piquante, très-propre à exciter l'appétit, et servoit d'assaisonnement aux mets dans les repas de luxe. On l'estimoit tant sous les premiers empereurs, qu'elle se payoit aussi cher que les parfums les plus précieux. C'est principalement le Clupée anchois, le Scombre maquereau, et le Spare smaris, qu'on employoit à la composition du *garum* ; mais il est probable que la plupart des autres poissons à chair tendre, et de facile décomposition, pouvoient également remplir le même but. Aujourd'hui on a perdu en Italie le goût de ce mets, mais en Turquie on en fait encore usage. Les aubergistes de Constantinople conservent dans du *garum*, les poissons cuits qui ne se consomment pas dans le jour. Il seroit à désirer qu'on fît quelques essais pour perfectionner cette méthode, l'ammoniaque paroissant avoir une action conservatrice très-marquée sur les poissons. *V.* au mot Ablette.

On recommande le *garum* pour déterger les ulcères, pour résister à la gangrène, à l'hydropisie, pour guérir de la morsure des chiens enragés ; mais comme il n'y a guère que l'ammoniaque ou alkali volatil qui agisse, et qu'il est mêlé avec des matières nuisibles, il paroîtra sans doute préférable d'employer le savon de Starkey, ou autres préparations d'ammoniaque dans ces maladies. (B.)

GARVANCE. Un des noms du Chiche. (B.)

GARYOPHYLLATA. *V.* Caryophyllata. (LN.)

GARYOPHYLLON, de Pline. *V.* Caryophyllus. (LN.)

GARZ. *V.* Gars. (S.)

GARZA. Nom espagnol et portugais du Héron. (V.)

GARZA BIANCA. C'est, dans Aldrovande, la Garzette blanche. (V.)

GARZETTA. Dans Aldrovande, c'est la Garzette blanche. (V.)

GARZETTE. *V.* le genre Héron. (V.)

GARZO. La Cardère, *Dipsacus Fullonum*, porte ce nom en Italie. (LN.)

GARZOTTE. Nom vulgaire du Canard sarcelle. (V.)

GAS ou GASCH. Nom du GEAI, en Languedoc. (DESM.)

GASA. *V.* GAAS. (DESM.)

GASALIBU. Nom donné par les Arabes à plusieurs graminées, et principalement à l'ivraie. (LN.)

GASAR. C'est l'HUITRE PARASITE. (B.)

GASCANEL ou GASCON. Nom vulgaire du CARANX TRACHURE. (B.)

GASCANET. *V.* GASCANEL. (DESM.)

GASCON. *V.* GASCANEL. (B.)

GASELLE. *V.* GAZELLE. (DESM.)

GASI-ALCHALEB. Nom arabe d'une espèce d'orchidée du genre ORCHIS. (LN.)

GASIOL. Nom arabe de l'EUPATOIRE COMMUN, du temps d'Avicenne. (LN.)

GASIOR, GES. Noms polonais de l'OIE. (V.)

GASOTTO. Nom italien de la GRIVE. (DESM.)

GASOUL. Nom que les Arabes donnent à une espèce de FICOÏDE (*Mesembryanthemum nodiflorum*). Adanson en a fait celui d'un genre particulier qui comprend les ficoïdes dont la corolle n'a que trente à quarante pétales, dont les étamines sont au nombre de dix à douze, et dont le fruit est à dix loges et cinq valves. L'espèce citée et le *mesembryanthemum geniculiflorum*, sont les types de ce genre. (LN.)

GASPELDOOREN. Nom hollandais d'une espèce de GENÊT, *Genista germanica*, L. (LN.)

GASSE. C'est l'AGROSTÈME des blés (*Agrostema githago*), en quelques parties de l'Italie. (LN.)

GASSIGIAK. *V.* KASSIGIAK. (S.)

GAST et GAESTER. Nom du GENÊT des teinturiers, en Allemagne. (LN.)

GASTA. C'est la SARDINE. (B.)

GASTAUDELLO. C'est le SCOMBRÉSOCE CAMPERIEN de Lacépède, à Nice. (DESM.)

GASTÉROMYCES, *Gasteromyci.* Nom donné, par M. Link, au 3.ᵉ ordre ou sect. de sa classe des ANANDRES. Il est divisé en quatre séries, et contient quarante-sept genres; savoir: TRICHODERME, MYRIOTHÈCE, SPUMAIRE, ÆTHALION, LIGNIDION, ARONGYLION, DERMODION, LICÉE, LYCOGALE, LÉOCARPE, LÉANGION, DIDYMION, DIDERME, PHYSARON, GONION, TRICHIE, STEMONITE, ARCYRIE, DICTYDION, CRIBRAIRE, CRATERION, CALICION, ONYGÈNE, STILBUM, ASCOPHORE, MUCOR, EUROTION, THAMNIDION, TULOSTOME, VESSE-LOUP, SCLÉRODERME, BOVISTE, GÉASTRE, SPHŒROBOLE, PILOBOLE, ASTÉROPHORE, TRUFFE, ENDOGONE, PIsocarpe, Nidulaire, Tremelle, Tuberculaire, Ægérite, Sclérote, Xylome, Satyre et Clathre.

Les caractères de cet ordre sont : sporidies agglomérées renfermées dans une ou plusieurs enveloppes qui constituent le sporange. (P. B.)

GASTÉROPLÈQUE, *Gasteroplecus*. Genre établi par Gronovius, sur un poisson des mers d'Amérique, dont le ventre est très-tranchant, et dont il n'a pas aperçu les nageoires abdominales. Linnæus, qui a bien vu ces nageoires, a placé ce poisson parmi les *clupées*, sous les doubles noms de *clupea sternicla* et *clupea sima ;* mais il n'avoit pas aperçu une très-petite nageoire adipeuse, placée derrière la dorsale, ce qui le fait entrer dans le genre Salmone, où il a été introduit par Pallas, sous le nom de *salmo gasteroplecus*. On l'appelle *sternicle* en français. Lacépède l'a laissé parmi les Clupées, sous le nom de Clupée feinte. (B.)

GASTÉROPODES. Nom donné par Cuvier à une des divisions qu'il a proposées dans la classe des *mollusques*. Cette division renferme les *mollusques* qui ont la tête libre et qui rampent sur le ventre ; elle comprend tous les coquillages univalves et plusieurs genres des *mollusques* nus de Bruguieres. *Voyez* le mot Coquillage et le mot Mollusque. Blainville enlève le genre Onchidie à cet ordre, pour le faire entrer dans celui qu'il a appelé Cyclobranche. (B.)

GASTÉROSTÉE ou **GASTRE**, *Gasterosteus*. Genre de poissons de la division des Thoraciques, à qui Lacépède a donné pour caractères : une seule nageoire dorsale ; des aiguillons isolés ou presque isolés au-devant de la nageoire du dos ; une carène longitudinale de chaque côté de la queue; un ou deux rayons, au plus, toujours aiguillonnés à chaque nageoire thoracine

Si on a dit que Lacépède avoit rédigé ces caractères, quoique le genre soit établi par Linnæus, c'est parce qu'il l'a modifié au point qu'il ne conserve presque plus rien de son organisation primitive. En effet il a formé, aux dépens des espèces qui sont mentionnées dans le *Systema Naturæ*, cinq nouveaux genres, savoir : Centronote, Centropode, Cephalacanthe, Lépisacanthe et Pomatome; il n'a laissé que trois espèces, sur douze, dans celui auquel il a conservé le nom primitif.

Ces espèces sont :

Le Gastérostée épinoche, *Gasterosteus aculeatus*, Linn., qui a trois aiguillons au-devant de la nageoire du dos. *Voyez* pl. D 32 où il est figuré. On le trouve dans presque toute l'Europe, dans les eaux vives comme dans les eaux stagnantes. Il atteint rarement trois pouces de long ; sa tête est tronquée antérieurement et comprimée des deux côtés ; l'ouverture de sa bouche est assez large ; l'opercule de ses ouïes est grand ; le corps est presque quadrangulaire, verdâtre en dessus, blanc et quelquefois rougeâtre en dessous ; chaque ligne latérale est indiquée par des plaques osseuses, plus petites vers la tête ainsi que vers la queue, qui lui forment une cuirasse ; deux os allongés ou affermis antérieurement par un troisième, couvrent le ventre comme un bouclier ; de là le nom de *gastérostée*. Ses nageoires sont jaunâtres ; les aiguillons de son dos et de sa poitrine sont très-pointus, très-durs, et tellement engenouillés, que si on veut les abaisser de force pendant la vie ou après la mort du poisson (ce dernier cas les fait toujours relever), on les casse plutôt que d'y parvenir.

Le gastérostée épinoche, qu'on appelle aussi *épinarde* et *écharde*, fraye au printemps sur les plantes aquatiques. Quoiqu'il n'ait pas à proportion autant d'œufs que les autres poissons, il ne multiplie pas moins avec une rapidité incroyable quand il est dans des circonstances favorables. On a dit qu'il ne vivoit pas plus de trois ans ; mais il ne paroît pas que ce fait soit suffisamment constaté pour le regarder comme positif. Ce poisson se nourrit de larves d'insectes, de têtards de grenouilles, de vers, etc. Quoique petit, il est rarement attaqué par les poissons voraces, à raison de ses épines qu'il redresse dans le danger, et qui, si elles ne sont pas toujours capables de faire périr ses ennemis, les font assez souffrir pour leur ôter l'envie d'y revenir ; mais les oiseaux d'eau à bec pointu, qui les déchirent avant de les manger, bravent ces armes.

On voit dans quelques eaux une si grande quantité de gastérostées, qu'ils semblent entassés par la main des hommes : on ne peut concevoir comment ils peuvent tous trouver à vivre. En France on n'en fait aucun usage, que de les donner aux volailles, surtout aux dindons, qui les aiment beaucoup ; mais en Angleterre et dans le nord de l'Europe, où ce poisson est également abondant, on s'en sert pour faire de l'huile ou pour fumer les terres. Ces deux emplois étant également productifs, on doit désirer de les voir adopter chez nous. Est-il mieux de laisser perdre les gastérostées dans les marais qui se dessèchent, et où je les ai vus accumulés de plusieurs pouces d'épaisseur dans des étendues considérables, que de se donner la peine de les pêcher avec une truble avant leur mort, pour les répandre sur les terres voisines ? J'ai indiqué au mot POISSON les avantages qu'on peut retirer de ceux qui ne sont pas mangeables, soit pour nourrir des animaux, soit pour en retirer de l'huile, soit enfin pour engraisser les terres : j'y renvoie le lecteur.

Les gastérostées épinoches sont regardés comme un fléau dans les étangs, attendu qu'ils diminuent de toute leur consommation la nourriture des carpes, des tanches, etc., et n'y peuvent pas servir d'aliment aux brochets, perches, etc. Ils sont extrêmement sujets aux vers intestinaux.

Le GASTÉROSTÉE ÉPINOCHETTE, *Gasterosteus pungitius*, Linn., a dix aiguillons au-devant de la nageoire du dos. On le trouve dans la mer et dans les lacs qui y communiquent; il remonte les rivières au printemps pour frayer. Sa grandeur est encore inférieure à celle du précédent. On n'en fait et on n'en peut faire aucun usage; on le prend même rarement, attendu qu'il passe entre les mailles des filets.

Le GASTÉROSTÉE SPINACHIE a quinze aiguillons au-devant de la nageoire du dos. On le trouve dans la mer du Nord. Il parvient à cinq à six pouces de long; les épines de son dos sont petites en comparaison de celles des espèces précédentes, et de plus courbées en arrière. On le prend en grande quantité sur les côtes de Hollande avec du feu, pendant les nuits d'été, uniquement pour fumer les terres et en tirer de l'huile: les gens pauvres le mangent cependant. C'est la *grande épinoche* de nos côtes, où on le trouve aussi. Il sert aujourd'hui de type au sous-genre GASTRÉ. (B.)

GASTON, *Gastonia*. C'est un arbre élevé, qui a une écorce spongieuse ou subéreuse; des feuilles ailées avec impaire, éparses aux extrémités des rameaux, à trois ou cinq folioles ovales, sessiles, entières et épaisses; des fleurs ferrugineuses, disposées en grappes au-dessous des touffes de feuilles.

Chaque fleur offre un calice monophylle à bord entier, cinq ou six pétales lancéolés, attachés au bord intérieur du calice, à sommet concave et nectarifère; dix à douze étamines; un ovaire inférieur, surmonté de dix à douze styles très-petits et réunis ensemble.

Le fruit est une capsule, ou peut-être une baie, couronnée par le calice, et divisée intérieurement en douze loges.

Cet arbre, qui forme un genre dans la famille des Araliacées, et dans la décandrie décagynie, se trouve à l'Ile-de-France, où il porte le nom de BOIS D'ÉPONGE.

Lamarck pense que le *nalagu* est une seconde espèce de ce genre. (B.)

GASTORKIS, *Gastorkis*. Genre établi par Aubert-du-Petit-Thouars, mais qui paroît peu différer du LIMODORE. (B.)

GASTRÉ, *Spinachia*. Sous-genre établi par Cuvier, pour

placer le GASTÉROSTÉE SPINACHIE, qui s'écarte des autres, par sa ligne latérale armée, par ses nageoires ventrales placées en arrière des pectorales, et par une petite membrane et un rayon outre l'épine. (B.)

GASTRÉ. *V.* GASTÉROSTÉE. (B.)

GASTROBRANCHE, *Gastrobranchus.* Nom donné par Bloch, à un animal que Linnæus avoit placé parmi les vers intestins, sous le nom de *myxine*, mais qui fait réellement partie de la classe des poissons, et ne diffère même pas considérablement des PÉTROMYZONS.

On a beaucoup blâmé Linnæus de s'être trompé dans le choix de la place que cet animal doit occuper dans la série naturelle des êtres ; mais actuellement qu'il est bien connu, que son anatomie a été développée avec soin par Bloch, on voit qu'il termine la classe des poissons, qu'il fait le passage de ces derniers avec les vers, qu'il se rapproche des SANGSUES et des LERNÉES, dont les mœurs sont analogues aux siennes, et qui sont à moitié *vers libres* et *vers intestins.*

Le *gastrobranche* forme donc, dans la division des poissons *chondroptérygiens*, un genre dont le caractère consiste à avoir les ouvertures des branchies situées sous le ventre, et point d'yeux.

Le corps de ce cartilagineux est assez délié, cylindrique, et parvient rarement à la longueur d'un pied. Il présente, de chaque côté, une rangée longitudinale de petites ouvertures, qui laissent échapper un suc gluant ; une matière semblable découle de presque tous ses pores. Il n'a d'autres nageoires que celles du dos, de la queue et de l'anus, et elles sont réunies, très-basses, et presque adipeuses. Il est bleu sur le dos, rougeâtre sur les côtés, et blanc sous le ventre ; l'ouverture de l'anus est une fente très-allongée.

Mais, dit-on, sans doute il n'a pas été question de la tête de ce poisson. Cela est vrai ; mais comment en parler, puisqu'il n'en a pas ? Son corps est tronqué dans sa partie antérieure et présente un trou rond, formé par un cartilage, auquel on a donné le nom de *lèvre ;* quatre barbillons sont placés à la partie supérieure, et deux à la partie inférieure de ce trou. Entre les quatre supérieurs, on voit un évent qui communique avec l'intérieur de la bouche, comme celui des pétromyzons, évent fermé, à la volonté de l'animal, par une espèce de soupape ; l'intérieur de la bouche présente une double rangée de dents, fortes, dures, plutôt osseuses que cartilagineuses, et retenues, comme celles de la lamproie, dans des espèces de capsules membraneuses : on en compte neuf

D. 32.

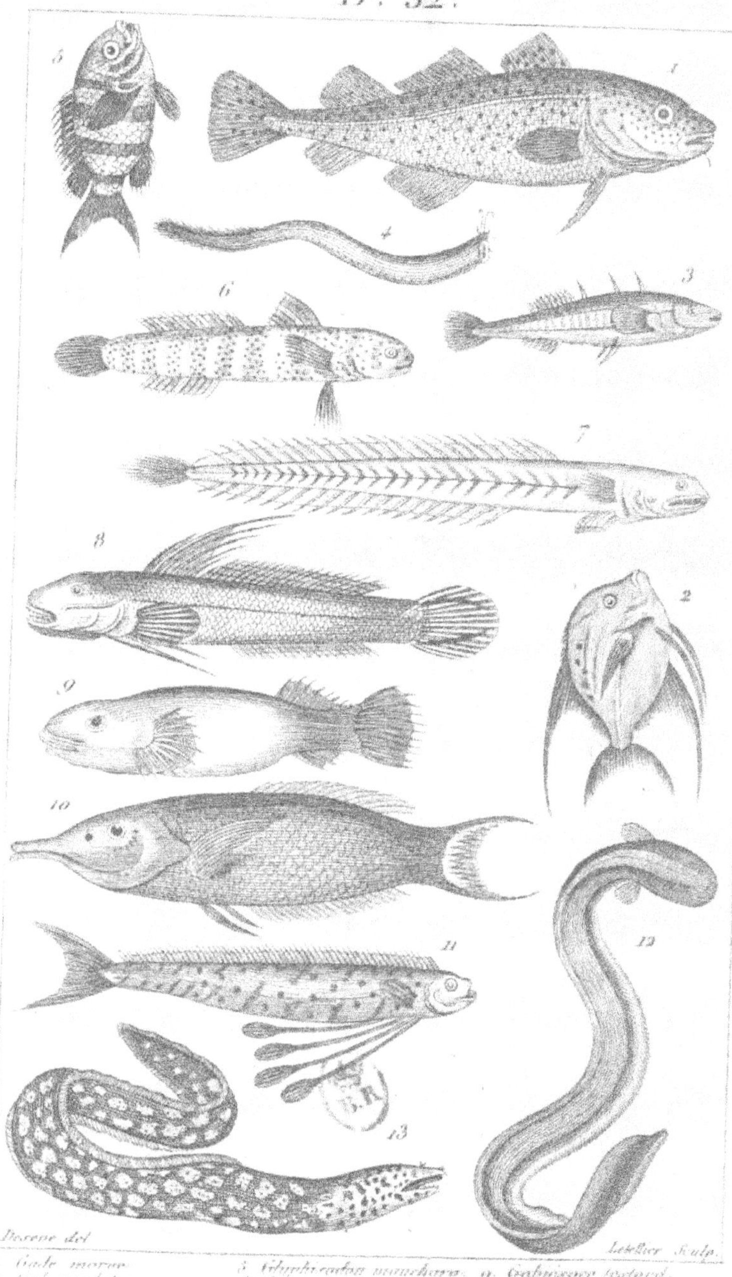

1. Gade morue.
2. Gal verdâtre.
3. Gastérostée [illegible]
4. Gastrobranche aveugle.
5. Glyphisodon moucharra.
6. Gobie bosc.
7. Gobioïde broussonnet.
8. Gobiomore taiboa.
9. Gobiésoce testard.
10. Gomphose bleu.
11. Gymnètre hawken.
12. Gymnote électrique.
13. Gymnothorax murène.

dans le rang supérieur, et huit dans l'inférieur; une autre plus grosse et recourbée, se voit de plus au-dessus des premières. On n'aperçoit ni langue ni narines; mais on trouve une membrane plissée au palais, autour de l'ouverture de l'évent, que Lacépède regarde comme l'organe de l'odorat. Il n'y a rien qui paroisse pouvoir être appelé des yeux, ni des oreilles, de sorte qu'il faut que ce poisson jouisse d'un tact très-fin, pour pouvoir suppléer à la privation de ces organes des sens.

Le Gastrobranche aveugle se colle aux poissons par le disque qu'on appelle ses lèvres, probablement en faisant le vide; puis avec ses dents il leur déchire la peau, sans qu'ils puissent se défaire de lui, car il s'y accroche de plus avec sa grosse dent. Il suce alors leur sang ou leurs humeurs, comme les Sangsues et les Lernées, ainsi qu'on l'a déjà annoncé. *V.* pl. D 32, où il est figuré.

Comme ce cartilagineux, ainsi fixé, seroit aisément la proie des poissons, autres que celui dont il soutire le sang, la nature lui a donné un moyen de se dérober à leur vue. Ce sont ses excrémens qu'il lâche dans le danger, excrémens qui ont entièrement l'apparence d'un limon très-liquide, et qui restent pendant quelques instans auprès de lui, à raison de la matière visqueuse qui transsude de son corps; cette viscosité est si abondante, que Kalm rapporte qu'ayant mis un de ces cartilagineux dans un grand baquet plein d'eau de mer, cette eau devint semblable à une colle claire et transparente, dont on tiroit des filamens de la grosseur du pouce, qui entraînèrent même l'animal. Une seconde eau dans laquelle on mit le même individu, devint pareille au bout d'un quart d'heure. De là on peut conclure qu'il seroit très-possible, et même très-facile de faire, avec avantage, de la colle de poisson avec ce cartilagineux.

Bloch ne croit pas que le *gastrobranche* entre dans le corps des poissons, comme le rapportent les pêcheurs, et il est fondé, car il ne pourroit pas vivre sans air.

On peut voir, dans l'ouvrage de ce célèbre ichtyologiste, les différences anatomiques qui éloignent ce poisson des autres.

Lacépède mentionne deux espèces de gastrobranches.

Le Gastrobranche aveugle, qui a une nageoire dorsale. C'est celui dont il vient d'être question, et qu'on trouve dans la mer du Nord.

Le Gastrobranche de Dombey, qui n'a pas de nageoire dorsale. Il a été apporté par Dombey, des mers du Chili. Sa longueur est double de celle du précédent; ses dents sont au nombre de trente-sept, y compris la grande: celui-ci a une tête arrondie, et plus grosse que le corps. (B.)

GASTROCHÈNE, *Gastrochæna*. Genre de coquilles bivalves, établi par Spengler, aux dépens des PHOLADES. Ses caractères sont : coquille très-bâillante obliquement en avant ; point de dents à la charnière.

La PHOLADE BAILLANTE sert de type à ce genre, qui en renferme encore deux ou trois autres, toutes vivant dans l'intérieur des madrépores qu'elles perforent, et dont elles font sortir leur double tube, pour la respiration et la nourriture. (B.)

GASTRODIE, *Gastrodia*. Genre établi par R. Brown, dans la gynandrie diandrie, et dans la famille des orchidées.

Ce genre ne paroît pas être suffisamment distingué des LIMODORES. (B.)

GASTROPACHA. Genre d'insectes lépidoptères nocturnes, établi par M. Gemmar, aux dépens de celui des BOMBYCES, et qui renferme les espèces dont les palpes s'avancent en forme de bec, et dont les ailes sont dentelées, telles que les *bombyx quercifolia*, *populifolia*, *betulifolia*, *illicifolia*, etc., de Fabricius. (DESM.)

GASTROPODES. *V.* GASTÉROPODES. (DESM.)

GAT. Nom du chat en patois languedocien et provençal. (DESM.)

GAT PUDRE. Nom languedocien du PUTOIS. *Voy.* MARTE. (DESM.)

GATAF. Nom arabe de l'ARROCHE HALIME, *Atriplex halimus*, L. (LN.)

GATAGAY. C'est, au Cap de Bonne-Espérance, le CALAC D'AFRIQUE, *Carissa arduina*, Lam., dont les racines se mangent. (B.)

GATALES, de Dioscoride. Synonyme de l'ASTRAGALOS du même auteur. (LN.)

GATAN. C'est une espèce du genre SOLEN, le *solen vespertinus*. (B.)

GATANGIER. Le SQUALE ROUSSETTE porte ce nom à Marseille. (B.)

GATEAU. On a donné ce nom à chaque assemblage de cellules qui se trouve dans le nid des abeilles et dans celui des guêpes, et qui présente à peu près la forme de l'objet que ce nom rappelle. On sait que l'architecture des abeilles surpasse celle des guêpes dans l'ordonnance des gâteaux : ils n'ont chez celles-ci qu'un seul rang de cellules ; chez celles-là le terrain est mieux ménagé, chaque gâteau porte un double rang d'alvéoles; ils sont appuyés les uns contre les autres par leur fond, de manière que l'ouverture de ceux d'un rang fait face, du côté opposé, à celui vers lequel ceux de l'autre rang sont tournés; leur axe est parallèle à l'horizon, et le gâteau qu'elles composent lui est perpendiculaire. Cette position, directement contraire à celle des gâteaux des guêpes, est déterminée par des circonstances particulières, et dont la conservation des petits dépend. Les petits des guêpes demandoient sans doute à avoir toujours la tête tournée en bas; les cellules qui leur servent de berceaux sont disposées en conséquence. Tous les gâteaux du guêpier sont parallèles à l'horizon, puisque toutes les cellules ont leur ouverture tournée en bas. *V.* ABEILLE, GUÊPE. (O.)

GATEAU FEUILLETÉ. Coquille du genre des CAMES. C'est le *chama lazarus* de Linnæus. (B.)

GATEAUX, *Placentæ*. Klein donne ce nom à certains OURSINS. (DESM.)

GATEAUX DE LOUP. Champignons du genre BOLET. *V.* SEPS ou CÈPES PINAUX. (B.)

GATEAUX DE MIEL, *Melita*. Division établie parmi les OURSINS, par Klein. (DESM.)

GAT-EL-CHALLAH. Nom arabe du CARACAL. (S.)

GATETA et GATICO. Noms donnés, en Espagne, à une variété de RAISIN NOIR. (LN.)

GATHUONE. Les Africains nommoient ainsi les LAITRONS, suivant Tabernæmontanus. (LN.)

GATICE. C'est le PEUPLIER BLANC, en Ialie. (LN.)

GATIES. *V.* GATETA. (LN.)

GATILLO, GATINO, GATUNA. Noms espagnols de l'ARÊTE-BŒUF, *Ononis spinosa*. *V.* BUGRANE. (LN.)

GATO. C'est le nom du CHAT en espagnol et en portugais. (S.)

GATO DE ALGALIA. Les Portugais ont donné cette dénomination à la CIVETTE. (S.)

GATRNIK. Nom de l'ANÉMONE HÉPATIQUE, en Bohême. (LN.)

GATTAIR. Nom arabe d'une espèce de CANARD. (DESM.)

GATTARIA. L'ASARET et la CHATAIRE portent ce nom en Italie. (LN.)

GATTE. Sorte de poisson du genre CLUPÉE, qui ne diffère pas de la FEINTE. (B.)

GATTERO et GATTICE. Le PEUPLIER BLANC est ainsi nommé en Italie. (LN.)

GATTER-TRÉE. Nom anglais du CORNOUILLER SANGUIN. (LN.)

GATTILIER, *Vitex*, Linn. (*Didynamie angiospermie.*) Genre de plantes de la famille des pyrénacées, dans lequel la fleur présente un calice très-petit et à cinq dents : une corolle monopétale, irrégulière, et à deux lèvres, dont le tube est plus long que le calice, et dont le limbe est découpé en cinq ou six lobes obtus et inégaux ; quatre étamines, deux longues et deux courtes, terminées par des anthères inclinées, mobiles et jumelles ; un ovaire supérieur et rond, qui soutient un style couronné par deux stigmates en forme d'alène et divergens. Le fruit est un drupe mou, contenant un osselet à quatre loges monospermes.

Jussieu croit qu'il faut réunir à ce genre l'AGLAIA de Loureiro : les genres LIMIE et CHRYSOMALO semblent également lui appartenir.

On connoît une vingtaine d'espèces de *gattiliers ;* la plupart sont des arbrisseaux indigènes ou exotiques, à feuilles ordinairement digitées, rarement simples, ternées ou ailées. Leurs fleurs naissent en panicules disposées autour des tiges, et situées souvent à leur extrémité ; elles sont presque toujours réunies au nombre de trois sur chaque pédoncule.

Le GATTILIER COMMUN, *Vitex agnus castus*, Linn., vulgairement l'*agneau chaste*, l'*arbre au poivre.* C'est un arbrisseau de moyenne grandeur, qui s'élève, soit en buisson, soit sur un tronc nu inférieurement, et garni vers son sommet de rameaux quadrangulaires, foibles, plians, blanchâtres et lisses. Son feuillage est remarquable, parce qu'il a des rapports avec celui du *chanvre.* Les feuilles sont composées de cinq, six ou sept lobes très-profonds, réunis au pétiole, et disposés en forme de main ; ils sont presque entiers, étroits, et de grandeur inégale. Les fleurs viennent en épis verticillés.

Cet arbrisseau croît naturellement dans les lieux humides et sur les bords des rivières, en Sicile, en Italie, et dans les cantons méridionaux de la France. Il est très-propre à orner les bosquets d'été et d'automne, par ses longs épis de fleurs, qui paroissent en juillet et août, et qui sont ou blanches, ou bleues, ou gris-de-lin, selon les variétés ; elles exhalent, ainsi que toutes les autres parties de la plante, une forte odeur, qui approche de celle du camphre.

Ce *gattilier* est de pleine terre ; tout sol lui convient : il lui faut un soleil modéré, et il est à propos de l'arroser de temps en temps, surtout dans les sécheresses. Il craint les fortes gelées. On peut le multiplier de graine : mais comme il est lent à croître, il vaut mieux faire usage de boutures et de marcottes, qu'on met en terre au printemps.

Le GATTILIER DÉCOUPÉ, *Vitex negundo*, Mus. Celui-ci s'élève un peu moins que le précédent, et a un feuillage beaucoup plus élégant et plus gai. Ses feuilles sont opposées, et communément à cinq lobes, tous profondément découpés : il porte des fleurs bleuâtres ou blanches. On le cultive au Muséum de Paris et dans les jardins des curieux. On le dit originaire de la Chine. Il redoute aussi le grand froid, et a besoin d'être couvert de litière pendant l'hiver. (D.)

GATTO. Nom italien du CHAT. (DESM.)

GATTO. Nom du SQUALE ROUCHIER (*squalus stellaris*), à Nice. On y nomme aussi *gato de fount* une autre espèce du même genre que M. Risso appelle SQUALE NICÉEN. (DESM.)

GATTOLARO. Nom du PLAQUEMINIER (*diospyros lotus*) en Italie. (LN.)

GATTORUGINE. Poisson du genre BLENNIE. (B.)

GATUNA. *V.* GATILLO. (LN.)

GAU ou GEAU. Nom du *coq*, en vieux français, et encore en Savoie ainsi que dans quelques cantons de la France. En Lorraine, c'est *geu*. (S.)

GAUCA-GAUCU. Les Portugais du Brésil donnent ce nom à la *gaviola* de Marcgrave. *V.* MOUETTE. (S.)

GAUCHE-FER. Le SOUCI des jardins (*calendula officinalis*, porte ce nom en Provence. (LN.)

GAUDE. Nom vulgaire d'une espèce de RÉSÉDA, dont on fait un grand usage dans la teinture. *V.* RÉSÉDA. (B.)

GAUDINIE, *Gaudinia*. Genre de GRAMINÉE établi aux dépens des AVOINES par Palisot-Beauvois. Ses caractères sont : balles calicinales inégales, obtuses, contenant neuf ou onze fleurs, chacune formée par deux valves dont l'inférieure est pourvue de deux dents à son sommet et d'une arête tortillée un peu en dessus de sa partie moyenne, la supérieure de deux ou de quatre dents.

L'AVOINE FRAGILE sert de type à ce genre. (B.)

GAUDRON. *V.* au mot GOUDRON. (B.)

GAUGALIN. *Poule* qui fait entendre un chant semblable à celui du *coq*. (DESM.)

GAUL. *V.* AIL. (LN.)

GAULLA et GAYUBA. Noms donnés, en Espagne à une espèce d'ARBOUSIER (*arbutus uva ursi*). (LN.)

GAULIS. (*Vénerie.*) Branches d'un bois de dix-huit à vingt ans. (S.)

GAULTHERIA. Genre établi par Kalm sur une plante

de l'Amérique septentrionale, et qu'il consacra à la mémoire d'un naturaliste français qui exerça la médecine dans le Canada. Ce genre a été adopté : il comprend maintenant six espèces. *Voyez* à l'article PALOMIER. Lamarck pense que le *gaultheria antipoda* doit être réuni aux ARBOUSIERS. (LN.)

GAUR. *V.* BRUANT GAUR. (V.)

GAUR des Arabes. C'est le LAURIER. (LN.)

GAURA, *Gaura.* Genre de plantes de l'octandrie monogynie et de la famille des épilobiennes, qui présente pour caractères : un calice monophylle, caduc, et à limbe divisé en quatre parties oblongues et réfléchies ; quatre pétales oblongs, onguiculés, rangés d'un seul côté, et insérés au tube du calice ; huit étamines, munies d'une glande à leur base ; un ovaire inférieur, oblong, surmonté d'un style filiforme, à quatre stigmates oblongs et ouverts ; un drupe turbiné, quadrangulaire, acuminé à ses deux extrémités, strié, dont le noyau est ordinairement uniloculaire et monosperme, mais présente toujours des vestiges de l'avortement des trois autres.

Ce genre renferme cinq à six espèces, toutes naturelles à l'Amérique. Ce sont des plantes bisannuelles, à feuilles alternes et à fleurs disposées en petits bouquets ou en épis terminaux. Long-temps on n'a connu que le GAURA BISANNUEL, qui croît en Virginie, qui est propre à servir d'ornement dans les parterres, et dont les caractères sont : d'avoir les feuilles lancéolées, dentées, les pétales ovales et courts, les étamines et le style inclinés. Il est cultivé dans les jardins. (B.)

GAÜTEREAU. Nom vulgaire du GEAI. (V.)

GAUTSKO. Nom de la VIOLETTE DES BOIS (*viola canina*), en Norwége. (LN.)

GAUVERA. Quadrupède mal indiqué dans quelques anciens voyages ; l'on y dit que c'est une espèce de taupe sauvage, dont l'échine est aiguë, et dont les pieds sont blancs, ainsi que la moitié des jambes. (S.)

GAUZ et GAUZOZ. Noms que les Arabes donnent aux Cocos. Rumphius prétend qu'ils dérivent de l'hébreu EGOZ qui veut dire noix, et d'où viendroit aussi le mot de *cocos* suivant le même auteur. (LN.)

GAVARON. A Nice, on appelle ainsi les jeunes individus de l'espèce du SPARE SMARIS. (DESM.)

GAVEZ ou GUVEZ. Noms de la CONSOUDE chez les Croates. (LN.)

GAVI-GAVI. En Italie, on appelle ainsi le VANNEAU (*tringa vanellus*). (DESM.)

GAVIA. Nom italien des MOUETTES; c'est, dans Brisson, leur dénomination générique. (V.)

GAVIAL. Nom spécifique d'un crocodile de l'Inde. Cuvier en fait le type d'un sous-genre qui contient, outre cette espèce, celle que Faujas a appelée le *petit gavial* (*G. tenuirostris*, Cuv.). *V.* CROCODILE. (B.)

GAVIAN. Nom vulgaire de la MOUETTE TRIDACTYLE. (V.)

GAVION. Nom portugais de plusieurs OISEAUX DE PROIE, et particulièrement du CARACARA. (S.)

GAVIAO. Nom du CARACARA, au Brésil. (V.)

GAVIOTA. Espèce de MOUETTE. *V.* ce mot. (S.)

GAVOUE DE PROVENCE. *V.* l'article des BRUANTS. (V.)

GAVRON. Nom polonais du FREUX. (V.)

GAWOR. Le CHARME et l'ÉRABLE portent ce nom en Bohême. (LN.)

GAYAC, ou BOIS SAINT, *Guaiacum*, Linn. (*décandrie monogynie.*) Grand arbre de la famille des rutacées, qui croît aux Antilles et au Mexique, et dont le bois est dur, compacte, pesant et résineux. Ses feuilles sont opposées et ailées sans impaire, et ses fleurs naissent en faisceaux à l'extrémité des rameaux. Chaque fleur a un calice à cinq folioles inégales et caduques, cinq pétales ouverts et terminés par un onglet, dix étamines, un ovaire supérieur porté par un pédicelle très-court, et un style simple avec un stigmate pointu. Le fruit est anguleux et surmonté d'une pointe oblique ; il a depuis deux jusqu'à cinq loges, qui renferment chacune une semence, attachée à l'angle central de la loge osseuse par un cordon ombilical très-court. (Pl. 342 des *Illustrations* de Lamarck.

On connoît deux espèces de *gayac* : l'une *à fleurs bleues* ; c'est le *gayac officinal* (*guaiacum officinale*, Linn.) ; l'autre, *à fleurs bleuâtres et dentelées*, qui porte le nom de *bois saint* ou *gayac à feuilles de lentisque* (*guaiacum sanctum*, Linn.).

Le GAYAC OFFICINAL est un grand arbre qui croît à S.-Domingue et dans les autres Antilles. Il est figuré pl. D 29 de ce Dictionnaire. Son tronc est revêtu d'une écorce dure, cassante et brunâtre. Il pousse plusieurs branches lisses et noueuses, garnies de feuilles disposées par paires, et composées de quatre ou six folioles ovoïdes et obtuses. Les fleurs, de couleur bleue, sortent en grappes aux extrémités des rameaux. Le fruit qui les remplace est une capsule charnue, à deux angles, et faite à peu près en cœur. Cette capsule est rouge ; et quoique à deux loges, elle ne contient qu'une seule graine dure, ayant la forme d'une olive. L'autre graine avorte vraisemblablement.

Le bois de gayac a fort peu d'aubier ; il est dur, pesant, résineux, d'une odeur tant soit peu aromatique, et d'un goût amer et un peu âcre. Sa couleur est jaune noirâtre. Ce bois a toujours été regardé comme un bon sudorifique. On l'employoit fréquemment autrefois pour guérir les maux vénériens ; mais la découverte des propriétés du mercure en a restreint l'usage. D'ailleurs il a beaucoup moins d'efficacité dans notre climat que dans les pays où il croît, et qui sont situés sous la zone torride. Cependant sa décoction, ou celle de son écorce, à la dose d'une once par jour dans une pinte d'eau, est utile pour emporter les affections vénériennes légères, qui n'ont point infecté la masse entière du sang. Cette décoction fait la base des tisanes sudorifiques ordonnées en pareil cas. On la prescrit aussi avec succès dans les rhumatismes et les maladies de la peau.

La résine de gayac a les mêmes propriétés que le bois. Elle découle naturellement, ou par incision, de cet arbre ; dans le pays, on la nomme improprement *gomme de gayac*.

Le bois de gayac brûle mal ; il est si dur, qu'il émousse tous les outils dont on se sert pour le couper ; il est employé aux Antilles, à construire les roues et les dents des moulins à sucre ; on en fait des boules, des manches d'outils et d'autres ustensiles, même de très-beaux meubles ; il est surtout recherché, tant en Amérique qu'en Europe, pour faire les poulies qui entrent dans le gréement des vaisseaux, les roulettes des lits, etc.

Le GAYAC A FEUILLES DE LENTISQUE. Cet arbre ne s'élève pas à la même hauteur que le précédent. Ses feuilles sont plus petites, et composées de huit à dix folioles ovales et oblongues, ayant une pointe à leur sommet. Il est très-commun dans l'île de Saint-Domingue : on le trouve aussi dans celle de Porto-Rico et au Mexique. Son bois a la couleur du buis, et il est aussi dur et aussi pesant que le bois de l'espèce ci-dessus.

Ces deux espèces de gayac croissent avec une extrême lenteur, même dans leur pays natal. On ne peut les élever en Europe qu'en serre chaude, et les multiplier que par leurs semences, qu'on est obligé de faire venir des pays chauds.

Le GAYAC AFRICAIN, *Guaiacum africanum*, Linn., appartient, selon Lamarck, à la famille des LÉGUMINEUSES. On en a fait un genre, sous le nom de SCHOTIE. *V.* ce mot. (D.)

GAYAC des Allemands. C'est le FRÊNE. (LN.)

GAYAC DE CAYENNE. *V.* Coumarou. (ln.)

GAYAC (petit). C'est le Glabrier (*glabraria tersa*). (ln.)

GAYAPALA. Nom donné, à Ceylan, au *croton cathartique* (*croton tiglium*, L.). (ln.)

GAYAPIN. Nom vulgaire du *genista anglica* de Linn. *V.* au mot Genêt. (b.)

GAYE, GAYON. En vieux français, c'est le Geai. (v.)

GAYO. Nom espagnol du Geai. (v.)

GAYO COLORADO. Fruit d'un arbre de la dioécie icosandrie. Il a été rapporté du Pérou par Dombey ; c'est le même que le *loque*, également du Pérou, dont les capsules sont au nombre de cinq, et dont les jeunes rameaux, suivant Joseph de Jussieu, servent, dans la province de Cusco, à faire d'excellentes cordes pour la construction des ponts suspendus. Cet arbre paroît être, suivant M. de Jussieu, le *quillaia* de Molina. *V.* Quillai et Smegmadermos. (ln.)

GAYOMBA. Espèce de Genêt qui croît en Espagne (*spartium monospermum*). (ln.)

GAYON. Le Geai, en vieux français. *V.* ce mot. (s.)

GAYUBA. *V.* Gaulla. (ln.)

GAZ. Substance réduite à l'état de fluide aériforme, par sa combinaison *permanente* avec le calorique. Le gaz diffère de la *vapeur* en ce que le calorique n'a qu'une adhérence passagère avec celle-ci ; de sorte qu'à mesure qu'il se dissipe, elle repasse à l'état de corps *liquide* ou *solide*. C'est ainsi que les vapeurs aqueuses, qui exigent une température assez élevée pour demeurer en cet état, repassent à celui d'eau coulante par la diminution de la chaleur, et enfin à l'état solide, en se changeant en glace.

Les gaz, au contraire, sont tellement unis au calorique, qu'ils ne reprennent la forme liquide ou solide que par l'effet d'une nouvelle combinaison chimique avec quelque autre substance dont l'affinité l'emporte sur celle du calorique, ou lorsqu'on peut, par quelque moyen, opérer la soustraction de ce dernier. C'est ainsi que les élémens de l'eau (l'*hydrogène* et l'*oxygène*) demeurent constamment à l'état aériforme, à moins, qu'on ne dégage, par la combustion, le calorique qui les réduisoit à l'état de *gaz ;* car, dès l'instant où ils sont privés de la matière ignée qui les tenoit en dissolution, ils se combinent subitement, et se montrent sous la forme d'eau pure.

Les principaux *gaz* sont :

Le *gaz oxygène* ou *air vital ;* il entre dans la composition de l'air atmosphérique pour $\frac{28}{100}$, et dans la composition de l'eau pour $\frac{85}{100}$, le tout en poids. Il est un peu moins léger que l'air atmosphérique : le pied cube de *gaz oxygène* pèse 1 once 4 gros 12 grains. Le pied cube d'air pèse 1 once 3 gros 3 grains.

Le *gaz hydrogène* entre dans la composition de l'eau pour $\frac{15}{100}$. Il est environ treize fois plus léger que l'air : un pied cube de *gaz hydrogène* ne pèse qu'un peu plus de 61 grains.

Le *gaz hydrogène* entre dans la composition du *gaz ammoniac* dans la proportion d'environ $\frac{1}{7}$; le surplus est du *gaz azote*.

Le *gaz hydrogène* se combine très-bien avec le carbone ; et c'est un *gaz hydrogène carboné* qu'on obtient dans la dissolution de la *gueuse* ou de l'acier par l'acide sulfurique, et c'est le charbon qui lui communique une odeur fétide.

Le *gaz hydrogène*, combiné avec le *gaz azote*, forme l'*air inflammable des marais*.

Combiné avec le phosphore, le *gaz hydrogène* a la propriété de s'enflammer avec explosion, par le seul contact de l'air atmosphérique.

Combiné avec le soufre, il forme le *gaz hépatique*, dont la dissolution dans les eaux de source produit les eaux minérales *sulfureuses*. (PAT.)

[Le célèbre auteur de la *Statique chimique* a fait remarquer, depuis long-temps, que ce gaz jouit de la plupart des propriétés des acides, qu'il rougit la teinture de tournesol, et forme comme eux des combinaisons avec les bases alcalines, etc. On le rencontre aussi dans la nature à l'état de liberté, et notamment dans les volcans éteints de la campagne de Rome]. (LUC.)

Le *gaz azote* est un des élémens de l'air atmosphérique, où il entre pour environ $\frac{72}{100}$. Il entre également pour beaucoup dans la composition de l'alcali volatil ; et comme il entre aussi dans la composition de l'acide nitrique et du *gaz nitreux*, Chaptal l'appelle *gaz nitrogene*. On lui donne aussi le nom de *mofette atmosphérique*, attendu qu'il tue les animaux qui le respirent, sans être corrigé par un mélange suffisant d'air vital.

Le *gaz acide carbonique* est une combinaison de carbone et de *gaz oxygène* ; il entre pour environ $\frac{1}{100}$ dans la composition de l'air atmosphérique. Ce gaz est un peu plus pesant que l'air : un pied cube pèse 2 onces 40 grains. Il se combine très-aisément avec l'eau, et lui communique une saveur piquante et vineuse, et diverses propriétés salutaires. Ce sont les eaux minérales imprégnées de ce gaz qui sont connues sous le nom d'*eaux gazeuses* ou *acidules*.

Le *gaz ammoniacal* est l'ammoniaque pure et séparée par une distillation douce, de l'eau avec laquelle elle formoit l'*alcali volatil fluor*.

Suivant les expériences de Priestley, l'étincelle électrique tirée au milieu du *gaz ammoniacal*, en augmente trois ou quatre fois le volume, et en dégage du *gaz hydrogène*. D'autres célèbres chimistes ont reconnu qu'il est composé de six parties de *gaz azote* et d'une partie de *gaz hydrogène*.

Les acides minéraux passent à l'état de gaz par les modifications qu'ils éprouvent, soit par une soustraction, soit par une addition d'oxygène.

L'acide nitrique, en exerçant son action sur les matières qu'il dissout, perd une partie de son oxygène, et se convertit en *gaz nitreux*.

Il en est de même de l'acide sulfurique, qui devient *gaz acide sulfureux*, lorsqu'on lui enlève une partie de son oxygène.

L'acide muriatique, au contraire, passe à l'état de gaz sans rien perdre de son oxygène, et par la seule soustraction de l'eau, dans laquelle ce *gaz acide* est dissous.

Il a même une telle affinité avec l'oxygène, que si l'on expose de l'oxyde de manganèse à l'action de l'acide muriatique, celui-ci s'empare de son oxygène, et devient *gaz acide muriatique suroxygéné*.

Le *gaz nitro-muriatique* se dégage dans la dissolution de l'or ou du platine par l'eau régale. Son odeur est très-désagréable, et dangereuse à respirer.

Le *gaz acide fluorique* se dégage pendant la dissolution du spath-fluor par l'acide sulfurique. Ce gaz a la propriété remarquable de dissoudre la terre quarzeuse, et même de la volatiliser et de l'enlever avec lui; mais le contact de l'eau ou d'un corps humecté la fait reparoître sous sa forme terreuse. Le *gaz fluorique* a pour base une substance dont l'affinité avec l'oxygène est si grande, que le carbone même ne sauroit l'en séparer.

Il existe encore plusieurs autres gaz, et surtout des combinaisons de gaz différens, mais dont les propriétés sont moins connues que celles des précédens.

Le nom de *gaz* fut introduit par Van-Helmont, pour désigner certains fluides aériformes incoërcibles; et il est remarquable qu'il en ait fait surtout l'application aux élémens de l'eau, ainsi qu'on le voit dans son *Traité du Gaz aqueux*. Il avoit pressenti que l'eau n'étoit point une substance simple, et qu'elle étoit composée de deux fluides dont l'un étoit extrêmement léger et pouvoit s'élever dans les parties supérieures de l'atmosphère; l'autre plus pesant, et tous deux réunis et convertis en eau coulante par un troisième (comme nous voyons que les *gaz hydrogène* et *oxygène* sont combinés par l'action du fluide électrique.)

Bernard de Palissy avoit pareillement reconnu, dans son *Traité de la Marne*, que l'eau n'étoit pas une substance simple, et qu'elle contenoit un fluide qu'il nommoit le *cinquième élément*, et auquel il attribue toutes les propriétés de l'oxygène. Mais il étoit réservé à la chimie moderne de démontrer, par des expériences exactes, une vérité qui n'avoit été que soupçonnée par des hommes qui n'avoient pour guide que leur génie, et cette sorte d'instinct qui fait deviner, au moins confusément, les secrets de la nature. (PAT.)

GAZANE. Le SYNGNATHE PÉLAGIQUE s'appelle ainsi à Marseille. (B.)

GAZANIE, *Gazania*. Genre de plantes établi par Gærtner, sur le *gorteria rigens* de Linnæus, qui diffère des autres GORTÈRES par ses semences véritablement aigrettées. Cette plante, qui vient du Cap de Bonne-Espérance, a les feuilles lancéolées, alternes à la base, pinnatifides au sommet, argentées en dessous, et les tiges uniflores. Sa fleur est très-grande, à demi-fleurons jaunes, avec deux lignes blanches et une tache noire à leur base. (B.)

GAZAR EL CHEYLAN. Au Caire, en Egypte, on donne ce nom à un TORDYLION, *Tordylium anthriscus*, L., nommé, à Damiette, *koumelch* et *goumely*. (LN.)

GAZATHFALUS. Nom que les Arabes donnent à la CASSE DES BOUTIQUES, *Cassia fistula*. (LN.)

GAZE, *Papilio cratægi*. *V.* PIÉRIS. (L.)

GAZELLES. C'est le nom collectif d'animaux ruminans, voisins des cerfs par leurs formes et leur taille, mais qui en diffèrent en ce qu'ils ont des cornes persistantes, diversement contournées selon les espèces, et jamais rameuses. *V.* l'article ANTILOPE. (LN.)

GAZELLE proprement dite. *V.* ANTILOPE GAZELLE. (DESM.)

GAZELLE A BOURSE. *V.* ANTILOPE. (LN.)

GAZELLE A CORNES DROITES. C'est l'ANTILOPE ORYX. (DESM.)

GAZELLE BLEUE ou CHÈVRE BLEUE. *V.* ANTILOPE BLEUE. (DESM.)

GAZELLE D'AFRIQUE. On a donné ce nom, tantôt à la *gazelle commune*, tantôt à l'ANTILOPE proprement dite (*Antilope cervicapra*). *V.* ANTILOPE. (DESM.)

GAZELLE DE LA NOUVELLE-ESPAGNE. Brisson appelle ainsi un quadrupède de l'Amérique méridionale, qui paroît appartenir au genre des cerfs, mais dont la description est trop incomplète pour qu'il soit possible de déterminer l'espèce à laquelle il appartient réellement. (DESM.)

GAZELLE DES INDES de Brisson, paroît être le PASAN ou l'ANTILOPE LEUCORYX. *V.* l'article ANTILOPE. (DESM.)

GAZELLE DU BÉZOARD ou ANIMAL DU BÉZOARD. Il paroît que l'animal ainsi désigné est le PASENG ou CHÈVRE SAUVAGE de la Perse, et non l'ANTILOPE GAZELLE, comme Buffon et quelques autres naturalistes ont paru le croire. (DESM.)

GAZELLE DU CAP DE BONNE-ESPÉRANCE. C'est la GAZELLE BLEUE ou CHÈVRE BLEUE. *V.* ANTILOPE. (DESM.)

GAZELLE (PETITE) DE JAVA. C'est le MEMINNA, espèce du genre CHEVROTAIN. (DESM.)

GAZELLE SAUTANTE DU CAP DE BONNE-ESPÉRANCE. *V.* ANTILOPE SPRINGBOCK. (DESM.)

GAZELLE TZEIRAN. *V.* ANTILOPE DE PERSE. (DESM.)

GAZOLA. Nom portugais du BUTOR. (V.)

GAZON, *Cespes.* On nomme ainsi toute herbe courte, fine et touffue, qui couvre et tapisse un sol quelconque d'une étendue plus ou moins considérable. Les allées des jardins, les parterres, les terrasses, les bois, les ruisseaux, les fossés, les chemins publics ou vicinaux, et la plupart des champs, sont ordinairement bordés de *gazon.* On voit aussi dans la campagne, et surtout dans les grands parcs, des boulingrins ou pièces de gazon de dimensions différentes, et qu'on entretient pour l'agrément. Le gazon croît dans les cours, autour des puits et des fumiers, et jusque sur les murailles. Il s'empare de tous les lieux qu'abandonnent ou que n'occupent pas les autres végétaux. Sa beauté consiste dans la finesse et l'épaisseur de son herbe, qui doit avoir peu d'élévation et qui doit être unie et comme veloutée.

Les gazons sont la robe de la nature ; ils forment un vaste et magnifique tapis qui couvre la terre, et sur lequel l'œil de l'homme aime toujours à se reposer. Ces draperies de verdure diversement nuancées, et qui prennent toutes les formes, se composent de tout ce qu'il y a de plus foible et de plus petit dans les végétaux. C'est une herbe molle et tendre qui fait la plus belle parure des champs. Si ce simple vêtement leur étoit ôté, ils n'offriroient qu'un coup d'œil sec et aride. Les arbres et les arbrisseaux nous étaleroient vainement alors toute la pompe de leur feuillage et tout l'éclat de leurs fleurs et de leurs fruits, leur aspect agréable et leurs abris ne pourroient nous consoler du spectacle offert par l'affreuse nudité de la terre.

Pourquoi l'intérieur d'une épaisse forêt nous inspire-t-il presque toujours un léger sentiment de tristesse? C'est parce qu'on ne voit, à la surface du sol qu'elle ombrage, ni gazon, ni fleurs, qui égayent et reposent la vue. Tout y est grand, majestueux, mais aucun groupe, aucune masse d'objets ne s'y montre sous des formes riantes et gaies. S'il s'y rencontre, par hasard, quelques clairières qu'une fraîche pelouse couvre, en les apercevant, l'âme sourit aussitôt à ce tableau, elle en jouit avec transport, elle a peine à s'en détacher, et le voyageur, obligé de poursuivre sa route, n'entre qu'à regret dans l'épaisseur des bois.

La teinte douce et variée des gazons, et leurs reflets verdoyans, répandent la fraîcheur et la vie dans tous les lieux et sur tous les sites, même les plus sauvages. Ils ornent la cime et la pente des coteaux arides, ils revêtent les rochers, couvrent les pics et les gorges des montagnes, tapissent les vallons et les bords des fleuves, et forment autour des étangs et des lacs, un cadre frais réfléchi par les eaux. Le long des chemins, ils présentent de larges plate-bandes de verdure, que le commun des voyageurs foule avec indifférence, mais que le naturaliste respecte. Le berger s'y repose quelquefois agréablement, à l'ombre d'un buisson, pour entendre la voix de l'objet qui lui est cher.

Il n'y a point de beau jardin, point de tableau naturel ou paysagiste, sans gazon. Ce sont les gazons qui embellissent non-seulement la campagne, mais même la toile sur laquelle elle est représentée. L'ombre des bosquets, le doux murmure des ruisseaux, la fraîcheur des grottes et des fontaines, perdent une partie de leurs agrémens, lorsque ces lieux n'offrent point un siége de verdure au voyageur. C'est surtout aux bords ou à l'entrée des bois, et sous les abris qu'ils procurent, qu'on aime à trouver une herbe épaisse et molle, pour pouvoir s'y reposer pendant la chaleur du jour, des fatigues du travail ou d'une longue course.

Si les gazons, au lieu de ceindre un bois touffu, sont eux-mêmes environnés d'un leger cordon d'arbres à feuillage tremblotant, tels que les saules et les peupliers, ils offriront un tableau plus séduisant encore et plus frais, surtout lorsqu'un filet d'eau claire et vive baignera leur surface ou leurs bords.

On vante, avec raison, les gazons de l'Angleterre, et les prés rians et gras de la fertile Normandie. En voyageant dans ces pays, je me suis souvent arrêté pour admirer ces riches et nombreux tapis verts qu'on y rencontre presque à chaque pas. J'ai joui aussi, autrefois, du spectacle ravissant qu'offrent les savanes, dans les Antilles, lorsque, après quelques mois de sécheresse, les eaux du ciel revivifient tous les germes des herbes nombreuses qui les composent. Elles reverdissent aussitôt comme par enchantement, reprennent dans quatre ou cinq jours tout leur éclat, et présentent, aux diverses époques de l'année, l'image fraîche du printemps. Ce tableau, qui se renouvelle toutes les fois qu'il tombe des pluies tant soit peu abondantes, frappe les voyageurs et les étrangers ; car les campagnes de l'Europe n'en offrent jamais un semblable.

Ainsi, la beauté des gazons tient évidemment au climat, que tous les efforts de l'art ne peuvent suppléer. L'exposition et la hauteur des sites où ils se trouvent placés, concourent aussi à les rendre plus ou moins frais et humides, plus ou moins verts et épais.

Quoique le gazon croisse partout de lui-même, excepté sur un sol frappé de stérilité, cependant, pour l'avoir plus beau, on le sème avec soin, ou bien on le prend tout formé dans les champs, pour l'appliquer sur le terrain qu'on veut en revêtir ; il s'appelle alors *gazon plaqué*.

La meilleure graine de gazon, est celle des hauts-prés, parce que l'herbe y est plus fine. Avant de la semer, on doit enlever toutes les pierres et les mottes, labourer le terrain à un fer de bêche de profondeur, le niveler et y passer le râteau. Pour faciliter encore mieux la levée du gazon, on peut répandre sur la surface du sol un ou deux pouces de bonne terre ou terreau. On sème alors, soit en octobre, soit après l'hiver. La saison de l'automne est préférable, parce que les plantes seront plus formées au printemps et craindront moins la sécheresse. On doit semer fort épais, par un temps couvert et calme, et recouvrir avec le râteau ; si l'on sème clair, chaque plante tallera et donnera une herbe grossière. Quand, peu de jours après, il survient une douce pluie, elle épargne la peine des arrosemens; dans le cas contraire, il faut y avoir recours, et se servir d'arrosoirs garnis de leurs griffes à petits trous. On doit aussi, lorsque l'herbe est sortie de terre, remarquer les endroits trop clairs, et les semer de nouveau, à moins qu'on n'aime mieux remettre cette opération au mois de septembre ou d'octobre de l'année suivante. Le gazon demande à être fauché tous les huit ou quinze jours ; plus il sera tondu souvent, plus il s'épaissira. Il faut, en outre, l'arroser dans les temps de sécheresse, et faire passer dessus un rouleau de fer ou de pierre, afin d'aplanir le sol, d'affaisser l'herbe, et empêcher qu'un brin ne passe l'autre. La pratique la plus avantageuse pour l'entretenir en bon état, est de le recouvrir chaque hiver d'une ou deux lignes d'épaisseur de terre fine, et encore mieux de terreau.

La meilleure plante pour former des gazons est, sans contredit, l'Ivraie vivace, parce qu'elle a ses feuilles d'un vert foncé, et ne craint point d'être piétinée; mais comme elle épuise la terre où elle végète, comme toutes les autres, il arrive une époque plus ou moins éloignée, selon la nature du sol, où il faut la remplacer.

Pour faire le *gazon plaqué*, on choisit, aux bords des chemins ou dans les pâturages, les pelouses du gazon le plus fin et le plus ras; on le lève à la bêche, en le coupant par carrés à peu près égaux, ordinairement longs d'un pied et demi, sur un pied de largeur, et épais de deux à trois pouces. On enlève la même épaisseur de terre sur le terrain qu'on veut gazonner, et on y applique ces carrés, en les serrant l'un contre l'autre. Alors des hommes armés de battes, frappent à coups redoublés sur le sol, pour l'aplanir et l'identifier avec le gazon, qui doit être ensuite arrosé largement. (D.)

GAZON D'ANGLETERRE. On donne ce nom à la Saxifrage hypnoïde. (B.)

GAZON D'OLYMPE, ou D'ESPAGNE, ou DE MONTAGNE. C'est le Statice vulgaire. *V.* ce mot. (B.)

GAZON DU PARNASSE. C'est la Parnassie et le Muguet a deux feuilles. (B.)

GAZON TURC. La Saxifrage hypnoïde porte quelquefois ce nom. (B.)

GAZOU. Les Guaranis, peuplade du Paraguay, appellent de ce nom toute espèce de *chevreuils*. *V.* Cerf. (S.)

GAZZA, GAZZURA, GAZZUOLA. Noms divers de la Pie, en Italie. (DESM.)

GAZZOLI. C'est le Potamot perfolié, en Italie. (LN.)

GEAI, *Garrulus*, Briss.; *Corvus*, Lath. Genre de l'ordre des Oiseaux Sylvains et de la famille des Coraces. (*V.* ces mots.) *Caractères :* bec médiocre, garni à la base de plumes sétacées dirigées en avant, épais, robuste, tendu, à bords tranchans; mandibule supérieure à échancrure usée vers le bout et inclinée brusquement à la pointe; narines presque ovales, ouvertes, ou découvertes, ou cachées par les plumes du *capistrum*; langue cartilagineuse, un peu aplatie, fourchue à la pointe; ailes médiocres, à penne bâtarde courte, arrondie à l'extrémité; les trois premières rémiges étagées, les quatrième et cinquième les plus longues de toutes; queue ou carrée ou arrondie; quatre doigts, trois devant, un derrière; les extérieurs unis à la base. Les *geais* sont remarquables en ce qu'ils ont les plumes du sommet de la tête, allongées et effilées, qu'ils redressent, quand ils sont agités de quelques passions. Ils ont beaucoup de rapports avec les *pies*; mais celles-ci n'ont pas le bec tout-à-fait conformé de même, et s'en distinguent par une queue plus longue et très-étagée. Les *geais* sont omnivores, se plaisent dans les bois, se réunissent en familles à l'automne et se tiennent par paires en été; les uns voyagent à l'arrière-saison, et les autres sont sédentaires. Ces oiseaux sont pétulans, criards et curieux; ils se nourrissent de graines, d'insectes, de baies et même de chair, mais ils n'avalent point les morceaux entiers; s'ils sont d'une certaine grosseur, ils les posent sous leurs pieds et les déchirent; c'est ainsi que je les ai vus dépecer les glands et les petits oiseaux. Les geais ne marchent point; leurs pas sont des sauts. On trouve leur nid sur les arbres, ordinairement vers le milieu; leur ponte est de quatre à six œufs.

(*Nota.* Les astérisques indiquent les espèces que je ne certifie pas être de véritables geais.)

Le GEAI proprement dit, *Garrulus glandarius*, Vieill.; *Corvus glandarius*, Lath.; a treize pouces cinq lignes de longueur; le bec noir; le sinciput couvert de plumes variées de blanc, de noir et d'une teinte bleuâtre, le noir occupant le milieu de chaque plume; celles qui recouvrent les narines d'un blanc sale; les joues, le cou, le dos, les couvertures des ailes, la poitrine et le haut du ventre d'un gris cendré et vineux; le croupion, les couvertures du dessus et du dessous de la queue, les jambes, blancs; la gorge et le bas-ventre blanchâtres; les plumes de l'aile bâtarde rayée transversalement de bleu clair, de bleu plus foncé et de noir à leur côté extérieur, et à leur bout, toutes sont noires à l'intérieur; les pennes primaires de l'aile noirâtres, et bordées de gris plus ou moins foncé; les secondaires noires et blanches, quelques-unes variées de bleu plus ou moins clair, et plusieurs de marron; la queue noire, excepté à l'origine où elle est cendrée: l'iris blanchâtre; la langue et le palais noirs; les pieds d'un brun tirant sur la couleur de chair. Le mâle se distingue de la femelle par la grosseur de la tête et la vivacité des couleurs; les jeunes diffèrent des vieux par des teintes plus foibles.

Les geais, naturellement pétulans et vifs, ont des mouvemens brusques, se mettent facilement en colère, et s'emportent souvent au point d'oublier leur propre conservation. On en a vu, dans leur accès de colère, se prendre quelquefois la tête entre deux branches, et mourir ainsi suspendus en l'air; aussi c'est lorsqu'ils se battent qu'on les approche avec plus de facilité. Une agitation perpétuelle semble être leur élément, en captivité comme en liberté.

Ainsi que les *pies*, ils ont l'habitude de cacher ou d'enfouir le superflu de leurs provisions, et celle de dérober tout ce qu'ils peuvent emporter. Ceux qui restent l'hiver avec nous, le passent renfermés dans les arbres creux, au milieu des provisions de glands, de noix, de faînes et de légumes qu'ils ont amassés, et ne se montrent que dans les jours doux. Dans l'été, ils se nourrissent d'insectes, de vers, de pois, de sorbes, de groseilles, de cerises, de framboises et de raisin ; ils mangent aussi les œufs et même les petits oiseaux, auxquels ils commencent par arracher les yeux et la cervelle. Leur voix naturelle est très-désagréable, et ils la font entendre souvent; ils ont aussi de la disposition à contrefaire le cri de plusieurs oiseaux, mais c'est celui des espèces qui ne chantent pas mieux qu'eux. Selon l'auteur de l'*Aviceptologie française* « il s'en trouve dans les bois qui contrefont si bien la *chouette*, qu'un pipeur, tant habile soit-il, s'y trouve souvent trompé. J'aurois cru, dit-il, que ceux-là ne viendroient point à la pipée, mais l'expérience m'a prouvé le contraire : ils y sont des premiers; et si on veut les élever dans l'espérance qu'ils piperont, c'est fort abusivement, car ils semblent avoir perdu avec leur liberté ces cris de *chouettes* qui leur paroissent si naturels. » S'ils aperçoivent dans les bois un renard ou quelque autre animal de rapine, ils jettent un cri très-perçant, comme pour s'appeler les uns et les autres; tous se rassemblent en peu de temps, et semblent vouloir en imposer par le nombre, ou du moins par le bruit.

Ces oiseaux préfèrent les bois aux lieux habités, nichent plus volontiers sur les chênes, choisissent les plus touffus, et ceux dont le tronc est entouré de lierre. Au mois d'avril, ils construisent leur nid de bois sec en dehors, et le garnissent intérieurement de racines et de filamens d'herbes; la femelle y dépose quatre à cinq œufs, un peu moins gros que ceux d'un pigeon de colombier, d'un cendré verdâtre, avec de petites taches foiblement marquées ; le mâle et la femelle les couvent alternativement, et l'incubation dure treize à quatorze jours. Cette espèce fait ordinairement deux pontes par an. Les petits de la première subissent leur première mue dès le mois de juillet, et suivent leurs père et mère jusqu'au printemps de l'année suivante, temps où ils s'accouplent et s'isolent pour former de nouvelles familles. Quand on veut élever les jeunes, il faut attendre que les plumes de la base du demi-bec supérieur soient un peu saillantes. La meilleure nourriture, que l'on puisse leur donner alors, consiste en des pois trempés dans du bouillon et mêlés avec du cœur de mouton cuit et haché menu ; et lorsqu'on le peut, avec des fruits. D'autres les nourrissent avec du lait et du pain ; mais cet aliment n'a pas assez de substance, aussi en périt-il beaucoup de ceux qu'on élève ainsi. Leur cri naturel n'est pas aussi varié que celui de la *pie;* cependant leur gosier n'est pas moins flexible, ni moins disposé à imiter tous les sons, tous les bruits, tous les cris d'animaux qu'ils entendent habituellement, et même la parole humaine: le mot *richard* est celui qu'ils articulent plus facilement. On en a vu imiter assez bien le miaulement du chat, le bêlement du mouton, l'aboiement du chien. Pour parvenir plus aisément à cette éducation, on dit qu'il faut leur couper le filet qui est sous la langue, ce qui lui donne plus de developpement et plus de facilité à articuler des sons étrangers. Cette petite opération se fait à plusieurs autres espèces d'oiseaux que l'on forme à parler, et auxquels on veut délier la langue. Il est des naturalistes qui en ont voulu contester la réalité; cependant, elle est généralement connue par tous ceux qui se mêlent d'élever des oiseaux. Selon Nozeman, les geais auxquels on a ainsi coupé le filet, apprennent, dans l'espace de deux ans, à parler très-intelligiblement, et on en voit qui imitent le bruit du craquement des doigts, des individus font entendre le son de la trompette, ou imitent le chant et le ramage d'une infinité d'autres petits oiseaux.

On prétend que la chair du geai est mangeable, surtout si on la fait bouillir d'abord, et ensuite rôtir; que quand ils sont jeunes et gras c'est un manger assez délicat, et qu'avec la précaution de leur retrancher la tête, il est assez ordinaire de les voir manger pour des *grives* par les personnes qui s'y connoissent le mieux. Si l'on en croit Lémery, le bouillon préparé avec cet oiseau est très-bon pour restaurer ou pour réparer les forces abattues: on se sert des petits pour préparer des eaux cosmétiques.

Comme l'on voit et l'on entend des *geais* dans nos bois pendant toute l'année, l'on a cru qu'ils étoient sédentaires dans les cantons où ils sont nés, et qu'ils ne les quittoient jamais. Il en est cependant autrement, du moins pour une partie; et une indication certaine qu'ils voyagent, c'est que l'automne, époque où tous les oiseaux du Nord refluent dans nos climats tempérés, j'en ai toujours vu un nombre beaucoup plus grand que dans toute autre saison.

Mais ce qui me paroît sans réplique, est tiré des observations les plus instructives et les plus précieuses sur le passage de nos oiseaux dans les îles de l'Archipel, et sur leur station hivernale en Egypte, que nous devons au savant voyageur Sonini. « Les geais, dit-il, arrivent en troupes dans quelques contrées du Levant au commencement de l'automne; ils se répandent sur des plaines que n'attristent jamais les glaces ni les frimas, et les quittent au premier printemps, pour retrouver les lieux où ils sont nés... Les geais sont de passage dans la plupart des îles orientales de la Méditerranée, principalement dans celles qui sont situées vers le Midi. Ils y arrivent deux fois l'année, et pour l'ordinaire aux mois d'avril et d'août. En 1779, le passage d'été a commencé à la mi-août dans les îles de Milo et de l'Argentière, où je me trouvois alors. Les geais devancèrent de quelques jours les *tourterelles*, autres oiseaux voyageurs qui, dans la même année, n'y parurent qu'à la fin d'août. Après une station de peu de durée sur les îles grecques, ils se rendent en Egypte, et suivant toute apparence, en Syrie et en Barbarie. J'en ai vu paroître sur les côtes de la Basse-Egypte, au mois de septembre, dans les environs d'Alexandrie et de Rosette; ils ne quittent point le voisinage de la mer, et ne remontent pas fort haut dans les plaines riantes et ombragées du Delta et du Bahiré. »

Il a paru à Sonnini que le plumage de ces geais passagers n'étoit pas aussi brillant que dans nos pays, ce qu'il semble attribuer, soit aux fatigues d'un long voyage, soit à ce que les femelles seules voyagent. Je soupçonnerai plutôt que le hasard n'auroit présenté à ses observations que des jeunes qui, à cette époque, sont au moins huit à dix fois plus nombreux que les vieux: les jeunes, comme l'on sait, n'ont alors qu'un plumage commun, et n'acquièrent qu'au printemps des couleurs vives: c'est surtout alors que la plaque bleue des ailes, quoique marquée dès leur plus tendre jeunesse, paroît dans toute sa beauté. Quoi qu'il en soit, « ces *geais*, ajoute Sonnini, arrivent au Levant en troupes plus nombreuses dans le mois d'août. Il sont alors d'une graisse excessive, et passent chez les Grecs pour un mets délicat. Au passage du printemps, ils sont moins réunis, ils voyagent plus éparpillés qu'en automne, de même que les autres espèces d'oiseaux sujets à ces grandes émigrations. »

L'espèce de ce geai est répandue en Suède, en Ecosse, en Angleterre, en Allemagne, en Italie, et paroît n'être étrangère à aucune contrée de l'Europe, ni même à aucune des contrées correspondantes de l'Asie; car on la trouve jusque sur les montagnes de la Sibérie. Parmi les variétés qu'elle offre, l'on doit distinguer les *geais à cinq doigts*, dont parlent les anciens, et qui, disent-ils, étoient susceptibles d'une éducation plus parfaite que les autres; mais cette race est donc éteinte, car on ne la trouve plus présentement. Les autres ne sont qu'accidentelles. On remarque parmi elles le *geai blanc* qui a l'iris rouge et seulement la marque bleue des ailes. Dans des individus, la couleur blanche est altérée par une teinte jaunâtre plus ou moins foncée; d'autres sont d'un blanc parfait, avec les pieds couleur de chair tendre; le bec d'un blanc rougeâtre; l'œil rouge et entouré d'un cercle d'un blanc bleuâtre.

Les plumes azurées des ailes étoient autrefois recherchées pour garnir l'ajustement des dames; mais cette fantaisie a disparu avec mille et mille autres qui l'ont suivie. Les *geais* ont gagné à ce changement d'une mode qui leur étoit funeste; on leur a moins fait la guerre; le cultivateur seul a été intéressé à s'opposer à leur trop grande multiplication, car ce sont de grands dévastateurs. On a donc inventé plusieurs moyens de les prendre, afin de diminuer dans nos champs le nombre de ces actifs et acharnés voleurs. Pour les éloigner des terrains ensemencés, l'on attache çà et là à des piquets fichés dans le sol, quelques geais blessés, ce qui, dit-on, en écarte les autres; mais pour les attraper, on s'y prend de plusieurs manières.

Chasse aux Geais. — Plus pétulans que la *pie*, les *geais* ne sont pas aussi défians ni aussi rusés; aussi donnent-ils plus facilement dans les divers piéges qu'on leur tend. L'instinct qu'ils ont de se rappeler et de se réunir à la voix de l'un d'eux, joint à leur violente antipathie pour la *chouette*, offrent plus d'un moyen pour les attirer, et il ne se passe guère de *pipée* sans qu'on n'en prenne plusieurs : (pour cette chasse, *voyez* ce mot.); on les prend encore à la *fossette* (*V.* MERLE.), et aux *abreuvoirs* (*V.* HOCHEQUEUE.)

La *chasse au plat d'huile* seroit des plus plaisantes, si on pouvoit compter sur sa réussite. On remplit un petit vaisseau ou un plat haut d'environ quatre doigts, d'huile de noix ou d'olive, mais la plus claire que l'on puisse avoir; on le pose dans un lieu que les geais fréquentent, et on se cache derrière quelque buisson; l'oiseau voltige d'abord autour du vase, et, prenant son image pour un autre geai, il se jette dessus; alors ses ailes imbibées d'huile lui deviennent inutiles, et le chasseur le prend aisément. L'auteur de l'*Aviceptologie française* révoque en doute le succès de cette chasse, et il assure qu'il a éprouvé cent fois qu'un geai, chargé de trois ou quatre gluaux, échappe encore au pipeur, s'il se trouve quelque arbre sur lequel il puisse monter.

On se sert encore avec succès du moyen qui est indiqué pour prendre les *corbines*, avec un geai vivant, fixé contre terre. *Consultez* l'article CORBEAU.

La chasse au *saut* se fait de cette manière : on prend une gaule grosse comme le pouce, de la hauteur de cinq à six pieds; on la fiche en terre, on y joint un *saut* attaché à une ficelle, et au milieu de la gaule on met une lanière qui tourne tout autour, et la couvre en entier; à l'extrémité supérieure de la gaule, on ajoute un paquet de cerises ou autres fruits, et on le pose vis-à-vis du lacet. L'oiseau ne peut fondre sur le fruit sans être pris au piége.

On les prend encore à la *repenelle :* on a un bâton de saule, d'environ quatre pieds de long, de la grosseur du pouce, et bien droit : on en aiguise le gros bout, et on met dans le petit un crochet, auquel on attache des cerises ou des cosses de pois ; on perce ensuite ce bâton à un pied en dessous de l'extrémité supérieure, et à la hauteur d'un demi-pied de terre ; on prend une baguette longue de trois pieds, de la grosseur du petit doigt ; on attache au petit bout une ficelle, ensuite un collet ; il faut que le gros bout de cette baguette passe dans l'ouverture inférieure du premier bâton, et que le collet soit attaché au petit bout dans l'ouverture ; il faut en outre observer que le nœud de la ficelle qui tient le tout, ne soit passé dans le trou qu'à la profondeur d'une ligne, et on l'y arrête par le moyen d'une petite cheville qu'on y fiche légèrement. La baguette fait pour lors le demi-cercle, et tient la ficelle tendue. Pour achever le ressort, on accommode le collet en rond sur ce petit bâton, et il doit y trouver un petit arrêt pour empêcher que le collet ne se défasse : on a d'ailleurs soin que l'appât des cerises ou cosses de pois soit directement au-dessus du bâton où est le collet, et à portée de l'oiseau qui viendra s'y percher pour le prendre. Dès que les geais aperçoivent cet appât, ils y volent ; mais quand ils sont une fois posés, la marchette tombe, le nœud de la ficelle que le petit bâton retenoit se lâche, la baguette se détend, et l'oiseau se trouve pris par les jambes. On tend la repenelle sur les arbres ou sur les buissons ; si c'est sur des arbres, on accroche le piége, en sorte qu'il ne se trouve point d'autres petites branches qui soient près de l'appât ; car les oiseaux, en se perchant dessus, pourroient le prendre sans toucher la marchette. On emploie les mêmes précautions sur un buisson. Pour réussir, il faut absolument se tenir à l'écart ; car la seule vue du chasseur suffit pour éloigner les geais, pendant tout le jour, de l'arbre ou du buisson où l'on a tendu le piége.

Le Geai d'Alsace. *Voyez* Rollier.

Le Geai d'Auvergne. Nom du Casse-noix, en Franche-Comté. *Voyez* ce mot.

Le Geai azurin, *Garrulus cyaneus*, Vieill., se trouve aux Florides et ne pénètre point dans le nord des Etats-Unis ; du moins je ne l'y ai pas rencontré. On ne peut le confondre avec le *geai bleu huppé*, puisqu'il est plus petit, qu'il n'a point d'aigrette sur la tête, et que tout son plumage est généralement d'un bleu d'azur. Latham le rapporte au *geai de Steller*, mais celui-ci est huppé et ne porte pas le même vêtement.

Le GEAI DE LA BAIE DE NOOTKA. *Voyez* GEAI de STELLER.

Le GEAI DE BATAILLE. *Voyez* GROS-BEC D'EUROPE.

Le GEAI DE BENGALE. C'est, dans Albin, le nom du ROLLIER CUIT ou de MINDANAO.

Le GEAI BLANCHE-COIFFE. *Voyez* PIE BLANCHE-COIFFE.

Le GEAI BLEU DE L'AMÉRIQUE SEPTENTRIONALE. *V.* GEAI BLEU HUPPÉ.

Le GEAI BLEU DU CANADA. *V.* GEAI BLEU HUPPÉ.

Le GEAI BLEU HUPPÉ, *Garrulus cristatus*, Vieill.; *Corvus cristatus*, Lath., pl. enl. de Buff., n.° 529, est répandu dans l'Amérique septentrionale, depuis les Florides jusqu'au nord du Canada, et se trouve également sur les côtes du Nord-Ouest, et dans la Nouvelle-Californie. Il n'est pas moins pétulant, moins vif que le nôtre, mais il n'en a pas la voix criarde et rauque; les sons n'en sont point désagréables; mais il est loin d'avoir le chant que lui donne Pennant; car en toute saison, il ne fait entendre que le cri dont je viens de parler; du reste, il a à peu près le même genre de vie que celui d'Europe. Ces geais bleus se retirent, à l'automne, des contrées boréales, et arrivent à cette époque dans la Pensylvanie, par troupes nombreuses. Les uns continuent leur voyage, et s'avancent dans le Sud; d'autres y restent pendant l'hiver; alors il s'approchent des habitations, et donnent dans tous les piéges qu'on leur tend. Cette espèce place son nid dans les lieux couverts, et préfère ceux qui sont arrosés de petits courans d'eau. Ses œufs, au nombre de quatre et cinq par couvée, sont de couleur d'olive, et tachetés de gris noirâtre. Elle a dix pouces neuf lignes de longueur, et la tête parée d'une huppe bleue: cette couleur couvre le front et le dessus du corps, reparoît sur les pennes de la queue, sur les bords extérieurs des couvertures et des pennes alaires: celles-ci sont noirâtres sur le côté intérieur; le recouvrement des ailes et les pennes caudales ont des raies transversales noires; celles-ci, excepté les deux intermédiaires, sont terminées de blanc; on remarque une tache noire entre le bec et l'œil; cette teinte forme une bande qui part de la base de la huppe, fait un demi-cintre au-dessous des oreilles, descend à travers le gris des côtés du cou, et couvre la poitrine d'une sorte de hausse-col; la gorge est bleuâtre chez les mâles adultes, et blanche dans la première année; un gris-de-souris est répandu sur le dessous du corps, et va en se dégradant, jusque sur les couvertures inférieures de la queue; le bec et les pieds sont noirs, et les yeux d'un brun noirâtre. La femelle ne diffère, qu'en ce que sa huppe est moins haute et que ses couleurs sont moins vives.

Le Geai bleuâtre est le Cuit ou Rollier de Mindanao.

Le Geai bleu-verdin, *Graculus melanogaster*, Vieill., pl. 44 des *Ois. de Parad. de Levaillant*. Il a la tête, le cou et la poitrine mélangés de bleu et de vert ; ces couleurs se fondent dans un brun clair terne ; le croupion et le ventre sont noirs : les ailes et la queue bleues, et rayées transversalement de noir ; le bec et les pieds noirâtres.

Le Geai de Boheme. *V.* Jaseur.

Le Geai boréal, *Garrulus infaustus*, Vieill. ; *Corvus infaustus*, Lath., Sparmann, Mus. carl., fasc. 4, tab. 76. Je cite de préférence cette figure, parce qu'elle m'a paru la plus exacte. Ce geai a d'abord été indiqué dans la *Fauna suecica* de Linnæus, comme étant un *corvus ;* mais il a été par la suite tellement méconnu, qu'on a douté de son existence, lorsqu'on l'a vu dans la Synonymie du *lanius infaustus* avec le *merle de roche*, 12.e et 13.e édit. du *Systema Naturæ*. Ce genre *lanius* ne lui convient pas plus que le bec, le plumage et la taille du merle. Gmelin, en donnant à son *lanius infaustus*, la queue arrondie, a encore augmenté la confusion ; si ce *lanius* est le *merle de roche*, comme l'indique une partie de sa synonymie et son historique, car celui-ci a toutes les pennes caudales d'égale longueur, tandis que, chez le *corvus infaustus*, la queue est arrondie, il me paroît très-vraisemblable que la phrase spécifique de ce *lanius*, appartient aussi au *corvus*, puisque c'est cette phrase qui le signale dans la *Fauna suecica ;* cependant on a continué de l'appliquer au *merle de roche*, malgré le *cauda rotundata*. Consultez l'*Histoire naturelle* de Buffon, édit. de Sonnini, le *Taschenbusch der deutschen vogelkunde* de M. Meyer, et le *Manuel d'ornithologie* de M. Themminck, exacte traduction de cet ouvrage allemand. Je ne crois pas me tromper, attendu que Gmelin a, de même que Linnæus, décrit dans un autre genre le merle de roche, sous la dénomination de *turdus saxatilis ;* s'il en est ainsi, comme je le présume, la synonymie du *lanius infaustus* porte à faux dans les citations où il est question de ce merle, et est vraie quant au *corvus infaustus* de Linnæus et de Brünniche, et au *corvus rusticus* de S. G. Gmelin.

Brisson a pu donner lieu à cette confusion, en appliquant à son merle de roche les deux phrases spécifiques du *turdus saxatilis* et du *corvus infaustus* de Linn., l'une dans le tom. 1.er de son *Ornithologie*, p. 238, et l'autre, dans le *Supplément*, p. 43. Latham est le seul auteur qui, dans son *Index*, ait bien distingué ces deux oiseaux.

Le *corvus infaustus* porte en Suède le nom de *lappskata olycksfogel*, dénomination appliquée par Montbeillard au *merle de roche*, si toutefois, dit-il, l'oiseau qui porte ce nom en Suède, est le même que notre merle de roche.

Le *geai de Sibérie*, pl. enl. de Buffon, n.° 608, est de l'espèce du geai boréal. Ce rapprochement, qu'a fait Latham, me paroît juste; mais son image ayant été enluminée avec des couleurs trop vives et trop brillantes, il en est résulté une description, dans le *Synopsis* de Latham, un peu différente de celle que présente l'oiseau en nature. Enfin, il est encore figuré dans les *Oiseaux de paradis*, etc., de M. Levaillant, sous la dénomination de *geai orangé*, mais avec des teintes dont l'éclat et la vivacité ne lui conviennent pas non plus.

Je n'ai point laissé cet oiseau dans le genre *corvus*, parce qu'il a tous les caractères indiqués ci-dessus pour les *geais*. C'est un oiseau hardi, vorace, et qui, bien loin de fuir l'homme, vient quelquefois enlever les viandes jusque sur sa table. Il habite les forêts de la Suède, de la Laponie, de la Finlande et de la Russie. Sa nourriture se compose des baies de diverses plantes, du genévrier, de la ronce, etc., quelquefois de petits oiseaux. Comme le *geai brun du Canada*, avec lequel il a de grands rapports par son audace, sa voracité, et même par une certaine analogie dans son plumage et ses formes, il est sédentaire dans les contrées boréales, et on ne le trouve en aucun temps dans les régions tempérées.

La tête de ce *geai* est en dessus d'un brun foncé, et couverte de plumes allongées, que l'oiseau relève en forme de huppe, lorsqu'il est agité de quelques passions; celles qui recouvrent les narines sont blanchâtres; le dessus du cou, le dos et les scapulaires sont d'un gris mêlé d'un peu de roussâtre qui domine davantage sur le fond gris du devant du cou et de la poitrine; le ventre, le croupion et les couvertures de la queue sont roux; celles des ailes et leurs pennes sont d'un gris rembruni; les quatre premières rémiges et l'aile bâtarde, rousses à la base; les deux pennes intermédiaires de la queue d'un cendré brun; toutes les autres rousses, les plus proches de celles du milieu d'un brun clair ou cendré à l'extrémité; la queue est arrondie; le bec et les pieds noirs. Longueur totale, dix pouces. Cette description est faite d'après un individu mâle que j'ai sous les yeux. La femelle et les jeunes n'en diffèrent que par des teintes plus foibles.

Le Geai brun du Canada, *Garrulus fuscus*, Vieill.; *Corvus canadensis*, Lath. Ce geai a dix pouces de longueur et seize de vol; les narines couvertes par un faisceau de plumes blanchâtres; les joues d'un blanc sale, teinté de roussâtre; le dessus de la tête et l'occiput d'un brun noirâtre; le dos, le croupion, les couvertures des ailes et de la queue, bruns; la poitrine d'un gris-blanc sale, plus foncé sur le reste des parties inférieures : les pennes alaires et caudales brunes et terminées de blanchâtre ; la queue étagée ; le bec, les pieds et les ongles noirâtres.

Cette espèce se trouve non-seulement au Canada, mais encore à la baie d'Hudson, à Terre-Neuve, sur diverses autres parties du nord de l'Amérique, et s'avance rarement du côté du sud, au-delà de la Nouvelle-Ecosse ; elle se tient de préférence dans les bois, et ne s'approche des habitations que pendant l'hiver. Ce geai est détesté des habitans ; car, tel que le nôtre, il dérobe sans cesse, et fait des amas de vivres pour l'hiver ; il se nourrit de graines, de fruits, mange aussi des algues, des vermisseaux, et même de la chair. Il niche dès les premiers jours du printemps, et fait son nid sur les pins. Ses œufs, au nombre de quatre ou cinq, sont de couleur bleue.

Le GEAI DE CARTHAGÈNE. *V.* GEAI VERT.

Le GEAI DE CAYENNE. *V.* PIE BLANCHE-COIFFE.

Le GEAI DE LA CHINE A BEC ROUGE. *V.* PIE A BEC ROUGE ou PIE BLEUE.

Le GEAI D'ESPAGNE. *V.* CASSE-NOIX.

Le GEAI GRIS-BLEU, *Garrulus cærulescens*, Vieill., se trouve au Kentucky, dans les Etats-Unis de l'Amérique septentrionale. Il a onze pouces et demi de longueur totale ; quelques soies divergentes à la base et sur les côtés de la mandibule supérieure ; le *capistrum* garni de petites plumes qui ne s'avancent que jusqu'à l'origine des narines ; la tête, le dessus du cou, le croupion, les petites et les moyennes couvertures des ailes variés de gris et de bleu ; le dos, la gorge et toutes les parties postérieures d'un gris-roux ; les grandes couvertures, les pennes alaires et caudales d'un beau bleu ; ces dernières sont étroites et un peu étagées ; le bec et les pieds noirs. N'ayant vu qu'un seul individu, je ne puis indiquer son sexe. Peut-être est-ce un jeune ou une femelle de l'espèce du GEAI AZURIN, qu'on rencontre aussi dans la même contrée.

Le GEAI HUPPÉ. Nom vulgaire, dans certains cantons, de la HUPPE.

Le GEAI DU LIMOUSIN, est le CASSE-NOIX.

Le GEAI LONGUP, *Garrulus galericulatus*, Cuvier, pl. 42 des *Oiseaux de paradis* de Levaillant, se trouve dans l'île de Java, et se distingue de ses congénères par deux longues plumes qui dominent toutes celles dont la huppe est composée. Le collier blanc qu'il a sur la nuque tranche sur le noir qui règne sur son plumage et sur le bec ; les pieds sont noirâtres.

Le GEAI DE MONTAGNE. *V.* CASSE-NOIX.

Le GEAI ORANGÉ. *V.* GEAI BORÉAL.

* Le GEAI DU PÉROU, *Garrulus peruvianus*, Vieill.; *Corvus peruvianus*, Lath., pl. enl. n.° 625 de l'*Hist. nat. de Buffon*. Le genre de vie de ce geai, dont le plumage est de la plus grande beauté, nous est totalement inconnu, ce qui ne doit pas étonner, puisqu'il ne se trouve que dans une partie de l'Amérique, dont les Espagnols sont les seuls possesseurs. La base du bec est entourée d'un beau bleu, qui reparoît derrière l'œil et au-dessous; une espèce de couronne blanche orne le sommet de la tête; un noir de velours couvre la gorge et tout le devant du cou; la poitrine, le ventre et les trois pennes latérales de chaque côté de la queue sont d'un beau jaune jonquille; les autres et la partie supérieure du corps d'un vert tendre qui se dégrade sur le cou, et prend une teinte bleuâtre à mesure qu'il approche du noir et du blanc de la tête; la queue est cunéiforme, et le bec noirâtre.

Le PETIT GEAI DE LA CHINE, *Garrulus auritus*, Vieill.; *Corvus auritus*, Lath. Telle est la dénomination que Sonnerat a imposée à ce geai, dont la taille est d'un tiers moindre que celle de notre geai. Il vit à la Chine près des eaux. Il a dix pennes à la queue; les deux premières plus longues que les latérales; le bec noir; l'iris d'un jaune roussâtre; le front et les oreilles blancs; le dessus de la tête et du cou d'un gris cendré foncé; le dos, le croupion, les petites plumes des ailes d'un gris terreux; la gorge noire; la poitrine et le ventre de même couleur que le dos, mais plus claire; les pennes des ailes et de la queue brunes; les pieds noirs.

Le GEAI A PIEDS PALMÉS. Nom impropre, appliqué au CORMORAN NIGAUD.

Le GEAI DE SIBÉRIE. *V.* GEAI BORÉAL.

Le GEAI DE STELLER, *Garrulus Stelleri*, Vieill.; *Corvus Stelleri*, Lath. Ce *geai* se trouve dans l'ouest de l'Amérique septentrionale, et dans l'est, mais plus rarement. Il a 13 pouces et demi de longueur; le bec et les pieds noirs; cinq à six soies de cette couleur à la base des mandibules; une huppe de près de deux pouces de long, composée de plumes étroites et brunes; le dessus du corps d'un noir pourpré, inclinant au vert sur le croupion; les couvertures des ailes mi-parties d'un noir brunâtre et d'un bleu foncé; les pennes secondaires de cette dernière couleur, avec huit à neuf raies transversales noires; les primaires de cette teinte, et bordées à l'extérieur de vert-bleu; le devant du cou et la poitrine noirâtres; le ventre et le bas-ventre d'un bleu pâle; les pennes de la queue longues de cinq pouces et demi, un peu arrondies à leur extrémité, d'un bleu foncé, et à tige noire.

Latham rapporte à cette espèce le *geai azurin*, que Bartram a observé dans les Florides; il en diffère en ce que sa tête n'est point huppée, et qu'il est plus petit; mais je crois que c'est une espèce distincte. *V.* GEAI AZURIN.

Le GEAI DE STRASBOURG. Nom vulgaire du ROLLIER.

* Le GEAI A TÊTE POURPRÉE, *Corvus purpurascens*, Lath. On croit que ce geai se trouve à la Chine: le bec est couleur de plomb; la tête pourprée; le dessus du corps d'un roux pâle, le dessous jaune; les ailes sont noires, ainsi que la queue qui est assez longue, et les pieds sont couleur de chair.

* Le GEAI VERT, *Corvus argyropthalmus*, Lath.; *Corvus surinamensis*, Gmelin; Brown, *Illust.*, tab. 10. Sa taille est celle de la *corneille commune*, et son bec est noirâtre; ses yeux sont d'un blanc d'argent; sa tête est d'un vert foncé, marquée de bleu sur le sommet, et de vert pâle sur l'occiput; une tache de même couleur est sous chaque oreille, et une autre sur la nuque; la poitrine, le ventre et les couvertures des ailes sont d'un vert foncé changeant; les pennes primaires noirâtres et terminées de bleu; la queue est pareille aux ailes et terminée de blanc; les pieds sont couleur de chair dans l'individu qu'a décrit Latham. Cette espèce se trouve dans les forêts les plus épaisses de Surinam. Si l'on s'en rapporte à la figure citée ci-dessus, cet oiseau ne peut être un geai, et seroit peut-être mieux placé au rang des *choucas*; mais on ne peut le déterminer avec certitude sans le voir en nature, son signalement étant incomplet.

Latham rapporte le GEAI DE CARTHAGÈNE, *Corvus argyrophthalmus*, Gm. au, GEAI VERT. On lui donne, d'après Jacquin, la taille du *geai commun*, un plumage généralement noir; l'iris de couleur d'argent, l'œil placé au milieu d'une tache bleue; la poitrine et le bord extérieur des ailes d'un bleu de Prusse; la queue terminée de blanc; le bec et les pieds noirs. Cet oiseau habite les bois les plus épais de Carthagène d'Amérique. Il s'y nourrit de fruits, de graines et d'insectes; sa voix est sonore et flûtée, mais monotone. On l'apprivoise facilement, et on l'élève en lui donnant de la viande crue ou cuite.

Cet oiseau et le *geai vert* ont de l'analogie dans les couleurs; mais ils diffèrent dans la taille. Il en est de cet individu comme du précédent. C'est avec le doute qu'on le place avec les geais, et même comme une variété du *geai vert*.

Le GEAI A VENTRE JAUNE DE CAYENNE. *V.* TYRAN TITIVIE.

Nota. Quand j'ai fait le renvoi de l'ACAHÉ au genre

du *geai*, je croyois, d'après la description qu'en a donnée M. de Azara, et surtout d'après les rapports qu'il lui trouvoit avec le *geai du Pérou*, qu'il devoit en faire partie; mais l'ayant vu en nature, je me suis assuré qu'il avoit le bec de la *pie*, et qu'il ne tenoit aux *geais* que par la forme de sa queue dont les pennes sont presque égales entre elles. *V.* PIE ACABÉ. (V.)

GÉANT, *Gigas*, γίγας et en hébreu *nophel* (au pluriel *nephilim*), c'est-à-dire un monstre, un homme violent ou terrible, un ogre comme les Cyclopes, les Lestrygons anthropophages, dépeints dans l'Odyssée d'Homère. La croyance qu'il existe ou qu'il a pu exister des géans, se forme naturellement dès l'enfance, parmi toutes les nations; car les enfans se voyant petits et foibles au milieu des hommes adultes et forts, leur imagination frappée de terreur, exagère ordinairement la taille et la violence, ou les qualités qui leur imposent le plus.

Cependant les diversités de taille ou de stature parmi tous les individus du genre humain, comme dans la plupart des espèces d'animaux et de plantes, résultent de diverses causes qu'il devient intéressant de rechercher.

§ I. *Considérations sur la diverse grandeur de la taille des êtres organisés.* — Les matières brutes étant formées par l'agrégation extérieure ou la superposition de leurs molécules, peuvent s'accumuler en masse illimitée, et l'on voit des cristaux de quarz hyalin, d'alun ou de tout autre sel, depuis la grosseur d'une épingle, parvenir jusqu'à la plus énorme dimension. Il n'y a point de bornes à la cristallisation ou l'agglomération des minéraux, et toute notre planète pourroit n'être qu'un groupe de roches granitiques ou autres, dans son noyau central, comme on l'a supposé.

Il n'en est point de même chez les végétaux et les animaux; leurs espèces ne parviennent d'ordinaire que jusqu'à une limite plus ou moins variable à la vérité, selon certaines circonstances, mais qu'elles ne peuvent cependant pas dépasser de beaucoup en-deçà, comme au-delà. On en peut donner une raison générale; car, comme il faut un concours unique et central pour maintenir la vie dans l'*individu*, pour rattacher au même système les molécules de diverse nature, qui composent le *corps organisé*, cette unité, ce concours ne pourroient pas subsister dans des masses trop considérables, trop éloignées du foyer de la vie et du mouvement. L'accroissement, l'assimilation des alimens à un corps vivant, doivent donc se limiter au point où cessera la sphère du mouvement vital, dans sa plus grande extension possible. L'activité, la durée de cette vie, déterminée selon la nature des espèces, formera des individus d'une taille proportionnée à ces facultés. En général, les animaux et les végétaux qui n'ont qu'une courte existence, dont la texture est serrée et compacte, ne parviendront point à d'aussi vastes dimensions que les espèces douées d'une longue vie et d'une organisation à mailles plus lâches ou plus extensibles. Ainsi les animaux et les végétaux annuels ou bisannuels, comme les insectes, les menus herbages, n'égaleront pas la stature des grands quadrupèdes, des arbres. Enfin, c'est à cause de cette limitation de la taille et de la durée de la vie, que la génération ou la reproduction devient un attribut nécessaire de toute créature organisée.

§ II. *Influence des climats et des diverses habitations sur la taille de l'homme et des autres espèces vivantes.* — Il est généralement reconnu que le froid très-vif, comme une chaleur sèche, s'opposent au développement complet de la taille chez toutes les créatures, tandis qu'une chaleur douce ou tempérée et humide la favorise considérablement.

Près des pôles, par exemple, au Spitzberg, au Groënland, dans la Laponie et au Kamtschatka, etc., la terre n'est couverte que de mousses, de petits buissons de bouleaux nains ou d'autres arbres rabougris, resserrés étonnamment par la froidure continuelle qui glace toutes les extrémités des branches, pour peu qu'elles s'allongent. De même, les hommes de ces contrées polaires, les Lapons, les Samoïèdes, les Ostiaques, les Tsutschis, les Koriaques, les Kamtschadales, les Esquimaux, etc., sont ramassés, concentrés en une très-courte stature, de quatre pieds et au-dessous, par la rigueur excessive de ces climats. *V.* DÉGÉNÉRATION.

Dès l'Ecosse, le Northwales, comme en Suède, en Œlande, les chevaux sont déjà plus petits que nos ânes; les bœufs et les vaches sont également de petite taille, blancs et sans cornes.

Mais à mesure qu'on redescend vers des régions moins rudes, les mêmes animaux, les mêmes espèces d'arbres et de plantes s'agrandissent, s'allongent sans peine par une douce chaleur: les hommes prennent également une plus haute et plus belle taille, d'autant plus que l'humidité prédominante de ces contrées rendant leurs corps blancs et blonds, leur texture molle se prête à l'extension; ils végètent donc facilement en une procérité remarquable.

C'est en effet sous les parallèles des contrées modérément froides et humides que se trouvent les nations de la plus haute taille connue sous le globe. Par exemple, la Pologne, la Livonie, l'Ukraine, la partie méridionale de la Suède, du Danemarck, la Prusse, la Saxe, les comtés du nord de l'Angleterre présentent en Europe des hommes d'une haute et belle stature, laquelle diminue très-sensiblement à mesure qu'on redescend vers les régions plus méridionales. Les anciens Germains et Gaulois étoient plus grands et plus blonds que les Italiens et les Romains, suivant le rapport de Tite-Live, Pline, Vitruve et autres auteurs; et aujourd'hui les troupes françaises n'offrent pas tant de soldats de haute taille que la plupart des troupes des peuples du Nord.

En Asie, la loi d'accroissement est la même; les auteurs chinois et les voyageurs représentent les habitans de la Chine septentrionale plus grands et plus gros qu'au midi de cet empire. Les habitans des îles des Larrons sont, en général, hauts de plus de sept pieds anglais, au rapport de Cowley (*Voyage* de Dampier, tom. 1). Les Thibétains, les autres nations du plateau de la haute Asie, qui ne sont pas encore exposées au froid trop vif de la Sibérie, offrent des corps grands et robustes.

Il en est de même en Amérique septentrionale; les tribus des Akansas, les peuplades de sauvages, appelées *Grandes-Têtes*, sont de plus belle taille que tous les autres naturels de cette partie du monde. Au temps de la guerre de l'indépendance des États-Unis, on envoya de Paris une cargaison de chapeaux pour les sauvages de ces contrées; mais ces chapeaux, quoique assez larges pour des têtes parisiennes, se trouvèrent tous trop étroits pour les grosses têtes de ces sauvages auxquels on a attribué jusqu'à sept pieds dix pouces (anglais) de haut. (Frank., *Abhandl.*, tom. 11, pag. 305.)

Dans l'Amérique méridionale, qui s'avance vers le pôle austral, il se trouve, au Chili et en Patagonie, et vers la terre de Feu, un climat analogue à celui qui produit des hommes d'une haute stature: aussi les Chiliens et surtout les Patagons passent pour être les plus grands corps et les plus robustes de l'espèce humaine. Les premiers voyageurs depuis Magellan ont prodigieusement exagéré la haute taille des Patagons. D'ailleurs la férocité, le brigandage de ces robustes sauvages, sur une terre aride et désolée, les ayant rendus effrayans aux premiers marins qui les ont visités, on les a crus des géans. Tels furent d'abord Pigafetta, Magellan, Loise, Sarmiento, Nodal, navigateurs espagnols; les Anglais Candish, Hawkins, Knivet; les Hollandais Sébald de Noort, Lemaire, Spilberg; les équipages de nos vaisseaux marchands de Marseille et de Saint-Malo, au rapport de Frésier (*Voyag. part.* 2), qui prit des informations au Chili sur ces Patagons. Cependant d'autres témoignages vinrent infirmer ces premières relations; François Drake soutint que ces peuples sont de moindre taille même que les Anglais, et ne fit pas mention d'une différence sensible. Winter, Narborough, Lhermite, amiral hollandais, prétendirent que les Espagnols avoient, à dessein, exagéré la taille des Patagons, pour détourner les autres peuples de visiter ces contrées (*V.* aussi Froger, *Voyages de Gennes*, pag 103). Toutefois, en 1764, le commodore Byron mesura plusieurs Patagons; il en vit d'environ sept pieds de hauteur (anglais), larges et robustes à proportion; les plus petits avoient au moins six pieds six pouces (anglais, ou un mètre 981 millimètres un tiers, ou six pieds français); les capitaines Wallis et Carteret, en 1767, leur trouvèrent de cinq pieds dix pouces à six pieds anglais (Debrosses, *Histoire des navigat. austral.*, tom. II, liv. V, pag. 230, sq.). Lagiraudais (*Suite du Voyage de* don Pernetty *aux îles Malouines*, tom. II, pag. 124), assure que les moins grands n'avoient pas moins de cinq pieds sept pouces français, et une carrure énorme, ce qui faisoit paroître leur stature moins gigantesque. Tous ces Patagons avoient le teint très-basané, les cheveux noirs, une large face et une grande bouche avec de belles dents; ils vivent presque nus ou à demi-couverts de peaux de guanacos (*camelus llacma*, L.) avec des bottines ou guêtres; leurs femmes, moins basanées qu'eux, s'arrachent les sourcils; les hommes sont peu jaloux; ces peuples mangent souvent de la chair crue.

A la terre de Van Diémen, située pareillement sous un parallèle austral modérément froid, et à l'île Maria, les habitans ont la taille ordinaire des Européens avec une tête forte et volumineuse, mais à la Nouvelle-Hollande, plus chaude, la taille se raccourcit déjà (Péron, *Voyage*, t. I).

Ainsi l'on doit établir en principe que depuis les lieux où le froid est assez modéré pour ne pas s'opposer à la libre croissance de l'homme, jusqu'aux climats les plus rapprochés de la ligne équatoriale, la stature humaine diminue sensiblement. On l'observe en descendant de la Suède au midi de l'Europe, ou au fond de l'Italie, et en traversant ensuite les îles de la Méditerranée, l'Egypte, jusqu'en Nubie, en Abyssinie, etc., où les anciens avoient supposé leurs troglodytes, leurs pygmées, petits hommes desséchés et racornis par les feux continuels du soleil dont ils abhorroient la splendeur. De même la couleur blonde des cheveux et la blancheur de la peau, la mollesse et l'humidité de la chair des peuples du Nord, se brunissent, se dessèchent, se durcissent peu à peu chez l'espèce humaine, en descendant cette même échelle des climats de plus en plus méridionaux. (*V.* HOMME et notre *Histoire naturelle du genre humain*, tom. I.)

Mais cette loi de décroissement de taille suppose que les terrains habités par toutes ces nations deviennent progressivement plus secs et plus arides à mesure qu'ils reçoivent plus de chaleur. Cette loi est directement contre-balancée par une autre non moins puissante qui accroît la végétation, la taille des animaux et des plantes, à mesure qu'il y a plus de chaleur humide dans les climats.

En effet, partons des steppes arides et sablonneuses de la froide Sibérie, pour descendre dans les plus chaudes et les plus humides régions d'Asie ou de l'Inde méridionale, et nous verrons toutes les productions vivantes s'accroître, s'augmenter en taille, en volume, dans une progression manifeste ; tout comme en descendant d'un sommet escarpé des montagnes, jusque dans des plaines fertiles, des vallons gras et plantureux, les végétaux et les animaux acquièrent de plus amples dimensions en tous sens.

En Sibérie ou dans tout pays froid, élevé et sec, comme sur les Alpes et les crêtes des montagnes, les plantes sont ou des mousses ou des herbes grêles, rabougries, velues; leur feuillage est mince et divisé; leurs fleurs petites, blanches, sont à peine développées ; il n'y a guère d'animaux, ou ceux-ci sont également petits, comme diverses espèces de rats, de souris, de marmottes et hamsters, fouillant la terre pour s'y dérober aux rigueurs de la froidure; ou ce sont des chamois, des bouquetins, animaux secs, agiles et nerveux; l'homme des montagnes, les Barbets des Alpes, les Miquelets des Pyrénées, les Liguriens, les Marses des Apennins, les Tyroliens chasseurs, etc., sont de petits hommes secs, maigres, nerveux, agiles, tels que les Basques et les Cantabres. Mais, lorsqu'on descend dans les plaines basses et humides, on retrouve une nature toute diverse. Les mêmes herbes, si minces et si grêles sur la montagne, deviennent grandes, larges; elles étendent leurs pétales; leurs feuilles se remplissent de sucs abondans. Les animaux, nourris dans des pâturages si plantureux, s'engraissent, se développent avec un embonpoint énorme. Ce ne sont plus ces sèches créatures agiles et sautillantes qui trouvoient à peine de quoi subsister parmi des rochers âpres et stériles; c'est le bœuf ou le buffle massif et lent qui ruminent lourdement au milieu des humides prairies. C'est au bord des fleuves et des marécages de ces plaines fertiles de l'Asie, où serpentent le Gange et l'Indus; c'est sur les rives souvent inondées du Zaïre, du Niger, du Sénégal et de la Gambie en Afrique, que se nourrissent et s'accroissent les hippopotames, les rhinocéros et les éléphans, ces colosses du règne animal; c'est également dans les eaux que se développent avec tant de liberté, les énormes croupes des lamantins, des grands phoques et éléphans marins, enfin les cétacées, les cachalots, les baleines gigantesques. C'est aussi dans les terrains les plus humides et les plus chauds de l'Afrique et de l'Asie que naît le baobab, arbre de dimensions immenses, d'une texture molle et presque cotonneuse (*adansonia digitata*, L.), le vaste ceiba, les figuiers d'Inde des Pagodes, dont les lourdes branches se recourbent, se repiquent en terre, et forment de grands berceaux naturels. Les moindres graminées se développent sous ces chaudes contrées, dans une boue riche et féconde, comme une forêt, en une taille extraordinaire de quinze à vingt pieds, et les cannes des bambous deviennent des arbres; les flèches des palmiers s'élèvent à cent cinquante pieds, comme le pin araucaria, les casuarina, etc.; tant la végétation ou la force de croissance a d'énergie pour les animaux et les végétaux sous ces climats humides et chauds!

Quel sera donc l'homme des mêmes contrées? Sans doute il se soustrait à leurs influences trop malfaisantes le plus qu'il peut, à cause des maladies qu'elles causent; nous voyons cependant partout les habitans des plaines basses, des vallons humides et fertiles, acquérir un développement d'embonpoint et de taille très-remarquable. Sous le même parallèle, les vaches laitières des vallées suisses, celles de la Gueldre et de la Frise deviennent énormes au milieu de gras et humides pâturages, tandis que celles des montagnes voisines sont petites, maigres, ne donnent presque pas de lait; mais il est plus substantiel. De même, ces gros et puissans corps si flasques des hommes des vallons contrastent avec la maigreur et la vivacité des montagnards. Mais c'est surtout sous les climats chauds et humides que souvent un développement monstrueux a lieu. La plus haute taille humaine connue est celle d'un Nègre du Congo, de neuf pieds de longueur, vu par Vanderbroek, *Voyages*, pag 413. Lacaille cite aussi dans son *Journal historique*, pag. 143, un Hottentot haut de six pieds sept pouces. Les habitans d'Otahiti et des îles voisines, les mieux nourris, sont de haute et belle taille; ainsi l'on ne doit pas établir que tous les habitans des pays chauds sont petits, et tous ceux des pays modérément froids sont grands, mais que l'humidité sous tous les climats favorise extrêmement l'accroissement pour la hauteur, comme pour les autres dimensions.

Si, comme on l'a remarqué, le mouvement de rotation diurne de la terre décrivant un plus grand cercle sous les régions équatoriales, diminue la pesanteur, ainsi que le prouve le ralentissement des oscillations du pendule en ces climats; si la force centrifuge y devient plus considérable, ainsi que le portent à croire le renflement du globe terrestre vers l'équateur et son aplatissement vers les pôles; si les montagnes, sous la zone torride et les tropiques, sont plus élevées que celles des climats tempérés et polaires, comme les observations l'ont démontré, pourquoi la même force centrifuge, ou la diminution de la pesanteur, ne permettroit-elle pas aux végétaux de s'allonger, de s'exhausser davantage? Aussi c'est sous les tropiques que croissent les arbres les plus élevés de la terre; c'est aussi là qu'on observe les animaux de plus puissante stature, la girafe à col allongé, ayant dix-huit à vingt-deux pieds de haut, et pouvant, lorsqu'elle se dresse, paître les sommités du feuillage des forêts. De même l'homme, naturellement formé pour la station verticale, doit subir, comme toute la nature de ces climats équatoriaux, l'élongation qui résulte d'une moindre pesanteur, ou d'une plus grande force centrifuge, aidée de l'action de la chaleur qui élève aussi plus facilement la séve dans les tiges, et le sang vers le cerveau. C'est pourquoi l'on observe de grands corps chez les Nègres des terrains humides de la chaude Afrique.

Comme les plantes qui végètent à l'ombre et dans une humidité tiède, s'allongent beaucoup, il en est à peu près de même de l'homme. Certainement nos campagnards desséchés à l'ardeur du soleil, dans leurs travaux rustiques, sont généralement de plus courte taille que les citadins, les bourgeois ou même les artisans casaniers du même pays, qui se tiennent dans l'ombre des maisons et à une molle température. L'on a remarqué pareillement que les habitans des pays *boisés*, ou couverts de forêts, étoient plus grands, plus blancs ou étiolés, que ceux des contrées d'un semblable parallèle, mais nues, exposées à l'air et au soleil; aussi les anciens peuples de la forêt Noire, ou Hercynie, étoient de longs corps blonds; caractères que l'on observe encore en quelques lieux ombragés de Souabe et de Franconie, comme dans les forêts de la Lithuanie.

Ces influences des climats et des stations diverses ont pu établir, par la suite des âges, des races, soit d'hommes, soit d'animaux, et des variétés de végétaux, de différente taille, dans chaque espèce soumise à ces influences. (*V.* Homme, Race, Variété, etc.). Mais il est une autre cause non moins puissante, que nous devons examiner.

§ III. *De l'influence des nourritures solides et liquides sur la grandeur de la taille.* — Il est évident, par ce que nous avons déjà dit, que les animaux et les plantes vivant dans les terrains humides, acquièrent, en toutes leurs dimensions, une plus grande procérité; c'est parce que toutes les mailles de leur tissu sont plus aisément distendues à cause de leur mollesse et par une plus abondante nourriture aqueuse qu'ils reçoivent ou prennent.

En effet, nourrissez un homme ou un animal avec parcimonie, d'alimens secs et durs, fumés, salés, épicés, ou bien astringens, toniques, resserrans; ne lui permettez qu'une boisson peu abondante, et encore un vin âpre et acerbe, comme du gros vin rouge, tartareux, et surtout des spiritueux, des âcres, qui racornissent et crispent les fibres; il est très-manifeste que cet individu deviendra maigre, court, compacte dans tous ses organes. Au contraire, prodiguez, dès l'enfance, des alimens très-humides, soumettez à l'usage du lait, de la bouillie et des pâtes, aux boissons mucilagineuses de bière, d'hydromel, de petit-lait, de chocolat oléagineux, de liquides chauds et délayans, un individu; bourrez-le, gonflez-le à volonté de tous les alimens propres à distendre et accroître son organisation, comme lorsqu'on veut engraisser les oies, les porcs, etc., il pourra devenir colossal et gigantesque dans sa stature, relativement à un individu nourri d'après une méthode opposée. Watkinson (*Philosophical survey of Ireland*, Lond., 1777, in-8.°, p. 187), dit que le célèbre Berkeley, évêque de Cloyne, voulut essayer sur un enfant orphelin, nommé Macgrath, si l'on pouvoit faire parvenir un individu à une taille aussi extraordinaire, qu'on assure qu'étoit celle de Goliath, de Og, roi de Basan, et d'autres géans cités dans la Bible. A seize ans, cet enfant avoit déjà sept pieds anglais de haut, et on le conduisit en divers lieux d'Europe pour le faire voir comme une merveille. Le *London Chronicle* de 1760, p. 506, lui donne sept pieds huit pouces anglais. Mais ses organes étoient si débiles et si disproportionnés, qu'à vingt ans, Macgrath mourut de vieillesse dans une imbécillité totale d'esprit et de corps. Or, quoiqu'on ne dise point quels procédés avoit suivis l'évêque Berkeley, pour solliciter à ce degré la croissance de cet individu, il est certain que des boissons chaudes, humectantes, mucilagineuses, facilitent l'allongement, comme une plante bien arrosée croît rapidement. Au contraire, les jeunes chiens roquets et carlins, de Bologne, devenoient de vrais nains, parce qu'on leur faisoit boire de l'eau-de-vie, et qu'on les lavoit avec de l'esprit-de-vin, afin de raccourcir leurs fibres, de rapetisser leur stature. Les habitans du nord de l'Europe prennent beaucoup de boissons, souvent chaudes, le thé, la bière, l'hydromel, le lait, ce qui facilite l'allongement de leurs corps mous et blonds; tandis que dans l'Europe australe, on fait usage ou de vins spiritueux, ou d'alimens très-épicés et plus secs; aussi les corps sont en général plus courts, mais beaucoup plus vifs, plus bruns, plus impétueux que les premiers. Un Provençal, un Languedocien sont en effet, pour la plupart, bien autrement mobiles et minces que les Flamands.

Une remarque frappante, est de voir comment, sous les mêmes parallèles, les peuples œnopotes ou buveurs de vin, sont de plus courte taille et plus ardens que leurs voisins, accoutumés au laitage, à la bière, etc. Cette observation est facile à faire dans la haute Allemagne; les Saxons, les habitans de la Frise, etc., sont bien plus grands et plus blonds que les Autrichiens, que les riverains du Rhin, qui cultivent la vigne (*V.* aussi Adrianus Turnebus, *de vino*). Les Turcs, buveurs d'eau, sont généralement plus grands et plus robustes que les Grecs même les mieux nourris, qui boivent du vin. Est-ce à l'usage des spiritueux, et du vin surtout, qu'on doit attribuer l'accourcissement de la taille de ces anciens Francs, des Bourguignons, des Goths, des Lombards, qui jadis envahirent la France, l'Italie, l'Espagne, et qui aujourd'hui ne présentent plus généralement ces grands corps blancs et blonds, aux yeux bleus, ayant, comme dit Sidoine Apollinaire, jusqu'à sept pieds de hauteur?

Hic Burgundio septipes frequenter
Flexo poplite supplicat quiete.

Cette taille équivaut à plus de six de nos pieds (*V.* Paucton, *Mes. antiq.*). Mais nous verrons que d'autres causes ont dû pareillement concourir à cette diminution de la stature de plusieurs anciens peuples.

Il est facile de comprendre comment des nourritures stimulantes et des boissons spiritueuses, excitant le système nerveux, la sensibilité, avivant la circulation, hâtent le mouvement vital, et développent le corps avec une précocité rapide; mais l'époque de la puberté étant d'abord sollicitée, ainsi que l'acte de la génération, la croissance ou la végétation organique est bientôt détournée, arrêtée. On est pubère dans les villes de luxe et par des nourritures échauffantes, plus promptement que dans les campagnes, où l'on vit davantage de laitage et de végétaux. Mais l'usage du lait, des fruits et des herbages, donnant une nourriture plus rafraîchissante, plus humectante, ralentit les fonctions vitales; les périodes de la durée étant plus longues, l'accroissement a tout le temps de s'opérer. C'est ainsi que les simples pasteurs, les peuples nomades, les Ethiopiens à si longue vie, ou Macrobies, dont parle Hérodote, présentoient, malgré leur climat brûlant, de grands et beaux corps; ils subsistoient de lait et de fruits, comme ces anciens Germains dont les Romains admiroient les vertus, le courage, la majestueuse stature; c'est ainsi qu'Homère nous dépeint ses énormes Cyclopes de la Sicile, et Polyphème, se contentant de laitage et de chair. Tels étoient aussi les Guanches et ces anciens habitans des îles Fortunées (Canaries), ou ceux de la Taprobane (Ceylan), qui ne vivoient pas moins d'un siècle, dit-on, avec ces alimens naturels et doux, si propres à tempérer l'ardeur de la vie et le feu des passions.

Les peuples qui recherchent les pâtes, les bouillies, le laitage, les alimens mucilagineux et fades, deviennent de grands corps simples et lourds, tels que les Suisses, les Hollandais, les habitans du Bergamasc et du Mantouan, faisant usage de polenta, de maïs et de sorgho; comme aussi les Valaques et les Heïducques, la plupart grands individus servant de gardes et de portiers chez les princes. De même, plusieurs peuplades nègres vivant de couz-couz, de mil (*panicum*), ou de coracan (*cynosurus*, L., *eleusine*, Willd.), ou de patates farineuses (*convolvulus batatas*, L.), ou des feuilles mucilagineuses de gombo (*hibiscus esculentus*, L.), présentent de longs corps mollasses et inertes que l'écourgée du colon a peine à faire mettre au travail, malgré l'abus de l'énergie sur la foiblesse morale, et la langueur organique.

§ IV. *De l'influence du genre de vie sur la taille de l'espèce humaine.* — Un Européen civilisé, nourri chaque jour pleinement de chairs succulentes bien préparées, de boissons fortifiantes, est plus souvent malade de réplétion que de disette; il surpassera sans peine, en force corporelle et en taille, les sauvages, quelque favorisés qu'ils puissent être des avantages de la nature. C'est ce que démontrent les recherches de Péron (*Voyage aux Terres australes*, t. 1), et les expériences faites avec le *dynamomètre*. Outre les famines qu'éprouvent nécessairement plus ou moins les sauvages, dans leur imprévoyance et leur paresse; leur vie continuellement exposée soit à la froidure, soit à l'ardeur du soleil, soit à cette humidité surtout préjudiciable à la santé, débilite leur organisation plus que ne le fait la vie civilisée, soustraite à toutes ces influences trop directes des élémens sur nos corps. Aussi, malgré la puissance de l'habitude, pour résister à ces nuisibles influences, on voit plusieurs peuplades sauvages éprouver des affections meurtrières; chez eux les seuls individus robustes résistent, surtout sous les cieux froids. Nos animaux domestiques sont pareillement de plus belle taille et plus prolifiques que les mêmes races sauvages, moins bien nourries.

A l'égard de l'énergie du caractère, et du courage invincible déployé par le sauvage, soit contre la douleur, soit pour se venger de ses ennemis, il peut surpasser l'homme civilisé, puisqu'une vie dure et impitoyable, l'exposant sans cesse aux périls, à la rage des animaux et de ses semblables, à tous les élémens conjurés, il doit devenir âpre, féroce, indomptable, pour se maintenir contre tant d'obstacles, et sa pénible situation lui fait presque un devoir de l'anthropophagie.

Mais si l'homme déjà sorti de cette extrême barbarie, sait

se garantir de la disette en élevant des bestiaux, s'il vit heureux et nomade comme les anciens Scythes ou d'autres peuples pasteurs, il peut acquérir une riche stature dans l'innocence patriarcale de ses mœurs et la simplicité de ses goûts.

Avant l'état de civilisation actuelle de l'Europe, et la conquête des Romains, le Nord ou la Scandinavie, la Germanie et une partie des Gaules étoient couvertes de forêts antiques, et de marécages ou de terrains fangeux, par le débordement irrégulier des fleuves et des rivières; le ciel étoit froid et brumeux. Aussi, les naturels de ces contrées portoient l'empreinte de leur climat. C'étoient de grands corps blancs et humides, ayant des yeux bleus, une longue chevelure blonde ou rousse, un teint frais, mais l'air farouche, avec des habitudes simples et martiales. Tous ces anciens Cimbres et Teutons défaits par Marius; toutes les nations germaniques conservoient à peu près les mêmes traits, parce qu'elles étoient constamment sous les mêmes influences du climat et d'un commun genre de vie, sans mélange avec des étrangers.

Qui leur donnoit cette stature gigantesque, dont l'aspect effraya d'abord la valeur des Romains? Nous le verrons dans Tacite et les autres historiens. D'abord ces contrées humides et couvertes de bois attribuoient nécessairement aux corps une texture molle, un teint blanc et presque étiolé. De là cet accroissement facile; et ce qui le favorisoit surtout, c'étoit cette vie inculte et ignorante dès l'enfance, cette existence insouciante, adonnée à la bonne chère, aux abondantes boissons de bière, d'hydromel, de laitage, et au sommeil, près du foyer paternel, sous le même toit qui renfermoit les bestiaux; dans cette négligence et cette nudité indolente, dit Tacite, les Germains s'accroissent en de vastes membres que nous admirons. Ils ne se tiennent point comme nous dans des villes, mais chacun élève sa maison solitaire à son gré, dans la campagne qui lui plaît. Tout le jour ils s'étendent près du foyer, se vêtissent à peine de quelques habits ou peaux de bêtes sauvages. Chaque matin ils se lavent, le plus souvent à l'eau chaude en hiver, ensuite se mettent à table; ce n'est point un vice de passer le jour et la nuit à boire, et à s'enivrer de leur bière d'orge ou de froment; leurs alimens ordinaires sont de la chair fraîche, avec du fromage et des fruits agrestes.

Mais rien n'est plus sévère et plus pur que leurs mœurs. Les jeunes gens ne se livrent à l'amour qu'à un âge bien formé; il seroit honteux, dit César, à un Germain d'approcher des femmes avant vingt ans: de là leur jeunesse n'étoit jamais énervée.

On ne doit donc point s'étonner que tous les auteurs latins

s'émerveillent des immenses proportions de ces Germains (Pomponius Mela, *De situ orbis*, l. III, c. 3; Cæsar, *Bell. Gall.*, l. IV; Columelle, l. 3, c. 8; Végèce, *Re milit.*; Vitruv., *Architect.*; Quinctilianus, *Declam.* 3; aussi Josephe, *Bell. judaïc.*, l. II, c. 16; Juvenal, *Sat.* V, etc.). Les Gaulois étoient moins grands, et les Romains plus petits encore que les Gaulois. Enfin, plus on s'avançoit vers le Nord, plus les peuples sembloient devenir gigantesques et farouches; les Calédoniens ou Ecossais étoient de plus haute taille aussi que les Bretons ou les Anglais (Tacit., *in Agricola*); et les premiers historiens du Danemarck et de l'Islande ont cru, d'après d'anciens monumens, que la Scandinavie avoit été jadis peuplée de géans (Saxo *grammatic. hist. Dan.*, proëm. Arngrim Jonas, *Island. Descript. c.* 4.).

Or, quoiqu'aujourd'hui les Allemands, les Prussiens, les Danois, les Polonais et les Russes offrent de plus longs corps et des complexions plus blondes et plus molles que celles des Français, des Italiens et des Espagnols, on ne peut néanmoins les comparer à la haute stature attribuée à leurs ancêtres. Sans doute, les émigrations et les conquêtes des peuples du Nord, depuis le troisième siècle jusqu'au sixième, et plus tard, les invasions des Normands; sans doute l'établissement de l'empire de Charlemagne, et tous les remuemens des peuples depuis tant de siècles, ont mélangé les races, altéré les tailles nationales, ainsi que les habitudes et les mœurs dans toute l'Europe. Le sang des Sarrasins ou des Maures s'est mêlé à celui des Goths, sur le sol de l'Ibérie; les Vandales, après avoir traversé l'Europe, se sont précipités sur l'Afrique; nos croisades ont reporté dans l'Orient les successeurs des Galates, qui s'y étoient jadis fixés. Tous les peuples sont aujourd'hui composés plus ou moins. Qui débrouillera la généalogie, non-seulement des Cimbres, des Teutons, des races gothiques sorties de la Scandinavie ou Chersonnèse cimbrique vers la mer Baltique, mais des Gètes, des Gépides, des Hérules, des Lombards, entraînés par la fureur guerrière des Genséric et des Attila; mais encore de ces Huns, ces Ostrogoths, ces Alains, ces Sarmates, Quades et Marcomans, Croates, Avares, etc., vomis par les antres du Caucase pour dévorer l'empire romain? (*Voyez* Joh. Christ. de Jordan, *De originibus slavicis*, Vienn., 1745, in-fol., 2 vol.) Quoique ces peuples septentrionaux, de belles proportions la plupart, aient dû rehausser la stature des Européens plus méridionaux, comme les Francs, qui étoient plus robustes que les Gaulois; quoique le sang normand se reconnoisse encore en France par un teint vif et des cheveux blonds, tout fait présumer que la taille a pu diminuer par l'effet de la civilisation et d'un genre de vie différent des anciens. (*Voyez* Hermanni Conringii, *de Germanicorum corporum habitûs antiqui ac novi causis, dissertatio*, édit. 2, Helmstad, 1652, in-4.°; et Burggrav., *de habitu German. ejusque caus.*, p. 8, sq., etc.)

En effet, comme l'observe Hufeland, toute notre civilisation actuelle tend à nous rendre éminemment nerveux, à solliciter avec précocité l'organisation et le développement de nos facultés; de là viennent ces affections spasmodiques, nerveuses et catarrhales, si multipliées aujourd'hui, à cause de nos habitudes molles et efféminées. A peine un enfant est né qu'on lui donne d'abord du vin, en plusieurs pays, sous prétexte de le fortifier, ce qui crispe son petit et foible estomac; ensuite on l'abandonne à des nourrices étrangères, qui fournissent rarement un lait bien approprié à son âge, au tempérament qu'il a reçu. Heureux si l'on ne le comprime pas encore dans d'étroits maillots, qui retardent ou déforment sa croissance! On le sèvre souvent trop tôt, tandis que tous les peuples simples allaitent leurs enfans au moins un an, et les Mahométans, suivant le conseil du Coran, vont jusqu'à deux ans; aussi la plupart des Turcs sont robustes. Les enfans marchent à peine, qu'aussitôt arrive la triste cohorte des pédans; puis les livres, les études arides et épineuses des grammaires; puis les punitions de toute espèce, les continuelles réprimandes, la vie sédentaire, appliquée. Cela, sans doute, est nécessaire pour notre existence civilisée; mais rien ne diminue, n'affoiblit davantage la croissance, le développement des organes; aussi le système nerveux acquiert une activité prépondérante, au détriment des autres systèmes; nous devenons ingénieux, mais moins forts, et les enfans rachitiques ont surtout d'autant plus d'intelligence qu'ils sont plus délicats.

L'époque de la puberté est bientôt avancée par la précocité du moral, par de pernicieux plaisirs solitaires qui, sollicitant prématurément les organes sexuels, énervent la jeunesse. Dès lors, la nutrition, détournée en grande partie par l'excrétion du sperme, arrête l'accroissement, et les individus restent courts de taille.

§. V. *Si le genre humain avoit jadis une plus haute taille qu'aujourd'hui, et s'il a pu, ou s'il peut exister des races de géans?* — Puisqu'on ne sauroit nier que parmi les nations les plus civilisées et dans les villes populeuses, l'espèce humaine ne dégénère, n'en peut-on pas conclure, avec plusieurs philosophes, que nous allons toujours en déclinant, et que tout diminue et se rapetisse sur la terre? Cette question vaut bien la peine d'être examinée ici.

Si l'on s'en rapportoit aux témoignages historiques, sacrés et profanes, rien ne seroit mieux prouvé que l'existence des géans dans l'antiquité la plus reculée. La Genèse, c. VI, 4, représente les premiers humains comme étant de taille gigantesque et plus vivaces que ceux d'aujourd'hui. Des anciens pères de l'Eglise (Lactance, l. II, c. 14; Athénagoras, *Apologet.*; Clément d'Alexandrie, *Stromat.*, l. III et V, et *Pædag.*, l. II; Tertullien, *De Idolat.*, c. IX; S. Cyprien, *De discip. et hab. virg.*; S. Ambroise, *De Noë et arcâ*, c. IV), ont regardé les géans comme produits par l'union des anges avec les filles des hommes (*Voy.* aussi Philon, *De gigant.*; Josephe, *Antiq. jud.*, l. I, c. 4; Origène, *Ap. Gennad.*; Eusèbe, *Præp. evang.*; S. Chrysostôme, *Caten.*; S. Cyrille d'Alexandrie, l. IX, etc.); toutes choses exposées dans les écrits de Goropius, Becanus, Hiéron, Magius, Temporarius, dom Calmet, etc.

Il y avoit plusieurs peuples de taille gigantesque : les Réphaïms, Cananéens cruels; les Emims, anciens Moabites; les géans d'Enac ou Enacims, étoient si grands, que les autres hommes ne paroissoient devant eux que comme des sauterelles (*Nombr.* XIII, 35). Og, roi de Basan, avoit un lit de neuf coudées de long, ou de plus de quinze pieds (*Deutéronom.*, III, 2). Goliath étoit haut de six coudées et une palme (*Rois*, I, c. 17, v. 4) : c'est environ dix pieds et demi.

Mais sans rappeler encore les histoires fabuleuses des Titans, ou des fils de la Terre, chantés par Hésiode et les autres poëtes de l'antiquité; ou le squelette d'Anthée, vu par Sertorius vers Tanger, et qui avoit soixante coudées, selon Plutarque; ou le squelette d'Orion, de quarante-six coudées, trouvé en Candie, au rapport de Pline; ou seulement celui d'Oreste, haut de sept coudées ou douze pieds trois pouces; celui du prétendu roi Teutobochus, décrit en 1613, par Nicolas Habicot, et qui devoit avoir vingt-cinq pieds de haut; ou le géant Ferragus, haut de douze coudées, plus robuste que quarante Espagnols, et qui fut tué, suivant nos chroniques, par le fameux Roland, neveu de Charlemagne, nous rangerons tous ces contes avec ceux de Gargantua et de Pantagruel.

Venons à des faits plus positifs, puisque aussi bien la version de la Bible, par les Septante, traduit les mots *nophel* et *giboor* (au pluriel, *nephilim* et *gibborim*), par des hommes violens, cruels et scélérats, tels que Nemrod, au lieu de traduire par le terme de géans. S. Chrysostôme, Théodoret, etc., suivent aussi cette opinion; et lorsque Dieu menace Israël des peuples du septentrion, c'est plutôt d'hommes barbares, belliqueux et impitoyables que de vrais géans (*Sapient.* II, et

Isaïe, c. XIV, 41, 49; Jérémie, c. XXXIV, 6, 13, 15, etc.; Ezéchiel, VIII, 48; Daniel, XI; Zacharie, II, etc.)

Pline cite le géant Gabbare, vu à Rome, sous l'empereur Claude, et qui avoit neuf pieds neuf pouces de haut. Martin Delrio vit à Rouen, l'année 1572, un Piémontais, haut de plus de neuf pieds. Jul. Scaliger observa, à Milan, un géant couché en deux lits placés bout à bout. La Gazette de France rapporte qu'un squelette humain, de neuf pieds quatre pouces, fut trouvé près de Salisbury (ann. 1719, du 21 septembre, art. Londr.). Gasp. Bauhin (*De Hermaphrod.*, p. 78) cite un Suisse haut de huit pieds; un Frison avoit aussi cette taille (Van der Linden, *Physiol. réform.*, pag. 242). Un Suédois, garde-du-corps du roi de Prusse, Guillaume I.er, avoit huit pieds et demi (Stoller, *Waschthum des menschen*, pag. 18). Diemerbroëk cite un homme de pareille taille, en son Anatomie, p. 2; et Uffenbach a vu le squelette d'une fille d'aussi haute stature (*Itiner.*, tom. III, p. 546).

Indépendamment de ces faits particuliers et de beaucoup d'autres cités par Haller (*Diss. de Gigantib.*, an. 1757) et par divers auteurs, l'on demandera s'il est impossible qu'il ait existé jadis des races d'hommes gigantesques. La terre, autrefois plus fertile et plus jeune, disent les défenseurs de cette opinion, tels que Torrubia, Lecat, etc., portoit des animaux plus puissans, des espèces plus colossales que celles d'aujourd'hui. Les glossopètres fossiles, qui sont des dents de poissons squales, ont trois à quatre fois plus de grandeur que les mêmes dents de nos plus forts requins actuels, comme le remarque Fabius Columna (*De Glossopetris, diss.*), et les ossemens fossiles de megatherium, de palæotherium, décrits par M. Cuvier, ceux de la plupart des éléphans trouvés enfouis en divers climats, ne montrent-ils pas des individus prodigieux en comparaison des plus grands d'aujourd'hui? Voyons-nous encore des baleines franches, longues de cent cinquante pieds, comme il est avéré qu'on en trouvait jadis? Il faut donc convenir que ces races colossales ont diminué dans leur stature, comme dans le nombre des individus, et même elles peuvent s'éteindre et disparoître à jamais de la terre. Virgile a pu dire que l'agriculteur admireroit un jour les grands ossemens des premiers humains enfouis sous ses guérets :

Grandiaque effossis mirabitur ossa sepultis.

VIRGIL., *Georg.* I.

Parmi les raisons apportées par Haller contre l'existence des géans de l'antiquité, il dit que des hommes de quinze à vingt pieds de haut ne seroient plus en rapport avec le blé, les fruits qui nous sustentent, le cheval qui nous porte : les arbres seroient trop petits pour nos édifices, etc. Mais ces inductions ne sont pas de grande valeur, puisque de vastes animaux peuvent bien subsister : et d'ailleurs elles ne prouveroient point que les autres créatures organisées n'étoient pas jadis également gigantesques à proportion de l'homme. Nous ne voyons pas d'impossibilité physique à l'existence des géans, ou de races d'hommes de sept à huit pieds, ou peut-être plus, quoique cela soit douteux aujourd'hui. Voici cependant un fait récent et remarquable.

A la terre d'Edels, vers la rivière des Cygnes, M. Louis Freycinet (*Voyag. de découv. aux Terres australes*, Paris, 1815, in-4.°, p. 178), a trouvé des traces de pied humain, étonnantes par leur grandeur. Vlaming, cent cinq ans avant nous, dit-il, avoit fait une observation semblable : *Nous remarquâmes au rivage voisin plusieurs pas de personnes d'une grandeur extraordinaire.* On a vu d'autres pas, ou traces de pied énorme, dans le havre de Henri Freycinet, et à la rivière des Cygnes (*Ibid.*, p. 204), et même on a aperçu de loin des géans, sur la presqu'île Péron, à la terre d'Endracht (*Ib. Voyez* aussi Péron, *Voyage aux Terres australes*, tom. II, pag. 201, *seq.*). A la vérité, M. Freycinet, qui a bien voulu nous communiquer des détails à ce sujet, admet que ces hommes n'ont été aperçus de loin, d'une si grande taille, que par une illusion d'optique causée par le mirage, ou qu'à travers ces vapeurs aqueuses, surtout sous les tropiques, qui agrandissent énormément tous les objets.

Il est facile de prouver que le genre humain, s'il a pu décroître en quelques âges et sous certains climats, ou par une civilisation, une corruption de mœurs trop grandes, n'a pas sensiblement dégénéré depuis environ quarante siècles. Norden (*Itin. Ægypt.*, p. 75, 80), observe que les sarcophages des anciens Egyptiens, dans la plus haute des pyramides, n'annoncent nullement une taille plus élevée que la nôtre. Il en est de même des momies mesurées dans les catacombes et les hypogées d'Egypte. Il est permis aux poëtes de feindre que les anciens héros étoient des hommes gigantesques et robustes, comme Homère nous représente l'impétueux Diomède, fils de Tydée, ou le bouillant Ajax, ou Hector lançant un quartier de roche sur les ennemis : c'est ainsi que Turnus lance à Enée une pierre que douze hommes d'aujourd'hui ne pourroient ébranler, selon Virgile. Les vieillards qui vantent sans cesse le passé, se sentant affoiblis par l'âge, soutiennent qu'on étoit plus vigoureux autrefois, comme le dit Juvénal :

Namque genus hoc, vivo jam decrescebat Homero :
Terra malos homines nunc educat atque pusillos.

Cependant Homère, parlant de la taille d'un bel homme bien proportionné, ne lui donne que quatre coudées de haut et une de large : or, la coudée grecque et latine étoit d'un pied et demi. Vitruve établit que la stature ordinaire de l'homme est de six pieds romains (ou cinq pieds six pouces au plus de France); de là vient qu'Aristote donne pour proportion aux lits six pieds de longueur, et que la hauteur des portes des anciens édifices n'est pas plus grande qu'aujourd'hui; enfin, il nous reste des anneaux et diverses armures des anciens, qui prouvent que leur taille ne différoit pas de la nôtre (Gorlæus, *Dactyliotheca*, Montfaucon, *Antiq. explic.*, *etc.*). Riolan prouve aussi que les doses des purgatifs, comme de l'ellébore noir donné dans le vin par Hippocrate, n'étoient que pour un homme de force commune aujourd'hui, savoir cinq oboles, équivalant à une dragme. *V.* sa *Gigantomachie*, etc.

On se plaît à présenter les conquérans, les puissans princes comme d'une haute taille, parce que la flatterie les nomme grands. Cependant *Magnus Alexander corpore parvus erat*, et *Charles Magne* n'avoit qu'une stature ordinaire, d'après le témoignage de son secrétaire Eginhard. Si l'on a rencontré quelquefois des crânes humains de vaste dimension, ils ont pu appartenir à des enfans hydrocéphales et rachitiques plutôt qu'à des géans (*V. Journal de médec.*, décembre 1757). Scheuchzer, qui croyoit avoir observé, dans les carrières d'Œningen, le squelette pétrifié d'un homme du temps du déluge, *homo diluvii testis*, ne lui reconnut qu'une taille assez courte; mais M. Cuvier a cru trouver dans cette pétrification une grande espèce de salamandre inconnue : ainsi l'on n'a point vu d'anthropolithe d'une date ancienne. Le squelette rencontré depuis peu à la Guadeloupe, étoit enfoui dans un terrain calcaire de formation assez récente, et n'avoit pas une taille au-dessus du commun. *Voy.* Anthropolithe.

On peut conclure de ces faits, que l'espèce humaine n'a pas sensiblement dégénéré, au total, depuis quatre mille ans; que l'existence de races de géans est au moins problématique; mais qu'il a pu exister des nations d'une taille assez élevée, comme on voit encore de temps à autre de grands individus; enfin, que la stature de la majorité du genre humain et la plus convenable, est entre cinq à six de nos pieds, excepté près des pôles, où elle n'est que de quatre à cinq.

§. VI. *Des causes qui produisent l'élongation gigantesque, et du caractère moral des géans.* — Nous avons déjà reconnu qu'une constitution humide et molle, blanche et blonde, des nourritures humectantes en abondance, une chaleur moite ou une froidure modérée, les bains, les boissons mucilagineuses, favorisoient l'accroissement en longueur. Nous avons dit aussi que la simplicité de la vie champêtre, mais ombragée et non laborieuse, les mœurs chastes, une puberté tardive, l'ignorance, l'absence des violentes passions, permettoient au corps de s'étendre librement en toutes ses dimensions; mais la procérité qui en résulte n'est pas pour cela gigantesque. Celle-ci dépend plutôt d'un effort de croissance, au détriment de quelques autres fonctions, du système musculaire, par exemple. Aussi ce grand accroissement a lieu surtout dans la situation horizontale ou couchée. Il est manifeste que le matin l'on est de plus haute taille que le soir, puisque les cartilages intervertébraux étant moins comprimés par la position horizontale dans le lit que par la station verticale pendant le jour, s'étendent par leur propre élasticité. C'est aussi en restant long-temps couché que s'opère l'allongement gigantesque; et la plupart des géans aiment demeurer au lit, comme celui dont parle Scaliger: de là vient que les muscles et les os restent foibles chez ces grands corps; les membres sont souvent mal proportionnés et les jambes grêles, faute d'exercice; enfin, plusieurs os longs se courbent ou se déjettent par une nutrition imparfaite relativement à l'accroissement.

Des enfans, au sortir d'une maladie telle que la variole, s'allongent presque tout à coup aussi en peu de semaines, des extrémités plutôt que du tronc. Une fièvre peut exciter un accroissement rapide et extraordinaire (Buffon, *Hist. natur. de l'homme*, in-4.°, t. II), en augmentant la circulation du sang. On cite une jeune fille qui, perdant ses menstrues par une fièvre qui lui survint, acquit une taille gigantesque (Wierus, *Observ.*, p. 40). On sait que la perte de la faculté prolifique, la castration, laissant le corps dans un état de mollesse et de laxité, permet aux individus de prendre plus de procérité et d'embonpoint que les individus à fibre tendue, très-mâles ou virils. *V.* Eunuque.

Si le sexe féminin est généralement de plus courte taille que le masculin, quoique de texture plus molle et extensible, c'est parce qu'il est plus tôt pubère ou parvenu à sa perfection, et parce qu'il a moins d'énergie vitale.

L'accroissement extraordinaire en longueur a lieu souvent aux dépens de la faculté génératrice. La plupart des géans sont froids, ou même impuissans, et le coït les casse bientôt. Ils sont, à proportion, beaucoup plus débiles et plus lents que de petits individus, pour tous les exercices possibles du corps et de l'esprit. Si les hommes de haute stature sont préférés, pour leur belle apparence, dans la garde des princes ou le service des personnages éminens, ils ne se montrent certainement pas les plus robustes ni les plus actifs; mais ils sont simples, dociles, candides et naïfs, peu capables de conspirer le mal, et constans aux plus mauvais maîtres. Lorsque Chéréas tua le tyran Caligula, les grands Allemands de sa garde furent les seuls fidèles à venger la mort de ce monstre. Dans la guerre, ils sont plus propres à la défense qu'à l'attaque, tandis que l'action impétueuse et brusque convient plus aux hommes courts et vifs, comme aux Français et aux anciens Grecs ou aux Romains.

La circulation est languissante chez les géans; ils n'ont guère que cinquante-cinq à soixante pulsations par minute; leurs fonctions s'opèrent aussi toutes avec inertie, et leur estomac digère lentement. Ils ont rarement de l'esprit: la plupart sont même très-sots, ou du moins fades, insipides comme des végétaux trop aqueux; de sorte qu'on n'a jamais vu un homme très-grand devenir un grand homme. Aussi les peuples méridionaux de l'Europe ont toujours eu l'avantage intellectuel sur la simplicité bonace des septentrionaux: la plupart des hommes bruns, petits et maigres, montrent bien plus de feu et de pénétration, ont des qualités plus solides et plus fortes que les grands blonds, gras et phlegmatiques. César redoutoit davantage Brutus et Cassius qu'Antoine et Dolabella. L'on a souvent remarqué de même que les petits hommes manifestoient un caractère plus ferme et plus prononcé que ces hauts corps, flexibles et mous, que l'on mène plus aisément que tout autre, au moral comme au physique.

Mais si ces grands individus sont dociles serviteurs et maîtres faciles, ils sont lents et bientôt fatigués, ou plutôt leur défaut d'énergie empêche d'en tirer beaucoup d'utilité. Ils ont peu de prévoyance, et on les trompe sans peine; leur sincérité ne peut comprendre la finesse et la ruse, et la méchanceté entre rarement dans leur âme. Ils possèdent des vertus débonnaires d'humanité, de franchise, de confiance, mais presque jamais celles de force, de prudence et d'activité. Leurs goûts tendent plutôt vers la paresse et la modération, qu'au travail et à l'ambition: ayant trop d'indolence pour concevoir de la colère et de profonds ressentimens de vengeance, ils sont incapables de grands crimes comme de hautes vertus. Leurs amours offrent plutôt un attachement de confiance que l'ardeur et la jalousie; ils consentent à croire le bien plutôt que d'avoir sans cesse à redouter le mal; ils préfèrent une liberté pauvre à l'esclavage opulent, et les plaisirs de la bonne chère et de l'oisiveté à ceux de la gloire ou de l'étude.

On conçoit que dans de tels corps les maladies seront en général chroniques ou langoureuses; elles abattront aisément les forces vitales; de là naissent des syncopes et l'atonie. La médecine stimulante et tonique deviendra donc indispensable pour eux. Il n'est pas surprenant aussi que le système de Brown ait tant de partisans en Allemagne, pour traiter ces vastes corps blonds, lymphatiques et humides des pays septentrionaux.

Si la taille n'est pas trop élancée ou disproportionnée, comme elle a coutume de l'être dans la plupart des géans, un homme de belle stature, quoique mince, peut subsister longuement, parce qu'il jouit d'une vie d'ordinaire tempérée, et que ses périodes sont lentes; mais il n'en est pas de même chez les individus trop longs et déhanchés, parce que les forces vitales ne peuvent agir avec ensemble et unité; les extrémités sont froides; les fluides y séjournent; tout y languit: aussi la plupart des géans deviennent bientôt vieux, cassés, et meurent avant l'époque ordinaire de la caducité. *V.* NAIN. (VIREY.)

GEANT. Nom donné au FLAMMANT, à cause de sa hauteur. (V.)

GEANT. Nom vulgaire de l'AGARIC GÉANT, figuré par Schaeffer, tab. 84. (B.)

GEASTRE, *Geastrum*. Genre établi aux dépens des VESSE-LOUPS. Il comprend ceux qui, comme la VESSE-LOUP ÉTOILÉE, ont une enveloppe qui se déchire en rayons plus ou moins réguliers. Desvaux a retranché six espèces de ce genre, pour constituer celui qu'il a appelé PLÉCOSTOME. (B.)

GEBEL-HENDY. Nom arabe donné au Caire, en Egypte, aux graines de la CANNABINE (*datisca cannabina*, L.). Elles y sont transportées de Crète, où croît cette plante, et non pas de l'Inde, ainsi que le pensent les Egyptiens. Ces graines sont employées comme vomitif. Voyez Delil. *Egypt.* (LN.)

GEBIE, *Gebia*, Léach. Genre de crustacés; de l'ordre des décapodes, famille des macroures, tribu des homards, ayant pour caractères : les quatre antennes insérées sur la même ligne, avancées; les latérales à pédoncule nu, les intermédiaires terminées par deux filets allongés; pieds antérieurs en forme de serres, avec l'index notablement plus court que le pouce; les autres pieds simples, velus à leur extrémité; queue en nageoire; feuillets crustacés, les latéraux triangulaires, celui du milieu presque carré.

Ces crustacés ont le derme peu épais et même un peu membraneux ou flexible. Leur test assez semblable à celui des écrevisses, dont ils sont rapprochés, est garni de piquans ou de petits poils et finit en une pointe peu avancée, à sa partie antérieure ; les yeux sont courts et situés, un de chaque côté, à cette extrémité ; les antennes latérales sont terminées par une soie très-longue ; les mitoyennes sont beaucoup plus courtes, avec deux soies au bout et de la longueur au moins de leur pédoncule. Les franges de poils, dont les extrémités de leurs pattes sont bordées, semblent indiquer que ces organes ont plus d'aptitude à la natation que ceux des crustacés de la même famille. Les feuillets de la nageoire du bout de la queue offrent des côtes longitudinales. La forme de ces parties sert à distinguer ce genre de celui des *Thalassines*, avec lequel on pourroit le confondre. Ici, en outre, la seconde paire de pattes est en forme de serre, mais avec un index très-court, et les pieds-mâchoires extérieurs sont beaucoup plus longs que ceux des gébies.

La foible consistance du test des gébies nous annonce que, pour se mettre à l'abri des dangers dont elles sont plus menacées que les autres crustacés macroures, elles doivent se tenir cachées. M. Risso dit, en effet, qu'elles choisissent des terrains argileux-calcaires, et qu'elles y creusent avec leurs pieds, de petits trous ronds, très-profonds, du diamètre de leur corps, où elles se renferment pendant le jour. Elles en sortent aux approches de la nuit, pour chercher leur nourriture, et si le jour les surprend dans leurs courses, elles se cachent sous les pierres du rivage ou sous les fucus, et s'y tiennent tranquilles. Aussitôt qu'on les approche, elles sautent avec dextérité, et se mettent à nager, en repliant leur queue, et en la rejetant ensuite en arrière avec force, de sorte que leur natation s'effectue par gambades. Elles agrandissent leur demeure à mesure qu'elles croissent. L'espèce mentionnée par ce naturaliste, préfère les endroits où la mer est toujours calme. Quand les vagues agitées par de gros vents viennent à boucher l'ouverture de sa retraite, elle en sort avec frayeur, et les flots la rejetent sur le rivage. Elle se nourrit de néréïdes, d'arénicoles, et même de moules, dont elle ouvre les valves avec adresse. Sa chair est recherchée par les pêcheurs, comme un appât des plus fins et des plus exquis, pour prendre les poissons à la ligne.

Ces crustacés habitent nos mers ; mais on ne les trouve que rarement.

On en connoît deux espèces : la GÉBIE DELTURE, *Gebia deltura*, Léach, *Malac. brit.*, *tab.* 31, *fig.* 9-10. Son corps est long d'environ deux pouces, blanchâtre, lavé de rouge-clair en quelques parties ; les pinces des serres sont unies, avec des poils disposés en lignes, en dessus et en dessous ; les doigts ont au côté interne des dents assez fortes ; le pouce offre sur un côté une série de tubercules, en forme de grains; la pièce du milieu de la nageoire caudale présente deux côtes réunies, près de la base, par une ligne élevée. Ses œufs sont rouges. Je l'ai reçue de M. Léach, et de M. d'Orbigny, médecin, qui l'a trouvée sur les côtes de Noirmoutiers.

La GÉBIE ÉTOILÉE, *Gebia stellata*, Léach. *ibid. fin.* 1-8; *cancer astacus*, *stellatus*, Mont.; *thalassyina littoralis*, Riss., *Hist. nat. des crust. de Nice*. *pl.* 3, *fig.* 2, est un peu plus petite. Ses pinces, dont la droite est plus forte, sont plus velues; leur dessus a une arête très-sensible; les dentelures des doigts sont plus petites ou à peine apparentes; le pouce comparé à l'index, m'a paru proportionnellement plus long que celui de l'espèce précédente; les côtes de la pièce mitoyenne de la nageoire caudale sont oblitérés. Ces caractères sont pris de la *thalassine littorale*, découverte par M. Risso dans la Méditerranée, et qui ne me paroît pas différer essentiellement de la *gébie étoilée* de M. Léach.

Le premier en a trouvé une variété dont le corps étoit d'un rouge-carmin, plus ou moins foncé, avec l'abdomen d'un blanc nacré. La femelle fait sa ponte en juin et juillet; ses œufs sont verdâtres. (L.)

GEBIRMAUS. Nom allemand du LOIR (*myoxus glis*). (DESM.)

GEBOSCON. L'un des noms grecs de l'AIL, suivant Dioscoride. (LN.)

GÉCARCIN, *Gecarcinus*, Léach. Genre de crustacés, de l'ordre des décapodes, famille des brachyures, tribu des quadrilatères. Conservés dans le genre des crabes par Fabricius, placés ensuite par moi avec les ocypodes, ces crustacés viennent d'être séparés des uns et des autres et composent un genre propre. Non-seulement leur coupe en forme de cœur, largement tronqué à sa pointe, leur chaperon rabattu, la grandeur de leurs yeux, des différences sexuelles, les éloignent des crabes; mais l'écart que l'on observe entre leurs pieds-mâchoires extérieurs et qui laisse à découvert une partie de l'intérieur de la bouche, présente un caractère que l'on ne retrouve que dans les grapses et les plagusies, genres distincts de celui des gécarcins par le test carré, déprimé, et portant les yeux à ses angles latéraux et antérieurs. Les gécarcins ont d'ailleurs une manière de vivre particulière.

Leur corps assez épais, et souvent plus bombé sur les côtés antérieurs, a la figure d'un quadrilatère plus large en devant et généralement arrondi aux angles du même côté. Le milieu de ce côté se rabat, en manière de chaperon, tantôt presque carré, tantôt arrondi. Les antennes sont très-courtes et apparentes ; les extérieures sont insérées près du canthus interne des fossettes oculaires, portées sur un article radical fort large, et terminées par une petite tige conique; les deux intermédiaires sont repliées transversalement, très-près du bord inférieur du chaperon. Les yeux sont grands, et les fossettes qui les reçoivent s'étendent de chaque côté du chaperon, dans la largeur antérieure du test, mais sans atteindre ses extrémités latérales. Le troisième article des pieds-mâchoires extérieurs, celui qui, avec les deux derniers, forme cette pièce grêle et courbée, que des auteurs considèrent comme un palpe, est inséré au bord supérieur du second article et même assez près de sa partie extérieure; cet article et celui qui le précède sont très-comprimés ou comme foliacés. Les deux pieds antérieurs forment deux grandes serres, souvent de grandeur inégale ; les autres ont les tarses très-épineux, et les épines y sont souvent disposées par séries sur plusieurs arêtes; ceux de la troisième paire sont plus longs que les seconds; c'est l'inverse dans les ucas, crustacés très-rapprochés des gécarcins. La queue offre distinctement, dans les deux sexes, sept tablettes.

Les gécarcins sont des crustacés terricoles et que les Colons français des Antilles nomment communément *tourlourous* et *crabes de terre*.

Le Père Labat, dans son voyage aux îles françaises de l'Amérique, etc., a rassemblé diverses observations sur ces crustacés. Il en distingue quatre espèces ; les *tourlourous*, les *crabes violets*, les *crabes blancs* et les *cériques*. Ce qu'il dit des derniers pourroit bien convenir aux grapses. On les trouve dans les rivières et sur les rochers, au bord de la mer. Ils sont beaucoup plus plats que les autres ; leur écaille est plus épaisse et plus dure; leurs mordans (ou leurs pinces), quoique plus petits, ne pincent pas moins ; ils ont encore bien moins de chair et de graisse que les autres, ce qui fait qu'on ne les recherche pas, ou du moins qu'ils sont la dernière ressource des Nègres. Chanvalon, dans son Voyage à la Martinique, dit que les *cériques de mer* et qui ne se prennent point dans les eaux douces, sont le *ciri-apoa* des Brésiliens, ou le *xirika* de la Guyane. Il est évident, d'après la figure du *ciri-apoa* donnée par Marcgrave, que ce crustacé est un portune. Il est possible que la dénomination de cérique soit commune à des crustacés de genres différens. Ceux qu'il représente, sous les noms brésiliens *carara una*, d'*arata*, sont certainement des grapses. Suivant Pison, la dernière espèce, et qui paroît être le grapse peint G. *pictus*, est employée comme un excellent alexipharmaque; on la pulvérise et on la mêle avec du vin. On voit par des passages d'Aristote, de Pline, de Galieu, etc., qu'on attribue, depuis long-temps, les mêmes vertus à divers crustacés. Maugé m'a appris que le grapse peint se trouvoit sur les bords de la mer, entre les mangliers, et se cachoit sous les racines. Une espèce du même genre se terre dans le sable.

Rochefort, auteur d'une Histoire naturelle des Antilles, et antérieur au Père Labat, ne parle point des *cériques*; mais il distingue également trois sortes de crustacés terricoles, les *tourlourous*, les *crabes blanches* et les *crabes peintes*. Nous avions d'abord cru, et telle a été aussi l'opinion de M. Bosc, qu'il désignoit les grapses sous ce dernier nom. Mais les habitudes des crabes peints nous paroissent différentes de celles des grapses, et nous avons lieu de présumer que les premiers crustacés sont spécifiquement les mêmes que ceux que le Père Labat, Chanvalon, etc., ont appelés, d'une manière plus restreinte, *crabes violets* : peut-être, cependant, Rochefort a-t-il confondu sous les noms de *crabes peints*, tant des *tourlourous* que des *grapses*.

L'espèce qu'on nomme plus communément *tourlourou* est la plus petite des trois ; sa plus grande largeur n'excédant jamais huit centimètres. Elle est d'un rouge foncé et tirant sur le brun ou sur le noir au milieu du dos ; leurs serres sont très-inégales, et la gauche est toujours plus petite que la droite. Ces animaux s'en servent pour couper les feuilles, les fruits, les racines et les autres choses, dont on prétend qu'ils se nourrisent. Ils pincent très-fort, et ne lâchent point ce qu'ils ont saisi. Leur chair est délicate ; mais comme, suivant Rochefort, il y a beaucoup à éplucher, et peu à prendre, et qu'on tient qu'elle provoque la dyssenterie, on n'y a recours que dans la nécessité. Le Père Labat dit cependant que c'est une nourriture fort recherchée et très-saine, à moins qu'ils n'aient mangé du fruit du mancenillier (*hippomane mancinella*, Linn.), poison pour eux, ainsi que pour les personnes qui mangent ces crustacés dans cet état. Mais Jacquin nie qu'ils attaquent ce fruit, et il est même probable que leur nourriture ne consiste qu'en matières animales. Il seroit important de connoître d'où leur vient la qualité délétère qu'ils ont dans quelques circonstances. On l'a attribuée aussi aux filons de cuivre sous-marins, sur lesquels ils vivent ; mais cette opinion auroit besoin d'être étayée par des faits. Ce que je raconterai plus bas, d'après Rochefort, de l'instinct singulier des crabes peints, est plus spécialement appliqué, par le Père Labat, aux tourlourous ; mais il donne pour règle générale, que les crabes, les écrevisses, les ciriques, les soldats ou pagures, et les lézards et les serpens même, descendent tous les ans à la mer afin de s'y baigner, de changer de peau ou de coquille ; que les tourlourous, les crabes et les ciriques ont aussi pour but d'y déposer leurs œufs. Il donne également le nom de *tourlourou* à des crustacés que l'on trouve exclusivement à la pointe de la Barbarie, et qui dévorent ceux de la même espèce (*V.* OCYPODE), qui ont été estropiés par quelque accident. Il soupçonne que cette cruauté pourroit être la cause des qualités malfaisantes qu'on leur suppose. Il est beaucoup plus exact et plus judicieux dans ce qu'il dit des différences sexuelles et extérieures des tourlourous et des crabes. Il les établit sur les proportions et la forme de la queue (1).

Les crabes blancs sont les plus gros de tous. On en a vu dont la plus grande largeur atteignoit presque deux décimètres, et dont une des pinces pouvoit contenir le poing. Ils se tiennent au pied des arbres, des paletuviers surtout, et dans les lieux bas et marécageux, près des bords de la mer. Ils font des trous en terre, et s'y retirent comme les lapins dans leurs clapiers ; rarement paroissent-ils le jour ; et lorsqu'on fouille dans le sable pour les découvrir, on trouve qu'ils ont toujours la moitié du corps dans l'eau. La nuit est le temps de leurs courses ; c'est alors qu'on va à leur poursuite avec des flambeaux de bagace ou de bois de chandelle. On les prend par-dessus le dos ; et on les met dans un sac, ou dans un panier, dont le couvercle s'emboîte ; mais comme ils ne s'éloignent guères de leurs trous, qu'ils se retirent même dans les premiers qu'ils trouvent, et qu'ils marchent très-vite, il faut les saisir promptement dès qu'on les aperçoit. Souvent ils se renversent sur le dos et présentent leurs mordans. On les prend par les pattes de derrière, ou on les rétablit dans leur première position.

Cette chasse se fait encore le jour, en fouillant avec une serpe dans les terriers où ils sont cachés, et particulièrement à l'époque de la mue, puisqu'ils n'en sortent point durant cinq à six semaines.

---

(1) La queue est triangulaire dans les mâles. Son origine offre en dessous deux tiges écailleuses, mobiles, en forme de cornes, ayant leur attache sur un cerceau également écailleux. Elles sont longues dans les ocypodes, les tourlourous; beaucoup plus courtes et accompagnées en dessous de deux autres parties écailleuses, mais bien plus petites et articulées, dans les grapses : ce sont les organes sexuels. La queue des femelles est notablement plus large, arrondie au bout, et presque demi-circulaire. Sa partie inférieure a, comme dans les autres crustacés brachyures femelles, deux rangs d'appendices ovifères barbus, divisés, dès leur base, en deux pièces ; l'une en forme de languette étroite, lancéolée, et l'autre plus longue, semblable à un filet et biarticulée.

Le Père Labat observe, à l'égard des crabes blancs, que le besoin de changer d'air, la crainte d'être couverts par les flots de la mer, les obligent quelquefois de sortir, pendant le jour, de leurs retraites. On remarque alors les trous qu'ils habitent, et on y fiche un bâton, qui les y retient captifs. Dès que la marée s'est écoulée, on ôte le bâton, et on trouve le crabe étouffé au bord du trou. Les Nègres réunissent leurs serres, en les fixant l'une dans l'autre, puis enfilent ces crustacés par le moyen de l'anneau qu'elles forment, et les portent ainsi au marché.

La troisième sorte de crustacé terricole, dont parle Rochefort, est celle qu'il désigne sous le nom de *peinte*, et qui est, à ce que je crois, ainsi que je l'ai dit plus haut, le *crabe violet* du Père Labat et de quelques autres voyageurs. Ces animaux, d'une taille moyenne entre celles des deux précédens, sont remarquables par la beauté et le mélange agréable de leurs couleurs : les uns sont d'un violet panaché de blanc ; les autres sont d'un beau jaune, chamarré de lignes purpurines ou grisâtres ; d'autres ont un fond tanné, rayé de rouge, de jaune et de vert.

Ils rodent, en plein jour, sous les arbres, afin d'y trouver leur nourriture. On les y rencontre principalement, en troupes nombreuses, le matin et le soir, après les pluies. Si on fait mine de vouloir les arrêter avec une baguette ou quelque autre objet, car il y auroit du danger à y employer les mains, ils se retirent, en marchant de côté, et en se servant des ruses et des moyens de défense que nous avons exposés plus haut. Le creux de quelque arbre pourri, les cavités qui sont sous ses racines, la fente d'un rocher, sont ordinairement l'asile où ils se réfugient et se dérobent aux regards de leurs ennemis. Maugé m'a raconté qu'ils grimpoient quelquefois sur les arbres pour y surprendre de jeunes oiseaux dans leurs nids.

Rochefort nous apprend encore qu'ils se rendent, chaque année, vers le mois de mai ou de juin, dans la saison des pluies, au bord de la mer, pour y pondre leurs œufs et perpétuer leur race. Ils descendent des montagnes, où ils font leur séjour habituel, en si grand nombre, que les chemins et les bois en sont tout couverts. Ils ont l'instinct de prendre leur route vers les parties qui, par leurs descentes ou leurs pentes naturelles, facilitent leur voyage et leur permettent d'aborder plus commodément la plage maritime, terme de leur course. C'est une sorte d'armée qui marche en ordre de bataille et sans rompre ses rangs, suivant toujours une ligne droite ; ils escaladent les maisons, franchissent les rochers et autres obstacles qu'ils rencontrent en chemin. Les jardins situés sur leur passage, en souffrent souvent beaucoup, parce qu'ils coupent avec leurs mordans, les pois, les jeunes plants de tabac, etc.; quelquefois même, ils pénètrent dans les maisons, lorsqu'ils y trouvent des issues favorables, et le bruit qu'ils font durant la nuit, est plus grand que celui des rats, et empêche de dormir. Les mâles étant alors bien nourris et les femelles étant chargées d'œufs, leur chair dédommage un peu les habitans de ces visites importunes et des dégâts qu'ils occasionent. On prétend qu'ils font halte deux fois le jour, tant pour se repaître que pour se reposer un peu; mais ils font plus de chemin de nuit que de jour.

Arrivés au bord de la mer, ils s'y baignent, dit-on, à trois ou quatre reprises, puis se retirant dans les plaines ou les bois voisins, ils s'y reposent quelque temps. Les femelles retournent ensuite une seconde fois à l'eau, et s'étant un peu lavées, elles ouvrent leur queue, font tomber les œufs qui y sont attachés, et prennent un nouveau bain; après cette opération, elles cherchent à regagner, dans le même ordre, les lieux d'où elles étoient parties, et par la même route. Mais les individus les plus vigoureux peuvent seuls revoir les montagnes où ils sont domiciliés. La plupart sont, à leur retour, si foibles et si maigres, qu'ils sont forcés de s'arrêter dans les premières campagnes qu'ils rencontrent, afin de pouvoir se refaire et de reprendre la vigueur nécessaire pour continuer leur voyage, plus pénible que le premier.

Les œufs confiés à la mer, sont repoussés sur le sable fin de la grève, et après avoir été quelque temps échauffés par les rayons du soleil, on en voit sortir les petits, qui vont bientôt s'établir dans les buissons voisins, jusqu'à ce qu'ils aient acquis assez de force pour se rendre dans les montagnes, et y former d'autres familles.

De retour dans leurs habitations, ces crustacés ont de nouvelles épreuves à essuyer. C'est le temps de leur mue. Ils se cachent tous en terre, et pour quelques semaines, de sorte qu'on n'en voit plus alors aucun; l'entrée même de leur terrier est fermée. On dit qu'ils y sont comme enveloppés dans des feuilles d'arbres. La chair de ceux qui viennent de se dépouiller de leur ancienne robe est très-estimée, à raison de sa mollesse et du rajeunissement des parties. Les habitans des îles les nomment pour lors *crabes boursières ;* ainsi que dans les mues de tous les autres crustacés, leurs tégumens ne forment qu'une pellicule rouge, tendue, et semblable à du parchemin mouillé. C'est pour cette raison qu'ils sont plus délicats, ou du moins plus profitables.

Rochefort suppose que ce changement de peau n'a lieu qu'au retour de leur voyage; il le précède, suivant le Père Labat, et s'opère immédiatement après la ponte. Nous ne suivrons point cet auteur, ni Rochefort, dans les détails qu'ils nous présentent à cet égard; ils appartiennent aux généralités de la classe.

Les œufs sont fort petits et d'un très-bon goût. La cuisson leur fait prendre une couleur rouge, comme cela arrive à ceux des écrevisses. Ils sont rassemblés, sous la queue de la femelle, en deux pelotons, séparés l'un de l'autre par une membrane, et accompagnés d'une matière épaisse, de la couleur de ces œufs, mais qui devient blanche lorsqu'elle a éprouvé l'action du feu. L'intérieur du corps des mâles offre, outre la substance que l'on compare à de la graisse, une matière verdâtre, le *taumalin*. L'une et l'autre servent à faire la sauce avec laquelle on les mange.

Ces animaux, à l'exception du crabe blanc, peu estimé, et dont on se méfie d'ailleurs, parce qu'il vit dans les endroits où se trouvent le mancenillier, les mimosa ou plantes dites sensitives, sont une vraie manne pour le pays. Ils forment une grande partie de la nourriture des Caraïbes. Les Nègres en mangent aussi beaucoup, et les blancs eux-mêmes ne les négligent pas.

Toujours dans l'idée que les crabes doivent leurs qualités nuisibles au fruit du mancenillier, Sloane a cru expliquer les accidens funestes qu'ont éprouvés quelques personnes, après avoir mangé de ces animaux, par le défaut de précaution que l'on avoit eu de nettoyer leur intérieur, et d'enlever les particules mal digérées de ce fruit. Mais outre qu'il ne paroît pas que ces crustacés se nourrissent de ce fruit, dans l'île de la Grenade, où on les prend souvent sous le mancenillier, on ne s'est jamais aperçu qu'ils aient incommodé quelqu'un. La couleur noire du taumalin indiqueroit, au rapport de quelques auteurs, que ces crustacés sont empoisonnés. Mais il nous faudroit des expériences bien positives pour nous convaincre que les fruits de cet arbre et d'autres végétaux dangereux sont les seuls qui communiquent une couleur noire au taumalin. Les *crabes violets* ont été détruits, en grande partie, à l'île de la Martinique. Les Caraïbes les y apportent des îles voisines.

Linnæus dit, sur l'autorité de Brown, que le *cancer ruricola*, variété probablement de la même espèce, sacrifie, pour se sauver, la pince avec laquelle il a saisi les doigts de la personne qui a voulu le prendre, et que l'action forte de cette pince dure encore une minute après qu'elle s'est détachée de son corps.

On rencontre d'autres crustacés terricoles à la Côte-d'Or, dans l'île de Java, etc.; mais ce sont probablement des ocypodes ; car il me paroît qu'en général les *gécarcins* ou tourlourous sont propres à l'Amérique méridionale.

Gécarcin tourlourou, *Gecarcinus ruricola ; Cancer ruricola*, Linn., Fab., Herbst., *Canc.*, *tab.* 3, *fig.* 36, et *tab.* 20, *fig.* 116. Le test est d'un rouge de sang foncé, avec l'impression ordinaire du dos et en manière de H, très-forte et prolongée jusque près des yeux ; on voit au-devant d'elle un sillon ; les côtés sont bombés ; le chaperon forme un carré transversal ; la longueur de chaque œil n'égale guère que le tiers de la largeur antérieure du test ; le bord inférieur de leurs fossettes est dentelé, avec une échancrure près de l'extrémité intérieure ; les serres ont les pinces unies, et l'article qui les précède, ou le carpe, est denté au côté interne ; tous les tarses ont six arêtes dentées ou épineuses, mais les dentelures sont moins apparentes dans les jeunes individus.

Il me paroît que c'est l'espèce que des voyageurs français nomment plus particulièrement tourlourou. Elle est très-commune aux Antilles.

Gécarcin bourreau, *Gecarcinus carnifex ; Cancer carnifex*, Herbst, *tab.* 41, *fig.* 1 ; *tab.* 4, *fig.* 37, *var.* ; *ocypoda carnifex.* Bosc ; *ocypode cordata*, Latr. Son test est long d'environ un décimètre, jaunâtre dans les individus secs, presque plat en dessus, avec les côtés insensiblement bombés, arrondis et sans rebords ; l'impression dorsale ordinaire est plus courte que dans l'espèce précédente, et ne va pas jusqu'aux yeux ; le chaperon est en carré transversal, très-rebordé et déprimé au-dessus du front ; les yeux sont plus grands que dans l'autre ; les deux serres antérieures sont de grandeurs inégales, avec les arêtes inférieures tuberculeuses, les carpes unis et n'ayant qu'une petite dent au côté interne, et les pinces grandes, ovales, un peu graveleuses ; les doigts sont longs, arqués et dentelés inégalement au bord interne ; les tarses n'ont que quatre arêtes.

Maugé avoit rapporté cette espèce de l'île de Saint-Thomas ; elle s'y tient dans les cimetières. D'après la figure qu'en a donnée Herbst, le jaune est coupé par un grand nombre de lignes purpurines, et Rochefort, en parlant des *crabes peints*, indique cette variété.

L'*ocypode fouisseur*, de mon Histoire naturelle des crustacés et des insectes, est un autre gécarcin. Il est plus petit que le précédent, avec les serres presque égales, et dont les pinces sont dentelées à leur tranche supérieure.

Le *crabe guanhumi* de Pison, est encore de ce genre, et très-distinct des précédens par la grandeur des serres, dont la gauche est beaucoup plus forte ; sa pince est presque triangulaire, plus large près des doigts, unie et comprimée ;

ces doigts sont très-longs, grêles et très-arqués; l'impression dorsale du test est peu prononcée; le bord inférieur des fossettes oculaires n'est point dentelé; les tarses ont quatre arêtes, avec de petites dentelures, mais qui sont moins nombreuses que dans les autres gécarcins.

Cette espèce se trouve au Brésil, à la Guyane, etc. De la collection de M. de Lamarck. (L.)

GÉGARCINS FOSSILES. *V.* CRUSTAC. FOS. (DESM.)

GECKENHEIL. C'est l'ANAGALIDE DES CHAMPS, *Anagallis arvensis*, L., en Allemagne. (LN.)

GECKO, *Gecko.* Genre de reptiles de la famille des LÉZARDS, dont les caractères consistent à avoir, à chacune de leurs quatre pattes, cinq doigts presque égaux, dilatés latéralement, garnis en dessous de lames imbriquées, et terminés par un ongle peu apparent, très-crochu; la langue courte, libre, et un peu échancrée à son extrémité.

Le genre UROPLATE a été établi à ses dépens.

Ce genre faisoit partie des LÉZARDS de Linnæus. (*V.* au mot LÉZARD et au mot ERPÉTOLOGIE); mais les espèces qui le composent ont une conformation de doigts si singulière, qu'il est difficile de ne pas les distinguer, même à la première vue. Ces doigts sont larges, garnis en dessous d'écailles imbriquées, et sur les côtés, d'un prolongement de peau très-saillant et terminés par un ongle peu apparent, aigu et très-crochu.

Le corps des geckos est en général aplati, couvert de petits tubercules, et dans quelques endroits d'écailles également petites. La tête est grande et triangulaire, les trous auditifs sont fort apparens, les yeux sont gros et sans paupières; la queue est courte et d'une grandeur moyenne.

On trouve des geckos dans les parties méridionales de l'Europe, en Afrique et en Asie. On n'en a pas encore découvert en Amérique. Ils marchent assez vite, sans avoir cependant l'agilité des *lézards.* Ils se cramponnent encore mieux qu'eux aux arbres et aux murs. Ils se nourrissent d'insectes.

On connoît une quinzaine d'espèces de geckos, parmi lesquelles Daudin a formé trois sections, et dont les plus importantes à connoître sont:

Le GECKO GLANDULEUX OU FASCICULAIRE, *Gecko virosus*, qui est d'un vert clair, maculé de rouge, et dont les cuisses postérieures sont garnies sur leur surface interne d'un rang de tubercules glanduleux. Il se trouve en Egypte et dans les Grandes-Indes. (*V.* pl. D 30). C'est le gecko proprement dit de Linnæus et de Lacépède, le geckotte de Daubenton. Son nom exprime le cri qu'il fait à la fin du jour, où lorsqu'il doit pleuvoir. Des glandes de ses cuisses transsude une humeur qui est regardée comme un poison dangereux. Il suffit de le toucher pour que la main éprouve des démangeaisons violentes, qui sont suivies de rougeurs et de pustules très-douloureuses. Les alimens sur lesquels il dépose son humeur, deviennent mortels pour ceux qui en mangent, ainsi que l'a vu Hasselquist en Égypte, où il n'est pas rare. Sa morsure est si dangereuse, qu'il n'y a point d'autre parti à prendre que de couper ou de brûler sur-le-champ la partie atteinte. Bontius assure que le CURCUMA est son contre-poison.

Cet animal a quelque chose de l'espèce du *caméléon*. Sa longueur, dont la queue fait la moitié, excède rarement un pied. Il se tient de préférence dans les lieux humides, dans les creux des arbres à demi-pourris, d'où il ne sort que la nuit ou aux approches de la pluie ; mais il ne craint pas d'entrer dans les maisons. Sa démarche est lente, excepté lorsqu'il s'élance sur les insectes et les vers dont il fait habituellement sa nourriture. Il pond des œufs de la grosseur d'une noisette.

Le GECKO DE MAURITANIE, *Gecko mauritanicus*, a le corps couvert d'écailles terminées par une épine ; la queue courte, garnie d'épines plus grandes et disposées en verticilles. Il se trouve dans les parties méridionales de l'Europe, en Asie et en Afrique. On le rencontre assez fréquemment en France, sur les bords de la Méditerranée, où on l'appelle *tarente*. Il se plaît dans les lieux chauds, sous les toits, dans les fentes et les crevasses des murs, et il évite les endroits humides. On ne le voit point sortir de sa retraite lorsqu'il doit pleuvoir, mais bien lorsque le soleil est dans sa plus grande force. Il ne jette aucun cri et n'est point venimeux (d'après l'observation d'Olivier). Ses rapports avec le précédent, remarque Lacépède, qui l'appelle *Geckotte*, sont si considérables, qu'il est difficile de les distinguer par une simple phrase descriptive. Sa longueur s'étend rarement au-delà d'un demi-pied ; ainsi il est de moitié plus petit que le gecko glanduleux. Il a, de plus, le corps beaucoup plus épais proportionnellement ; la queue plus courte ; et surtout il n'a point de tubercules glanduleux aux cuisses postérieures. Le caractère qu'on tire de ses écailles épineuses et de sa queue verticillée, n'est vrai que dans sa jeunesse. Il n'est par conséquent pas bon, mais on a dû l'employer faute d'autre. Il est très-remarquable que cette espèce perde ses épines en avançant en âge. C'est la seule, dans la famille des lézards, chez qui on ait remarqué ce phénomène, qui paroît digne de l'attention des scrutateurs de la nature.

Le GECKO TÊTE PLATE, *Gecko fimbriatus*. Il a la tête très-aplatie, les côtés du corps et de la queue prolongés par une membrane frangée, le dessous jaune, et le dessus changeant comme le *caméléon*, d'après l'observation de Bruguières, qui l'a vu à Madagascar, où il est appelé *famocantraton*, selon Drapper qui fait à son sujet un conte qu'on peut lire au mot FAMOCANTRATON. Il se trouve en Afrique et à Madagascar; il n'est point venimeux, se tient pendant le jour sur les arbres, occupé à courir après les mouches et autres insectes dont il se nourrit, et se cache pendant la nuit dans des trous. *V.* pl. D 30.

Le SAROUBÉ (*V.* ce mot.) paroît se rapprocher beaucoup de ce *gecko*, quoiqu'il n'ait que quatre doigts et point de membranes latérales.

Le GECKO SPUTATEUR, *Gecko sputator.* Il a le corps gris, varié de brun, avec 10 à 12 anneaux d'un brun presque noir, liserés de blanc. Il se trouve dans les îles de l'Amérique. J'ai reçu de Saint-Domingue, l'individu qui a été figuré par Lacépède, dans son *Histoire des Quadrupèdes ovipares.* Il avoit trois pouces de longueur. Sparmann, qui l'avoit le premier fait connoître dans les *Mémoires de l'Académie de Stockholm*, pour l'année 1784, rapporte que ce gecko ne nuit à personne quand il n'est pas inquiété, mais qu'il ne faut pas l'approcher de trop près; car alors il lance contre l'indiscret un crachat noir, assez venimeux pour qu'une petite goutte fasse enfler la partie du corps sur laquelle elle tombe; de là le nom de *sputateur* ou *cracheur* qu'il lui a donné. Cette espèce offre une variété remarquable en ce que les bandes brunes manquent. Il est probable que cette variété, que j'ai, ainsi que Sparmann, reçue avec le sputateur, est produite par le sexe.

On guérit l'enflure produite par le gecko sputateur, par le moyen de l'eau-de-vie camphrée.

Cette espèce s'éloigne un peu du genre; aussi Daudin l'a-t-il placée parmi ses ANOLIS. *V.* pl. D 30.

Le GECKO A OREILLES, *Gecko auritus.* Il a une crête demi-orbiculaire de chaque côté de la bouche, et les trois doigts intermédiaires de ses pieds sont dentés en scie. On le trouve en Sibérie. *V.* pl. D 30. Il a environ huit pouces de long. Sa couleur est cendrée et jaunâtre, avec des points bruns très-rapprochés, et le bout de la queue noir. Les deux protubérances rudes, molles, et remplies de sang, des coins de sa bouche, le rendent fort remarquable.

Les GECKOS SANS ONGLES, OCELLÉ et CEPÉDIEN, sont figurés pl. 5 de l'ouvrage de M. Cuvier, intitulé le *Règne animal distribué selon son organisation.*

Les GECKOS ANNULAIRE et LOBÉ le sont pl. 8 du *grand ouvrage de la Commission de l'Institut d'Egypte, sur les animaux de cette contrée.*

Les GECKOS de SIAM et de JAVA constituent le sous-genre HÉMIDACTYLE de Cuvier. (B.)

GECKOIDE, *Geckoïdes*. Péron (*Voy. aux Terres Aust.*, tom. I, pag. 405) propose l'établissement d'un genre de reptiles sauriens, sous le nom de *geckoïde* pour placer le gecko a large queue (*gecko paturus*) Saw., qu'il a observé dans les lieux bas et fangeux des environs du port Jackson. Il caractérise ainsi ce nouveau genre: corps extrêmement plat; tête grosse; yeux protubérans; pupille linéaire et verticale; queue en forme de fer de lance, se détachant du corps avec la plus grande facilité pour peu qu'on y touche; *doigts grêles allongés, très-comprimés latéralement, et dépourvus des folioles qui caractérisent les geckos.* Le *geckoïde* de Péron se nourrit de larves d'insectes aquatiques et de quelques-uns de ses insectes mêmes. (DESM.)

GECKOTIENS. Famille de reptiles sauriens, établie par Cuvier, et qui est constituée par le seul genre GECKO. (B.)

GECKOTTE. Nom de la seconde espèce de GECKO. (B.)

GEDESIMMER. Nom donné, en Norwége, à l'ANEMONE DES BOIS (*An. nemorosa*). (LN.)

GEDUAR et GEIDUAR. Noms arabes du ZÉDOAIRE. (LN.)

GEDULDKRAUT. La PATIENCE (*Rumex patientia*, L.) porte ce nom en Allemagne. (LN.)

GEECKA. Nom lapon du COUCOU. (V.)

GEELGOELLING. L'un des noms allemands des SOUCIS. (LN.)

GEERST-GEERS. C'est le MILLET (*Panicum miliaceum*) en Hollande. (LN.)

GEERSELN. La PODAGRAIRE (*Ægopodium podagraria*) porte ce nom, dans quelques parties de l'Allemagne. (LN.)

GEGENSTRAS. Un des noms de la BOURRACHE en Allemagne. (LN.)

GEGVERS. Nom que les Arabes donnent au MILLET. (LN.)

GEHLÉNITE. Substance minérale découverte récemment dans le royaume de Bavière, et que ses caractères doivent faire considérer comme une variété remarquable de *l'Andalousite* (*feldspath apyre*, Haüy). On la fera connoître à l'article JAMESONITE. (LN.)

GEHLICE. Nom de l'ARRÊTE-BŒUF ou BUGRANE, en Hongrie. (LN.)

GEHUPH. Arbre de l'Inde, qui porte un fruit que les habitans de Sumatra appellent *pêche de trapobane*, lequel contient une noix dont le dedans est fort amer, et a le goût de la racine d'angélique. On en tire de l'huile fort estimée dans le pays. Il découle aussi de l'arbre une gomme qui a les mêmes propriétés que l'huile. On ignore à quel genre appartient cet arbre. (B.)

GEIDUAR. *V.* GEDUAR. (LN.)

GEIER. Nom allemand des VAUTOURS. (V.)

GEIERADLER. C'est, selon Meyer, le nom allemand du GYPAÈTE. (V.)

GEIERLEIN. Le SISARON ou CHERVI (*Sium sisarum*) est ainsi appelé en Allemagne. (LN.)

GEIR. Nom anglais du VAUTOUR. (V.)

GEIRAN. Nom altéré de celui de TZEIRAN, que les Turcs donnent à une espèce d'antilope. *Voyez* ANTILOPE DE PERSE. (DESM.)

GEISBLATT (*Chèvre-feuille*). Les Allemands nomment ainsi, non-seulement les CHÈVRE-FEUILLES, mais encore l'AZALÉE, un CYTISE (*cytisus nigricans*), le TRÈFLE DES PRÉS, etc. (LN.)

GEISBLUME (*Fleur de bouc.*). Les Allemands nomment ainsi la REINE MARGUERITE DES PRÉS, la RENONCULE SCÉLÉRATE, *etc.* (LN.)

GEISHOLZ. Le TROÈNE est ainsi nommé en Allemagne. (LN.)

GEISS. Nom allemand de la CHÈVRE. (DESM.)

GEISSODE, *Geissodea.* Genre de plantes cryptogames de la famille des algues, fait aux dépens des *lichens* de Linnæus, et qui offre pour caractères, une croûte adhérente, foliacée, dont les folioles sont imbriquées, libres vers la circonférence, et dont les scutelles sont sessiles ou très-peu stipitées. Ce genre, par conséquent, comprend les *lichens* de la seconde division de Linnæus, *leprosi scutellati*; ceux qui sont figurés planch. 24 de l'ouvrage de Dillen, dont les principaux sont les LICHENS STELLAIRE, CENTRIFUGE, PARIÉTIN, OMPHALODE et SAXATILE. *V.* au mot LICHEN.

Achard et Hoffmann ont appelé ce même genre COLLEMIE. (B.)

GEISSORHIZE, *Geissorhiza.* Genre de plantes établi pour placer une douzaine d'IXIES ; il offre pour caractères : une spathe bivalve, lancéolée ; une corolle régulière à divisions ovales ; trois étamines à anthères frangées ; un ovaire inférieur, à style incliné, et à stigmate de trois lames cunéiformes ; une capsule membraneuse, ovale, trigone.

L'IXIE UNILATÉRALE, qui sert de type à ce genre, est figurée pl. 1105 du *Botanical Magasine de Curtis.* (B.)

GEITJE. Sparmann a décrit, sous ce nom, un LÉZARD du Cap de Bonne-Espérance, qui passe pour très-venimeux dans cette colonie. Il rapporte qu'on lui a dit que sa morsure produisoit une lèpre qui se terminoit toujours par la mort, mais seulement après six mois ou un an de souffrances, pendant lequel temps toutes les parties du corps se gangrenoient successivement et tomboient par lambeaux.

Il y a lieu de croire que ce rapport est le résultat d'un préjugé ; car dans plusieurs pays on attribue aux lézards des qualités venimeuses, on les accuse de causer des maladies dont ils sont fort innocens. (B.)

GEL (Maladie des arbres). *V.* ARBRE (TOL.)

GELA, *Gela.* Arbuste à feuilles opposées, ovales, lancéolées, très-entières, recourbées en leurs bords, glabres, luisantes, à fleurs jaune-verdâtres, disposées en grappes corymbiformes, qui forme, selon Loureiro, un genre dans l'octandrie monogynie. *V.* XIMENIE.

Ce genre offre pour caractères : un calice très-court, divisé en quatre parties ; une corolle de quatre pétales linéaires ; huit étamines ; un ovaire supérieur, à style court et à stigmate épais et bifide ; une noix presque ronde et uniloculaire.

Le gela se trouve dans la Cochinchine. Ses feuilles exhalent, lorsqu'on les froisse, une odeur suave. Il se rapproche si fort de l'HEYMASSOLI de Forster, qu'on peut, sans inconvénient, l'y réunir. (B.)

GELALA. Rumphius décrit trois espèces d'ERYTHRINE, sous ce nom ; l'une, l'*Erythrina fusca*, Lour., est le *Gelala aquatica*, Rumph., Amb. 2, t. 78 ; la seconde, l'*Erythrina indica* ou *Gelala littorea*, Rumph., 2, tab. 76 ; enfin la troisième, l'*Erythrina picta*, qui est le *Gelala alba*, Rumph., 2, t. 77. (LN.)

GELAPO. *V.* JALAP et LISERON. (LN.)

GELASIME, *Gelasimus* (Buffon). Genre de crustacés, de l'ordre des décapodes, famille des brachyures, tribu des quadrilatères, ayant pour caractères : test en forme de trapèze, transversal et plus large au bord antérieur, dont le milieu est rabattu en manière de chaperon ; pieds-mâchoires extérieurs rapprochés l'un de l'autre ; leur troisième article inséré à l'extrémité latérale et supérieure du précédent ; les quatre antennes découvertes et distinctes, les latérales sétacées ; yeux situés chacun à l'extrémité d'un pédicule grêle, cylindrique, prolongé jusqu'aux angles antérieurs du test, et reçu dans une fossette longue et linéaire ; l'une des serres beaucoup plus grande que l'autre ; la longueur des autres pieds diminuant graduellement, à partir de la seconde paire.

Semblables aux ocypodes par la forme générale du corps et quant aux habitudes, ces crustacés en diffèrent cependant par leurs antennes, leurs yeux et les proportions relatives des pieds. Ils s'éloignent encore des gonéplaces de M. Léach, avec lesquels je les avois réunis ; car dans ceux-ci, le troisième article des pieds-mâchoires extérieurs est inséré à l'angle interne de l'extrémité du second ; la seconde paire de pieds est plus courte que la suivante, et ces crustacés, d'ailleurs, se tiennent habituellement dans la mer. Les gélasimes sont plus rapprochés des uças de ce dernier naturaliste ; mais le test de ceux-ci est en forme de cœur, et les cavités destinées à loger les yeux sont beaucoup plus courtes et ovales.

Un des caractères des gélasimes qui frappe le plus, est la disproportion extraordinaire de leurs serres. L'une, tantôt la gauche, tantôt la droite, car cela varie dans les individus de la même espèce, est énormément grande, tandis que l'autre est très-petite et même souvent cachée ; l'on diroit que ces animaux sont manchots. Ils ont l'habitude d'élever en l'air la plus grosse, comme s'ils vouloient faire signe et appeler quelqu'un ; et c'est pour cela que Linnæus en a désigné une espèce sous le nom de *vocans*. Mais nul doute que cette serre ne leur serve soit de bouclier, soit d'arme offensive.

Ces crustacés qui, de même que les ocypodes, habitent plus particulièrement les pays chauds, font leur demeure dans les terrains humides, près des rivages.

M. Bosc, étant en Caroline, en a vu une espèce (*vocans*) se porter en foule sur les charognes, les couvrir et en disputer les lambeaux aux vautours. Les terriers que forme une autre espèce (*pugillator*) sont si nombreux, qu'ils se touchent. Ils sont cylindriques, ordinairement obliques et très-profonds. Rarement plusieurs individus entrent-ils dans le même ; il faut, pour cela, que le péril soit très-imminent. Ces animaux ne craignent point l'eau qui les couvre quelquefois ; mais ils ne cherchent point à y entrer, et jamais ils n'y restent long-temps de leur gré, si ce n'est peut-être au temps de la ponte, et jusqu'à ce que les œufs soient éclos. Cet habile observateur a trouvé, dès la fin de février, des femelles dont le dessous de la queue en étoit garni ; mais il n'a jamais rencontré de petits dans leur premier âge, et il soupçonne qu'ils passent dans l'eau ou dans la terre, la première année de leur vie. Les mâles se distinguent des femelles en ce qu'ils sont plus petits, plus colorés, et que leur queue est triangulaire ; les pinces n'offrent d'ailleurs aucune différence sexuelle. Cette espèce se tient, durant l'hiver, ou durant trois à quatre mois, dans son terrier, qui se bouche presque toujours, de sorte que l'animal est obligé de le rouvrir, lorsque la chaleur du soleil est assez forte pour l'obliger à quitter sa demeure. M. Bosc n'a jamais pu le surprendre dans les instans où il travailloit à creuser son habitation. On ne mange point ce crustacé. Il a beaucoup d'ennemis, et tels sont les loutres, les ours, les oiseaux, les tortues et d'autres reptiles; mais sa multiplication est si excessive, qu'il n'en résulte pas de diminution sensible. Ces faits m'ont été confirmés par M. de Lalande fils, employé au Muséum d'Histoire naturelle, qui a enrichi cet établissement d'un grand nombre d'animaux du Brésil, et qui m'a donné sur plusieurs crustacés de ce beau pays, d'utiles renseignemens.

GELASIME MARACOANI, *Gelasima Maracoani; Ocypode Maracoani*, Lat.; *Ocypode heterochelos*, Bosc, Oliv., Seb., *Mus.*, *tom.* 31, *tab.* 18, *fig.* 8; Herbst., *Canc.*, *tab.* 1, *fig.* 11; *Maracoani*, Pis., Marcgrave. Corps long d'environ un pouce, sur un et demi de largeur, jaunâtre, lavé de rougeâtre; test fortement chagriné, avec deux lignes imprimées longitudinales, et les bords latéraux crénelés; chaperon très-étroit; bord inférieur des orbites oculaires crénelé; une des serres très-grande; des dentelures obtuses sur les arêtes des bras; dessus du carpe et face antérieure de la main couverts de tubercules arrondis, en forme de grains, rougeâtres; doigts très-grands, très-comprimés, imitant un ciseau, avec leur face interne unie; le pouce, (doigt mobile) plus large, finement chagriné en devant, arqué au bout, et terminé en un petit crochet; son bord interne présentant une face oblique, dont les deux bords sont garnis de petits tubercules arrondis, et dont un plus fort est près du milieu; l'index ayant sa face antérieure chargée de gros points enfoncés, rebordée; sa tranche interne tuberculée sur les deux bords, et ayant, un peu avant son milieu, une saillie en forme de dent large, obtuse, chargée de petits tubercules, qui s'étendent dans toute la longueur du milieu de cette tranche; bout du doigt oblique, inégalement bidenté; dessus des autres pattes garni de duvet; tarses comprimés, avec des poils aux arêtes.

Se trouve à Cayenne, au Brésil, courant sur les bords de la mer après son reflux, se tenant caché dans tout autre temps. On le mange. La figure de Séba, copiée par Herbst, ne représente pas aussi exactement la forme des mains que celle de Marcgrave, et on seroit tenté de croire que c'est une autre espèce.

Séba dit que les habitans du Brésil l'appellent *uka una*; mais Pison et Marcgrave désignent sous ce nom un autre crustacé, et nomment celui-ci *Maracoani*.

GÉLASIME COMBATTANTE, *Gelasima pugillator; Ocypode pugillator*, Bosc, Oliv. Test uni et tres-entier sur ses bords, ponctué, gris, avec une tache violette antérieure et des lignes noires, parallèles, ondulées postérieurement sur les côtés; serre droite ordinairement plus grande, aussi large et deux fois plus longue que le corps, un peu chagrinée, ainsi que l'autre ; ses doigts très-longs, arqués, unis, sans dentelures intérieures; les autres pattes aplaties, ponctuées, grises, un peu ciliées. Cette espèce, que M. Bosc a trouvée dans la Caroline, a beaucoup de rapports avec le *ciécie* de Marcgrave.

GÉLASIME APPELANTE, *Gelasima vocans ; Cancer vocans*, Deg. *Insect.*, *tom.* 7, *p.* 430, *pl.* 26, *fig.* 12 ; *Ocypode vocans*, Bosc, Oliv., Herbst., *Canc.*, *tab.* 1, *fig.* 10. Long d'environ cinq lignes, sur huit de largeur, d'un jaunâtre pâle, ponctué de roussâtre ; test uni, avec le bord antérieur sinué, terminé latéralement en pointe aiguë ; chaperon transversal arqué ; pédicules oculaires ayant à leur extrémité une pointe très-courte ; bord inférieur de leurs fossettes dentelé ; serre droite ordinairement plus grande, dessus du carpe et la partie extérieure de la pince finement chagrinés, ayant sur les deux tranches un rebord, se prolongeant sur la base du pouce; une ligne enfoncée, courte, au milieu de sa face extérieure, près de son extrémité ; les deux doigts sont longs, étroits, très-écartés entre eux, unis, comprimés, ayant chacun à leur bord interne trois séries de petits grains, dont un ou deux plus forts au pouce, et un autre plus sensible à l'index, vers le milieu de ce bord ; le pouce plus long, arqué au bout ; l'index droit, moins aigu et comme un peu tronqué obliquement à son extrémité; les autres pattes un peu velues et ciliées.

Aux Antilles.

M. de Lalande fils a rapporté du Brésil une espèce très-voisine de la précédente, mais qui est d'un brun-roussâtre ; le dessus du test, à l'exception des côtés, noirâtre ou couleur de foie. C'est, à ce qu'il paroît, le *ciécie panema* de Marcgrave.

Son *ciécie*, etc., représenté dans son *Histoire naturelle du Brésil*, est encore une espèce du même genre. Les habitans de ce pays le mangent et l'emploient dans le traitement de la maladie qu'ils appellent *mia*.

Feu Péron et son ami Lesueur ont recueilli dans leur voyage aux Terres Australes, d'autres espèces de gélasimes. *V.* encore le *cancer vocator* d'Herbst., *tab.* 59, *fig.* 1. (L.)

GELASON. Les Celtes donnoient ce nom à la plante que Dioscoride appelle GNAPHALIUM. *V.* ce mot. (LN.)

GÉLATINE, *Gelatina*, vient de gelée, parce que cette matière se prend par le refroidissement en une masse transparente comme de l'eau glacée.

C'est une des substances composant la chair des animaux, et particulièrement celle des jeunes. C'est elle qui, durcie ou épaissie, compose les cornes, peaux, membranes ; elle devient cassante par la dessiccation. Elle se dissout très-bien dans l'eau bouillante, et même dans l'eau froide, et forme alors ce qu'on appelle *colle animale.* Sa saveur est fade, sa couleur souvent jaunâtre, surtout celle extraite des vieux animaux ; elle est fort nourrissante, mais de difficile digestion, toute seule ; on en fait des tablettes de bouillon qui se conservent bien étant sèches. Quand la gélatine est conservée humide quelques jours, elle passe à la fermentation acide, puis à la putréfaction.

La gélatine a la propriété d'être précipitée en une masse insoluble à l'eau, par la teinture ou solution de noix de galle et du tannin ; c'est sur ce principe qu'est fondé l'art du tannage et le moyen de conserver imputrescibles les chairs des animaux. L'éther, l'alcool, ne dissolvent point la gélatine ; au contraire, ils séparent l'eau qui la tenoit en dissolution et ainsi la précipitent ; la muriate de deutoxyde de mercure (sublimé corrosif) ne la précipite pas, comme il fait pour l'albumine ou blanc d'œuf (ou serum du sang). Il y a peu de gélatine dans le blanc d'œuf et dans le sang, mais beaucoup dans toutes les parties blanches des animaux, cartilages, membranes, tissu cellulaire ou lamelleux, etc.

Le *mucus* diffère, à plusieurs égards, de la gélatine, en ce qu'il se dessèche à l'air et par l'oxygénation, en pellicules insolubles ensuite à l'eau ; il est précipitable par les nitrate et acétate de plomb, mais non par le tannin. (VIREY.)

GELATINEUX. Poisson du genre CYCLOPTÈRE. (B.)

GELATINEUX A SOIE. Paulet a figuré sous ce nom, pl. 11 de son *Traité des Champignons*, une TREMELLE qui croît sur l'orme, et dont la partie supérieure est soyeuse. Je ne la trouve pas indiquée dans l'ouvrage de Bulliard. (B.)

GÉLATINEUX PAPILLÉ. C'est le nom que donne Paulet, qui l'a figurée pl. 11 de son *Traité des Champignons*, à une TREMELLE (*tremella hydnoïdes*, Jacq.), dont la surface supérieure est garnie de papilles. (B.)

GELBENECH d'Anguillara. C'est la GRATIOLE (*gratiola officinalis*). (LN.)

GELBER. *V.* COBALT OXYDÉ FERRIFÈRE. (PAT.)

GELÉE. Ce nom désigne ordinairement la congélation opérée dans les eaux des ruisseaux, des fontaines, des rivières, ou de la mer même, par le refroidissement de l'atmosphère. (BIOT.)

GELÉE BLANCHE. On appelle ainsi cette multitude de petits glaçons qui paroissent le matin vers la fin de l'automne et au commencement du printemps, sur le gazon, sur les toits des édifices, etc. Ils s'y montrent sous la forme d'une couche dont la blancheur égale presque celle de la neige.

La *gelée blanche* tient la place de la rosée, qui mouille en d'autres temps la plupart des corps terrestres. Il n'existe entre ces deux météores d'autre différence, si ce n'est qu'il faut plus de froid pour la formation de la gelée blanche, que pour la production de la rosée. En un mot, la gelée blanche n'est autre chose que de la rosée congelée. *V.* Rosée. (lib.)

GELÉE DE MER. On donne ce nom, tantôt à des Méduses, tantôt à des Actinies, tantôt à des Volvoces, tantôt à des Biphores, etc., tantôt à du frai de poisson, à raison de leur ressemblance avec une gelée animale. (b.)

GELÉE MINERALE. Quelques naturalistes ont donné ce nom à des Guhrs colorés d'une teinte rougeâtre par un oxyde de fer. Cette dénomination n'est point adoptée par les minéralogistes. (pat.)

GELÉE VÉGÉTALE. On a donné ce nom aux Tremelles. (desm.)

GELIDION, *Gelidium.* Genre de plantes établi par Lamouroux, *Annales du Muséum*, aux dépens des Varecs de Linnæus. Ses caractères sont : tubercules presque opaques, oblongs, situés sur les rameaux ou à leurs extrémités.

Les espèces de *gélidions* sont au nombre de vingt-une, dont les plus communes sont les Varecs corné, Corne de Cerf et Cartilagineux. Le Gélidion anthonin est figuré pl. 9 de l'ouvrage précité.

Ce sont les espèces de ce genre qu'on mange le plus communément, ou qu'on emploie pour épaissir les sauces dans l'Inde et îles qui en dépendent ; c'est d'elles dont les hirondelles salanganes se servent pour construire leurs nids si recherchés en Chine et au Japon. J'en ai, jadis, plusieurs fois fait usage et je me suis par conséquent assuré qu'elles remplissoient fort bien leur objet, lorsque d'ailleurs on leur donnoit du goût par des assaisonnemens relevés. (b.)

GELINE. C'est ainsi que, dans bien des endroits, l'on nomme la *poule* de nos basse-cours. (s.)

GELINETTE. *V.* Gelinotte. (s.)

GÉLINOTTE. *V.* les articles Tétras, Lagopède et Ganga. (v.)

GELISSE. On nomme Pierres gelisses, celles qui sont susceptibles de se fendre et de se décomposer par l'effet des gelées. (desm.)

GELIVURE. *V.* au mot Arbre (maladie des). (tol.)

GELONE, *Gelonium.* Genre de plantes établi par Gærtner, sur des échantillons incomplets d'un arbre venant de l'île la Réunion. Il se rapproche beaucoup du CUPANI; mais il a le péricarpe biloculaire. Voici ce qu'on en connoît : un calice petit, à trois ou quatre dents réfléchies ; une capsule presque en cœur et biloculaire, contenant une semence solitaire, luisante et incomplétement arillée.

Roxburgh a donné le même nom à un autre genre de la dioécie icosandrie dont les caractères sont : un calice de cinq folioles ; dans les pieds mâles, douze étamines insérées sur le calice ; dans les pieds femelles, un ovaire surmonté d'un stigmate à trois divisions.

Le fruit est une capsule triloculaire, trivalve et trisperme.

Ce genre renferme deux arbres des Indes dont les feuilles sont alternes et les fleurs disposées en ombelles sessiles dans les aisselles des feuilles. (B.)

GELONE. Nom donné par Adanson à un genre établi par lui pour placer les AGARICS dont la tige est latérale. (B.)

GELOTOPHIE. L'un des noms des RENONCULES AQUATIQUES chez les Grecs. (LN.)

GELSEMIE, *Gelsemium*. Genre de plantes de la pentandrie monogynie, et de la famille des bilospermes, établi par Jussieu, sur le *bignonia sempervirens* de Linn. Ce genre, que Walter a également reconnu nécessaire, a pour caractères : un calice à cinq dents ; une corolle infundibuliforme, à tube très-long, à limbe ouvert offrant cinq lobes presque égaux ; cinq étamines, un ovaire superieur, surmonté d'un style recourbé, à stigmate en tête ; une capsule comprimée, sillonnée dans le milieu, biloculaire, bivalve, et qui contient des semences nombreuses, planes, membraneuses au sommet, et attachées aux bords des valves. *V.* au mot BIGNONE, la description de cette plante que j'ai fréquemment observée en Amérique, où sa beauté et sa douce odeur me charmoient pendant le printemps. (B.)

GELSEMINUM, synonyme de *jasminum* dans les anciens auteurs. Il a été donné aux jasmins, à des nyctanthes, à des bignones, à la belle-de-nuit, au lilas de Perse, au quamoclit, etc. Le genre *gelsemium* de Jussieu est fondé sur un *gelseminum* de Catesby (*Car.* 1, t. 53) qui est le *bignonia sempervirens*. *V.* GELSEMIE et JASMINUM. (LN.)

GELSO. La MURE, fruit du *mûrier*, est ainsi nommée en Italie. (LN.)

GELSOMINO. Nom italien du JASMIN BLANC. (LN.)

GELSOMORO des Italiens. *V.* MURIER. (LN.)

GELSTER. *V.* GAST. (LN.)

GELSUM de Césalpin. C'est le MURIER. (LN.)

GELVE. Nom turc du BUTOR. (V.)

GEMARS. *V.* Jumar. (s.)

GEMDEH. Nom arabe d'une espèce de Fagone (*fagonia arabica*, L.). (ln.)

GEME. C'est la même chose que Résine vierge. (b.)

GEMEL-EL-BAHR, c'est-à-dire Chameau d'eau. Nom arabe du *pélican*, que sa grande taille a fait comparer au chameau. *V.* Pélican. (s.)

GEMELLE, *Gemella.* Arbrisseau de la Cochinchine à rameaux flexueux; à feuilles pétiolées, ternées; à folioles ovales, lancéolées, inégalement dentées, glabres; à fleurs blanches, très-petites, disposées en longs épis axillaires, qui forme un genre dans la polygamie monoecie.

Ce genre offre pour caractères : un calice de quatre folioles, presque rondes, concaves et conniventes; une corolle de quatre pétales velus, avec quatre appendices internes, ovales, concaves, et d'une autre couleur; huit étamines; un ovaire supérieur, composé de deux globules, attachés à la base d'un style à stigmate bifide et recourbé; deux petites baies rondes et monospermes.

Les fleurs mâles ne diffèrent des hermaphrodites que par l'absence du germe.

Ce genre doit être réuni, selon Jussieu, à l'Aporétique, qui ne diffère pas essentiellement des Ornitrophes et des Pométies. (b.)

GEMEN. *V.* Gézir. (ln.)

GEMEZ et **MUZ.** Noms arabes des Bananiers. (ln.)

GEMINALIS. Les romains désignoient par ce nom l'*hormin*, espèce de Sauge. (ln.)

GEMMA. Nom latin des boutons des arbres. On l'a admis en français dans la langue de la science pour ne pas confondre l'Œil, le Bouton a bois, le Bouton a fleur et le Bourgeon. C'est le bouton à bois prêt à s'ouvrir qu'il désigne. *V.* tous ces mots. (b.)

GEMMATION. Linnæus appelle ainsi les diverses enveloppes qui garantissent le Bouton des effets de la gelée, des attaques des insectes et autres dangers. On a aussi donné ce nom en français au développement des boutons des arbres, à la fin de l'hiver. (b.)

GEMMES ou **PIERRES PRÉCIEUSES.** Ce sont des cristaux pierreux, d'une dureté très-considérable, et qui, dans leur état de perfection, jouissent d'une couleur vive et nette, d'une transparence complète, de la propriété de réfracter et de réfléchir fortement les rayons de la lumière, ce qu'ils doivent à leur tissu lamelleux, à la densité et à la pureté de la matière qui les compose. Ils sont susceptibles du poli le plus parfait, et l'on augmente considérablement leur éclat et leur *jeu*, par la manière dont on les taille à facettes qui se correspondent entre elles, et forment un foyer de lumière.

La belle couleur dont les *gemmes* les plus parfaites sont pourvues, avoit tellement frappé Daubenton, qu'il l'avoit considérée comme leur caractère distinctif, et les avoit disposées dans sa methode, d'après les couleurs du spectre solaire. Mais, comme il est parfaitement reconnu que les mêmes pierres précieuses peuvent avoir, et ont en effet très-souvent des couleurs fort différentes, ce caractère est de peu d'importance aux yeux du minéralogiste.

Depuis long-temps, par exemple, Romé de l'Isle avoit dit que le *rubis*, le *saphir* et la *topaze* (d'*Orient*) n'étoient qu'une seule et même gemme; et il en avoit donné la preuve évidente, en faisant voir qu'il en existe un assez grand nombre d'échantillons, où les diverses couleurs, qui sont propres à chacune de ces variétés, se trouvent réunies sans se confondre, et d'une manière aussi vive et aussi nette, que si c'étoient des pierres différentes, jointes l'une à l'autre.

Quoique le diamant, considéré chimiquement, ne puisse pas être regardé comme une *pierre*, puisqu'il ne contient pas une molécule fixe et terreuse, et qu'il brûle et se dissipe en entier au feu, sans laisser le moindre résidu; néanmoins, comme il jouit éminemment des principales propriétés qu'on recherche le plus dans les pierres précieuses, on ne peut se dispenser de le placer à leur tête. Il n'a pas besoin, comme elles, d'être pourvu d'une couleur particulière, pour plaire aux yeux: sa plus grande perfection même, consiste à n'en avoir aucune en propre; c'est alors qu'il les fait briller toutes ensemble, avec un éclat que rien ne sauroit égaler.

La beauté des *pierres précieuses* n'est pas la seule cause du grand prix qu'on attache à leur possession; leur mérite est encore relevé considérablement par leur *rareté*. La nature est fort avare de cette belle production du règne minéral; elle n'enfante les gemmes que dans les contrées du globe qu'elle a le plus favorisées à tous égards: ce n'est qu'entre les tropiques, et même dans très-peu d'endroits, qu'on trouve celles qui jouissent de la plus grande perfection: hors de la Zone Torride, leur mérite est presque nul, et ce sont bien plutôt de simples morceaux d'histoire naturelle, que des objets de luxe. Mais s'il est rare de trouver les gîtes qui renferment les gemmes du premier ordre, il est encore plus rare de les trouver elles-mêmes douées de toute la perfection dont elles sont susceptibles.

Non-seulement les gemmes varient dans leurs divers degrés de perfection, mais il n'y a même point de ligne de démarcation entre les gemmes et les autres substances pierreuses. On voit d'abord qu'elles peuvent se trouver dans un tel état d'imperfection, qu'elles rentrent dans la classe des pierres communes : on en a des exemples dans les *grenats* qui constituent des roches entières auxquelles on n'attache aucun prix ; et dans les *émeraudes* des environs de Limoges, qu'on emploie à ferrer les grands chemins.

Nature des Gemmes. — On croyoit autrefois que les *gemmes* étoient de la même nature que le cristal de roche, et qu'elles n'en différoient que par une agrégation plus parfaite.

On crut ensuite qu'elles avoient une terre propre qui les distinguoit de tous les autres cristaux pierreux, et que Justi nomma *terre noble ;* mais les expériences exactes de la chimie moderne ont fait voir qu'elles sont composées d'une manière fort différente les unes des autres.

Le DIAMANT n'est uniquement composé que de carbone pur ; lorsqu'on l'expose au feu, il brûle jusqu'à la fin, sans laisser le moindre résidu.

Le SAPHIR, de quelque couleur qu'il soit, ne contient que de l'alumine, ou s'il s'y joint quelque autre terre, il paroît que ce n'est qu'accidentellement : Klaproth a trouvé que sur cent parties, il contient 98 et demie d'alumine, avec un peu de chaux et de fer.

Chenevix en a retiré 92 parties d'alumine et 5 de silice.

Le CHRYSOBÉRYL, qui ne me paroît pas très-éloigné du saphir, contient, suivant Klaproth, 71 parties d'alumine, 18 de silice, et 6 de chaux.

Le ZIRCON, que nous appelons par corruption *jargon*, et l'HYACINTHE, qu'on regarde comme une variété du *zircon*, sont, en grande partie, formés d'une terre particulière, qu'on a nommée *zircone*, qui s'y trouve pour environ 68 parties, et la silice pour 31.

La TOPAZE contient 68 parties d'alumine, et 31 de silice.

L'EMERAUDE, sur 100 parties, en contient 64 et demie de silice, 16 d'alumine, 13 de *glucine*, et un peu de chaux. La *glucine* est une terre particulière que Vauquelin découvrit d'abord dans l'aigue-marine ou émeraude de Sibérie, où elle entre pour 14 centièmes.

Le PÉRIDOT, sur 100 parties, en contient 50 et demie de magnésie, et 38 de silice.

Dans le GRENAT, la quantité de chaque substance qui le compose varie considérablement : d'après Vauquelin, la *silice* s'y trouve de 36 à 52 ; l'*alumine* de 16 à 22 ; la *chaux* de 3 à 32 ; l'*oxyde de fer*, depuis 6 jusqu'à 41.

Suivant Klaproth, le *grenat de Bohème* contient, outre les substances ci-dessus, 10 centièmes de magnésie, tandis que le *grenat*, dit *oriental*, ne contient ni chaux ni magnésie. (*Brochant*, t. 1, p. 96 et 200.)

Il est aisé de voir, d'après ces analyses des différentes pierres précieuses, que ce n'est ni la nature ni la proportion de leurs élémens qui leur donnent la qualité de gemmes, et que c'est uniquement le *mode d'agrégation* de leurs parties constituantes.

Mais quel est le point où les propriétés dont la réunion caractérise les gemmes, se trouvent assez dégradées pour qu'un cristal pierreux ne mérite plus ce nom ? c'est ce qu'il n'est nullement facile de déterminer. Aussi les méthodistes y ont-ils renoncé ; et c'est ici une des mille circonstances où la nature déjoue toutes les méthodes qu'un de nos plus illustres savans a qualifiées du nom de *fausses clefs ;* ce qui doit s'entendre surtout des méthodes et des théories trop rigoureuses, attendu que la nature, comme l'a si bien observé Buffon, n'a rien fait d'absolu. C'est d'après cette considération, que les plus profonds naturalistes ont toujours fait plier les lois de leurs méthodes devant celles de la nature ; c'est ainsi que l'immortel Linnæus, qui distinguoit la plupart des végétaux par *le nombre* des parties de la fructification, a cent fois réuni des espèces qui différoient constamment en ce point.

C'est ainsi que l'illustre Werner, qui dispose, dans son système minéralogique, les substances pierreuses suivant l'espèce de *terre* qui fait leur base principale, s'écarte néanmoins très-sagement de ses propres règles, quand il se présente quelques motifs qui sollicitent cette déviation.

Il place, par exemple, toutes les gemmes dans le *genre siliceux*, quoique la plupart soient bien éloignées d'être principalement composées de *silice*. Mais leurs propriétés les plus apparentes les rapprochent beaucoup plus du cristal de roche, que de toute autre matière pierreuse. Il place en même temps l'*opale* dans le *genre argileux*, quoique cette pierre soit plus complétement *siliceuse* que le cristal de roche lui-même, mais parce qu'elle n'a ni la dureté, ni la densité, ni la transparence du cristal de roche, et qu'elle paroît se rapprocher davantage des matières *argileuses*, par la facilité avec laquelle elle tombe en décomposition.

C'est pour ces différentes raisons, et parce qu'elle n'est ni *cristallisée* ni *lamelleuse*, que les naturalistes ne la placent point parmi les gemmes, quoique, dans le commerce, on la regarde comme une pierre précieuse, et qu'elle soit même quelquefois d'une valeur égale à celle du diamant.

On ne place pas non plus parmi les gemmes, le cristal de

roche, même quand il est coloré en violet, et qu'il prend le nom d'améthyste, par la raison qu'il n'est pas sensiblement lamelleux, et peut-être aussi parce qu'il est commun.

Romé de l'Isle avoit formé deux ordres de gemmes: il plaçoit dans le premier, celles qui sont *infusibles* au degré de feu qui peut volatiliser le diamant; et dans le second, celles qui sont *fusibles* au chalumeau, sans addition; ce qui comprenoit les *grenats* et les *schorls*.

Mais il seroit inconvenant de placer un *grenat syrien* dans un ordre inférieur à l'*hyacinthe*, à la *cyanite*, à la *tourmaline*, au *béryl-schorliforme*, à l'*euclase*, etc., qui sont *infusibles*, et qui possèdent plusieurs autres propriétés des *gemmes*, comme le tissu lamelleux, une dureté plus grande que celle du cristal de roche, mais qui n'ont point les belles couleurs, l'éclat et le jeu qu'on recherche dans les pierres précieuses.

Il seroit donc inutile de chercher le point précis où les cristaux pierreux cessent d'être des gemmes, puisqu'on pourroit descendre par une gradation non interrompue, depuis le saphir jusqu'au mica.

Gîtes des Gemmes. — Quoiqu'il y ait peu de substances dont on fasse la recherche avec autant d'ardeur que celle des pierres précieuses, il n'en est peut-être point dont on connoisse moins la matrice qui les renferme et les circonstances géologiques qui les accompagnent, surtout à l'égard des pierreries de l'Amérique et des Indes. Cependant nous devons à M. Dandrada des détails très-intéressans sur le gisement des *diamans* du Brésil; et nous voyons par la relation que Tavernier nous a donnée des mines de Golconde, que dans les Indes, de même qu'en Amérique, le diamant se trouve dans une terre ferrugineuse, tout près de la superficie du sol, et jamais au-delà de quelques pieds de profondeur.

Le *saphir* (qui reçoit parmi nous des noms différens suivant sa couleur) n'a été vu par aucun naturaliste dans son lieu natal. On sait seulement qu'on le trouve dans les rivières du Pégou et de l'île de Ceylan, où il est accompagné d'un sable ferrugineux magnétique, qui paroît être un produit de volcan. On sait d'ailleurs que les montagnes centrales de l'île de Ceylan sont volcanisées.

En Europe, le saphir se trouve en Bohême, contrée que tous les observateurs des volcans reconnoissent pour être couverte de produits des feux souterrains. Il se trouve aussi dans le Velay, parmi des productions volcaniques. Je serois donc porté à croire que les volcans ne sont point étrangers à la formation du saphir.

Quant au *spath adamantin*, quoiqu'il soit accompagné de matières granitiques, cela ne décideroit rien contre cette origine. M. de Montlosier ne nous a-t-il pas fait voir avec la sagacité qui le caractérise, que diverses montagnes *granitiques* d'Auvergne, très-considérables, telles que le Puy-de-Dôme et celles qui l'avoisinent, sont des produits immédiats des volcans ?

Le *rubis spinelle* se trouve, comme le *saphir*, dans les sables ferrugineux du Pégou et de Ceylan, de même que le *jargon*. Ce dernier se rencontre pareillement avec les saphirs d'Europe, soit en Bohème, soit dans le Velay. Le rubis spinelle de Ceylan est souvent accompagné de petits cristaux rouges et transparens de *spath adamantin ;* ainsi il paroît que toutes ces substances ont une origine commune.

Nous n'avons nuls détails précis sur le gisement des *émeraudes* du Pérou, ni sur celui des *topazes* du Brésil ; et quoique les émeraudes soient accompagnées, tantôt de quarz, tantôt de spath calcaire, de pyrites, etc., on n'en peut tirer aucune induction sur la véritable nature des montagnes où elles se trouvent.

Quant aux gemmes qui sont connues sous le nom de *topazes* et d'*aigue-marines* ou *émeraudes de Sibérie*, j'ai donné, dans le *Journ. de Phys.* (*avril* 1791, *p.* 289), une description détaillée de la montagne *Odontchlélon*, qui renferme leurs différens gîtes ; et si l'on jette les yeux sur ce mémoire, on y verra sans peine que cette montagne, quoique *granitique*, ne ressemble point du tout aux montagnes primitives, par sa structure; et je soupçonne fort que la vaste enceinte en fer-à-cheval, que présente son sommet, n'est autre chose qu'un ancien cratère. Le granite sec et friable qui constitue les roches de l'intérieur de cette enceinte ; les amas d'argile ferrugineuse qui servent de gîte aux gemmes, et qui, par leur situation, paroissent avoir une origine contemporaine avec celle du granite même, et surtout ces blocs arrondis, d'un granite blanc et tout caverneux, qui couvrent les pentes extérieures du cône, quoiqu'on n'aperçoive aucun escarpement d'où ils aient pu se détacher, et qui semblent tombés du ciel, ou plutôt sortis de la bouche du cratère, tout cela me paroît annoncer une montagne volcanique ; et la probabilité augmente, quand on considère que dans beaucoup d'endroits de la même contrée il y a de puissantes coulées de laves.

Le *péridot* est aujourd'hui bien reconnu pour être une production volcanique. On le trouve dans la lave de l'île de Bourbon, et dans plusieurs laves d'Italie.

Quelques auteurs ont rejeté, comme opinion populaire, celle des habitans du Pégou, qui pensent que la couleur des pierres précieuses est produite par la chaleur solaire ; je ne la crois pourtant pas si dénuée de fondement : ce que je puis dire, pour l'avoir observé moi-même, c'est que les émeraudes de Sibérie, dont la couleur est la plus jolie, sont celles qui se trouvoient les plus voisines de la surface du sol; et que les *calcédoines bleues* ne se sont jamais rencontrées dans l'intérieur des laves, mais toujours à leur superficie.

Les gemmes sont, en général, d'un fort petit volume; le grenat, qui, de tous les cristaux isolés, est celui qui devient le plus gros, n'acquiert néanmoins que bien rarement la grosseur du poing, tandis que le cristal de roche forme des quilles de plusieurs centaines de livres.

Parmi les gemmes, l'émeraude est la seule qui parvienne à une grandeur un peu considérable.

Quand j'ai relevé l'erreur commise sur le poids du gros diamant de Russie, qu'on portoit à 779 *karats* au lieu de 779 *grains*, quelques auteurs semblent m'avoir fait un reproche de mettre plus d'importance au volume qu'à la forme de la chose; mais dans cette circonstance, je crois que je ne serai pas le seul de mon avis : il est plus curieux quelquefois d'observer jusqu'où s'étend la puissance formatrice de la nature, que la faculté qu'elle peut avoir de modifier des formes. *V.* PIERRES PRÉCIEUSES. (PAT.)

GEMME NÉRONIENNE. C'est un des noms donnés par les anciens à l'*émeraude*.

GEMME ORIENTALE. Nom par lequel Romé de l'Isle désignoit les variétés de corindon connues sous les dénominations de *rubis*, de *saphir* et de *topaze* d'Orient, et qui sont regardées comme les gemmes par excellence; d'où leur étoit venu aussi le nom de *télésie*, c'est-à-dire, *corps parfaits*, que M. Haüy leur avoit donné dans son ouvrage, et qu'il a supprimé en y réunissant le corindon qui donne son nom à l'espèce. *V.* GEMMES et PIERRES PRÉCIEUSES. (LUC.)

GEMMULE. On a dernièrement donné ce nom au BOUTON qui termine la PLUMULE dans les GRAINES germantes, et qui, en effet, ne diffère que par sa consistance du GEMMA ou bouton à bois des plantes adultes. (B.)

GENCIANA BRANCA. Les Portugais désignent ainsi le LASER A FEUILLES LARGES (*laserpitium latifolium*, L.) (LN.)

GENCIVE, *Gingiva*. Ce sont les os des mâchoires, recouvertes, chez les mammifères, les reptiles et les poissons, par la membrane commune qui revêt l'intérieur de la bouche, et adhérente étroitement au périoste de ces os maxillaires, pour embrasser les racines des DENTS (*V.* ce mot). La gencive ou cette membrane est traversée d'un très-grand nombre de vaisseaux sanguins qui la rendent rouge. Les oiseaux ont, à l'intérieur du bec, une membrane *gingivaire* très-déliée. Chez les mammifères, les gencives sont recouvertes de lèvres extérieures, comme on sait; c'est peut-être à notre genre de vie, d'alimens chauds, que nous devons le ramollissement de la texture de cette membrane gingivaire. Aussi chez les personnes scorbutiques, le sang s'y accumule souvent abondamment dans des espèces de veines variqueuses. Elles ont ensuite besoin d'être dégorgées. Dans la salivation mercurielle et les fluxions causées soit par le froid, soit par les maux de dents, la gencive se gonfle fortement, et cette sorte de phlegmon se résout parfois au moyen d'un abcès en suppuration.

Les gencives sont sèches ou sans lèvres, chez les reptiles et les poissons, et couvertes à l'extérieur par la même peau qui revêt leur corps. (VIREY.)

GENDARMEUX. Les diamans dont la transparence est altérée par des glaces ou des taches, reçoivent ce nom des lapidaires. (DESM.)

GENEPI. On donne ce nom, dans les Alpes, à deux ou trois espèces d'ABSINTHES qui croissent sur les parties les plus élevées de ces montagnes, et qui sont regardées par leurs habitans comme une panacée dans la plupart de leurs maladies. Haller observe que c'est à une espèce d'ACHILLÉE que ce nom est dû, et cela est vrai pour la partie des montagnes qu'il a parcourues, mais non pour celles de la Savoie et du Piémont. Le genépi entre dans la composition des FALLTRANCKS. Mais, quoiqu'il soit reconnu pour un bon sudorifique, il ne jouit pas hors des Alpes d'une réputation brillante. (B.)

GENERAL. Nom d'une coquille du genre CONE (*Conus generalis*). (DESM.)

GÉNÉRATION. Lorsque nous considérons les êtres vivans qui peuplent le monde, et ce concours éternel de vie, de reproduction et de mort, nous sommes frappés de la puissance de la nature. Nous voyons avec effroi les âges entraîner avec eux toutes les existences pour renouveler l'univers. Les temps passés ne sont plus qu'un vain songe pour nous. Combien de rois confondus aujourd'hui dans la terre avec les derniers des hommes! Voyez ces princes des peuples: ils semblent s'élever jusqu'aux cieux; le temps passe : voilà le colosse brisé, et le pauvre cherche en vain ses ruines dans les lieux qu'il remplissoit autrefois de sa gloire.

Telle est la loi de celui qui règne dans les cieux, loi qui renouvelle et détruit, et dont les siècles sont les ministres. Depuis l'homme jusqu'au moucheron, depuis le chêne jusqu'à la mousse, tout naît et périt tour à tour; on n'achète l'existence qu'à ce prix. Les corps organisés sont les seuls qui doivent mourir, parce qu'ils sont les seuls qui puissent vivre et engendrer, car les minéraux n'étant pas organisés, sont privés de la faculté d'engendrer et de vivre. *Voyez* CORPS ORGANISÉS.

Mais le corps vivant tendant sans cesse à sa destruction, ses parties agissant sans cesse les unes sur les autres, parce que la vie est un état violent et précaire, avoit besoin de réparer son individu par la nutrition, et son espèce par la génération.

Celle-ci transmet donc la vie ; ainsi tout corps organisé est pourvu d'une impulsion intérieure ou force initiale qui lui est communiquée par la génération. La vie n'est donc rien autre que la cause même de la reproduction : c'est cet *amour universel*, cet appétit de l'existence qui anime toute la matière organisable. La vie n'est point, à proprement parler, séparée en existences individuelles; c'est un principe général qui s'insinue dans toutes les substances organisables, qui y dépose la lumière vitale et le germe intérieur de leur fécondité, parce qu'il ne suffit pas aux créatures animées de subsister elle-mêmes; il faut qu'elles puissent transmettre cette propriété à d'autres êtres, comme un héritage éternel dont elles ne sont que les dépositaires et les usufruitières. En effet, la vie n'appartient point en propre à l'individu; elle est dans la main de la nature; c'est comme une liqueur qu'on rend telle qu'on l'a bue dans la coupe inépuisable du temps.

La vie cesse naturellement par la même cause qui l'a produite; c'est-à-dire qu'elle se perd en se partageant ou se communiquant, comme l'impulsion se perd par la communication de ses forces. C'est ainsi que le germe de la vie contient en lui-même la cause de sa destruction. Plus la vie est intense ou énergique, plus la mort est prompte; et le moyen d'exister long-temps est de vivre avec économie de ses forces. C'est par cette raison qu'une existence *latente* et insensible, comme de la plante dans sa graine ou de l'animal dans son œuf, peut durer pendant plusieurs années. De même le sommeil et l'engourdissement prolongent le terme de la vie en différant de l'employer. Les excès, et surtout ceux de l'amour, n'abrègent tant la vie que parce qu'ils l'usent beaucoup en la communiquant ou la perdant.

Et quasi vitaï lampada tradunt.

Le principe vivifiant, source commune de tout ce qui respire, est une émanation de la divinité; il n'est point de l'essence de la matière, puisque la mort le sépare d'elle; il repasse dans de nouveaux corps et circule sans cesse dans toute la nature. Obscur, foible dans les plantes et les plus imparfaits des animaux, il se développe à mesure qu'il anime des espèces plus parfaites. Il se manifeste sur-tout lorsque, préparant d'autres existences, il élabore les germes de nouveaux êtres. Alors il anime toutes les créatures d'un esprit de vie qui cherche à s'exhaler au dehors. Un feu subtil erre dans tous les membres des animaux, pénètre dans les vaisseaux des plantes; tous semblent frémir en présence de cette âme divine, agent primitif des reproductions et moteur de tous les êtres vivans. *In Deo vivimus, movemur et sumus;* la main de Dieu tient le fil de nos vies, ou plutôt nous possédons tous une parcelle de la divinité ; elle est répandue elle-même dans tout l'univers: mais les corps organisés sont, pour ainsi dire, des foyers où cette puissance divine s'est concentrée, tandis que les masses brutes ne sont pourvues que de qualités plus générales et de forces mécaniques ou chimiques.

Cependant nous voyons qu'il s'élève un germe de vie, depuis la masse informe de terre jusqu'au champignon, du champignon jusqu'au chêne, et depuis le ver de terre jusqu'à l'espèce humaine. Cette âme de la matière semble germer dans plusieurs minéraux, se perfectionner peu à peu dans les végétaux, et s'exalter par nuances dans toute la série des animaux jusqu'à l'homme, qui en est comme la fleur, la portion la plus délicate et la plus subtile. *Consultez* l'article NATURE.

§ I. *Généralités sur la fonction reproductrice dans tous les êtres organisés.*

La manière dont on envisage la fonction génitale, dans la plupart des traités de physiologie, nous semble tellement étroite et imparfaite, s'il nous est permis de le dire, que nous ne pouvons pas suivre l'ordre qu'ils ont adopté. En effet, le grand Haller, lui-même, avoit déjà bien vu qu'il falloit généraliser la recherche du problème, si l'on vouloit obtenir des vues saines sur ce profond et inextricable phénomène. Il avoit rassemblé, dans sa grande physiologie, toutes les observations faites sur les animaux et les végétaux, jusqu'à son temps, par rapport à la génération. Il y avoit aussi réuni ses propres recherches sur l'œuf et le poulet ; celles de Bonnet et de Réaumur sur les pucerons; celles de Koëlreuter sur les plantes hybrides, etc., parce que cet homme illustre comprenoit que la reproduction humaine n'étoit qu'une scène de ce grand acte de la vie universelle des créatures.

Et, en effet, n'y a-t-il pas des êtres qui se propagent sans sexe, sans liqueur fécondante, sans accouplement, etc.; comme il y a des animaux qui possèdent l'ouïe sans conque externe de l'oreille, sans méat auditif, sans membrane du tympan, sans limaçon, etc.? Il faut ainsi considérer la génération dans ce qu'elle a de général, d'essentiel, dans toutes les créatures. Il faut faire la physiologie comparée de cette fonction chez les animaux et les végétaux, puisqu'elle est une faculté commune de tout être vivant et végétant. C'est ainsi que l'histoire naturelle s'enchaîne nécessairement à l'étude de la médecine, ou plutôt ce sujet physiologique n'est, ainsi que beaucoup d'autres, qu'une branche de l'histoire générale de la nature.

L'ensemble de la matière est séparé en deux grands règnes qui embrassent tous les êtres connus dans l'univers : 1.° la *matière brute*, qui est la base du globe terrestre, les fossiles, l'eau et l'air ; 2.° les *corps organisés*, qui sont les végétaux et les animaux. La première, toujours inanimée, n'obéit qu'aux impulsions physiques et chimiques, et aux forces mécaniques généralement répandues dans l'univers. Le second règne, toujours animé, doué d'une force vive, est composé d'êtres qui tous naissent, se nourrissent, s'accroissent, engendrent et meurent tour à tour. La pierre du temps du déluge subsiste encore aujourd'hui ; elle a traversé les siècles et persévéré dans l'éternelle immobilité de sa nature. L'animal et la plante se succèdent sans cesse, comme au sein de l'Océan le flot remplace le flot, l'onde pousse l'onde, qu'une autre pousse à son tour. Empreintes fugitives d'un moule toujours subsistant, elles ne sortent du néant que pour s'y replonger. Le moment présent n'est qu'un point entre deux abîmes, celui du passé et celui de l'avenir, au milieu de l'océan des âges. Le minéral ne connoît ni passé, ni présent, ni avenir ; c'est le contemporain de tous les siècles. Ne pouvant pas vivre, comment pourroit-il mourir ? Tant que des forces étrangères ne viennent point altérer sa forme et son essence, il demeure toujours le même : chacune de ses parties est indépendante du tout, elle peut subsister par elle-même, et n'a point d'individualité. La matière vivante, au contraire, est composée de parties correspondantes entre elles, et qui ne subsistent point séparément. Le corps organisé est un tout individuel dont l'existence est bornée, et dont la durée est la seule mesure des temps. Les principes de son existence et les germes de sa destruction, sont en lui-même ; le minéral n'a point de principes intérieurs d'existence ; il ne subsiste que par les forces générales de la matière brute ; tous ses changemens, toutes ses altérations n'émanent point de lui-même, mais dépendent des puissances circonvoisines dont il est perpétuellement entouré.

La matière inanimée et les corps organisés sont ainsi un éternel théâtre de vicissitudes ; tout change, tout périt, tout s'altère, et tout renaît dans l'ample sein de la nature. Ce ne sont pas des créations nouvelles de matière qu'on voit naître, briller et s'éteindre successivement sur la scène du monde ;

ce sont de perpétuelles transformations et des changemens de figures. La matière demeure la même au fond, mais elle est tourmentée de mille manières par de secrets ressorts; elle est remuée en tous sens; tantôt déchirée de combats intérieurs dans ses entrailles, tantôt organisée par des principes d'amour et de concorde entre ses diverses substances.

A l'origine des mondes, lorsque la matière, vierge encore, parut pour la première fois dans le sein des espaces, sortant des mains de son créateur, elle fût demeurée immobile et éparse au milieu de l'univers, si la main toute-puissante qui l'avoit fait naître, ne l'eût empreinte des semences de vie et des principes d'attraction qui la fécondent sans cesse. Cette âme intérieure des mondes, est la nature; force toujours active, toujours constante dans ses changemens, toujours obéissante aux lois immuables du créateur qui lui donna l'empire de l'univers physique, et qui se réserva seul les droits de la toute-puissance.

Cet esprit fécondateur de la matière, qui, semblable à Saturne, au dieu du temps, engendre et dévore tous ses enfans; cette âme du monde est la source des changemens que nous y contemplons, et des *générations* successives de la matière animée. Elle a été reconnue dans tous les siècles par les sages des nations.

> Principio cœlum, ac terras, camposque liquentes,
> Lucentemque globum lunæ, Titaniaque astra,
> Spiritus intùs alit; totamque infusa per artus
> Mens agitat molem, et magno se corpore miscet.
> Indè hominum pecudumque genus, vitæque volantum,
> Et quæ marmoreo fert monstra sub æquore pontus.
> Igneus est ollis vigor et cœlestis origo
> Seminibus.
>
> VIRGIL. *Æn.* L. VI.

La matière, ou ce grand assemblage de corps qui composent l'univers, est donc un mélange multiplié de divers principes, dont la nature est fixe, invariable. Ce sont des *élémens* qui entrent dans la composition des différens corps. Les anciens en admettoient quatre: le feu, l'air, l'eau et la terre; mais depuis que les observations des plusieurs ont fait reconnoître que ces substances étoient encore composées de diverses matières plus simples, le nombre des élémens a paru plus considérable; et ce que nous considérons aujourd'hui comme élémentaire, n'est peut-être qu'une preuve de notre insuffisance pour en séparer d'autres élémens primitifs. La nature enferme, dans ses profonds replis, le mystère de ses opérations; l'homme n'en voit que l'écorce. Observateur passager d'une puissance éternelle, il n'en peut pas reconnoître tous les immenses ressorts, au milieu de ces renouvellemens et de ces révolutions de la scène du monde.

> Nec species sua cuique manet, rerumque novatrix
> Ex aliis alias reparat Natura figuras.
>
> Ovid. *Métam.* L. xv.

En contemplant, dans la nature, les deux ordres de matières qu'elle a formés, les substances brutes et les corps organisés, on y reconnoît deux espèces de forces qui sont particulières à chacun de ces règnes. La matière inanimée est mue par la puissance de l'*attraction*, qui est de deux sortes. Tantôt elle s'exerce sur de grandes masses et à des distances éloignées, comme le soleil qui attire la terre et les planètes, ou comme la terre qui attire la lune et tous les corps sublunaires vers son centre ; tantôt elle s'opère sur les plus petites parties des corps à de très-foibles distances. La première est un phénomène général de toute substance matérielle ; c'est la *pesanteur* ou l'*attraction planétaire*. La seconde est un phénomène particulier à chaque substance, et qui agit d'après des lois spéciales ; c'est l'*affinité chimique* ou l'*attraction moléculaire*. L'une appartient à tous les corps de la nature en général, l'autre est seulement appropriée à chaque genre déterminé de matières brutes, indépendamment de la force précédente. Ainsi, dans un métal, une pierre, un fossile quelconque, il y a deux ordres d'attraction : 1.° Celle par laquelle ces corps gravitent vers le centre de la terre ; c'est leur force de pesanteur. 2.° Celle par laquelle ce métal, cette pierre, ce fossile, peuvent se combiner avec certains corps, et refuser de s'unir à d'autres ; c'est leur affinité chimique. Par exemple, le mercure ou vif-argent s'amalgame bien avec l'or, et refuse de s'allier au fer. L'huile et l'eau ne se mêlent point immédiatement ensemble, tandis que l'huile s'unit fort bien au suif, et l'eau avec le vin. Tous les corps de la nature ont ainsi des amitiés et des inimitiés particulières ; c'est-à-dire des affinités déterminées.

Dans les corps organisés, nous observons de même une force principale qu'on appelle la *vie*, et qui doit se distinguer aussi en deux espèces. Premièrement, la vie générale des animaux et des plantes, qui consiste dans l'organisation, la nutrition intérieure et la reproduction. Secondement, la vie particulière, qui est celle des individus, soit végétaux, soit animaux ; elle consiste dans les fonctions appropriées à chaque espèce, comme la faculté de sentir, de se mouvoir, l'instinct, le sommeil, les habitudes, les besoins, les époques de leur durée et celles de leur mort, etc. La vie générale correspond, dans les corps organisés, à l'attraction planétaire dans la matière inanimée ; et la vie particulière des premiers, à l'affinité moléculaire ou chimique de cette dernière. La force vitale est, pour l'organisation, ce que la pesanteur est pour la matière; et les attractions chimiques sont pour les différens genres de substances, ce que la vitalité individuelle est à chaque espèce de corps organisés. Il y a donc deux ordres de sciences physiques ou naturelles : 1.° La *science des matières inorganiques :* considérée en grand, elle constitue la physique générale; considérée en particulier, elle se nomme chimie ou physique moléculaire. 2.° La *science des corps organisés ;* vue dans son ensemble, elle s'appelle physiologie ou philosophie naturelle des êtres vivans; considérée dans ses détails, elle constitue l'histoire naturelle descriptive.

De même que l'attraction chimique et moléculaire paroît émaner de l'attraction universelle et planétaire ; ainsi la vie individuelle prend sa source dans ce grand réservoir de la vie générale, qu'on appelle *génération.* L'attraction est l'âme du monde inorganique, comme la vie est l'élément radical des corps organisés. La génération n'est que la force d'organisation ou de vie ; le principe est le même. Il n'y a que des corps organisés qui puissent engendrer ; il n'y a que des corps engendrés qui puissent vivre. La vie, l'organisation, la reproduction, ne peuvent point être séparées sans se détruire d'elles-mêmes. Aucune matière inorganique n'est susceptible de vie et de génération. Comment pourroit-elle communiquer une organisation dont elle est dépourvue ? une vie qu'elle n'a jamais possédée ? une force reproductive dont elle manque ? L'animal et la plante transmettent à leurs descendans ces propriétés dont ils sont doués et qu'ils ont reçues de leurs pères. L'héritage de l'organisation ou de la vie et de la reproduction, ne s'emporte point dans le tombeau; il demeure aux corps vivans, il passe de siècle en siècle, et n'appartient en propre à personne. Nous ne sommes tous que de simples usufruitiers de la vie; c'est le bien patrimonial de l'espèce, et non pas des individus. C'est la suite de l'impulsion communiquée par l'acte de la génération, ou plutôt c'est une génération continuée. Plus la force générative est grande, plus la vie est énergique, et l'abus de la faculté reproductive abrège la vie. Nous engendrons, parce que nous devons mourir un jour; car si tout étoit destiné à exister sans cesse, il ne pourroit se faire aucune nouvelle génération, sans que le monde ne fût aussitôt encombré d'êtres vivans qui manqueroient de toute nourriture, puisque toute substance végétale et animale seroit indestructible. Aussi les minéraux qui n'engendrent jamais, sont, par cette raison, indestructibles ; mais, comme la plante et l'animal doivent périr, la nature, qui veut la perpétuité des espèces, leur a donné la force reproductive, qui est une sorte d'immortalité passagère. La vie ressemble à un flambeau qui en allume d'autres avant de s'éteindre pour toujours ; de sorte que la lumière de la flamme subsiste éternellement, quoique les flambeaux en soient successivement dévorés. Ainsi la vie nous dévore sans cesse les uns après les autres, comme un feu intérieur. Nous sommes les alimens de la flamme vitale de l'univers. De même que la nourriture, entrant dans le corps d'un animal, s'y organise, y devient vivante, y soutient l'existence de l'individu, puis s'en sépare et en sort, ainsi nous entrons à notre naissance dans l'univers, qui est un grand ensemble animé, nous y sommes organisés, nous y recevons la vie, nous la conservons, nous la transmettons à nos descendans, et enfin nous sortons de ce grand théâtre. La nutrition d'un animal est l'image de ce qui se passe dans l'ample sein de l'univers. L'un est en petit ce que l'autre est en grand ; nous devenons parties intégrantes du monde, comme la nourriture devient partie intégrante d'un animal. Ce pain que vous mangez va se changer en sang, puis en chair vivante, ou bien en semence, pour former un nouvel être. Un corps inanimé passe ainsi à l'état de vie, puis s'use et meurt. L'aliment qui a sustenté un corps vivant, est rejeté dehors, soit par la transpiration, soit par les autres voies d'excrétion. Nous sommes, pour ainsi parler, le pain journalier de ce grand *animal* qu'on appelle le *monde*. La matière morte s'organise dans son sein, elle y devient vivante, elle y forme des individus ; ensuite elle est rejetée hors de la vie par les voies naturelles de l'excrétion. La mort est la fonction excrémentitielle de la nature, et, par une sagesse infinie, ces mêmes excrémens retournent à la vie. *Circulus æterni motus*, a dit Beccher. Tout est organisation et destruction successives. La matière animée passe ainsi de transformations en transformations nouvelles ; la mort n'est elle-même qu'une espèce de vie cachée, un sommeil de la matière, dont l'organisation est le réveil. La métempsycose n'est que la notion corrompue de cette antique vérité, reconnue par les sages de l'Orient et de l'Inde, et que Pythagore enseigna aux peuples européens. Le bœuf change l'herbe qu'il mange en sa propre chair, celle-ci se transforme en chair humaine, lorsque nous vivons de cet animal ; la terre qui recèle les tombeaux des hommes, fournit aux plantes, aux vers, une abondante nourriture. Les plantes, les vers, deviennent à leur tour la pâture de quelque autre espèce ; ainsi tout circule sans cesse d'individus en individus ; tout change pour changer encore. On ne meurt que pour vivre sous d'autres figures. La fleur brillante s'enrichit de molécules nutritives qu'elle reçoit d'un cadavre infect enseveli à sa racine.

L'organe se compose du débris d'autres organes. Rien ne meurt pour jamais. Toutes les parties de la matière organique sont animées, les unes en moins, c'est ce qu'on appelle *mort*, les autres en plus, c'est ce qu'on nomme *vie*. La matière brute n'ayant jamais de vie ni de mort, est incapable d'alimenter les corps animés ; il faut être capable de vitalité pour recevoir la vie ; il faut être susceptible d'organisation pour être organisé. *V.* l'article ALIMENT.

§ II. *De l'amour, considéré comme la source de la vie et le principe excitateur des facultés génératrices.* — Les seules substances organisées sont capables de vie, de génération et de nutrition; elles seules sont donc animées. Le mot *âme* vient d'*amour*, d'*aimer*, qui est la contraction du verbe *animer*, *amare*, *animare*, c'est-à-dire, vivifier, donner une âme, parce que la vie est toujours le résultat de l'amour ou de la génération. Le mot animal, vient d'*anima*, âme ou vie, et d'*animare*, qui est le développement du verbe *amare*, aimer. L'amour développé produit une animation, un être animé. L'amour est la même chose que l'âme; c'est le principe de notre vie. Celle-ci se caractérise par l'amour. Plus on a de vitalité, plus on a d'amour, c'est-à-dire, de vigueur reproductive. Le temps de la génération est le temps de la vie la plus énergique; on perd son amour avec ses principes de vie. Vivre n'est rien autre chose qu'aimer. Tant que nous n'aimons rien que nous-mêmes, nous n'avons qu'une vie individuelle; lorsque nous aimons quelque chose hors de nous, notre vie cherche à se répandre et à engendrer d'autres êtres. L'amour n'est donc que la manifestation de la vie au-dehors, c'est la portion de notre âme qui est surabondante à notre existence ; c'est la vie de l'espèce ou la force qui fait vivre en général les corps organisés. Il ne faut pas prendre ici le mot AMOUR dans l'acception qu'on lui donne communément dans la société ; mais il faut considérer ce phénomène dans toute son étendue au sein de la nature. Non-seulement l'homme et la femme aiment, mais le quadrupède qui bondit dans les plaines, l'oiseau qui s'élève dans les cieux, le reptile qui serpente sur la poussière, le poisson qui fend les ondes, le coquillage qui rampe dans la vase, l'insecte qui bourdonne dans l'obscurité ; enfin, la plante des bois, l'herbe des champs, la fleur des montagnes, le cèdre et la mousse, tout respire l'amour, tout ressent son pouvoir. Il n'est point de corps organisé sans reproduction, et par conséquent sans amour. C'est donc un principe général et inhérent à la matière organique.

En effet, un animal, une plante, ne vivent que parce qu'ils

ont reçu l'existence et l'organisation de l'amour de leurs parens. Nous prenons tous notre origine dans le sein maternel; notre vie n'est qu'une émanation de celle de nos pères; elle n'est que le fruit de leur amour. Notre existence en tire entièrement sa source; plus leur amour a été ardent, plus notre vie est énergique; puisque, dans la vigueur de l'âge, les individus produisent une lignée plus robuste et plus vive que celle des parens trop âgés ou trop jeunes. L'amour est tellement la source de la vie, qu'il est l'époque de la force, de la vigueur, de l'activité et de la reproduction. L'on perd tous ces avantages en perdant l'amour, et même après l'acte de la *génération*, l'homme, l'animal demeurent tristes, mornes, affoiblis, comme s'ils avoient abandonné presque toute leur vie.

L'amour, pris dans sa plus grande latitude, n'est donc rien autre chose que le principe de la vie de tous les corps organisés; c'est lui seul qui préside aux générations. Voilà cette Vénus génératrice, célébrée jadis par les philosophes et les poëtes. Née des parties naturelles de Saturne, c'est-à-dire, fille du Temps, elle a été représentée, avec justesse, comme la mère de tout ce qui respire. C'est l'esprit vivificateur de la matière, ou l'âme du monde, que les sages déroboient aux regards du vulgaire, sous les charmans emblèmes de l'Amour et de Vénus.

> . . . . Per te quoniam genus omne animantûm
> Concipitur; visitque exortum lumina solis.
> . . . .
> Illecebrisque tuis omnis natura animantûm
> Te sequitur cupidè, quò quamque inducere pergis.
> . . . .
> Omnibus incutiens blandum per pectora amorem
> Efficis ut cupidè generatim sæcla propagent.
>
> LUCRET. L. I.

Ainsi, l'amour est l'arbitre du monde organique; c'est lui qui débrouille le chaos de la matière et qui l'imprègne de vie. Il ouvre et ferme à son gré les portes de l'existence à tous les êtres que sa voix appelle du néant, et qu'il y replonge. L'attraction dans les matières brutes, est une sorte d'amour ou d'amitié analogue à celle qui reproduit les êtres organisés. Ainsi, la faculté générative est un phénomène général dans l'univers; elle est représentée par les attractions planétaires et chimiques dans les substances brutes, et par l'amour ou la vie dans les corps organisés.

L'organisation des animaux et des plantes est due à cette dernière force de la nature. Avant que les individus reçussent le don de la vie, il étoit nécessaire que l'amour existât; et avant que d'engendrer, les races d'animaux et de plantes eurent besoin d'en recevoir la puissance : d'où il suit que l'amour est antérieur aux corps organisés, et que ceux-ci en prennent leur existence. C'est l'espèce qui crée les individus à son image. Il y a sans doute un moule fondamental qui organise les corps relativement à chaque espèce, et qui ramène les races déformées au type primitif; des chiens à queue et oreilles coupées, produisent des petits à queue et oreilles longues; les hommes circoncis engendrent des fils incirconcis, etc. Les mutilations des deux sexes ne changent donc pas le type originel de l'espèce, et les vices individuels s'effacent dans la suite des générations. Les altérations ne sont que passagères, la nature sait ressaisir peu à peu ses droits méconnus.

Nous reconnoissons, par des preuves journalières, que l'organisation et la vie émanent de la génération, et que celle-ci est fondée sur l'amour. Or, nous avons reconnu deux ordres de vie dans l'animal et la plante; savoir, 1.° la vie individuelle, qui est spécialement attribuée au corps de chaque être, qui l'accompagne dans toutes les phases de son existence et qui cesse avec lui; 2.° la vie de l'espèce ou l'amour, qui n'existe que pour la reproduction et la perpétuité des êtres. Nous traiterons exclusivement de celle-ci dans cet article; l'autre sera examinée à l'article Vie.

§ III. *Des phénomènes qui précèdent, accompagnent et suivent l'acte de la génération dans les Animaux et les Plantes.*

Tous les corps organisés qui existent dans le monde, jouissent seuls de la faculté de se reproduire. L'observation a mis ce fait dans une telle évidence, qu'elle a démontré le mode particulier de génération dans chaque espèce, dans les plus petits moucherons, les vers, les zoophytes, même les moisissures et toutes ces substances organisées que beaucoup de gens croient nées de la putréfaction et organisées d'elles-mêmes. Cette dernière croyance s'est facilement introduite chez les hommes, parce qu'ils ont rarement pris soin de s'informer scrupuleusement de la reproduction de ces êtres. On les voyoit naître et se développer dans les matières putréfiées, dans la terre, la boue, etc.; on a tiré de là leur origine par induction. Les anciens, moins éclairés que nous dans les sciences physiques, prétendoient même que les grenouilles se formoient d'elles-mêmes dans le limon des eaux, et que les rats des champs étoient engendrés par la terre. Mais comme ils s'étoient aperçus ensuite que les grenouilles et les rats s'accouploient, se reproduisoient, ils avoient pensé que ces animaux étoient formés, tantôt par putréfaction, tantôt par génération. Il y avoit donc, selon eux, deux sources originelles des corps vivans, la putréfaction ou *génération équivoque*, et la *génération univoque*, soit vivipare, soit ovipare. Lorsque les naturalistes et les physiciens ont voulu examiner le mode de génération dans les insectes et les vers, ils ont été surpris de voir que cette prétendue génération équivoque étoit une véritable génération. Ils ont remarqué que les matières putréfiées contenant des œufs d'insectes et développant des vers, ce qu'on avoit pris pour le résultat de la putréfaction, dépendoit de ces mêmes œufs : cherchant ensuite avec attention d'où ils pouvoient être apportés, les observateurs ont reconnu que des mouches et d'autres insectes les y avoient déposés. Pour s'en assurer, ils ont placé de la viande fraîche dans deux vases, dont l'un a été bien fermé partout, et l'autre est resté ouvert. Lorsque ces chairs se sont pourries, divers insectes sont accourus à l'odeur, et ont déposé leurs œufs dans les chairs du vase ouvert, qui a bientôt été rempli de vers. L'autre chair, à l'abri des insectes, n'a pas présenté un seul ver. Tout le monde peut répéter cette expérience, et se convaincre, par ses propres yeux, qu'il ne se développe aucun animal dans les substances qui n'en recèlent pas les œufs: ceux-ci sont quelquefois si petits, qu'ils se dérobent à la vue simple. Cette erreur des anciens, et de quelques philosophes des quinzième et seizième siècles, venoit donc du défaut d'observation; et l'on suivoit d'ailleurs aveuglément l'autorité d'Aristote. Comme ces observations sur la génération des insectes exigent beaucoup de soins, de persévérance, et l'usage des verres qui grossissent, il n'est point étonnant que l'erreur ait été longue et difficile à déraciner. En outre, la plupart de ces générations s'opèrent dans l'ombre et le mystère ; le naturaliste n'a pas toujours la facilité de voir autant qu'il voudroit ; ce qui a fait que la plupart des hommes, jugeant d'abord sur l'apparence, et étant plus portés à croire qu'à examiner, ont persisté dans leur opinion ; ils y sont demeurés par préjugé, par l'empire de l'habitude, et par une certaine indolence d'esprit qui se complaît dans sa paresse et s'y entête par orgueil.

A considérer les choses dans le vrai, les physiciens modernes n'ont pas pu se refuser à l'évidence de l'observation. Ils ont reconnu qu'il n'y avoit pas d'autre formation des corps organisés que la *génération univoque*, ou la véritable reproduction ; que l'effet de la putréfaction n'étoit ni indispensable, ni même nécessaire ; que les insectes, les vers, les animalcules, les plantes, ne naissoient dans des matières putréfiées, que parce que leurs œufs ou leurs semences y étoient placés, et parce que ces matières étoient nécessaires à la nutrition des jeunes individus. Les graines d'une moisissure, d'un champignon (comme par exemple celles de la *vesse-de-loup*), sont si fines et si légères, que le moindre vent les transporte dans l'atmosphère à de grandes distances, et lorsqu'elles trouvent des lieux convenables à leur développement, on les y voit naître sans savoir d'où elles ont été apportées, et sans les avoir aperçues à cause de leur extrême petitesse. Les hommes sont loin d'apercevoir tout ce qui se passe dans l'univers, ils ne connoissent que les objets grossiers qui les frappent; tout ce qui est subtil leur échappe; et, malheureusement, ils croient que les bornes des choses sont aussi celles de leurs sens et de leur esprit.

Vaincus par la force de la vérité, nous reconnoissons donc que tout végétal et tout animal quels qu'ils soient, tirent leur origine, par *génération*, de parens semblables à eux. En effet, ne faut-il pas avoir la vie pour la communiquer? ne faut-il pas être organisé pour transmettre l'organisation? Comment une matière morte, qui se pourrit ou qui se désorganise, pourroit-elle donner la vie et l'organisation dont elle est dépourvue? Si les insectes s'engendrent dans la putréfaction, pourquoi la nature leur a-t-elle donné des organes sexuels, et un appareil reproductif complet? Pourquoi ont-ils de l'amour entre eux et pourquoi s'accouplent-ils? Si la baleine, l'éléphant, le bœuf, eussent été aussi petits que le moucheron, nous les eussions mis au rang des animaux qu'on croit naître de pourriture; ce n'est que par faute d'attention et d'examen suffisant que les hommes ont admis, précisément dans les petites races, cette espèce de *génération équivoque*. Mais quand on vient à considérer avec quel art et quelle profonde industrie la moindre mouche est organisée, avec ses nerfs, ses veines, ses articulations, ses muscles, son sang, il est impossible de croire qu'un si parfait arrangement soit l'effet du hasard, et la combinaison fortuite des molécules d'une matière qui se putréfie. Quoi! des organes génératifs, des sexes, des membres disposés avec une savante intelligence, une dose d'instinct, des organes de nutrition en rapport avec le genre d'alimens, un œil organisé pour apercevoir la lumière, tout cela, dis-je, seroit le résultat hasardé d'un concours de particules qui se séparent d'un corps? Qui pourra le croire? Pourquoi n'en voit-on sortir ni ébauches, ni nouvelles espèces, ni combinaisons bizarres; mais des individus toujours réguliers, constans, uniformes? Pourquoi ne s'y forme-t-il pas aussi de petits hommes, des oiseaux, des fleurs ou telle autre chose? On ne peut donc pas méconnoître que le hasard n'a nulle part à ces développemens de germes, et qu'ils sont organisés par une main toute-puissante et sage. Il n'est rien sans cause dans le monde; le moindre grain de sable ne peut pas changer de place sans y être nécessité par une force quelconque.

Tout ce qui est organisé est donc engendré de parens semblables, et tout ce qui vit peut se reproduire : il n'existe pas de *génération équivoque;* ces termes sont même contradictoires. La putréfaction, éternelle ennemie de la vie et de l'organisation, ne peut point les reproduire : la génération est la vie, la putréfaction est la mort.

La plante, l'animal, n'existent même sur la terre que pour engendrer; c'est là leur unique but; ils ne vivent que pour lui. La nature ne considère point les individus; elle ne voit que l'espèce, c'est-à-dire, la propagation; elle n'a en vue que cet unique motif; elle frappe de mort quiconque ne peut plus engendrer, elle le dépouille de sa beauté, de sa force, de tous ses avantages, et ne prodigue ses dons que pour engendrer. L'enfant, le jeune animal, la tendre plante, s'accroissent, se fortifient, s'embellissent, s'animent de vigueur, et parviennent au faîte de leur perfection pour aimer, féconder et se reproduire; lorsqu'ils ont rempli ce but, ils s'affoiblissent, se cassent et se flétrissent; tout se détruit et s'éteint peu à peu, tout s'anéantit chez eux; l'homme, l'animal, le végétal, rentrent ensuite dans le néant; ils ne se montrent sur la scène de la vie que pour y engendrer; plus ils remplissent ce devoir, plus ils meurent promptement. La nature nous ordonne les plaisirs de la reproduction pour nous abandonner à la mort; elle ne veut que l'amour ou la génération; elle fait tout pour cet objet; elle donne la beauté à la plante, le chant à l'oiseau, la force au quadrupède, la légèreté au papillon, le plaisir à tous pour leur seule propagation; l'individu n'est considéré qu'autant qu'il est nécessaire à cette fin; il est brisé ensuite comme un instrument inutile. Hors de la génération ou de l'amour, point d'existence dans la nature organisée : *engendre* ou *meurs*, voilà ce que la nature prescrit à tout végétal et animal. Voyez quelle pompe, quelles joies, quels appareils de gloire et de magnificence sont préparés des mains de la nature pour les noces des fleurs et des animaux! Comme le lion, le taureau, s'enorgueillisent de leur force! la gazelle de son léger corsage! le paon, le cygne de leur plumage! Comme le poisson est fier de sa cuirasse argentée, de l'éclat de l'or et de l'acier qui brillent sur son corps! Comme le papillon élève avec joie ses ailes émaillées de diamans! Comme la fleur, découvrant ses charmes aux rayons de l'aurore, jouit dans le silence et boit les perles liquides de la rosée! Tout est radieux de beauté dans la nature; la terre, parée de verdure, retentit des accens de la joie et soupire de volupté; tout exhale l'amour, tout se recherche, s'attire;

c'est la fête commune des êtres. Mais bientôt la fleur se fane et se penche languissamment sur sa tige ; le papillon tombe et se débat, frappé d'un affaissement mortel ; le lion, le taureau, comme de vieux guerriers fatigués, cherchent la paix et la retraite ; l'homme lui-même, atteint de langueur, se retire en silence, plein de souvenirs et de tristesse, voyant la mort qui s'approche et qui appesantit sa main de fer sur tout ce qui respire.

A vrai dire, il n'y a de vie pleine et intense que dans le temps de l'amour et de la génération ; c'est à cette seule époque que les plantes et les animaux jouissent de la plénitude de leur être. Dans l'enfance on n'existe pas encore entièrement, on n'a qu'une portion de vie ; dans la vieillesse on la perd de jour en jour. On ne brille complétement que pendant l'époque de la reproduction ; la nature a dépouillé les deux extrémités de la vie pour enrichir son milieu. La véritable vie est donc l'amour, ou la faculté d'engendrer, comme nous l'avons déjà expliqué ci-devant ; sans lui, l'animal, la plante et l'homme subsistent à peine, ou plutôt ne font que végéter tristement sur la terre. Ce que nous nommons *nature*, vient des mots *naissance* et *naître*, *natura*, *à nascendo*. Chez les Grecs *φύσις* dérive de *φύω*, *j'engendre*. La nature n'est ainsi que l'amour ou la faculté reproductive. Les langues sont le résultat des observations humaines ; elles prouvent qu'on a partout reconnu cette affinité entre l'amour et la nature. Ce que nous appelons des *parties naturelles*, la *nature du sexe*, annonce évidemment que l'amour, la force génératrice est cette nature même qui règne sur l'univers.

§ IV. *Des différens modes de reproduction des corps organisés, comparés à celle de l'homme.*

Nous avons cru indispensable de tracer le tableau des fonctions génératives chez tous les êtres organisés, parce que, dans une étude d'une si haute importance et qui tient à des racines si profondes, ce n'eût été rien faire que de présenter les phénomènes observés en une seule espèce comme la nôtre. Nous allons rassembler, le plus que nous pourrons, toutes les conditions de ce grand problème, afin d'y trouver quelques résultats, s'il est possible, puisque les modes de génération sont si étrangement variés dans la nature.

Il y a dans tous les corps organisés trois modes principaux de reproduction : 1.° la *génération* vivipare ; 2.° les ovipares ; 3.° la *génération* par bouture ou par bourgeons, nommée *gemmipare*. Voici le tableau de ces différences, dont la dernière est la plus simple ; car elle n'est qu'un prolongement, une extension de la vie immédiate de la tige maternelle dans le nouvel individu.

Corps organisés et vivans	Gemmipares, ou engendrant par bouture		Quelques vers. Zoophytes et Polypes. La plupart des animalcules infusoires. *Plantes non annuelles.*
	Ovipares.....	Œufs qui éclosent dans la mère.....	Plusieurs reptiles. Poissons cartilagineux et quelques autres. Des insectes, des coquillages, des vers. *Plantes vivipares.*
		Œufs qui se développent hors de la femelle.	Oiseaux. Reptiles. Poissons. Crustacés, coquillages, insectes et vers. Zoophytes échinodermes. *Végétaux en général.*
	Vivipares vrais, ou mammifères allaitans		Homme, quadrupèdes et cétacés.

Nous mettons les plantes parmi les ovipares ; car qu'est-ce qu'une semence, un fruit, une graine ou amande quelconque, sinon une espèce d'œuf végétal ? Les faux vivipares ou les espèces chez lesquelles les œufs éclosent dans le sein maternel, ne diffèrent presque point des ovipares ordinaires. (*Consultez* les articles Ovipare et Vivipare.) On compte à peine six cents espèces de vivipares vrais dans la nature organisée ; presque tout le reste est ovipare, car quelques gemmipares produisent aussi des œufs dans certains cas. La plupart des végétaux et des vers peut se reproduire également de bouture ou de semences et d'œufs ; de sorte qu'on peut affirmer, en général, que les corps organisés sortent d'un œuf : *Omnia ex ovo*, ont dit les naturalistes. *Voyez* les mots Œuf et Ovaire.

Presque toutes les espèces d'animaux et de plantes qui produisent des œufs, des graines ou des petits vivans, ont deux SEXES, ce que nous examinerons à l'article qui en traitera spécialement, pour ne pas trop agrandir celui-ci.

Avant que de travailler à la perpétuité de l'espèce, l'individu, soit animal, soit végétal, s'occupe de sa propre existence; il se prépare pour le temps de l'amour, se fortifie, et médite en silence le développement futur de sa vie. En effet, pour communiquer la puissance vitale, il faut en posséder surabondamment; il en faut non-seulement pour soi-même, mais en superflu. Or, l'enfance ne possède qu'une vie à peine suffisante, les organes des jeunes animaux et végétaux ne sont pas développés, nourris, remplis de force; voilà pourquoi ils sont incapables d'engendrer. Mais comme tous les êtres vivans ont une croissance limitée, lorsque leur corps est parvenu à ce point de perfection, les forces vitales ne sont plus occupées au développement de l'individu; elles sont surabondantes; et, comme elles tendent sans cesse à organiser, elles aspirent à la reproduction. C'est ce qu'on exprime par le mot *amour;* c'est une tendance à l'organisation. L'amour, dans l'individu, le développe et l'accroît; dans le sexe ou l'espèce, il engendre et renouvelle.

Le temps de la puberté ou de la floraison dans les animaux et les plantes, est donc placé vers l'époque de la limitation de leur croissance, parce que toutes leurs parties ont acquis un développement parfait, et jouissent non-seulement de leur vie propre, mais d'un excès de force qui cherche à se répandre au-dehors. En général, le sexe féminin parvient plus promptement à l'époque de la puberté que le sexe masculin, parce qu'il faut plus de perfection et de force à celui-ci qu'au premier. L'abondance de la nourriture accélère l'accroissement et la puberté qui en est la suite : voilà pourquoi les hommes, les animaux, les plantes qui reçoivent beaucoup d'alimens, se reproduisent plus tôt que les mêmes espèces épuisées de disette et appauvries de besoins. Mais la chaleur influe beaucoup encore sur la précocité de la puberté ou de la floraison des animaux et des végétaux. Les plantes des pays chauds fleurissent tard dans les contrées froides ou même tempérées, et celles des régions froides sont hâtives et printanières dans les lieux tempérés. De même, les hommes et les femmes du Midi sont pubères dès l'âge de dix à douze ans, tandis qu'ils le sont à peine à quinze ou dix-huit ans dans le Nord. La même observation peut se faire dans les animaux; et comme les oiseaux sont en général d'un tempérament chaud et actif, ils peuvent engendrer de bonne heure. Mais l'époque de la puberté est proportionnelle à la durée de la vie de chaque être. Dans les mammifères, elle commence environ au sixième de la vie totale de chaque espèce; par exemple, l'homme qui vit à peu près quatre-vingt-dix ans au plus, est pubère à quinze ans. Ainsi, quand on connoît à quel âge un quadrupède est capable d'engendrer, on peut en conclure que la durée de son existence est environ six fois au-delà. Cette règle ne s'étend pas aux oiseaux et aux autres classes d'animaux. On prétend même que plusieurs reptiles, et la plupart des poissons, croissent pendant toute leur vie; cependant ils engendrent assez jeunes, parce qu'ils acquièrent promptement une perfection suffisante d'organisation. Il n'est point vrai d'ailleurs, qu'ils croissent toujours; car quelle seroit la limite de leur grosseur? La mort naturelle, qui n'est produite que par le décroissement et l'affoiblissement des forces réparatrices n'auroit donc jamais lieu dans ces espèces?

Dans les insectes, l'âge de la puberté n'arrive qu'à l'époque de leur dernière métamorphose. Une larve, une chenille, une chrysalide, ne sont point capables de s'accoupler. Le hanneton, la mouche éphémère, demeurent pendant deux ou trois ans dans la terre à l'état de larves, sans pouvoir se reproduire; mais lorsqu'ils ont reçu leur dernière forme, ils s'empressent d'engendrer, et meurent aussitôt après avoir rempli ce devoir. La puberté des plantes est l'époque de leur floraison. Le temps auquel les corps organisés sont capables de se reproduire, est donc celui d'un développement plus ou moins complet. Lorsqu'ils perdent par la vieillesse et le décroissement la plus grande partie de leur vigueur vitale, ils ne peuvent plus engendrer. Plus les êtres vivans abusent de leur faculté générative, plus ils l'épuisent et deviennent vieux. La vie de tout corps organisé a donc trois périodes; la jeunesse, l'âge de la génération, et la vieillesse. Les deux extrémités de la vie sont inutiles à la nature. A voir les dégoûts et les amères douleurs dont elle abreuve la vieillesse de tous les êtres vivans, elle semble supporter à peine un état qui n'est plus nécessaire à la reproduction. La nature n'accumule chaque jour ses dons, ses plaisirs et ses grâces sur la jeunesse, que parce qu'elle fonde sur elle toute l'espérance de la postérité des espèces. Sur trois parties de la vie, le milieu seul est complet.

Le temps de la puberté des animaux et des plantes a même des accès d'activité et des intermittences de repos. Semblables à certaines maladies chroniques dont les paroxysmes sont réglés, le rut des animaux et la floraison des végétaux vivaces ont des périodes déterminées de fonction. Lorsque le soleil du printemps répand un esprit de chaleur et de vie dans l'atmosphère, la terre fermente et se couvre de productions, l'arbre déploie ses bourgeons, la plante épanouit ses fleurs, l'insecte engourdi se réveille et cherche l'insecte; l'oiseau appelle l'oiseau sous la ramée solitaire, et exhale son amoureux délire dans ses chants ; le quadrupède, l'œil étincelant d'ardeur, s'élance vers sa compagne et frémit d'amour ; mais l'hiver, couronné de frimas, amène la tristesse et le repos de mort sur la terre. Dans ces climats fortunés que n'abandonne jamais la chaleur fécondante de l'atmosphère, la fleur remplace le fruit qui mûrit et qui tombe, la nichée de l'oiseau succède à la nichée, la *génération* appelle des *générations* nouvelles. L'année n'est qu'un cercle perpétuel de fêtes; tous les êtres ne semblent exister, dans ces heureuses contrées, que pour s'y perpétuer au sein des plaisirs. La vie y passe plus rapidement, parce qu'on l'use davantage. La chaleur est, en général, l'un des plus puissans stimulans de la force vitale et de la puissance génératrice ; le froid est l'élément de la mort. Aussi le temps du rut de la plupart des animaux, et de la floraison de presque tous les végétaux, est celui de la chaleur plus ou moins vive, suivant le degré que demande chaque espèce. A cette époque, les organes sexuels grossissent et se développent ; car, dans la plupart des animaux, ils se resserrent, se cachent, s'oblitèrent presque entièrement, lorsque la saison d'amour est passée, ou avant qu'elle soit arrivée, de sorte qu'ils sont presque neutres, hors le temps du rut. Il n'en est pas de même des espèces qui trouvent des nourritures abondantes, comme l'homme, les singes, le chien, le taureau, etc.; ils peuvent s'accoupler presque en tout temps, quoiqu'il y ait une époque de rut marquée pour eux comme pour les autres animaux. Plusieurs quadrupèdes rongeurs, et beaucoup d'oiseaux, s'accouplent souvent et font plusieurs fois des petits chaque année; aussi sont-ils presque toujours en rut.

§ V. *De l'Accouplement et des Phénomènes de l'imprégnation. Des Unions de diverses espèces. De la Gestation et de l'Accouchement. Des Gemellipares. Du Mode de nutrition du fœtus.*

Nous n'entrerons pas ici dans les détails qui concernent la préparation du sperme dans les testicules des mâles, ni dans tous les phénomènes physiologiques qui accompagnent la *copulation*. Ils sont décrits aux articles *sperme* et *testicules*. Nous ne prolongerons pas non plus cet article, par les descriptions de l'*utérus*, des *trompes*, de l'*ovaire*, de l'*œuf humain* et de ses *enveloppes*, puisque ces organes fournissent l'objet d'autant d'articles particuliers. Nous ne devons donc traiter ici que de la fonction génitale, dans ses généralités, parmi tous les corps organisés, en les comparant à ce qui s'observe chez les mammifères et notre espèce.

Les phénomènes de la fécondation, dans les animaux, sont ceux qui accompagnent leur accouplement et leurs mariages. Chez les plantes, la fécondation s'opère à peu près de même ;

elles ont des étamines ou parties mâles, portant à leur sommet des anthères couvertes d'une poussière fécondante qu'on nomme *pollen*. Les organes femelles sont l'ovaire surmonté d'un ou des pistils dont le stigmate reçoit la semence. Comme la plupart des fleurs sont hermaphrodites, et les étamines voisines du pistil, les fibres de leurs anthères étant élastiques, peuvent lancer à une petite distance, le pollen qui tombe sur le stigmate; celui-ci, humecté d'une liqueur subtile, le retient. Le pollen est un assemblage de petites bourses ou capsules qui contiennent une essence très-délicate, l'humidité fait rompre ces capsules, et l'*aura seminalis*, ou la matière subtile et fécondante qui en sort, pénètre dans les canaux du pistil pour féconder les graines. La nature a pris les mesures convenables pour que cette fécondation pût s'opérer. Elle a créé plus d'étamines que de pistils, pour l'ordinaire; elle a même donné à quelques-unes la faculté de se mouvoir pour aller féconder l'organe femelle. Ainsi, dans la pariétaire, le ciste des champs, l'épine-vinette, et un grand nombre d'autres espèces, les étamines sont irritables et se rapprochent du pistil pour le féconder. Si le pistil est très-court, les anthères se réunissent sur le stigmate, comme dans les saxifrages, la parnassie, une espèce d'amaranthe (*celosia*). La corolle des *teucrium* ou germandrées, serre les étamines contre le pistil. Les fleurs qui se penchent ont des pistils plus longs que les étamines, afin que le pollen puisse tomber sur le stigmate, comme on le voit dans les campanules, la couronne impériale (*fritillaria*), les perce-neige, etc. Plusieurs fleurs aquatiques s'élèvent hors des eaux pour être fécondées; tels sont les nénuphars, les morènes, les *valisneria*, etc.; d'autres demeurent au sein des ondes. Dans les plantes de la syngénésie frustranée, il n'y a point de fécondation où manquent les pistils, comme dans quelques fleurons des soleils, des centaurées et jacées, etc. Si l'on enlève les étamines d'une tulipe, d'un lis, avant sa fécondation, ses semences demeurent stériles. Dans les plantes dont les étamines sont éloignées et séparées des pistils, la quantité du pollen est très-considérable, et l'agitation de l'air peut le transporter à quelque distance: les organes femelles sont prêts à le recevoir, et l'attendent avec une sorte de désir et d'impatience, comme dans les saules, les peupliers, les noisetiers, etc. Les plantes dioïques, c'est-à-dire mâles et femelles séparées sur deux pieds, comme le chanvre, la mercuriale, les palmiers, etc., vivent plus ou moins éloignées; mais leur poussière séminale est extrêmement abondante et légère, et l'air la dissémine au loin, de sorte que la femelle en reçoit presque toujours. D'ailleurs, les semences des végétaux dioïques fournissant des individus mâles et femelles qui croissent dans le même canton, ils sont rarement hors de portée. Les anciens avoient considéré ce fait sur les palmiers. (Théophr. *de Plant.*, l. VI.) Les fleurs femelles des figuiers sont renfermées dans un épais calice, de sorte qu'elles ne peuvent pas être fécondées par les figuiers mâles ; mais une espèce d'insecte (*cynips*) fait un trou dans ce calice, vers le temps de la fécondation, pour y déposer ses œufs, et permet à la poussière séminale des fleurs mâles de s'y introduire avec lui. Ainsi la nature se sert d'un animal, comme d'un messager d'amour, pour féconder un végétal. Lorsque de longues pluies arrivent au temps de la floraison des arbres fruitiers, les fleurs avortent, parce que le pollen des étamines est emporté par l'eau, et il n'y a point de fécondation. Les plantes sont comme les animaux, elles semblent avoir de l'amour et du plaisir dans leur génération ; leurs organes s'animent ; les étamines peuvent se remuer, les pétales se déploient, les fleurs témoignent une espèce de volupté. Les noces et les amours des plantes tiennent le même rang dans la nature, que celles des animaux. Les lois de la pudeur semblent même s'étendre jusqu'à elles. Les étamines et leur pollen peuvent aller chercher le pistil, mais celui-ci conserve la chasteté jusqu'au sein de la volupté ; il attend, dans le silence, l'esprit fécondateur que lui apportent les Zéphyrs, et demeure tranquille. Chez les animaux, les mâles ont souvent plusieurs femelles ; dans les plantes, au contraire, les femelles ont plusieurs mâles. *V.* le mot POLYGAME.

L'accouplement des animaux est plus compliqué que l'acte de génération dans les végétaux. Lorsque l'animal entre dans la saison d'amour, il s'agite, il perd le repos ; une ardeur inquiète le tourmente ; un feu secret le dévore ; il exhale ses soupirs et ses douleurs par des cris, des accens de tendresse ; l'oiseau dans le bocage, chante ses peines et ses plaisirs, appelle sa bien-aimée, construit son nid, et défie ses rivaux au combat. Le temps de l'amour est aussi l'époque des guerres des animaux. La jalousie est une passion instituée par la nature, et destinée, qui le croiroit? à ennoblir les races, à écarter les foibles, les maladifs, à donner l'avantage aux individus jeunes, vigoureux et robustes, afin que l'espèce se maintienne dans toute sa force. La jalousie peut faire le malheur de l'individu, mais elle est utile à l'espèce, et la nature ne considère que ce seul objet, comme nous l'avons montré ci-devant. Voilà pourquoi tant d'animaux combattent pour avoir le droit de jouir. L'amour est le frère de la guerre, et Mars est toujours aimé de Vénus. Les femelles de tous les animaux préfèrent les mâles les plus courageux, par un instinct d'amour très-remarquable. La foiblesse de l'une aspire après la force de l'autre. Le courage est le premier titre d'amour; la ferveur de l'âge, la vigueur des membres, l'activité de l'instinct, l'impétuosité des passions, et la véhémence des appétits, annoncent que l'individu n'est pas incapable de donner la vie. Qu'on examine même dans l'espèce humaine, combien la nature se joue des entraves sociales, et devient plus puissante que les religions et les lois, dans l'âge de l'amour. Tous ces beaux sentimens qu'on décore du titre d'amour moral, toute cette métaphysique de sentimens, et cette délicatesse si vantée, émanent presque toujours du physique, et tiennent à lui seul. Les grâces, les charmes, l'amabilité, sont des qualités physiques; c'est là que tend toute espèce d'amour. Il n'y a que l'amitié qui puisse être entièrement dégagée des liens charnels. Le moral, je le sais, influe extrêmement sur l'amour; mais si vous y prenez garde, ces qualités morales, si puissantes sur les cœurs sensibles, ont quelque racine dans le corps, et n'en sont pas indépendantes. L'amour, sur lequel tant de gens raisonnent, n'est pas connu, quoique tout le monde s'en mêle. La nature, plus ingénieuse que tout ce que l'homme imagine, fait même tourner ses facultés morales et intellectuelles, au profit de la génération. C'est donc mal connoître l'amour, que de le considérer comme une action toute brutale et toute charnelle; l'homme veut l'assaisonner de pudeur, d'attachement et de tendresse mutuelle; l'amour exige un entier abandon de son être, il inspire une abnégation réciproque et totale, il veut l'âme toute entière, il lui faut le don de la vie elle-même. Quiconque ne sait point mourir, est incapable d'un véritable amour. Attachement du monde, lois de la société, conventions humaines, tout doit céder quand il parle : voilà l'amour tel que l'a fait la nature; il est maître partout, ou il n'est plus rien. On s'abuse en aimant, point d'amour sans illusion. Nous croyons aimer une personne pour elle-même; il est pourtant vrai que ce n'est pas elle que nous aimons, c'est sa faculté génératrice, c'est ce qui doit émaner d'elle, c'est la postérité dont elle est la *tige*; car lorsqu'une femme n'est plus capable d'engendrer, l'amour cesse entièrement. On observe même que la plupart des hommes ont moins d'amour pour une femme enceinte, que pour celle qui ne l'est pas, quoiqu'on ait pour la première plus de respect, de tendresse et de vénération que pour la seconde.

Nos sentimens se proportionnent naturellement et par instinct, avec l'état d'une femme. Rien de plus aveugle et en même temps de plus clairvoyant que l'amour; c'est ce qui le rend si inconcevable. Il semble qu'il s'exhale des émanations de sympathie entre les sexes. Il y a un tel accord entre certains caractères, une telle harmonie entre certains tempéramens, qu'on aime une personne et on en hait une autre sans savoir pourquoi.

Qu'est-ce que cette sympathie des cœurs, ces secrets liens qui attachent les sexes par un mutuel amour? D'où vient cette concordance plus puissante que notre vie, et par laquelle on devient capable de s'exposer à mille morts pour ce qu'on aime? Pourquoi ces amours si violentes sont-elles exposées quelquefois à se transformer tout à coup en haines furieuses? Rien de médiocre dans les âmes ardentes. Cette impétuosité de sentimens dérive pourtant de la constitution physique. Ces rapports de sympathie sont le résultat des conformités d'âge et de caractère, du mode de sensibilité et d'une certaine correspondance entre l'état moral de l'un et de l'autre sexe. La nature ne se contente pas du seul physique, elle veut l'individu tout entier, pour l'immoler en quelque sorte à la postérité. On peut mesurer l'étendue de l'âme d'un homme par la grandeur de son amour moral. Ce qu'on appelle *tiédeur d'amour*, est plutôt petitesse et nullité de l'âme; ce qui se rencontre dans ceux qui sont comme plongés dans la matière du corps.

Lorsque l'âme entière n'est point absorbée par l'acte de l'union sexuelle, les produits en sont foibles et délicats, comme on le voit dans les enfans des hommes qui travaillent beaucoup d'esprit. Les fils des hommes célèbres sont presque tous indignes de leurs pères. On n'a jamais vu un grand homme engendrer des grands hommes. Les fils de Socrate, de Chrysippe, de Périclès, de Thucydide, de Cicéron, parmi les anciens; de Racine, de La Fontaine, de Henri IV, de Crébillon, de Buffon, et de mille autres que je pourrois citer; aucun, dis-je, n'a pu ressembler à son père. Au contraire, la plupart des hommes devenus illustres par le caractère, le génie ou la valeur, ont été le fruit d'un ardent amour, et ont eu pour pères des hommes vulgaires, dont le mérite étoit tout physique. On compte surtout un grand nombre d'hommes célèbres parmi les bâtards, qui sont véritablement les fils de l'amour. Cependant plusieurs femmes prétendent avoir conçu sans avoir participé à la volupté; d'autres ont été imprégnées pendant le sommeil. Mais ces faits laissent toujours subsister le doute, et il paroît peu probable que la conception soit possible sans un consentement intime et tacite, des organes du moins, en supposant que la volonté manque réellement.

Aristote s'est demandé pourquoi les difformités de naissance, les monstruosités et les imperfections du fœtus, étoient plus fréquentes dans l'espèce humaine que chez les animaux, et il croit en trouver la cause, en ce que les hommes s'acquittent quelquefois de l'acte vénérien négligemment, et en pensant à d'autres choses, tandis que les bêtes qui font l'amour plus simplement, s'y adonnent tout entières ; aussi, les rustiques habitans des villages, les hommes tout matériels, produisent les plus beaux et les plus robustes enfans du monde, parce qu'ils suivent mieux la simple nature que les grands du siècle, toujours dévorés de passions, tracassés de soucis et de peines, usés de jouissances, absorbés dans des affaires épineuses ou des méditations abstraites.

La volupté que la nature a jointe à l'union sexuelle, est le seul attrait de la reproduction, attrait impérieux et tyrannique, contrainte presque aussi puissante que la nécessité ; car les animaux y sont portés par un instinct plus fort que la vie. *In furias ignesque ruunt, amor omnibus idem.* Avant même d'en avoir connu les douceurs, ils en ont un pressentiment involontaire : *et mentem Venus ipsa dedit.*

Parmi les singes, les perroquets, les pigeons, les corbeaux et quelques autres oiseaux, le moment de la jouissance est précédé de baisers et de tendres caresses, comme dans l'espèce humaine. Les singes, les chauve-souris, les hérissons, les porcs-épics, les phoques ou veaux marins, et les cétacés, s'accouplent ventre contre ventre, tandis que les autres espèces s'accouplent à la manière des quadrupèdes. Les chiens, les loups, les renards, demeurent collés dans l'acte vénérien, parce que le gland des mâles se gonfle beaucoup, et le vagin de la femelle se resserre, de manière que la verge demeure arrêtée pendant le temps de l'éjaculation de la semence ; ce qui étoit nécessaire dans ces animaux, puisqu'ils sont privés de vésicules séminales, et que leur sperme n'est pas dardé dans l'utérus de la femelle, mais distille goutte à goutte. Or, s'ils avoient pu se séparer au moment de cette éjaculation lente, la femelle n'eût point été fécondée, et l'espèce se seroit éteinte. Les femelles et les mâles des animaux s'attirent et s'excitent mutuellement par des odeurs qu'ils exhalent au temps du rut, et que des glandes sécrètent. Ces odeurs sont placées près des organes sexuels, comme on le voit dans les castors, les rats musqués, les civettes, les mouffettes, etc.

Chez tous les animaux à mamelles, il y a une véritable intromission de la verge, et leurs femelles sont toutes pourvues d'un clitoris, organe de volupté. (*Consultez* l'article SEXES.). Le moment de la jouissance est accompagné d'un frémissement universel du corps, et d'une sorte de convulsion qui fait tomber dans un état comateux et extatique. On a comparé le coït à un accès d'épilepsie, et il en a presque tous les caractères, car il absorbe entièrement l'âme et le corps ; on n'entend, on ne voit plus rien ; tout est mort excepté le plaisir ;

l'âme est toute entière dans le sens de l'amour; on a vu des personnes perdre la vie dans cette crise (Schenk, *de Coïtu*, *n.*° 9, *Eph. nat. Cur. dec.* 3, *an* 9, *obs.* 163. Marcell. Donat. *Hist. mirab. liv. V. cap.* 17); aussi le coït est mortel dans certaines maladies nerveuses, ou après de grandes blessures, des hémorragies, etc.; et lorsqu'il est répété trop souvent, il ruine et détruit toute l'économie vivante. Il faut songer qu'engendrer, c'est dépouiller sa propre vie et abréger ses jours; c'est faire en quelque sorte son testament; c'est donner la preuve qu'on est mortel, puisqu'on ne communique la vie qu'au prix de la sienne.

Il est remarquable que le sperme ait une odeur analogue à celle du pollen fécondateur de la plupart des fleurs. Cette odeur fade, et pourtant stimulante, se reconnoît dans la fleur de l'épine-vinette (*berberis*), du châtaignier (*fagus*), de quelques cistes, etc. Le pollen des végétaux contient de très-petites capsules que l'humidité fait ouvrir et fendre en quatre, et desquelles sort une poudre extraordinairement subtile, pour pénétrer sans doute, selon Bernard de Jussieu, à travers le style du pistil, dans l'ovaire. De même, Néedham a remarqué dans la liqueur spermatique du poulpe (*sepia octopus.*, L.), de petits tubes en forme d'étui, s'ouvrant comme par ressort, au moyen d'une spirale qui se détend, et laissant écouler alors des molécules spermatiques fécondantes. Tels sont peut-être aussi ces ramuscules observés dans le sperme de la plupart des quadrupèdes. On a trouvé pareillement des animalcules microscopiques dans le sperme de la plupart des animaux, comme nous l'exposerons; mais ces *cercaires*, en forme de petits têtards, paroissent étrangers à la fécondation, contre l'opinion de Leeuwenboeck et de Hartsoëker, de Valisneri, etc., puisque l'abbé Spallanzani a pu féconder des œufs de grenouilles avec des particules de sperme parfaitement exemptes de ces animalcules.

On prétend que les mâles ont plus de volupté que les femelles; car celles-ci semblent être plus tranquilles et moins agitées par la jouissance. Il paroît que la femelle a une volupté douce, une sorte de félicité, tandis que le plaisir est pour ainsi dire âcre et poignant chez le mâle; c'est ordinairement lui qui cherche et sollicite; la femelle attend et cède. Cette combinaison étoit nécessaire, parce que le mâle ne peut agir que par momens et en certains temps; mais si la femelle qui est presque toujours en état de recevoir, eût sollicité le mâle, celui-ci eût bientôt été ruiné et accablé. Dans tous les animaux il n'y a guère que le genre du chat, chez lequel les femelles vont chercher le mâle et le contraindre à la jouissance. On les entend, au milieu des nuits, exprimer en accens lamentables, la violence de leurs désirs, ou plutôt l'excès de leur fureur amoureuse. Rien ne ressemble plus à la rage qu'un violent amour ; la vie ne coûte rien alors ; les dangers, les combats, les blessures, la colère, sont les jeux ordinaires de cette cruelle passion. L'amour trompé se tourne en fureur, et une haine mortelle lui succède.

Dans la femelle, l'organe utérin suce, pour ainsi dire, ou plutôt aspire le sperme fécondateur jusqu'aux ovaires, puisqu'alors les trompes de Fallope se redressent pour embrasser chaque ovaire et lui transmettre le fluide vivifiant.

Parmi les oiseaux, l'amour est encore plus ardent que dans les quadrupèdes, à cause de la chaleur de leur constitution, et de leur extrême vivacité. Leur coït est très-rapide et souvent renouvelé. Un coq, un moineau, cochent vingt à trente fois leur femelle dans l'espace de quelques heures. Les oiseaux n'ayant pas de véritable verge, mais seulement une sorte de tubercule, il n'y a point d'intromission, c'est une simple affriction. Les coqs de bruyère tombent en extase au temps du rut, et plusieurs oiseaux en cage ne pouvant pas jouir de leurs femelles, meurent de désir, et en chantant avec une sorte de fureur ; car le chant des oiseaux est l'expression de leurs besoins amoureux : ils ne chantent plus quand ils n'ont plus d'amour ; il en est de même des cris des quadrupèdes. *V.* les mots Voix et Chant.

Dans l'érection du pénis des mâles, lorsque le sang pénètre dans les tissus caverneux de la verge et spongieux de l'urèthre et du gland, ou du clitoris des femelles, il y a une augmentation de chaleur, ainsi que par l'état inflammatoire. En général, la fonction génitale ne s'opère point sans développement de chaleur, surtout parmi les animaux ; elle est sollicitée par l'ardeur du climat, chez les races à sang froid. Il semble qu'il en soit de même chez les végétaux, puisque l'*arum cordatum*, L. et l'*ar. italicum*, etc., au moment de la fécondation, développent dans leurs organes mâles et femelles, réunis sur le même spadix, une chaleur de 20 à 30° au dessus de 0, Réaumur.

Les animaux qui n'ont pas le sang chaud sont aussi plus languissans en amour que les précédens, et leur copulation est plus longue ; en effet, plus un plaisir est vif, plus il est rapide, parce que sa durée détruiroit nécessairement la force vitale ; au contraire, il est plus lent à mesure qu'il est plus foible. Il semble que la nature ait distribué à chaque être la même quantité de plaisir en amour ; à l'un, elle le verse tout à la fois, à l'autre goutte à goutte. Ainsi les tortues, les lézards, les serpens ont un accouplement très-lent et qui dure plusieurs jours de suite. Ils sont alors dans un état de stupeur et d'immobilité remarquable ; ils ne sentent rien, ne mangent rien, et demeurent comme étourdis, absorbés, ensevelis dans leur volupté. Il y a intromission chez eux, et la verge du mâle est double, excepté dans les tortues, parce que la femelle a deux ovaires. Les grenouilles et les salamandres ont un accouplement sans intromission ; le mâle répand sa semence dans l'eau ou sur les œufs de sa femelle ; on observe même que les grenouilles se tiennent si obstinément dans leur accouplement, qu'en leur coupant les jambes, en les brûlant, en les taillant, on ne les fait pas lâcher prise. Il faut que l'amour soit bien puissant, pour leur dérober ainsi la douleur. Des crapauds servent d'accoucheurs à leurs femelles, et tirent de leurs ovaires ces longs chapelets d'œufs qu'ils arrosent de leur sperme. Le crapaud pipa place même ces œufs fécondés sur le dos de la femelle, où ils s'attachent et éclosent ; ainsi les grenouilles accouchent au moment de l'accouplement. Les serpens s'entortillent en spirale pour s'accoupler, et il paroît qu'ils se dardent des baisers et entrelacent leur langue. Les anciens s'étoient imaginés, à cause de cela, que la vipère étoit fécondée par la bouche. Les poissons cartilagineux s'accouplent, et les mâles sont armés de deux crochets près des parties génitales, pour arrêter leur femelle. Il n'y a pas de véritable intromission chez eux, car les organes qu'on avoit pris pour une double verge sont ces mêmes crochets, suivant Bloch. Les autres poissons ne s'accouplent point ; les femelles déposent leur frai dans des lieux convenables au développement des petits, et les mâles cherchent avec ardeur les œufs de leur espèce pour les arroser de leur laite et les féconder de cette manière ; mais comme il pourroit arriver que la laite des mâles tombât sur les œufs d'une autre espèce, la nature a tellement disposé les rapports entre le sperme et les œufs de chaque espèce, que celui d'une autre ne pût pas les féconder. On voit rarement d'individus métis dans les poissons, quoique les erreurs puissent être fréquentes, puisque les mâles n'ont aucune union avec les femelles, mais seulement avec leurs œufs. Il paroît cependant que ces animaux s'apparient à l'époque du frai. La génération influe beaucoup sur eux ; la chair du saumon perd sa rougeur et devient pâle après le coït. Les poissons deviennent alors maigres, flasques et de mauvais goût. Le frai de grenouilles, les œufs de poissons peuvent être artificiellement fécondés, en exprimant sur eux la laite et le sperme des mâles. Comme il y a des poissons vivipares, autres que les cartilagineux, il est probable qu'ils s'accouplent à la manière des salamandres ; tels sont l'aiguille de mer, le silure ascite, les perce-pierres, etc. Les mollusques du genre des seiches fécondent leurs œufs hors du sein de leurs mères, à la manière ordinaire des poissons. La plupart des coquilles univalves sont hermaphrodites, mais ont besoin d'un mutuel accouplement pour être fécondées. Dans leurs approches, un aiguillon cartilagineux dont ces mollusques se piquent mutuellement, est le prélude de leurs amours : ensuite ils développent leurs organes sexuels ; la partie mâle entre dans la partie femelle, et réciproquement. Leur accouplement est fort long. Les corets ayant leurs organes mâles éloignés de leurs parties femelles, ne peuvent pas se féconder mutuellement ; il faut l'intervention d'un troisième individu ; on les voit se placer en triangle pour s'accoupler. Chez les coquilles bivalves, la fécondation s'opère d'elle seule dans le corps du même individu, parce que les parties mâles avoisinent les ovaires qui s'étendent jusque dans les branchies ou organes de respiration. Les crustacés s'accouplent ; les mâles ont deux verges à la racine de leur queue ; les vulves des femelles sont placées à l'origine de la troisième paire de pattes. Les araignées, mortelles ennemies de leurs semblables, ne s'approchent qu'avec circonspection, tremblant mutuellement d'être dévorées ; le mâle porte ses organes sexuels sur la tête, dans ses palpes, et féconde, en frémissant, sa femelle, dont la vulve est à la base de son ventre. L'amour seul fait trève à leur férocité. La libellule ou demoiselle mâle, saisit sa femelle sur le cou avec les tenailles de sa queue, et l'entraîne dans son vol jusqu'à ce qu'elle retourne sa queue et pose sa vulve sur les parties sexuelles placées à la poitrine du mâle. C'est ainsi qu'on voit voltiger en été, au bord des eaux, ces insectes réunis en anneaux. Parmi les puces, les abeilles, les grillons et les sauterelles, c'est la femelle qui monte sur le mâle. Les papillons s'accouplent en arrière. Dans les mouches, la femelle avance sa vulve au dehors pour aller chercher l'organe sexuel qui est dans l'intérieur du corps du mâle, de sorte que celui-ci semble recevoir au lieu de donner. Les grillons, les cigales appellent leurs femelles par une sorte de tambour de basque ; et les vers luisans femelles attirent leurs mâles par l'éclat qu'elles lancent dans l'obscurité. L'accouplement des autres insectes s'exécute à la manière des autres animaux. Celui des lombrics ressemble au coït des coquillages univalves, car ils sont souvent hermaphrodites. Les zoophytes n'ont aucune copulation, et se reproduisent la plupart de boutures. Les espèces ovipares, comme les oursins, les étoiles de mer et les holothuries, se fécondent elles-mêmes. On a cru observer aussi des accouplemens parmi quelques animalcules infusoires, mais beaucoup se reproduisent de boutures et en se fendant, ou bien par des œufs. Il faut que l'amour soit bien puissant chez les insectes ; car on a vu des papillons fichés dans une épingle, s'accoupler encore avant de mourir. Une *mante* n'empêcha pas son mâle de la couvrir, quoique celui-ci lui eût rongé la plus grande partie de la tête. On a même observé des insectes mâles qui s'accouploient avec des femelles mortes. Des tipules sont quelquefois si transportées d'ardeur, qu'elles tombent mortes aux approches de leurs femelles. En général, un insecte ne meurt qu'après avoir fécondé quelque femelle, de sorte qu'en retardant leur coït, on recule les bornes de leur vie, même au-delà d'une année. Les femelles vivent jusqu'après la ponte. L'éphémère, en recevant sa dernière forme, engendre, pond et meurt dans l'espace de quelques heures, et sans prendre aucune nourriture.

Les femelles d'animaux ont aussi quelque pudeur, et ce sont communément les mâles qui les recherchent. La fureur d'amour est d'autant plus grande chez les mâles, qu'ils ont un plus grand nombre de femelles : aussi les polygames sont-ils très-violens en amour, tandis que les monogames sont presque froids et insensibles. Les femelles des animaux à sang froid sont peu portées à l'acte de la génération ; c'est pourquoi la nature arma les mâles de crochets, de harpons, de pointes et d'autres moyens pour les retenir et les exciter. Les raies et les chiens de mer sont pourvus de crochets. Les grenouilles embrassent fortement leurs femelles. Les coquillages univalves se piquent d'un stylet. Les dytisques portent des écailles à leurs jambes pour se cramponner sur leurs femelles : il en est à peu près de même de quelques guêpes (*Vespa cribraria* et *clypeata*).

En général, les unions sexuelles des quadrupèdes sont vagues et sans choix, le mâle prenant la première venue de son espèce, quoiqu'il préfère la plus vigoureuse. La femelle recherche aussi de préférence les mâles les plus robustes. On voit même de petites chiennes se mêler avec de gros mâtins, comme si l'instinct avoit plus d'égard à la perfection de l'espèce qu'à la volupté de l'individu. Les singes sont monogames, mais ils n'ont pas de femelle attitrée. Les ruminans sont polygames, et se battent entre eux pour leurs femelles. Les veaux marins ont des espèces de sérails dont ils défendent l'approche en combattant à outrance ; ils sont les tyrans de leurs femelles, comme les despotes d'Asie dans leurs *harems*. Plusieurs oiseaux sont monogames, comme les colombes, ramiers et tourterelles. Les oiseaux grimpeurs sont volages, et courent de conquête en conquête, excepté les perroquets qui sont monogames. Les gallinacés prennent plusieurs femelles, et les oiseaux de rivages sont aussi polygames pour la plupart. Dans ces espèces, les mâles se combattent entre eux au temps de la ponte. Que de guerres et de sang répandu pour la plus douce des affections ! Combien d'Hélènes parmi les quadrupèdes et les oiseaux, ont allumé de discordes! Un grand exemple de polyandrie parmi les animaux, est celui de la reine-abeille, qui a un sérail de mâles pour la féconder et pour satisfaire l'immensité de ses désirs; mais les plantes en offrent plus fréquemment des preuves que les animaux.

Les animaux ne s'accouplant qu'à l'ordre du besoin et au temps du rut, ont des unions presque toujours fécondes. Il n'en est point ainsi dans l'espèce humaine qui trop souvent abuse de la facilité qu'elle a reçue de la nature d'engendrer en toute saison. De là vient que le sperme mal élaboré de l'homme n'est pas toujours fécond, et l'utérus de la femme, trop souvent stimulé par ces approches, s'ouvre et recommence sans cesse l'ouvrage de Pénélope; aussi la plupart des courtisanes qui s'abandonnent à ces conjonctions vagues et indifférentes, deviennent rarement enceintes, même sans précaution pour empêcher l'imprégnation. Elles engendrent plutôt avec les personnes qu'elles prennent vivement en affection, si toutefois elles peuvent connoître encore l'amour.

Pour faire plus facilement retenir le sperme fécondant à plusieurs animaux, tels que les cavales, les ânesses, les vaches, etc., on leur jette sur la croupe un seau d'eau fraîche, ou on les flagelle; par ces procédés, on prétend faire resserrer plus promptement l'utérus, et l'empêcher de demeurer bâillant, état dans lequel le sperme pourroit ressortir. Les Arabes ont coutume de fatiguer, avant la monte, la cavale à la course, parce qu'ensuite elle se couche et son repos facilite l'imprégnation. De même, il est avantageux à la femme de demeurer couchée, et même de sommeiller légèrement après le coït. On pense aussi que l'imprégnation est plus facile après l'évacuation des règles, soit que l'utérus reste alors plus ouvert, soit qu'avant l'écoulement des menstrues, la pléthore utérine dispose davantage à l'avortement et résiste ainsi à l'imprégnation.

Comme la nature a plus soin de la perpétuité des espèces que des plaisirs de chaque individu, elle a donné naissance à des neutres, ou eunuques naturels (*Consultez* l'article ABEILLE). Les abeilles, les fourmis et les termites neutres, sont des individus dans lesquels les organes de génération n'ont pas été développés, faute d'une nourriture convenable dans leur jeunesse. Mais ils servent indirectement au maintien de l'espèce par leur instinct laborieux et économe, par leur infatigable activité à rassembler des provisions, à construire des habitations, nourrir les larves, défendre les mâles et les femelles, etc. Ce sont des esclaves fidèles, des êtres utiles à la multiplication de l'espèce, par leur soin, par l'abondance qu'ils font régner dans la société. Ce sont les ilotes de la république des abeilles et des fourmis, les nègres esclaves de leurs colonies.

Rarement les animaux et les plantes s'abandonnent à des unions adultères; elles sont presque toutes les fruits du caprice de l'homme. L'animal répugne à s'unir avec une autre espèce, indépendamment de la disproportion des organes sexuels. L'amour est d'autant moindre que les espèces sont plus éloignées entre elles; ainsi, le cheval aura plus d'amour pour une ânesse que pour une vache. Non-seulement la fécondation n'a pas lieu entre des espèces très-distantes, mais l'accouplement est même impraticable. Les métis ne peuvent donc être produits que par des espèces très-voisines; encore sont-ils ordinairement stériles. On crée des métis parmi les végétaux en secouant la poussière fécondante d'une espèce sur le pistil d'une espèce voisine : c'est ainsi que Koëlreuter est parvenu à produire plusieurs races nouvelles. Des oiseaux métis sont quelquefois féconds (*V.* l'article Métis); mais, en général, ces races bâtardes s'éteignent d'elles-mêmes par la stérilité, ou remontent par des générations successives à la tige maternelle ou paternelle, selon l'influence prépondérante de l'une ou de l'autre.

Les mélanges de différentes espèces produisent seulement des résultats, lorsqu'il s'établit une harmonie d'amour et de fonctions génératives entre elles. Il faut, de plus, un rapport d'organes, une similitude de nature. Par exemple, si le temps de la gestation est différent dans les deux êtres générateurs, le fœtus mixte sera formé tantôt avant, tantôt après l'époque naturelle de la délivrance de sa mère, et par conséquent avortera; la structure diverse des parties contrariera son développement. Si le genre de nourriture est différent, la nutrition ne pourra point s'opérer; c'est ainsi qu'un faune, un sylvain, ou un homme moitié bouc, tels que les anciens se figuroient ces divinités champêtres, ne pourroient pas vivre : 1.° parce que la gestation de la chèvre dure moins de temps que celle de la femme; 2.° l'herbe qui nourrit une chèvre, ne peut pas alimenter l'homme; ou la chair dont nous vivons, n'est pas une nourriture convenable au bouc; 3.° il n'y a nul rapport d'espèce, ni même de forme particulière entre l'homme et ce ruminant. Aussi l'accouplement du bouc sacré de Mendès avec les dévotes de l'ancienne Egypte, qui s'y soumettoient au rapport d'Hérodote et de Plutarque, n'a rien produit, non plus que les actes dont on accusoit les anciens bergers de la Sicile, et qui inspiroient, dit-on, de la jalousie aux boucs.

Novimus et qui te...., transversa tuentibus hircis.

Virg. *Bucol.*

Un animal composé de deux genres, comme les centaures, les syrenes, Pan, et les autres fictions de l'ancienne mythologie, ne pourroit donc pas se produire, parce qu'il n'y auroit ni unité, ni concours simultané de toutes les parties pour la conservation de l'individu; les forces de la vie ainsi partagées, se contrarieroient et se disputeroient, pour ainsi dire, la nourriture et l'existence. C'est ainsi que l'équilibre étant continuellement rompu, la vie seroit exposée à des révolutions perpétuelles, où l'être ne pourroit pas subsister, parce qu'il ne seroit pas individuel.

La conception s'annonce ordinairement dans les femmes par un saisissement, une horripilation voluptueuse. Chez les femelles de quadrupèdes, la semence du mâle est quelquefois entièrement rejetée, et la conception n'a pas lieu, soit que la femelle ne soit pas assez en rut, soit que la matrice reste dans un état d'insensibilité et d'atonie. On échauffe les femelles par des nourritures stimulantes ou par des excitations particulières. La femme et la cavale sont, dit-on, les seules qui reçoivent le mâle après la conception : presque toutes les autres le repoussent, et, loin d'imiter la fille d'Auguste, ne reçoivent plus de passagers quand le navire a sa cargaison. Cependant, des femelles de lapins et de lièvres, des brebis et des truies, sont sujettes à la superfétation ; ce qui prouve qu'elles ne refusent pas toujours le mâle dans le temps de leur gestation. Un seul accouplement suffit à la poule pour féconder les œufs qu'elle doit pondre pendant plus de vingt jours ; mais ce qu'on a remarqué de véritablement merveilleux, c'est qu'une seule femelle de puceron une fois fécondée par le mâle, produit des œufs d'où il sort des pucerons qui sont eux-mêmes capables de pondre des œufs féconds sans l'intervention des mâles. Cette seconde génération en produit une nouvelle sans mâles, de sorte que l'espèce se perpétue pendant quelque temps par la femelle seule. Cet effet de la semence fécondante du mâle se transmet pendant neuf générations successives qui sont toutes composées de femelles, à l'exception de la dernière qui contient des mâles : alors il y a un nouvel accouplement qui peut suffire pour neuf autres générations. Réaumur et Bonnet ont prouvé ceci par des observations multipliées, qu'on pourra lire dans leurs écrits ; et Spallanzani prétend avoir observé des faits analogues dans l'*Helix vivipara*. Les œufs de pucerons produits par l'accouplement immédiat des mâles, sont destinés à passer l'hiver, parce qu'ils ont plus de vitalité que les autres. La matière fécondante du mâle passe ainsi de génération en génération nouvelle jusqu'à son épuisement. Ainsi, le puceron prouve qu'on peut être vierge et mère en même temps.

Ce même fait a été pareillement remarqué par M. Jurine

dans les puces d'eau, *monoculus apus*, L. Il y a jusqu'à quinze générations sans accouplement. Audebert assure aussi qu'une araignée est fécondée, au moins pour deux années, par un seul accouplement, tant l'influence fécondante du mâle est considérable chez plusieurs animaux. Il n'en est pas de même parmi les végétaux, mais il est assez extraordinaire de voir une plante d'un seul sexe, comme le *juniperus canadensis*, L., être une année mâle, une autre année femelle, ou tantôt fécondateur, tantôt fécondé. Ainsi le puceron est tantôt père et mère, tout ensemble, et tantôt, seulement, l'un ou l'autre. *V*. SEXE.

On a vu, selon Parsons, une femme mettre au monde un négrillon avec un enfant blanc: il y a donc quelquefois des superfétations; elles ne sont pas rares parmi les quadrupèdes. Les môles sont des fausses conceptions; elles n'ont pas lieu sans la semence du mâle, quoique certains praticiens indulgens aient prétendu le contraire. *V*. MÔLE.

Les animaux et les plantes qui se reproduisent de bouture ou de bourgeons, de caïeux, de marcottes, de drageons enracinés, etc. n'ont pas besoin de fécondation; ils portent en eux-mêmes tous les principes de vie qui suffisent à la propagation et à la conservation des individus. On observe que les pieds mâles des végétaux dioïques ne peuvent guère se multiplier de bouture, tandis que leurs pieds femelles se multiplient ainsi avec beaucoup de facilité; ce qui prouve que la femelle participe plus que le mâle à la propagation des espèces, qu'elle en est véritablement la tige essentielle, et que le mâle n'en est que l'auxiliaire, et pour ainsi dire l'excitateur. Les espèces gemmipares peuvent être considérées comme toutes femelles, et se suffisant à elles-mêmes.

La durée de la gestation varie beaucoup suivant les espèces. Dans la femme, elle est ordinairement de trente-neuf semaines ou neuf mois; mais elle paroît un peu plus longue pour les enfans femelles que pour les mâles. A quatre mois, on sent remuer le fœtus. (*Consultez* les mots EMBRYON et FŒTUS.) Dans le commencement de la grossesse, les avortemens sont plus fréquens que dans la suite; et en général, la femme et les animaux domestiques sont plus exposés à ce danger que les autres espèces, soit à cause de la menstruation, soit parce que l'abondance de la nourriture rend leurs organes sexuels plus susceptibles d'excrétion et d'hémorragies, surtout à l'époque des règles. La conjonction augmente encore cette disposition à l'avortement, et les femmes délicates, nerveuses, les caractères ardens, les constitutions pléthoriques y sont surtout très-exposés. Bientôt l'avortement tourne en habitude, et il suffit souvent d'avoir avorté une ou deux fois pour y être assujettie pendant toute la vie. D'ailleurs, l'excès des passions, l'intempérance en amour, les boissons et les alimens trop stimulans, les exercices trop violens, comme certaines danses, l'escarpolette, etc., peuvent amener l'avortement. Il est malheureusement d'autres moyens pernicieux que la crainte du déshonneur a fait inventer et que la scélératesse perpétue.

Dans la plupart des ovipares, il n'y a point de gestation; l'œuf fécondé se détache comme le fruit mûr qui tombe de la branche. Les faux vivipares, tels que la vipère, les salamandres, les poissons cartilagineux, portent leurs œufs dans leurs oviductus jusqu'à ce qu'ils y éclosent; et la durée de cette gestation varie suivant la chaleur de l'atmosphère. Les œufs des oiseaux éclosent en général au bout de vingt à vingt-cinq jours d'INCUBATION. (*V.* ce mot et l'article ŒUF.) Ceux des grenouilles, des tortues, des reptiles et des poissons, éclosent plus ou moins promptement, selon le degré de chaleur auquel ils sont exposés. Il en est de même, à peu près, des œufs ou du frai des mollusques et des coquillages. Les œufs de la mouche à viande peuvent éclore dans une ou deux heures; il faut huit ou quinze jours à ceux de plusieurs papillons, quatre semaines à ceux des grillons-taupes, et six à huit mois à ceux de quelques papillons de nuit.

L'accouchement de la femme est accompagné de grandes douleurs; mais les femmes des nations barbares peuvent accoucher sans peine. (*Consultez* l'article de la FEMME.) Dans les quadrupèdes, les cétacés et les autres animaux vivipares, l'accouchement n'est point périlleux. C'est notre mollesse que la nature punit dans le premier besoin de la mère. Le jeune animal est entouré des membranes de l'amnios, du chorion et de la membrane caduque (dite de Hunter, mais déjà connue du temps d'Arétée), dans le sein maternel de la classe des vivipares; les classes ovipares ont aussi des fœtus renfermés dans les coques ou membranes plus ou moins dures de l'œuf, qu'on peut comparer à l'amnios et au chorion : bientôt le fœtus déchire ses enveloppes, et se présente pour la première fois à la lumière du jour.

Il nous semble que l'on n'a point envisagé les causes naturelles de l'accouchement sous leur vrai point de vue. Elles ne sont point autres que celle de la dissémination des graines des végétaux, c'est-à-dire, que le fœtus et ses enveloppes se détachent soit de l'utérus, soit des ovaires des femelles, par une sorte de maturité particulière. Il cesse de tirer sa nourriture du sein maternel, et les orifices ou radicules par lesquelles il aspiroit le sang et les humeurs nourricières se dessèchent, s'oblitèrent comme dans le fruit mûr, comme dans les cornes du cerf qui tombent.

On peut regarder la germination des graines comme l'*éclosion* de l'œuf des animaux; mais on remarque une éclosion prématurée des fœtus dans quelques mammifères, chez les didelphes, les kanguroos et autres animaux portant à la région inguinale une poche ou bourse formée par la duplicature de la peau. Les jeunes fœtus, encore tout rouges, sans poils et d'une extrême délicatesse, sortent de l'utérus, puis sont chaudement placés dans cette poche inguinale, qui remplace l'utérus. Ces fœtus y trouvent les mamelles de la mère; chacun d'eux s'attache à sucer un mamelon, pendant quelques semaines; puis, étant devenu assez grand, il sort à volonté de la poche, et y revient la nuit ou dans le danger. Ce fait singulier se présente chez des animaux qui n'ont point, à proprement parler, de matrice, mais bien les deux trompes aboutissant au vagin; c'est pourquoi les mâles ont une verge fourchue pour féconder les deux ovaires dans le coït. Aussi les embryons détachés des ovaires, sortent bientôt du corps de la mère; ils avoient besoin de cette incubation, dans un accouchement si prématuré qui est une sorte d'avortement naturel. Il faudroit sans doute avoir des précautions semblables pour conserver des fœtus humains vivans, nés avant terme. C'est ainsi que Marcile Ficin, célèbre médecin italien, né, dit-il, à cinq mois seulement, fut conservé dans du coton et nourri d'eau sucrée et de lait pendant plusieurs mois. Ainsi la liqueur amniotique n'est pas toujours nécessaire pour nourrir les fœtus, comme on le prétend.

La gestation des plantes est le temps de la maturation des graines et des fruits. Leur dissémination s'opère de diverses manières; le vent disperse les semences légères, aigrettées, ailées, etc. D'autres graines sont lancées au loin par une force élastique; celles-ci s'accrochent aux animaux; des fruits leur servent de nourriture, sans que leurs semences soient endommagées; elles sont rendues avec les excrémens qui leur servent d'engrais. Les eaux charrient d'autres semences, etc.

Le nombre des graines est quelquefois immense chez les plantes; un seul pied de maïs en fournit jusqu'à 2000; l'année, 3000; le soleil, 4000; le pavot, jusqu'à 32,000; le tabac, plus de 40,320; un orme donne jusqu'à 100,000 semences chaque année. Si l'on compte après cela que chaque bourgeon contient les rudimens d'un nouvel individu, on verra jusqu'où s'étend l'immense profusion de la nature. Mais la poussière fécondante est encore bien plus abondante; chaque anthère de l'*hybiscus syriacus* contient environ 4863 grains de pollen, ce qu'on peut multiplier par 50 à 60 anthères. On a calculé qu'une vesse-de-loup pouvoit rendre plus de 14 millions de semences très-fines. Les plantes dioïques mâles ont des milliards de grains de pollen; pour qu'il puisse en arriver quelques-uns à leurs femelles éloignées, il faut qu'ils en remplissent en quelque sorte toute la distance qui est entre eux. En général, la fécondité des animaux et des plantes est d'autant plus grande, que les individus sont plus exposés à périr : voilà pourquoi les races les plus foibles, comme les insectes, les plantes, les petites espèces qui ne peuvent échapper à aucun danger, sont excessivement fécondes, parce que la nature compense les chances de mort par celles de vie, pour que l'espèce subsiste toujours. Le nombre des petits indique donc quelle est la probabilité des dangers que court chaque espèce, et quelle est la voracité de ses ennemis. La femme engendre un petit, rarement deux, de même que les chèvres, les brebis et les vaches, parce qu'elle est peu exposée aux dangers des autres animaux. Les quadrupèdes onguiculés ou fissipèdes, sont plus féconds que les espèces à pieds ongulés ou fourchus. Une souris met bas jusqu'à sept ou huit petits d'une portée, et bientôt recommence une nouvelle gestation. La truie est très-féconde, de même que la chienne.

Les animaux multipares produisent plus souvent des fœtus en nombre pair qu'en nombre impair, parce que, d'ordinaire, chacun des deux ovaires fournit un même nombre d'œufs à l'imprégnation du sperme. Aussi la nature a donné des mamelles en nombre pair aux vivipares. Parmi les jumeaux humains, ce sont fréquemment aussi deux frères ou deux sœurs, quoiqu'il y ait parfois un garçon et une fille; mais les mêmes sexes sont plus communs; rarement on a vu au-delà de quatre jumeaux.

Il y a, parmi l'espèce humaine, des familles gémellipares. Nous connoissons l'exemple de deux frères jumeaux qui ont eu, de leurs femmes, des jumeaux, à plusieurs reprises; et la femme de l'un d'eux étant morte, sa seconde femme produisit aussi des jumeaux. Dans cette sorte de génération, il est présumable que l'imprégnation des deux ovaires a lieu simultanément par la même copulation, puisque des animaux, habituellement multipares, n'ont besoin que d'un seul accouplement pour faire plusieurs petits, quoique la superfétation puisse aussi avoir lieu, au moyen d'accouplemens suivans. Presque tous les petits des quadrupèdes fissipèdes ou onguiculés, naissent les yeux fermés, et ne les ouvrent qu'au bout de quelques jours. Les mères coupent le CORDON OMBILICAL (*V.* ce mot) avec leurs dents, et dévorent leur arrière-faix, quoiqu'elles ne soient point carnivores, telles que la vache, la brebis, etc.

Il s'est élevé, parmi les physiologistes, une question importante sur le mode de nutrition du fœtus. Chez les mammifères, il n'est pas douteux que l'œuf ou l'embryon, dans ses enveloppes, étant fixé à l'utérus par le placenta ou les cotylédons en plusieurs espèces, ne reçoive le sang maternel qui se rend au jeune animal par le cordon ombilical; mais chez les ovipares, l'œuf étant totalement séparé du corps de la mère, il faut que l'embryon trouve sa nourriture dans cet œuf même. Cette nourriture est le jaune ou *vitellus* contenu dans une membrane ou sac analogue au péritoine et tenant au canal intestinal du jeune fœtus, par les vaisseaux omphalo-mésentériques. Ainsi dans l'œuf des oiseaux, des reptiles et des poissons, l'embryon ne paroît d'abord que comme un foible appendice du jaune; mais à mesure que ce jaune passe dans le nouvel être, le fœtus grossit et le vitellus diminue.

Plusieurs physiologistes tiennent que dans les vivipares vrais, le fœtus absorbe les eaux de l'amnios pour sa nourriture. Les uns, comme Frédéric Lobstein, renouvelant l'opinion ancienne d'Alcméon, médecin (Plutarch. *Placit. philos.*, l. v., c. 16), pensent que la peau du fœtus absorbe une partie de la liqueur amniotique, à la manière d'une éponge qui se gonfle dans l'eau, parce que la texture du fœtus paroît très-molle et spongieuse: de là vient la matière caséeuse qui reste sur la peau du fœtus. D'autres savans présument qu'il avale ou suce les eaux de l'amnios, et digère ce fluide mêlé d'albumine. De là vient le *meconium* des intestins du fœtus. M. Bouillon Lagrange ayant trouvé des poils nombreux dans l'analyse du méconium, ces productions paroissent venir de la peau du fœtus, et qui, se détachant dans les eaux, ont pu être avalées avec le liquide. Les épicuriens disoient que le fœtus apprenoit ainsi à téter. Mais des fœtus mal formés ayant vécu sans bouche ou sans ouverture pour avaler les eaux de l'amnios qui, d'ailleurs, paroissent âcres et peu propres à nourrir, il est vraisemblable que la seule nutrition du jeune animal, chez les mammifères, émane du sang de la mère par le placenta.

Le sang oxygéné ou artériel de la mère suffit pour le fœtus qui ne respire pas. Dans les premiers temps de l'embryon, celui-ci a, comme les ovipares, une membrane ou vésicule analogue à celle qui contient le jaune, et recevant des vaisseaux omphalo-mésentériques. Il existe aussi, même dans l'espèce humaine, cette vessie communiquant par l'ouraque, avec la vessie urinaire, et qu'on appelle *allantoïde*.

Cette membrane, chez les oiseaux et les reptiles (excepté les batraciens) est formée d'un lacis considérable de vaisseaux sanguins; on soupçonne qu'elle sert à l'oxygénation du sang de l'embryon renfermé dans l'œuf; car il paroît qu'il faut l'accès de l'air au travers des pores de sa coquille. Un œuf enduit de vernis, ne peut éclore, dit-on; et même quelques observateurs prétendent que l'œuf acquiert plus de poids par l'incubation. Les graines ont aussi besoin d'oxygène pour germer.

Les reptiles batraciens ayant, comme les poissons, dès leur état de fœtus, des branchies, au lieu de poumons, et leurs œufs prenant de l'accroissement dans l'eau où ces animaux naissent, la membrane vasculeuse (ou oxygénante de l'embryon des oiseaux) n'existe pas. L'oxygène de l'air, contenu dans l'eau, paroît suffire.

La différence réelle entre les vrais et les faux ovipares, tels que la vipère, est presque nulle, comme nous l'avons dit ci-devant, puisqu'il y a des seps et d'autres lézards qui, dans les temps froids, pondent des œufs; dans des temps plus chauds, ils mettent bas des petits vivans, parce que les œufs se sont hâtés d'éclore dans l'oviductus des mères; mais ces petits ne reçoivent aucune nourriture du sein maternel.

La vie du fœtus paroît, même chez les mammifères, tellement indépendante de celle de la mère, quoiqu'il en reçoive la nourriture, qu'on a vu, dans une épidémie varioleuse, une femme vaccinée être exempte de la variole, et son fœtus en être tout couvert. Une mère peut aussi mourir avant son fœtus. (Ern. Gottl. Bose, *de Vitâ fœtûs post mortem matris, superstite.* Lips. 1786. in-4.°)

La fécondité des insectes doit être extrême, parce qu'ils sont exposés à mille dangers. Deux poux femelles peuvent engendrer jusqu'à 10,000 poux dans l'espace de huit semaines. Une portée ordinaire de papillons est de 400 œufs. Une reine abeille en pond 4 à 5000. Les pucerons, les mites en portent par milliers. Les gallinsectes ont le corps entièrement rempli de leurs œufs et de leurs petits. Les polypes d'eau douce, les actinies peuvent se reproduire par chacune de leurs parties, de sorte que plus on les divise, plus on les multiplie; c'est comme l'hydre de Lerne, qu'on rend plus indestructible en voulant l'exterminer. On sait que les poissons jouissent d'une extrême fécondité. Une seule morue porte jusqu'à 9 millions d'œufs. L'esturgeon en a beaucoup aussi, et l'on en fait du *caviar.* Au temps du frai, la mer est pavée de milliards d'œufs; mais comme beaucoup sont dévorés avant que de naître, la nature ne se montre pas prodigue sans dessein, et des espèces eussent pu périr affamées sans cette exubérance. Les coquillages frayent un grand nombre d'œufs, qu'ils attachent en grappes pour l'ordinaire. Un petit ver microscopique marin (*trichoda charon* de Muller, *Hist. Verm. prod.*, p. 83, n.° 2511) se reproduit singulièrement : son ventre s'enfle, forme une bulle d'abord transparente, ensuite opaque ; enfin l'animal saute soudain en plus de cent morceaux, comme une bombe pleine de poudre à canon, sans que l'utérus et les petits soient altérés le moins du monde. La plupart des animaux faussement vivipares en été, sont ovipares en automne. On a trouvé 1100 œufs dans une grenouille, et 12,444 dans un crabe. Il faut sept à huit jours en été pour que les œufs des poissons éclosent ; les petits en sortent la queue la première. Un poisson d'une demi-livre peut avoir déjà 100,000 œufs ; une carpe longue de 16 pouces en avoit 342,144 : leur fécondité est donc extrême. Les oiseaux en ont bien moins, les rapaces pondent seulement deux œufs, de même que les pigeons, mais ceux-ci font une ponte presque tous les mois. La mésange pond jusqu'à 20 œufs ; mais la plupart des oiseaux n'en mettent bas que de six à douze, plus ou moins. Les œufs des poissons, des coquillages, des crustacés et des insectes, croissent hors du corps de la mère.

Les animaux à mamelles nourrissent tous leurs petits de leur lait ; mais les autres animaux les abandonnent à eux-mêmes, excepté les oiseaux, qui donnent la becquée aux leurs. Il semble que les animaux à sang froid soient dénaturés pour leurs petits : ils n'en prennent aucun soin, et ne leur offrent aucune nourriture ; mais la nature a rendu ces jeunes animaux capables de trouver eux-mêmes leur vie. Les jeunes têtards de grenouilles naissent au milieu du frai glaireux de leur mère, et il leur sert d'aliment. Dans les espèces des fourmis, des abeilles, des guêpes, des frelons, des termites, les œufs éclosent au milieu de matières nutritives, amassées, soit par des individus neutres, soit par la mère. Les oëstres placent les leurs dans le corps des bestiaux, de sorte que leurs larves se nourrissent des humeurs de ces animaux ; les sphex, les ichneumons déposent leurs œufs dans le corps des chenilles, des araignées ; les nécrophores, dans les cadavres et les charognes ; les scarabées bousiers, dans les excrémens des animaux ; la mouche à scie, dans le parenchyme des plantes ; les bruches, dans les semences ; les cynips, dans les noix de galles ; les papillons, sur les végétaux ; la courtilière ou taupe-grillon, près des racines des plantes potagères, etc. Ainsi les larves des insectes sont en quelque sorte allaitées par la nature seule, puisqu'elles se trouvent sans mères et abandonnées dès leur naissance. Les reptiles, les poissons, les mollusques, les insectes naissent tous orphelins. Dans les plantes, le germe de chaque semence est ordinairement pourvu d'une ou deux feuilles séminales ou cotylédons, qui servent de mamelles à la plantule, qui élaborent pour elle les premiers sucs de la terre, et soutiennent sa foible existence. (*Consultez* l'article ALLAITEMENT et MAMELLES). Nous avons dit comment les jeunes marmoses, didelphes et kanguroos sortent de bonne heure de la matrice et viennent s'attacher aux mamelles dans une poche inguinale des femelles, pour y achever leur temps de gestation, ce qui est une sorte d'incubation.

Nous n'exposons point ici tous les détails du développement de l'embryon, parce qu'ils sont répartis aux articles PLACENTA, EMBRYON, FŒTUS, etc.

On observe des différences entre les divers individus de chaque espèce d'animaux et de plantes, relativement à la faculté génératrice; les uns sont féconds, les autres stériles. Les causes de la stérilité peuvent dépendre de la mauvaise conformation des organes sexuels, comme lorsque les testicules manquent entièrement aux mâles, soit à l'extérieur, soit dans l'intérieur du corps; lorsque la sécrétion du sperme et l'éjaculation ne peuvent avoir lieu; lorsque cette liqueur spermatique n'a pas les qualités prolifiques, comme après une maladie grave, un traitement de la maladie vénérienne ou plusieurs autres causes. Mais la stérilité vient plus souvent de la femelle, soit qu'elle ne retienne pas le sperme, ou qu'elle soit imperforée, soit qu'elle ait un tempérament trop humide ou trop sec, trop excitable ou trop lent, d'un extrême embonpoint ou d'une maigreur excessive, etc. Enfin, la stérilité vient quelquefois du dégoût, de la répugnance des individus, d'un état de langueur ou de maladie, du défaut d'amour, de l'insalubrité du genre de vie, de l'activité des passions, de l'excès des travaux du corps et de l'esprit, des fatigues, de l'épuisement, de la mollesse, du libertinage, de la masturbation, de la délicatesse de la constitution, de la sensibilité trop vive, ou de l'apathie; enfin de mille autres causes analogues. Les animaux et les plantes qui suivent mieux les lois de la nature que l'espèce humaine, sont aussi plus rarement stériles. Cependant le grand froid, l'absence de la lumière, l'étiolement, rendent les végétaux stériles; on remarque surtout que les individus qu'on propage par boutures, par drageons enracinés, par marcottes ou par caïeux, fournissent peu de graines et de semences fécondes; il semble que leur faculté reproductive ait pris la route par laquelle ils ont été propagés eux-mêmes. Dans les animaux, le froid violent, la grande humidité, la foiblesse du corps, sont des causes de stérilité, indépendamment de l'extrême jeunesse et de la caducité de l'âge, qui sont communes à tous les êtres organisés. Les individus trop gras, sont surtout exposés à la stérilité, comme on l'observe chez les femmes; il en est de même des vaches, des poules et autres animaux bien engraissés; il semble que la graisse se forme aux dépens du sperme. Ainsi les eunuques sont tous très-gras, non seulement dans l'espèce humaine, mais parmi les bœufs, les chapons, qui prennent facilement un grand embonpoint.

On a dit que tous les mulets ou hybrides, nés d'espèces différentes, étoient stériles; ce qui n'est nullement vrai. Les mules même ne sont pas toujours stériles, surtout dans les pays chauds; mais le mulet avec la mule sont bien moins capables d'engendrer ensemble qu'avec l'une de leurs espèces primitives. Les chiennes et les loups, les serins et chardonnerets, font des mulets non stériles avec leurs espèces primordiales; mais ils ne se propagent pas entre hybrides. La nature n'a point voulu introduire des races bâtardes, ni confondre les espèces. Nous verrons que parmi les végétaux, cependant, et peut-être aussi chez divers insectes, elle tolère des mélanges plus ou moins permanens entre les espèces très-voisines.

A l'époque du rut, tous les animaux sont maigres, et n'acquièrent de la graisse qu'au temps de leur repos, comme en automne. On applique ce proverbe à tout mâle : *Bon coq n'est jamais gras.* Parmi les fleurs, celles qui sont doubles restent stériles, parce que leurs étamines (*organes mâles*) se sont transformées en pétales par l'abondance de la nourriture. Cet état correspond à celui de l'embonpoint des eunuques. Ce sont des monstruosités pour la nature, puisqu'il est vrai qu'elle a pour but principal la propagation de l'espèce : aussi les plantes à fleurs doubles n'ont jamais que des graines avortées; on ne peut donc les propager que par des drageons, des plants enracinés, des greffes, etc. Les fleurs prolifères sont une monstruosité encore plus grande et plus contraire aux fins de la nature. *V.* Fécondité et Stérilité.

Après avoir considéré les détails de l'acte reproductif dans l'ensemble des corps organisés, nous allons nous livrer à un examen spécial de cette fonction, par laquelle tout ce qui existe reçoit l'organisation de la vie.

§ VI. *Des systèmes sur la Génération considérée en elle-même; du développement successif des corps organisés, et examen des principales forces qui concourent à leur formation.*

> Postquàm arma dei ad Volcania ventum est,
> Mortalis mucro, glacies ceu futilis, ictu
> Dissiluit. Virgil. L. xii.

Ce seroit en effet une entreprise bien téméraire que celle

de prétendre expliquer le mystère de la génération de tous les êtres. Les forces de l'esprit humain se brisent comme la glace fragile, contre le voile impénétrable dont la nature l'a recouvert. Les efforts de trente siècles de recherches ont été vains. La plupart des hommes, il est vrai, n'ont considéré ce problême que dans l'espèce humaine et quelques animaux; mais il est évident que la génération des plantes et des polypes, des ovipares et des vivipares, de tout ce qui jouit de la vie, appartient essentiellement au même principe, parce que la nature est toujours conforme à elle-même dans ses œuvres; et l'on ne doit point admettre plusieurs causes pour le même effet. Il faut donc recourir à quelque principe général.

En premier lieu, grand nombre de physiologistes ont supposé le mélange des semences; mais il faut décider d'abord si les femelles en ont. Hippocrate, Pythagore, Démocrite, Aristote, Anaxagore, Alcméon, Parménide, Empédocle, Epicure, Galien; ensuite Avicenne, Zacutus Lusitanus, Descartes, et surtout Buffon, admettent un sperme fécondateur dans la femme; mais Zénon et l'école stoïque, Hippon, et parmi les modernes, Fallope avec beaucoup d'anatomistes, en rejettent l'existence. Il ne faut pas prendre pour semence cette sécrétion muqueuse de la vulve dans le coït, et cette humeur presque limpide qui en sort; elle est formée par les lacunes et les glandes du vagin, qui correspondent à la prostate dans l'homme. Il est certain que les femelles de tous les ovipares n'ont aucun sperme, et que la fécondation, dans les végétaux, s'opère par la seule intervention du pollen des étamines: les plantes et les animaux qui engendrent de bouture, n'ont aucune espèce de sperme; de sorte que le mélange des spermes, s'il existe, loin d'être général dans tous les corps organisés, n'est au contraire qu'une espèce d'exception à la loi commune.

1.° Hippocrate pensoit que les semences de l'homme et de la femme se méloient, et que la plus forte des deux produisoit un fœtus de son sexe. Aristote s'est aussi décidé pour la même hypothèse, de même que Parménides, Empédocle, Anaxagore, Alcméon et Epicure.

> Semper enim partus duplici de semine constat:
> Atque utrique simile est magis id quodcunque creatur.
>
> LUCRET. L. IV.

2.° Descartes a supposé que le mélange de deux semences produisoit une fermentation dans laquelle le fœtus étoit formé. Wallérius a rapporté aussi la génération des plantes à une fermentation; un autre a cru que la semence du mâle étoit acide, celle la femelle alcaline, et qu'elles se combinoient comme un sel chimique. (Pascal, *des Fermens*, p. 245 et suiv.). Vieussens admettoit que les semences étoient remplies d'esprits. Van-Helmont disoit que la femelle fournissoit la matière séminale et le mâle une sorte d'esprit vital. D'autres ont voulu que chaque semence renfermât un animal non développé, ou des parties d'un animal qui s'attiroient ensuite et se rassembloient. (Maupertuis, *Vénus physiq.*, *part.* 2.) Empédocle avoit déjà pensé, au rapport d'Aristote, que le fœtus existoit dans les semences des deux sexes en portions séparées, qui n'avoient plus besoin que de se réunir entre elles dans un ordre régulier pour former un tout complet.

Dans tous ces mélanges de semence on expliquoit facilement la ressemblance au père et à la mère ; et Koëlreuter a montré de même que la poussière fécondante des végétaux influoit beaucoup sur les produits.

Cependant les expériences de Spallanzani ont démontré qu'un cent-millionième de grain de sperme de grenouille, et privé d'animacules microscopiques, suffisoit pour féconder dans l'eau une multitude d'œufs de femelles de grenouille; et, de plus, le petit têtard est déjà visible dans l'œuf non fécondé, ainsi que les membranes du poulet sont formées dans l'œuf de la poule qui n'est pas fécondé par le coq. C'est donc la femelle qui donne le germe tout préparé ; c'est le sperme du mâle qui en est l'excitateur ou le vivificateur.

3.º Les anciens ont aussi prétendu que le testicule droit des mâles et la cavité droite de la matrice, produisoient des individus mâles; les femelles, au contraire, étoient engendrées, selon eux, du côté gauche. Parménides, Anaxagore, selon Plutarque; Aristote, Hippocrate et Galien embrassèrent cette opinion. Démocrite, Pline et Columelle ont même prétendu qu'en liant le testicule droit ou gauche à un belier, on lui faisoit engendrer à volonté un mâle ou une femelle. Des modernes, souvent imitateurs serviles des erreurs anciennes, n'ont pas manqué d'adopter cette opinion ; mais Ambroise Paré, Diemerbroek, Verheyen, Alberti, Franco, Ent, Massa, Fr. Hoffman, Amatus, Th. Bartholin, Vesale, et le célèbre Harvey, ont démontré par l'expérience que des hommes auxquels un testicule avoit été emporté, procréoient des enfans des deux sexes; ils ont aussi reconnu que des fœtus mâles se sont souvent trouvés du côté gauche de la matrice, et des femelles à droite: enfin que la trompe droite de Fallope ayant été détruite, une femme engendra un garçon et une fille. (Cyprian, *Lettre à Millington*, page 12). Millot, dans un ouvrage intitulé l'*Art de procréer les sexes à volonté*, a renouvelé avec succès cette fausse opinion des anciens, qu'il s'est attribuée : cependant de nombreux essais ont démontré le peu de foi qu'on devoit avoir sur de pareils objets.

4.° L'hypothèse de la génération proposée par Buffon, tient des systèmes d'Hippocrate et de Démocrite ; il admet que la semence est un extrait de toutes les parties du corps ; qu'elle est un assemblage de molécules organiques qui reçoivent la figure des parens par un moule intérieur. Ces molécules organiques toujours vivantes, qui servent à la nutrition, à l'évolution des animaux et des plantes, passent successivement de corps en corps. Cette opinion ressemble encore au système de la *panspermie*, proposé par Héraclite et par Hippocrate (*lib. de Diætâ*), et renouvelé par Perrault, Gérike, Wollaston, Sturm, Logan, etc.

Dans cette hypothèse, que les père et mère fournissent de toutes les parties de leur corps, des molécules pour composer un être qui leur ressemble, on ne sauroit nullement expliquer comment le papillon, par exemple, produit dans ses œufs toutes les tuniques et enveloppes successives des chenilles, qu'il ne possède plus lui-même, et qui doivent éclore de ces œufs. Si l'on suppose un père et une mère manchots du même bras, ou un chien avec une chienne, tous deux ayant la queue coupée, il naîtra pourtant des enfans avec deux bras bien conformés, et des chiens à longue queue ordinaire. Voilà donc la nature réparant, d'elle-même, les défauts des êtres générateurs. Cependant, à la longue, les chiens sans queue et sans oreilles externes, peuvent engendrer de petits chiens écourtés, avec d'autres plus parfaits, comme l'observe Blumenbach ; mais la nature aspire toujours à reprendre le type primordial de l'espèce qui est son modèle. De même, dans les amputés, l'âme se croit toujours le corps complet, et le manchot se plaint du mal au bras qu'il ne possède plus ; sa nutrition, toujours aussi considérable que si le corps étoit entier, reverse un surcroît de forces et de vie sur les organes subsistans. Ainsi, dans la génération, les facultés vitales de l'homme privé d'un membre, ne laissent pas d'être entières.

5.° Néedham tient que la matière nutritive et la semence ont beaucoup de rapports, que la vie végétale diffère peu de la vie animale, et que la semence peut avoir divers degrés d'exaltation, suivant lesquels elle peut produire un végétal ou un animal plus ou moins élevé dans l'échelle de l'organisation.

Diogène, Hippon et toute l'école stoïque, admettoient que le fœtus étoit produit par la semence du mâle seul (Censorinus, *de die natali*, *cap.* 5.) ; la mère ne servoit que pour le développement, comme la terre par rapport à la graine. Le baron de Gleichen a suivi ce sentiment.

6.° On connoît l'hypothèse des vers spermatiques, soutenue par Hartsoeker, Leeuwenhoeck, Boerhaave, Keil, Cheyne, Geoffroy, le cardinal de Polignac dans son *Anti-Lucrèce*, Lieutaud, etc. Mais Valisneri supposa ensuite que l'homme commence à être ver, qu'il se développe peu à peu comme un insecte qui se métamorphose. Cette opinion entraîna les suffrages de Bourguet, Woodward, Lyonnet, Rai, Schelhammer, Paitoni, Launay, Duverney, Schlichting, Plouquet, Hamberger, Sénac, etc.; et même Linnæus ainsi que Buffon n'en furent pas très-éloignés. Spallanzani a montré la fausseté de cette hypothèse en fécondant des œufs de grenouilles sans ces vers.

7.° Le système des œufs produits par la femelle seule, et leur évolution, a été admis par Swammerdam, Malpighi, Harvey, Valisneri, Plouquet et Graaf, qui les ont découverts dans la femme. Cette opinion, aujourd'hui la plus suivie, n'est pourtant pas à l'abri de toute difficulté. Il est évident que le sperme du mâle modifie beaucoup les organes et la structure de l'embryon dans les mulets ou hybrides. Ainsi la cavale montée par un âne, produit un mulet participant des deux espèces à peu près également. Mais ce système des germes appartenant aux seules femelles expliqueroit assez bien la propagation des pucerons sans l'intervention des mâles.

8.° L'épigénèse, c'est-à-dire la formation partielle et successive du fœtus, système déjà connu d'Aristote et de Galien, a été rappelé par Descartes, Harvey, Turberville Néedham, Muller, etc.; mais surtout par C. V. Wolf, qui l'appela force essentielle (*vis essentialis*). C'est à peu près ce que soutiennent des physiologistes de ce siècle, sous le nom de *nisus formativus*, effort organisant, de principe vital, etc.; tels sont Blumenbach, Barthez et plusieurs autres. Les formes plastiques de Cudworth sont analogues à cette opinion, de même que l'attraction des parties et la superstructure des organes admise par Maupertuis.

Comme les organes ne deviennent visibles que lorsqu'ils ont acquis de la consistance et de l'opacité, ils paroissent se composer les uns après les autres. Ainsi le cœur, ou le point saillant (*punctum saliens*) devient visible le premier ainsi que l'épine dorsale, puis les grosses artères et les veines, les nerfs, les muscles, les os, enfin les membranes. Mais la nature a jeté ses œuvres en moule, d'un seul jet; ce qu'on reconnoît à la parfaite symétrie et aux forces antagonistes des diverses parties du corps : une pareille correspondance ne pouvant s'établir que par un effort unique. Chaque organe est tellement approprié à tous les autres, et lié par tant de sympathies, qu'il ne se forme qu'un être individuel.

Toute partie du même corps participe également au tempérament général ; la moindre fibre est intimement incorporée à ce seul individu, à son genre, à son sexe, à son âge, à ses habitudes ; elle vit de sa vie générale, elle concourt au même but avec toutes les autres ; enfin l'individu est unique, ce qui seroit impossible, si chaque corps étoit formé de pièces rapportées à plusieurs reprises et sans une puissance qui agisse de concert et partout à la fois.

La structure des parties par l'attraction est une suite naturelle du système de l'épigénèse ; suivant Maupertuis et quelques autres modernes, les molécules capables de s'organiser sont attirées vers un centre ; par exemple, le nez attire les deux yeux, la main attire les doigts, le corps attire les bras et les jambes, à peu près comme les molécules d'un sel dissoutes dans une liqueur, viennent se disposer en cristaux réguliers autour d'un même noyau. L'on a bientôt regardé la génération d'un animal comme une véritable cristallisation des molécules spermatiques, suivant un ordre organique ; tandis que les molécules salines se disposent dans un ordre géométrique.

D'ailleurs on démontre facilement que la formation successive du fœtus ne peut avoir lieu par apposition, ou superposition d'organes. Il y a un enchevêtrement manifeste des deux moitiés du corps. Ainsi, à commencer par le cerveau, les nerfs optiques s'entre-croisent ; cette décussation est très-visible dans les poissons ; les deux hémisphères s'unissent par le corps calleux ou mésolobe ; le croisement des fibres nerveuses paroît bien prouvé par le phenomène des paralysies et hémiplégies qui surviennent du côté du cerveau opposé à celui qui a reçu un choc ou une compression.

Et quand même les parties doubles et symétriques du corps pourroient s'entre-croiser, il y a des organes essentiels qui ne sont jamais symétriques, tels que tout le canal intestinal et les viscères abdominaux, le foie, la rate, le pancréas, etc. Il y a des os impairs, comme le vomer, etc., qui ne paroissent nullement susceptibles de ce mode de structure, par réunion ou attraction.

L'énorme difficulté de comprendre la formation du fœtus a fait reculer indéfiniment ce phénomène jusqu'à l'origine des choses, par d'autres physiologistes.

9.° Bonnet, Spallanzani et les écoles d'Italie ont suivi l'opinion qu'il y a des germes préexistans et créés depuis le commencement du monde, mais emboîtés les uns dans les autres et se développant successivement.

On a cité un singulier exemple de cet emboîtement dans une dissertation de Ch. J. Aug. Otto, *de fœtu puerperâ seu de fœtu in fœtu*, *epistola*, Weissenfels, 1748, *in-4.°* Ce fœtus femelle en contenoit un autre, mais cet exemple ne prouve autre chose sinon que c'étoit une monstruosité, comme on voit quelquefois un œuf dans un œuf, un citron dans un citron.

En adoptant d'ailleurs cette opinion de l'emboîtement des germes et de leur existence antérieure à l'acte de la génération, il s'ensuit que Eve a dû posséder tous les germes des hommes nés et à naître sur la terre, jusqu'à la consommation des siècles; il en est de même pour chaque espèce d'animaux et de plantes. Tel est le système de l'*évolution*. Cet emboîtement suppose la division de la matière à l'infini; car non-seulement il faut compter tous les germes qui se développent successivement, mais tous ceux qui avortent, ou qui ne se développent pas, ou qui périssent avant de se reproduire, avec toute la suite des générations qu'ils auraient dû produire. Une seule plante de tabac ou de pavot, par exemple, donne, chaque année, trois à quatre mille graines assez petites; or, il faut admettre, dans cette hypothèse, que chacune de ces graines contient non-seulement toutes les parties de la plante qu'elle doit produire, mais encore les graines qui en sortiront, puis les générations de ces graines jusqu'à la fin du monde, en sorte qu'il faut multiplier, pour ainsi dire, l'infini par l'infini, et que l'univers seroit bientôt trop borné pour contenir tant de germes. Tels sont les résultats où conduit cette opinion, dans laquelle on ne peut d'ailleurs expliquer, ni les monstruosités, ni les mulets et métis.

10.° Une autre hypothèse qui se rapproche de celle des molécules organiques et de la préexistence des germes, est celle de la *panspermie*, dont nous avons fait mention précédemment. Elle suppose que toute la nature est remplie de germes, ou d'élémens imperceptibles, propres à former quelque être que ce soit. Ces germes reçus dans les corps vivans par les alimens, par l'air, l'eau, la terre, etc., s'assimilent en leur substance, passent dans leurs semences et y deviennent capables de reproduire le même être que celui dans lequel ils se sont assimilés. En passant dans d'autres êtres, ces germes se moulent sur leur forme, et abandonnent celle qu'ils avoient reçue antérieurement. Ainsi toute matière, placée dans des circonstances convenables, devient capable de produire un être; la nature entière n'est que semence et génération.

11.° Pythagore, Timée de Locres admettaient que la génération s'opérait par des nombres ou rapports harmoniques; suivant Platon, les idées sont les principes des formes de tous les corps; tous les êtres sont organisés d'après un modèle archétype ou idéal, et suivant une proportion ternaire et symétrique. Cette harmonie triangulaire est l'image mystérieuse de celui qui engendre, de celui dans lequel on engendre et de celui qui est engendré. Le monde est l'animal prototype de tous les autres, et de lui émanent toutes les existences.

12.° La chaleur et le froid suffisoient, selon Parménide, pour former de nouveaux êtres; les mâles sont conçus dans la région droite de la matrice, et les femelles dans la région gauche. Empédocle regardant la formation de nouveaux êtres et leur destruction, comme le mélange et la séparation des élémens, prétendoit qu'il n'y avoit aucune génération véritable. L'humidité ou l'eau élémentaire étoit, selon Thalès, le principe de la génération.

13.° Stahl a pensé que l'âme avoit le pouvoir de créer et d'organiser le fœtus, et Van-Helmont admettoit un esprit formateur, une *idée séminale* dans la matrice : ils expliquoient les taches de naissance par les émotions de l'âme. Selon ces auteurs, le sperme seroit, en quelque sorte, une liqueur vivante, transmettant l'âme et les qualités morales et physiques du père au fœtus.

14.° Ensuite la génération des gemmipares ou par bouture a fait penser que le fœtus appartenoit à la femelle, dont il n'étoit en quelque sorte qu'une émanation.

Telles sont à peu près toutes les opinions des hommes sur le mystère de la génération ; *et Mundum tradidit disputationibus eorum*, et Dieu a livré le Monde à leurs vaines disputes. Cependant plusieurs de ces systèmes ne sont pas dépourvus de génie ; mais leur insuffisance étant reconnue, il sera plus raisonnable d'exposer simplement les faits et d'en tirer les observations les plus sûres, que de s'attacher à quelque opinion, ou de supposer quelque hypothèse que ce soit.

Premièrement, on s'est convaincu par l'observation que tous les corps animaux et végétaux étoient organisés; qu'ils jouissoient de la vie; qu'ils pouvoient s'accroître, se nourrir par intussusception, se reproduire et mourir : nous en avons exposé les preuves à l'article des CORPS ORGANISÉS dans ce Nouveau Dictionnaire d'Histoire naturelle. Leur mort ne les confond point avec les matières brutes qui ne meurent point, parce qu'elles n'ont jamais vécu; mais c'est un passage à une nouvelle vie, un état de sommeil ou de repos pendant lequel se préparent ou s'opèrent de nouvelles transformations. Les corps morts servent d'alimens aux corps vivans, ils rentrent dans le domaine de l'organisation, tandis que les matières brutes y demeurent toujours étrangères. Une substance organisée ne peut se nourrir que des matières capables d'organisation. (*V.* les mots ALIMENS, NUTRITION.) Il y a donc dans la nature deux sortes de substances ; la masse des substances brutes et les corps organisés, comme nous l'avons dit ci-devant.

Or la matière organisée, tantôt vivante en moins, ce que nous appelons *mort*, tantôt vivante en plus, ce que nous nommons *vie*, diffère essentiellement des matières brutes. Les substances organisées sont toujours actives, toujours plus ou moins vivantes, toujours capables de transformations; elles composent le tissu des corps végétaux et animaux, elles les accroissent par la nutrition, elles s'en séparent par les sécrétions, elles se divisent et se dispersent par la mort, et se réunissent par la génération. Toutes retournent à tout ce qui vit; rien de ce qui est organisé ne se désorganise pour jamais. Le bois qu'on brûle fournit des cendres, de la fumée, de l'acide carbonique en gaz, des matières fuligineuses, qui rentrent dans la végétation. Le feuillage des plantes décompose l'acide carbonique dans l'eau, les cendres et la suie servent d'engrais, etc. Un animal mort, une charogne qui se pourrit, rendent leurs principes à la nature, qui les reporte à la vie végétale ou animale.

Cette matière, perpétuellement active et vivante, est mise en œuvre par deux forces principales, l'une qui la réunit en corps, c'est la nutrition ou l'accroissement et la génération ; l'autre qui la sépare et la subdivise, c'est la destruction ou la mort, et l'excrétion ou le décroissement. La première est la force de vie, la seconde est la puissance de mort; ce sont de perpétuels antagonistes, qui se contre-balancent sans s'anéantir. Toute plante et tout animal s'accroît, se nourrit et engendre : voilà la loi de vie; toute plante et tout animal décroît, se détruit et sert à de nouvelles transformations : voilà la puissance de mort.

Cependant la loi de la vie formant des assemblages de matière organisée, constitue des corps individuels, et tend sans cesse à les conserver, à les perpétuer; l'individu cherche à se soustraire à la mort par la nutrition, l'espèce tend à se perpétuer par la génération; de sorte que la reproduction est pour chaque espèce, ce que la nutrition est pour chaque plante ou animal. La génération est pour ainsi dire l'aliment de l'espèce comme la nutrition, est une génération continuelle pour chaque individu ; ces deux fonctions coïncident toujours entre elles; l'abondance des nourritures augmente la population des hommes et des animaux : c'est pourquoi les zones chaudes de la terre sont plus peuplées que les régions froides; les espèces qui croissent promptement, parce qu'elles assimilent en leur propre corps beaucoup d'alimens, sont aussi les plus fécondes ; tels sont les quadrupèdes rongeurs, plusieurs oiseaux et reptiles, les poissons, les coquillages, les insectes, les zoophytes et la plupart des plantes. La fécondité est toujours en rapport avec la puissance assimilatrice ou la nutrition des corps organisés ; par exemple, un polype qui mange beaucoup, un arbre qui reçoit une séve abondante, grandissent et se développent à proportion ; ils poussent de nombreux rejetons, qui, séparés de la tige primitive, jouissent de leur propre vie, et composent un nouvel individu ; voilà donc une reproduction sans génération proprement dite, mais opérée par l'abondance de la nutrition. Il y a donc la plus grande analogie entre la propagation et la nutrition. C'est un fait d'observation journalière, que l'abstinence diminue la force générative, *sine Cerere et Baccho friget Venus* ; que l'abondance la réveille ; que les années de disette sont toujours marquées par la diminution, ou celles de prospérité par l'augmentation des naissances humaines. Si la nutrition abondante s'applique à l'individu seul, comme dans les personnes très-grasses, leur fécondité est presque nulle par cette raison ; au contraire les individus maigres qui mangent beaucoup sont aussi très-féconds, parce que leur substance nutritive se porte surtout aux organes sexuels. Le chyle alimentaire préparé par la digestion est une sorte de mucosité très-analogue à la matière du sperme et aux humeurs dont sont composés le fœtus ou l'œuf d'un animal, et la graine d'une plante. Se nourrir, c'est produire de nouvelles chairs, de nouvelles humeurs, de nouvelles fibres, et les ajouter aux anciennes ; engendrer, c'est aussi former des humeurs, des fibres, des chairs nouvelles ; la différence n'est que du plus au moins. La nutrition est une assimilation à l'individu, et la génération une assimilation à l'espèce. Il n'y a guère d'autre différence entre le sperme et la substance nutritive pure, que celle du degré d'activité et d'exaltation : l'un peut s'organiser en un nouvel être dans un lieu convenable ; la seconde s'organise de même dans chaque partie d'un animal ou d'une plante. La génération est en quelque sorte une nutrition primitive, comme la nutrition ordinaire est une espèce de génération partielle dans chaque organe du corps ; par exemple, une pince d'écrevisse, une queue de lézard, une patte de salamandre, une tête de ver, amputées ou détruites, se régénèrent par la seule nutrition, comme une branche coupée qui repousse ; voilà donc une nouvelle formation, une pince, une patte, une tête, reproduites sur des modèles qui n'existent plus dans leur lieu ; c'est une véritable génération faite par nutrition. Ces deux fonctions sont ainsi très-ressemblantes entre elles, et dépendent également de la force de la vie ; engendrer et se nourrir sont à peu près la même fonction, dont l'une s'applique à l'espèce, l'autre à l'individu.

C'est aussi à l'époque où la croissance est achevée dans l'individu, que commence la fonction générative dans les animaux et les plantes, et lorsque le décroissement de la vieillesse abat la force nutritive et assimilatrice, la génération s'éteint par la même cause. Dans la jeunesse, la plante et l'animal se nourrissent abondamment, mais tout s'applique à l'individu pour le fortifier. Il faut donc que la matière nutritive puisse être distraite de l'emploi auquel elle est destinée, pour servir à former un nouvel individu; c'est une matière nutritive plus élaborée, plus vivifiée, plus exaltée, qui compose le sperme et les humeurs de l'œuf ou de la graine encore jeunes.

Tout corps organisé commence son existence dans un état de gelée muqueuse très-analogue à l'état de la matière nutritive élaborée. L'œuf récent, la graine non mûre du végétal, les tendres linéamens du fœtus, sont d'abord une sorte de mucosité presque inanimée, existant dans la mère ou la femelle, et qui a besoin d'être excitée par la force vitale du père, par l'acte de la fécondation. (*Consultez* aussi les mots Fœtus, Embryon.) Ensuite le jeune animal, la nouvelle plante prennent plus de consistance à mesure qu'ils s'accroissent et se fortifient, de sorte que le commencement de la vie est humide et sa fin est aride. L'accroissement est d'autant plus rapide et plus grand, que la mollesse des parties est plus considérable; aussi les premiers momens de la vie sont remarquables par la force et la promptitude de l'accroissement, tandis qu'il devient successivement plus lent à mesure qu'on avance en âge, et cesse enfin entièrement après l'époque de la puberté, soit dans les plantes, soit dans les animaux. *V.* le mot Accroissement.

Cette puissance de vie qui donne les premières formes à la substance de l'embryon végétal et animal, ou au germe, qui le fait croître et reproduire ensuite, est une force inhérente à la matière organisée; et celle-ci diffère, comme nous l'avons vu, de la matière brute. C'est donc une propriété généralement répandue dans les corps organisés, une espèce de gravitation vitale qui fait que chacun d'eux tend à la vie. Celle-ci n'appartient point à chaque individu, elle y est seulement déposée pendant la durée de son existence; elle se transmet par la génération d'être en être; elle passe d'individus en individus par la nutrition; elle circule et voyage sans cesse: notre vie dépend de la nourriture que nous prenons, de celle que nous avons reçue, de la faculté que nous ont transmise nos pères; nous n'avons donc rien en propre;

nous dépendons de tout ce qui nous environne, nous recevons notre existence de diverses parties de la nature, de l'air, de la chaleur, de l'aliment, etc. Un exemple manifeste démontre que la puissance vitale se transmet ainsi du père au jeune individu ou à l'embryon naissant. Un œuf de grenouille, ou de poule, non féconds, contiennent déjà tous les linéamens de l'animal qui doit en naître. Spallanzani a vu, au microscope, le jeune têtard dans celui de la grenouille : Haller a remarqué dans l'œuf de la poule, la membrane du jaune qui doit servir à la formation du poulet. Que manque-t-il donc à ces jeunes êtres? l'excitation vitale du père. En vain, si elle manque, vous tiendrez ce frai, ces œufs à une douce chaleur pour les couver, les faire éclore : au lieu d'un individu animé, vous n'en retirerez qu'une horrible putréfaction.

L'on dit qu'autrefois Phidias ayant sculpté, dans Athènes, une magnifique statue de Minerve, d'un grand nombre de pièces d'ivoire, les rattacha toutes habilement à un seul lieu du bouclier de cette déesse où l'artiste avoit sculpté son propre portrait. Ce travail étoit fait avec un art tellement merveilleux que si l'envie eût voulu détruire ce portrait, tous les ressorts qui retenoient ensemble les parties de la statue se seroient brisés et elle seroit tombée en mille pièces. Voilà l'exemple de la vie qui anime le nouvel embryon. Aussitôt que le mâle lui imprime son cachet, et qu'il tend les ressorts qui retiennent en un centre toutes les parties de l'individu, la machine organique montée, subsiste, s'accroît et vit. Si elle est privée de ce mouvement centralisant qui rassemble toutes ses facultés en une sorte de tourbillon actif et unique, les diverses parties se détraquent, se séparent, divergent en tous sens, et se décomposent ou se putréfient. Telle est donc la différence entre l'œuf fécond et l'œuf non fécondé.

Il n'y a qu'une seule génération primitive dans l'univers, c'est la création de la matière vivante et organisée par la main de l'Être suprême. Ce que nous appelons *génération*, n'est qu'une émanation éternelle de cette source, une continuation de l'arrangement de chaque espèce organisée, une perpétuité de la force vitale. Il n'y a point de véritable génération aujourd'hui, ce n'est qu'une suite de ce qui a été prescrit à l'origine des âges : nous ne voyons que des modifications successives et toujours semblables dans le même ordre de matières. Chaque individu se reproduit parce qu'il a été produit lui-même ; la vie donne aux corps organisés une tendance à se régénérer, comme la gravitation donne à la matière une tendance à s'approcher du centre de la terre. La matière organisée vit en général dans les individus qui sont composés d'elle. Ils n'ont pas d'existence isolée, indépendante ; ils sont toujours sous la main de la nature, qui les transforme à son gré, de sorte que la génération et la nutrition ne sont que le passage d'un état de vie à un autre état de vie. Ce sont les portes par lesquelles passe sans cesse toute matière organisée. Celle-ci subsiste toujours, elle est toujours la même dans son essence, toujours invariable dans ses actions ; c'est le propre de sa nature d'être assujettie à de continuelles modifications, qui s'opèrent suivant un ordre constant et régulier. La mort sert à la vie ; pour vivre, il faut détruire ; mais ce que nous appelons *mort*, n'est qu'un sommeil passager de la matière vivante, une pause de la nature ; il n'y a point d'anéantissement complet de la vie, mais bien des états d'exaltation et d'abaissement ; ainsi la vie végétale est moins exaltée que la vie animale, et la vie d'un ver l'est moins aussi que celle d'un homme. Il s'établit des oscillations perpétuelles qui ramènent toujours tout à un niveau général, qui est la mort ; c'est là que la matière organisée et vivante de l'homme perd sa supériorité sur celle de la plante ou du ver de terre ; c'est là qu'elle rentre dans la commune égalité que la nature a établie sur tout ce qui végète et respire. De même que la vie d'un insecte est une espèce de mort, par rapport à la vie de l'homme ; celle de la plante est aussi une sorte de mort eu égard à la vie de l'insecte ; de sorte qu'on descend graduellement de la plus grande exaltation vitale, jusqu'à la plus petite, que nous appelons *mort*. Celle-ci n'est donc qu'un *minimum* de vie. Et pour prouver qu'un corps mort n'est pas entièrement privé de la vie, c'est qu'il est capable de soutenir et de fortifier celle des êtres animés, en leur servant de nourriture, puisque tout ce qui existe ne peut se nourrir que de matières mortes, et extraire sa vie des cadavres des animaux ou des plantes.

Or, si la force vitale réside en général dans la matière organisée, il n'y a donc point de génération, mais bien des transformations d'êtres, et des continuations. Une tige de blé produit sa graine, qui s'élève à son tour en une nouvelle tige, et qui donne naissance à d'autres ; voilà donc une superposition, un prolongement de la même tige jusqu'à l'infini ; car on conçoit que la nature eût pu ne produire dans le monde qu'une seule tige de blé qui se seroit accrue, exhaussée, multipliée de toutes celles qui en sont nées par la suite et qui en naîtront un jour ; de sorte qu'un seul pied auroit porté à la fois toutes les générations successives qui en doivent sortir. Mais, en réunissant ainsi dans un seul individu une espèce toute entière, quelque nombreuse qu'elle soit, la masse eût été trop considérable, elle se seroit augmentée à l'infini, et eût absorbé toute la matière vivante des autres espèces. Par exemple, si nous reconnoissons avec les livres saints, qu'Adam et Eve aient été la première tige du genre humain, et que, ne pouvant jamais mourir, ils aient toujours subsisté, de même que leurs enfans, et tous les descendans de leur postérité, la terre seroit couverte aujourd'hui d'autant d'hommes qu'il y a de grains de sable au bord de la mer. Comment eût subsisté cette épouvantable masse de population? Elle eût tari les mers et dévoré tout ce qui existe; enfin n'ayant plus rien à manger, et par cette raison ne pouvant plus se reproduire ni mourir, le genre humain eût été dans un état d'immobilité, approchant de celui des corps bruts. Si l'on suppose que la nature ait ordonné la même chose de chaque espèce d'animal et de plante, il est évident que nul d'entre eux n'eût pu se nourrir, puisque tous étant immortels, n'auroient produit aucune substance alimentaire aux autres espèces, et aucun d'eux n'auroit pu engendrer, puisqu'il n'auroit pas trouvé à se nourrir. La nature vivante tomberoit donc dans l'immobilité, parce que chaque matière se présenteroit un mutuel obstacle d'une égale résistance. Sans la destruction il n'y auroit donc point de génération; c'est la mort qui dégorge les embarras de la nature; c'est elle qui fait circuler librement la force vitale dans l'univers.

Cette puissance de vie n'est point dans l'individu en particulier, mais dans l'espèce et dans la matière organisée en général. Les individus ne la reçoivent que momentanément; ils n'en jouissent que pour la transférer à d'autres; de sorte que chaque animal et chaque plante ne vivent point par eux-mêmes, mais par la matière organisée, en général, qui possède seule la vie. Ils n'entrent que comme parties intégrantes ou aliquotes dans la somme de la vitalité générale de toute matière organisée. Il est évident qu'un animal, une plante, ont puisé leur existence dans la source vitale de leurs parens, qui en avoient fait de même chez leurs ancêtres, en remontant successivement jusqu'au premier mobile, qui est la création de la matière organisée par la main de l'Être suprême. C'est donc de cette formation originelle que découle le grand fleuve des générations, jusqu'à la consommation des siècles; il charrie sans cesse les mêmes flots de matière organisée, et les transforme continuellement. La génération n'est donc point un phénomène particulier, mais une loi universelle de toute matière organisée; elle dépend surtout du premier mobile, et n'est qu'une suite de l'impulsion primitive, que lui imprima la main puissante du Maître des mondes. Elle ne peut pas être conçue différemment.

Cette impulsion primitive de vie se manifeste dans tout être organisé par deux espèces de gravitation que nous nommons *appétit*, c'est-à-dire tendance vers un but désiré : c'est l'appétit de la nutrition et celui de la génération. Toute plante, tout animal, gravitent vers ces deux points par un effort constant. C'est une qualité inhérente à toute substance organisée, car on n'enseigne à personne ces besoins naturels, ils naissent avec nous ; ainsi la pierre tend sans cesse vers le centre de la terre. C'est une espèce d'amour matériel, qui tend au maintien de l'individu par la nutrition, à la perpétuité de l'espèce par la génération. Ainsi cette impulsion primitive de vie est ce que nous appelons amour, appétit, et ce qu'on observe aussi dans chaque plante et chaque animal. Cette force aspire sans cesse à construire des organes vivans et à les réparer; mais elle est contre-balancée par la puissance de la destruction ou la mort, qui promène son niveau et son sceptre dévastateur sur tout ce qui existe.

La vie individuelle des êtres organisés est toujours graduée comme leur accroissement ; elle est d'abord foible et à peine vivante, ensuite elle se fortifie peu à peu, acquiert la plénitude de ses forces, puis décline, et tombe enfin. C'est une espèce de cercle ou de roue, sur laquelle il y a autant à s'abaisser qu'à s'élever ; et à peine sommes-nous au sommet, que nous aspirons à descendre. Peut-être en est-il de même des espèces, car toutes sont composées d'individus semblables entre eux. Dans le long cours des siècles, l'espèce peut avoir son enfance, sa jeunesse, sa virilité, sa vieillesse, sa décrépitude, et enfin sa mort ; elle a sans doute aussi ses générations et ses mariages. Nous sommes peut-être à l'époque de la vieillesse de l'espèce humaine ; et quelque jour elle s'éteindra, comme ces races de grands animaux inconnus, dont on retrouve encore les dépouilles fossiles dans les contrées les plus sauvages. *V.* la fin de l'article de l'ÉLÉPHANT et ESPÈCE.

L'*amour*, la *génération* et la *vie* sont donc la même chose sous différentes dénominations ; c'est un flambeau que nous passons de main en main à ceux qui nous succèdent, comme nos pères nous l'ont transmis ; nous n'y changeons rien; nous ne pouvons ni l'augmenter ni le diminuer; il ne nous appartient pas en propre.

Nous avons fait remarquer que dans la formation des individus, le feu de la vie s'allume foiblement d'abord, puis s'augmente et se fortifie peu à peu ; de sorte que l'homme commence par un état de végétation, puis monte graduellement à la vitalité qui est due à son rang dans la nature. Tout corps organisé marche successivement de l'obscurité de la mort à la lumière de la vie. Ce n'est, dans le principe, qu'une pulpe inanimée, qui reçoit l'empreinte de la vie, et s'élève ensuite à la plénitude de son existence, par la nutrition et le développement. L'homme commence par la vitalité du polype d'eau douce ; ensuite il prend celle du ver, de l'insecte, du mollusque, du poisson, du reptile, du quadrupède, enfin, celle de son espèce. Il passe par tous ces étages pour arriver à son rang. Chaque espèce d'animal a de même sa vie graduelle, depuis le polype jusqu'à lui. La plante jouit aussi de cette exaltation successive de vitalité, depuis la moisissure, jusqu'au chêne et à la sensitive ; elle passe par tous les états intermédiaires. Le polype ou l'animalcule est donc en quelque sorte le point radical de la vie animale, comme la moisissure ou la plantule est le germe de la vie végétale ; le polype et la plantule sont ainsi les deux élémens de tous les êtres organisés, animaux et végétaux ; ils forment la base radicale de chaque individu. Toute plante tire sa racine de la molécule vitale, comme tout animal est fondé sur sa molécule originelle. *Consultez* le mot ANIMAL et ÉVOLUTION.

A mesure que les animaux et les plantes sont plus imparfaits dans l'échelle de l'organisation, leur fécondité est plus considérable, comme si la nature dédommageoit leur impuissance par leur nombre. Les plantes aquatiques ou amphibies se multiplient plus abondamment en général, que les plantes terrestres ; et les semences des végétaux dégénèrent plutôt dans les lieux humides, que dans les terrains secs. Les plantes annuelles ne peuvent point se propager de boutures, mais seulement de semences ; au contraire, les plantes bulbeuses, multipliées long-temps par leurs bulbes, sont plus disposées à se propager de cette manière, que par des graines ; il semble que la génération prenne ainsi le chemin qu'on lui a montré. On prétend de même qu'une jument qui a produit un mulet, et qui porte ensuite un poulain, communique à ce produit une certaine analogie avec le mulet : de sorte qu'il sembleroit que la faculté formatrice de la mère ait été viciée, et conservât encore une réminiscence de l'empreinte éprouvée à l'époque de la conception du mulet, comme l'assure Van-Helmont. Toutefois ce fait est contesté par le savant Huzard.

§ VII. *Des Altérations de la fonction génitale et reproductrice, ou des Monstruosités et mélanges de races.*

On reconnoît combien les parens influent sur le produit de la génération. Par exemple, la force vitale, la durée de la vie, le tempérament, la forme, les dégénérescences, et beaucoup d'autres maladies sont héréditaires. Ce sont des contrariétés vicieuses de la puissance de vie ; mais celle-ci ressaisit tôt ou tard son empire lorsqu'on ne la déforme plus ; elle remonte à son niveau, et reprend toujours sa régularité. Depuis plusieurs milliers d'années, les Juifs, les Musulmans se circoncisent, et pourtant naissent toujours avec un prépuce. Les grenouilles et salamandres engendrent des têtards avec des branchies, quoique ces pères et mères n'en aient plus. Les maladies qui se transmettent par la génération, sont les affections universelles du corps, et non pas les maladies locales; car un sourd, un aveugle, un boiteux, un bossu, un manchot, communiquent rarement leurs vices corporels à leurs descendans: mais les épileptiques, les goutteux, les calculeux, les hypocondriaques, etc., sont sujets à perpétuer leurs maladies dans leur famille. Il en est de même de la constitution forte ou foible des parens, de leur tempérament, etc. Les animaux nés de parens âgés, deviennent foibles, vieux et languissans de bonne heure, parce qu'ils n'ont reçu qu'une vie pour ainsi dire usée et défaillante. Il n'en est pas de même dans les végétaux. Au reste, les ressemblances des enfans aux parens se transmettent, de même que les tempéramens et les caractères héréditaires; mais ces ressemblances sont plus prononcées, à mesure que l'amour et la vigueur de la puissance générative ont été plus considérables; et comme les animaux suivent mieux la nature que les hommes, leurs productions sont plus semblables à eux, que les enfans à leurs parens. En effet, l'homme et la femme ne se livrent souvent au coït, qu'en excitant la nature et en abusant de leurs forces; ils songent plus fréquemment à satisfaire leurs désirs qu'à produire des enfans sains et robustes; d'où il suit que le but de la nature est négligé pour le plaisir. Il n'est donc pas étonnant qu'il se forme souvent des productions vicieuses et mal configurées; en outre, l'irrégularité du genre de vie, les passions, la mollesse, l'affoiblissement, les maladies troublent beaucoup la grossesse, et influent sur le fruit. Les animaux domestiques, qui participent d'un genre de vie si opposé à l'état naturel, sont encore assujettis à des irrégularités dans la génération. Les monstruosités deviennent aussi plus communes, par la même raison, dans l'espèce humaine et dans les races d'animaux domestiques, que parmi les espèces qui vivent suivant les lois de la simple nature.

La foiblesse des semences, effet de l'abus des plaisirs d'amour, peut donner naissance à des produits imparfaits; à des faux germes, à des *môles*, espèce de masse de chair informe, contenant pour l'ordinaire des rudimens d'organes et de membres, qui peut rester dans la matrice pendant longtemps, et même s'y endurcir. En effet, la nature ne pouvant rien engendrer de plus que des organes imparfaits, à cause de la foiblesse des semences, aspire néanmoins à les perfectionner, à leur donner la vie, et emploie un temps beaucoup plus long que celui des grossesses ordinaires, car on a vu des môles subsister pendant toute la vie de celle qui les a conçues. Les femelles qui ont porté des môles, ou produit des individus monstrueux, conservent quelquefois la propriété d'engendrer des môles ou des monstres par l'habitude que leurs organes ont contractée. Les personnes que la crainte du déshonneur n'a pu défendre assez d'une séduction, produisent des môles, lorsque le chagrin et le secret désir d'avorter, affoiblissent l'effet de l'imprégnation; car elles ne se forment jamais sans une fécondation antérieure; elles sont toujours le produit d'une conception manquée. *V.* Môle.

Mais il y a de véritables monstres de plusieurs sortes, ou par excès, comme des enfans à deux têtes, à quatre bras, etc., ou par défaut, comme des fœtus sans jambes, sans parties sexuelles, etc., ou par transposition de parties, ou par altération des formes. Lorsque deux germes se développant ensemble dans la même matrice, s'y trouvent trop resserrés, ils peuvent se souder l'un à l'autre, et s'ils gênent mutuellement le développement de leurs parties accollées, ils seront plus ou moins imparfaits; c'est ainsi que des œufs contenant deux jaunes, produisent des poulets à quatre pattes et quatre ailes; on voit de même des fruits se coller l'un à l'autre, lorsqu'ils naissent trop voisins, et les animaux qui engendrent plusieurs petits à chaque portée, sont plus souvent exposés à produire cette sorte de monstruosité, que les animaux qui ne mettent bas ordinairement qu'un petit. Les monstres, par surabondance de parties, comme les hommes qui naissent avec six doigts à chaque main, et qui peuvent reproduire cette difformité dans leurs enfans, ne la doivent qu'à un surcroît de la matière qui a servi à leur formation; il en est de même des individus qui naissent avec deux rates, ou trois et même quatre testicules; des boucs à quatre cornes, des fleurs de quatre pétales qui en prennent cinq, six ou huit, etc.

Les monstruosités par défaut sont dues à une cause toute contraire, car on trouve des individus qui n'ont qu'un rein, qui manquent d'un ou plusieurs doigts, d'un œil; et d'autres dont les membres sont oblitérés, raccourcis: la matière ayant manqué. Cependant, le cœur, l'estomac et les organes principaux existent toujours; mais les animaux privés de quelques parties, comme les chiens sans oreilles et sans queue, engendrent des individus le plus souvent complets, s'ils sont vigoureux; et quelquefois mutilés comme eux, lorsqu'ils sont foibles, exténués, et lorsque leur mutilation a été répétée pendant plusieurs générations.

Indépendamment de ces causes ordinaires, il en est de plus singulières et de plus profondes, puisqu'il se forme des monstres dont les traits offrent un mélange hideux et désordonné. De même que les pâles-couleurs ou la chlorose inspire aux jeunes filles des appétits extravagans, leur fait avaler des cheveux, de la cire à cacheter, du plâtre, du charbon, etc., ainsi certaines affections de la matrice, surtout l'hystérie, développent dans cet organe des émotions extraordinaires, et lorsqu'il a conçu à cette époque, il peut former des figures bizarres et monstrueuses. En effet, ces femmes ardentes et superstitieuses, ces vaporeuses sombres qui, oppressées du cauchemar pendant la nuit, s'imaginent recevoir les embrassemens d'un démon incube, ces prétendues possédées, ces sorcières, troublant sans cesse, par leur imagination blessée, le travail de la grossesse, agitant par de fréquentes secousses les forces vitales concentrées dans la matrice, empêchent la formation régulière du fœtus, engendrent souvent des monstres. Tant que cet arrangement s'opère librement, et que chaque partie du corps n'a point la force de rompre l'équilibre de toutes les autres, l'embryon est également composé; mais s'il survient des spasmes imprévus dans l'intérieur de la matrice, si l'ordre est interrompu, ou le développement gêné, comprimé en quelques points par une mauvaise conformation de la mère, le fœtus naîtra imparfait, ou sera difforme. Aussi les femmes d'un caractère trop délicat et trop sensible éprouvent de fréquentes révolutions de matrice, et les hystériques engendrent non-seulement des individus foibles, mais encore quelquefois des monstres. Il en est qui ont les viscères transposés, comme le foie à gauche, la rate à droite; ils doivent sans doute ce renversement à quelques émotions intimes éprouvées par leur mère, vers l'époque de la conception. C'est à de pareils troubles génitaux, plutôt qu'à l'imagination maternelle, que doivent leur origine, les taches de naissance et les signes, les envies prétendues, marquées en naissant sur la peau de plusieurs personnes. De plus grands troubles sont capables de déplacer même les membres; par exemple, de mettre un bras en place de la jambe. Le dérangement d'une seule partie oblige toutes les autres à changer plus ou moins de lieu. C'est ainsi que des compressions exercées sur des parties encore molles et flexibles, des dilatations et plusieurs autres causes mécaniques altèrent la forme naturelle des embryons et les rendent monstrueux. Des passions vives, comme la colère, la frayeur, l'amour trompé, le désespoir d'une mère, peuvent aussi contribuer à la difformité de son fruit; et si les animaux, en général, produisent moins de monstruosités que notre espèce, c'est qu'une vie plus uniforme, des passions plus tempérées ne leur impriment point de fortes secousses. Aussi les bonnes mères, les paysannes robustes et saines, engendrent des enfans bien conformés, et ne font presque jamais de monstres, parce qu'elles suivent mieux les lois naturelles que les femmes trop délicates des grandes villes. A mesure qu'on s'écarte davantage de la nature, on obtient des produits moins naturels, ou plus difformes.

Dans les âges de superstition, la naissance d'un individu monstrueux passoit pour la preuve d'un commerce exécrable avec les enfers, ou pour un signe de la colère céleste; le supplice du feu pouvoit seul expier un si grand crime aux yeux des peuples.

C'est en effet de l'harmonie vénérienne et du concours volontaire des sexes, que résulte la bonne conformation des individus; car ces jouissances désavouées par le cœur, ces voluptés arrachées par la crainte ou la violence sont stériles, ou ne produisent que des êtres difformes, qui portent l'empreinte de la haine ou de la discorde de ceux qui les ont engendrés. Tels sont quelquefois les mélanges adultères de diverses espèces d'animaux, puisque ces unions ne sont jamais commandées par la nature. Et les ressemblances des enfans à leurs parens dépendent également de cette concorde des semences et de l'activité de leurs parties, qui conservent leur figure originelle; mais le défaut d'énergie des semences produit des individus dégénérés, et qui ne conservent presque aucun des traits de leurs parens. C'est ainsi que les animaux domestiques ayant moins de vigueur que leurs espèces sauvages, engendrent des variétés, comme nous en voyons naître parmi les chiens, les oiseaux de basse-cour, etc. Ces races différentes de leur tige originelle par les couleurs, les proportions, la taille, sont déjà des demi-monstruosités qu'il seroit facile de détériorer encore en affoiblissant le caractère de leur espèce par des nourritures et un genre de vie affoiblissans. Les animaux qui produisent un grand nombre de petits, chaque portée, donnent naissance à beaucoup de variétés, tandis que les espèces unipares ont plus de fixité dans leurs formes; tels sont surtout les grands animaux. C'est ainsi que le cheval, l'âne, le bœuf, le chameau, l'éléphant, qui ne produisent guère qu'un petit à la fois, éprouvent peu de variétés dans leurs espèces; elles sont comme isolées dans leurs genres, et il est rare qu'elles forment des monstruosités; mais les espèces multipares, telles que le chien, le chat, les rats et les souris, les lapins et les lièvres donnent naissance à une multitude de races et de variétés collatérales de leurs espèces. Cette altération de leurs types primitifs dépend du peu de stabilité de l'équilibre de leurs organes; elle résulte du grand nombre d'individus formés à la fois dans la même matrice; il semble que les forces de la nature occupées à construire plusieurs individus à la fois, donnent moins de perfection à chacun d'eux. Aussi ces animaux mettent bas des petits beaucoup moins achevés que les espèces unipares; ainsi, les petits des chiens et des chats ont les yeux clos et les membres très-délicats dans les premiers jours de leur naissance, tandis que le poulain, l'ânon, le chevreau, se dressent sur leurs pieds, et peuvent déjà marcher, presque en sortant du sein de leur mère.

D'ailleurs, le grand nombre des fœtus renfermés dans la même matrice, nuit au développement de chacun d'eux; ils se gênent mutuellement, et cet état de compression peut déformer quelquefois leurs membres, ou souder ensemble deux et même plusieurs embryons; c'est pourquoi les espèces multipares et de menue taille sont plus exposées que toute autre à engendrer des monstres. Si les ovipares sont moins sujets à produire des êtres difformes par le trouble et la confusion des semences, ils peuvent engendrer des monstres par la réunion des embryons; car on voit quelquefois des serpens et des lézards à deux têtes, des poulets à deux corps, des poissons accollés, etc.

Les petites espèces, les races les plus communes et les plus fécondes, engendrant avec facilité et en peu de temps, ont des formes moins fixes, une complexion plus modifiable et plus capable de monstruosités, surtout celles dont le tempérament est mou et humide, comme le cochon, le lapin, tandis que les espèces douées d'un tempérament sec et ferme comme l'âne, le cheval, ont plus de consistance et de stabilité dans la structure de leurs organes; mais ils sont moins féconds, et leur longue gestation permet au fœtus d'acquérir beaucoup de forces.

Ce n'est pas, au reste, que les monstres puissent vivre, se perpétuer et introduire dans la nature de nouvelles espèces; car s'ils ne meurent pas dans le sein où ils se forment, c'est qu'ils y existent d'une vie empruntée à leur mère, et même ne pouvant pas recevoir une existence propre, ils attirent à eux une grande partie de la vie maternelle; c'est pourquoi les femelles qui produisent des monstres, ne sont jamais aussi saines et aussi vigoureuses que celles qui portent des fœtus bien conformés et jouissant de leur vie propre. En effet, la plupart des monstres périssent bientôt après leur sortie de la matrice; car la vie ne peut s'exercer que dans les corps dont toutes les parties disposées par rapport au tout, correspondent à un centre d'action; mais il n'y a ni unité, ni concert d'organes dans les corps monstrueux; leurs parties ne sont point ordonnées par rapport à l'ensemble, et chacune d'elles isolant ses forces, enraye tout mouvement général de vie.

On doit sans doute rapporter à une pareille disparité d'action, les produits informes nés de semences inégales en vigueur ; car le sperme de ceux qui sont dans la fleur de leur âge, n'est pas semblable à celui des individus vieux. Lorsque deux êtres d'un âge opposé s'unissent, il ne s'établit presque aucune harmonie d'amour, c'est pourquoi la conception n'a pas lieu, ou elle engendre des êtres imparfaits, des monstruosités. Les semences les plus profitables pour une parfaite génération, sont celles des âges pareils, et qui aspirent le plus à se conjoindre : car le sperme du vieillard peut, en quelque sorte, faire vieillir un jeune organe femelle, de même que le jeune homme se flétrit bientôt avec une femme âgée ; aussi l'amour ne rétrograde jamais, et il tend plutôt à la jeunesse qu'à la vieillesse.

Les monstres tiennent toujours du genre voisin de leur origine, et se rapportent rarement à des genres trop éloignés ; ainsi les difformités des fœtus humains ont plutôt des rapports avec la forme des singes et des quadrupèdes, qu'avec celle des oiseaux ou des poissons ; mais les monstruosités forment toujours des imperfections et non des perfections ; il semble que les écarts de la nature ne soient qu'une propension à tomber dans un règne inférieur. Les organes les plus superficiles et les plus délicats, se forment les derniers dans la génération, et s'altèrent plus facilement que tous les autres ; car les parties principales, les viscères intérieurs participent rarement aux monstruosités ; elles se forment plutôt dans les membres et les parties extérieures qui sont aussi plus exposées que toute autre aux chocs et aux altérations.

En croisant les races des animaux, on obtient des individus plus robustes, on ennoblit l'espèce, et l'on augmente le nombre des mâles ; ce qui indique toujours une plus grande vigueur dans la puissance générative. Parmi les plantes dioïques, telles que le chanvre, les individus mâles sont, en général, moins nombreux d'un tiers que les femelles, comme nous l'avons observé. Ils sont aussi moins forts et moins élevés dans leur taille.

On a prétendu que la somme de l'aberration des variétés parmi les animaux étoit en raison directe du nombre des petits ; cependant il y a des exceptions remarquables, car l'homme, par exemple, qui ne produit qu'un ou deux petits à la fois, est pourtant exposé à de nombreuses variations sur toute la terre ; mais la diversité des températures et des climats, et surtout du genre de vie, en est la principale cause.

Les marques de naissance (*nævi*) ont été attribuées à l'imagination maternelle, par le peuple et même par beaucoup de médecins; mais on en trouve ainsi dans les animaux et dans les plantes; or il est impossible d'attribuer ce fait à l'imagination chez ces dernières espèces : il paroît que c'est plutôt un vice de conformation, ou une organisation imparfaite de quelques parties de la peau, et comme les mères sont souvent crédules et superstitieuses, elles attribuent ordinairement ces déformations à des causes imaginaires. *V.* le mot MONSTRE.

Il paroît que dans toutes les espèces d'animaux et de plantes à deux sexes, le mâle influe autant en apparence que la femelle sur le produit de la génération, car on voit que les *métis* participent à peu près également de l'un et de l'autre; cependant, si les influences sont pareilles, elles ne sont pas d'égale force ou de semblable durée. Le parent le plus robuste influe aussi davantage que le plus foible sur la production. Koelreuter a prouvé par de longues expériences sur la fécondation des plantes, qu'on pouvoit faire remonter, par des générations successives, un individu métis à la tige paternelle, si l'on répète, à chaque production, l'aspersion du pollen du mâle; et au contraire, il revient spontanément à la tige maternelle en l'abandonnant à sa propre vie. Il sembleroit donc que la puissance maternelle est active par elle-même, et plus durable que l'influence paternelle; la première semble plus enracinée dans la vie individuelle, et plus essentielle que la seconde. La femelle est le centre de l'espèce, le mâle n'en est que la circonférence; or les organes intérieurs étant les plus importans dans l'économie animale et végétale, les parties extérieures sont principalement régies par la vitalité interne.

Dans les végétaux, les organes sexuels femelles sont situés au centre de la fleur et de la tige; les organes mâles sont placés à la circonférence. L'ingénieux Linnæus disoit que la moelle centrale de la plante donnoit naissance aux graines et au pistil, tandis que la substance ligneuse et corticale formoit les étamines et la corolle. La substance extérieure est ainsi la portion mâle du végétal, et la substance médullaire ou intérieure est la portion femelle. La première entoure la seconde, la nourrit et la vivifie; mais la substance intérieure est la base de l'organisation et le fondement de l'espèce. Il suit de là que dans les métis, la substance corticale appartient au père, et la partie médullaire à la mère; et comme celle-ci est la principale, elle modifie beaucoup l'autre, et parvient enfin à prendre la supériorité. Les influences d'un mâle sur une femelle ne se portent donc qu'à la circonférence de l'individu qui en est le produit, tandis que celles de la femelle tiennent à la partie centrale.

Il paroît que cette loi est semblable dans le *Règne animal*; les métis tiennent plus du père à l'extérieur, et de la mère à l'intérieur. (*V.* l'article Metis.) On a remarqué, selon Linnæus, que les chèvres d'Angora, accouplées avec les boucs poils courts, et les brebis mérinos d'Espagne, à longue laine, avec des beliers à laine grossière, produisoient des individus dont les poils et la laine n'étoient pas aussi soyeux que ceux de leurs mères; au contraire, des boucs d'Angora et des beliers à longue laine ou mérinos, engendrent avec des femelles d'une race commune, des individus à longs poils et à laine soyeuse. Les mâles modifient donc la circonférence, et les femelles influent sur les parties internes. Le dedans appartient à la mère, le dehors au père; les produits participent ainsi des deux sexes, comme on le remarque dans les mulâtres, les métis, etc. Mais la plupart des individus, sortis de deux souches de différentes espèces, ne peuvent pas se reproduire; tels sont les mulets et autres *hybrides*. Cependant les mulets des oiseaux ne sont pas toujours stériles, mais ils rentrent dans l'une de leurs souches originaires par de nouveaux mélanges, et il ne se forme point d'espèces nouvelles; sans cette loi de la nature, le nombre des races, des espèces et des variétés, se multiplieroit à l'infini. D'ailleurs les mariages adultères entre les races d'animaux sont rares et répugnent à tous; il y a même de telles disproportions de forme entre les organes sexuels des diverses espèces, qu'elles ne peuvent point s'accoupler. Seulement les espèces voisines étant à peu près conformées de même, et ayant le même genre de vie, un temps de gestation égal, etc., elles peuvent engendrer ensemble des mulets: c'est ainsi qu'on a surpris des papillons, des coccinelles et d'autres insectes d'espèces différentes, mais voisines, s'accouplant entre elles. Sans doute de là naissent un grand nombre de variétés, comme dans les fleurs nombreuses d'un parterre qui reçoivent le pollen fécondateur de leurs voisines.

Les sexes paroissent produits par une inégalité de forces dans les semences, car où le sperme mâle domine, il engendre des individus mâles; et les femelles sont produites par un excès de force dans le sperme femelle ou dans le germe et l'œuf qu'elle produit. Lorsque les parties séminales de chaque sexe se rencontrent dans une certaine égalité de force, l'une ne pouvant pas surmonter l'autre, disoit Empédocle, elles neutralisent leurs efforts et produisent des êtres imparfaits, des androgynes, des hermaphrodites, dont les deux sexes réunis sont, pour la plupart, incapables d'agir. Aussi ces êtres demeurent foibles; ils n'éprouvent point ou presque point d'amour, parce qu'en eux, le principe mâle et femelle se compensant mutuellement, ils demeurent dans l'équilibre. En effet, plus les principes masculin domine dans un être, plus il aspire à se joindre au principe féminin, et réciproquement ; mais dans l'égalité de ces deux principes, on reste neutre, on demeure indifférent; tout de même que deux impulsions contraires et d'égale force, établissent le repos. C'est ainsi que l'animal et la plante rentrent dans l'indifférence lorsque leur génération est accomplie et que leurs besoins d'amour sont satisfaits. L'extrême jeunesse comme la décrépitude, étant privées des facultés génératives, sont, en quelque manière, de la nature des androgynes, car elles n'appartiennent plus réellement à aucun sexe, et sont entièrement neutres.

On doit considérer les espèces qui se reproduisent de boutures commes des androgynes, c'est-à-dire, comme ayant les deux sexes mélangés et incorporés dans toute leur substance, sans qu'on puisse les distinguer particulièrement. Ceci est d'autant plus vraisemblable, que les mâles des plantes dioïques, les annuelles surtout, ne peuvent pas ordinairement se propager de bouture, tandis que les végétaux, pourvus des deux sexes, se propagent facilement de cette manière. Il paroît donc que les animaux privés de sexes visibles et d'œufs, et qui sont gemmipares, tels que les zoophytes, portent en eux-mêmes les facultés vitales des deux sexes, sans en avoir les organes. La génération semble avoir besoin de ces doubles modifications vitales pour former un nouvel être.

Les parties femelles des animaux et des plantes offrent presque toujours, dans leur ovaire, avant l'acte de la fécondation, une matière plus ou moins organisée, qui est destinée à produire le nouvel individu ; mais elle ne peut pas se développer et exister de sa propre vie, avant que le sexe mâle lui ait communiqué une portion de la sienne, en même temps que la femelle en fournit aussi une portion. Le jeune animal ou la plante nouvelle reçoivent de leur mère seule, la matière qui les compose, et des deux sexes, la vie qui les anime. Il semble que le sperme et l'amour qu'il contient, pour ainsi dire, soient doués d'une *faculte structrice* qui imprègne la matière fournie par la mère, lui communique une impulsion vitale, monte ses ressorts; de même qu'une horloge est remontée par la main de l'homme. Le sperme imprime sur le jeune embryon encore extrêmement mou dans ses premiers linéamens, le cachet de la forme paternelle; de là naissent les ressemblances et l'analogie du mulet avec l'âne. Le sperme sympathise avec les organes de la femelle, il les imprègne de sa vitalité, il augmente ainsi leur vie propre, de sorte que ce surcroît de puissance animée se reporte sur l'embryon. La matrice ou l'ovaire des animaux et des plantes, est doué d'une vitalité spéciale, surtout à l'époque de la *génération;* il a son existence à part, ses désirs, ses besoins, ses appétits; c'est un individu dans un autre individu; il agit, il gouverne l'ensemble de l'être vivant. L'utérus et ses dépendances dans la femelle, sont, comme dit Platon, une espèce d'animal vivant qui a ses caprices, ses affections, ses volontés, qui maîtrise tout le corps, qui répand ses influences dans toutes les parties; de sorte qu'il est, pour ainsi dire, la racine de la femelle, son tronc vital originaire. La matrice n'est point formée pour la femme, mais bien la femme pour la matrice, qui est l'essence du sexe. Aussi, dans son imprégnation par le mâle, ce viscère n'est pas seulement fécondé, mais le *virus vital* s'étend dans toute l'organisation de la femelle, la fécondation est universelle dans le corps; les chairs en sont imprégnées, ce qu'il est facile de reconnoître au goût, dans la vache, la brebis, etc., dont la viande est mauvaise au temps de la fécondation. Il en est de même dans tout le corps des mâles, qui répandent à cette époque des exhalaisons fortes et virulentes. Toutefois le sperme ne féconde pas seulement par l'*aura vitalis*, sorte d'émanation odorante de la semence; Spallanzani a vu qu'il falloit le contact immédiat de cette liqueur sur l'œuf de la femelle. Parmi les poissons, le sperme se mêlant à l'eau, va imprégner les œufs de la femelle de sa propre espèce. Il faut qu'il ait des qualités spécifiques pour telle espèce d'œufs, ou que la texture de ceux-ci n'admette que telle liqueur fécondante, et non telle autre au milieu de ce mélange de spermes de plusieurs poissons qui frayent dans les mêmes parages. L'odeur des fleurs correspond à celle des organes génitaux des animaux au temps du rut. Les nausées, les vomissemens, le changement de couleurs, les taches sur la peau, qu'on remarque chez la plupart des femmes qui ont conçu, n'ont pour cause que cette action du sperme dans toute l'économie animale, indépendamment de celle qu'il exerce sur la matrice et les ovaires. *V.* Matrice ou Utérus.

Il y a beaucoup d'analogie entre l'imprégnation et la digestion. Toutes les parties du corps concourent à l'acte de la fécondation; l'ébranlement est universel; la vie semble s'arracher de tous les sens et de toutes les parties pour concourir à l'excrétion de la semence; et il en est de même dans la femme. La digestion a besoin aussi de toutes les forces du corps; elle cause même, dans quelques individus, un petit mouvement de fièvre. La digestion est, pour ainsi dire, la conception de la nourriture et son imprégnation vitale, comme la conception du fœtus est une sorte de digestion vitale du sperme. L'accouchement a de l'analogie avec le vomissement; c'est, pour ainsi dire, le vomissement de la matrice; les secousses sont à peu près semblables en sens inverse: on ressent un genre analogue de douleurs.

Le but de l'amour n'est point la volupté, comme on le prétend ordinairement, mais bien la *génération;* car la volupté n'est complète que lorsque la fécondation s'opère, et l'amour cesse ensuite. Ce n'est donc pas le plaisir que la nature avoit en vue, mais plutôt la multiplication de l'espèce. La présence d'une femme enceinte ne produit pas la même affection dans le cœur d'un homme, que l'aspect d'une jeune fille. Celle-ci inspire l'amour; l'autre inspire le respect; ainsi l'a voulu la sage nature, supérieure à toutes les conventions humaines. En amour, les rois sont comme les autres hommes; ils n'y trouvent pas plus de volupté que les bergers, et la nature a mesuré tous ses dons avec égalité.

Les organes sexuels ont aussi de grands rapports avec l'extérieur du corps; avec la peau, les poils, les plumes, les écailles, et en général, avec la beauté de tous les êtres. L'amour dépend beaucoup aussi de la vigueur de la santé, de la force, et du courage, parce que le but de la nature est le plus grand développement des espèces, et la bonne conformation des individus. Elle en use précisément avec nous, dit J.-J. Rousseau, comme la loi de Sparte, qui livroit à la mort les foibles et délicats, et prenoit un grand soin des individus robustes.

Telle est donc cette grande loi de renouvellement qui change sans cesse la face du monde, qui fait sentir sa puissance à l'aigle dans les cieux, au quadrupède sur la terre, au poisson dans les abîmes de l'Océan, à la plante qui végète dans les prairies. Tout prend l'être, tout circule de la mort à la vie; nous nous détruisons, parce que nous sommes nés. Ces plaisirs, ces voluptés qui semblent jaillir à grands flots de la nature vivante, et s'exhaler de toutes ses parties, qu'est-ce autre chose qu'une loi de mort pour ce qui existe, et de vie pour ce qui est mort? L'amour est la fonction qui donne l'existence aux substances inanimées, et la mort à tout ce qui respire; c'est la force de changement qui s'opère dans tout l'univers créé; semblable à la flamme, elle ne subsiste que dans un continuel mouvement. Engendrer, c'est se préparer à la mort; et naître, c'est s'apprêter à la génération. Nous ne sommes rien sur la terre, nous passons comme les ombres, du sein du néant dans l'éternité; nous nous écoulons comme un fleuve dans un Océan sans bornes, où nous sommes submergés pour toujours. La nature vivante ressemble à un grand arbre dont nous représentons les fleurs et les fruits annuels ; nous nous succédons tour à tour après avoir rempli notre destinée. Qu'est-ce donc que la matière organisée ? un peu de poussière qui s'agite sans cesse, et qui change continuellement de forme. La vie n'est rien, nous la rendons comme nous l'avons reçue, pour nous endormir d'un sommeil éternel, et rendre notre corps aux élémens, au grand réservoir de la reproduction.

Consultez les développemens de cet article aux mots SEXES, OVIPARE, VIVIPARE, CORPS ORGANISÉS, VIE, NATURE, MONSTRE, HERMAPHRODITE, ANDROGYNE, POLYGAME, MÉTIS, EUNUQUE, SEMENCE et SPERME, ŒUF, OVAIRE, INCUBATION, EMBRYON, FŒTUS, CASTRATION, ARRIÈRE-FAIX, MATRICE, MENSTRUES, etc., etc. (VIREY.)

GÉNÉRATION. *V.* VÉGÉTAUX. (TOL.)

GÉNESIPHYLLE, *Genesiphylla.* Genre de plantes établi par Lhéritier, aux dépens des XYLOPHYLLES de Linnæus. Il a pour caractères : un calice en roue, divisé en six parties ; point de corolle ; six glandes entourant un seul filament à trois anthères, dans les fleurs mâles ; un opercule presque trigone, entourant un germe supérieur à trois styles tripartes, dans les fleurs femelles ; une capsule à trois loges, contenant chacune deux semences.

Ce genre est intermédiaire entre les PHYLANTES et les XYLOPHYLLES. Il renferme l'espèce mentionnée sous le nom de XYLOPHYLLE A LARGES FEUILLES. (B.)

GENESTROLE. Nom que donnent les teinturiers au GENÊT dont ils retirent une couleur jaune. (B.)

GENET. Race de CHEVAUX de petite taille, mais bien proportionnés ; ils viennent d'Espagne. (S.)

GENÊT. *Genista et Spartium*, Linn. (*diadelphie décandrie.*) Genre de plantes de la famille des légumineuses, voisin des CYTISES, et qui se confond avec le SPARTION, que, par cette raison, j'ai cru devoir réunir à lui, à l'exemple de Lamarck et de Jussieu. Il n'en diffère que par sa corolle, dont les ailes et la carène sont abaissées et écartées de l'étendard, tandis que, dans le dernier, elles en sont rapprochées. D'ailleurs, toutes les espèces, au nombre de plus de soixante, comprises jusqu'à présent sous l'un et l'autre genre, ont les plus grands rapports entre elles. Ce sont des arbrisseaux et des arbustes à feuilles alternes, toutes simples (au moins les supérieures), et dont les fleurs papilionacées offrent communément une carène tombante, qui laisse en partie à découvert les étamines et le pistil.

Dans chaque fleur, on trouve un petit calice en tube, monophylle et à cinq dents, tantôt unilatéral, tantôt formé de deux lèvres; une corolle composée d'un étendard réfléchi, de deux ailes concaves, et d'une carène ayant ou deux dents ou deux feuilles; dix étamines réunies en un seul corps, par leurs filets; un ovaire supérieur et oblong, que surmonte un style courbé, à stigmate simple et velu. Le fruit est une gousse oblongue, renfermant une ou plusieurs semences; quelquefois cette gousse est comprimée, quelquefois elle est renflée et arrondie. *V.* la fig. 619 des *Illustr.* de Lamarck.

Nous ne ferons mention que de quatre espèces de *genêt*, les seules qui offrent quelque agrément ou quelque utilité.

Le GENÊT D'ESPAGNE, *Spartium junceum*, Linn. C'est un arbrisseau qui s'élève ordinairement en buisson, à la hauteur de six à huit pieds. Ses rameaux sont droits, cylindriques, flexibles, pleins de moelle; ils ressemblent à ceux de quelques joncs; ils n'ont qu'un très-petit nombre de feuilles sessiles, alternes et lancéolées. Les fleurs, grandes et jaunes, naissent à l'extrémité et le long des tiges. Elles exhalent une odeur légère de fleur d'orange très-agréable; elles paroissent en juin, se succèdent quelquefois jusqu'à la fin de l'été, et produisent des gousses aplaties, très-velues, longues d'environ trois pouces, renfermant des semences réniformes, qui mûrissent en automne.

Cet arbrisseau se plaît dans les terres légères et sablonneuses. On le trouve en Espagne, en Italie, en Sicile, et dans la France méridionale, le long des chemins et des haies. Il sert d'ornement dans les jardins, où on le cultive depuis long-temps. Avec son écorce on peut faire des cordes et de la toile assez bonne. On le multiplie de semence. Comme il reprend difficilement, si l'on veut qu'il réussisse, il faut l'élever la première année dans un pot de terre, et le serrer l'hiver dans l'orangerie; le printemps suivant, il aura un bon chevelu, et on pourra, sans risques, le confier à la pleine terre; il aime le soleil. Cette espèce offre une variété à fleur double, qui se multiplie par la greffe, et une autre avec des fleurs d'un jaune plus clair et plus petites, ainsi que les feuilles.

Cet arbuste forme, pour quelques communes des environs de Lodève, l'objet d'une culture d'une certaine importance, ainsi que nous l'a appris Broussonnet, *Journal de Physique*, avril 1787. On le sème au milieu de l'hiver, dans les lieux les plus arides, sur les coteaux les plus en pente, après un léger labour, et on les abandonne à eux-mêmes pendant trois ans, excepté qu'on arrache les pieds qui sont trop voisins les uns des autres.

On en tire ensuite parti de deux manières différentes; ses

rameaux fournissent des fils dont on fait du linge, ou bien ils servent en hiver de nourriture aux moutons et aux chèvres.

Pour obtenir la filasse, on coupe les jeunes rameaux au milieu de l'été, on les met en bottes, et on les fait rouir dans un trou creusé sur le bord d'une rivière, non pour pouvoir y mettre de l'eau, mais seulement afin de les arroser journellement sans trop de peine. Cette opération dure ordinairement huit à dix jours. Ensuite on lave les bottes à grande eau, on les fait sécher, on les délie et on teille les rameaux brin à brin, comme le CHANVRE. *V.* ce mot.

Les toiles fabriquées avec du fil de genêt, sont d'un bon user. Leur finesse et leur blancheur seroient les mêmes que celles de chanvre, si elles étoient mieux fabriquées; mais, on le répète, ce ne sont que les habitans de trois ou quatre villages qui se livrent à ce genre d'industrie, et ils n'ont pas cherché la perfection.

Les moutons, dans presque toutes les montagnes des Basses-Cévennes, n'ont d'autre fourrage pendant l'hiver et le commencement du printemps, que des feuilles d'arbres desséchées. C'est alors que les rameaux du genêt sont pour eux une ressource précieuse.

Lorsque le temps est beau, on mène les troupeaux paître le genêt sur la place; dans les mauvais temps les bergers vont en couper les rameaux qu'ils apportent aux bergeries.

Ce n'est encore, dans ce cas, qu'au bout de trois ans qu'on doit livrer une genêtrie aux moutons et aux chèvres; mais elle peut produire pendant trente et quarante ans, même au-delà, en ayant soin de recéper les pieds tous les quatre à cinq ans.

Le seul inconvénient qui résulte, pour les moutons, de cette nourriture, c'est que lorsqu'ils mangent les graines de genêt, ils sont exposés à une inflammation dans les voies urinaires, mais qui la plupart du temps n'a pas une suite grave.

Le GENÊT A BALAIS ou GENÊT COMMUN, *Spartium scoparium*, Linn. Ce genêt forme un arbrisseau de quatre à cinq pieds de hauteur, dont les rameaux sont grêles, verdâtres, anguleux et très-flexibles, et dont les feuilles ovales, lancéolées, sont tantôt solitaires, tantôt ternées. Il croît en Europe, dans les terrains secs et arides, et fleurit au mois de mai; ses fleurs jaunes et disposées une à une le long des tiges sur de courts pédoncules, produisent par leur nombre un très-joli effet. Elles sont remplacées par des gousses comprimées et velues. Le nom de cette espèce indique assez l'usage ordinaire qu'on fait de ses rameaux. Presque partout où il croît, on confit ses fleurs, à demi développées, en guise de Câpres. Dans quelques pays, et surtout dans le territoire de Pise, on en tire un meilleur parti; on le dessèche au soleil, on le rouit après comme le chanvre, et ainsi préparé, il donne un fil dont on fait de la toile ou des cordes. (*V. le Journal économique*, du mois de novembre 1756.) On a aussi employé avec succès ce genêt pour la préparation des cuirs.

Cet arbuste ne prospère que dans les sables qui reposent sur l'argile, sables qui sont le plus souvent très-peu propres à la culture, et qu'il utilise par conséquent, directement en fournissant un chauffage, indirectement, en procurant un abri aux graines germantes des arbres et des plantes annuelles ou vivaces plus utiles.

Le Genêt des Teinturiers ou l'Herbe aux Teinturiers, *Genista tinctoria*, Linn. On l'appelle aussi *genestrole*. C'est un petit arbuste qui croît en France, en Allemagne, en Angleterre, etc., sur les collines, sur le bord des bois et dans les prés secs; il s'élève tout au plus à la hauteur de deux ou trois pieds, a des feuilles aiguës, lancéolées, velues ou ciliées sur leurs bords, et des rameaux cylindriques, cannelés, placés sur les parties latérales des tiges: au sommet de ces rameaux naissent les fleurs disposées en épis clairs, et accompagnées de bractées. Elles sont jaunes, et donnent une teinture de la même couleur, dont on fait usage dans les arts. Les petites branches de cet arbuste, séchées au soleil avec les gousses qu'elles portent, et mises ainsi en bottes, peuvent servir à nourrir les bestiaux en hiver. Les feuilles et les fleurs sèches sont employées en médecine. On les prend en infusion; savoir: les feuilles depuis deux drachmes jusqu'à une once, dans huit onces d'eau, et les fleurs depuis demi-drachme jusqu'à demi-once, dans six onces d'eau. Elles passent pour apéritives et diurétiques.

Le Genêt a fleurs blanches, *Genista alba*, Lam. Cet arbrisseau, qui croît naturellement en Portugal, est cultivé depuis quelques années dans les jardins des amateurs. Sa hauteur est d'environ trois pieds. Il est agréable à voir par le grand nombre de fleurs dont il se charge. Elles sont blanches, disposées latéralement, et ont un calice court, presque tronqué et à deux lobes opposés et obtus. Les feuilles sont soyeuses, et composées la plupart de trois folioles linéaires et lancéolées. Le Genêt monosperme, *Spartium monospermum*, Linn., a aussi les fleurs blanches; le Genêt effilé, *Spartium aphyllum*, Linn., les a violettes; mais dans toutes les autres espèces elles sont jaunes. (D.)

GENÊT EPINEUX. C'est l'Ajonc. (B.)

GENETTA. Nom espagnol de la Genette, que les naturalistes ont adopté, lorsqu'ils ont écrit en latin moderne. Ce nom est venu vraisemblablement de ce que la *genette* se tient volontiers dans les cantons couverts de genêts, fort communs en Espagne. (S.)

GENETTE, *Viverra genetta*, Linn. Mammifère du genre des CIVETTES. *V.* ce mot. (DESM.)

GENETTE. C'est un des noms vulgaires du NARCISSE DES POÈTES. (B.)

GENETTE DU CAP DE BONNE-ESPÉRANCE (La) de Sonnerat, paroît être, selon M. Sonnini, une *genette* d'espèce différente de la *genette* proprement dite. *V.* l'article CIVETTE. (DESM.)

GENETTE DE FRANCE. *V.* à l'article CIVETTE, espèce de la *genette*. (DESM.)

GENETTE DE MADAGASCAR. C'est la FOSSANE, autre mammifère du même genre. (DESM.)

GENETTE NOIRE. *V.* CIVETTE. Espèce de la *genette*. (DESM.)

GENEVRIER, SABINE, *Juniperus*, Linn. (*Dioécie monadelphie*) Genre de plantes à fleurs incomplètes, de la famille des conifères, qui se rapproche des CYPRÈS et des THUYA, et qui comprend une vingtaine d'arbres ou d'arbrisseaux résineux, toujours verts, dont les rameaux sont ordinairement alternes, et dont les feuilles sont simples, petites, nombreuses, souvent piquantes, tantôt opposées, tantôt verticillées ou imbriquées.

Dans ce genre, les fleurs sont unisexuelles, et naissent sur de très-petits chatons. Les mâles et les femelles se trouvent sur des individus différens, et quelquefois sur le même, mais à des distances éloignées.

Les fleurs mâles viennent sur des chatons ovoïdes et sessiles, composés de trois rangées d'écailles verticillées, au nombre de trois à chaque rangée. Ces chatons comprennent environ dix fleurs; savoir: neuf verticillées trois à trois, et la dixième terminant le chaton. Les écailles sont peltées, larges, couchées les unes sur les autres, et fixées à l'axe du chaton par des pédoncules très-courts. La fleur n'a point de corolle, mais seulement de trois à cinq ou huit anthères, presque sessiles, et à une loge.

Les fleurs femelles sont disposées au nombre de trois, sur de très-petits chatons globuleux, formés de deux rangées d'écailles ternées. Les trois écailles de la rangée supérieure paroissent stériles, et les trois autres recouvrent chacune un ovaire surmonté d'un style très-court (quelquefois nul), que couronne un stigmate simple et tubuleux.

Le fruit est une baie à peu près ronde, charnue ou succulente, formée par la reunion des écailles du chaton femelle, qui se sont épaissies et agglutinées ; elle a, à son sommet, trois petites pointes ou éminences produites par les écailles supérieures de ce chaton, et elle renferme trois semences osseuses, oblongues, angulaires sur un côté, et convexes de l'autre.

Ce genre renferme une vingtaine d'espèces, parmi lesquelles je ne citerai que les plus importantes à connoître.

Le GENÉVRIER COMMUN, *Juniperus communis*, Linn. C'est un arbrisseau qui croît en Europe, dans les lieux incultes, arides, secs et pierreux, sur les collines et les montagnes. Il est rameux et difforme, a un aspect comme sauvage, et s'élève ordinairement à la hauteur de trois ou quatre pieds. Ses feuilles sont aiguës, ouvertes, verticillées trois à trois, et plus longues que les baies; celles-ci ne mûrissent que la seconde année ; elles ont alors une couleur bleue un peu noirâtre. Elles sont stomachiques, carminatives, incisives et diurétiques.

Cet arbrisseau peut être employé à garnir les bosquets d'hiver ; il vient dans les plus mauvais terrains. Lamarck dit qu'il s'élève quelquefois à quinze ou vingt pieds, et même davantage. Son bois répand une odeur agréable lorsqu'on le brûle. Il utilise, dans les pays calcaires et montueux, beaucoup de terrains stériles, son bois servant à chauffer le four, cuire la chaux, etc. On récolte ses graines pour aromatiser l'eau-de-vie, principalement celle de grain ; de là le nom de *gin*, que porte cette eau-de-vie en Hollande.

Le GENEVRIER DE SUÈDE, *Juniperus nana*, Willd. C'est sans fondement que quelques botanistes regardent ce *genévrier* comme une variété du *genévrier commun*. Ses feuilles sont plus larges, ses fruits plus gros ; ses rameaux rampent sur le sol. Il croît dans le nord de l'Europe et au sommet des Alpes. On le cultive dans nos jardins.

On a remarqué au Canada, où croît cette espèce, que le même pied offroit, certaines années, des fleurs mâles, et certaines autres, des fleurs femelles, ce qui est fort extraordinaire, et mérite d'être constaté par des observateurs éclairés.

Le GENÉVRIER OXICÈDRE, *Juniperus oxicedrus*, Linn, vulgairement le *petit cèdre* ou le *cade*. Il a, comme le genévrier commun, des feuilles aiguës, ouvertes et ternées, mais plus courtes que les fruits. Il croît sur la côte de Barbarie, en Espagne, en Portugal, et dans le midi de la France ; on retire de son bois, distillé à la cornue, une huile fétide, connue sous le nom d'*huile de cade*, et dont les maréchaux font usage pour guérir la gale et les ulcères des chevaux.

Le GENÉVRIER D'ESPAGNE, *Juniperus hispanica*, Mill., mal à propos nommé par Linnæus *juniperus thurifera*, *genévrier porte-encens*, puisque l'arbre qui produit l'encens n'est pas de ce genre. Le caractère spécifique de ce genévrier est d'avoir des feuilles aiguës, couchées les unes sur les autres, et disposées sur quatre rangs. Il croît en Espagne, s'élève à vingt-cinq pieds, et porte de grosses baies noires.

Le GENÉVRIER SAVINIER, *Juniperus sabina*, Linn. On comprend ordinairement, sous cette dénomination, deux genévriers, que Lamarck et quelques autres prétendent être des variétés l'un de l'autre, mais que Miller, avec plus de raison, regarde comme deux espèces très-distinctes. Ils sont connus, dans les jardins, sous le nom commun de *sabine*, et sont appelés improprement, l'un, la *sabine mâle*, l'autre, la *sabine femelle* ou *commune*. C'est de la sabine mâle, ou à feuilles de cyprès, dont il s'agit ici. Elle s'élève, en arbrisseau, à la hauteur de six à dix pieds. Ses feuilles sont très-courtes, à pointe aiguë, érigées, opposées alternativement, décurrentes à leur base, et très-serrées les unes contre les autres; elles ont une odeur forte. Ce genévrier vient dans le Levant, en Italie et dans les Alpes. Il produit des baies d'un bleu noirâtre.

Le GENÉVRIER A FEUILLES DE TAMARIS, *Juniperus folio tamarisci*, ou la *sabine commune*. C'est un arbuste qui s'élève rarement au-delà de trois ou quatre pieds, et qui croît dans les mêmes pays que la *sabine mâle*, sur les montagnes d'une température froide. Sa tige est moins forte que dans l'espèce précédente. Ses branches sont moins droites ou plus étalées, et ses feuilles un peu plus longues.

Le GENÉVRIER PHÉNICIEN, ou le CÈDRE DE LYCIE, *Juniperus phœnicea*, Linn. Celui-ci, qui croît en Portugal, en Italie et à la côte de Barbarie, s'élève à la hauteur de quatre ou cinq pieds. Il a des feuilles ternées et obtuses, à demi-ouvertes vers le bas, et couchées les unes sur les autres, dans les rameaux supérieurs.

Le GENÉVRIER DES BARBADES, *Juniperus barbadensis*, L. On trouve ce genévrier à la Barbade, à la Jamaïque, et dans d'autres îles de l'Archipel du Mexique. Il forme un des plus grands arbres de ce pays, et les habitans en recherchent beaucoup le bois pour la charpente et pour la construction de leurs navires. Son écorce est rude et d'une couleur sombre; ses feuilles, extrêmement petites, sont imbriquées sur quatre rangs. Il produit des baies d'un brun clair, plus petites que celles de l'espèce suivante.

Le Genévrier des Bermudes, ou le Cèdre des Bermudes, *Juniperus bermudiana*, Linn. Il s'élève, en arbre, sur une tige droite, et présente une forme presque pyramidale. Son feuillage dense le fait remarquer. Ses feuilles sont ternées, réunies à leur base, demi-ouvertes, et terminées en pointe aiguë. Cet arbre croît aux îles de Bermude et de Bahama. Son bois, d'un brun clair, ou rougeâtre, a une odeur très-forte. C'est avec ce bois qu'on fait les enveloppes des crayons.

Le Genévrier de Virginie, ou le Cèdre rouge de Virginie, *Juniperus virginiana*, Linn. C'est un grand et bel arbre, à cime conique ou pyramidale, dont le feuillage, d'un assez beau vert, n'est point dense, comme dans l'espèce précédente. Il varie dans la forme et la disposition de ses feuilles, selon l'âge et la grandeur des individus; elles sont toutes ternées, et réunies par leur base; mais celles des jeunes rameaux se recouvrent les unes les autres, et les feuilles inférieures et anciennes sont ouvertes.

Ce genévrier croît naturellement en Virginie et dans plusieurs parties de l'Amérique septentrionale, dans les sables les plus arides. Il vient facilement en pleine terre dans nos climats, et s'y cultive très-fréquemment. Son bois est recherché en Amérique pour la charpente, pour la construction des navires, pour des boiseries et différens ustensiles. Il est rempli d'une résine amère, qui l'empêche d'être détruit par les vers. On en fait de très-jolis secrétaires, qu'on apporte dans les Antilles; ils sont très-utiles pour serrer et conserver les papiers, parce que l'odeur pénétrante, et pourtant agréable de ce bois, écarte tous les insectes.

Le Genévrier du Cap, *Juniperus capensis*, Lam. Ses feuilles supérieures sont ternées, aiguës, ouvertes et réunies par la base, et les inférieures opposées, imbriquées et plus petites. La disposition de celles-ci rend tétragones les rameaux qui les portent.

Le Genévrier de Chine, *Juniperus chinensis*, Linn. Il a des feuilles décurrentes, ouvertes, plus rapprochées les unes des autres que dans les autres espèces, vertes des deux côtés, et à peine piquantes. Il vient spontanément à la Chine.

Le Genévrier thurifère est imparfaitement connu. Si on en juge par une figure qui se voit dans le *Voyage au Sénégal* de M. Durand, pl. 37, le véritable *genévrier thurifère* auroit les feuilles et les fruits comme ceux du *genévrier commun*, mais avec de plus fortes dimensions. Au reste, plusieurs arbres de ce genre donnent de l'encens.

Tous les genévriers se multiplient par leurs graines, qu'il faut semer aussitôt qu'elles sont mûres, quand on peut se les procurer, parce que, si elles sont gardées hors de terre jusqu'au printemps, elles ne poussent que dans la seconde année. La terre qu'on destine aux espèces dures doit être neuve et légère, mais sans fumier; lorsqu'elle est bien labourée et nivelée, on y sème les baies en assez grande quantité. Les espèces plus fortes peuvent être semées sur une plate-bande à l'exposition de l'orient. La manière d'élever les genévriers est décrite très-au long dans Miller, que le lecteur peut consulter. (D.)

GENÉVRIÈRE. On donne ce nom à une espèce de GRIVE dans le département du Mont-Blanc, parce qu'elle se nourrit principalement de *baies de genièvre* dont sa chair contracte le parfum. *Voy.* LITORNE. (V.)

GENGFGRAVE et GERBEL. Noms de la MILLEFEUILLE (*achillea millefolium*, L.) en Allemagne. (LN.)

GENGIBA. Nom donné, en Espagne, à la GRANDE GENTIANE (*G. lutea*). (LN.)

GENICULARIS des Romains. Ce nom de plante paroît désigner l'AGROSTÈME des jardins (*agrostemma coronaria*). (LN.)

GENIÈVRE. Fruit du GÉNEVRIER. *V.* ce mot. (S.)

GENIÈVRE DOUX. C'est le fruit de la CAMARINE BLANCHE (*empetrum album*). (B.)

GENILLOTTE. Nom de la *gélinotte* dans le pays de Vaud. *V.* GÉLINOTTE. (S.)

GENIOSTOME, *Geniostoma*. Nom d'une plante découverte dans l'île de Tanna, et dont Forster a fait un genre nouveau dans la pentandrie monogynie.

Les caractères de ce genre sont d'avoir : un calice à cinq divisions pointues; une corolle monopétale tubuleuse, plus longue que le calice, dont le limbe est divisé en cinq lobes à trois dents; cinq étamines; un ovaire supérieur, ovale, chargé d'un style à stigmate épais et sillonné; une capsule oblongue, biloculaire, et qui contient dans chaque loge plusieurs semences anguleuses attachées à un placenta central. (B.)

GÉNIPA. Genre de plantes créé par Tournefort, adopté par Linnæus, et que Lamarck, Willdenow et d'autres botanistes réunissent au *gardenia*. Persoon conserve ce genre; il y réunit avec Richard le *duroia* de Linn., et soupçonne que le *stylocorina* de Cavanilles doit y être rapporté. Ce botaniste pose le caractère essentiel du *genipa* dans la forme en masse du stigmate. La baie, selon Gærtner (3, p. 65, tab. 180, f. 1), est à trois loges. Adanson ne forme qu'un seul genre du *strychnos* et du *genipa* de Linnæus. (*V.* GENIPAYER et

Gardène. Ce nom de *genipa* dérive de ceux de *genipat* ou *janipha* et *junipa*, donnés au Brésil à l'espèce dite G. *americana*. (LN.)

GENIPAYER D'AMÉRIQUE. *Genipa americana*, Linn. (*Pentandrie monogynie.*) C'est un arbre de moyenne grandeur, de la famille des rubiacées. Il croît dans l'Amérique méridionale et aux Antilles. Sa tige est droite, sa cime étalée ; ses branches, qui s'étendent au loin de tous côtés, sont garnies de feuilles entières, opposées, presque sessiles, ayant dix à douze pouces de longueur sur trois de largeur, et disposées en touffes aux extrémités des rameaux; leur surface est glabre, et leur côte longitudinale, à laquelle aboutissent plusieurs nervures obliques, est saillante en-dessous. Les fleurs blanches d'abord, et ensuite d'un blanc jaunâtre, répandent une odeur agréable; elles sont portées par de courts pédoncules, et ont un pouce et demi de diamètre. Leur calice est entier, ses bords sont comme tronqués ou ondulés; ils renferment une corolle monopétale, deux fois plus longue que lui, dont le tube est presque cylindrique, et dont le limbe, représentant une coupe, est divisé profondément en cinq parties ovales et pointues; cinq étamines courtes et réfléchies sur le limbe, laissent voir, au milieu d'elles, un stigmate en massue que supporte un style simple. L'ovaire, qui est inférieur, est remplacé par une baie d'un vert blanchâtre, ovoïde, charnue, à deux loges, et de la grosseur d'un citron; chaque loge contient plusieurs semences angulaires et comprimées, entourées d'une pulpe aigrelette, dont le suc teint tout ce qu'il touche d'une couleur noirâtre qui s'efface d'elle-même au bout de quelques jours. On trouve ces caractères représentés dans l'*Illustration des genres* de Lamarck, pl. 158, fig. 2.

Le genipayer fleurit communément en juin. Quoiqu'il ne se dépouille jamais entièrement de ses feuilles, elles tombent pourtant en grande partie vers le mois de décembre ; mais il en produit après de nouvelles, qui se succèdent à différentes époques dans la même année. Ses fruits mûrissent en août et septembre; ils sont astringens, et ils ont la propriété de ranimer les forces et d'étancher la soif; les Indiens les mangent, et ils se colorent la peau avec le suc qu'ils en expriment, pour effrayer leurs ennemis à la guerre. Son bois est d'un gris de perle; il ne peut être employé que vieux, il prend bien le poli, et sert à faire des montures de fusils, des brancards et des filières de charpente; mais la pluie le gâte, et il est encore sujet à être attaqué par les fourmis de bois qui le détruisent en peu de temps. (D.)

GENISSE. Jeune *vache* au-dessus de deux ans. V. le Bœuf. (S.)

GENISTA de Pline. Les botanistes pensent assez généralement que cette plante est notre *genêt* à balais (*spartium scoparium*), ou notre *genet* d'Espagne que quelques auteurs prennent pour le *spartium* de Dioscoride; mais il ne paroît pas que cela soit. L'origine du mot *genista* est inconnue; Rai lui donne pour racine le mot latin *genu*. Le genista, selon lui, auroit été ainsi nommé à cause que ses branches sont pliantes. Tournefort a créé le premier un genre *genista*; Linnæus l'adopta et l'augmenta, car Tournefort n'y rapportoit que des espèces non épineuses, à feuilles simples point décurrentes. Le *genista* de Linnæus comprend non-seulement celui de Tournefort, mais aussi le *genistella*, *genista-spartium* et des *cytiso genista* du même botaniste; néanmoins Linnæus excluoit de cette réunion l'*ulex* confondu par Tournefort avec les *genista-spartium* et les *spartium*. Lamarck a réuni le *genista* et le *spartium* de Linnæus. Jussieu approuve cette réunion. D'autres botanistes, par respect pour Linnæus, ont conservé ses genres; d'autres pour faire disparoître la confusion qui règne dans le classement des espèces, ont cru devoir créer de nouveaux genres, tels que, *genistoïdes*, *scorpius*, *listera*, *chamæspartium*, etc., ou bien renvoyer les espèces mal placées dans d'autres genres. Si l'on rappeloit ici les plantes que les botanistes, ont décrites comme des *genista*, on verroit que ce sont toutes des espèces de légumineuses des genres actuels *podalyria*, *crotallaria*, *rafnia*, *spartium*, *genista*, *cytisus*, *lebeckia*, *aspalathus*, *ulex*, *anthylis*, *borbonia*, *liparia* et *hedysarum*. *V.* GENET. (LN.)

GENISTA-SPARTIUM. Des espèces des genres *spartium*, *genista*, *anthyllis* (an. erinacea), *hedysarum* (H. alhagi), et *psoralea* (psor. aculeata), de Linnæus, qui sont tous des arbrisseaux épineux de la famille des légumineuses, ont été nommées ainsi. Tournefort avoit réuni, sous ce nom, celles de ces espèces dont les feuilles étoient simples. Adanson partage ce nouveau genre en deux, *listera* et *ulex*. Linnæus avoit déjà séparé le dernier, mais les espèces du premier avoient été renvoyées par lui au *genista*. (LN.)

FIN DU DOUZIÈME VOLUME.

www.ingramcontent.com/pod-product-compliance
Lightning Source LLC
LaVergne TN
LVHW010559180726
843502LV00001B/78

* 9 7 8 2 3 2 9 2 3 7 6 4 0 *